데이터통신과 네트워킹

Data Communication & Networking

조성호 교수

중학생 때 아버지께 선물 받은 컴퓨터가 계기가 되어 한국외국어대학교 전산학과에 진학했다. 고려대학교 컴퓨터학과에서 석사와 박사 과정을 마쳤으며, 현재 한신대학교 소프트웨어융합학부에서 교수로 재직 중이다. 컴퓨터를 포함하여 카메라, 자동차, 오디오와 같은 기계들에 관심이 많고, 프로그램으로 무언가 만드는 것도 좋아한다. 저서로 'WONDER C(인피니티북스)', 'WONDER 파이썬(인피니티북스)', '쉽게 배우는 운영체제(한빛아카데미)', '초연결 사회를 위한 컴퓨터 개론(한빛아카데미)', '스크래치로 배우는 컴퓨팅 사고(한빛아카데미)'가 있다.

데이터통신과 네트워킹 Data Communication & Networking

발행 2022년 11월 29일 초판 1쇄
2026년 2월 9일 초판 2쇄

지은이 조성호
발행인 채희만
발행처 INFINITYBOOKS | **주소** 경기도 고양시 일산동구 하늘마을로 158, 대방트리플라온 C동 209호
대표전화 02)302-8441 | **팩스** 02)6085-0777
출판팀 강미연, 성희령 | **마케팅팀** 한석범 | **경영관리팀** 이승희

도서문의 및 A/S지원
홈페이지 www.infinitybooks.co.kr | **이메일** helloworld@infinitybooks.co.kr
ISBN 979-11-92373-10-2 | **등록번호** 제 2021-000018 호 | **판매정가** 34,000 원

머리말

그림으로 쉽게 풀어 쓴 통신 이론 책

현재 시대를 가리키는 '정보통신 시대'라는 단어 속에서 정보를 차에 비유한다면, 통신은 도로입니다. 잘 만들어진 도로가 있어야 정보의 소통이 원활해집니다. 그래서 통신 산업은 국가기반 산업으로 육성되며, 통신 관련 산업은 지속적으로 발전을 해왔습니다. 이제는 인터넷이 되지 않는 컴퓨터나 스마트폰은 상상할 수 없는 세상에 살고 있습니다. 가정에 하나씩 있는 무선 랜(WiFi)은 카페나 공공장소에서도 사용이 가능하고, 5G 무선통신으로 스마트폰을 이용합니다. 인터넷뿐만이 아닙니다. 블루투스 이어폰이나 스피커로 음악을 감상하고, GPS가 달린 내비게이션으로 길을 찾고, RFID 칩이 내장된 카드로 결제를 합니다. 이렇듯 통신은 우리 생활에 깊숙이 파고들어 있습니다.

사실, 통신 시스템은 전기가 발명된 이후부터 지금까지 우리 생활 속에 있었습니다. 과거엔 유선 전화기, 무전기, 라디오, TV, 삐삐(페이저), 휴대폰과 같은 통신 시스템을 사용하여 정보를 주고받았습니다. 인터넷이 발전하면서 컴퓨터나 스마트폰과 같은 기존의 통신장비들 이외의 물건들도 인터넷에 연결되고 있습니다. 버스나 지하철이 인터넷에 연결되어 현재 위치와 도착 예정 시간을 알려주고, 스마트워치는 건강관리 이외에도 길을 찾거나 메시지를 주고받을 수 있습니다. 바보상자라 불리던 TV는 인터넷에 연결되어 넷플릭스와 같은 OTT도 사용할 수 있고 게임도 할 수 있습니다. 또한 자동차도 인터넷에 연결되어 원격으로 시동을 걸거나 에어컨을 켤 수 있습니다. 이렇게 우리는 사물이 인터넷에 연결되어 새로운 부가가치를 만드는 사물인터넷(IoT) 세상에 살고 있습니다.

오랜 기간 동안 우리의 삶에 자리를 잡아온 통신이기 때문에 관련 이론이나 내용이 너무 방대해졌습니다. 앞서 언급한 통신과 관련된 단어 이외에도 TCP/IP, HTTP, 클라이언트/서버, P2P, AM, FM, NFC 등과 같은 단어들도 있습니다. 이와 같은 다양한 통신 이론과 특징을 설명하려다 보니 1,000 페이지가 넘어가는 통신 관련 책도 있습니다. 이러한 책들에는 마치 사전처럼 통신관련 용어들이 어지럽게 섞여 나열되어 있습니다. 본 저자는 매일 접하고 있는 통신에 대한 내용을 이렇게 어렵게 배워야 하는가에 의문이 들었습니다. 그래서 일상의 이야기로부터 통신의 이론과 특징을 설명할 수 있는, 세상에 없던 통신 관련 책을 만들었습니다.

이 책에서는 결론부터 이야기하기보다는 새로운 통신이 만들어지게 되는 이유와 과정을 설명하려 합니다. 컴퓨터에 달려 있는 랜카드에서 랜의 의미는 무엇인지, 인터넷은 왜 만들어졌는지, TCP/IP를 같이 사용하는 이유가 무엇인지, AM 라디오와 FM 라디오는 어떻게 다른지 등과 같이 우리가 궁금해할 만한 것들을 소재로 통신을 설명합니다. 이론은 아무리 풀어서 잘 설명하려고 해도 딱딱합니다. 그래서 많은 그림을 사용하였고, 여러 캐릭터가 중요한 요점을 설명하게 함으로써 복잡한 통신 관련 이론들을 재미있고 읽을 만한 이야기로 바꾸었습니다.

누구나 이해할 수 있는 책을 만든다는 이유로 어려운 이론을 빼거나 생략해서는 안 됩니다. 비전공자인 일반 독자들이 이해하기 어려운 이론들은 새로운 모형을 만들어서 쉽게 풀어 설명하였습니다. 우리나라가 전 세계에서 처음으로 상용화한 CDMA 기술이 대표적인 경우입니다. CDMA 기술은 벡터와 직교, 칩 시퀀스와 같은 복잡한 이론을 기반으로 합니다. 수학적인 이론을 설명하기 전에 '칩 모형'을 만들어 CDMA가 작동하는 원리를 먼저 설명합니다. 그 이후에 칩 모형에 수학적인 이론을 결합시켜 CDMA 작동방식을 설명합니다. 이외에도 TCP/IP 작동 원리, CRC, 포트와 소켓, DNS와 같은 통신 관련한 어려운 단어들을 쉽게 설명할 수 있는 이야기를 만들었습니다.

많은 이론들을 다양한 이야기로 설명하려는 경우, 자칫 내용이 산만해지고 길어질 가능성이 있습니다. 그래서 문장은 최대한 간결하게 구성하고 다양한 색을 사용하여 사용자가 중요한 부분을 놓치지 않도록 배려하였습니다. 캐릭터의 말풍선을 적극 활용하여 그림만 보더라도 직관적으로 이해할 수 있도록 하였습니다. 중요한 내용이 빠지지 않도록 책을 구성하고, 이해를 돕기 위한 새로운 모형을 만들고, 다양한 그림을 그리고, 캐릭터와 말풍선을 이용하여 내용을 설명하는 과정이 쉽지만은 않았습니다. 저자의 무리한 요구에도 묵묵히 책을 만들어 주신 인피니티북스 관계자분들에게 감사한 마음을 전달합니다. 저희의 노력이 이 책을 공부하거나 강의하시는 분들께 도움이 되기를 간절히 바랍니다.

2022년 11월
저자 조성호

이 책의 구성

프리뷰

각 파트의 학습에 들어가기 전 배우게 될 이론의 배경과 내용을 간단히 소개한다.

Part I Preview

› 이제는 인터넷이 불가능한 컴퓨터나 스마트폰은 상상할 수 없다. 집에서는 와이파이$_{WiFi}$를 사용하여 인터넷에 접속하고, 스마트폰에서 흘러나오는 음악은 블루투스 이어폰으로 듣는다. 현재의 스마트폰은 5G 무선통신을 사용하여 이동 중에도 영화를 볼 수 있다. NFC 기능을 가진 교통카드로 버스를 타고, 하이패스 단말기(RFID)로 접촉 없이 통행료를 지불할 수 있다. 우리 주변의 모든 것이 데이터 통신을 사용한다.

› 위에 설명한 문장에도 인터넷, 와이파이, 블루투스, 5G 무선통신, NFC, RFID와 같은 통신 관련된 단어들이 있다. 사용을 하고 있지만 정확하게 의미를 알지는 못할 것이다. 이 책은 통신과 관련된 이론을 설명하는 책이다. A는 B이다와 같은 방법으로 통신을 설명하면 그 많은 내용을 그냥 외워야만 한다. 이 책은 통신의 시작부터 발전 과정을 통하여 현재의 통신이 만들어진 이유를 자연스럽게 이해하도록 할 것이다.

› Part I은 통신을 처음 배우는 시점에서 기본적으로 알아야 할 주요 용어들을 설명하고 현재의 통신 시스템이 발전하기까지의 과정을 살펴본다. 1장에서는 통신의 역사를 설명하면서 다양한 통신기술이 만들어진 배경을 설명한다. 통신 발전 과정을 통하여 통신과 관련된 단어들의 의미를 자연스럽게 알게 될 것이다. 2장에서는 계층 모델을 설명한다. 다양한 통신기기들이 만들어짐에 따라 여러 개의 계층이 형성되었다. 통신을 계층별로 분류하고, 각 계층의 역할과 특징을 살펴본다.

그림

개념을 도식화하여 한 눈에 보여주고, 다양한 색상과 캐릭터를 활용하여 쉽게 풀어서 설명한다.

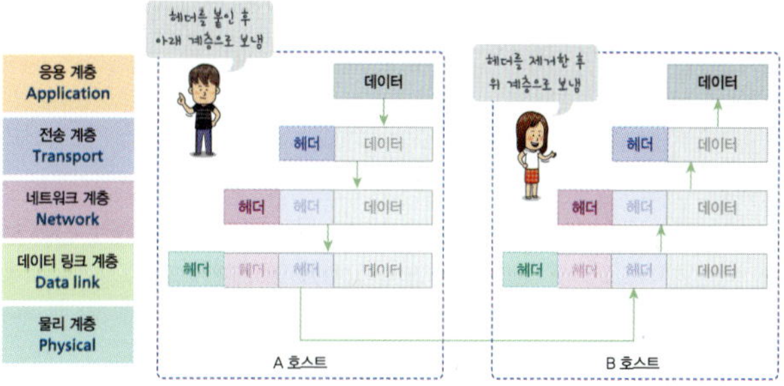

그림 2-8 계층과 헤더와의 관계

다양한 비유

택배 서비스나 칩 모형과 같은 다양한 비유를 통하여 복잡하고 어려운 이론을 쉽게 설명한다.

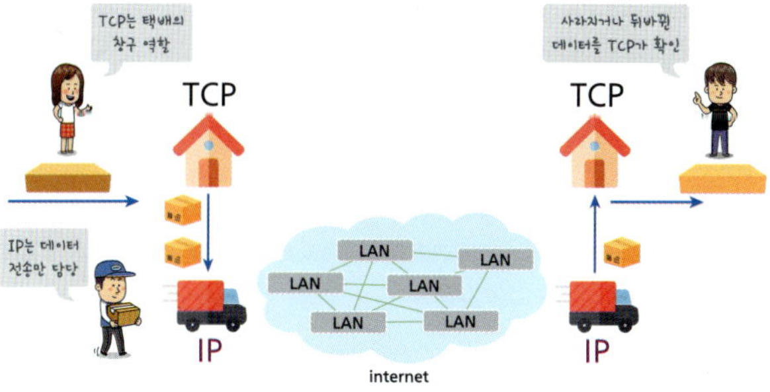

하이퍼링크

본문과 관련된 추가적인 내용을 다루는 다른 장과 절을 연결한다.

하이퍼링크

사용자가 수동으로 설정한 후 직접 입력하여 사용하는 IP 주소는 '고정 IP'라 부른다. DHCP를 이용하여 자동으로 할당받아 사용하는 IP 주소는 '유동 IP'라고 부른다. 유동 IP를 사용하기 때문에 다른 컴퓨터를 해킹하거나 불법적인 행위를 해도 모를 것이라고 생각할 수도 있다. 그러나 누가 언제 어떤 IP를 사용했는지와 같은 정보는 인터넷 서비스 제공자가 보관하고 있다. DHCP에 대한 자세한 설명은 12장 02절 주소 변환 관련 프로토콜에서 다룬다.

여기서 잠깐

보통 좌우 스피커에는 고음을 담당하는 트위터와 저음을 담당하는 우퍼로 구성되어 있다. 일부 스피커의 경우 그림과 같이 우퍼만 따로 분리하여 만들기도 한다. 이때, 고음을 담당하는 부분은 왼쪽과 오른쪽 2개로 구성되지만 우퍼는 1개뿐이다. 고음은 방향성을 가지며 정보량이 많기 때문에 왼쪽 고음과 오른쪽 고음을 구분할 수 있다. 반면 저음은 확산되기 때문에 왼쪽 저음과 오른쪽 저음을 구분하기 어렵다. 그래서 우퍼는 1개만 있는 것이다.

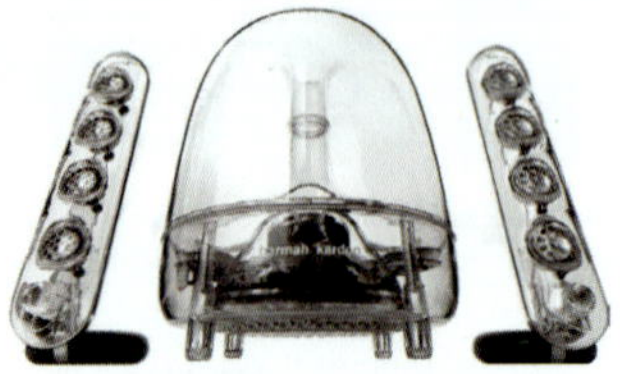

그림 4-7 저음 한 개와 고음 두 개로 이루어진 스피커

여기서 잠깐

본문의 내용과 관련된 짧은 이야기나 보충 설명을 나타낸다.

요약

- 데이터 링크 계층에서 다루는 데이터 단위를 프레임이라 부르고 프레임은 데이터 링크 헤더 + 패킷의 형태이다.
- 프레임의 시작과 끝을 알리는 패턴을 플래그라 부르는데, 프레임의 앞쪽에 붙이는 플래그를 프리앰블, 뒤쪽에 붙이는 플래그를 포스트앰블이라 부른다.
- 문자 프레임에서 중간에 포스트앰블과 같은 패턴이 있을 경우 DLE를 추가하여 전송하는 방식을 문자 스터핑이라 부른다. 문자 프레임에서 프리앰블로 DLE STX를 사용한다. 포스트앰블로는 DLE ETX를 사용한다.
- 비트 프레임에서 프리앰블과 포스트앰블로 01111110을 사용한다. 비트 프레임에서 중간에 포스트앰블과 같은 패턴이 있을 경우 0를 추가하여 전송하는 방식을 비트 스터핑이라 부른다. 1이 연달아 5개 나오면 그 다음에 0을 삽입한다.
- 프레임을 수신한 쪽에서 잘 받았다는 의미로 사용되는 자료구조는 ACK이며, 프레임을 수신하지 못했다는 의미로 사용되는 자료구조는 NACK이다.
- 데이터 전송의 필수요소는 ACK, 타임아웃, 프레임 일련번호, ACK 일련번호이다. 기존 데이터에 얹어서 보내는 것을 피기배킹이라 부른다.

요약

각 장의 핵심 내용을 요약해서 다시 정리한다.

연습문제

[객관식 문제]

01 IEEE 중 LAN에 대한 표준이 정의된 섹션의 번호는 무엇인가?

❶ 208 ❷ 800
❸ 802 ❹ 200

02 다음 중 IEEE 802.2에 정의되어 있고 LAN에서 프레임 처리와 오류제어를 담당하는 하부 계층을 의미하는 단어는 무엇인가?

❶ MAC ❷ Zigbee
❸ LLC ❹ RFID

03 다음 중 이더넷이 정의된 IEEE 섹션 번호는 무엇인가?

❶ 802.1 ❷ 802.2
❸ 802.11 ❹ 802.3

연습문제

본문에서 학습한 내용에 대해 객관식 문제, 단답형 문제, 주관식 문제 1267개를 제공하여 문제를 풀며 스스로 복습해볼 수 있다.

학습 로드맵

통신을 처음 배우는 시점에서 기본적으로 알아야 할 주요 용어들과 계층 모델에 대하여 1~2장에서 간단히 살펴본다. 그 후에는 OSI 7계층 모델의 물리 계층부터 응용 계층까지의 전체적인 구조에 대하여 순서대로 챕터를 구성하여 설명한다. 그리고 마지막 16장에서는 중요성이 커지고 있는 보안에 대한 전반적인 이야기들을 다룬다.

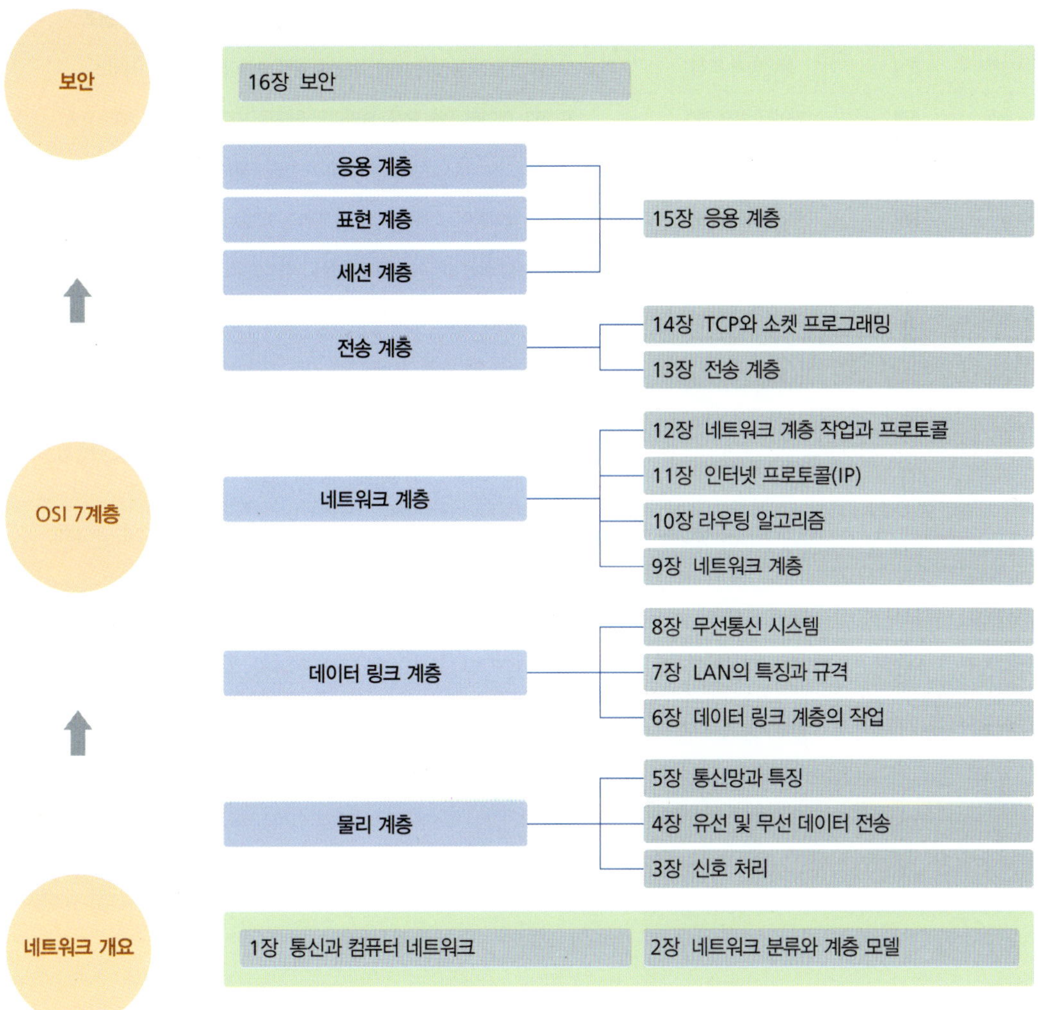

강의계획서

이 책은 대학의 일반적인 한 학기 강의에 적합하도록 구성하였다. 한 학기 15주 강의라면 다음과 같은 진행을 생각할 수 있다. 수업의 진행 상황에 따라 일부 내용을 수정해도 된다.

주차	장	주제	주요 내용
1주	1~2장	네트워크 개요	통신, 프로토콜, 네트워크, 인터넷, 서버/클라이언트, 계층 모델, OSI 7계층
2주	3~4장	물리 계층	아날로그/디지털, 신호, 통신선, 주파수, 다중접속, CDMA, 변조
3주	5장	통신망과 특징	유선/무선 통신망, 회선 교환망, 패킷 교환망, 이동통신 서비스
4주	6장	데이터 링크 계층	프레임, 데이터 전송 오류, 슬라이딩 윈도우 프로토콜, 오류 처리 코드
5주	7장	LAN의 특징과 규격	LLC, MAC, 이더넷, 토큰링, 프레임 분석
6주	8장	무선통신 시스템	와이파이, CSMA/CA, 블루투스, RFID, NFC, Zigbee
7주	9장	네트워크 계층	가상 회선, IP 주소 체계, DNS, 서브넷 마스크, 게이트웨이
8주	중간고사		
9주	10장	라우팅 알고리즘	최단경로 알고리즘, 플러딩 알고리즘, 거리벡터 라우팅 알고리즘, 연결상태 라우팅 알고리즘, 계층적 라우팅 알고리즘
10주	11장	인터넷 프로토콜(IP)	서비스 요구사항, 혼잡제어, 초크 패킷, 토큰 버킷 알고리즘, 패킷 단편화, 터널링, IP 헤더 분석
11주	12장	네트워크 계층 작업과 프로토콜	서브넷 마스크, 주소 변환, ARP, RARP, BOOTP, DHCP, ICMP, IGMP, OSPF, BGP
12주	13장	전송 계층	클라이언트-서버 구조, 포트, 소켓, 연결 설정, 연결 해제, 3방향 핸드쉐이크
13주	14장	TCP와 소켓 프로그래밍	TCP 헤더 분석, UDP, RTP, 혼잡제어, 소켓 프로그래밍
14주	15~16장	응용 계층 및 보안	HTML, 웹, HTTP, DNS, 이메일, FTP, 피싱, 디도스, 위조 및 변조, 암호화, 보안 프로토콜
15주	기말고사		

목차

Data Communication and **Networking**

PART

I

네트워크 개요
Introduction

Part I Preview

- 이제는 인터넷이 불가능한 컴퓨터나 스마트폰은 상상할 수 없다. 집에서는 와이파이 WiFi 를 사용하여 인터넷에 접속하고, 스마트폰에서 흘러나오는 음악은 블루투스 이이폰으로 듣는다. 현재의 스마트폰은 5G 무선통신을 사용하여 이동 중에도 영화를 볼 수 있다. NFC 기능을 가진 교통카드로 버스를 타고, 하이패스 단말기(RFID)로 접촉 없이 통행료를 지불할 수 있다. 우리 주변의 모든 것이 데이터통신을 사용한다.

- 위에 설명한 문장에도 인터넷, 와이파이, 블루투스, 5G 무선통신, NFC, RFID와 같은 통신 관련된 단어들이 있다. 사용을 하고 있지만 정확하게 의미를 알지는 못할 것이다. 이 책은 통신과 관련된 이론을 설명하는 책이다. A는 B이다와 같은 방법으로 통신을 설명하면 그 많은 내용을 그냥 외워야만 한다. 이 책은 통신의 시작부터 발전 과정을 통하여 현재의 통신이 만들어진 이유를 자연스럽게 이해하도록 할 것이다.

- Part I은 통신을 처음 배우는 시점에서 기본적으로 알아야 할 주요 용어들을 설명하고 현재의 통신 시스템이 발전하기까지의 과정을 살펴본다. 1장에서는 통신의 역사를 설명하면서 다양한 통신기술이 만들어진 배경을 설명한다. 통신 발전 과정을 통하여 통신과 관련된 단어들의 의미를 자연스럽게 알게 될 것이다. 2장에서는 계층 모델을 설명한다. 다양한 통신기기들이 만들어짐에 따라 여러 개의 계층이 형성되었다. 통신을 계층별로 분류하고, 각 계층의 역할과 특징을 살펴본다.

Data Communication and **Networking**

CHAPTER

01

통신과 컴퓨터 네트워크

Section

- 01 통신 이해하기
- 02 데이터통신과 프로토콜
- 03 인터넷과 컴퓨팅 환경

SECTION 01

통신 이해하기

1 통신의 정의

필수

통신 communication 의 사전적 의미는 의사, 감정, 사고를 한쪽에서 다른 쪽으로 전달하는 것이다. 통신의 수단으로는 언어, 문자가 대표적이며, 그 밖에 몸짓, 표정, 소리 등이 있다. 넓은 의미로 보면, 인간의 의사를 다른 사람에게 전달하는 것도 통신이고, 컴퓨터가 다른 컴퓨터에게 데이터를 전달하는 것도 통신이다. 따라서 통신을 **한쪽의 데이터를 다른 쪽으로 전달하는 것**으로 정의할 수 있다.

전기가 개발되기 전으로 거슬러 올라가보자. 대화는 가까운 거리에 있는 사람들의 통신 수단이며 먼 거리에 있는 사람에게 정보를 전달하는 데는 한계가 있다. 그래서 먼 거리에 있는 사람에게 정보를 전달하기 위해 편지를 사용했다. 이렇게 원격지에 있는 사람에게 정보를 전달하기 위해 만들어진 통신 시스템이 **우편** mail 이다.

그림 1-1 전기 발명 이전의 통신

우편의 가장 큰 단점은 정보의 전달 속도가 느리다는 것이다. 서울에서 부산까지 말을 타고 달려도 편지가 도착하기까지 며칠이나 걸렸다. 적이 쳐들어왔거나 큰 재앙이 발생했을 경우, 이를 빠르게 전달할 수 있는 통신 수단이 필요했다. 이러한 목적으로 개발된 것이 봉화이다. 봉화는 연기를 피워 원격지의 정보를 빠른 속도로 전달할 수 있는 통신 시스템이다.

전기가 발명되면서 먼 거리에 있는 사람들과의 의사소통이 빠르고 쉬워졌다. 최초로 전기를 이용한 통신 시스템은 **모스부호** morse code 이다. 긴 음과 짧은 음을 조합하여 알파벳, 숫자, 특수 기호를 미리 정해놓은 것이 모스부호이다. 모스부호 통신 시스템에서는 연결된 전선을 통해 긴 음과 짧은 음을 전송하여 정보를 전달한다.

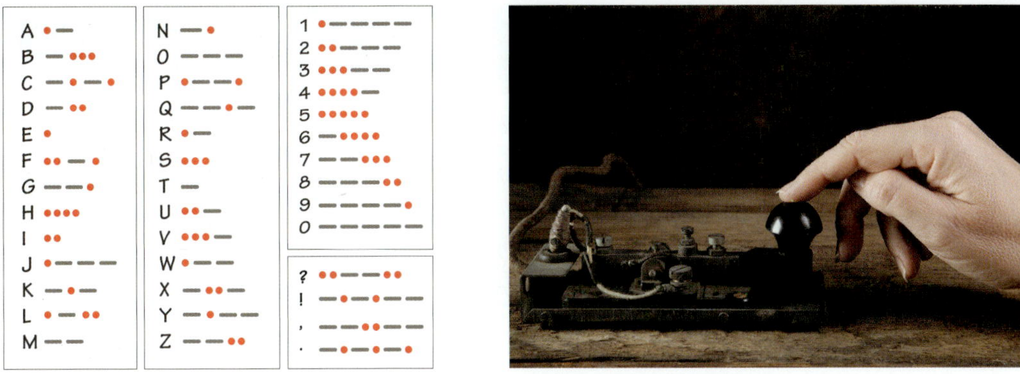

그림 1-2 모스부호(좌)와 모스부호를 보내는 사람(우)

예를 들어 SOS는 '삐삐삐(S) 삐이~삐이~삐이~(O) 삐삐삐(S)'로 전송하면 된다. 모스부호는 먼 거리까지 정보를 실시간으로 전달할 수 있는 장점이 있었다. 그러나 문자를 신호로 바꾸어 전달하였기 때문에, 단위 시간당 전송할 수 있는 정보량은 많지 않았다.

기술은 주어진 문제를 해결하는 방향으로 발전한다. 우편 시스템의 느린 속도를 해결하기 위해 만들어진 것이 봉화이듯이, 모스부호가 한 번에 보낼 수 있는 적은 정보량을 해결하기 위한 통신 시스템이 개발되었다. 전선에 모스부호 대신 사람의 목소리를 전달할 수 있게 되었는데 이것이 바로 **전화**telephone이다.

그림 1-3 초창기 전화기 모습

telephone의 tele는 먼 거리를 뜻하며, phone은 음성을 나타낸다. 전화기는 전기를 이용하여 먼 거리까지 사람의 음성을 전달하는 통신 시스템이다. 모스부호와 같이 문자를 신호로 바꾸는 과정이 필요 없기 때문에 누구나 쉽게 사용할 수 있는 통신 시스템이다. 따라서 전화기의 보급으로 많은 사람들이 먼 거리까지 정보를 쉽게 전달할 수 있게 되었다. 이러한 편리함으로 인해 전화는 가장 대중적인 통신 시스템이 되었다.

2 유선통신과 무선통신 필수

모스부호나 전화와 같은 통신 시스템의 단점은 통신이 필요한 곳을 전선으로 연결해야 한다는 것이다. 또한 유선통신 시스템에 사용되는 통신기기는 이동이 어렵다는 단점도 있다. 이러한 문제를 개선한 것이 무선통신 시스템이다.

최초의 무선통신 시스템은 무전기이다. 초기 무전기는 걸으면서 말을 할 수 있었기 때문에 워키토키 wakie-talkie 라 불렸다. 무전기는 양방향으로 통신이 가능하지만, 특정 시점에서는 한쪽으로만 통신이 가능하다. 그래서 자신의 이야기가 끝나면 '오버 over'라는 메시지를 보내 정보 전달이 끝났음을 알려야만 한다.

무선통신기술의 발전은 무전기 이외에 다양한 통신기기를 만들었다. 사람들에게 가장 친숙한 통신기기는 **방송** broadcasting 시스템이다. 가정 먼저 보급된 방송 시스템은 라디오 radio 이다. 안테나를 가진 네모난 상자에서 사람의 음성이나 노래가 흘러나오는 것을 보면서 많은 사람들이 즐거워했었다. 이후 사람의 목소리뿐 아니라 동영상을 전송할 수 있는 흑백 TV가 개발되었고, 흑백 TV는 컬러 TV로 발전하였다. TV는 'Television'의 약자로 먼 거리 tele 까지 영상을 보여주는 vision 기기라는 뜻이다. KBS, MBC, SBS, TBN과 같이 보통 방송국 이름에 B가 들어가는데, 여기서 B는 broadcasting(방송)의 약자이다.

그림 1-4 무전기(좌), 라디오(중), 흑백 TV(우)

전화기와 방송 통신 시스템은 많은 차이가 있다. 전화기의 경우 전화를 걸은 사람(발신자)과 전화를 받은 사람(수신자)이 1대1로 통신한다. 방송 통신 시스템은 발신자가 신호를 보내면 불특정 다수가 신호를 받는 통신 시스템이다. 또한 방송은 방송국에서 라디오나 TV 수신기로 전송되는 단방향 통신 시스템이다. 그래서 발신자(방송국)는 누가 방송 신호를 수신하는지 알 수 없다.

무선통신의 단점도 있다. 무선 신호를 먼 거리에 보내기 위해서는 커다란 안테나가 필요하다. 서울 남산에 우뚝 솟아있는 남산타워가 방송용으로 사용되는 송신탑(안테나)이다. 또한 TV 방송과 같이 무선 신호를 수신하기 위해서도 커다란 안테나를 사용해야 한다. 안테나를 사용하더라도 날씨나 지형, 지물에 따라 수신되는 신호의 크기가 달라서 방송 품질은 제각각이었다. 이러한 문제는 케이블 TV가 해결하였다. 무선 안테나 대신 케이블(전선)을 각 가정까지 설치하고 케이블에 방송 데이터를 전송함으로써 안정적으로 방송을 볼 수 있게 되었다.

기존 방송 시스템의 또 다른 문제는 시간의 제약성이다. 각 방송국은 정해진 프로그램 편성에 따라 방송을 송출한다. 따라서 방송 콘텐츠를 보려면 정해진 시간에 라디오나 TV 앞에 있어야만 한다. 케이블 TV도 정해진 시간에 방송을 송출하는 것은 기존의 방송 시스템과 다르지 않다. 인터넷의 발달로 이러한 시간적인 제약을 극복하였는데 이것이 바로 주문형 비디오 Video On Demand; VOD 이다. 주문형 비디오는 인터넷에 연결된 단말기를 통하여 시간의 제약 없이 비디오 데이터를 시청할 수 있는 시스템을 의미한다.

넷플릭스 유튜브 티빙 왓챠 웨이브

그림 1-5 다양한 OTT 서비스 플랫폼

현재에는 주문형 비디오뿐 아니라 자체 제작한 콘텐츠까지 제공하는 OTT Over-The-Top 서비스가 대중화되었다. OTT 서비스는 인터넷을 통해 방송 콘텐츠뿐 아니라, 영화, 오락, 교육과 같은 다양한 콘텐츠를 제공하는 서비스를 지칭한다. OTT 서비스는 개인용 컴퓨터뿐 아니라 스마트폰에서도 볼 수 있기 때문에, 시간과 공간의 제약이 없어 급속도로 보급되고 있다. 대표적으로 넷플릭스와 유튜브가 있으며, 국내 OTT 서비스로는 티빙, 왓챠, 웨이브가 있다.

여기서 잠깐

인터넷을 대표하는 프로토콜은 IP(Internet Protocol)이다. 따라서 인터넷을 이용하여 TV 콘텐츠를 송출하는 시스템을 IPTV라 부른다 . 또한 인터넷을 이용한 가정용 전화도 널리 보급되었다. 인터넷전화의 경우 IP에 보이스 voice 를 전송한다는 의미로 VoIP(Voice of IP)라 부른다.

SECTION 02

데이터통신과 프로토콜

1 데이터통신이란 무엇인가? 필수

지금까지 우리 주변에서 쉽게 접할 수 있는 통신 시스템에 대하여 살펴보았다. 사람과 마찬가지로 컴퓨터나 기기들도 데이터를 주고받기 위해서 통신을 사용한다. 이를 **데이터통신** data communication 이라 부른다. 컴퓨터는 데이터를 처리 process 하여 의미 있는 자료로 만드는데 이를 정보 information 라고 한다. IT Information Technology: 정보기술 는 데이터를 가공하여 가치 있는 정보로 만드는 모든 기술을 의미한다. 여기에 통신기술이 빠질 수 없기 때문에 ICT Information & Communication Technology: 정보통신기술 라고도 부른다.

데이터통신이 없던 시절에는 한쪽 컴퓨터에서 다른 컴퓨터로 데이터를 옮기는 게 불편했다. 그러나 지금은 회의 자료, 사진, 과제물들을 이메일 혹은 메신저로 편하게 주고받는다. 인터넷이 없던 시절에는 자료를 플로피 디스크에 담아 전달하였다. 자료를 플로피 디스크에 담는 일도, 플로피 디스크를 읽어서 자료를 확인하는 일도 번거로웠다. 마찬가지로 한쪽 컴퓨터에서 다른 컴퓨터로 데이터를 옮길 때에는 테이프 드라이브와 같은 저장장치를 사용했다. 한쪽에서 테이프 드라이브에 데이터를 저장한 후, 이를 다른 쪽으로 가져가서 다시 입력해야 했다. 이 방법은 시간도 오래 걸리고 절차도 불편했다. 이러한 불편함을 없애기 위해 컴퓨터를 전선으로 연결하고, 그 선에 데이터를 보냄으로써 최초의 데이터통신이 탄생한다.

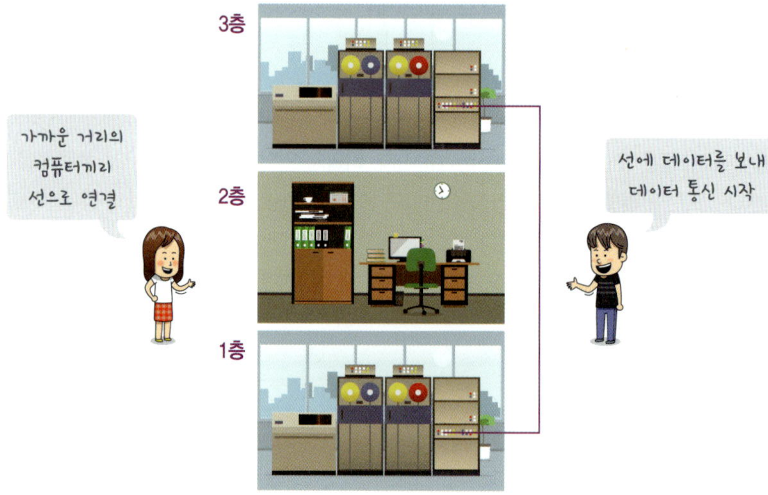

그림 1-6 선을 이용한 데이터 전달

데이터통신 초창기에는 2대의 컴퓨터를 1대1로 연결했지만, 기술의 발전으로 여러 대의 컴퓨터가 데이터를 주고받게 되었다. 이렇게 여러 대의 컴퓨터끼리 데이터를 주고받는 통신 시스템을 **컴퓨터 네트워크** computer network 라 부른다. 네트워크 network 는 그물을 뜻하는 'net'과 작업을 뜻하는 'work'의 합성어로 여러 기기가 연결되어 있는 것을 의미한다. 다시 말해, 컴퓨터 네트워크는 그물처럼 연결된 컴퓨터들이 데이터를 주고받는 통신망을 가리킨다.

인터폰은 두 곳만 연결하기 때문에 통신장치이기는 하지만 네트워크는 아니다. 그러나 전화기는 여러 사람들이 통신을 하기 때문에 '전화기 네트워크' 혹은 '전화망'이라 부른다. 이후부터 네트워크는 컴퓨터 네트워크를 가리키며 '-망'도 네트워크를 의미한다.

2 통신규약 - 프로토콜 필수

컴퓨터를 선으로 연결하는 것만으로는 통신이 이루어지지 않는다. 통신을 하기 위해서는 서로 간 약속을 해야 한다. 예를 들어, 누가 먼저 데이터를 보낼지, 얼마만큼 빠른 속도로 데이터를 보낼지를 정해야 한다.

종이컵 전화를 생각해보자. 두 사람 사이를 종이컵과 선으로 연결했다고 해서 통신이 이루어지지 않는다. 한쪽이 말을 할 때에는 다른 한쪽이 컵을 귀에 대고 있어야만 통신이 된다. 둘 다 컵을 입에 대거나 귀에 대면 통신을 이루어지지 않는다. 이렇듯 **통신을 위한 약속을 프로토콜** protocol 이라 한다. 번역하면 **통신규약**이다.

그림 1-7 프로토콜을 지키지 않아 통신이 실패한 경우

유선 전화망을 살펴보자. 전화를 하려면 전화 서비스에 가입하고 전화선을 연결한 후 전화기를 설치해야 한다. 이것을 통신연결이라 부른다. 그러나 통신연결만으로는 통신이 되지 않는다. 상대방에게 전화하기 위해서는 '전화 프로토콜'을 사용해야만 한다. 전화 프로토콜에서는 수화기를 들고 전화번호를 누르면 상대방에게 신호가 전달되고, 상대방이 수화기를 들면 통신이 시작된다. 전화 프로토콜이

지켜지지 않거나 순서가 바뀌면 통화가 되지 않는다. 예를 들어, 상대방이 수화기를 먼저 든다면 통화가 이뤄지지 않는다.

컴퓨터 네트워크에서 데이터를 전송하기 위해서는 두 가지 요소가 충족되어야만 한다. 하나는 통신연결이고, 또 하나는 데이터를 전송하기 위한 약속인 프로토콜이다. 다시 말해, 네트워크에가 구성되려면 물리적인 연결(통신연결)이 있어야 하며, 통신을 위한 약속(프로토콜)을 지켜서 데이터를 주고받아야 한다.

> 네트워크의 구성요소

통신연결과 프로토콜(통신규약)

컴퓨터를 선으로 연결했던 시점으로 돌아가 보자. 컴퓨터와 컴퓨터를 선으로 연결한 후 파일을 전송하는 프로토콜을 만들었다. 이것이 파일 전송 프로토콜 File Transfer Protocol 이며 이 프로토콜의 알파벳 첫 글자를 따서 FTP라 부른다. 다시 말해, FTP는 파일을 전송하기 위한 컴퓨터 간의 약속이다.

네트워크와 관련된 익숙한 단어들을 떠올려 보자. 대부분의 단어들이 P로 끝날 것이다. 예를 들어, 홈페이지를 방문할 때 사용하는 HTTP HyperText Transfer Protocol, 인터넷을 이용할 때 사용하는 TCP Transmission Control Protocol 와 IP Internet Protocol 도 P로 끝난다. 여기서 P는 프로토콜을 의미한다. 그러므로 **네트워크를 배운다는 것은 통신기기들이 어떻게 연결되는가와 여러 종류의 프로토콜을 배우는 것**이다.

3 근거리 네트워크 LAN 필수

초기의 컴퓨터 통신은 가까운 거리를 연결하는 수준이었다. 한 건물 내에 있는 컴퓨터라든가 기껏해야 수백 미터 정도 떨어진 컴퓨터를 연결했다. 이렇게 가까운 거리에 연결된 네트워크를 '**Local Area Network**', 즉 'LAN'이라 부른다. LAN이란 수 미터에서 약 1킬로미터 내에 연결되는 **근거리 네트워크**를 의미한다.

집에서 사용하는 컴퓨터에는 랜 카드 LAN card 가 달려 있고 LAN선으로 공유기와 연결하여 사용할 것이다. 이는 공유기에서 컴퓨터까지의 거리가 길어 봐야 수백 미터 정도의 거리라는 의미이다. 무선 공유기란 LAN선 대신 무선으로 연결한다는 의미이며, 무선으로 연결되는 LAN을 와이파이 WiFi 라 부른다. 또는 무선 LAN이라 부르기도 한다.

반대로 국가 전체를 연결하거나 국가 간에 연결되는 네트워크는 'Wide Area Network', 즉 'WAN'이라 부른다. WAN이란 수백 킬로미터 이상을 연결하는 장거리 네트워크라는 의미이다. KT, LG, SK의 인터넷 서비스를 신청하면 외부에서 집까지 전선을 연결해 주는데, 이 선이 WAN선이다.

여기서 잠깐

인터넷을 사용하기 위해서는 KT, LG, SK와 같은 통신회사들에게 사용료를 지불하고 WAN선을 임대한다. 이렇게 인터넷 서비스를 제공하는 회사들을 인터넷 서비스 제공자 또는 ISP Internet Service Provider 라 부른다.

집에서 사용하는 네트워크 공유기 뒷면을 살펴보자. 외부에서 들어오는 선을 꽂는 곳은 WAN이라 쓰여 있고 컴퓨터나 노트북과 같이 집이나 사무실 내의 기기를 꽂는 곳은 LAN이라 쓰여 있다. 공유기는 외부로부터 들어온 WAN을 집 안에 있는 LAN 기기들에게 나누어 주는 역할을 하는 기기이다. 공유기가 무선을 지원하는 경우(와이파이), 무선 공유기가 된다.

그림 1-8 네트워크 공유기 뒷면에 LAN 선을 꽂는 포트

LAN과 WAN은 네트워크를 거리에 따라 분류한 것이다. 근거리 네트워크인 LAN과 원거리 네트워크인 WAN 사이에는 중거리 네트워크 MAN Metropolitan Area Network 이 있다. MAN은 대도시 간의 연결을 의미하는 네트워크이다.

표 1-1 거리에 따른 네트워크의 분류

종류	범위
원거리(Wide Area Network; WAN)	100Km 이상
중거리(Metropolitan Area Network; MAN)	1Km ~ 100Km
근거리(Local Area Network; LAN)	10m ~ 1Km
개인(Personal Area Network; PAN)	1m ~ 10m
초근거리(Near Field Communication; NFC)	1m 이내

LAN 보다도 가까운 거리를 연결하는 네트워크도 있다. 블루투스 bluetooth 와 같이 가까운 거리에 있는 기기들을 서로 연결하는 것을 개인 네트워크 혹은 PAN Personal Area Network 이라 부른다. PAN의 경우 이어폰, 키보드, 마우스와 같이 가까운 거리에 있는 주변장치들을 연결하는 데 사용된다. 또한 수 센티미터 거리에서 통신하는 네트워크를 초근거리 네트워크 혹은 NFC Near Field Communication 라 부른다.

SECTION 03

인터넷과 컴퓨팅 환경

1 인터넷의 탄생 필수

인터넷 internet 의 보급으로 인하여 우리는 많은 문화적, 경제적 혜택을 누리고 있다. 인터넷이 안 되는 컴퓨터는 쓸모없을 정도로 우리 생활 깊은 곳까지 파고들었다. 그렇다면 인터넷은 어떻게 정의할 수 있을까? 이 책에서는 인터넷을 '**네트워크를 하나로 묶는 기술**'로 정의한다.

> 인터넷의 정의

네트워크를 하나로 묶는 기술

인터넷의 정의인 '네트워크를 하나로 묶는 기술'을 이해하기 위해서는 네트워크의 발전 과정을 이해해야 한다. 컴퓨터 간 데이터 전송을 편리하게 해주는 LAN은 다양한 회사에서 개발되어 급속히 보급되었다. 그러다 보니 모양과 규격이 제각각이었다.

두 대의 컴퓨터를 연결하는 방법은 한 가지뿐이다. 그러나 여러 대의 컴퓨터를 연결하여 LAN을 구성하는 방법은 다양하다. 그중 지금까지 사용되는 LAN의 구조는 3가지 정도이다. 랜의 구조를 영어로 토폴로지 topology (형태)라 부르는데, 모양에 따라 별 형태 star topology , 링 형태 ring topology , 버스 형태 bus topology 가 있다.

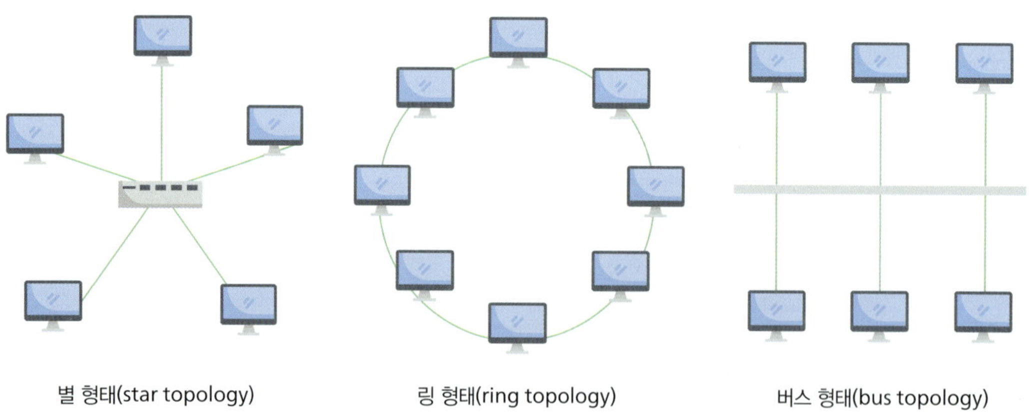

그림 1-9 여러 종류의 LAN 형태

별 형태는 중앙에 네트워크를 처리하는 장치를 두고 방사형으로 기기를 연결하는 방식이다. 링 형태는 모든 기기를 하나의 원으로 연결하는 방식이다. 마지막으로 버스 형태는 중앙에 데이터가 오고가는 버스가 있으며, 이 버스에 기기를 붙여서 네트워크를 구성하는 방식이다.

표 1-2 LAN 형태와 특징

형태	범위
별(star) 형태	중앙에 네트워크를 처리하는 시스템을 두고 방사형으로 기기를 연결
링(ring) 형태	모든 기기를 하나의 원으로 연결
버스(bus) 형태	중앙에 데이터가 흐르는 버스(bus)를 두고, 기기를 붙여 네트워크를 구성

이전엔 LAN의 표준이 없었기 때문에 여러 회사에서 각자의 규격을 가진 LAN들을 출시했던 것이다. 따라서 LAN들 사이에는 호환이 되지 않았다. 마치 노트북 어댑터가 제조사마다 서로 달라 호환이 안 되는 것과 같다.

여기서 잠깐

대표적인 링 형태의 LAN으로 토큰 링 token ring 이라는 프로토콜을 사용한다. 별 형태의 LAN인 이더넷 Ethernet 은 CSMA/CD라는 프로토콜을 사용한다. 이에 대한 자세한 내용은 7장 MAC에서 자세히 다룬다.

이러한 LAN 호환성 문제로 미국 국방성은 골머리를 앓았다. 국방의 생명은 일관된 정보 전달인데 육군, 해군, 공군이 서로 다른 종류의 LAN을 사용함에 따라 한 번에 데이터를 전송할 수 없었다. 그래서 서로 다른 LAN을 하나로 통합하는 방법을 찾게 되었다.

1960년대 미국 국방성에서는 서로 호환되지 않는 LAN을 묶어 하나의 네트워크로 만들기 위한 연구를 진행하였다. 이 프로젝트가 'Advanced Research Projects Agency(ARPA)'이고, 이 프로젝트의 결과로 만들어진 네트워크가 바로 1969년 만들어진 아파넷 ARPAnet 이다.

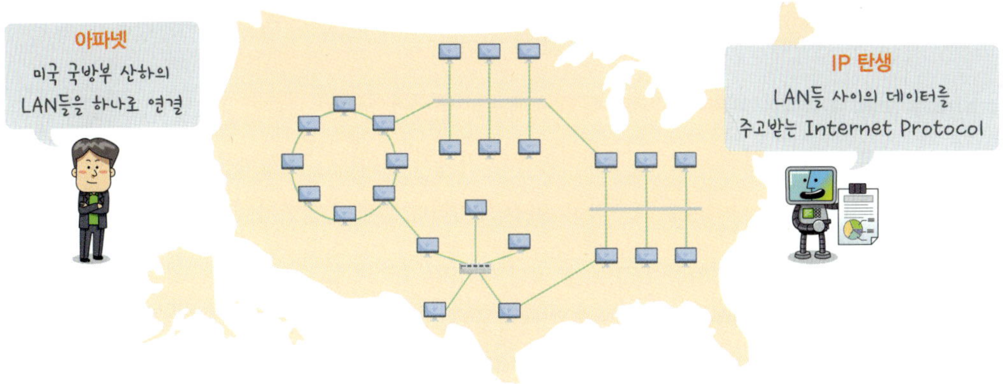

그림 1-10 다양한 LAN을 연결한 아파넷

아파넷을 만들던 그 시대의 서로 호환이 안 되는 LAN들은 중계기를 두어 하나로 연결할 수 있었다. 하지만 네트워크가 정상적으로 작동하려면 통신연결과 프로토콜이 필요하다. 다시 말해, 모든 LAN을 중계기로 연결한다고 해서 하나로 통합되지 않는다는 것이다. 따라서 서로 다른 LAN에서 데이터를 어떻게 주고받을 것인가에 대한 프로토콜이 필요했다. 그 결과 새로운 프로토콜을 만들게 되었다.

새로 만들어진 프로토콜은 서로 다른 종류의 LAN을 넘어 다니면서 목적지까지 데이터를 전송해야 한다. 그래서 inter + networking 프로토콜, 다시 말해 Internetworking Protocol인 IP가 만들어진다. IP는 네트워크와 네트워크를 넘어 목적지까지 데이터를 전송하는 프로토콜이다. 인터넷을 사용한다는 것은 IP를 사용하여 데이터를 전송한다는 것이다.

2 TCP/IP의 역할

인터넷에는 수만 가지의 LAN들이 섞여 있다. 어떤 LAN은 오래되어 느리고 자주 고장이 나기도 하며, 어떤 LAN은 독특한 규격의 데이터만 전송하기도 한다. 이러한 LAN들을 통과하여 목적지까지 데이터를 보내는 일은 쉽지 않다. 인터넷 프로토콜(IP)을 처음 만들 당시, 목적지까지 데이터를 보내는 데는 성공했으나 데이터가 사라지거나, 순서가 뒤바뀌거나, 일부가 훼손되는 일이 발생하였다.

이러한 문제를 해결하기 위하여 새로운 프로토콜을 만들었다. 새로 만들어진 프로토콜은 전송되는 데이터를 제어하여 IP의 오류를 보정하는 프로토콜이다. 다시 말해, 보내진 데이터가 원래의 상태로 도착하는지를 감시하는 프로토콜이다. 또 다양한 응용 프로그램으로부터 전달받은 데이터를 목적지의 프로그램에 전달하는 창구 역할도 한다. 이러한 역할을 담당하는 프로토콜이 TCP $_{\text{Transmission Control Protocol}}$ 이다.

TCP를 번역하면 '전송 제어 프로토콜'이다. TCP는 데이터 전송에서 발생하는 오류를 바로 잡고, 데이터가 최종 목적지 프로그램에 전달될 수 있도록 창구 역할을 담당한다. 인터넷을 사용하기 위해서 응용 프로그램으로부터 받은 데이터를 안전하게 전달하는 역할을 가진 TCP와 여러 LAN을 거쳐 데이터를 목적지까지 전달하는 IP를 같이 사용하게 된 것이다.

TCP/IP를 통해 데이터가 전송되는 과정은 택배배송과 닮았다. TCP는 택배 접수처, IP는 배송 트럭이라 생각하면 된다. IP는 여러 LAN을 통과하여 배송지까지 데이터를 배달하는 일만으로도 빠듯하다. TCP는 이러한 IP를 도와 데이터를 접수하고, 빠진 데이터는 없나 확인한다.

인터넷에서 데이터 전송의 책임은 TCP에게 있다. TCP는 데이터를 전송하기에 적당한 크기로 잘라 번호표를 붙인 후 IP에게 전달한다. IP는 여러 개의 LAN을 지나서 목적지까지 데이터를 전달한다. 이렇게 데이터는 수신측(받는 쪽) TCP에게 전달된다.

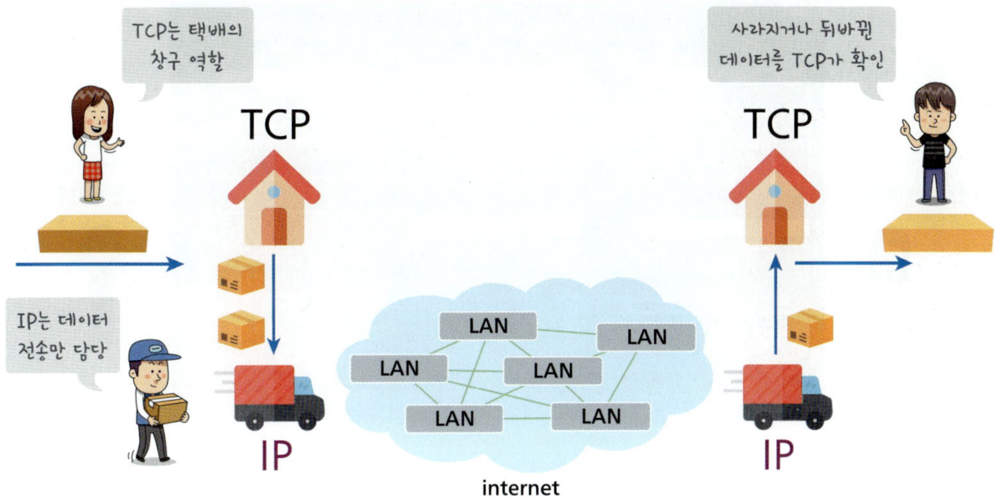

그림 1-11 TCP/IP를 이용하여 데이터를 전송하는 과정

수신측 TCP는 데이터가 순서대로 도착했는지, 훼손된 것은 없는지 확인한다. 만약 문제가 있다면 송신측(보낸 쪽) TCP에게 연락하여 다시 보내달라고 한다. 이렇게 재전송을 통해 모든 데이터가 이상 없이 도착한 것을 확인하면, 송신측 TCP는 최종 데이터를 목적지 프로그램에 전달한다. 인터넷에서는 이러한 일들이 계속 반복된다.

TCP/IP를 이용하여 성공적으로 네트워크를 연결한 아파넷은 처음엔 미국 내 대학교에서 연구용으로 사용되다가 일반인들에게 공개되었는데, 이것이 인터넷의 시작이다. 인터넷은 서로 호환이 안 되는 LAN들을 하나로 묶은 것이며, 인터넷을 이용하기 위해서는 TCP/IP를 사용한다. 이제는 인터넷의 정의인 '네트워크를 하나로 묶는 기술'의 의미를 이해했을 것이다.

3 클라이언트/서버 구조

초기 인터넷은 전 세계의 대학과 연구소들이 연구나 개발 정보를 주고받는 데 사용하였다. 이 당시에 주로 이용하던 서비스들은 주로 문자(텍스트) 위주였다. 채팅을 하거나 이메일을 주고받거나 게시판을 이용할 때 사용하는 모든 명령을 문자만 사용해야 했다. 일반인들도 하이텔이나 천리안과 같은 인터넷 접속 프로그램을 사용할 때 문자로 명령을 내려야 했다. [그림 1-12]와 같이 상위 메뉴로 올라갈 때는 P, 초기 화면은 T, 다음 메뉴는 N을 눌러야 했다. 이와 같이 키보드만 사용하여 컴퓨터에 명령을 내리는 것을 문자 기반 사용자 인터페이스라 부른다. 문자 기반 인터페이스 이후에는 마우스와 그래픽 사용자 인터페이스Graphical User Interface; GUI가 개발되었다. 지금과 같이 마우스를 이용하여 컴퓨터를 사용할 수 있게 된 것이다. 그래픽 사용자 인터페이스가 개발되었어도 일반인들이 연구용으로 만들어진 인터넷에 큰 관심은 없었다.

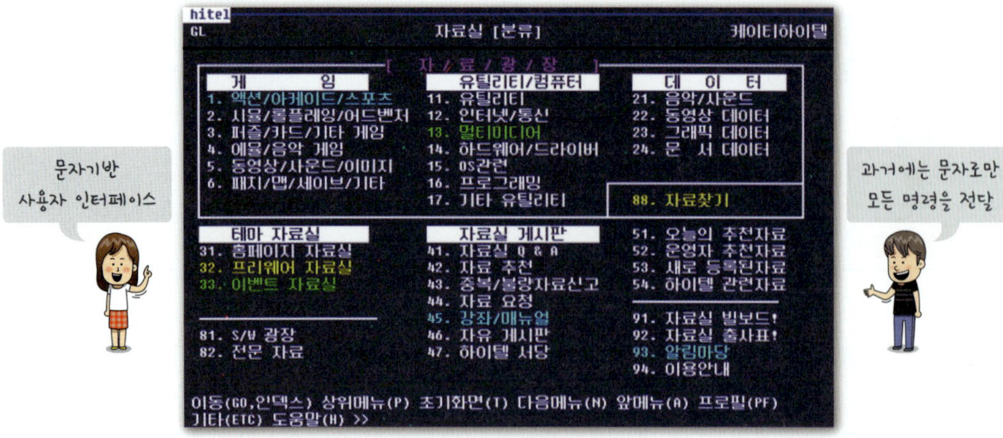

그림 1-12 하이텔 화면

1993년 미국 일리노이 대학교 NCSA 연구소의 대학생이었던 마크 앤드리슨Marc Andreessen과 에릭 비나Eric Bina가 모자이크Mosaic를 개발하였다. 모자이크는 한 화면에 문자와 그림을 한꺼번에 표현할 수 있는 프로그램이다. 문자뿐 아니라 그림이나 사진을 같이 사용할 수 있게 됨으로써 자료의 표현 범위가 확대되었다. 문자 기반 사용자 인터페이스가 글로만 이루어진 책이라면 웹 브라우저는 그림책과 같다. 앞의 하이텔 화면과 비교해보면 차이를 알 수 있을 것이다.

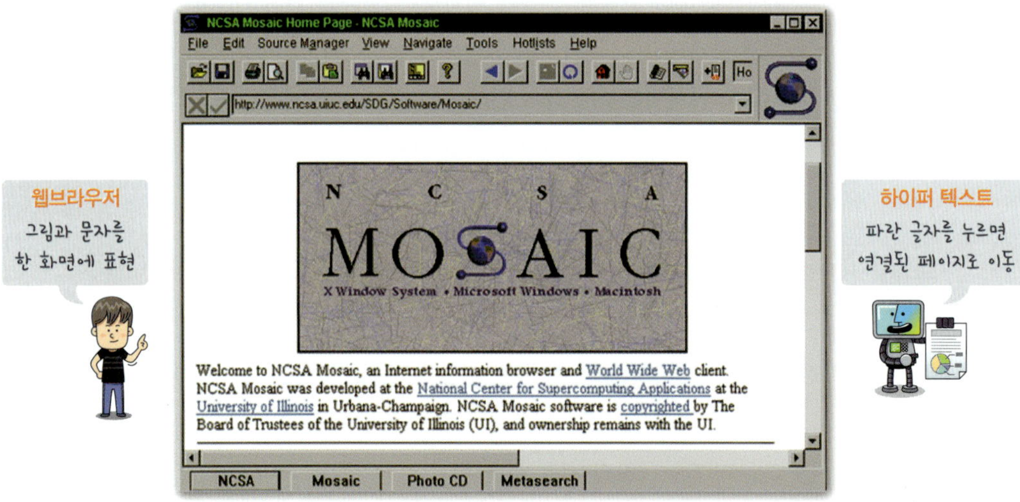

그림 1-13 모자이크 화면

모자이크는 기존의 텍스트에서 벗어나 화면에 그래픽을 사용할 수 있게 해줬으며, 특정 위치에 링크를 걸어 다른 화면과 연결할 수 있는 기능을 제공하였다. 즉 문장 중간에 있는 단어를 클릭하면 그 단어와 연관된 페이지로 이동하게 되는 구조였는데, 이를 하이퍼텍스트hyper text라 부른다. 모자이크는 현재 사용 중인 **웹 브라우저**Web Browser의 시초이다.

여기서 잠깐

모자이크를 만들던 팀이 나와 회사를 설립하고 1994년 넷스케이프 Netscape 를 출시했다. 1995년 마이크로소프트는 넷스케이프를 흉내 내어 만든 인터넷 익스플로러 Internet Explorer 를 출시하였다. 그 이후 크롬, 파이어폭스, 오페라와 같은 다양한 웹 브라우저가 출시되어 널리 사용되고 있다. 지금의 웹 브라우저의 원조가 바로 모자이크이다.

웹 브라우저를 사용하여 방문하는 웹(WWW; World Wide Web)은 문자, 영상, 음성 등의 정보를 한꺼번에 제공하는 멀티미디어 서비스를 제공한다. 웹을 통해 인터넷을 사용할 수 있게 되면서 웹 사이트 하나만 잘 만들어 놓으면 전 세계 어디든지 제품, 작품, 취미활동 등을 공유할 수 있게 되었다. 회사, 단체, 개인들이 앞다투어 웹 페이지를 만들었고, 그 수는 기하급수적으로 늘어났다. 이러한 웹의 폭발적인 성장으로 인하여 2000년 초반에 전 세계적으로 3차 산업혁명이 일어나게 되었다.

모든 웹 시스템은 클라이언트/서버(client/server) 구조를 사용한다. **클라이언트/서버 구조란 클라이언트가 서비스를 요청** request **하면, 서버가 응답** reply **하는 구조**이다. 네이버 웹 사이트를 방문한다고 가정해보자. 익스플로러나 크롬과 같은 웹 브라우저에서 네이버 주소(naver.com)를 적는다. 웹 브라우저가 네이버 서버에게 홈페이지를 보내달라고 요청하면 네이버 서버는 초기화면을 전송해준다. 이때 사용하는 프로토콜이 HTTP Hyper Text Transfer Protocol 이다. 다시 말해, 웹 페이지를 방문한다는 것은 HTTP를 사용한다는 것이다.

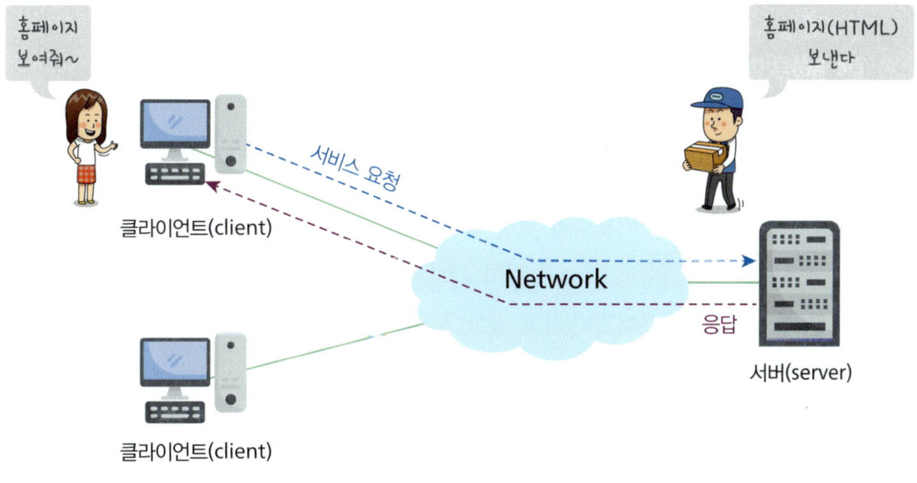

그림 1-14 클라이언트/서버 구조

여기서 잠깐

클라이언트/서버 시스템 이전에 분산 시스템 distributed system 이 있었고, 클라이언트/서버 시스템 이후에는 그리드 시스템 grid system 이 있었다. 그리드 시스템은 발전을 거듭하여 클라우드 시스템 cloud system 이 되었다.

4 Peer-to-Peer(P2P)

인터넷의 발달로 여러 웹 사이트가 등장하자 웹 사이트의 주소를 종류별, 나라별, 취향별로 모아서 보여주는 사이트가 생겼다. 이러한 검색 사이트의 시초가 바로 야후 Yahoo 이다. 야후는 사람이 직접 사이트를 분류하였기 때문에 데이터의 양이 많지 않았다.

그림 1-15 최초의 검색 사이트인 야후(좌)와 가장 많이 사용하는 검색 엔진 구글(우)

이후 야후의 방식을 뛰어넘는 새로운 검색 방식이 생겨났다. 웹봇 web-bot 이라 불리는 웹 로봇이 24시간 내내 사이트를 돌아다니면서 웹 페이지의 내용을 가져오는 방식이다. 웹봇이 가져온 데이터를 분류하여 검색 서비스를 제공하는 업체도 생겼는데, 그 대표적인 업체가 구글 google 이다. 구글은 3대 이상의 슈퍼컴퓨터를 이용하여 데이터를 가져오는 로봇, 가져온 데이터를 분류하는 로봇, 사용자가 검색어를 입력하면 사이트를 찾아주는 로봇을 운영한다.

야후, 구글을 비롯한 모든 웹 사이트는 클라이언트/서버 구조로 이루어져 있다. 클라이언트/서버 구조에서 클라이언트의 모든 서비스 요청을 서버가 해결한다. 그래서 서버로 데이터가 몰리게 되고, 서버 쪽에 충분한 네트워크와 컴퓨터 처리 능력이 확보되지 못하면 서비스가 중단된다. 우리는 사이트에 접속이 안 될 때 '서버가 다운되었다'라고 말한다. 서버 및 네트워크 용량이 충분하지 않다면 응답이 느려지고, 방문자 입장에서는 서버가 다운된 것처럼 느낀다. 그래서 인터넷 기업들은 서버 과부하를 해결하기 위해 비싼 네트워크와 고성능의 서버를 사용하고, 이를 유지 및 관리하기 위해 천문학적인 비용을 사용한다. 이와 같이 클라이언트/서버 구조의 가장 큰 단점은 '서버 과부하'이다.

1990년대 말 미국 대학생 숀 패닝 Shawn Fanning 은 전 세계에 퍼진 MP3 파일을 모아서 다운로드 받을 수 있는 서비스를 개발하였다. 시스템을 설계할 당시 큰 문제가 있었다. MP3 파일의 경우 한 개당 4MB에서 10MB의 크기를 가지는데, 이는 웹 페이지보다 수백 배 이상 큰 크기이다. 이러한 파일을 서버에 올려놓을 경우 서버 과부하는 불 보듯 뻔했다.

숀 패닝은 기존의 클라이언트/서버 구조의 문제를 해결할 새로운 형태의 시스템을 구상하였다. 새로운 시스템에서 서버는 사용자의 'MP3 파일의 목록'만 가진다. MP3 파일을 얻고자 하는 사용자는 서버를 통해 MP3를 누가 가지고 있는지 위치 정보만 얻는다. 실제로 파일을 다운로드 받을 때는 서버를 거치지 않고 보유자로부터 직접 받는다. 이 시스템에서 서버는 중재만 하고, 파일을 가진 사용자(peer)로부터 직접 내려받기 때문에 'Peer-to-Peer 시스템', 약자로 P2P 시스템이라 불렀다. 이렇게 만들어진 MP3 파일 공유 서비스가 '냅스터'이며, 우리나라에서 이를 따라 만든 시스템이 '소리바다'이다. P2P 시스템은 클라이언트/서버 구조의 단점인 서버 과부하를 줄이기 위해서 만들어진 시스템이다.

(a) 클라이언트 서버 구조 (b) P2P 시스템

그림 1-16 클라이언트/서버 구조와 P2P 시스템 비교

냅스터나 소리바다는 저작권법 위반 문제로 인하여 국가로부터 규제를 받아 현재에는 사라진 서비스이다. 그러나 P2P 시스템은 다른 분야에서 활발하게 사용되고 있다. 현재에도 사용되고 있는 P2P 시스템으로는 메신저가 있다. 윈도우 라이브 메신저나 네이트온 메신저의 경우 수천만 명이 채팅을 하거나 파일을 보낸다. 이러한 메신저를 클라이언트/서버 구조로 만들 경우 데이터 전송량을 감당할 수가 없다. 메신저 서버는 사용자 인증과 채팅하려는 상대방의 위치 정보만을 가진다. 사용자가 서버에서 인증을 마친 후 상대방과 P2P로 직접 연결되는 시스템이 메신저이다. 이러한 메신저가 발전하여 개인용 컴퓨터뿐 아니라 스마트폰에서도 사용할 수 있는 시스템으로 발전했는데, 대표적인 모바일 메신저가 바로 카카오톡이다.

여기서 잠깐

P2P 시스템은 중앙에 서버가 있는 중앙집중식(centralized) P2P와 중앙에 서버가 없는 완전(pure) P2P로 나뉜다. 메신저의 경우, 서버에서 사용자 인증을 거친 후 직접 연결되도록 하는 중앙집중식 P2P를 사용한다. 비트코인과 같은 가상화폐나 토렌트의 경우 서버가 없는 완전 P2P 형태이다.

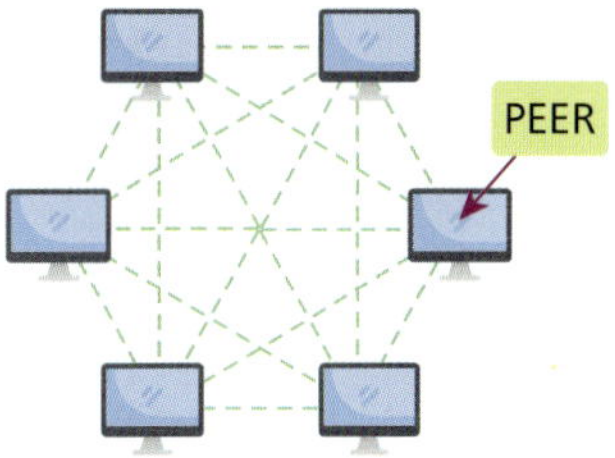

완전 P2P

5 클라우드 컴퓨팅 심화

슈퍼컴퓨터는 1,000개 이상의 CPU를 하나로 묶은 컴퓨터이다. 예전에는 가격도 수백억 원을 호가하여 아무나 접근할 수 없었다. 그러나 개인용 컴퓨터가 늘어나기 시작하면서 새로운 시도들이 생겼다. 개인용 컴퓨터도 CPU를 사용하기 때문에 수천 대의 개인용 컴퓨터를 네트워크로 묶어서 슈퍼컴퓨터처럼 사용하는 것이다. 이와 같이 작업을 여러 개로 쪼개 개인용 컴퓨터에 분산시켜 처리하는 시스템을 분산 시스템 distributed system 이라 부른다. 네트워크 기술이 발전하기 전에 분산 시스템은 특정한 영역에서만 사용되었다.

그리드 컴퓨팅 grid computing 은 분산 시스템이 발전된 형태로 여러 곳에 떨어져 있는 컴퓨팅 파워나 소프트웨어를 하나로 묶어 하나의 컴퓨터처럼 사용하는 기술이다. 그래픽 작업이 많은 애니메이션을 제작하거나, 복잡한 인간의 DNA를 분석하거나, 암호 알고리즘을 개발하는 등의 작업을 할 때 많은 양의 컴퓨팅 파워가 필요한데 그때마다 값비싼 슈퍼컴퓨터를 살 수 없다. 이때 그리드 컴퓨팅을 이용하면 여러 곳에 흩어져 있는 컴퓨팅 자원을 하나로 묶어서 많은 계산을 한번에 처리할 수 있다. 그리드 컴퓨팅은 분산 시스템이 발전된 형태이지만 컴퓨팅 파워를 많이 필요로 하는 곳이 제한적이라 대중화되지는 못했다.

현대에 들어서 초고속 통신망의 발달과 5G와 같은 무선통신망의 발달로 대용량의 데이터를 유선이나 무선으로 손쉽게 전송할 수 있는 세상이 되었다. 과거에는 1GB의 데이터를 다운로드 받기 위해서 1시간 이상의 시간이 소요되었지만, 지금은 몇 분이면 가능하다. 이러한 세상에서 컴퓨터, 저장장치, 소프트웨어를 들고 다니지 않아도 작업이 가능한 세상이 되었다. 하드웨어와 소프트웨어를 클라우드라고 불리는 중앙 시스템에 숨기고 사용자가 필요한 서비스만을 그때그때 이용하는 방식의 컴퓨팅 환경을 클라우드 컴퓨팅이라고 한다.

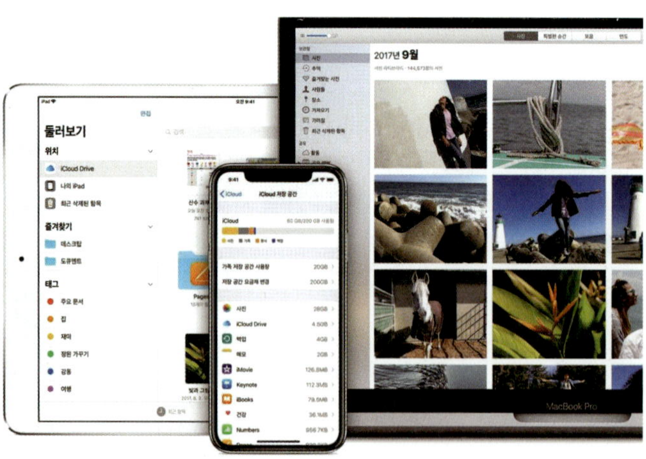

그림 1-17 애플의 아이클라우드(iCloud)

많은 사람들이 그리드 컴퓨팅과 클라우드 컴퓨팅을 헷갈려 한다. 그리드 컴퓨팅은 여러 곳에 분산되어 있는 컴퓨터를 하나로 묶어서 슈퍼컴퓨터와 맞먹는 컴퓨팅 파워를 제공하는 데 목적이 있다. 따라서 높은 수준의 컴퓨팅 파워가 필요한 곳에서 사용한다. 기술적으로는 서로 다른 기종의 컴퓨터나 운영체제를 묶어서 사용한다.

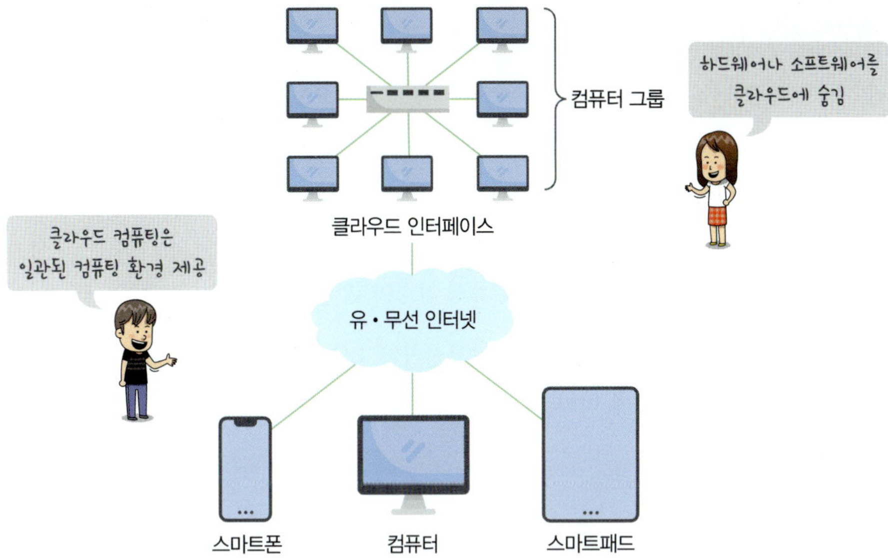

그림 1-18 클라우드 컴퓨팅 환경

클라우드 컴퓨팅은 언제 어디서나 컴퓨팅 파워나 소프트웨어에 접근할 수 있는 유연한 컴퓨터 환경이다. 사용자가 외부에서 스마트폰을 사용하건 집에서 PC를 사용하건 하드웨어와 소프트웨어에게 일관되게 접근할 수 있는 환경을 만들어준다. 서비스 제공자 관점에서 보면 하드웨어, 소프트웨어, 네트워크의 용량, 보안의 문제를 신경 쓰지 않고 지속적으로 인터넷 서비스를 제공할 수 있는 환경을 만들어준다. 클라우드 컴퓨팅의 하드웨어적인 구현에 있어서 그리드 기술을 사용하기 때문에 많은 부분이 겹치지만, 클라우드 컴퓨팅은 서비스 중심적인 측면이 강하다.

그림 1-19 과거 윈도우 설치와 현재 윈도우 설치의 차이

클라우드 환경은 기존의 컴퓨터에서 이루어지던 여러 서비스들이 확장된 형태로 발전한 것이다. 개인용 컴퓨터 운영체제인 윈도우의 설치를 살펴보자. 과거에는 돈을 내고 윈도우를 사면 설치용 CD와 설치 설명서를 주었다. 현재 윈도우 10의 경우, 돈을 지불하여 정품 라이선스 키를 산 후, 윈도우 10을 다운로드 받기만 하면 인터넷을 통해 바로 설치된다. 스마트폰에서 사용하는 대부분의 앱들도 무선통신을 이용하여 자동으로 설치된다. 이제는 소프트웨어를 CD나 USB 드라이브에 담아 배포하지 않아도 되는 세상이 되었다.

USB 드라이브에 저장하여 이동시키던 데이터가 클라우드 환경으로 옮겨오면서 더 이상 데이터를 들고 다닐 필요가 없어졌다. 사진 편집 프로그램이나 동영상 편집 프로그램도 스마트폰에 설치하면 간단하게 사용할 수 있고 사용한 만큼 돈을 지불하면 된다. 사용자는 더 이상 저장장치가 어떻게 구성되어 있는지, 컴퓨팅 파워는 얼마나 되는지, 네트워크 용량은 충분한지에 대하여 고민하지 않아도 된다. 하드웨어나 서비스들이 구름 속에 숨어져 있는 것과 같은 컴퓨팅 환경이 클라우드 컴퓨팅이다.

결론적으로 클라우드 컴퓨팅은 집적·공유된 정보통신기기, 정보통신설비, 소프트웨어 등 정보통신 자원을 이용자의 요구나 수요 변화에 따라 정보통신망을 통하여 신축적으로 이용할 수 있도록 하는 정보처리체계라 정의할 수 있다.

6 사물인터넷 심화

현대를 초연결 사회라 부른다. 과거 인터넷 세상은 컴퓨터와 스마트폰들이 연결되었던 세상이었다고 한다면, 이제는 자동차, 냉장고, 세탁기와 같은 사물들도 인터넷에 연결되어 새로운 서비스를 창출하는 세상이다. 이렇게 사물들things이 연결된 세상을 사물인터넷Internet of Things; IoT이라 한다. 다양한 사물이 센서와 통신기능을 내장하여 스스로 통신하여, 지능적인 서비스를 제공하는 기술이라 정의할 수 있다.

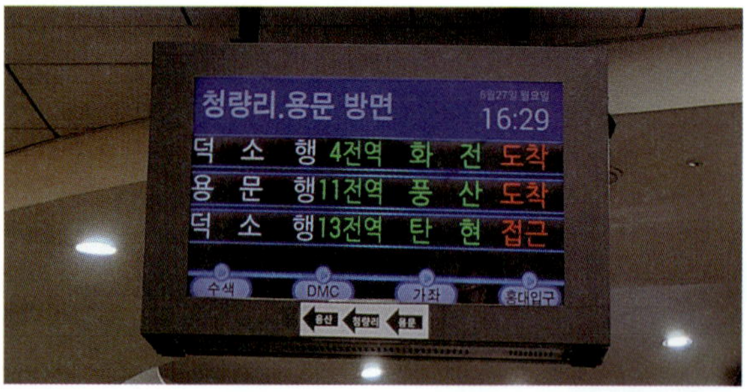

그림 1-20 지하철 전광판

사물인터넷을 가장 흔하게 볼 수 있는 것이 버스 정류장과 지하철역의 전광판이다. 버스가 언제 도착하는지, 지하철이 어느 역을 출발하여 얼마만큼 왔는지를 보여준다. 버스(사물)나 지하철(사물)을 인터넷에 연결하여 새로운 서비스를 만든 것이다. 사물인터넷이 가정생활에 활용된 사례는 흔하게 볼 수 있다. 현관문이 열리면 핸드폰으로 연락이 오고, 집에 직접 가지 않아도 현관문을 열 수 있다. 현관문 키 바깥쪽에 카메라를 설치하면 누가 방문했는지 동영상으로 실시간으로 확인할 수도 있다. 또 현관문 키 안쪽에 카메라를 달면 집에 누가 들어왔는지, 창문을 넘어 도둑이 들어온 것은 아닌지, 우리 집 고양이가 집을 어지럽히고 있지는 않은지 확인할 수 있다.

현재의 자동차 기술은 자동차 한 대에 20대의 컴퓨터를 장착하는 수준에 이르렀다. 자동차 스스로가 외부의 환경에 적응하고 동작하며 자율주행도 가능한 세상이 되었다, 최근 자동차 제조업의 트렌드는 'Connected Car'라고 할 수 있다. 이미 자동차 기술은 무인 자동차를 실현할 수 있는 수준에 이르렀다. 커넥티드 카 Connected Car 란 센서와 네트워크 접속을 이용해 사용자에게 편리한 구동 환경과 자체 유지보수 기능을 가진 자동차를 말한다.

여기서 잠깐

사물인터넷이 발달하고 자동차가 무선 인터넷에 연결되면서 차량이나 무선기기의 소프트웨어, 펌웨어, 설정 등을 무선으로 배포하는 기술이 사용되고 있다. 이를 OTA Over-The-Air Programming 이라 부르며 안드로이드나 iOS를 업그레이드하거나, 테슬라의 전기 자동차나 현대자동차의 아이오닉5와 같은 최신 자동차들의 소프트웨어 자동 업데이트도 OTA를 통해 이루어진다.

신호등도 사물인터넷과 연동된다. 신호등과 신호등이 교신하여 자동차의 흐름을 원활하게 해줄 뿐 아니라 소방차나 구급차가 지나가는 경로의 신호를 초록색으로 바꾸어 긴급한 자동차가 목적지까지 신속하게 도착할 수 있도록 도와준다.

쇼핑에도 사물인터넷 기술이 사용된다. 아마존이 만든 식료품점 '아마존고 Amazon Go '는 사용자가 스마트폰 앱을 통해 매장에서 새로운 쇼핑을 경험할 수 있도록 해준다. 아마존고는 디지털 카트 Digital Cart 의 개념을 최초로 도입했다. 지금까지 식료품점 고객들은 쇼핑 카트에 물건을 담아서 결제를 해야 했지만, 아마존고는 물리적인 쇼핑 카트를 스마트폰 앱 속으로 집어넣었다.

4차 산업혁명 관련 기술은 독립적으로 발전하는 것이 아니라 서로 강한 연결고리를 갖는다. 예를 들어 수천 개의 센서로 이루어진 사물인터넷으로부터 만들어지는 데이터가 빅데이터이다. 빅데이터를 인공지능 알고리즘을 사용하여 학습시켜 지능형 시스템을 만든다. 빅데이터를 활용하기 위해서는 대용량의 컴퓨터가 필요하기 때문에 클라우드 환경을 사용한다. 또한 이렇게 개발된 서비스도 클라우드를 통해 제공된다. 예를 들어 지능형 감시 시스템을 만든다고 가정해보자. 사물인터넷으로 연결된 CCTV나 센서에서 수집되는 데이터를 인공지능 알고리즘으로 학습시켜 감시 프로그램을 만든다. 이렇게 개발된 인공지능 감시 시스템은 클라우드를 통해 사용자에게 서비스된다. 이렇듯 현대의 기술은 강한 연관 관계를 가지면서 발전한다.

요약

- 한쪽의 데이터를 다른 쪽으로 전달하는 것을 통신이라 하며, 컴퓨터나 기기들이 데이터를 주고받는 것을 데이터통신이라 한다. 여러 대의 컴퓨터끼리 데이터를 주고받는 통신 시스템을 컴퓨터 네트워크라 부른다.

- 네트워크는 2개의 구성요소를 가진다. 통신을 하기 위한 기기 간의 연결(통신연결)과 통신을 위한 약속, 즉 프로토콜로 구성된다. 네트워크를 배운다는 것은 통신기기들이 어떻게 연결되는가와 여러 종류의 프로토콜을 배우는 것을 의미한다.

- 네트워크를 거리에 따라 분류하면 1킬로미터 이내의 근거리 네트워크인 LAN, 수백 킬로미터를 연결하는 장거리 네트워크인 WAN, LAN과 WAN 사이에 있는 중거리 네트워크 MAN, 블루투스와 같이 몇 미터 이내의 주변장치를 연결하는 네트워크인 PAN, 수 센티미터 거리에서 통신하는 초근거리 네트워크인 NFC로 나눌 수 있다.

- LAN을 형태에 따라 분류하면 네트워크를 처리하는 장치를 두고 방사형으로 기기를 연결하는 방식인 별 형, 모든 기기를 하나의 원으로 연결하는 방식인 링 형, 중앙에 데이터가 오고가는 버스가 있으며, 이 버스에 컴퓨터를 붙여서 네트워크를 구성하는 방식인 버스 형으로 나눌 수 있다.

- 초기의 LAN은 각자의 규격으로 만들어져 호환이 되지 않았다. 미국 국방성은 서로 다른 규격의 LAN을 하나로 합치는 프로젝트를 시작하여 현재의 인터넷을 만들었다. 따라서 인터넷은 네트워크를 하나로 묶는 기술로 정의한다.

- 인터넷을 사용하기 위해서는 TCP/IP를 사용한다. 인터넷에서 여러 개의 LAN을 거쳐 목적지까지 데이터를 운반하는 목적으로 만들어진 프로토콜이 IP이며, 인터넷에서 보내진 데이터가 원래의 상태로 도착하는지를 감시하는 프로토콜이 TCP이다.

- 클라이언트/서버는 초기의 웹 시스템에 도입되어 현재까지 사용되는 컴퓨팅 환경이다. 클라이언트/서버 환경에서 서버 과부하를 해결하기 위해 만들어진 컴퓨팅 환경이 P2P이다. 언제 어디서나 컴퓨팅 파워나 소프트웨어에 접근할 수 있는 유연한 컴퓨터 환경이 클라우드 컴퓨팅이며, 다양한 사물이 센서와 통신기능을 내장하여 스스로 통신하고, 지능적인 서비스를 제공하는 기술환경이 사물인터넷이다.

연습문제

[객관식 문제]

01 한쪽의 데이터를 다른 쪽으로 전달하는 것이라는 뜻을 가진 단어는 무엇인가?

❶ 문자 ❷ 통신
❸ 데이터 ❹ 언어

02 전기가 개발되기 이전에 사용되던 통신 시스템 중 원거리에 있는 정보를 빠르게 전달하기 위해 사용된 통신을 고르시오.

❶ 대화 ❷ 우편
❸ 몸짓 ❹ 봉화

03 전기를 이용한 통신 중 나머지 3가지와 다른 것을 찾으시오.

❶ 모스부호 ❷ 라디오
❸ 전화기 ❹ TV

04 전기를 이용한 통신 중 나머지 3가지와 다른 것을 찾으시오.

❶ 유선 전화기 ❷ 라디오
❸ 무전기 ❹ TV

05 전기를 이용한 최초의 유선통신 시스템을 찾으시오.

❶ 모스부호 ❷ 라디오
❸ 전화기 ❹ TV

06 방송 서비스 중 시간과 공간의 제약을 극복한 것을 찾으시오.

❶ 케이블 방송 ❷ OTT
❸ 라디오 ❹ TV

07 인터넷전화를 가리키는 단어를 찾으시오.

❶ OTT ❷ TCP
❸ IPTV ❹ VoIP

08 통신을 위한 약속이라는 뜻을 가진 단어는 무엇인가?

❶ broadcasting ❷ protocol
❸ communication ❹ information

09 나머지 3개와 다른 종류의 단어는 무엇인가?

❶ TCP ❷ FTP
❸ IP ❹ network

10 1킬로미터 이내의 근거리 네트워크를 가리키는 단어는 무엇인가?

❶ LAN ❷ PAN
❸ WAN ❹ NFC

11 수백 킬로미터를 연결하는 장거리 네트워크를 가리키는 단어는 무엇인가?

❶ LAN ❷ PAN
❸ WAN ❹ NFC

12 블루투스와 같이 몇 미터 이내의 주변장치를 연결하는 네트워크를 가리키는 단어는 무엇인가?

❶ LAN ❷ PAN
❸ WAN ❹ NFC

13 수 센티미터 거리에서 통신하는 초근거리 네트워크를 가리키는 단어는 무엇인가?

❶ LAN ❷ PAN
❸ WAN ❹ NFC

14 인터넷을 기술적으로 정확하게 정의한 것을 찾으시오.

❶ 국경 없는 세상을 만든 원천 기술
❷ 네트워크를 하나로 묶는 기술
❸ 통신을 하기 위한 약속
❹ 한쪽의 데이터를 다른 쪽으로 전송하는 기술

15 현재 많이 사용되는 LAN topology가 아닌 것은 무엇인가?

❶ bus ❷ star
❸ ring ❹ mass

16 LAN topology 중 네트워크를 처리하는 장치를 두고 방사형으로 기기를 연결하는 방식은 무엇인가?

❶ bus ❷ star
❸ ring ❹ mass

17 LAN topology 중 모든 기기를 하나의 원으로 연결하는 방식은 무엇인가?

❶ bus ❷ star
❸ ring ❹ mass

18 LAN topology 중 중앙에 데이터가 오고가는 버스가 있으며, 이 버스에 컴퓨터를 붙여서 네트워크를 구성하는 방식은 무엇인가?

❶ bus ❷ star
❸ ring ❹ mass

19 인터넷에서 여러 개의 LAN을 거쳐 목적지까지 데이터를 운반하는 목적으로 만들어진 프로토콜을 찾으시오.

❶ IP ❷ TCP
❸ FTP ❹ HTTP

20 인터넷에서 보내진 데이터가 원래의 상태로 도착하는지를 감시하는 프로토콜을 찾으시오.

❶ IP ❷ TCP
❸ FTP ❹ HTTP

21 파일 전송을 위해 사용되는 프로토콜을 찾으시오.

❶ IP ❷ TCP
❸ FTP ❹ HTTP

22 웹 페이지 전송을 위해 사용되는 프로토콜을 찾으시오.

❶ IP ❷ TCP
❸ FTP ❹ HTTP

23 초기의 웹 시스템에 도입되어 현재까지 사용되는 컴퓨팅 환경을 가리키는 단어를 찾으시오.

❶ 클라이언트/서버 ❷ P2P
❸ 사물인터넷 ❹ 웹 브라우저

24 클라이언트/서버 환경에서 서버 과부하를 해결하기 위해 만들어진 시스템을 가리키는 단어를 찾으시오.

❶ 클라이언트/서버 ❷ P2P
❸ 사물인터넷 ❹ 웹 브라우저

25 언제 어디서나 컴퓨팅 파워나 소프트웨어에 접근할 수 있는 유연한 컴퓨터 환경을 가리키는 단어를 찾으시오.

❶ 클라이언트/서버 ❷ P2P
❸ 사물인터넷 ❹ 클라우드 컴퓨팅

26 다양한 사물이 센서와 통신기능을 내장하여 스스로 통신하여, 지능적인 서비스를 제공하는 기술 환경을 가리키는 단어를 찾으시오.

❶ 클라이언트/서버 ❷ P2P
❸ 사물인터넷 ❹ 클라우드 컴퓨팅

[단답형 문제]

27 한쪽의 데이터를 다른 쪽으로 전달하는 것을 ______라 한다.

28 전기가 개발되기 이전에 사용되던 통신 시스템 중 원거리에 있는 정보를 빠르게 전달하기 위해 사용된 통신은 ______이다.

29 전기를 이용한 최초의 단방향 유선통신 시스템은 ________이다.

30 전기를 이용한 최초의 무선통신 시스템은 ______이다.

31 기존의 방송 시스템의 단점인 시간의 제약성을 해결한 것은 ____________________이다.

32 인터넷을 이용한 전화 시스템을 ______라 부른다.

33 통신을 위한 약속을 ____________________이라 부른다.

34 1킬로미터 이내의 근거리 네트워크를 ______이라 부른다.

35 수백 킬로미터를 연결하는 장거리 네트워크를 ______이라 부른다.

36 블루투스와 같이 몇 미터 이내의 주변장치를 연결하는 네트워크를 ______이라 부른다.

37 수 센티미터 거리에서 통신하는 초근거리 네트워크를 ______이라 부른다.

38 인터넷은 네트워크를 ______________이다.

39 네트워크를 처리하는 장치를 두고 방사형으로 기기를 연결하는 방식의 LAN 형태를 ___ 형이라 부른다.

40 모든 기기가 하나의 원으로 연결하는 방식의 LAN 형태를 ___ 형이라 부른다.

41 중앙에 데이터가 오고가는 버스가 있으며, 이 버스에 컴퓨터를 붙여서 네트워크를 구성하는 방식의 LAN 형태를 _____ 형이라 부른다.

42 인터넷에서 여러 개의 LAN을 거쳐 목적지까지 데이터를 운반하는 목적으로 만들어진 프로토콜은 ____이다.

43 인터넷에서 보내진 데이터가 원래의 상태로 도착하는지를 감시하는 프로토콜은 ______이다.

44 파일 전송을 위해 사용되는 프로토콜은 ______이다.

45 웹 페이지 전송을 위해 사용되는 프로토콜은 _______이다.

46 초기의 웹 시스템에 도입되어 현재까지 사용되는 컴퓨팅 환경은 ______________이다.

47 클라이언트/서버 환경에서 서버 과부하를 해결하기 위해 만들어진 시스템은 _____이다.

48 언제 어디서나 컴퓨팅 파워나 소프트웨어에 접근할 수 있는 유연한 컴퓨터 환경은 ______________이다.

49 다양한 사물이 센서와 통신기능을 내장하여 스스로 통신하고, 지능적인 서비스를 제공하는 기술 환경은 __________이다.

[주관식 문제]

50 전기가 개발되기 이전의 통신에 대하여 논하시오.

51 유선통신 대비 무선통신의 장단점을 논하시오.

52 네트워크를 거리에 따라 분류하고 설명하시오.

53 현재 많이 사용하는 LAN topology 3가지를 설명하시오.

54 인터넷에서 TCP와 IP의 역할에 대하여 설명하시오.

55 Peer-to-Peer(P2P)에 대하여 설명하시오.

CHAPTER

02

네트워크 분류와 계층 모델

Section

SECTION 01

네트워크 용어 이해하기

1 네트워크 관련 용어 필수

면허를 따거나 운전하기 위해서는 자동차 관련 용어를 알아야 한다. 마찬가지로 네트워크를 공부하기 위해서는 관련 용어를 이해해야 한다. 네트워크와 관련된 많은 단어들이 있으며, 같은 단어라 할지라도 다양하게 번역되어 있다. 예를 들어 LAN의 경우, LAN을 그대로 쓰기도 하고 랜이나 근거리 네트워크라 표기하기도 한다. 이 책에서는 영어 단어를 한국어로 억지로 번역하기 보다는 최대한 원래의 단어에 가깝게 표기한다.

다음은 이 책에서 사용하는 기본적인 표기법을 설명한다. 비트$_{bit}$는 컴퓨터에서 데이터를 표시할 때 사용하는 최소 단위이다. 이 책에서는 소문자 b로 표시한다. 따라서 20b는 20비트를 의미한다. 1비트로 표현할 수 있는 숫자가 너무 적기 때문에 좀 더 큰 묶음이 필요하다. 마치 샤프심이나 면봉을 하나의 포장에 여러 개를 담아 파는 것과 같다. 바이트$_{byte}$는 8개의 비트를 묶어서 사용하는 단위이다. 즉, 1바이트는 8비트(1B = 8b)이다. 이 책에서는 대문자 B로 표시한다.

비트와 바이트 이외에 큰 묶음 단위인 킬로바이트(KB), 메가바이트(MB), 기가바이트(GB), 테라바이트(TB), 페타바이트(PB)가 있으며 다음 표와 같다.

표 2-1 큰 용량을 표현하는 단위

용량 단위	표기	2진 크기	10진 크기	바이트 대비 크기	10진 단위
바이트(Byte)	B	1	1	1B	일
킬로바이트(Kilo Byte)	KB	2^{10}	10^{3}	1,000B	일천
메가바이트(Mega Byte)	MB	2^{20}	10^{6}	1,000,000B	일백만
기가바이트(Giga Byte)	GB	2^{30}	10^{9}	1,000,000,000B	일십억
테라바이트(Tera Byte)	TB	2^{40}	10^{12}	1,000,000,000,000B	일조
페타바이트(Peta Byte)	PB	2^{50}	10^{15}	1,000,000,000,000,000B	일천조

[표 2-1]의 단위는 원래 한 단계 낮은 단위보다 1,024(2^{10})배 더 크다. 예를 들어 1킬로바이트(1KB)는 정확히 1,024바이트(2^{10}B)이다. 그러나 사람은 2진수보다 10진수에 더 익숙하므로 보통 1KB를 약 1,000B(10^{3}B)로 쓴다.

오케스트라에서 여러 악기를 함께 연주할 때는 박자가 맞아야 제대로 된 소리가 난다. 택배 상하차 시 트럭에 쌓인 상자를 내릴 때도 던지는 사람과 받는 사람의 박자가 맞아야만 제대로 옮길 수 있다. 컴퓨터가 작업을 할 때도 마찬가지이다. 아무렇게나 작업하는 것이 아니라 일정한 박자에 맞추어 작업을 진행한다.

클록 clock 은 컴퓨터에서 일정한 박자를 만들어 내는 장치이다. 클록에 의해 일정 간격으로 만들어지는 틱 tick 을 펄스 pulse 혹은 클록 틱 clock tick 이라 부른다. 컴퓨터 내의 모든 부품은 클록이 일정 간격으로 틱을 만들면 거기에 맞추어 작업을 한다. CPU가 덧셈 한 번, 뺄셈 한 번을 할 경우 틱 한 번에 덧셈, 그 다음 틱에 뺄셈을 한다. 또한 데이터통신에서 데이터를 전송할 때 클록에 맞추어 데이터가 전송된다.

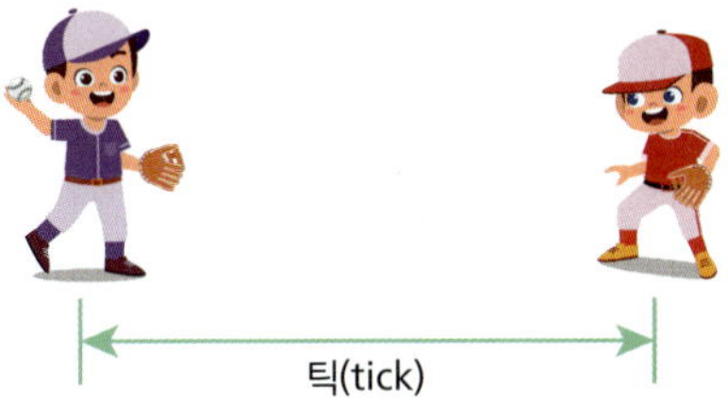

그림 2-1 클록과 틱

헤르츠 hertz 는 1초 동안 몇 번의 상태가 변했는지를 나타내는 단위이며 Hz로 표시한다. 예를 들어 1초에 클록 틱이 한 번 나타나면 1헤르츠(1Hz), 1,000번 나타나면 1킬로헤르츠(1KHz, 1,000Hz)이다.

그림 2-2 헤르츠

주변에서 헤르츠가 표시되는 다양한 장치들을 볼 수 있다. 모니터 사양을 보면 주사율 60Hz와 같이 표시된다. 이는 1초 동안에 화면을 60번 그리는 모니터라는 의미이다. 가정에서 사용하는 전기는 교류이다. 한국의 경우 220V, 60Hz의 전기가 공급된다. 이는 전압은 220V이며 1초에 60번 동안 +와 −가 바뀌는 교류라는 의미이다.

헤르츠는 신호 signal 를 표시할 때 사용된다. 신호는 파형이 주기적으로 진동하면서 만들어지는데 1초 동안에 몇 번을 진동하는지에 따라 높은 소리가 되기도 하고 낮은 소리가 되기도 한다. 자세한 내용은 3장에서 설명한다.

네트워크의 전송속도는 **bps**로 표시한다. bps는 'bit per second'의 약자로 1초에 보낼 수 있는 데이터의 양을 의미한다. 집에 설치하는 인터넷의 경우 10Mbps, 100Mbps, 1Gbps와 같이 전송량에 따라 매달 지불하는 금액이 다르다. 주의할 것은 파일의 크기를 나타내는 10MB는 단위가 바이트이며 대문자 B로 표기한다. 반면에, 통신에 사용되는 10Mbps는 단위가 비트이며 소문자 b로 표기한다.

100MB 크기의 파일을 100Mbps 네트워크에서 전송하면 몇 초 만에 전달될까? 약 10초가 걸릴 것이다. 100MB의 B는 바이트이고, 100Mbps의 b는 비트이다. 따라서 초당 100메가비트(100Mbps)를 전송할 수 있는 네트워크 선에 100MB파일을 보내면 이론적으로 8초가 걸린다. 그런데, 네트워크에 데이터를 보낼 때 그냥 보내는 것이 아니라 포장지에 감싸서 보낸다. 택배를 보낼 때 물건을 상자에 넣어서 주소를 쓴 후 보내는 것과 같은 이치이다. 그래서 100MB 파일을 네트워크에 보내게 되면 파일의 크기가 더 커지게 된다. 따라서 약 10초 정도가 걸린다.

블루투스 이어폰을 스마트폰에 연결하여 사용하는 경우를 생각해보자. 블루투스 이어폰도 스마트폰도 통신장비이며, 블루투스라는 통신 규격을 사용하여 데이터를 전송한다. 네트워크에는 컴퓨터와 통신장비들이 그물망처럼 연결되어 있다. 네트워크에 점처럼 연결되어 있는 모든 장비들을 **노드**$_{node}$라 부른다. 다시 말해, 노드란 네트워크에 연결된 물리적인 기기나 장치들을 의미한다. 따라서 블루투스 이어폰, 스마트폰, 노트북, 무선 공유기와 같은 통신을 할 수 있는 모든 장비는 노드이다.

블루투스 이어폰이나 무선 공유기와 달리 스마트폰에서는 여러 개의 응용 프로그램을 실행할 수 있다. 네트워크에 속한 노드 중에 응용 프로그램을 실행할 수 있는 장비를 **호스트**$_{host}$라 부른다. 다시 말해 호스트는 네트워크에 연결된 컴퓨터이다. 주의할 것은 모든 호스트는 노드이지만 모든 노드는 호스트가 아니다. 스마트폰, 노트북, 개인용 컴퓨터는 호스트인 동시에 노드이지만 블루투스 이어폰과 무선 공유기는 노드이지만 호스트는 아니다.

이외에도 통신과 연관된 다양한 단어들이 존재하지만, 나머지 단어들은 필요하다고 생각될 때 자세히 설명할 것이다.

2 네트워크 분류

앞서 네트워크를 거리에 따라 분류하면 LAN, MAN, WAN, PAN, NFC로 나누었다. 이외에도 다양한 네트워크의 분류 방식이 있다.

〉통신 방향에 따른 분류

통신이 이루어지는 방향에 따라 **단방향 통신**, **반양방향 통신**, **양방향 통신**으로 나눌 수 있다. 단방향 통신의 경우 simplex라 부르는데 통신이 한쪽 방향으로만 이루어지는 방식을 가리킨다. 앞서 언급했던 모스부호 시스템과 라디오나 TV와 같은 방송 시스템이 단방향 통신에 해당된다.

양방향 통신의 경우 duplex 혹은 full-duplex라고 부르는데 통신이 양쪽 방향에서 동시에 이루어지는 방식을 가리킨다. 전화와 인터넷을 비롯한 대부분의 통신 방식이 양방향 통신에 해당된다.

표 2-2 통신 방향에 따른 분류

이름	내용	예
단방향(simplex)	한쪽 방향으로만 통신 가능	모스부호, 방송
양방향(duplex)	양쪽 방향 통신 가능	대부분의 통신 시스템
반양반향(half-duplex)	양방향 통신이지만, 한 순간은 단방향	무전기

단방향 통신과 양방향 통신의 중간적인 형태로 **반양방향** 통신이 있으며 half-duplex라 부른다. 반양방향 통신은 양방향 통신이기는 하지만 한 순간에는 한쪽 방향으로만 통신이 가능한 시스템을 가리킨다. 무전기가 대표적인 예이다. 무전기는 양방향으로 사람의 음성을 전송할 수 있지만, 특정 시점에서는 한쪽만 말을 할 수 있는 시스템이다.

통신 대상에 따른 분류

네트워크는 말 그대로 통신기기들이 그물망 형태로 연결된 구조이다. 따라서 다수가 다수 many-to-many 에게 데이터를 전송할 수 있는 구조를 가지고 있다. 이를 네트워크 구조 혹은 메시 mesh 구조라 부른다. 이러한 네트워크에서 통신이 이루어지는 시점에서 통신 대상에 따라 네트워크를 분류할 수 있다.

유니캐스트 unicast 는 1대1 one-to-one 혹은 point-to-point 통신을 가리키며 가장 일반적인 통신 방식이다. 유니캐스트에서는 통신을 보내는 쪽과 받는 쪽이 각각 1명씩 연결된다. 대표적으로 유선 전화와 웹 시스템이 있다. 웹 페이지를 본다는 것은 서비스를 요청하는 클라이언트와 요청을 처리하는 서버가 1대1로 통신한다는 의미이다.

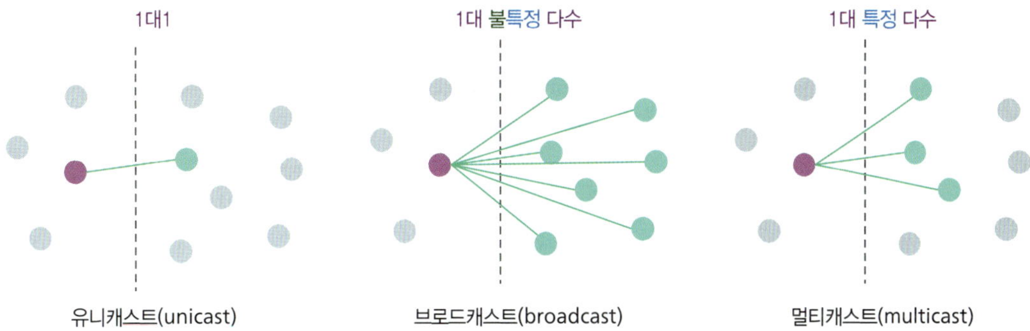

그림 2-3 통신 대상에 따른 분류

브로드캐스트와 멀티캐스트는 1대 다수 one-to-many 의 통신 방식을 가리킨다. **브로드캐스트** broadcast 는 앞에서 설명하였듯이 방송을 가리킨다. 방송의 경우 송신자가 신호를 보내면 불특정 다수가 동시에 수신하는 방식이다. 방송 시스템에서 송신자는 수신자를 지정할 수 없다.

표 2-3 통신 대상에 따른 분류

이름	내용	예
유니캐스트(unicast)	1대1(one-to-one)	전화
브로드캐스트(broadcast)	1대 다수(one-to-many, 불특정 다수)	라디오, TV
멀티캐스트(multicast)	1대 다수(one-to-many, 특정 다수)	그룹 화상회의

멀티캐스트 multicast 는 브로드캐스트와 마찬가지로 1대 다수 통신 방식이지만, 송신자를 특정(지정)한다는 것이 다르다. 대표적인 예로 그룹 화상회의가 있다. 그룹 화상회의의 경우, 여러 대상자 중에 현재의 회의 대상자를 지정하여 회의가 진행된다.

여기서 잠깐

통신 방식에 따라 유선 전화기가 사용하는 회선 교환 circuit switching 방식과 인터넷에서 사용되는 패킷 교환 packet switching 방식으로 나눌 수도 있다. 회선 교환 방식과 패킷 교환 방식에 대한 설명은 5장 통신망과 특징에서 자세히 다룬다.

SECTION 02 계층 모델

1 계층 모델의 이해 필수

네트워크의 발전 과정에서 살펴보았듯이 LAN이 개발되고 보급된 후에 모든 LAN을 연결하는 인터넷이 개발되었다. 따라서 네트워크는 좁은 지역을 연결하는 LAN과 여러 개의 LAN을 연결하여 하나의 네트워크를 구성한 인터넷의 2개의 계층 layer 으로 나눌 수 있다.

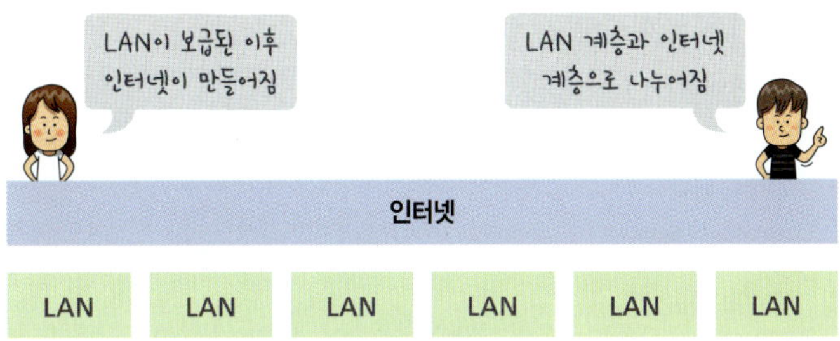

그림 2-4 LAN 계층과 인터넷 계층

앞서 네트워크를 구성하기 위해서는 통신 연결과 프로토콜이 필요하다고 하였다. 따라서 LAN의 경우 노드를 물리적으로 연결하는 계층과, 흐름 제어와 오류를 처리하는 프로토콜 2개의 부분으로 나눌 수 있다. 인터넷도 네트워크와 네트워크를 연결하여 데이터를 전송하는 부분과 흐름을 제어하고 오류를 처리하는 부분으로 나눌 수 있다. 웹 브라우저나 채팅 프로그램과 같이 네트워크를 사용하는 응용 프로그램까지 고려하면 다음과 같이 5개의 계층으로 나눌 수 있다.

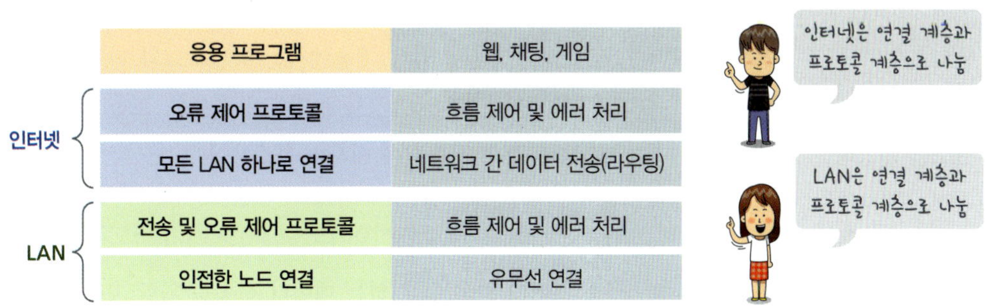

그림 2-5 연결 계층과 프로토콜 계층으로 분리

지금의 인터넷이 한 번에 만들어진 것이 아니라 LAN부터 발전하여 통합되었기 때문에 5개의 계층이 만들어졌다. 그리고 관련 있는 내용들로 구성된 5개의 계층에 이름을 붙이는 것이 일반화되었다. 맨 밑에서부터 1번은 **Physical layer**(물리 계층), 2번은 **Data link layer**(데이터 링크 계층), 3번은 **Network layer**(네트워크 계층), 4번은 **Transport layer**(전송 계층), 5번은 **Application layer**(응용 계층)라 부른다. 이 책의 각 Part도 이러한 계층의 분류를 따라서 구성된다.

2 각 계층의 역할 필수

5개의 계층은 비슷한 특징을 가지는 내용을 하나로 묶은 것이다. 각 계층의 간단한 설명과 특징은 다음과 같다.

	계층	특징
5	응용 계층 Application layer	응용 프로그램이 동작하는 계층
4	전송 계층 Transport layer	인터넷에서 에러 없는 데이터 전송
3	네트워크 계층 Network layer	여러 LAN들을 지나 목적지까지 데이터 전송(라우팅)
2	데이터 링크 계층 Data link layer	인접 노드 간 데이터 전송, 흐름 제어, 에러 처리
1	물리 계층 Physical layer	인접 노드 간 유선/무선 통신 연결

그림 2-6 네트워크를 구성하는 5개 계층의 이름과 특징

1번 물리 계층

물리 계층(Physical layer)은 LAN에서 통신기기의 연결을 담당하는 계층이다. 따라서 **인접해 있는 노드들을 유선 또는 무선으로 연결**하는 역할을 담당한다. 물리 계층에서는 아날로그와 디지털의 변환, 주파수의 특성, 유선 전송 매체의 특징, 무선통신 시스템의 특징들에 대하여 배운다. 또한 전화 통신망의 구조를 설명하고, 무선에서 주파수 분할과 다중접속 방식에 대하여 학습한다.

2번 데이터 링크 계층

데이터 링크 계층(Data link layer)은 **인접한 기기 간의 오류 없는 데이터 전송**을 위한 계층이다. 물리 계층을 통해 얼마나 빠른 속도로 데이터를 보내고 받을 것인지, 받은 데이터에는 오류가 없는지를 살펴보는 계층이 데이터 링크 계층이다. LAN에서 물리 계층을 통하여 데이터를 주고받을 때, 데이터 링

크 계층에서 데이터를 제어함으로써 인접한 기기 간의 통신이 이루어진다. 물리 계층에서 배우는 흐름 제어와 오류 처리 방식에 대한 내용은 전송 계층(4번 계층)에도 적용된다.

3번 네트워크 계층

네트워크 계층(Network layer)은 여러 개의 LAN을 하나로 묶어서 인터넷을 만들어 주는 핵심 계층이다. 네트워크 계층은 **여러 LAN을 지나 출발지로부터 목적지까지 데이터를 전송**해주는 계층이다. 네트워크 계층에 속하는 다양한 프로토콜이 있는데, 그중 가장 중요한 프로토콜이 IP Internetworking Protocol 이다. 네트워크 계층에서는 IP를 집중적으로 분석하고 IP 주소의 특징에 대해서 학습한다. 한국에서 미국까지 데이터를 보낼 때, 일본을 통해서 미국에 갈 수도 있고, 중국을 통해서 미국에 갈 수도 있다. 네트워크 계층은 어떤 경로 route 를 통하여 데이터를 보낼지를 결정한다. 이를 경로 배정 혹은 **라우팅** routing 이라 부르는데 네트워크 계층의 가장 중요한 일이다. 네트워크 계층에서는 다양한 종류의 라우팅 알고리즘에 대하여 학습한다.

4번 전송 계층

네트워크 계층(Transport layer)에서 목적지까지 데이터를 보내주기는 하지만 확실히 도착한다는 보장이 없다. 서로 다른 LAN을 묶어서 인터넷을 만들었기 때문에 데이터가 중간에서 사라지기도 하고 혹은 원래의 크기에서 잘려나가기도 한다. 이러한 오류들을 보정해주는 것이 전송 계층이다. 전송 계층은 받은 데이터를 검사하여 오류가 있는지를 살펴보는 일을 담당한다. 다시 말해 **인터넷에서 오류 없는 데이터 전송**을 담당한다. 전송 계층에 있는 유명한 프로토콜이 바로 TCP Transmission Control Protocol; 전송 제어 프로토콜 이다. 그래서 우리는 인터넷을 사용할 때 오류가 발생하는 IP만 쓰지 않고 TCP/IP를 같이 사용하게 된 것이다. 데이터 링크 계층에서 설명한 흐름 제어와 오류 처리 방식이 전송 계층에서도 사용된다. 또한 전송 계층은 상위의 응용 프로그램이 인터넷을 사용할 수 있도록 인터페이스를 제공하며 연결 설정과 해제를 지원한다.

5번 응용 계층

응용 계층(Application layer)은 인터넷을 사용하는 각종 응용 프로그램이 위치하는 계층이다. 가장 유명한 프로토콜로 홈페이지를 방문할 때 사용하는 HTTP가 있다. 웹 브라우저를 사용하여 특정 홈페이지를 방문한다는 것은 응용 계층의 HTTP가 전송 계층의 TCP가 제공하는 인터페이스를 사용하여 서버에 있는 홈페이지의 데이터를 가져오는 것이다. 응용 계층의 대부분의 프로그램들은 클라이언트/서버의 구조를 가지고 있다. 응용 계층에서는 클라이언트/서버 구조의 특징과 관련 프로그램들에 대하여 학습한다.

각 계층은 상위 계층의 작업을 알지 못한다. 따라서 개념적으로 보면 각 계층은 같은 계층끼리만 통신한다. 국가 간의 중요 논의에 있어 한쪽 국가의 대통령이 다른 쪽 국가의 말단 직원과 회담을 하지 않는 것과 같다. 예를 들어 전송 계층에 도착한 데이터가 잘못된 경우 재전송을 요청하면 보내는 쪽의 전송 계층이 데이터를 다시 보낸다. 전송 계층 이하의 계층에서는 지금 보내는 데이터가 다시 전송하는 데이터인지 새로운 데이터인지를 알지 못한다. 이와 같이 각 계층은 독립적이다.

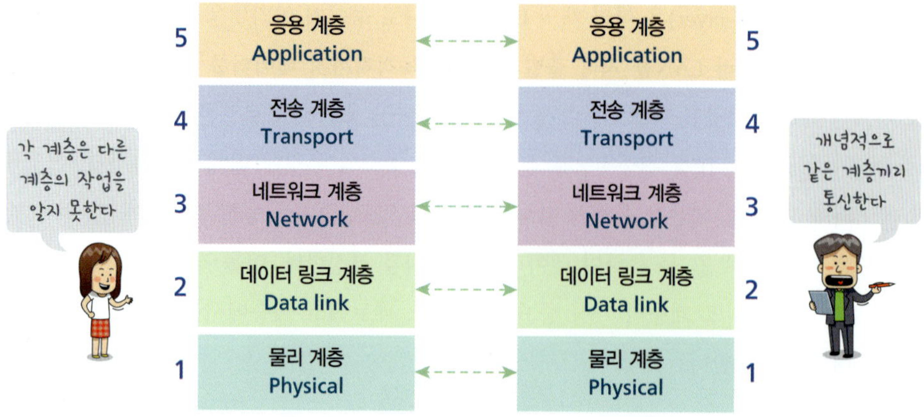

그림 2-7 개념적으로 각 계층끼리 통신한다

각 계층이 독립적이기 때문에 계층끼리 데이터를 주고받을 때 인터페이스를 사용한다. 인터페이스란 데이터의 크기나 형식을 미리 정해두고, 형식에 맞는 데이터를 주고받는다는 의미이다.

3 헤더

A 호스트에 있는 응용 프로그램이 인터넷을 통해 B 호스트에 있는 응용 프로그램에게 데이터를 보낸다고 가정해보자. A 호스트의 응용 프로그램은 데이터를 전송 계층에게 보낸다. 전송 계층은 전달받은 데이터에 추가적인 정보를 삽입해야 한다. 예를 들어 B 호스트에 있는 여러 개의 응용 프로그램 중 누구에게 데이터를 보낼 것인지, 보내는 데이터의 크기가 얼마인지와 같은 정보를 기입해야 한다. 또한 데이터의 크기가 큰 경우, 보낼 수 있는 크기로 잘라서 순서를 적기도 한다.

이렇게 데이터 전송을 위해 추가되는 자료구조를 **헤더** header 라 부른다. 마치 전송할 물건을 박스에 담고 박스 전면에 여러 가지 내용을 기입하는 것과 같다. 전송 계층은 헤더를 붙인 후 네트워크 계층으로 내려 보낸다.

네트워크 계층은 전송 계층으로부터 받은 데이터에 자신이 필요로 하는 헤더를 또 붙인다. 받는 쪽의 IP 주소와 보내는 쪽의 IP 주소를 헤더에 기록해야 목적지까지 데이터를 전송하고 작업의 결과를 받을 수 있다. 마치 배달된 포장박스를 더 큰 박스에 담고 전면에 보내는 사람 주소와 받는 사람 주소를 적는 것과 같다. 이렇게 2중으로 포장된 데이터(헤더가 붙여진 데이터)는 데이터 링크 계층으로 전달된다.

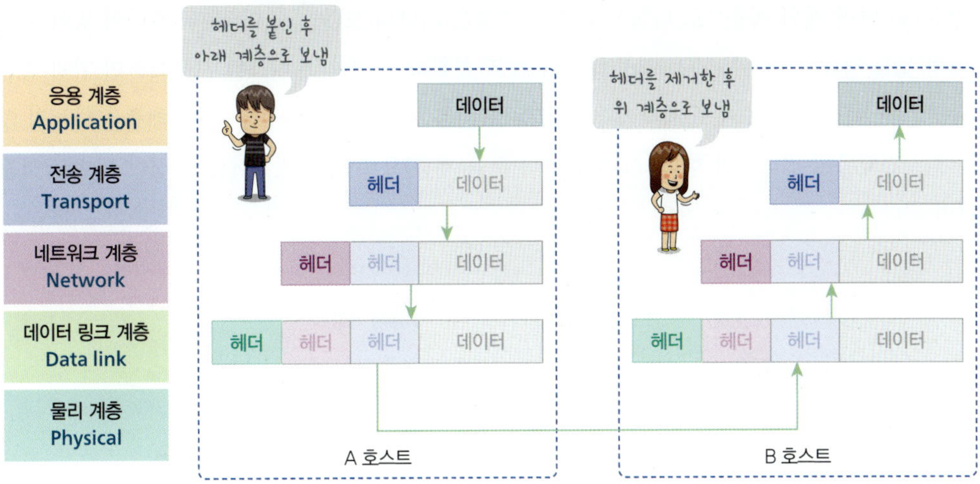

그림 2-8 계층과 헤더와의 관계

데이터 링크 계층도 자신이 필요로 하는 헤더를 붙인다. 새로운 박스에 또다시 담는 것과 같다. 이렇게 만들어진 데이터는 물리 계층으로 보내지고 물리 계층에서는 B 호스트에게 데이터를 전송한다.

데이터를 진달받은 B 호스트는 데이터 링크 계층에서 헤더를 참조하여 오류가 없는지를 확인한다. 전달받은 데이터에 문제가 없을 경우 데이터 링크 헤더를 빼고 나머지를 네트워크 계층으로 올려 보낸다. 네트워크 계층에서는 IP 주소를 확인하여 올바른 호스트로 전달된 데이터인지를 확인한다. 문제가 없다면 네트워크 헤더를 빼고 데이터를 전송 계층으로 올려 보낸다. 전송 계층에서는 데이터의 크기가 맞는지와 보낸 데이터가 순서대로 도착했는지를 확인한다. 문제가 없을 경우, 전송 계층 헤더를 빼고 응용 계층으로 데이터만 올려 보낸다. 이러한 과정을 거쳐서 데이터가 전달된다.

4 모듈화

상위 계층이 하위 계층으로 데이터를 내려 보낼 때, 헤더 + 데이터가 전달된다. 예를 들어 전송 계층에서 네트워크 계층으로 데이터를 보낼 때, 헤더 + 데이터를 보냈다. 중요한 것은 네트워크 계층은 어디까지가 헤더이고 어디부터가 데이터인지를 알지 못한다. 네트워크 계층에서 보면 전달된 모든 것이 데이터이다. 이렇게 헤더와 데이터를 하나의 데이터로 처리하는 것을 **캡슐화**encapsulation라 부른다. 캡슐에 헤더와 데이터를 넣어서 하나로 만든다는 의미이다.

계층을 여러 개로 나누고 계층을 통과할 때마다 헤더를 계속 붙이는 것은 추가되는 작업이 증가한다는 의미이다. 그래서 여러 개의 계층으로 나누는 것은 불필요한 작업(오버헤드overhead)이 증가하는 것처럼 보일 수 있다. 만약 계층을 나누지 않고 전체를 하나의 구조로 만들면 불필요한 작업은 줄일 수 있다. 그러나 관리하기가 불편해진다.

네트워크를 여러 개의 계층으로 나눔으로서 각 계층은 하나의 모듈 module 이 된다. 하나의 덩어리를 여러 개의 모듈 형태로 나누는 것을 **모듈화** modulation 라 부른다. 전체 네트워크를 모듈화하면 관리 측면에서 유리하다. 예를 들어 IP에 문제가 생겨 새로운 표준을 만들었다고 가정해 보자. 계층을 나누지 않은 경우에는 전체를 수정해야만 한다. 그러나 여러 모듈(계층)으로 나눈 경우에는 수정이 필요한 모듈만 바꾸면 된다.

그림 2-9 계층화의 장점

지금 사용하고 있는 IP는 버전 4이지만, 버전 4의 문제를 해결한 IP 버전 6이 같이 사용되고 있다. 이러한 변경이 발생한다고 해서 데이터 링크 계층이나 전송 계층을 바꿀 필요는 없다. 네트워크 계층만 수정함으로써 IP 버전 4와 버전 6을 같이 사용할 수 있다. 이것이 모듈화의 장점이다.

네트워크가 계층 구조를 가짐에 따라 계층마다 다루는 데이터의 형식과 크기가 다 달라진다. 따라서 각 계층에서 다루는 데이터 단위를 부르는 이름이 따로 있다. 이러한 단위를 PDU Protocol Data Unit 라 부른다. 따라서 전송 계층에서 다루는 데이터 단위는 TPDU Transport Protocol Data Unit 가 되고, 응용 계층에서 다루는 데이터 단위는 APDU Application Protocol Data Unit 가 된다.

표 2-4 계층별 데이터 단위

이름	데이터 단위
응용 계층	APDU(Application Protocol Data Unit)
전송 계층	TPDU(Transport Protocol Data Unit)
네트워크 계층	패킷(packet)
데이터 링크 계층	프레임(frame)

네트워크 계층에서 다루는 데이터 단위인 NPDU Network Protocol Data Unit 는 이름이 따로 정해져 있는데 이를 **패킷** packet 이라 부른다. 스마트폰 데이터통신 요금 중 패킷 요금제가 있다. 이는 스마트폰에서 인터넷을 사용할 때 패킷 한 개당 얼마씩의 요금을 과금 한다는 의미이다. 데이터 링크 계층에서 사용하는

데이터 단위(DPDU Data link Protocol Data Unit)는 **프레임** frame이라 부른다. 프레임은 패킷에 데이터 링크 계층의 헤더가 붙은 형태이다.

5 계층별 주소 체계

전화를 걸기 위해서는 상대방의 전화번호가 필요하듯이 인터넷에서 통신하기 위해서는 주소 체계가 필요하다. 여러 개로 나누어진 계층에서 사용하는 주소 체계가 각각 다르다. 일반적으로 사용하는 네트워크 응용 프로그램들의 주소 체계는 익숙할 것이다. 웹 브라우저를 사용하여 서버에 접속하는 경우에는 웹 주소를 사용한다. 정확하게는 도메인 이름 domain name을 사용하여 서버에 접속한다. 이메일 주소의 경우 '아이디@도메인 이름' 형태의 주소 체계를 사용한다.

표 2-5 계층별 주소 체계

계층	주소
응용 계층	웹 주소(domain name), 이메일 주소
전송 계층	포트 번호
네트워크 계층	IP 주소(v4, v6)
데이터 링크 계층	MAC 주소

인터넷을 사용하는 노드에 접근하기 위해서는 IP 주소를 사용한다. IP 주소는 버전 4(IPv4)와 버전 6(IPv6)의 두 가지 주소 체계가 사용된다. 인터넷을 사용해본 사용자라면 이러한 주소 체계를 이해하고 있을 것이다. 인터넷이 만들어지기 이전에 LAN에 연결된 노드들도 통신을 하였다. 이는 IP 주소가 만들어지기 전에도 LAN에서 사용하는 주소 체계가 있었다는 의미이다. LAN에서 사용하는 주소 체계를 MAC Media Access Control 주소라 부르며 하드웨어 주소라고도 한다.

TCP를 사용하는 다양한 응용 프로그램이 존재한다. 웹 브라우저, 인터넷 게임, 채팅 프로그램과 같은 여러 종류의 응용 프로그램을 구분하기 위하여 TCP는 포트 번호 port number를 사용한다. 포트 번호는 전송 계층에서 사용하는 주소 체계이다. 다양한 주소 체계의 특징은 해당 장에서 자세히 설명한다.

6 인터넷에서 계층의 역할

인터넷에서 데이터가 전송되는 과정을 살펴보자. A 호스트에서 B 호스트로 데이터를 보내는 경우 여러 개의 LAN들을 거쳐서 목적지에 도달하게 된다. 인터넷에는 LAN과 LAN 사이를 연결하는 장치가 달려 있다. 네트워크를 연결하는 장치(노드)를 **라우터** router라 부른다. 인터넷에서 시작점부터 목적지까지 가야하는 길을 경로 배정 혹은 라우팅 routing 이라 부른다. 따라서 라우터는 경로를 결정해주는 장치라는 의미이다. 라우터는 한쪽 LAN에서 다른 쪽 LAN으로 데이터를 전송하는 역할을 한다. 라우터에서 여러 개의 LAN이 연결되기도 하는데, 이때 어떤 LAN으로 데이터를 보내야 목적지에 도착할 수 있는지를 결정해준다.

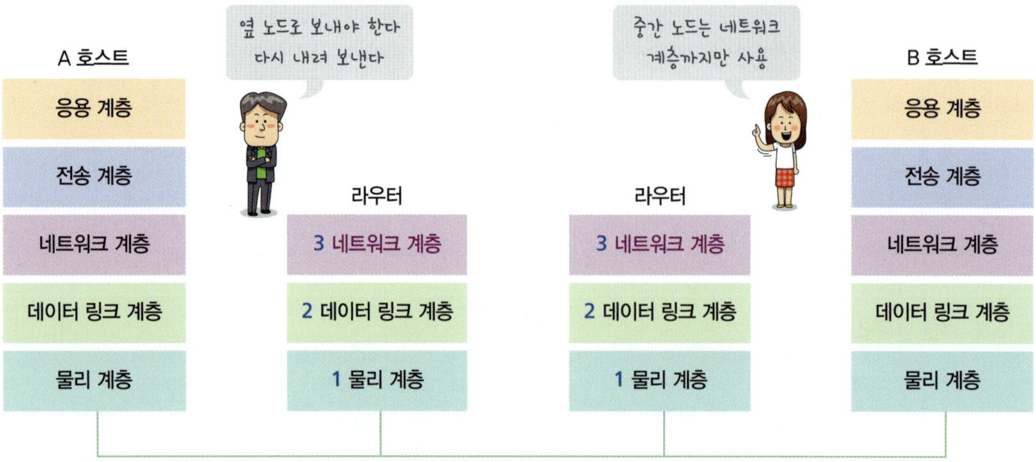

그림 2-10 인터넷에서 중간 노드는 네트워크 계층까지 사용

응용 프로그램이 데이터 전송을 요청하면, 전송 계층이 헤더를 붙여 네트워크 계층으로 내려 보내고, 네트워크 계층이 헤더를 붙여 데이터 링크 계층으로 내려 보내면 물리 계층이 데이터를 전송한다. 전송된 데이터가 라우터에 도착하면 데이터 링크 계층이 자신이 붙인 헤더를 떼고, 네트워크 계층으로 데이터를 올려 보낸다. 라우터는 헤더에 있는 목적지 IP를 살펴보고 어떤 방향으로 데이터를 보내야 하는지를 결정한다. 방향이 결정되면 네트워크 헤더를 붙인 후 데이터 링크 계층으로 데이터를 내려 보낸다. 데이터 링크 계층도 헤더를 붙인 후 물리 계층을 통해 다른 노드로 데이터를 전송한다.

인터넷에서 데이터가 목적지에 도달할 때까지 이러한 작업이 계속 반복된다. 다시 말해, **인터넷의 중간 노드(라우터)들은 3번째 계층인 네트워크 계층까지만 사용**되며, 여러 라우터들을 거쳐서 데이터가 목적지에 도착하게 된다.

목적지에 도착한 데이터는 밑에서부터 헤더를 제외하고 전송 계층에 도착하게 된다. 전송 계층은 받은 데이터가 보낸 데이터의 원본 크기와 같은지, 변형된 데이터는 없는지 확인한다. 문제가 없다면 헤더를 떼고 응용 프로그램에게 데이터를 전송한다.

7 계층별 장비

라우터가 네트워크 계층에서 사용되는 주요 장비이듯이 데이터 링크 계층과 물리 계층에서 사용되는 장비도 있다. 데이터 링크 계층의 경우 네트워크에 속한 기계들을 연결하는 장치를 브릿지 bridge 라 부른다. 예를 들어 호스트를 묶어서 하나의 LAN을 구성하거나 작은 LAN을 묶어서 큰 LAN을 만들 때 사용하는 장비가 브릿지이다. 브릿지는 작업을 소프트웨어적으로 처리한다.

표 2-6 계층별 사용 장비

이름	장비
네트워크 계층	라우터 router
데이터 링크 계층	브릿지 bridge, 스위치 switch
물리 계층	리피터 repeater, 허브 hub

브릿지의 역할을 하드웨어로 구현하여 빠르게 분배하는 장치를 스위치 switch 라 부른다. 가장 기본적인 스위치는 L2 스위치라 부르는데, Layer 2 switch의 약자이며 데이터 링크 계층 Layer 2 의 기능을 가진 스위치라는 의미이다.

여기서 잠깐

기본적인 L2 스위치 이외에 다양한 계층을 지원하는 스위치들이 있다. L3 스위치는 L2 스위치에 라우팅 기능이 추가된 장비이다. IP 헤더를 해석하여 라우터처럼 동작한다. 라우터는 소프트웨어를 사용하여 처리하지만, L3 스위치는 하드웨어적으로 처리하기 때문에 훨씬 빠르다.

L4 스위치는 4계층 프로토콜인 TCP나 UDP의 기능을 하드웨어적으로 구현한 스위치이다. 특히 L4 스위치는 여러 개의 네트워크에 대하여 작업 분산 load balancing 기능을 제공한다.

L7 스위치는 L4 스위치에 패킷을 분석하는 기능이 추가된다. DoS Denial of Services 공격을 막고 패킷에 있는 바이러스 검사를 수행할 수 있다는 특징이 있다.

물리 계층에서 사용하는 장비는 신호와 연관되어 있다. 신호를 먼 거리로 전송하는 경우 신호가 약해져서 원래의 신호를 알 수 없게 된다. 이렇게 약해진 신호를 증폭시켜 원래의 신호로 만드는 장치를 리피터 repeater 라 부른다. 지금은 다른 네트워크 장비에 기본적으로 리피터 기능이 탑재되어 있어 사용하지 않는다. 허브 hub 는 리피터 역할을 하는 장치이만, 여러 장치를 연결할 수 있다는 특징을 가진다.

8 OSI 7계층

네트워크와 관련된 다양한 표준들이 존재한다. 그중 대표적인 표준 기구로서 ITU-T, IEEE, ISO가 있다. ITU(국제전기통신연합)는 UN의 표준화 기구로 International Telecommunication Union의 약자이며 홈페이지는 http://www.itu.int이다. 대표적으로 유선 전화망과 팩스와 같은 공중 통신망의 국제 표준을 담당한다.

IEEE(전기전자학회)는 '아이트리플이'라고 읽으며 Institute of Electrical and Electronics Engineers의 약자이다. IEEE는 전기·전자·통신과 관련된 다양한 주제들을 다루는 학술단체이며 홈페이지는 http://www.ieee.org이다. IEEE에는 주제별로 여러 개의 소위원회를 두고 있는데, 이 중 IEEE 802 위원회에서 LAN에 대한 표준을 담당하고 있다. IEEE 802에도 다양한 하부 소위원회가 있으며 무선 LAN(와이파이) 표준인 IEEE 802.11은 전 세계적으로 널리 사용된다.

ISO(국제표준화기구)는 International Organization for Standardization의 약자로 다양한 분야의 표준을 개발하기 위한 국제기구로 가장 큰 규모를 자랑하며 홈페이지는 http://www.iso.org이다. ISO에서 네트워크 모델로 개발한 것이 OSI 참조 모델Open Systems Interconnection Reference Model이며, 이를 OSI 7계층 모델이라 부른다. OSI 7계층 모델은 지금까지 설명한 계층 모델과 비슷하지만, 응용 계층을 3개의 계층으로 분리하였다. 분리된 3개의 계층의 특징은 다음과 같다.

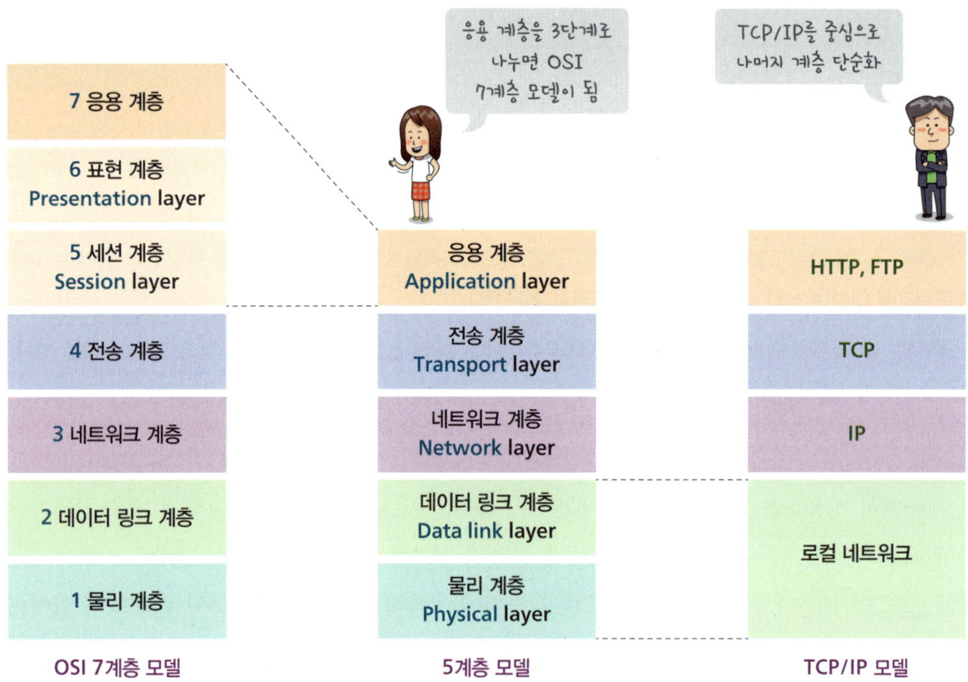

그림 2-11 계층 모델 간의 비교

5번은 세션 계층Session layer이다. 세션이란 작업의 큰 단위를 가리킨다. 예를 들어 네이버에 로그인을 하여 메일을 보낸다고 가정해보자. 여러분들이메일 작업을 마치고 네이버에서 빠져 나올 때까지가 하나의 세션이 된다. 11번가에 로그인하여 물건을 구매하고 로그아웃을 할 때까지도 하나의 세션이다. 이러한 세션을 관리하는 것이 세션 계층의 역할이다.

6번은 표현 계층 Presentation layer 이다. 데이터를 암호화 하는 것이 표현 계층의 주요 역할이다. 우리가 흔히 사용하는 HTTP는 데이터를 암호화 하지 않고 그대로 보낸다. 따라서 해커들에게 정보가 노출될 가능성이 높다. 이를 방지하기 위한 HTTP의 암호화 버전이 HTTPS HTTP Secure 이다. HTTPS의 규격이 표현 계층에 존재한다. OSI 7계층 모델에서 응용 계층, 표현 계층, 세션 계층이 정의되어 있지만 잘 사용되지는 않는다. 그래서 이 책에서는 앞서 설명한 5계층을 중심으로 설명한다.

현재 가장 많이 사용되는 계층 모델은 TCP/IP 모델이다. 인터넷의 주요 프로토콜인 TCP와 IP를 중심으로 아래에는 LAN 계층이 있고, 위로는 HTTP나 FTP와 같은 프로토콜 등이 있다. TCP 계층이나 IP 계층에는 TCP와 IP 이외에도 인터넷을 구축하기 위해 필요한 다양한 프로토콜들이 존재한다. 이러한 프로토콜의 특징과 분석은 해당 계층에서 자세히 설명한다.

요약

- 전송속도를 표시하는 단위는 bps이며, 헤르츠는 1초 동안의 상태 변화를 나타내는 데 사용되는 단위이다. 네트워크에 연결된 물리적인 기기나 장치들을 노드라 부르고, 네트워크에 연결된 장비 중 응용 프로그램을 실행할 수 있는 장비를 호스트라 부른다.

- 통신 방향에 따라 분류하면 한쪽 방향으로만 이루어지는 방식을 단방향 통신$_{\text{simplex}}$이라 하고, 양방향 통신의 경우 duplex 혹은 full-duplex라고 한다. 양쪽 방향으로 통신을 할 수 있으나, 특정 시점에서는 한쪽으로만 통신이 가능한 방식을 반양방향 통신, 영어로는 half-duplex라고 한다.

- 통신 대상에 따라 분류하면 1대1 방식은 유니캐스트$_{\text{unicast}}$이고, 불특정 다수와 통신하는 방식은 브로드캐스트$_{\text{broadcast}}$이다. 1 대 특정 다수와 통신하는 방식은 멀티캐스트$_{\text{multicast}}$이다.

- 통신 계층은 1번 물리 계층$_{\text{Physical layer}}$, 2번 데이터 링크 계층$_{\text{Data link layer}}$, 3번 네트워크 계층$_{\text{Network layer}}$, 4번 전송 계층$_{\text{Transport layer}}$, 5번 응용 계층$_{\text{Application layer}}$로 나눈다. 물리 계층은 인접해 있는 노드들을 유선 또는 무선으로 연결하는 역할을 담당한다. 데이터 링크 계층은 인접한 기기 간의 오류 없는 데이터 전송을 위한 계층이다. 네트워크 계층은 여러 개의 LAN을 하나로 묶어서 인터넷을 만들어 주는 핵심 계층이다. 네트워크 계층은 여러 LAN을 지나 출발지로부터 목적지까지 데이터를 전송해주는 계층이다. 네트워크 계층에서 목적지까지 데이터를 보내주기는 하지만 확실히 도착한다는 보장이 없다. 전송 계층은 받은 데이터를 검사하여 오류가 있는지를 살펴보는 일을 담당한다. 응용 계층은 인터넷을 사용하는 각종 응용 프로그램이 위치하는 계층이다.

- 특정 계층에서 데이터 전송을 위해 추가되는 자료구조를 헤더라 부르며. 네트워크 계층에서 다루는 데이터의 단위를 패킷$_{\text{packet}}$이라 하고, 데이터 링크 계층에서 다루는 데이터의 단위를 프레임$_{\text{frame}}$이라 한다.

- 네트워크를 연결하는 장치를 라우터$_{\text{router}}$라 부르며, 인터넷에서 시작점부터 목적지까지 가야하는 길을 경로 배정, 혹은 라우팅이라 부른다. 따라서 라우터는 경로를 결정해주는 장치이며 네트워크 계층에 속한 장비이다. 인터넷에서 중간 노드는 3번 네트워크 계층까지 사용된다.

- 각 계층마다 주소가 사용되는데, 응용 계층은 도메인 이름이나 이메일 주소를 사용하고, 전송 계층은 포트 번호를 주소로 사용하며, 네트워크 계층은 IP 주소를 사용한다. 데이터 링크 계층은 MAC 주소를 사용한다.

연습문제

[객관식 문제]

01 네트워크 전송속도를 표시하는 단위는 무엇인가?

❶ MB ❷ bps
❸ Hz ❹ clock tick

02 1초 동안의 상태 변화를 나타내는 데 사용되는 단위는 무엇인가?

❶ MB ❷ bps
❸ Hz ❹ clock tick

03 20MB 크기의 파일을 20Mbps의 네트워크 선으로 전송하는 데 걸리는 시간 중 가장 근사한 값을 찾으시오.

❶ 100초 ❷ 1초
❸ 20초 ❹ 10초

04 네트워크에 연결된 장비 중 응용 프로그램을 실행할 수 있는 장비라는 의미를 가진 단어는 무엇인가?

❶ 호스트 ❷ 헤르츠
❸ 노드 ❹ 클록

05 통신이 한쪽 방향으로만 이루어지는 방식을 나타내는 단어는 무엇인가?

❶ duplex ❷ half-duplex
❸ full-duplex ❹ simplex

06 양쪽 방향으로 통신을 할 수 있으나, 특정 시점에서는 한쪽으로만 통신이 가능한 방식을 나타내는 단어는 무엇인가?

❶ duplex ❷ half-duplex
❸ full-duplex ❹ simplex

07 다음의 통신 분류 중 라디오 방송은 어디에 속하는가?

❶ duplex ❷ half-duplex
❸ full-duplex ❹ simplex

08 다음의 통신 분류 중 무전기는 어디에 속하는가?

❶ duplex ❷ half-duplex
❸ full-duplex ❹ simplex

09 통신 대상에 따른 분류 중 one-to-one 방식을 나타내는 단어는 무엇인가?

❶ multicast ❷ mesh
❸ unicast ❹ broadcast

10 통신 대상에 따른 분류 중 1 대 불특정 다수와 통신하는 방식을 나타내는 단어는 무엇인가?

❶ multicast ❷ mesh
❸ unicast ❹ broadcast

11 통신 대상에 따른 분류 중 1 대 특정 다수와 통신하는 방식을 나타내는 단어는 무엇인가?

❶ multicast ❷ mesh
❸ unicast ❹ broadcast

12 통신 대상에 따른 분류 중 화상회의가 속하는 방식을 나타내는 단어는 무엇인가?

❶ multicast ❷ mesh
❸ unicast ❹ broadcast

13 통신 대상에 따른 분류 중 전화기가 속하는 방식을 나타내는 단어는 무엇인가?

❶ multicast ❷ mesh
❸ unicast ❹ broadcast

14 통신 대상에 따른 분류 중 공중파 TV가 속하는 방식을 나타내는 단어는 무엇인가?

❶ multicast ❷ mesh
❸ unicast ❹ broadcast

15 인터넷은 여러 개의 LAN으로 구성된다. LAN에 관련된 내용이 정의된 계층은 무엇인가?

❶ Transport layer ❷ Network layer
❸ Data link layer ❹ Application layer

16 인터넷을 사용하기 위한 프로토콜이 정의된 계층은 무엇인가?

❶ Physical layer ❷ Network layer
❸ Data link layer ❹ Application layer

17 OSI 7계층 모델에만 존재하는 계층은 무엇인가?

❶ Physical layer ❷ Network layer
❸ Application layer ❹ Presentation layer

18 인접한 노드 간의 유선 또는 무선통신 연결을 규정하고 있는 계층은 무엇인가?

❶ Transport layer ❷ Network layer
❸ Data link layer ❹ Physical layer

19 인접한 기기 간의 오류 없는 데이터 전송을 위해 만들어진 계층은 무엇인가?

❶ Transport layer ❷ Network layer
❸ Data link layer ❹ Physical layer

20 여러 LAN을 지나 출발지로부터 목적지까지의 데이터 전송의 목적을 가진 계층은 무엇인가?

❶ Transport layer ❷ Network layer
❸ Data link layer ❹ Physical layer

21 인터넷에서 오류 없는 데이터 전송의 목적을 가진 계층은 무엇인가?

❶ Transport layer ❷ Network layer
❸ Data link layer ❹ Physical layer

22 IP가 속한 계층은 무엇인가?

❶ Transport layer ❷ Network layer
❸ Data link layer ❹ Physical layer

23 TCP가 속한 계층은 무엇인가?

❶ Transport layer
❷ Network layer
❸ Data link layer
❹ Physical layer

24 HTTP가 속한 계층은 무엇인가?

❶ Transport layer
❷ Network layer
❸ Data link layer
❹ Application layer

25 특정 계층에서 데이터 전송을 위해 추가되는 자료구조를 무엇이라 부르는가?

❶ 헤더
❷ 포트
❸ 인터페이스
❹ 캡슐화

26 헤더와 데이터를 하나의 데이터로 처리하는 것을 무엇이라 부르는가?

❶ 헤더
❷ 포트
❸ 인터페이스
❹ 캡슐화

27 네트워크 계층에서 다루는 데이터의 단위를 나타내는 단어는 무엇인가?

❶ packet
❷ TPDU
❸ frame
❹ APDU

28 데이터 링크 계층에서 다루는 데이터의 단위를 나타내는 단어는 무엇인가?

❶ packet
❷ TPDU
❸ frame
❹ APDU

29 인터넷의 중간 노드에서 사용하는 계층 중 가장 높은 계층은 무엇인가?

❶ Network layer
❷ Transport layer
❸ Data link layer
❹ Physical layer

30 라우터는 다음 계층 중 어느 계층에 속하는 장비인가?

❶ Network layer
❷ Transport layer
❸ Data link layer
❹ Physical layer

31 domain name은 어느 계층이 사용하는 주소인가?

❶ Transport layer ❷ Network layer
❸ Data link layer ❹ Application layer

32 MAC 주소는 어느 계층이 사용하는 주소인가?

❶ Transport layer ❷ Network layer
❸ Data link layer ❹ Application layer

33 포트 번호는 어느 계층이 사용하는 주소인가?

❶ Transport layer ❷ Network layer
❸ Data link layer ❹ Application layer

34 브릿지 혹은 스위치와 같은 장비를 사용하는 계층은 무엇인가?

❶ Transport layer ❷ Network layer
❸ Data link layer ❹ Physical layer

35 리피터 혹은 허브와 같은 장비를 사용하는 계층은 무엇인가?

❶ Transport layer ❷ Network layer
❸ Data link layer ❹ Physical layer

36 네트워크 관련 표준화 기구와는 거리가 먼 것은 무엇인가?

❶ MAC ❷ IEEE
❸ OSI ❹ ITU-T

[단답형 문제]

37 네트워크 전송속도를 표시하는 단위는 _____이다.

38 1초 동안의 상태 변화를 나타내는 데 사용되는 단위는 ______________이다.

39 30MB 크기의 파일을 30Mbps의 네트워크 선으로 전송하는 데 걸리는 시간은 약 ____초 이다.

40 네트워크에 연결된 물리적인 기기나 장치들을 _____라 부른다.

41 네트워크에 연결된 장비 중 응용 프로그램을 실행할 수 있는 장비를 ______라 부른다.

42 통신이 한쪽 방향으로만 이루어지는 방식을 ____________이라 부른다.

43 양쪽 방향으로 통신을 할 수 있으나, 특정 시점에서는 한쪽으로만 통신이 가능한 방식을 ______________이라 부른다.

44 통신 방향에 의한 분류 중 라디오 방송은 ____________의 대표적인 예이다.

45 통신 방향에 의한 분류 중 무전기는 ____________의 대표적인 예이다.

46 통신 대상에 따른 분류 중 one-to-one 방식을 나타내는 단어는 ________이다.

47 통신 대상에 따른 분류 중 1 대 불특정 다수와 통신하는 방식을 나타내는 단어는 __________ 이다.

48 통신 대상에 따른 분류 중 1 대 특정 다수와 통신하는 방식을 나타내는 단어는 __________ 이다.

49 통신 대상에 따른 분류 중 화상회의가 속하는 방식을 나타내는 단어는 __________이다.

50 통신 대상에 따른 분류 중 공중파 TV가 속하는 방식을 나타내는 단어는 __________이다.

51 통신 대상에 따른 분류 중 전화기가 속하는 방식을 나타내는 단어는 ________이다.

52 5개 계층 중 LAN에 관련된 내용이 정의된 계층은 _____________ 계층과 ___________ 계층이다.

53 5개 계층 중 인터넷을 사용하기 위한 프로토콜들이 정의된 계층은 ___________________ 계층과 _________________ 계층이다.

54 5개 계층과 비교하여 OSI 7계층 모델에 새로 정의된 계층은 ________ 계층과 _________ 계층이다.

55 5개 계층에서 인접한 노드 간의 유선 또는 무선통신 연결을 규정하고 있는 것은 __________ 계층이다.

56 5개 계층 중 인접한 기기 간의 오류 없는 데이터 전송을 위해 만들어진 계층은 ___________ 계층이다.

57 5개 계층 중 LAN을 지나 출발지로부터 목적지까지의 데이터 전송의 목적을 가진 계층은 ____ __________ 계층이다.

58 5개 계층 중 인터넷에서 오류 없는 데이터 전송의 목적을 가진 계층은 ___________계층이다.

59 5개 계층 중 IP가 속한 계층은 _____________ 계층이다.

60 5개 계층 중 TCP가 속한 계층은 ___________ 계층이다.

61 5개 계층 중 HTTP가 속한 계층은 _____________ 계층이다.

62 특정 계층에서 데이터 전송을 위해 추가되는 자료구조를 _____라 부른다.

63 헤더와 데이터를 하나의 데이터로 처리하는 것을 ______라 부른다.

64 네트워크 계층에서 다루는 데이터의 단위를 _______________이라 부른다.

65 데이터 링크 계층에서 다루는 데이터의 단위를 ________________이라 부른다.

66 인터넷의 중간 노드에서 사용하는 계층 중 가장 높은 계층은 _________________ 계층이다.

67 라우터라 불리는 기기가 속한 계층은 __________________ 계층이다.

68 domain name은 ___________ 계층이 사용하는 주소이다.

69 MAC 주소는 ___________ 계층이 사용하는 주소이다.

70 포트 번호는 __________ 계층이 사용하는 주소이다.

71 리피터 혹은 허브와 같은 장비를 사용하는 계층은 __________ 계층이다.

72 브릿지 혹은 스위치와 같은 장비를 사용하는 계층은 _______________ 계층이다.

[주관식 문제]

73 네트워크를 통신 방향에 따라 분류하고 설명하시오.

74 네트워크를 통신 대상에 따라 분류하고 설명하시오.

75 5계층 모델의 이름을 쓰고 각 계층의 역할을 간단히 서술하시오.

76 헤더와 캡슐화에 대하여 설명하시오.

77 계층화의 장단점에 대하여 논하시오.

78 계층별 주소 체계에 대하여 논하시오.

PART Ⅱ

물리 계층
Physical Layer

Part II Preview

- 물리 계층 Physical layer 은 신호를 사용하여 데이터를 전송하는 계층이다. 따라서 유·무선신호의 특징을 알아야 한다. 3장에서는 신호를 전송하는 통신선의 종류와 특징에 대해 배우다. 신호와 관련하여 많은 이론과 수학 공식이 있다. 쉽게 설명하기 위하여 스피커, 음악 CD, MP3와 같이 우리 주변에서 쉽게 접할 수 있는 것들을 가지고 신호의 특징을 설명한다.

- 우리는 라디오, 와이파이(무선 LAN), 교통카드(RFID), GPS, 자동차 스마트키, TV 리모컨과 같이 무선신호를 사용한 다양한 기기들을 사용하고 있다. 4장에서 이러한 기기들이 공통적으로 가지는 특징을 설명한다. 또한 우리나라에서 처음 상용화한 CDMA 기술을 '칩 모형'을 통해 쉽게 설명한다.

- 우리가 사용하고 있는 유선 전화기, 인터넷은 서로 비슷하지만 다른 점이 많은 통신망이다. 5장에서 전화망과 인터넷망의 특징을 살펴보고 차이점을 알아본다. 또한, 이동통신 시스템의 발전과정을 알아보고 1G 이동통신에서 5G 이동통신까지의 특징을 살펴본다. 마지막으로 우리가 사용하는 휴대폰이 어떻게 작동하는지도 설명한다.

CHAPTER

03

신호 처리

Section

SECTION 01

신호 이해하기

1 아날로그와 디지털의 차이 필수

통신은 신호를 사용한다. **신호** signal 란 데이터를 한쪽에서 다른 쪽으로 옮기는 데 사용되는 파형 혹은 데이터 흐름 data stream 이다. 두 사람의 대화가 어떻게 이루어지는지 살펴보자. 말하는 사람은 자신의 성대를 움직여 목소리(소리 파형)를 만들고 파형이 공기를 진동시키며 이동한다. 이러한 파형의 이동(파동)이 상대방의 귀에 들어가 뇌로 전달되면 대화가 이루어진다. 컴퓨터도 신호를 이용하여 다른 쪽으로 정보를 전달함으로써 통신이 이루어진다. 따라서 통신을 이해하기 위해서는 신호의 특징을 알아야 한다.

신호는 크게 아날로그와 디지털로 나뉜다. 데이터가 연속적으로 변하는 값을 가지는 경우 **아날로그** analogue 라 부른다. 아날로그의 대표적인 예가 소리이다. 소리의 파형을 그려보면 선들이 연속적으로 이어진 형태이다. 아날로그의 다른 예로는 바늘이 달린 자동차 속도 계기판, 바늘이 달린 시계, 수은주로 온도를 나타내는 온도계, 레코드판에 녹음된 음악이 있다. 아날로그가 연속된 값이라는 것은 시계의 초침에서도 알 수 있다. 25초에서 26초 넘어가는 사이에 25.1초 25.2초와 같이 연속된 시간을 지나서 26초가 된다.

그림 3-1 아날로그 시계와 디지털 시계

디지털 digital 은 아날로그에 대비되는 단어이다. 아날로그적인 상태나 세기 등을 숫자나 문자 등으로 표현한 것이 디지털이다. 디지털은 손가락을 뜻하는 라틴어 단어 digit에서 유래되었다. 디지털은 불연속적으로 변하는 값을 가진다. 컴퓨터는 0과 1의 두 개의 값을 사용하여 모든 작업을 한다. 디지털 시계의 경우, 25초와 26초 사이의 연속된 값을 보여주지 않고 딱 25초와 26초만을 보여준다. 그래서 디지털은 불연속이다.

그림 3-2 아날로그 신호와 디지털 시계 신호

아날로그는 연속적인 값이며 디지털은 불연속적인 값이라는 의미는 [그림 3-2]를 통해서 확인할 수 있다. 아날로그의 경우 왼쪽의 그림과 같이 계속 이어지는 신호이다. 반면에 디지털 신호는 오른쪽 그림과 같이 0과 1으로만 표현되는 끊어지는 신호이다.

2 디지털의 장점

컴퓨터나 통신이 디지털을 사용하는 이유가 있다. 디지털은 저장 공간을 많이 차지하지 않아 보관이 용이하다. 수만 권의 책을 보관하기 위해서는 큰 서재가 필요하지만, 책을 스캔하여 디지털로 저장할 경우 작은 USB 드라이브 하나면 된다. 추가적으로 디지털로 보관된 책은 아날로그보다 검색이 훨씬 쉽다. 디지털은 셀 수 있는 값이기 때문에 복제가 쉽고, 여러 번 복제하더라도 원본가 차이가 없다. 복사기를 이용하여 문서를 복사하고 복사한 문서를 다시 복사하는 경우, 복사할수록 품질이 떨어진다. 그러나 디지털은 이러한 문제가 없다.

디지털의 또 다른 장점은 수정이나 변형이 쉽다는 것이다. 필름으로 찍은 사진은 수정이나 변형이 쉽지 않지만 디지털 사진은 포토샵과 같은 프로그램으로 간단히 수정할 수 있다.

마지막으로 디지털의 장점은 시간이 지나더라도 원래의 데이터가 훼손되지 않는다는 것이다. 필름 사진은 오랜 시간이 지나면 빛바래지지만, 디지털 사진은 시간에 상관없이 원래의 상태대로 보관이 가능하다. 디지털에 비하여 아날로그의 장점은 작은 변화도 표현할 수 있어 세밀한 표현이 가능하다는 것이다.

표 3-1 아날로그와 디지털 비교

아날로그	디지털
정보 저장 공간을 많이 차지한다. 복제를 하면 품질이 떨어진다. 수정이나 변경이 어렵다 시간이 지나면 변한다. 세밀한 표현이 가능하다	정보 저장 공간을 적게 차지한다. 복제가 쉽다. 수정이나 변경이 쉽다 시간이 지나더라도 훼손되지 않는다. 아날로그에 비해 덜 세밀하다.

같은 음악이라도 아날로그로 저장된 것과 디지털로 저장된 것은 재생 방식이 다르다. 레코드판은 소리 신호(아날로그)의 파형을 플라스틱 원반에 저장한 것이다. 플레이어의 바늘이 홈을 따라 움직이면서 소리 파형을 만들고, 이 파형이 증폭되어 음악이 된다.

그림 3-3 레코드판과 CD

CD Compact Disk에 저장된 음악은 아날로그 신호를 디지털로 변환한 후 해당 숫자를 기록한 것이다. 따라서 CD에 저장된 숫자를 소리 신호로 바꾸어야 음악이 된다. 다시 말해 CD로 음악을 감상한다는 것은 저장된 디지털 값을 아날로그 신호로 바꾼다는 것이다. MP3 파일도 마찬가지이다. MP3 파일이란 음악을 디지털로 변환하여 저장한 파일이며, 저장된 디지털 값을 아날로그 신호로 바꾸면 음악이 된다.

통신에서도 디지털과 아날로그 변환이 일어난다. 전화기는 아날로그 신호를 전송하는 통신기기이지만 컴퓨터는 0과 1의 디지털 값만 인식한다. 전화선을 이용하여 컴퓨터 통신을 하려면 아날로그와 디지털 사이의 변환이 필요하다.

앞으로 아날로그-디지털의 변환이 어떻게 이루어지는지 살펴볼 것이다. 통신에서의 아날로그-디지털 변환을 설명함과 동시에 여러분들에게 친숙한 음악 CD를 예로 아날로그-디지털 변환이 어떻게 이루어지는지 설명하겠다.

여기서 잠깐

CD에 저장된 음악이나 MP3 파일의 음악과 같이 디지털 신호를 실제의 소리로 바꿔주는 칩 chip 을 DAC이라 부른다. DAC은 Digital to Analog Converter의 약자로 디지털 신호를 아날로그로 바꿔주는 알고리즘을 칩의 형태로 구현해 놓은 것이다.

3 신호의 속성

일반적으로 신호는 물결 모양의 파형이 주기적으로 나타난다. 이 파형이 이동하면서 데이터를 전송한다. 물에 돌을 던지면 파형이 만들어지면서 퍼져 나가는 것과 같다. 이렇게 파형이 이동하는 것을 파동이라 한다. 참고로 이동하지 않고 위아래로만 움직이는 것은 진동이라 부른다.

신호는 파형(파의 모양)이 반복되는 주기 신호와 비주기 신호로 나눈다. 일반적으로 아날로그는 주기 신호, 디지털은 비주기 신호이다. 디지털이라는 단어가 붙지 않으면, 이 장에서 설명하는 신호는 주기를 가지는 아날로그 신호를 의미한다.

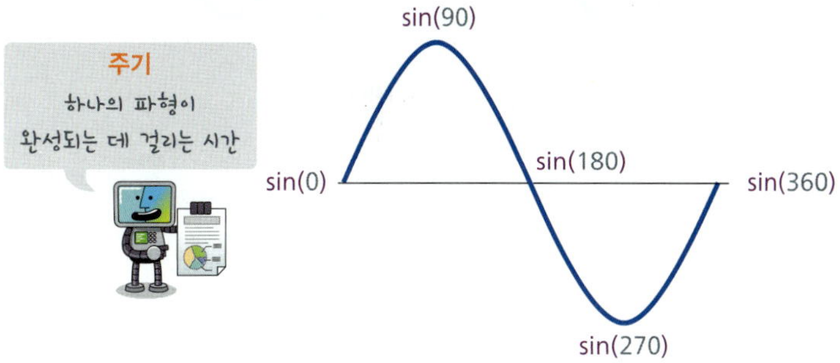

그림 3-4 신호와 주기

주기 period 는 하나의 파형이 시작하여 완성될 때까지 걸리는 시간을 의미한다. 파형은 사인 곡선 sin wave 으로 표현된다. 하나의 파형이 완성된다는 것은 sin(0)도에서 시작하여 sin(360)도가 된다는 것이다. 따라서 sin(0)에서 sin(360)이 1주기가 된다.

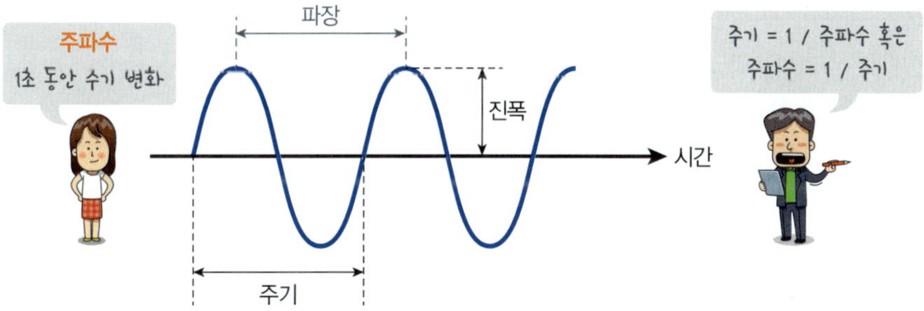

그림 3-5 주기와 진폭

신호의 주기적인 변화를 **주파수** frequency 라 부른다. 주파수는 1초 동안 주기가 몇 번 변화했는지를 나타낸다. 주파수 표시 단위로 헤르츠(Hz)를 사용한다. 신호의 주기가 1초에 한 번 변하면 1Hz 주파수, 100번 변하면 100Hz 주파수가 된다.

주기와 주파수의 관계를 생각해보자. 주기가 0.1초인 신호가 있다면 1초 동안에 10번 신호가 반복될 것이다. 이는 10Hz 주파수가 된다. 반대로 100Hz의 주파수는 주기가 0.01초이다. 주기가 짧을수록 주파수는 높아지고, 주기가 길면 주파수는 낮아진다. 반대로 높은 주파수는 주기가 짧고, 낮은 주파수는 주기가 길다. 따라서 주기는 주파수의 역수가 된다. 다시 말해 주기 = 1 / 주파수 혹은 주파수 = 1 / 주기이다.

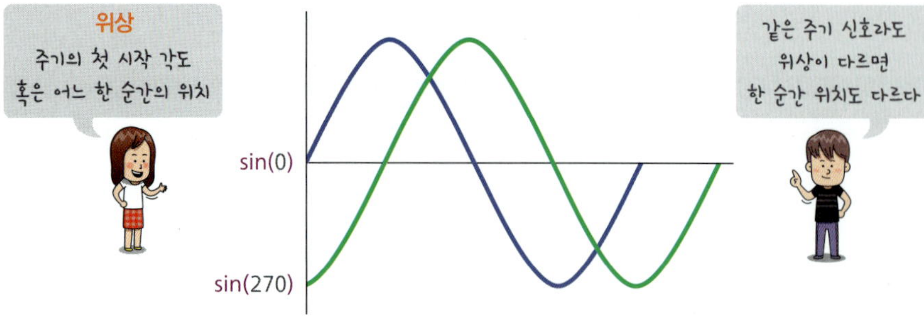

그림 3-6 신호의 위상

신호를 이루는 **3가지 요소는 주파수(주기), 진폭, 위상**이다. **진폭** amplitude 은 파형의 높이를 나타내며 신호의 크기를 의미한다. 진폭은 특정 순간의 신호 값이다. **위상** phase 은 어느 한 순간의 위치 혹은 신호의 시작 각도를 의미한다. [그림 3-6]에서 파란색 신호와 초록색 신호는 시작 각도가 다르다. 같은 주기를 가진 신호라 할지라도 위상이 다르면 특정 순간에 다른 위치에 있다. 위상은 서로 같은 주기를 가진 신호에게만 적용할 수 있다.

파장 wave length (파의 길이)은 신호의 골과 골 사이의 거리를 나타낸다. 이는 한 개의 신호가 이동하는 거리를 의미한다. 주기가 길면 파장도 길고, 주기가 짧으면 파장도 짧다. 파장은 주로 파의 속도를 계산할 때 사용된다.

하이퍼링크

데이터통신에서는 주기적인 아날로그 신호를 이용하여 비주기의 디지털 신호를 전송한다. 이를 변조 modulation 라 부른다. 4장의 04절 변조를 참고하기 바란다.

4 신호의 특징

신호의 특징을 이해하기 위해 소리 신호를 생각해보자. 소리 신호는 두 개의 속성을 가진다. 첫 번째 속성은 낮은 소리(저음)와 높은 소리(고음)이며, 두 번째 속성은 큰 소리와 작은 소리이다.

그림 3-7 저음과 고음

우선 저음과 고음의 특징을 살펴보자. 저음과 고음을 그림으로 나타내면 [그림 3-7]과 같다. 저음은 주기가 길고 느리게 움직인다. 고음은 주기가 짧고 빠르게 움직이는 소리이다. 또한 저음은 '울린다' 혹은 '가라앉은 소리'라고 표현하며, 고음은 '소리가 날카롭다' 혹은 '쨍쨍거린다'고 표현한다.

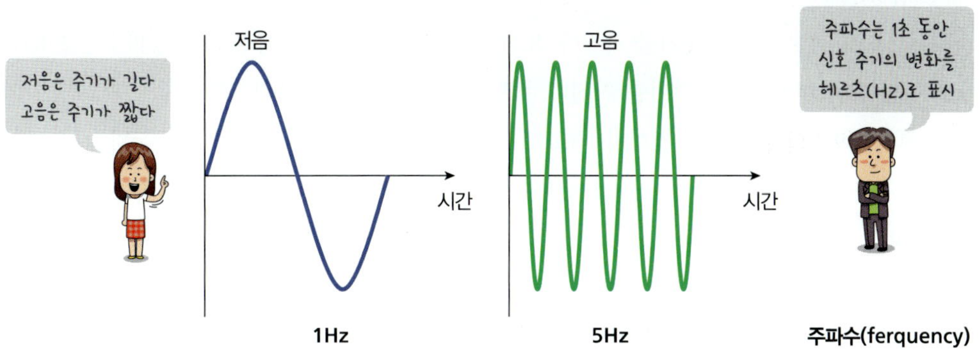

그림 3-8 주파수와 저음과 고음의 관계

저음은 주기가 길기 때문에 주파수가 낮다. 고음은 주기가 짧기 때문에 주파수가 높다. 사실, 저음과 고음은 상대적인 값이다. 1Hz는 100Hz보다 저음이 된다. 또한 100Hz는 1000Hz(1KHz)보다 저음이다.

소리 신호의 두 번째 속성인 작은 소리와 큰 소리는 파형의 높이인 진폭$_{\text{amplitude}}$으로 표시된다. 다시 말해, 큰 소리는 큰 진폭을 가진 신호이며, 작은 소리는 작은 진폭을 가진 신호이다.

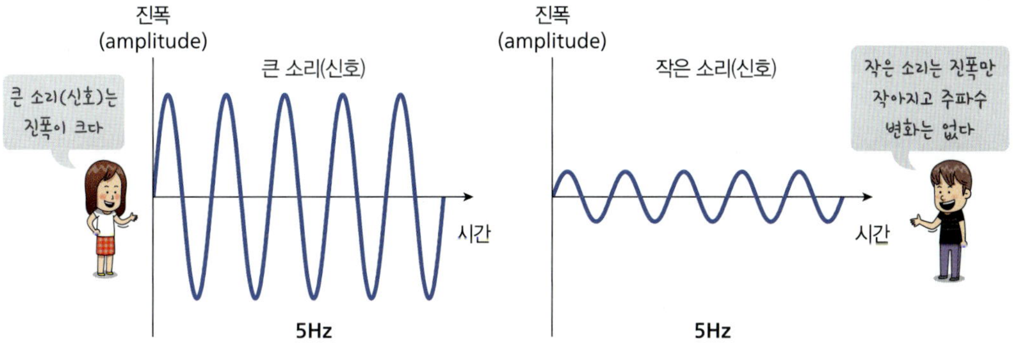

그림 3-9 큰 소리와 작은 소리

[그림 3-9]는 같은 주기를 가진 소리에 대하여 작은 소리와 큰 소리가 어떻게 차이가 나는지를 보여준다. 큰 소리는 에너지양이 크기 때문에 진폭이 크고, 작은 소리는 진폭이 작다. 오디오의 볼륨을 올리거나 내리는 것은 주기는 그대로 두고 진폭만 늘리거나 줄이는 것이다. 오디오의 볼륨을 올린다고 해서 저음이 고음이 되거나 고음이 저음이 되지는 않는다.

5 대역폭과 채널 필수

인간이 들을 수 있는 소리를 가청 주파수 Audio Frequency; AF 라 부른다. 가청 주파수의 범위는 20Hz ~ 20,000Hz(20KHz)까지이다. 다시 말해 인간이 들을 수 있는 가장 낮은 주파수는 20Hz라는 의미이며 이 소리는 1초에 20번의 신호 주기를 가진다. 또한 인간이 들을 수 있는 가장 높은 주파수는 20KHz이며, 1초 동안 20,000번의 신호 주기를 가진다. 어떤 사람이 30KHz의 주파수를 들을 수 있다면? 이는 사람이 아니라 박쥐의 귀를 가진 것이다. 참고로 박쥐는 10KHz에서 110KHz까지 듣는다.

여기서 잠깐

스피커는 저음을 담당하는 우퍼 woofer 와 고음을 담당하는 트위터 tweeter 로 구성된다. 낮은 주파수를 만드는 우퍼와 높은 주파수를 만드는 트위터를 하나의 스피커로 만들기 어렵기 때문에 따로 제작하는 것이다. 소리를 크게 하면 우퍼가 앞뒤로 움직이는 것을 볼 수 있을 것이다. 저음은 파장이 길기 때문에 움직이는 것이 보이지만, 고음은 파장이 짧기 때문에 움직임을 보기 어렵다.

안테나도 마찬가지이다. 낮은 주파수를 사용하는 통신 시스템에서는 안테나 크기가 커야 하지만, 높은 주파수의 경우 안테나 크기는 상대적으로 작아진다.

특정 신호의 범위를 **대역폭** bandwidth 이라 부른다. 대역폭은 가장 높은 주파수에서 가장 낮은 주파수를 뺀 값이다. 인간이 들을 수 있는 가청 주파수 대역을 음파 sound wave 라 부르며 대역폭은 약 20KHz(20,000~20)이다.

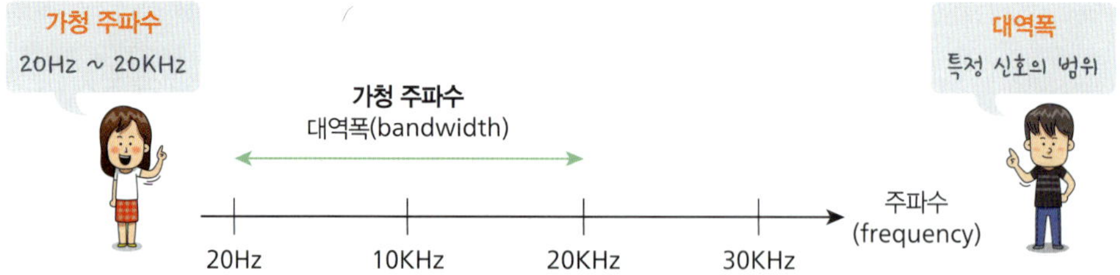

그림 3-10 대역폭

참고로 인간이 들을 수 있는 가청 최대 한계 범위를 넘어서는 주파수 대역을 초음파 ultrasound 라 부른다. 박쥐는 초음파 대역을 들을 수 있는 동물이며 대역폭은 약 100KHz (110,000~10,000)이다.

대역폭과 더불어 자주 쓰이는 단어가 **채널** channel 이다. 채널은 전체 대역폭 중 특정 범위의 대역폭을 의미한다. 예를 들어 전체 TV 대역폭 중, 4번 채널은 SBS, 7번 채널은 KBS, 11번 채널은 MBC이다. TV 대역폭을 여러 개의 채널로 나누어 사용하는 것이다. 대역폭이 고속도로라고 한다면 채널은 차선에 해당된다.

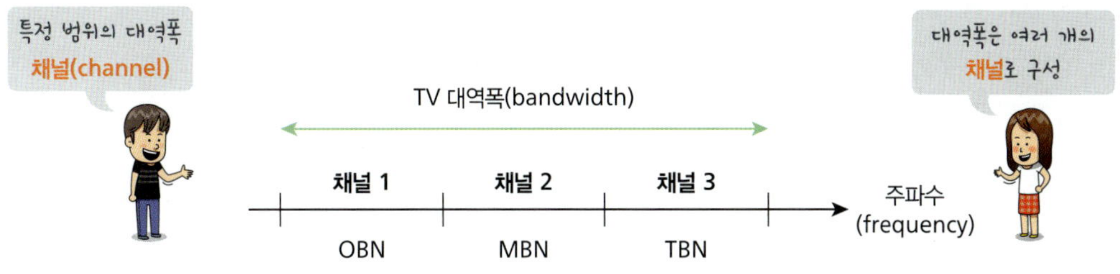

그림 3-11 대역폭과 채널

음악도 마찬가지이다. 스테레오 stereo 음악은 왼쪽에 담긴 소리 정보와 오른쪽에 담긴 소리 정보가 다르다. 따라서 CD에 담긴 음악이나 MP3 파일에 저장된 음악은 2채널로 저장되어 있다. 모노 mono 음악의 경우 1채널이다.

SECTION 02 아날로그와 디지털 변환

1 샘플링 필수

MP3 파일은 음악을 디지털로 변환시켜 놓은 것이다. 이것이 가능하려면 아날로그 신호를 디지털 신호로 변환하는 것이 가능해야 하고 반대로 디지털 신호를 아날로그 신호로 바꿀 수 있어야 한다. 어떻게 이러한 변환이 가능한지 살펴보자.

그림 왼쪽과 같이 아날로그 신호가 있다고 가정해보자. 이를 변환하기 위하여 오른쪽 그림과 같이 일정 간격으로 막대를 세운다. 막대는 아날로그 신호와 닿는 부분까지 올려놓는다.

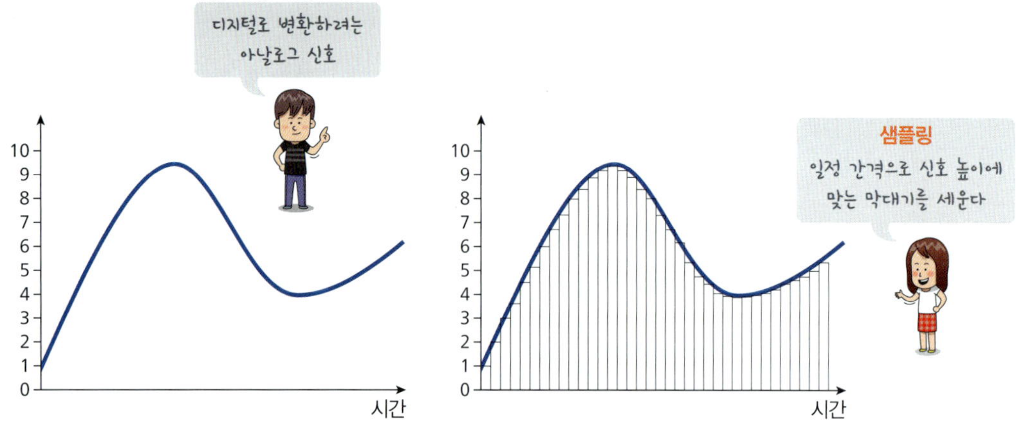

그림 3-12 샘플링(sampling)

일정 간격으로 막대가 만들어지면 각 막대의 높이를 기록한다. 각 막대의 높이를 모아 놓으면 디지털 값이 만들어진다. 이렇게 **일정 간격으로 신호 높이에 맞는 막대기를 세우는 것을 샘플링** sampling 이라 한다. 따라서 아날로그를 디지털로 변환하는 작업을 샘플링 작업이라 부른다.

여기서 잠깐

샘플링은 다른 곳에서도 많이 쓰이는 작업이다. 힙합 뮤지션들이 힙합을 부르기 위해 사용하는 음원들 중 일정 비트를 가진 음원을 샘플 음원이라 한다. 또한 공장의 기계에서 생산되는 제품 중 일정 간격으로 제품을 뽑아 이상이 있는지를 확인하는 작업도 샘플링이라 부른다.

아날로그 파형을 샘플링하고 나면 막대의 높이를 나타낼 수 있는 눈금이 있어야 한다. 눈금이 0, 1, 2, 3의 4개의 값만 가진다면 막대를 촘촘히 세울 필요가 없다. 어차피 4개의 값 중에 하나이기 때문에 세밀하게 막대기를 세운 의미가 없어진다. 따라서 눈금도 막대기의 높이를 잘 표현할 만큼 만들어줘야 한다. 눈금에 의해 **막대기의 높이를 값으로 변환하는 것을 양자화**quantization 라 부른다. [그림 3-13]과 같이 막대기의 높이를 1, 2, 3, 3.7과 같이 양자화된 값으로 변환하면 아날로그-디지털 변환이 끝난다. 음악 CD에 담겨진 것은 음악 신호를 샘플링-양자화로 만들어진 숫자들을 모아 놓은 것이다.

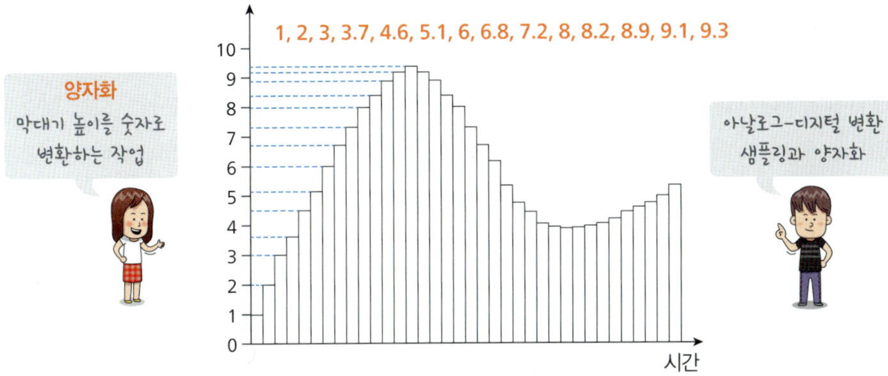

그림 3-13 양자화(quantization)

디지털을 아날로그로 변환하려면 위의 과정을 반대로 하면 된다. 저장한 숫자들의 높이를 가지는 막대를 일정 간격으로 세운다. 각 막대를 지나가는 아날로그 신호를 만들면 디지털-아날로그 변환이 된다. 음악 CD를 실행하면, 저장된 디지털 값들의 높이로 막대를 세우고 그 막대를 지나는 신호가 음악이 된다. MP3 파일도 마찬가지이다.

여기서 잠깐

전화선을 이용하여 데이터통신을 하는 경우 컴퓨터의 디지털 신호를 아날로그 신호로 바꾸어 전화선에 보낸다. 반대로 전화선을 통해 들어오는 아날로그 신호를 컴퓨터가 이해할 수 있는 디지털 신호로 바꾼다. 이렇게 아날로그 신호와 디지털 신호를 바꿔주는 통신장치를 모뎀modem 이라 부른다. 과거 전화선을 이용하여 인터넷을 이용할 때에는 모뎀을 많이 사용하였다.

2 샘플링 주기

아날로그 신호를 디지털로 바꾸는 것은 샘플링과 양자화를 통해서 가능하지만 샘플링을 얼마나 자주 할 것인가의 문제가 남아 있다. **1초 동안에 얼마나 자주 샘플링을 하느냐를 샘플링 주기**sampling rate 라 한다.

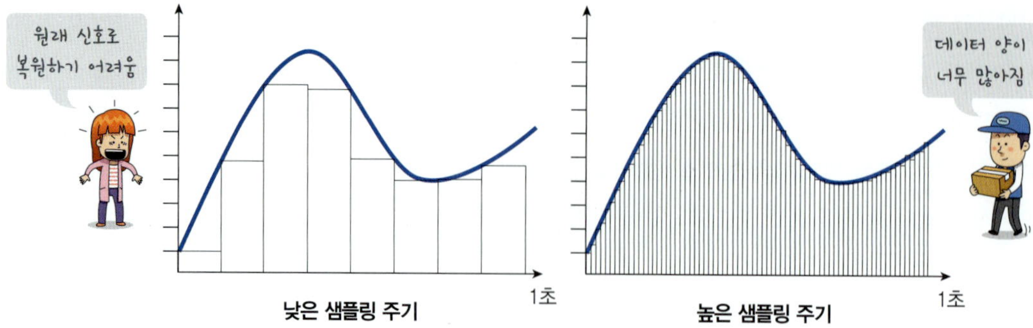

그림 3-14 낮은 샘플링 주기와 높은 샘플링 주기

[그림 3-14]의 왼쪽과 같이 막대를 두껍게 세웠다고 가정해보자. 막대가 두껍다는 것은 낮은 주기로 샘플링 했다는 것이다. 이렇게 막대가 두꺼우면(낮은 샘플링 주기) 원래의 신호와는 다른 신호로 복원될 것이다. 음악의 경우 음질이 매우 나빠진다. 반대로 오른쪽과 같이 막대를 매우 가늘게(높은 샘플링 주기) 세웠다고 가정해보자. 그러면 원래의 신호를 충실하게 재현할 수 있을 것이다. 그러나 데이터의 양이 많아지는 단점이 있다. 음악의 경우 파일의 크기가 매우 커질 것이다.

따라서 적당한 데이터의 크기를 가지면서도 원래의 신호를 복원할 수 있는 샘플링 주기가 필요하다. 스웨덴 출신의 엔지니어인 해리 나이퀴스트 Harry Nyquist 는 1928년 처음으로 디지털 샘플링 이론을 내놓았다. 수학에 기반을 한 이 이론은 증명을 하지 못하다가 20년이 지난 1948년에 증명이 되었다. 이것이 **나이퀴스트 이론** Nyquist Theorem 이다.

나이퀴스트 이론을 한 문장으로 만들면 "변환하려는 신호의 대역폭보다 2배 이상의 샘플링 주기를 사용하면 원래의 신호를 복원할 수 있다"이다. 예를 들어 대역폭이 1KHz인 주파수를 디지털로 변환하고 싶다면, 최소 2KHz보다 큰 샘플링 주기를 사용하면 된다. 앞서 사람의 가청 주파수는 20Hz부터 20KHz까지라 하였고, 가청 주파수의 대역폭은 약 20KHz이다. 따라서 인간이 들을 수 있는 소리 신호를 디지털로 변환하기 위해서는 40KHz 이상의 샘플링 주기를 사용하면 된다.

> 나이퀴스트 이론

샘플링 주기 >= 2 × H (H는 대역폭)

나이퀴스트 이론을 공식화 해보자. H의 대역폭을 가진 신호에 대하여 대역폭 H보다 2배 큰 숫자로 샘플링을 하면 원래의 신호를 복원할 수 있다.

여기서 잠깐

샘플링 이론을 시간으로 접근해보자. Hz는 시간(T)과 반비례 한다. 다시 말해 Hz = 1 / T이다. 샘플링 주기가 10Hz라는 의미는 막대가 1 / 10초마다 한 번씩 나타난다는 의미이며, 100Hz라는 의미는 막대의 폭이 1 / 100초라는 의미이다. 가청 주파수의 최고값은 20KHz이며, 나이퀴스트 이론에 의해 만들어지는 샘플링 주기는 40KHz이다. 따라서 인간이 들을 수 있는 가장 높은 주파수(20KHz)에는 최소한 2개의 막대가 세워진다는 의미이다. 막대가 두 개 세워지면 신호의 변화를 알 수 있기 때문에 원래의 신호를 복원할 수 있다.

3 최대 비트 전송률

비트 전송률 bit rate 은 특정 채널에서 **1초 동안 최대로 얼마만큼의 데이터(비트)를 전송할 수 있는지를 나타내는 값**이다. 비트 전송률은 bps로 표시된다. 통신에서 일정 시간 동안 얼마만큼의 데이터를 보낼 수 있는지의 한계를 아는 것은 중요하다. 통신 매체의 한계를 최대 비트 전송률 max bit rate 이라 한다.

최대 비트 전송률은 잡음이 있는 채널과 잡음이 없는 채널에서 다르다. 당연히 잡음이 있는 채널의 전송률이 낮을 수밖에 없다. 우선 잡음이 없는 채널에서의 최대 비트 전송률을 살펴보고 잡음이 있는 상태에서의 최대 비트 전송률은 6절에서 따로 설명한다.

나이퀴스트 이론을 사용하면 잡음이 없는 채널에서의 최대 비트 전송률을 계산할 수 있다. 잡음이 없는 채널에서 이론적인 최대 비트 전송률의 식은 다음과 같다,

> 최대 비트 전송률

$$\text{최대 비트 전송률(bps)} = 2 \times \text{대역폭} \times \log_2 L \quad (\text{L은 구분되는 비트수})$$

최대 비트 전송률은 나이퀴스트 식에 $\log_2 L$이 곱해지는 값이다. 여기서 L은 구분되는 비트수를 의미한다. 구분되는 비트수란 신호 주기 하나로 얼마나 많은 값을 구분할 수 있는가를 의미한다. 일반적인 디지털 전송에서는 신호 하나로 0과 1을 구분할 수 있다. 0과 1을 구분하는 경우 L은 2가 된다. 따라서 $\log_2 2 = 1$이다.

600Hz 주파수 대역폭을 사용하는 일반적인 디지털 전송의 최대 비트 전송률을 계산해보자. 디지털 전송에서 신호는 0과 1만 구분할 수 있기 때문에 $\log_2 2 = 1$이다. 따라서 최대 비트 전송률을 계산하면 다음과 같다.

$$2 \times 600 \times \log_2 2 = 1200 \times 1 = 1200\text{bps}$$

600Hz 대역폭을 사용하는 일반적인 디지털 전송은 1초에 최대 1200비트를 전송할 수 있다는 의미이

다. 반대로 1초에 1200비트 이상은 전송이 불가능하다.

신호 주기 하나로 00, 01, 10, 11과 같이 4개의 숫자를 구분하는 통신 채널이 있다고 가정해보자. 이 채널이 8000Hz 대역폭을 사용하는 경우에 최대 비트 전송률을 계산해보자. 이 매체는 신호 하나로 4개의 숫자를 구분함으로 L은 4가 된다. 따라서 $\log_2 4 = 2$이다.

$$2 \times 8000 \times \log_2 4 = 16000 \times 2 = 32000\text{bps} = 32\text{Kbps}$$

위의 채널에서는 초당 32kb이상의 비트를 보낼 수 없다. 대역폭과 구분되는 비트수를 안다면 최대 비트 전송률을 간단하게 계산할 수 있을 것이다.

4 실생활에서의 아날로그-디지털 변환

샘플링과 나이퀴스트 이론이 실생활에서 어떻게 사용되고 있는지 살펴보자. 나이퀴스트 이론에 따르면 음악을 디지털로 만들 때, 가청 주파수의 대역폭 약 20KHz보다 두 배 큰 크기인 40KHz 이상으로 샘플링을 하면 원래의 음악으로 복원이 가능하다. 다시 말해 1초 동안에 막대가 40,000이상이 되도록 샘플링을 하면 된다는 의미이다. 실제로 음악 CD나 MP3 파일은 대부분 44.1KHz로 샘플링된다. 그림과 같이 1초에 44,100개의 막대를 세워서 아날로그 신호를 디지털 신호로 바꾼 것이다.

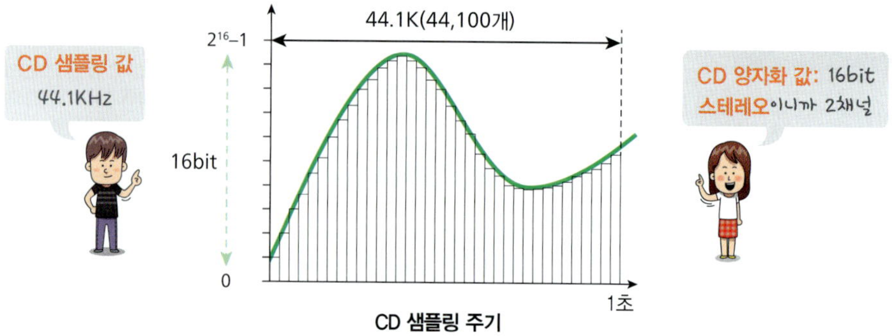

그림 3-15 음악 파일의 샘플링 주기 및 양자화 값

음악 CD나 MP3에서 양자화 값으로 16비트를 사용한다. 이는 눈금의 수가 0 ~ 2^{16}(65,535)개 있다는 의미이다. 양자화를 위해 사용된 값을 양자화 비트 혹은 비트 깊이$_{\text{bit depth}}$라고 부른다. 따라서 여러분들이 듣는 음악 CD는 44.1KHz/16bit로 표시된다. 44.1KHz로 샘플링하고 16bit 양자화 값을 사용했다는 의미이다.

비트 전송률은 음질과 관계가 있다. 정보량이 적은 음악 파일보다 정보량이 많은 음악 파일의 음질이 좋다. 따라서 비트 전송률은 음질의 좋고 나쁨을 의미한다. 비트 전송률 계산식은 $2 \times H \times \log_2 L$ 이다. 여기서 2 × H에 해당하는 것은 샘플링 주기이며, CD의 경우 44.1KHz이다. 또한 $\log_2 L$의 경우, 16 비트 양자화 값이 구분할 수 있는 숫자는 65536(2^{16})이므로 $\log_2 65536$이다. $\log_2 65536$은 다시 16이 된다. 그러므로 양자화 비트수를 그대로 곱해주면 된다. 여기에 음악의 경우 스테레오이기 때문에 2 채널로 구성된다. 그러므로 비트 전송률에 2를 곱해준다. 따라서 디지털로 만들어진 음악의 비트 전송률은 다음과 같다.

> 오디오 비트 전송률

비트 전송률(bps) = 샘플링 주기 × 양자화 비트 × 채널 수

CD에 있는 음악 데이터를 추출하여 만든 파일이 WAV이며 확장자는 .wav이다. 일반적인 WAV 파일의 경우, 44.1KHz로 샘플링하고 16bit로 양자화 했으며 스테레오 파일이다. 위의 공식에 대입해보면, 44.1 × 16 × 2 = 1411.2Kbps가 된다. [그림 3-16]은 WAV 파일을 음악플레이어에서 실행하여 나타나는 정보를 캡처한 것이다. 44KHz와 1411Kbps를 확인할 수 있다. 양자화 값이 표시되지 않으면 무조건 16bit라 생각하면 된다. 양자화 값은 16bit가 아닐 때만 따로 표시한다.

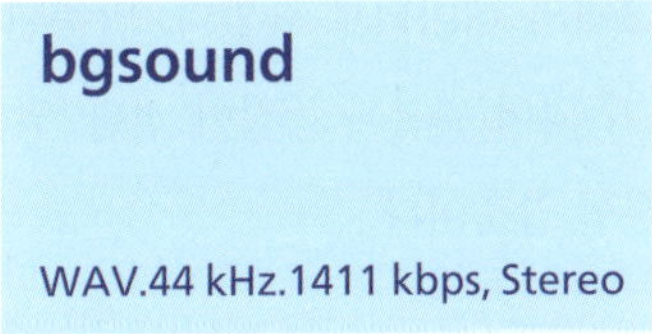

그림 3-16 WAV파일 실행 화면

WAV 음악 파일의 크기는 간단하게 계산할 수 있다. 비트 전송률에 시간을 곱하면 파일의 크기가 된다. 4분짜리 WAV의 경우 크기가 약 42MB이다. 4분은 240초이므로 1411.2 × 240 = 338688Kb이다. 곱셈의 결과가 비트인 것에 주의하기 바란다. 파일의 크기는 바이트이기 때문에 이를 8로 나누어야 한다. 따라서 338688Kb / 8 = 42336KB가 되고, 메가바이트로 바꾸면 42.336MB가 된다.

5 MP3의 비트 전송률

컴퓨터에서 사용 가능한 다양한 오디오 파일 포맷이 존재한다. 앞서 언급한 WAV 파일의 경우, 압축을 사용하지 않은 파일 포맷이다. 그래서 WAV 파일은 크기가 크다는 단점이 있다. 이러한 문제점을 해결하기 위해 압축을 사용한다.

압축의 원리는 간단하다. 반복되는 데이터를 요약하여 보관하면 된다. 그림에서 원본은 [사과, 사과,

사과, 사과, 사과, 사과, 배]이다. 이를 압축하여 저장할 때 [사과, 6, 배]로 저장하면 된다. 이렇게 압축한 것을 다시 복원하면 [사과, 사과, 사과, 사과, 사과, 사과, 배]가 되어 원본이 만들어진다.

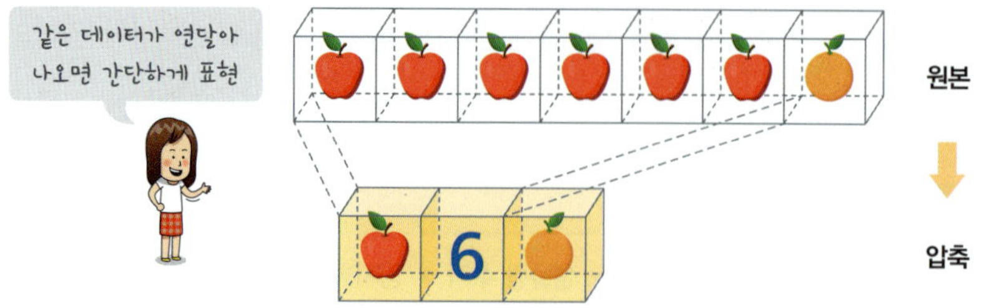

그림 3-17 압축의 원리

압축 방식에 따라 '비손실 압축'과 '손실 압축'으로 나뉜다. 비손실 압축이란 원본과 똑같이 복원이 가능한 압축을 가리킨다. 손실 압축이란 원본과 똑같아지지는 않지만 압축률이 높은 방식이다. 다시 말해 손실 압축을 사용하면 원본과 같지는 않지만 파일 크기를 더 작게 만들 수 있다.

[그림 3-18]은 비손실 압축과 손실 압축의 차이점을 나타낸다. 왼쪽 그림에서 원본은 [사과, 사과, 사과, 사과, 덜 익은 사과, 사과, 배]이다. 이를 비손실 알고리즘으로 압축하면 [사과, 4, 덜 익은 사과, 사과, 배]가 된다. 7개의 데이터에서 5개의 데이터로 줄었다. 압축된 데이터를 복원시키면 [사과, 사과, 사과, 사과, 덜 익은 사과, 사과, 배]가 되어 원본과 똑같아 진다. 압축률은 적은 대신에 손실 없이 원본을 그대로 복원할 수 있는 것이 비손실 압축이다.

그림 3-18 비손실 압축과 손실 압축

오른쪽의 손실 압축의 경우, 똑같지 않아도 비슷한 것끼리 하나로 묶어 버린다. 그래서 손실 압축하면 [사과, 6, 배]가 된다. 7개의 데이터가 3개로 줄었으니, 비손실 압축보다 압축률이 더 높다. 손실 압축을 다시 복원하면 [사과, 사과, 사과, 사과, 사과, 사과, 배]가 되어 원본과 달라진다. 복원을 하니 덜 익은 사과가 사라져 버렸다. 원본과 똑같아 질 수 없기 때문에 손실 압축이라 부른다.

비손실 압축과 손실 압축은 쓰임새가 다르다. 일반적으로 사용하는 ZIP이나 RAR와 같은 압축파일은 비손실 압축을 사용한다. 문서나 중요한 데이터를 압축했는데 원본이 사라져버리면 안 되기 때문이다. 그러나 사진이나 동영상과 같이 원복 복원보다는 압축률이 중요한 경우에는 손실 압축을 사용한다. 대표적인 손실 압축 포맷이 JPG이다.

WAV와 음질은 같지만 파일 크기는 작은 무손실 압축 포맷이 FLAC Free Lossless Audio Codec 이다. FLAC은 비손실 압축을 사용하기 때문에 WAV와 음질은 같지만, 크기는 30% 이상 줄어든다.

일반적으로 가장 많이 사용하는 오디오 포맷은 MP3이다. 가지고 있는 MP3 파일을 보면 같은 음악이라도 크기가 다른 파일이 있을 것이다. 이는 MP3가 압축률을 조절할 수 있기 때문에 발생한 현상이다. 가장 많이 사용하는 압축률이 128Kbps이다. 이는 기존의 WAV 파일을 약 1/11로 손실 압축한 것이다. 따라서 일반 음질의 MP3 파일 크기는 약 3.9MB 정도가 된다.

그림 3-19 다양한 샘플링 주기를 가지는 MP3 파일

MP3는 64, 128, 192, 256, 320Kbps로 압축률을 조절할 수 있으며, 320Kbps가 최고 음질이다. MP3 파일을 최고의 음질로 감상하고 싶다면 320Kbps 파일을 구하면 되지만, 손실 압축이기 때문에 원음과는 차이가 있다.

여기서 잠깐

멜론이나 벅스와 같은 음원 서비스에서 고음질의 음악 파일을 다운로드 받으면 대부분 FLAC 파일이다. FLAC과 유사한 비손실 압축 포맷으로 OGG와 애플에서 쓰는 ALE Apple Lossless Encoder 포맷이 있다.

MP3는 MPEG Moving Picture Experts Group 이라는 손실 압축 알고리즘을 적용한 포맷이다. MP3는 2000년도 초고속 통신망이 보급되기 이전에 만들어진 파일 포맷이다. 당시에는 네트워크 속도가 느렸기 때문에 파일 크기를 많이 줄이기 위해 만들어진 포맷이 MP3이다. MP3와 유사하게 손실 압축을 사용하는 포맷으로 애플의 AAC Advanced Audio Coding 가 있다.

44.1KHz/16bit의 일반적인 음악 CD 이외에 SACD라는 고음질 CD가 있다. 이는 96KHz/24bit를 사용한다.

6 신호 관련 용어 심화

동기화란 일정한 간격으로 데이터를 주고받는 것을 의미한다. 만약 데이터와 데이터 사이의 간격이 일정하지 않을 경우, 받는 쪽에서 데이터를 수신하기 어려워진다. 다시 말해 동기화가 어려워지는 것이다. 지터 $_{\text{jitter}}$ 는 신호 동기화에서 발생하는 오류를 가리킨다.

그림 3-20 데이터 전송과 지터

소리는 높다/낮다와 크다/작다의 2가지 요소를 가진다. 소리 신호의 높낮이를 나타내는 값은 주파수이며 헤르츠(Hz)로 표시하였다. 소리의 크기를 나타내는 단위는 dB(데시벨)이다. 데시벨은 절대적인 크기를 나타내는 것이 아니라 비율을 나타내는 단위이다. 0dB은 소리의 크기가 0인 것이 아니라, 사람이 감지할 수 있는 가장 작은 소리의 크기인 것이다.

2dB는 0dB의 2배 소리이며, 10dB은 10배 커진 소리이다. 일반적으로 대화는 약 60dB, 오디오로 음악을 감상하는 소리는 약 85dB, 비행기가 이륙하는 소리는 약 120dB이다. 인간이 들을 수 있는 한계는 150dB이며, 그 이상의 소리는 고막이 터진다고 알려져 있다.

신호를 보낼 때 잡음이 생긴다. 신호 대비 잡음의 정도를 신호 대 잡음비 $_{\text{Signal-to-Noise Ratio}}$ 라 부른다. 신호 대 잡음비는 SNR 또는 S/N로 표시하며 정의는 다음과 같다.

$$SNR = \frac{P_s}{P_n}$$

여기서 P_s는 신호의 전력, P_n은 잡음의 전력을 의미한다. 잡음 전력 대비 신호 전력의 세기를 봄으로써 상대적인 신호 전력 크기를 나타낸다. 이는 통신 시스템의 성능이 절대적인 신호 전력이 아닌 잡음 전력에 대비한 신호의 전력으로 결정되기 때문이다.

앞서 잡음이 없는 채널에서의 최대 비트 전송률은 나이퀴스트 이론으로 계산할 수 있었다. 잡음이 있는 채널에서의 최대 전송률은 샤논 용량 $_{\text{Shannon capacity}}$ 으로 정의된다. 샤논 용량의 정의는 다음과 같다.

$$\text{용량} = \text{대역폭} \times \log_2(1 + SNR)$$

나이퀴스트 수식에서의 $\log_2 L$은 샤논 수식에서 $\log_2(1 + SNR)$로 대체되었다. 오류가 있는 채널에서는 구분 비트수 L이 의미가 없다는 뜻이다.

요약

- 통신에서 데이터를 한쪽에서 다른 쪽으로 옮기는 데 사용되는 파형을 신호라 부르며, 신호는 크게 아날로그와 디지털로 나뉜다. 연속적으로 변하는 값을 가지는 신호가 아날로그 이며, 불연속적으로 변하는 값을 가지는 신호를 디지털이라 부른다.

- 디지털의 장점은 정보 저장 공간을 적게 차지하고 복제가 쉽다는 것이다. 또한 수정이나 변경이 쉽고 시간이 지나더라도 훼손되지 않는다. 아날로그의 장점은 세밀하다는 것이다.

- 신호의 3가지 속성은 주기, 진폭, 위상이다. 신호에서 하나의 파형이 시작하여 완성될 때까지 걸리는 시간을 주기라 부른다. 그리고 신호에서 파형의 높이를 진폭이라 하며, 신호에서 어느 한 순간의 위치 혹은 신호의 시작 각도를 위상이라 부른다. 추가적으로 신호의 골과 골 사이의 거리를 파장이라고 한다.

- 신호의 주기적인 변화를 주파수라 부르는데, 단위는 Hz로 표시한다. 주파수 = 1 / 주기이다.

- 특정 신호의 전체 범위를 나타내는 것이 대역폭이며, 전체 대역폭 중 특정 범위의 대역폭을 채널이라 부른다. 또한 인간이 들을 수 있는 소리를 가청 주파수라 하는데 대역폭이 약 20KHz이다.

- 아날로그-디지털 변환에서 일정 간격으로 신호 높이에 맞는 막대를 세우는 것을 샘플링이라 부르며, 일정 간격으로 세워진 막대의 높이를 숫자로 표시하는 작업을 양자화라 한다.

- H가 대역폭일 경우, 나이퀴스트 이론에 의해 샘플링 주기는 2H보다 크게 하면 된다. 또한 최대 비트 전송률(bps)은 2 × 대역폭 × $\log_2$L이다. 여기서 L은 구분되는 비트수를 나타낸다.

- 일반 음악 CD에 담긴 음악은 44.1KHz로 샘플링되고 양자화 값으로 16bit를 사용한다. 음악 CD의 비트 전송률은 샘플링 주기 × 양자화 비트 × 채널 수이므로, 44.1 × 16 × 2 = 1411.2Kbps가 된다.

- 압축에는 손실 압축과 비손실 압축이 있는데 손실 압축을 사용하여 WAV 파일의 크기를 줄인 것이 MP3이다.

- 지터는 신호 동기화에서 발생하는 오류를 가리킨다.

연습문제

[객관식 문제]

01 통신에서 데이터를 한쪽에서 다른 쪽으로 옮기는 데 사용되는 파형을 가리키는 단어는 무엇인가?

❶ 아날로그 ❷ 신호
❸ 디지털 ❹ 우퍼

02 연속적으로 변하는 값을 가지는 신호를 무엇이라 부르는가?

❶ 아날로그 ❷ 트위터
❸ 디지털 ❹ 우퍼

03 레코드판에 녹음된 음악은 어떤 신호인가?

❶ 우퍼 ❷ 트위터
❸ 디지털 ❹ 아날로그

04 CD에 녹음된 음악은 어떤 신호인가?

❶ 우퍼 ❷ 트위터
❸ 디지털 ❹ 아날로그

05 불연속적으로 변하는 값을 가지는 신호를 무엇이라 부르는가?

❶ 아날로그 ❷ 트위터
❸ 디지털 ❹ 우퍼

06 디지털의 장점이 아닌 것을 고르시오.

❶ 수정이나 변경이 쉽다. ❷ 정보 저장 공간을 적게 차지한다.
❸ 복제가 쉽다. ❹ 세밀한 표현이 가능하다.

07 아날로그의 특징을 표현한 것이 아닌 것을 고르시오.

❶ 비주기 신호이다. ❷ 정보 저장 공간을 많이 차지한다.
❸ 복제를 하면 품질이 떨어진다. ❹ 세밀한 표현이 가능하다.

08 신호를 이루는 3가지 요소가 아닌 것은 무엇인가?

❶ 주기 ❷ 진폭
❸ 각도 ❹ 위상

09 아날로그는 ( ) 신호이다. 괄호에 들어갈 적당한 단어는 무엇인가?

❶ 주기 ❷ 진폭
❸ 각도 ❹ 비주기

10 디지털은 ( ) 신호이다. 괄호에 들어갈 적당한 단어는 무엇인가?

❶ 주기 ❷ 진폭
❸ 각도 ❹ 비주기

11 하나의 파형이 시작하여 완성될 때까지 걸리는 시간을 의미하는 것은 무엇인가?

❶ 주기 ❷ 진폭
❸ 파장 ❹ 위상

12 파형의 높이를 나타내는 것은 무엇인가?

❶ 주기 ❷ 진폭
❸ 파장 ❹ 위상

13 어느 한 순간의 위치 혹은 신호의 시작 각도를 의미하는 것은 무엇인가?

❶ 주기 ❷ 진폭
❸ 파장 ❹ 위상

14 신호의 골과 골 사이의 거리를 나타내는 것은 무엇인가?

❶ 주기 ❷ 진폭
❸ 파장 ❹ 위상

15 신호의 주기적인 변화를 나타내는 것은 무엇인가?

❶ 주파수 ❷ 진폭
❸ 파장 ❹ 위상

16 다음의 관계가 올바르게 정의된 것을 찾으시오.

❶ 주파수 = 1 / 위상　　❷ 주기 = 1 / 진폭
❸ 주파수 = 1 / 주기　　❹ 주기 = 1 / 위상

17 인간이 들을 수 있는 소리라는 뜻을 가진 단어는 무엇인가?

❶ 대역폭　　❷ 가청 주파수
❸ 채널　　❹ 샘플링

18 특정 신호의 전체 범위를 나타내는 단어는 무엇인가?

❶ 대역폭　　❷ 가청 주파수
❸ 채널　　❹ 샘플링

19 전체 대역폭 중 특정 범위의 대역폭을 나타내는 단어는 무엇인가?

❶ 양자화　　❷ 가청 주파수
❸ 채널　　❹ 샘플링

20 아날로그-디지털 변환에서 일정 간격으로 신호 높이에 맞는 막대를 세우는 것을 나타내는 단어는 무엇인가?

❶ 양자화　　❷ 가청 주파수
❸ 채널　　❹ 샘플링

21 아날로그-디지털 변환에서 일정 간격으로 세워진 막대의 높이를 숫자로 표시하는 작업을 가리키는 단어는 무엇인가?

❶ 양자화　　❷ 가청 주파수
❸ 채널　　❹ 샘플링

22 H가 대역폭일 경우, 나이퀴스트 이론에 의해 샘플링 주기는 ( )보다 크게 하면 된다. 괄호에 들어갈 가장 맞는 단어를 찾으시오.

❶ H　　❷ 2H
❸ 4H　　❹ 8H

23 잡음이 없는 채널에서 대역폭이 400Hz이고, 0과 1을 전송할 수 있는 통신선이 있다. 최대 비트 전송률은 얼마인가?

❶ 200bps ❷ 400bps
❸ 800bps ❹ 400Kbps

24 잡음이 없는 채널에서 대역폭이 200Hz이고, 00, 01, 10, 11을 전송할 수 있는 통신선이 있다. 최대 비트 전송률은 얼마인가?

❶ 200bps ❷ 800bps
❸ 400bps ❹ 200Kbps

25 신호 동기화에서 발생하는 오류를 가리키는 단어는 무엇인가?

❶ 지터 ❷ 진폭
❸ 파장 ❹ 위상

26 10KHz/8bit 스테레오 음악 파일의 비트 전송률을 구하시오.

❶ 10bps ❷ 8bps
❸ 160bps ❹ 80bps

[단답형 문제]

27 통신에서 데이터를 한쪽에서 다른 쪽으로 옮기는 데 사용되는 파형을 _____라 부른다.

28 연속적으로 변하는 값을 가지는 신호를 ________이라 부른다.

29 레코드판에 녹음된 음악은 ________ 신호이다.

30 CD에 녹음된 음악은 _______ 신호이다.

31 불연속적으로 변하는 값을 가지는 신호를 _______이라 부른다.

32 아날로그는 디지털에 비하여 정보 저장 공간을 _____ 차지한다.

33 신호의 3가지 속성인 주기, 진폭, 위상으로 보면, 아날로그는 _____ 신호이다.

34 신호의 3가지 속성인 주기, 진폭, 위상으로 보면, 디지털은 _______ 신호이다.

35 신호에서 하나의 파형이 시작하여 완성될 때까지 걸리는 시간을 _____이라 부른다.

36 신호에서 파형의 높이를 _____이라 부른다.

37 신호에서 어느 한 순간의 위치 혹은 신호의 시작 각도를 _____이라 부른다.

38 신호의 골과 골 사이의 거리를 _____이라 부른다.

39 신호의 주기적인 변화를 _______이라 부른다.

40 주파수 = 1 / _____ 이다.

41 __________는 인간이 들을 수 있는 소리라는 뜻이다.

42 ______은 특정 신호의 전체 범위를 나타낸다.

43 전체 대역폭 중 특정 범위의 대역폭을 _____이라 부른다.

44 아날로그-디지털 변환에서 일정 간격으로 신호 높이에 맞는 막대를 세우는 것을 ______이라 부른다.

45 아날로그-디지털 변환에서 일정 간격으로 세워진 막대의 높이를 숫자로 표시하는 작업을 ______이라 부른다.

46 H가 대역폭일 경우, 나이퀴스트 이론에 의해 샘플링 주기는 _____보다 크게 하면 된다.

47 잡음이 없는 채널에서 대역폭이 200Hz이고, 0과 1을 전송할 수 있는 통신선의 최대 비트 전송률은 _____bps이다.

48 잡음이 없는 채널에서 대역폭이 200Hz이고, 00, 01, 10, 11을 전송할 수 있는 통신선의 최대 비트 전송률은 _____bps이다.

49 10KHz/8bit 스테레오 음악 파일의 비트 전송률은 _____bps이다.

50 신호 동기화에서 발생하는 오류를 _____이라 부른다.

[주관식 문제]

51 아날로그와 디지털의 장단점을 비교하여 설명하시오.

52 신호에서 주기, 주파수, 진폭, 위상에 대하여 설명하시오.

53 아날로그 신호를 디지털로 변환하는 과정을 설명하시오.

54 잡음이 없는 채널에서 600Hz 주파수 대역폭을 사용하고 0과 1을 전송하는 선의 최대 비트 전송률이 계산되는 과정을 쓰시오.

55 4분짜리 44.1KHz/16bit 스테레오 음악 파일의 비트 전송률 및 파일의 크기를 구하시오.

CHAPTER

04

유선 및 무선 데이터 전송

Section

SECTION
01 통신선

1 통신선에 대한 이해

전송 매체 transmission media 란 신호를 한쪽에서 다른 쪽으로 전달하는 데 사용되는 물질을 가리킨다. 전송 매체는 크게 유선 전송 매체와 무선 전송 매체가 있다. 무선신호를 전송하는 매체는 공기이다. 사람이 대화할 때, 사람의 성대에서 만들어진 파동이 공기를 통하여 상대방의 귀로 전달된다. 유선 전송 매체에는 다양한 종류가 있다. 유선 매체로 가장 많이 사용되는 것은 구리선이다. 최근에는 전송 매체로 구리선보다 가볍고 많은 양의 데이터를 전송할 수 있는 광섬유를 사용한다. 구리선은 통신선뿐 아니라 전기를 공급하는 전력선에도 사용된다. 앞으로 유선 전송 매체는 **통신선** communication line 이라 부른다.

통신선의 역할은 외부의 영향을 덜 받으면서도 최대한 멀리까지 신호를 전송하는 것이다. 통신선이 길어질수록 신호는 감소한다. 전선 자체의 저항에 의해 멀리 갈수록 신호의 세기는 점점 줄어든다는 의미이다. 또한 외부의 힘에 의해 통신선을 흐르는 신호는 간섭을 받게 된다. 주변의 강한 전기나 자력에 의해 통신선으로 전송되는 신호는 변형될 수 있다. 따라서 신호 감소가 적고, 외부 간섭에 강한 통신선이 필요하다.

그림 4-1 통신선의 문제

신호의 감소는 강한 신호를 보내거나 통신선 중간에 신호를 증폭하는 리피터 repeater 를 사용하여 해결한다. 외부 간섭을 줄이는 방법을 이해하기 위해서는 직류 Direct Current; DC 와 교류 Alternating Current; AC 를 사용하는 이유를 알아야 한다. 일반적으로 전선은 +극과 –극을 가진 두 개의 선으로 이루어진다. 전기를 사용하는 기기는 +극과 –극이 결정된 직류를 전원으로 사용한다. 전기선을 평행하게 배치하면 외부 영향에 취약해진다. 그래서 가정까지 배달되는 전기는 +극과 –극이 계속 바뀌는 교류로 전달된다. 교류는 직류에 비하여 외부의 영향을 덜 받는다. 총알이 날아갈 때 회전을 하는 이유와 같다, 회전을 하지 않는 총알은 공기 저항에 의해 똑바로 나가기 어렵지만, 총알을 강하게 회전시키면 공기 저항을 뚫고 직진한다.

통신선이 사용하는 신호를 교류의 형태로 만들 수는 없다. 대신 통신선을 이루는 선들이 최대한 마주 보지 않도록 배치함으로서 외부 간섭으로부터 최소화한다. 더 나아가 전기 신호 대신 빛을 사용하면 외부 간섭에 강해진다.

여기서 잠깐

한국은 220V에 60Hz의 교류를 사용한다. 이는 전압(전기의 압력)은 220V라는 의미이고, 1초 동안 +극과 -극이 60번 바뀐다는 의미이다. 전기를 사용하는 기계들은 이러한 전기를 받아서 직류로 바꾸어 사용한다. 이렇게 교류를 직류로 바꾸는 기계가 어댑터이다.

2 주요 통신선의 특징

꼬임선(twisted pair)

전선이나 스피커 선과 같이 선을 평행하게 배치하면 외부로부터 간섭을 많이 받게 된다. 그래서 두 개의 선을 꼬아서 사용하는데 이를 **꼬임선** twisted pair 이라 부른다. 전선을 꼬면 총알의 회전이나 교류의 원리와 같이 외부의 영향을 덜 받게 된다.

꼬임선을 사용하는 대표적인 통신장비가 유선 전화기이다. 유선 전화기는 꼬임선을 이용하여 데이터를 전달한다. 또한 현재 집이나 학교, 관공서, 회사 등에서 사용하는 대부분의 LAN은 이더넷 ethernet 이며 전체 LAN의 95% 이상을 차지하고 있다. 이더넷에서 사용하는 선도 꼬임선이다.

[그림 4-2]는 꼬임선을 사용하는 이더넷 선을 나타낸다. 이더넷 선은 8개로 구성되는데, 2가닥 씩 꼬아서 총 4개의 쌍이 하나의 이더넷 선이 된다. 이더넷 선은 연결단자로 RJ-45 단자(커넥터)를 사용한다.

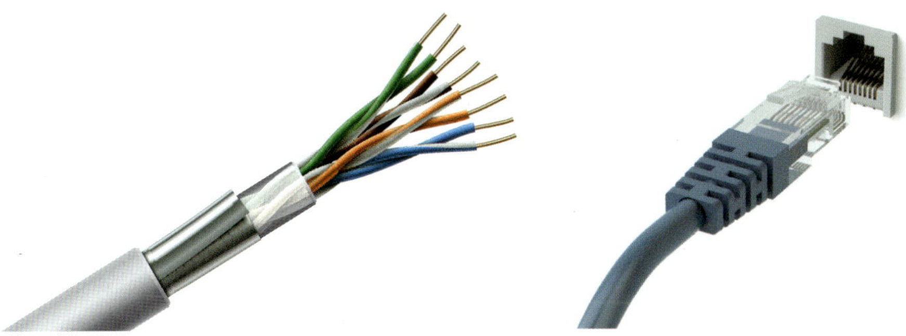

그림 4-2 꼬임선(twisted pair)과 RJ-45 단자

꼬임선도 피복에 따라 다양한 종류가 있으며, 대체적으로 10~100Mbps의 속도로 100~1km까지 연결한다. 기술의 발달로 1Gbps의 데이터를 전송할 수 있는 꼬임선도 개발되었다. 꼬임선은 앞으로 설명할 다른 종류의 선에 비하여 외부 영향에 약하다. 또한 도청이 쉬운 단점이 있다.

동축선(coaxial cable)

동축선coaxial cable은 [그림 4-3]과 같이 중앙에 구리선이 지나가고 이를 피복으로 감싼 형태이다. 다른 한쪽 선은 피복 주변에 그물망 형태로 감싸져 있다. 그리고 맨 바깥쪽은 외부 피복으로 감싼다. 동축선은 +와 −를 담당하는 두 개의 선이 하나의 축으로 묶여 있다. 그래서 동축선이라 부른다.

동축선은 바깥의 외부 구리선은 안쪽의 구리선을 보호하는 구조로 이루어져 있다. 그래서 동축선은 꼬임선보다 외부 영향에 강하고 더 멀리까지 데이터를 보낼 수 있다. 꼬임선과 비교하여 동축선은 구조가 복잡하기 때문에 만들기 어렵고 비싸며 선이 두껍고 무겁다는 단점이 있다.

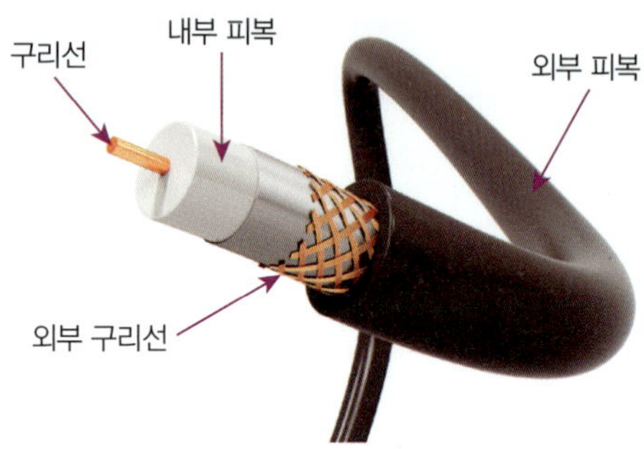

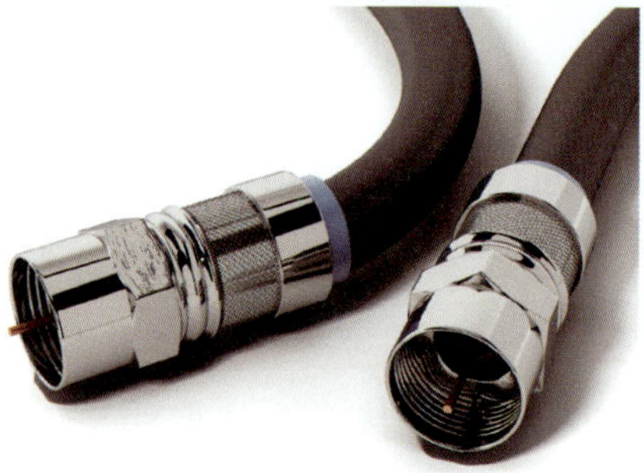

그림 4-3 동축선(coaxial cable)과 BNC 단자

동축선의 연결단자를 BNC라 부르는데, 이는 독특한 구조로 되어 있다. 중앙의 구리선이 삐져나와 있는 형태이다. 단자를 연결할 때나 분리할 때 나사를 돌리듯이 회전을 시켜야 한다. 동축선은 TV의 안테나를 연결하거나 케이블 TV를 설치하면 볼 수 있는 선이다.

동축선은 구조가 복잡하여 꼬임선에 비해 가격은 비싸지만 많은 양의 데이터를 멀리까지 전송할 수 있다. 케이블 TV의 경우, 동축선 하나로 수백 개의 방송과 인터넷을 동시에 사용한다. 동축선은 10Mbps~1Gbps의 속도로 1~10km까지 데이터를 전송할 수 있다.

광섬유(fiber optics)

유선 매체 중 많은 양의 데이터를 멀리까지 전송할 수 있는 선은 광섬유fiber optics이다. 광섬유는 머리카락보다 가느다란 선에 빛light을 이용하여 데이터를 전송하는 매체이다. 광섬유는 선 하나가 수 기가바이트의 데이터를 수백 km까지 전송할 수 있다. 가볍고 작은 선으로도 멀리까지 데이터를 전송할 수 있기 때문에 국가와 국가 간의 데이터 전송이나 해저 케이블에 광섬유가 사용된다. 요즘 TV와 인터넷 서비스를 신청하면 광섬유를 사용하여 연결해준다.

광섬유의 또 다른 특징은 빛을 이용하기 때문에 도청이 어렵다는 것이다. 구리를 이용하는 꼬임선이나 동축선의 경우, 중간에 선을 이어 붙여서 도청이 가능하다. 그러나 광섬유는 빛의 굴절을 이용하므로 중간에 다른 광섬유를 이어 붙이기 어렵기 때문에 도청이 어렵다.

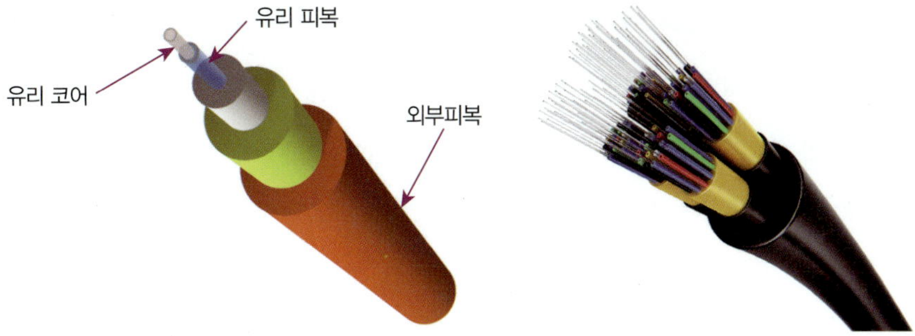

그림 4-4 광섬유(fiber optics)

광섬유의 단점은 모든 선이 매끈하게 이어져야 하기 때문에 생산단가가 비싸고 선을 연결하는 비용이 많이 든다는 것이다. [그림 4-4]는 광섬유의 단면을 나타낸다. 유리 코어와 이를 감싸는 유리 피복 그리고 외부 피복으로 이루어져 있다. 유리 코어의 경우 끝에서 끝까지 완벽하게 하나로 이어져 있어야만 통신이 가능한 구조이다.

표 4-1 주요 통신선 비교

선	대역폭*	전송거리*	특징
꼬임선	10 ~ 100Mbps	100m ~ 1km	외부 간섭에 약함, 도청 가능
동축선	10Mbps ~ 1Gbps	1 ~ 10km	외부 간섭에 중간, 도청 가능
광섬유	2 ~ 200Gbps	10 ~ 100km	외부 간섭에 강함, 도청 불가능

*표의 대역폭과 전송거리는 절댓값이 아닌 일반적인 비교임

[표 4-1]은 주요 통신선을 비교한 것이다 기술의 발달로 동축선보다 높은 대역폭을 전송할 수 있는 광섬유도 개발되었다. 따라서 표 안의 대역폭과 전송거리는 절댓값이 아닌 일반적인 비교를 나타낸다.

전력선 통신(PLC; Power Line Communication)

우리나라와 같이 국토가 좁고 인구밀도가 높은 나라에서는 통신선을 많이 설치할수록 이익이 증가한다. 아파트가 많은 우리나라의 경우, 통신선 하나만 잘 설치해도 수천 명의 가입자를 유치할 수 있기 때문이다. 중국, 호주, 미국과 같이 땅이 넓은 나라에서는 통신선을 설치하는 비용 대비 가입자 수를

많이 확보하기 어렵다. 마찬가지로 산꼭대기에 있는 집에 통신선을 연결하는 것은 비용 대비 효용가치가 떨어진다. 통신선을 설치하기 어렵거나 가입자가 적을 것으로 예상되는 곳에 사용하기 위해 만든 기술이 전력선 통신 PLC; Power Line Communication 이다.

전력선 통신은 통신선을 새로 설치하지 않고 기존의 전력선을 이용하여 통신하는 기술으로, 전력선에 고주파를 전송하여 통신하는 방식이다. 실험실에서 1Gbps까지 성공하였으나 실생활에서 사용하기에 힘든 문제가 발생하였다. 전력선에는 TV, 세탁기, 냉장고와 같은 다양한 가전제품이 연결되어 있다. 전력선 통신에 사용되는 고주파가 가전제품에 영향을 미치는 문제가 발생하였다. 반대로 가전제품을 켜거나 끌 때에 통신에 영향을 미치는 문제도 발생하였다.

가장 큰 문제는 변압기를 통과할 때 발생한다. 집에서는 220V를 사용하지만, 발전소에서 전기를 공급할 때는 몇 만 볼트로 송출한다. 이러한 전기를 변압기를 통하여 220V까지 낮추어 가정에 공급한다. 변압기를 통과하여 데이터를 전송하면 신호가 손실되는 문제가 발생한다.

SECTION 02
무선 전송의 특징

1 주파수 특성 필수

유선통신은 통신기기를 선으로 연결해야 하는 불편함이 있다. 이를 해결하기 위해 개발된 것이 무선통신이다. 무선통신을 이해하기 위해서는 신호의 특성을 이해해야 한다. 앞서 낮은 주파수(저음)와 높은 주파수(고음)로 구분하였다. 낮은 주파수와 높은 주파수는 상대적인 특징을 가진다. 클럽의 시끄러운 음악을 상상해보자. 문이 닫혀있을 경우 저음이 많이 들리는가 아니면 고음이 많이 들리는가? 고음보다는 저음이 많이 들린다.

그림 4-5 문 닫힌 클럽 밖에서 들리는 소리

고음과 저음을 비교해보면 고음은 직진하는 성향이 강하며, 물체를 만나면 반사되는 특성이 있다. 반대로 저음은 퍼져나가는 성질(확산)이 강하며 투과성이 좋다. 다시 말해, 벽과 같은 물체를 만나면 뚫고 나가는 성질이 우수하다. 고음은 물체를 만나면 반사되기 때문에 저음에 비해 투과성이 좋지 않다. 또한 고음은 저음에 비하여 정보량이 많다. 박수 소리가 어느 방향에서 나는지는 쉽게 찾을 수 있지만, 천둥소리의 시작 방향은 찾기가 어렵다.

무선통신 시스템은 낮은 주파수를 사용하는 것부터 높은 주파수를 사용하는 것까지 다양하게 분포되어 있다. 같은 조건에서 낮은 주파수를 사용하는 통신 시스템이 높은 주파수보다 신호를 더 멀리까지 보낼 수 있다.

예를 들어 라디오는 크게 AM 라디오와 FM 라디오로 나뉘며, AM 라디오가 FM 라디오보다 낮은 주파수를 사용한다. AM은 보통 KHz의 주파수를 사용하고, FM은 MHz의 주파수를 사용한다. 깊은 산속에서 FM 라디오보다 AM 라디오가 더 잘 잡힌다. 그 이유는 AM이 FM보다 상대적으로 투과성이 좋은 낮은 주파수를 사용하기 때문이다.

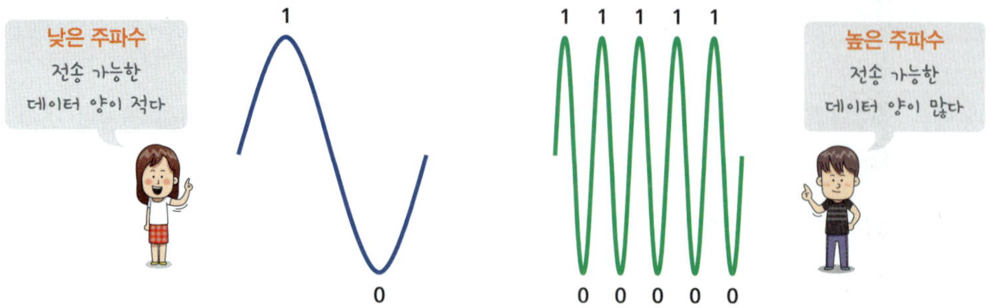

그림 4-6 낮은 주파수와 높은 주파수의 데이터 전송량 비교

그러나 높은 주파수 사용하는 것이 불리한 것은 아니다. 높은 주파수는 투과성이 나쁜 대신에 많은 양의 정보를 전달할 수 있는 장점이 있다. [그림 4-6]과 같이 주파수가 높이 올라가면 1, 낮게 떨어지면 0을 전달한다고 가정해보자. 낮은 주파수는 단위 시간당 1과 0 한 개씩만 전달할 수 있지만, 높은 주파수는 5배 이상 많은 데이터를 전달할 수 있다. 높은 주파수는 단위 시간당 데이터를 많이 전송할 수 있어서 정보량이 많다.

여기서 잠깐

보통 좌우 스피커에는 고음을 담당하는 트위터와 저음을 담당하는 우퍼로 구성되어 있다. 일부 스피커의 경우 그림과 같이 우퍼만 따로 분리하여 만들기도 한다. 이때, 고음을 담당하는 부분은 왼쪽과 오른쪽 2개로 구성되지만 우퍼는 1개뿐이다. 고음은 방향성을 가지며 정보량이 많기 때문에 왼쪽 고음과 오른쪽 고음을 구분할 수 있다. 반면 저음은 확산되기 때문에 왼쪽 저음과 오른쪽 저음을 구분하기 어렵다. 그래서 우퍼는 1개만 있는 것이다.

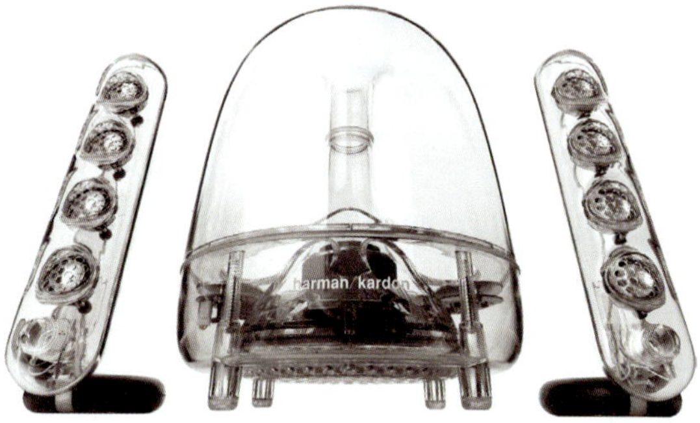

그림 4-7 저음 한 개와 고음 두 개로 이루어진 스피커

소리도 마찬가지다. 고음은 탬버린 소리, 바이올린 소리, 트럼펫 소리와 같이 다양한 악기의 음색을 구분할 수 있다. 저음은 정보량이 적기 때문에 북소리만 듣고 북의 크기를 알아내기 어렵다. 라디오의 경

우 AM은 낮은 주파수를 사용하기 때문에 정보량이 적어 음질이 떨어진다. 그래서 스테레오 AM 라디오는 없다. 높은 주파수를 사용하는 FM 라디오는 정보량이 많기 때문에 음질도 좋고 스테레오도 가능하다. 낮은 주파수와 높은 주파수의 특성을 요약하면 [표 4-2]와 같다.

표 4-2 주파수의 특성

구분	낮은 주파수	높은 주파수
방향성	방향성 없이 퍼져 나간다.	한 방향으로 직진한다.
장애물	투과성이 좋아 뚫고 확산한다.	장애물을 만나면 반사된다.
정보량	전송할 수 있는 정보량이 적다.	전송할 수 있는 정보량이 많다.

여기서 잠깐

통신 시스템을 설계할 때 정보량의 차이때문에 낮은 주파수보다는 높은 주파수를 선호한다. 또한, 낮은 주파수를 송출하는 안테나의 크기는 높은 주파수보다 더 커야 하기 때문에 높은 주파수를 선호한다. 낮은 주파수를 송출하는 안테나가 더 커야하는 이유는 저음을 담당하는 우퍼의 크기와 고음을 담당하는 트위터의 크기를 비교해보면 쉽게 알 수 있다. 주기가 긴 신호를 만들기 위해서는 스피커도 안테나도 커야만 한다.

2 주파수 스펙트럼 필수

무선통신 기기에는 라디오, 휴대폰, 블루투스, TV, 와이파이, GPS와 같이 다양한 종류가 있다. 각 통신마다 사용하는 주파수 대역이 다르다. [그림 4-8]은 전체 주파수 스펙트럼 spectrum 과 주요 통신기기를 나타낸다.

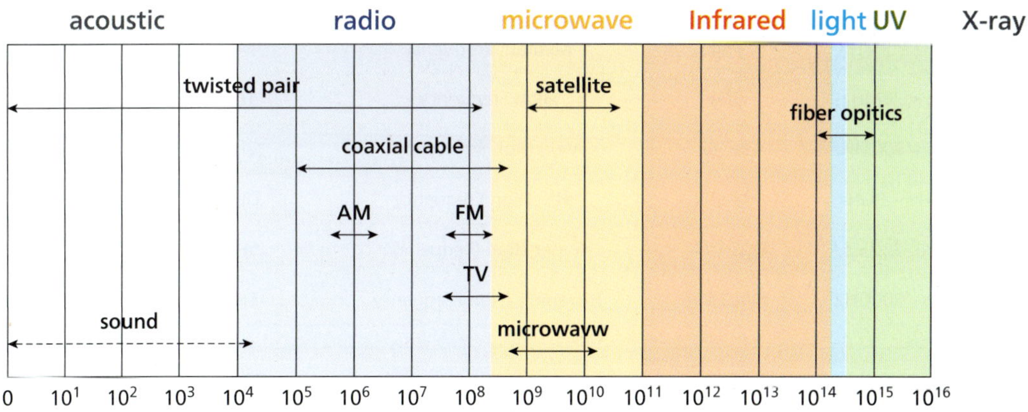

그림 4-8 주파수 스펙트럼

[그림 4-8]에 나타나 있듯이 주파수 스펙트럼에는 일정 영역마다 이름이 붙어 있다. 가장 낮은 주파수 대역은 음파 acoustic 이다. 음파 위로 라디오 radio, 마이크로웨이브 microwave, 적외선 infrared, 가시광선 visible light, 자외선 Ultra Violet, X-레이 영역이 있다. 각 영역에는 해당 영역의 주파수를 사용하는 주요 통신 장비를 나열하였다.

여기서 잠깐

보통 자외선, 가시광선, 적외선을 하나로 묶어 빛 light 이라 표현한다. 이 중 가시광선은 눈에 보이는 빛이라는 의미이다.

우리가 사용하는 라디오는 라디오 주파수 대역을 사용하는 통신 장비란 뜻이다. 전자레인지는 영어로 마이크로웨이브 오븐 microwave oven 인데, 마이크로웨이브 주파수를 사용하여 음식물을 가열하는 가전기기란 뜻이다. 이렇게 알게 모르게 우리는 주파수와 관련된 단어들을 사용해왔다.

자외선 이상에는 무선통신 장치가 없다는 것에 주의하기 바란다. 만약 X-레이 영역의 주파수 사용하는 통신장비가 있다면 매우 빠른 속도로 데이터를 전송할 수 있을 것이다. 그러나 자외선 이상의 영역이 통신에 사용되지 않는 이유는 인체에 해롭기 때문이다. 자외선만 하더라도 피부에 해가 되기 때문에 자외선 차단제를 사용한다. 하물며 X-레이는 방사선이기 때문에 인체에 치명적이다.

여기서 잠깐

ITU International Telecommunication Union 에서는 라디오 영역과 마이크로웨이브 영역을 정확하게 구분하지 않는 대신 주파수 대역을 다음과 같이 분류한다.

주파수	한글명	영문명	약자	비고
3KHz ~ 30KHz	초장파	Very Low Frequency	VLF	
30KHz ~ 300KHz	장파	Low Frequency	LF	
300KHz ~ 3MHz	중파	Medium Frequency	MF	AM
3MHz ~ 30MHz	단파	High Frequency	HF	
30MHz ~ 300MHz	초단파	Very High Frequency	VHF	FM, TV
300MHz ~ 3GHz	극초단파	Ultra High Frequency	UHF	TV, GPS
3GHz ~ 30GHz	초고주파	Super High Frequency	SHF	
30GHz ~ 300GHz	마이크로파	Extremely High Frequency	EHF	

---

3 주파수 영역별 특징

음파 영역

음파 영역이란 가청 주파수 대역이며 인간이 들을 수 있는 소리 신호가 위치한 영역이다. 주파수 스펙트럼의 앞쪽에 위치해 있으며, 음파 영역보다 높은 주파수를 초음파라 부른다. 음파 영역을 사용하는 무선통신 시스템은 없다. 만약 무선통신 기기가 소리 영역을 사용한다면 우리 귀에 들리기 때문에 엄청 시끄러울 것이다. 음파 영역을 사용하는 대표적인 유선통신 기기로는 전화가 있다. 전화는 사람의 목소리를 전기로 바꾸어서 다른 전화기로 전송한다. 팩스를 사용할 때 나는 "삐리리" 소리는 디지털 신호를 소리 신호로 변경할 때 나는 소리이다. 이렇게 계속 들린다고 상상해보자. 엄청 짜증나는 일이다.

라디오 영역

라디오$_{\text{Radio Frequency; RF}}$ 영역은 많은 통신기기가 위치하는 대역이다. 통상적으로 1Hz ~ 300MHz 대역을 가리킨다. 대표적으로 AM과 FM 라디오가 있다. 라디오 주파수 대역에서 AM과 FM 통신 방식 사용하는 기계라는 의미이다.

교통카드나 출입카드에는 RFID$_{\text{Radio Frequency Identification}}$가 부착되어 있다. RFID는 라디오 주파수(RF)를 사용하여 사물을 식별(ID)하는 장치라는 의미이다. 이외에도 자동차의 스마트키도 라디오 영역 주파수를 사용하고, 무선 조종기로 움직이는 자동차나 로봇과 같은 장난감도 라디오 주파수를 사용한다.

그림 4-9 라디오 주파수를 사용하는 RFID, 스마트키, RC 자동차

앞에서 설명한 통신선 중 꼬임선은 소리 영역~라디오 영역의 주파수 대역을 전송하고, 동축선은 라디오 영역의 주파수 대역을 전송한다. 동축선은 AM, FM, TV의 주파수 영역을 커버할 수 있기 때문에 케이블 TV선으로도 많이 사용된다.

마이크로웨이브 영역

마이크로웨이브$_{\text{microwave}}$ 영역은 라디오와 적외선 영역 사이의 주파수를 가지는 전자기파이다. 통상적으로 300MHz에서 30GHz 사이의 주파수를 가리킨다. 이동통신, GPS, 통신위성, 무선 LAN(와이파이) 등이 사용하는 주파수 대역이다.

전파는 귀중한 국가자원이다. 그래서 국가의 허가 없이 마음대로 무선통신 기기를 제작하거나 판매할 수 없다. 또한, 방송국도 국가에 허락을 받고 방송을 송출할 수 있으며, SKT. KT, LG U+와 같은 휴대폰 서비스 제공사는 1조 원에 육박하는 돈을 지불하고 국가로부터 전파 대역을 구매하여 서비스를 한다.

국가가 전파 전체를 돈을 받고 팔면 중소기업의 경우 무선통신 기기를 제작하여 판매하기 어렵다. 따라서 국가는 자유롭게 통신기기를 제작할 수 있는 영역을 만들어주었다. 대표적인 대역이 2.4GHz와 5GHz이다.

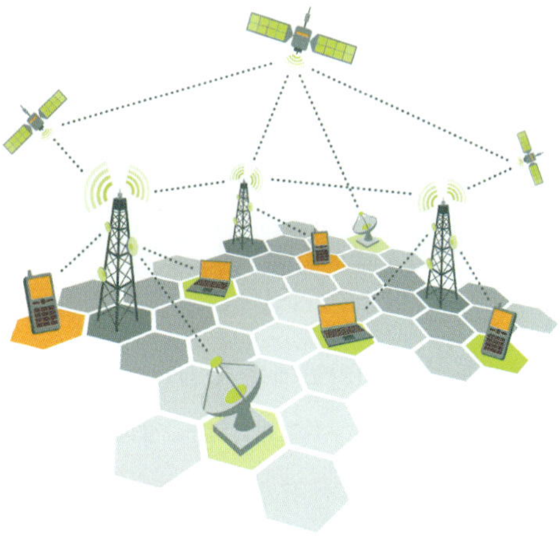

그림 4-10 인공위성

2.4GHz가 위치한 대역이 마이크로웨이브로 일반인들에게 친숙한 영역이다. 우리가 사용하는 전자레인지는 2.4GHz의 마이크로파를 강하게 쏘아 음식을 데우는 전자기기이다. 이 외에 마이크로웨이브 영역에 있는 유명한 무선통신 장비로 와이파이 WiFi 가 있다. 와이파이는 LAN을 구축하는 데 사용하는 공유기를 무선 형태로 구현한 것으로 2.4GHz 대역을 사용한다. 최신의 와이파이 제품의 경우 5GHz도 지원한다. 앞서 신호의 특성에서 설명한 바와 같이 높은 주파수를 가진 신호가 더 많은 데이터를 전송할 수 있다. 따라서 2.4GHz를 사용하는 와이파이보다 5GHz를 사용하는 제품이 많은 양의 데이터를 전송할 수 있다.

위성통신 satellite communication 이란 인공위성으로 전파를 쏘고, 이를 지상에 있는 안테나로 받아 통신을 하는 장치로 마이크로웨이브 영역의 주파수를 사용한다. 과거 '스카이라이프'라 불리는 위성통신을 이용한 TV 방송 서비스가 있었다. 그러나 위성의 경우 전파를 쏘고 수신할 때까지 수 초의 시간이 걸리며, 구름이 끼거나 터널에 들어갈 경우 수신할 수 없고, 수신을 위해서는 큰 크기의 안테나가 필요하다. 인터넷의 발달로 위성 TV 방송은 서비스를 거의 하지 않는다. 요즘에는 위성을 이용한 통신으로 GPS를 많이 사용한다.

GPS는 Global Positioning System의 약자로 GPS 인공위성이 쏘는 전파를 수신하여 자신의 위치를 찾는 서비스를 가리킨다. GPS 서비스는 지도 서비스와 맞물려 자동차 내비게이션, 친구 찾기, 커피 주문, 호텔 찾기, 맛집 찾기와 같은 다양한 서비스를 제공한다.

GPS 위성으로 오는 신호가 약하기 때문에, 실내나 터널 등에서 GPS 신호를 수신하는 것은 불가능하다. GPS 신호만으로는 위치를 찾기 어려울 때는 근처에 있는 휴대폰 기지국의 위치 정보를 이용하기도 한다. GPS 신호가 막힌 경우, 휴대폰이 통신하는 기지국 정보를 기준으로 사용자의 위치를 추정한다.

그림 4-11 GPS을 이용한 내비게이션(좌)과 GPS를 이용한 주변 검색(우)

여기서 잠깐

GPS는 3개의 GPS 위성으로부터 신호가 도달하는 시간을 계산하여 자신의 위치를 찾는다. 신호가 도달하는 시간을 매우 정밀하게 측정한 후, 3각 측량기법을 이용하여 자신이 어느 위성에 더 가까이 있는지가 자신의 위치가 된다. 현재 GPS의 최소 오차는 10m 정도이고, 시간의 오차를 줄이기 위하여 4개 이상의 GPS로부터 신호를 받아 계산한다.

적외선 이상 영역

적외선 영역에는 통신 장비가 없는 것으로 나타나는데, 사실 우리는 적외선을 이용하는 통신 장비를 사용하고 있다. 대표적인 경우가 리모컨이다. 리모컨의 앞부분에는 적외선을 발사할 수 있는 전구가 달려 있다. 이 전구를 통해 적외선을 발사하여 전자제품과 통신한다.

그림 4-12 적외선을 이용하는 통신 장비-리모컨

앞서 신호의 특성에서 낮은 주파수는 투과성이 좋고, 높은 주파수는 반사된다고 하였다. 적외선을 사용하는 리모컨의 경우, 직진성이 강하기 때문에 엉뚱한 방향을 보고 리모컨을 누르거나 벽으로 막혀

있으면 리모컨이 작동되지 않는다. 리모컨과 비교하여 라디오 주파수를 사용하는 스마트키의 경우, 벽을 통과하여 자동차 시동을 걸 수 있다.

광섬유는 자외선, 가시광선, 적외선의 주파수 영역을 모두 사용한다. 통신기기가 사용하는 주파수로 보면 가장 높은 주파수 대역을 사용한다. 광섬유에서 사용하는 주파수 대역이 매우 높기 때문에 단위 시간당 많은 양의 데이터를 전송할 수 있다. 이것이 꼬임선이나 동축선과 비교하여 광섬유가 단위 시간당 많은 양의 데이터를 전송할 수 있는 이유이다.

SECTION 03

다중접속

1 다중접속의 필요성 필수

전파는 귀중한 국가자원이다. 국가의 허가 없이 마음대로 무선통신 기기를 제작하거나 판매할 수 없다. 휴대폰 서비스를 하는 국내 SKT, KT, LG U+ 통신 3사는 국가로부터 통신 대역폭을 경매 받아 서비스를 한다. 보통 경매 비용이 4천억 원에서 1조 원 수준이다.

이렇게 귀중한 전파 자원을 한 사람만 사용하는 것은 낭비이다. 특정 주파수 대역에서 여러 명이 동시에 사용할 수 있게 하려면 특별한 기술이 필요하다. 동일한 주파수 대역에서 다수의 사용자가 서비스에 접속할 수 있도록 하는 기술이 다중접속 Multiple Access 이다.

다중접속 방식에는 주파수를 나누는 주파수 분할 다중접속 FDMA; Frequency Division Multiple Access , 시간을 나누어 사용하는 시간 분할 다중접속 TDMA; Time Division Multiple Access , 코드를 나누어 사용하는 코드 분할 다중접속 CDMA; Code Division Multiple Access 이 있다. 특히 코드 분할 다중접속(CDMA) 기술은 전 세계에서 처음으로 한국이 상용화했다. 한국은 CDMA 종주국이며 다른 나라에 CDMA 운용 기술을 수출하여 많은 외화를 벌어들였다. 다음 절부터 다중접속 방식의 특징에 대하여 자세히 설명한다.

여기서 잠깐

더 정확하게는 주파수 다중화(FDM Time Division Multiplexing)를 사용하여 통신기기에 접근하는 방식이 주파수 분할 다중접속(FDMA Frequency Division Multiple Access)이다. 따라서 주파수 다중화(FDM), 시간 분할 다중화(TDM), 코드 분할 다중화(CDM)를 사용하여 접근하는 방식을 주파수 분할 다중접속(FDMA), 시간 분할 다중접속(TDMA), 코드분할 다중접속(CDMA)이라 부른다. 이 책에서는 이를 구분하지 않고 주파수 분할 다중접속(FDMA), 시간 분할 다중접속(TDMA), 코드 분할 다중접속(CDMA)으로 통일한다.

2 주파수 분할 다중접속(FDMA)

가장 먼저 살펴볼 다중접속 방식은 주파수 분할 다중접속(FDMA)이다. 이 방식은 사용 가능한 전체 대역폭을 잘게 쪼개어 사용자에게 나누어 주는 것이다. 마치 고속도로에 여러 개의 차선을 만들어 차들이 동시에 지나다니게 하는 것과 같다. 주파수 분할 방식을 사용하는 대표적인 통신기기가 라디오와 TV이다. 라디오의 경우 전체 라디오 방송 대역폭을 나누어 SBS, KBS, TBS들이 할당된 주파수 대역으로 방송을 송출한다. 이렇게 나누어진 한 개의 작은 대역폭을 채널이라 부른다.

[그림 4-13]은 전체 대역폭을 나누어 A, B, C에게 할당해 준 모습이다. 주파수 분할 다중접속 방식은 케이블 TV에서도 볼 수 있다. 집에 케이블 TV를 설치하면 100여 개가 넘는 채널을 감상할 수 있다. 동축선의 대역폭을 여러 개의 방송이 잘게 쪼개어 데이터를 전송하기 때문에 가능한 것이다.

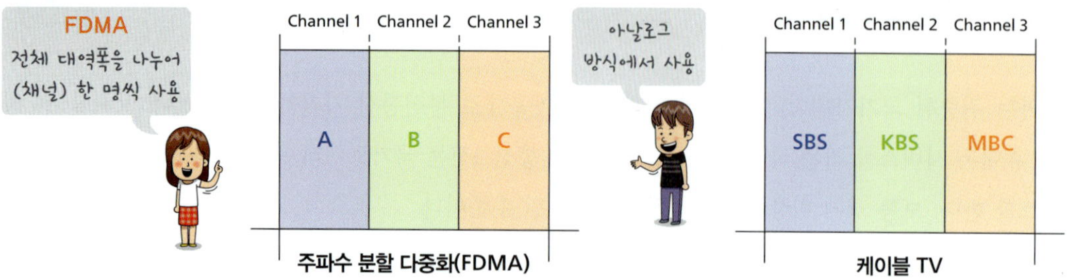

그림 4-13 주파수 분할 다중접속 방식

주파수 분할 다중접속 방식은 주로 아날로그 데이터를 전송할 때 사용했으며, 1세대 무선통신망이 주파수 분할 다중접속을 사용했다. 주파수 분할 방식은 한 사람이 채널 하나를 독점하고 있기 때문에 주고받는 데이터가 없어도 채널을 공유하지 못한다. 그래서 대역폭의 낭비가 발생할 수 있다.

3 시간 분할 다중접속(TDMA)

두 번째 다중접속 방식은 시간 분할 다중접속이다. 이 방식은 하나의 채널을 여러 사람이 나누어 쓰는 방식으로 디지털 신호에만 적용이 가능하다. [그림 4-14]와 같이 A, B, C 3명이 번갈아 가면서 짧은 시간 동안 데이터를 전송하는 방식이다. A가 0.1초 동안 데이터를 보내면, 그 다음 B가 0.1초 동안 데이터를 보내고, 그 다음은 C가 0.1초 동안 데이터를 보낸다. 이렇게 3명이 번갈아 가면서 데이터를 보내면 기존의 주파수 분할 방식보다 3배 많은 사람들을 수용할 수 있다.

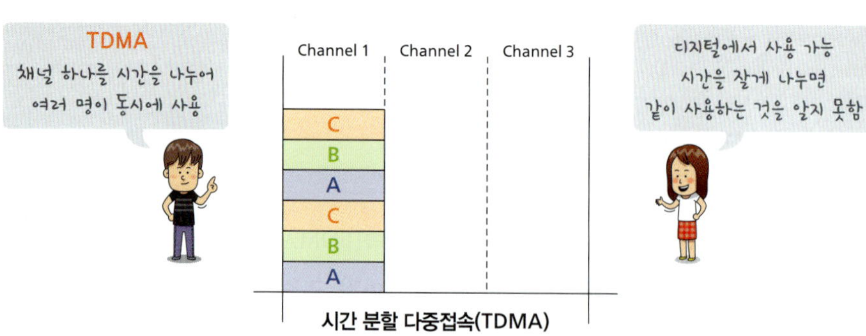

그림 4-14 시간 분할 다중접속 방식

시간 분할 다중접속 방식에서 사람 목소리가 끊겨서 들리지 않을까 걱정하지 않아도 된다. A, B, C가 0.1초씩 데이터를 보낼 경우, 다시 자기 차례로 돌아오는 데까지 걸리는 시간은 0.3초이다. 0.3초는 매우 짧은 시간이기 때문에 사용자 A, B, C는 자신들이 시간 분할 다중접속 방식을 사용하고 있다는 것을 거의 느끼지 못한다. 이는 마치 운영체제의 시간 분할 시스템 time-sharing system 과 같은 원리이다. CPU가 한 개인 컴퓨터에서는 여러 개의 프로그램을 동시에 돌려도 끊어짐 없이 작동한다. CPU가 사용시간을 잘게 쪼개어 나눠줌으로써 여러 개의 소프트웨어가 동시에 돌아가는 것처럼 보이는 것이다. 시간 분할 다중접속 방식의 경우 유럽의 디지털 이동통신 서비스 방식인 GSM Global System for Mobile Communications 에서 사용하는 방식이다.

4 코드 분할 다중접속(CDMA)

마지막으로 살펴볼 다중접속 방식은 코드 분할 다중접속(CDMA)이다. 이는 우리나라에서 세계 최초로 상용화하여 그 기술을 수출까지 한 방식이다. 코드 분할 다중접속 방식은 지금까지의 방식보다 독특한 구조로 되어 있다. [그림 4-15]와 같이 하나의 데이터 덩어리를 여러 명이 공유하여 보내는 방식이다.

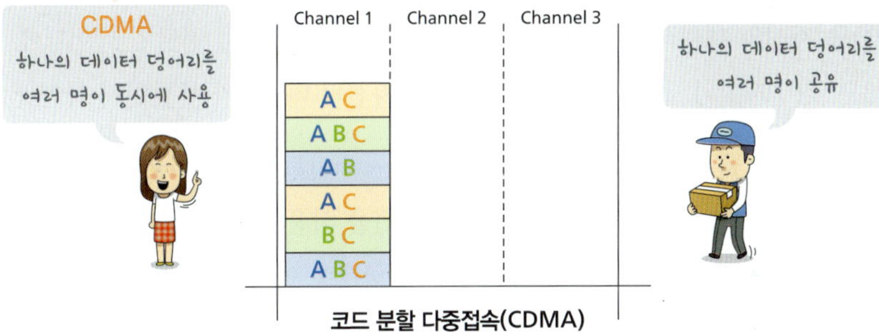

그림 4-15 코드 분할 다중접속 방식

코드 분할 다중접속 방식에는 많은 수학적 수식들이 나오기 때문에 일반인들이 이해하기 어렵다. 다음 절 'CDMA의 수학적 접근'에서 수학 공식을 사용하여 CDMA를 자세히 설명한다. 이번 절에서는 '칩 모형[1]'을 이용하여 코드 분할 다중접속 방식이 어떻게 동작하는지를 설명한다.

A, B, C 세 사람은 '칩 chip'이라 불리는 같은 크기의 판을 가지고 있다. 여기서 칩이라는 것은 감자 칩과 같이 하나의 덩어리를 의미한다. 각자의 칩에는 구멍이 뚫려 있다. 중요한 것은 **칩에 있는 어떤 구멍도 다른 칩과 겹치지 않는다**. 이것이 CDMA의 핵심이다.

데이터를 보내려 할 때, A, B, C는 각자의 칩에 뚫린 구멍에 보내려는 데이터를 쓴다. 강조했다시피 겹

[1] 칩 모형은 CDMA를 설명하기 위해 저자가 만든 모형이다.

치는 구멍이 없기 때문에 같이 데이터를 작성해도 데이터가 겹치는 일은 없다. 이렇게 세 사람의 데이터 작성이 완료되면 해당 데이터를 발신한다.

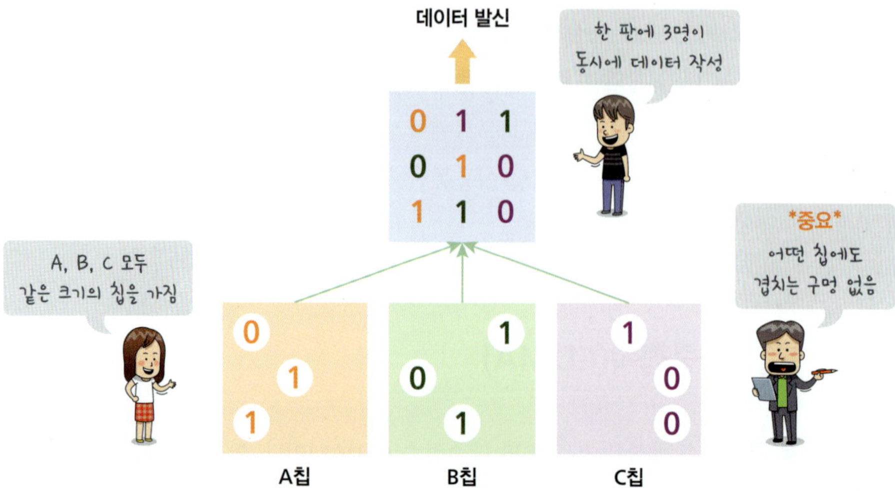

그림 4-16 CDMA 방식에서 데이터의 발신

데이터를 수신하는 경우를 생각해보자. [그림 4-17]과 같이 세 사람 모두에게 같은 데이터가 전달된다. 전달된 데이터 중 자신의 데이터를 알기 위해서는 칩을 사용해야 한다. 전달된 데이터에 칩을 겹쳐서 구멍으로 보이는 것이 자신의 데이터이다. 칩이 없다면 자신의 데이터가 무엇인지 확인할 수 없다.

CDMA의 특성상 같은 공간에 같은 통신사를 사용하는 스마트폰이 있다면 모두에게 같은 데이터가 전달된다. 모두에게 전달된 데이터로부터 자신의 것만을 사용할 뿐이다. 이렇게 여러 사람이 동시에 데이터를 주고받는 방법이 코드분할 다중접속이다. 국내뿐 아니라 전 세계적으로 많은 나라들이 CDMA 방식을 사용한다.

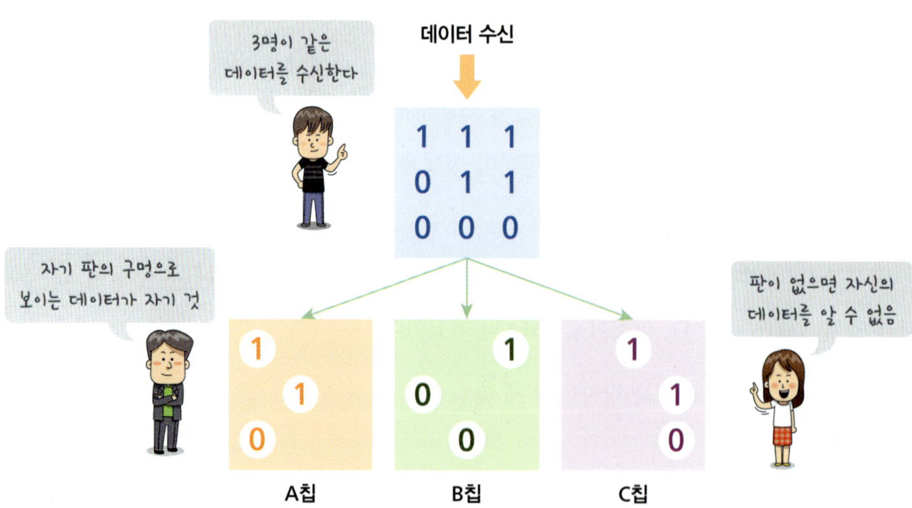

그림 4-17 CDMA 방식에서 데이터의 수신

코드 분할 다중접속 방식의 가장 큰 장점은 보안이다. 모든 사람에게 같은 데이터가 전달되지만 칩의 구멍 위치를 모를 경우 자신의 데이터를 알 수 없다. 따라서 칩의 구멍 위치만 노출되지 않는다면 도청이 불가능하다. 또한 시간 분할 다중접속(TDMA)보다 더 많은 사용자를 수용할 수 있다.

실제의 코드 분할 다중접속에서 칩의 구멍의 역할을 담당하는 코드를 **칩 시퀀스** chip sequence 라 부른다. 모두에게 전달된 데이터와 칩 시퀀스를 결합시키면 자신의 데이터만 보이도록 만든 특수한 2진수 값이다. 여러분들은 각자의 유심 Universal Subscriber Identity Module; USIM 칩을 하나씩 가지고 있을 것이다. 유심 칩을 꽂으면 어떤 휴대폰이든 간에 자신의 휴대폰이 된다. 이것이 가능한 이유는 유심 칩 안에는 칩 시퀀스가 저장되어 있기 때문이다. 그래서 유심 칩이 분실되거나 복사되는 경우 범죄에 악용될 수 있다. 따라서 휴대폰 혹은 유심 칩을 잃어버린 경우, 통신사에 연락하여 기존의 유심 칩을 해제하고 새로운 유심 칩을 발급받는 것이 좋다.

그림 4-18 유심 칩과 칩 시퀀스

5 CDMA의 수학적 접근 심화

CDMA 방식을 수학적으로 접근해보자. CDMA 방식에서 모든 노드들은 고유의 칩 시퀀스 chip sequence 를 가진다. 보통 칩 시퀀스는 64개나 128개로 이루어진다. 이해를 돕기 위하여 이 책에서는 칩 시퀀스의 크기를 8로 가정한다.

A의 칩 시퀀스를 00010101이라 가정해보자. 칩 시퀀스를 사용하여 통신을 할 때는 0은 -1로 만들어 보낸다. 따라서 A의 칩 시퀀스 00010101은 실제 통신에서 (-1 -1 -1 +1 -1 +1 -1 +1)이 된다.

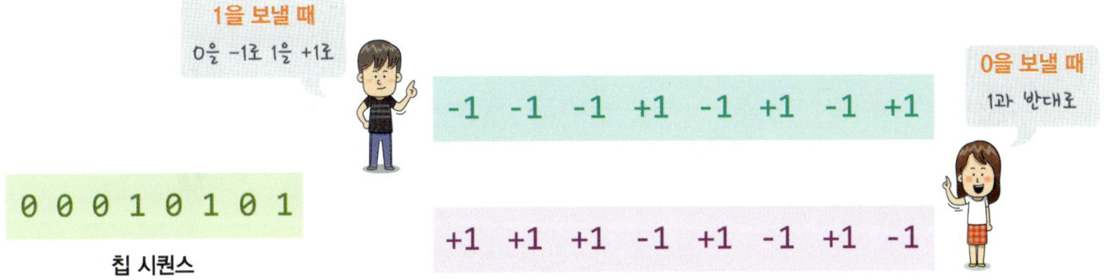

그림 4-19 칩 시퀀스를 사용하여 0과 1을 보내는 방법

A가 1을 보내야 하는 경우에는 칩 시퀀스 (-1 -1 -1 +1 -1 +1 -1 +1)을 그대로 보낸다. 0을 보내야 하는 경우에는 칩 시퀀스를 역으로 바꾸어 보낸다. 역으로 바꾸어 보낸다는 의미는 칩 시퀀스 안의 숫자 중 +1은 -1로 -1은 +1로 바꿔 보낸다는 것이다. 결론적으로 A가 1을 보낼 경우 (-1 -1 -1 +1 -1 +1 -1 +1)을 보내고, A가 0을 보낼 때에는 (+1 +1 +1 -1 +1 -1 +1 -1)을 보낸다. 앞으로 0을 보낼 때 사용하는 A의 역수 칩 시퀀스를 Ā라 표시한다.

칩 시퀀스에는 중요한 특징이 있다. 모든 칩 시퀀스는 직교$_{\text{orthogonal}}$ 한다. A와 B의 두 개의 칩 시퀀스가 직교한다는 의미는 두 개의 칩 시퀀스를 점$_{\text{dot}}$ 연산(•)을 하면 0이 된다는 의미이다. 여기서 • 연산은 정규화 내적$_{\text{normalized inner product}}$ 연산을 가리키는데 그냥 곱셈 연산이라 생각하면 된다. 칩 시퀀스의 또 다른 특징은 자기 자신과 • 연산을 하면 언제나 1이 나온다. 위에서 0을 보내는 경우, 1의 역수로 -1을 보냈다. 따라서 자신의 칩 시퀀스와 -1을 • 연산하면 -1이 된다. 결론적으로 다음과 같은 특징을 가진다.

> 칩 시퀀스의 특성

A • B = 0	**(자신과 다른 칩 시퀀스를 • 연산하면 0)**
A • A = 1	**(자신과 자신의 시퀀스를 • 연산하면 1)**
A • A = -1	**(자신과 자신의 역 시퀀스를 • 연산하면 -1)**

위의 식은 중요한 의미를 내포하고 있다. CDMA 방식에서는 모든 사람이 같은 내용의 데이터를 받는다. 그중에 나에게 온 데이터가 있는지 확인하기 위해서는 판의 구멍을 통해서만 확인이 가능하다. 이 판의 구멍에 해당하는 것이 칩 시퀀스이다. 전송된 데이터 M이 있다고 가정해보자. M에서 A에게 보내는 데이터가 있는지 확인하기 위해 M • A를 하면 된다. • 연산의 결과 0이 나왔다면 A에게 전달된 데이터는 없다는 뜻이다. 연산의 결과 1이 나왔다면 1을 보낸 것이고, -1이 나왔다면 0을 보낸 것이다.

그림 4-20 칩 시퀀스의 특징

또한 A가 가지는 판의 구멍은 다른 사람의 구멍과 겹치는 부분이 없다고 하였다. 칩이 직교 한다는 것은 A • B = 0이라는 의미이고 A의 칩 시퀀스로는 다른 사람이 데이터를 보냈는지 안 보냈는지를 확인할 수 없다는 뜻이다. 내가 보낸 데이터만 확인이 가능하다는 것을 구멍이 겹치지 않는다는 것으로 표현하였다.

여기서 잠깐

점$_{\text{dot}}$ 연산이란 칩 시퀀스의 값을 벡터$_{\text{vector}}$로 보고, 이를 '벡터 정규화 내적$_{\text{normalized inner product}}$ 연산'을 하는 것이다. 벡터의 특성상 자기 자신과의 정규화 내적 연산은 1이 되며, 직교$_{\text{orthogonal}}$하는 벡터 값과의 연산은 0이 된다. 서로 다른 칩 시퀀스는 항상 직교하도록 만들었기 때문에 두 칩 시퀀스를 연산하면 항상 0이 된다. 벡터 연산을 설명하는 것은 이 책의 범위를 벗어나기 때문에 칩 시퀀스 연산에서 A • A = 1, A • B = 0의 특징이 있다는 것으로 설명을 마무리 한다.

CDMA 방식에서 데이터를 전송하고 받는 과정을 살펴보자. A의 칩 시퀀스를 00010101이라 하고, B는 10100010, C는 01001100이라 하자. 1을 보내는 경우 자신의 칩 시퀀스의 안의 0을 -1로 변환해야 한다. 따라서 1을 보낼 때 A는 (-1 -1 -1 +1 -1 +1 -1 +1)을 보내고, B는 (+1 -1 +1 -1 -1 -1 +1 -1), C는 (-1 +1 -1 -1 +1 +1 -1 -1)을 보낸다.

0을 보낼 때에는 역수로 보낸다. 다시 말해 +1을 -1로, -1을 +1로 바꿔서 보낸다. 따라서 0을 보낼 때 $\bar{A}$는 (+1 +1 +1 -1 +1 -1 +1 -1)을 보내고, $\bar{B}$는 (-1 +1 -1 +1 +1 +1 -1 +1), $\bar{C}$는 (+1 -1 +1 +1 -1 -1 +1 +1)을 보낸다.

A = (-1 -1 -1 +1 -1 +1 -1 +1)	$\bar{A}$ = (+1 +1 +1 -1 +1 -1 +1 -1)
B = (+1 -1 +1 -1 -1 -1 +1 -1)	$\bar{B}$ = (-1 +1 -1 +1 +1 +1 -1 +1)
C = (-1 +1 -1 -1 +1 +1 -1 -1)	$\bar{C}$ = (+1 -1 +1 +1 -1 -1 +1 +1)
M1 = A	M1 = (-1 -1 -1 +1 -1 +1 -1 +1)
M2 = B + C	M2 = (0 0 0 -2 0 0 0 -2)
M3 = $\bar{A}$ + B + C	M3 = (+1 +1 +1 -3 +1 -1 +1 -3)

그림 4-21 칩 시퀀스를 사용하여 데이터 보내기

CDMA에서 데이터를 보낼 때에는 자신의 구멍에 필요한 데이터를 넣으면 된다. 따라서 보내는 데이터가 있는 경우 모든 값을 더하면 된다. M1은 A, B, C 중 A만 1을 보내는 경우이다. 따라서 M1은 (-1 -1 -1 +1 -1 +1 -1 +1)이 된다.

M2는 B와 C가 각각 1을 보내는 경우이다. 따라서 B의 (+1 -1 +1 -1 -1 -1 +1 -1)과 C의 (-1 +1 -1 -1 +1 +1 -1 -1)을 더한 (0 0 0 -2 0 0 0 -2)가 M2가 된다. M3도 마찬가지이다. A는 0을 보내고 B와

C는 1을 보내는 경우이며, $\bar{A}$, B, C의 칩 시퀀스를 다 더한 (+1 +1 +1 -3 +1 -1 +1 -3)이 된다. 이와 같이 보내려는 데이터가 있는 경우 해당 칩 시퀀스를 모두 더하면 된다.

M1 = (-1 -1 -1 +1 -1 +1 -1 +1)	M1 • A = 1
M2 = (0 0 0 -2 0 0 0 -2)	M2 • A = 0
M3 = (+1 +1 +1 -3 +1 -1 +1 -3)	M3 • A = -1

그림 4-22 전체 데이터에서 A가 보낸 데이터 확인하기

받는 쪽에서 생각해보자. M1의 값은 A, B, C 모두가 볼 수 있지만, M1 안에 자신의 칩 시퀀스가 있는지를 확인하기 위해서 • 연산을 하면 된다. M1에는 A의 칩 시퀀스가 들어 있기 때문에 M1 • A의 결과는 1이다. 앞서 칩 시퀀스의 특징에서 A • A = 1이라 하였고, M1 = A이기 때문에 1이 나온다. 만약 B가 M1에 대하여 M1 • B를 하면 0이 나온다. M1 • B는 A • B이므로 0이 된다. 0은 데이터를 보내지 않았다는 의미이다.

M2의 경우 A는 아무것도 보내지 않고, B와 C만 1을 보냈다. 따라서 M2 • A 는 0이 된다. 또한, M2 • B는 1, M2 • C도 1이 된다. M3의 경우 A는 역수($\bar{A}$)를 보냈기 때문에 M3 • A는 A • A가 되고 결과는 -1이 된다. -1은 0을 보냈다는 의미이다.

$$M3 \bullet A = (\bar{A} + B + C) \bullet A = \bar{A} \bullet A + B \bullet A + C \bullet A = -1 + 0 + 0 = -1$$

• 연산은 분배법칙을 적용할 수 있다. 분배법칙을 적용해보면 M3 • A가 -1이 되는 이유를 알 수 있다. M3는 $\bar{A}$ + B + C의 합이다. 따라서 M3 • A는 ($\bar{A}$ + B + C) • A가 된다. 이를 분배법칙을 적용하여 펼치면 $\bar{A}$ • A + B • A + C • A가 된다. 칩 시퀀스의 특징에 따라 $\bar{A}$ • A는 -1이 되고 나머지는 0이 되기 때문에 결과적으로 -1이 된다.

칩 시퀀스를 만들고 이해하는 것은 조금 어렵지만 한번 만들고 나면 간단하게 데이터를 보낼 수 있다. 또한 전체 데이터에 대하여 자신의 데이터를 확인하기 위해서는 칩 시퀀스가 있어야지만 가능하기 때문에 보안의 문제에 있어 강력하다.

SECTION 04 변조

1 아날로그-아날로그 변조

변조$_{\text{modulation}}$란 신호를 다른 종류의 신호로 변화시키는 것이다. 대표적으로 디지털 신호를 아날로그 신호로 바꾸는 것을 변조라 부른다. 이외에도 아날로그 신호를 다른 아날로그 신호로 바꾸는 아날로그-아날로그 변조가 있다.

아날로그 신호를 다른 아날로그 신호로 바꾼다는 것이 이상할 것이다. 예를 들어 라디오를 보자. 라디오 방송국은 국가로부터 송출 대역을 허가받아야 하며, 각 방송국은 자신들이 만든 콘텐츠를 허가받은 대역으로 바꾸어 송출해야 한다. 예를 들어 SBS 라디오는 107.7MHz 주파수를 사용한다. SBS 방송국은 라디오 방송 콘텐츠를 107.7MHz 주파수 대역으로 변환하여 송출해야 한다. 이때 아날로그-아날로그 변조를 사용한다.

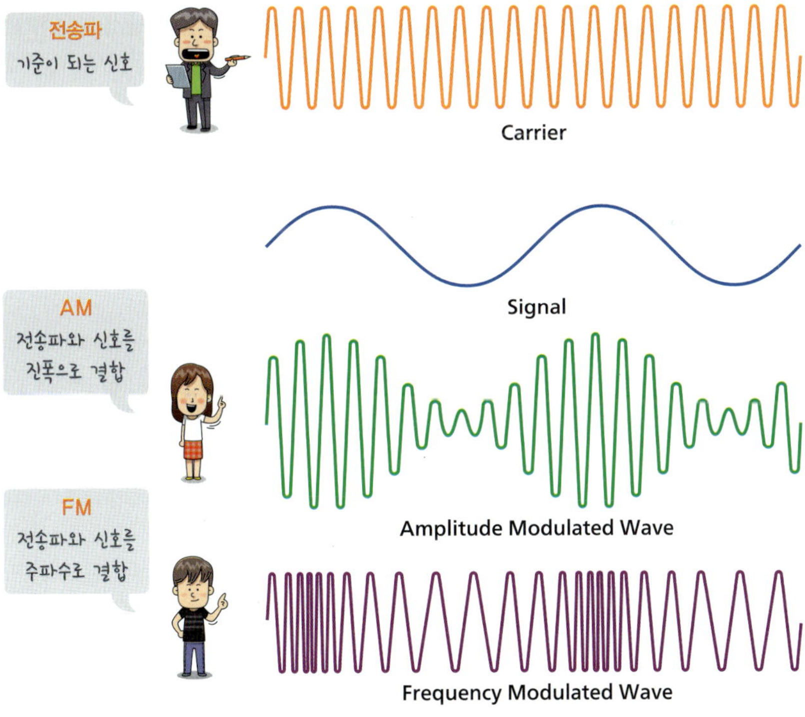

그림 4-23 진폭 변조(AM)와 주파수 변조(FM)

아날로그-아날로그 변조에는 전송파carrier signal 혹은 반송파를 사용한다. 전송파란 신호를 전송하기 위해 기준이 되는 신호이다. SBS 방송의 전송파는 107.7MHz이다. 107.7MHz의 전송파에 자신들이 만든 콘텐츠의 신호를 결합하여 송출한다. 이때 결합 방식에 따라 **진폭 변조**Amplitude Modulation 방식과 **주파수 변조**Frequency Modulation 방식으로 나뉜다. 진폭 변조 방식을 AM이라 부르고, 주파수 변조 방식을 FM이라 부른다.

진폭 변조(AM) 방식은 전송파에 원래 신호의 진폭을 결합한다. 따라서 반송파의 외각선을 따라가면 원래의 신호가 된다. 주파수 변조(FM) 방식은 원래 신호의 높낮이에 따라 전송파의 주파수를 변화시킨다. 따라서 AM 라디오는 라디오 주파수 대역을 사용하고 진폭 변조 방식을 이용하여 방송 콘텐츠를 전송하는 통신 시스템이라 정의할 수 있다. FM 라디오는 라디오 주파수 대역을 사용하고 주파수 변조 방식을 이용하는 방송 통신 시스템이다.

진폭 변조(AM)와 주파수 변조(FM)를 비교하면 AM이 잡음에 더 취약하다. 소리로 생각해보자. 진폭이 변조된다는 것은 소리의 크기가 커졌다 작아졌다 한다는 것이다. 장애물이나 잡음에 의해 전달되는 소리가 작아졌다면, 원래 신호의 진폭이 작아진 것인지 아니면 장애물에 의해 진폭이 작아진 것인지를 판단하기 어렵다.

오디오에서 볼륨을 작게 한다고 해서 주파수가 변하지는 않는다. FM의 경우 장애물에 의해 진폭이 변화해도 주파수가 바뀌지 않기 때문에 신호를 전달하는 데는 문제가 없다. 따라서 AM이 FM보다 잡음에 더 취약하다.

변조된 아날로그 신호에서 원래의 신호를 복원하는 것을 복조demodulation라 부른다. 라디오 방송국은 콘텐츠를 허가받은 주파수 대역으로 변조해서 보낸다. 주파수를 맞추면 라디오가 복조를 하여 방송을 들려준다, 또한 라디오에서 주파수를 돌리면 다른 방송을 들을 수 있다.

여기서 잠깐

AM 방식이 FM 방식보다 잡음에 더 취약하다. 그런데 깊은 산속에서 AM이 FM 보다 더 잘 잡힌다. 그 이유는 AM이 FM보다 잡음이나 환경에 우수해서가 아니라 낮은 주파수를 사용하기 때문이다.

2 디지털-아날로그 변조

디지털-아날로그 변조는 디지털 신호를 아날로그 신호로 바꾸어 보내는 것이다. 반대로 아날로그 신호에 담긴 디지털 신호를 다시 복원하는 것은 복조이다.

지금과 같이 초고속 인터넷이 발달되기 이전에는 전화선을 이용하여 인터넷을 사용했다. 전화는 아날로그 신호만 전송할 수 있는 통신망이다. 컴퓨터에서 나오는 신호는 모두 디지털이다. 전화선을 이용하여 인터넷을 사용할 경우, 디지털 신호를 아날로그 신호로 변조하여 데이터를 전송했다. 이때 사용되는 장치가 모뎀 modem 이다. 모뎀은 전화선을 통해 들어오는 아날로그 신호로부터 디지털 신호를 추출하여 컴퓨터에게 보내는 역할도 하였다. 따라서 모뎀은 디지털-아날로그 변조 및 아날로그-디지털 복조 장치이다.

여기서 잠깐

인터넷 전용선을 사용하기 시작한 이후로부터 컴퓨터의 모뎀은 사라졌다. 그러나 모뎀을 사용하는 장치가 아직도 남아 있는데 그것이 바로 FAX이다. FAX는 스캔한 문서 이미지를 아날로그 신호로 바꾸어 보내거나 아날로그 신호로부터 디지털 이미지 데이터를 추출하여 종이에 출력하는 기계이다.

디지털-아날로그 변조는 진폭 편이 변조 Amplitude-Shift keying; ASK , 주파수 편이 변조 Frequency-shift keying; FSK , 위상 편이 변조 Phase-shift keying; PSK 가 있다. **진폭 편이 변조**(ASK)는 진폭 변조(AM) 방식 중의 하나이다. 디지털-아날로그 변조에서 사용하는 회로의 특색에 따라 변조라는 용어를 modulation 대신에 shift keying(SK)으로 사용하게 되었다. 따라서 **주파수 편이 변조**(FSK)도 주파수 변조(FM) 방식 중의 하나이다. 여기에 아날로그-아날로그 변조에서 설명하지 않았던 위상 변조(PM) 방식 중 하나인 **위상 편이 변조**(PSK)가 추가되었다.

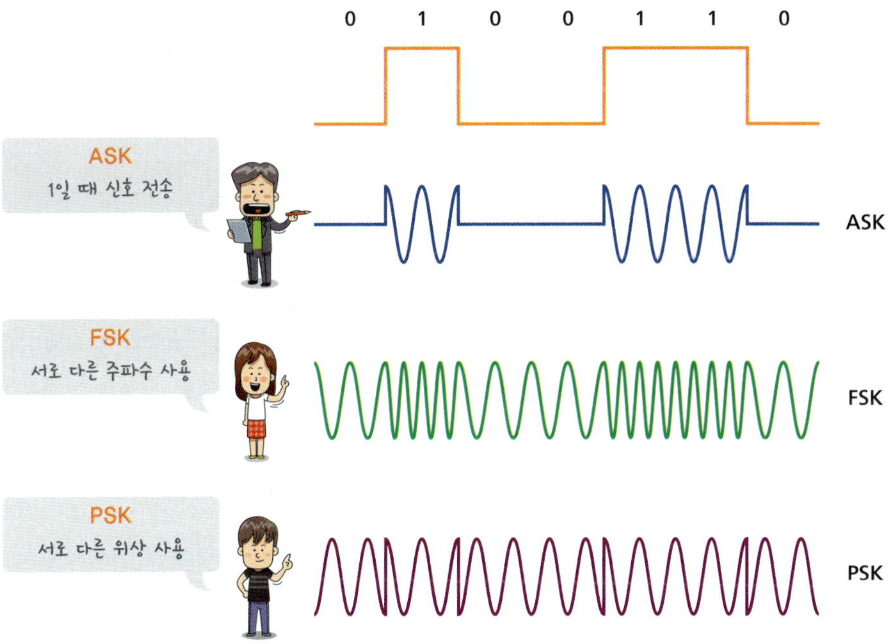

그림 4-24 진폭 편이 변조(ASK), 주파수 편이 변조(FSK), 위상 편이 변조(PSK)

진폭 편이 변조(ASK)는 디지털 신호가 0일 때는 신호가 없고, 디지털 신호가 1일 때 특정 신호를 보내는 방식이다. 주파수 편이 변조(FSK)는 서로 다른 주파수를 사용하여 0과 1을 전송한다. 예를 들어 0일 때는 낮은 주파수, 1일 때는 높은 주파수를 사용한다. ASK는 잡음에 약하여 현재는 거의 사용하지 않는다. 받는 쪽에서 현재 어떤 신호도 없다고 가정해보자. 진폭 편이 변조의 경우, 0을 보내서 신호가 없는 것인지 혹은 잡음에 의해 신호가 없는 것인지를 확인할 수 없다. 주파수 편이 변조의 경우, 신호가 없다면 통신에 문제가 있는 것으로 판단할 수 있다.

위상 편이 변조(PSK)는 위상이 서로 다른 주파수를 이용하는 방식이다. 주파수는 같지만 위상이 다른 신호로 0과 1을 송출한다. 위상 편이 변조는 서로 다른 주파수를 사용하는 FSK와 유사해 보이지만, 진폭과 위상을 동시에 변화시키면 하나의 신호로 더 많은 양의 데이터를 전송할 수 있다. 이를 직교 진폭 변조 Quadrature Amplitude Modulation; QAM 라 부르는데 직교 진폭 변조는 다음 절에서 자세히 다룬다.

여기서 잠깐

디지털 신호를 직접 전송하지 않는 이유는 진폭 변조(ASK, AM)를 거의 사용하지 않는 이유와 같다. 0일 때 신호가 없고 1일 때 신호가 있는 디지털의 경우, 현재 신호가 없다면 0을 보내서 신호가 없는 것인지 혹은 외부 잡음에 의해 신호가 없는 것인지를 판단하기 어렵다. 광섬유와 같이 외부에 영향을 덜 받는 유선 매체의 경우, 디지털 신호를 직접 전송할 수 있지만 그 외의 경우에는 디지털 신호를 직접 전송하지 않는다.

3 직교 진폭 변조(QAM) 심화

전화를 이용하여 인터넷을 사용하던 과거 시절로 돌아가 보자. 전화선을 이용하여 인터넷을 사용하기 위해서 컴퓨터에 모뎀을 장착하고 인터넷에 연결했다. 전화선은 300Hz에서 3300Hz(3.3KHz)까지를 전송할 수 있는 선이다. 따라서 전화선의 대역폭은 3000Hz(3KHz)이다. 가청 주파수는 약 20KHz이지만, 전화선의 대역폭은 3KHz로 매우 작다. 그래서 전화선을 통해 나오는 목소리나 음악은 저음과 고음이 잘리고, 사람 목소리만 선명하게 들린다.

대역폭이 3KHz인 전화선에서 최대 전송률을 계산해보자. 앞에서 배운 나이퀴스트의 최대 전송률 식, 2 × **대역폭** × $\log_2 L$을 이용하면 된다. 주파수 편이 변조나 위상 편이 변조를 사용하는 경우 0과 1을 전송할 수 있기 때문에 L은 2가 되며 $\log_2 2$는 1이다. 따라서 FSK나 PSK 방식을 사용하여 전화선으로 보낼 수 있는 최대 전송률은 6Kbps가 된다.

전화선의 최대 전송률 = 2 × 3KHz × $\log_2 2$ = 6Kbps

6Kbps라고 하면 초당 1KB(8Kb)도 전송하지 못하는 선이라는 의미이다. 이렇게 느린 선에서 전송률을 높일 수 있는 기술이 개발되었는데 이것이 **직교 진폭 변조** Quadrature Amplitude Modulation; QAM 이다.

최대 전송률 계산식에서 대역폭이 일정한 경우, 전송률을 높일 수 있는 유일한 방법은 L을 늘리는 것이다. 다시 말해 하나의 신호로 구분할 수 있는 숫자(L)를 늘려야만 전송률을 높일 수 있다. 직교 진폭 변조(QAM)는 진폭 변조와 위상 변조를 사용하여 하나의 신호로 구분할 수 있는 숫자를 늘리는 방식이다. [그림 4-25]는 8 QAM 방식에서 하나의 신호로 8개의 디지털 신호를 구분하는 방법을 나타낸다.

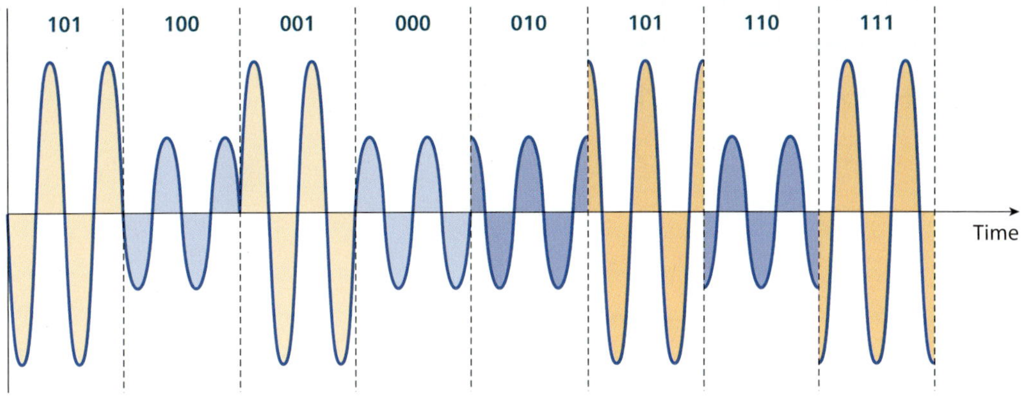

그림 4-25 8 QAM

8 QAM에서는 4개의 서로 다른 위상을 가진 신호가 사용된다. 4개의 서로 다른 위상 신호는 2종류의 진폭(높이)을 가진다. 그래서 4 × 2 = 8개의 서로 다른 신호가 된다. 8개의 서로 다른 신호로 전송할 수 있는 디지털 신호는 3비트(2^3)이다. 따라서 8 QAM은 000에서 111까지 8개의 서로 다른 디지털 신호를 전송할 수 있다.

[그림 4-25]에서 높은 진폭의 신호 4개와 낮은 진폭의 신호 4개를 볼 수 있다. 높은 진폭 신호 4개는 서로 다른 위상을 가지고 있다. 예를 들어 101을 표현하는 신호와 001을 표현하는 신호는 위상이 서로 반대이다. 011과 111도 같은 높이에 위상은 서로 반대이다. 낮은 진폭 신호 4개도 서로 다른 위상을 가진다.

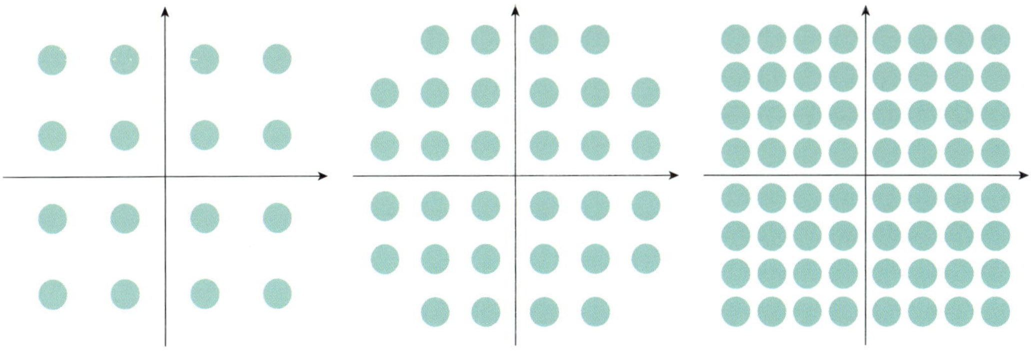

그림 4-26 16, 32, 64 QAM

서로 다른 진폭의 개수와 위상을 사용하면 다양한 종류의 QAM을 만들 수 있다. 예를 들어 4개의 진폭과 4개의 위상을 사용하면 16 QAM이 되고, 4개의 진폭과 8개의 위상을 사용하면 32 QAM이 된다. [그림 4-26]은 16, 32, 64 QAM을 나타낸다. 그림에서 각 점은 진폭과 위상에 의해 서로 구분되는 점들을 나타낸다. 그림에 나오는 QAM 이외에도 128 QAM, 256 QAM도 있다.

만약 64 QAM을 사용하여 3KHz의 전화선에 데이터를 보낼 경우 최대 전송률을 계산해 보자. 최대 전송률은 2 × 3KHz × $\log_2 64$가 되며, $\log_2 64$는 6($2^6 = 6$)이 된다. 따라서 64 QAM의 전화선에서의 최대 전송률은 2 × 3 × 6 = 36Kbps가 된다.

요약

› 통신선의 역할은 외부의 영향을 덜 받으면서도 최대한 멀리까지 신호를 전송하는 것이다. 통신선이 길어질수록 신호는 감소한다. 전선이나 스피커 선과 같이 선을 평행하게 배치하면 외부로부터 간섭을 많이 받게 된다.

› 외부로부터의 간섭을 줄이기 위해 두 개의 선을 꼬아서 사용하는데 이를 꼬임선 혹은 twisted pair라 부른다. 가운데에 구리선이 지나가고 다른 선은 그물망 형태로 감싸있는 선을 동축선 혹은 coaxial cable이라 부른다. 동축선은 꼬임선보다 외부 영향에 강하고 더 멀리까지 데이터를 보낼 수 있다. 빛을 이용하여 통신하는 선을 광섬유 혹은 fiber optics라 부른다. 가볍고 작은 선으로도 멀리까지 데이터를 전송할 수 있기 때문에 국가와 국가 간의 데이터 전송이나 해저 케이블에 광섬유가 사용된다. 광섬유의 또 다른 특징은 빛을 이용하기 때문에 도청이 어렵다는 것이다.

› 높은 주파수는 직진하는 성향이 강하고 물체를 만나면 반사되는 특징이 있다. 또한 정보량이 많다. 낮은 주파수는 퍼져나가는 성질이 강하고 투과성이 좋다. 그래서 깊은 산속에서도 잘 잡힌다. 그러나 정보량이 적다.

› 주파수 스펙트럼은 음파, 라디오, 마이크로웨이브, 적외선, 가시광선, 자외선, X-레이 영역 순이다. X-레이 영역은 인체에 해롭기 때문에 통신신호로 사용되지 않는다.

› 라디오 영역은 AM과 FM 라디오, 교통카드(RFID), 자동차 스마트키가 사용하는 주파수 대역이다. 마이크로웨이브 영역은 이동통신, GPS, 통신위성, 무선 LAN(와이파이) 등이 사용하는 주파수 대역이다. 리모컨은 적외선 주파수 대역을 사용하는 통신장치이다.

› 특정 주파수 대역에서 여러 명을 동시에 사용하게 하는 기술이 다중접속 기술이다. 주파수 분할 다중접속(FDMA)은 전체 대역폭을 잘게 쪼개어 사용자에게 나누어 주는 방식으로 아날로그에서 사용한다. 시간 분할 다중접속(TDMA)은 시간을 쪼개어 사용하는 방식으로 디지털에서 적용된다. 코드 분할 다중접속(CDMA)은 하나의 데이터 덩어리를 여러 명이 공유하여 보내는 방식이다.

› CDMA 방식은 칩 시퀀스를 사용하는데 모든 칩 시퀀스는 서로 직교한다. 칩 시퀀스는 $A \bullet B = 0$, $A \bullet A = 1$, $A \bullet \bar{A} = -1$의 특징을 가진다.

› 변조란 신호를 다른 종류의 신호로 변화시키는 것이다. 아날로그-아날로그 변조 방식에는 진폭 변조(AM)와 주파수 변조(FM)가 있다. 디지털-아날로그 변조 방식에는 진폭 편이 변조(ASK), 주파수 편이 변조(FSK), 위상 편이 변조(PSK)가 있다.

› 직교 진폭 변조는 진폭 변조와 위상 변조를 사용하여 하나의 신호로 구분할 수 있는 숫자를 늘리는 방식이다.

연습문제

[객관식 문제]

01 두 선을 꼬아서 만든 선은 무엇인가?

❶ power line ❷ twisted pair
❸ coaxial cable ❹ fiber optics

02 가운데에 구리선이 지나가고 다른 선은 그물망 형태로 감싸고 있는 선은 무엇인가?

❶ power line ❷ twisted pair
❸ coaxial cable ❹ fiber optics

03 빛을 이용하여 통신하는 선은 무엇인가?

❶ power line ❷ twisted pair
❸ coaxial cable ❹ fiber optics

04 전력선 통신에 사용되는 선은 무엇인가?

❶ power line ❷ twisted pair
❸ coaxial cable ❹ fiber optics

05 도청이 불가능한 선은 무엇인가?

❶ power line ❷ twisted pair
❸ coaxial cable ❹ fiber optics

06 이더넷에 사용되는 선은 무엇인가?

❶ power line ❷ twisted pair
❸ coaxial cable ❹ fiber optics

07 유선 전화기에 사용되는 선은 무엇인가?

❶ power line ❷ twisted pair
❸ coaxial cable ❹ fiber optics

08 안테나 연결이나 케이블 TV에 사용되는 선은 무엇인가?

❶ power line ❷ twisted pair
❸ coaxial cable ❹ fiber optics

09 200Gbps로 통신할 수 있는 선은 무엇인가?

❶ power line ❷ twisted pair
❸ coaxial cable ❹ fiber optics

10 RJ-45 단자를 사용하는 선은 무엇인가?

❶ power line ❷ twisted pair
❸ coaxial cable ❹ fiber optics

11 요즘 국가와 국가를 연결하는 해저 케이블에 주로 사용되는 선은 무엇인가?

❶ power line ❷ twisted pair
❸ coaxial cable ❹ fiber optics

12 외부 간섭에 가장 강한 선은 무엇인가?

❶ power line ❷ twisted pair
❸ coaxial cable ❹ fiber optics

13 BNC 단자를 사용하는 선은 무엇인가?

❶ power line ❷ twisted pair
❸ coaxial cable ❹ fiber optics

14 빛을 사용하는 선은 무엇인가?

❶ power line ❷ twisted pair
❸ coaxial cable ❹ fiber optics

15 낮은 주파수와 높은 주파수를 비교할 때, 낮은 주파수의 성질이 아닌 것은 무엇인가?

❶ 직진하는 성향이 강하다. ❷ 퍼져나가는 성질이 강하다.
❸ 투과성이 좋다. ❹ 방향성이 없다.

16 낮은 주파수와 높은 주파수를 비교할 때, 낮은 주파수의 성질이 아닌 것은 무엇인가?

❶ 깊은 산속에서도 잘 잡힌다. ❷ 정보량이 많다.
❸ 투과성이 좋다. ❹ 방향성이 없다.

17 낮은 주파수와 높은 주파수를 비교할 때, 높은 주파수의 성질이 아닌 것은 무엇인가?

❶ 직진하는 성향이 강하다. ❷ 정보량이 많다.
❸ 투과성이 좋다. ❹ 물체를 만나면 반사되는 성향이 강하다.

18 주파수 스펙트럼에서 가장 낮은 위치에 있는 것은 무엇인가?

❶ 마이크로웨이브 ❷ 음파
❸ 라디오 ❹ 빛

19 주파수 스펙트럼에서 가장 높은 위치에 있는 것은 무엇인가?

❶ 마이크로웨이브 ❷ 음파
❸ 라디오 ❹ 가시광선

20 주파수 스펙트럼에서 인체에 해가 되기 때문에 통신 시스템이 없는 영역은 무엇인가?

❶ 마이크로웨이브 ❷ 음파
❸ 라디오 ❹ X-레이

21 주파수 스펙트럼에서 팩스가 사용하는 주파수대가 들어 있는 영역은 무엇인가?

❶ 마이크로웨이브 ❷ 음파
❸ 라디오 ❹ 빛

22 주파수 스펙트럼에서 자동차 스마트키가 사용하는 주파수대가 들어 있는 영역은 무엇인가?

❶ 마이크로웨이브 ❷ 음파
❸ 라디오 ❹ 빛

23 주파수 스펙트럼에서 전자레인지가 사용하는 주파수대가 들어 있는 영역은 무엇인가?

❶ 마이크로웨이브 ❷ 음파
❸ 라디오 ❹ 빛

24 주파수 스펙트럼에서 교통카드가 사용하는 주파수대가 들어 있는 영역은 무엇인가?

❶ 마이크로웨이브 ❷ 음파
❸ 라디오 ❹ 빛

25 주파수 스펙트럼에서 와이파이가 사용하는 주파수대가 들어 있는 영역은 무엇인가?

❶ 마이크로웨이브 ❷ 음파
❸ 라디오 ❹ 빛

26 주파수 스펙트럼에서 케이블 TV가 사용하는 주파수대가 들어 있는 영역은 무엇인가?

❶ 마이크로웨이브 ❷ 음파
❸ 라디오 ❹ 빛

27 주파수 스펙트럼에서 GPS가 사용하는 주파수대가 들어 있는 영역은 무엇인가?

❶ 마이크로웨이브 ❷ 음파
❸ 라디오 ❹ 빛

28 주파수 스펙트럼에서 리모컨이 사용하는 주파수대가 들어 있는 영역은 무엇인가?

❶ 마이크로웨이브 ❷ 음파
❸ 라디오 ❹ 빛

29 주파수 스펙트럼에서 와이파이가 사용하는 주파수대를 찾으시오.

❶ 4.2GHz ❷ 5GHz
❸ 3.5GHz ❹ 2.1GHz

30 주파수 스펙트럼에서 와이파이와 전자레인지가 둘 다 사용하는 주파수대를 찾으시오.

❶ 4.2GHz ❷ 5GHz
❸ 3.5GHz ❹ 2.4GHz

31 나머지 3개와 다른 하나를 찾으시오.

❶ CDMA ❷ FDMA
❸ TDMA ❹ EDMA

32 다음 다중화 방식 중 전체 주파수를 여러 개의 채널로 쪼개는 방식은 무엇인가?

❶ FDMA ❷ CDMA
❸ EDMA ❹ TDMA

33 다음 다중화 방식 중 유럽의 이동통신 시스템인 GSM에서 사용하는 방식은 무엇인가?

❶ CDMA ❷ FDMA
❸ TDMA ❹ EDMA

34 다음 다중화 방식 중 현재 우리나라 이동통신 시스템에서 사용하는 방식은 무엇인가?

❶ FDMA ❷ CDMA
❸ EDMA ❹ TDMA

35 다음 다중화 방식 중 아날로그 방식에서 사용했던 방식은 무엇인가?

❶ CDMA ❷ FDMA
❸ TDMA ❹ EDMA

36 다음 다중화 방식 중 시간을 잘게 쪼개어 사용하는 방식은 무엇인가?

❶ CDMA ❷ FDMA
❸ TDMA ❹ EDMA

37 다음 다중화 방식 중 코드 분할 다중접속의 영어 약자는 무엇인가?

❶ CDMA ❷ FDMA
❸ TDMA ❹ EDMA

38 다음 다중화 방식 중 칩 시퀀스를 사용하는 방식은 무엇인가?

❶ FDMA ❷ CDMA
❸ EDMA ❹ TDMA

39 CDMA에서 칩 시퀀스 `A`, `B`에 대하여 `A · B` 의 결과값은 얼마인가?

❶ `2` ❷ `1`
❸ `-1` ❹ `0`

40 CDMA에서 칩 시퀀스 A, B에 대하여 A · A의 결과값은 얼마인가?

❶ 2　　❷ 1
❸ -1　　❹ 0

41 CDMA에서 칩 시퀀스 A, B에 대하여 A • $\bar{A}$의 결과값은 얼마인가?

❶ 2　　❷ 1
❸ -1　　❹ 0

42 CDMA에서 M = $\bar{A}$ + B + C에 대하여 M • $\bar{A}$의 결과값은 얼마인가?

❶ 2　　❷ 1
❸ -1　　❹ 0

43 CDMA에서 M = B + C에 대하여 M • $\bar{A}$의 결과값은 얼마인가?

❶ 2　　❷ 1
❸ -1　　❹ 0

44 CDMA에서 M = A + C에 대하여 M • $\bar{A}$의 결과값은 얼마인가?

❶ 2　　❷ 1
❸ -1　　❹ 0

45 다음 디지털-아날로그 변조 중 단위 시간당 가장 많은 데이터를 전송할 수 있는 방식은 무엇인가?

❶ ASK　　❷ FSK
❸ PSK　　❹ QAM

46 다음 디지털-아날로그 변조 중 잡음에 가장 취약한 방식은 무엇인가?

❶ ASK　　❷ FSK
❸ PSK　　❹ QAM

47 다음 디지털-아날로그 변조 중 서로 다른 주파수를 사용하는 방식은 무엇인가?

❶ ASK　　❷ FSK
❸ PSK　　❹ QAM

48 64 QAM을 사용하여 3KHz의 전화선에 데이터를 보낼 경우 최대 전송률은 얼마인가?

❶ 3Kbps ❷ 36Kbps
❸ 18Kbps ❹ 64Kbps

[단답형 문제]

49 두 선을 꼬아서 만든 선을 ______________ 이라 부른다.

50 가운데에 구리선이 지나가고 다른 선은 그물망 형태로 감싸고 있는 선을 ______________이라 부른다.

51 빛을 이용하여 통신하는 선을 ______________이라 부른다.

52 PLC에 사용되는 선을 ____________이라 부른다.

53 도청이 불가능한 선은 ______________이다.

54 이더넷에 사용되는 선은 ______________이다.

55 유선 전화기에 사용되는 선은 ______________이다.

56 안테나 연결이나 케이블 TV에 사용하는 선은 ______________이다.

57 200Gbps로 통신할 수 있는 선은 ______________이다.

58 RJ-45 단자를 사용하는 선은 ______________이다.

59 국가와 국가를 연결하는 해저 케이블에 주로 사용되는 선은 ______________이다.

60 BNC 단자를 사용하는 선은 ______________이다.

61 외부 간섭에 가장 강한 선은______________이다.

62 낮은 주파수와 높은 주파수 중 직진하는 성향이 강하고 물체를 만나면 반사되는 주파수는 ______주파수이다.

63 낮은 주파수와 높은 주파수 중 퍼져나가는 성질이 강하고 투과성이 좋은 주파수는 _____ 주파수이다.

64 낮은 주파수와 높은 주파수 중 깊은 산속에서도 잘 잡히는 주파수는 _____ 주파수이다.

65 낮은 주파수와 높은 주파수 중 정보량이 적은 주파수는 _____ 주파수이다.

66 낮은 주파수와 높은 주파수 중 정보량이 많은 주파수는 _____ 주파수이다.

67 주파수 스펙트럼에서 가장 낮은 위치에 있는 것은 _____ 영역이다.

68 X-레이 영역은 ____________________ 통신 시스템이 없다.

69 팩스가 사용하는 주파수대가 들어 있는 영역은 _____이다.

70 자동차 스마트키가 사용하는 주파수대가 들어 있는 영역은 ______이다.

71 전자레인지가 사용하는 주파수대가 들어 있는 영역은 _____________이다.

72 교통카드가 사용하는 주파수대가 들어 있는 영역은 ______이다.

73 와이파이가 사용하는 주파수대가 들어 있는 영역은 _____________이다.

74 케이블 TV가 사용하는 주파수대가 들어 있는 영역은 ______이다.

75 GPS가 사용하는 주파수대가 들어 있는 영역은 _____________이다.

76 리모컨이 사용하는 주파수대가 들어 있는 영역은 _____________이다.

77 와이파이가 사용하는 주파수 대역은 _____GHz와 __GHz이다.

78 와이파이와 전자레인지가 둘 다 사용하는 주파수 대역은 _____GHz이다.

79 다중화 방식 중 전체 주파수를 여러 개의 채널로 쪼개는 방식을 __________________이라 부른다.

80 다중화 방식 중 아날로그에서 사용했던 방식은 _________________이다.

81 다중화 방식 중 유럽의 이동통신 시스템인 GSM에서 사용하는 방식은 _________________이다.

82 다중화 방식 중 현재 우리나라에서 사용하는 방식은 _______________이다.

83 다중화 방식 중 시간 분할 다중접속 방식의 영어 약자는 ________이다.

84 다중화 방식 중 코드 분할 다중접속 방식의 영어 약자는 ________이다.

85 다중화 방식 중 칩 시퀀스를 사용하는 방식은 ______________________________이다.

86 CDMA에서 칩 시퀀스 A, B에 대하여 A • B의 결과값은 ___이다.

87 CDMA에서 칩 시퀀스 A, B에 대하여 A • A의 결과값은 ___이다.

88 CDMA에서 칩 시퀀스 A, B에 대하여 A • $\bar{A}$의 결과값은 ____이다.

89 CDMA에서 M = $\bar{A}$ + B + C에 대하여 M • A의 결과값은 ____이다.

90 CDMA에서 M = B + C에 대하여 M • A의 결과값은 ___이다.

91 CDMA에서 M = A + C에 대하여 M • A의 결과값은 ___이다.

92 디지털-아날로그 변조 중 단위 시간당 가장 많은 데이터를 전송할 수 있는 방식은 _________ _______________이다.

93 디지털-아날로그 변조 중 잡음에 가장 취약한 방식은 _________________________이다.

94 디지털-아날로그 변조 중 서로 다른 주파수를 사용하는 방식은 ______________________이다.

95 64 QAM을 사용하여 3KHz의 전화선에 데이터를 보낼 경우 최대 전송률은 ____Kbps이다.

[주관식 문제]

96 꼬임선에 대하여 서술하시오.

97 동축선에 대하여 서술하시오.

98 광섬유에 대하여 서술하시오.

99 낮은 주파수와 높은 주파수의 성질을 비교하여 설명하시오.

100 라디오 영역 주파수 대역에 대하여 설명하시오.

101 마이크로웨이브 영역 주파수 대역에 대하여 설명하시오.

102 주파수 분할 다중접속과 시간 분할 다중접속 방식에 대하여 논하시오

103 ASK, FSK, PSK에 대하여 설명하시오.

104 QAM을 설명하고 3KHz의 전화선에서 64 QAM의 최대 전송률을 계산하시오.

Data Communication and **Networking**

CHAPTER

05

통신망과 특징

Section

SECTION 01 유선통신망

1 회선 교환망(circuit switching network)

전화기가 발명된 초기에는 전화번호를 누르는 단추가 없었다. 그래서 10명의 사람과 전화를 하려면 각각 10대의 전화기가 필요했다. 전화기라기보다는 인터폰에 가까웠다. 많은 수의 전화기가 선으로 연결됨에 따라 전선주에는 전화선이 거미줄처럼 엮여 있었다. 이러한 문제를 해결하는 방법이 교환원이다. 교환원에게 전화를 걸면 교환원이 해당 전화기를 선으로 연결해주었다. 이것이 수동식 전화 교환 시스템이다. 교환원이 전선을 바꿔 꽂음으로서 상대방을 연결하였기 때문에 **회선 교환**, 영어로 **circuit switching**이라 불렀다. 전선 circuit 을 바꿔가며 switching 통신하는 방식이 회선 교환 방식이다.

그림 5-1 교환원과 수동식 회선 교환

교환원이 있는 전화 통신망은 수동식 회선 교환 circuit switching 방식이다. 이후 전자식 교환기가 생겨났다. 전화번호를 누르면 교환기가 번호에 해당하는 선 circuit 을 자동으로 연결한다. 따라서 전자식 교환기를 사용하는 전화망은 자동식 회선 교환 방식이다. 전화망과 같이 자동식 회선 교환 방식을 사용하는 네트워크를 회선 교환망 circuit switching network 이라 부른다. 회선 교환망에서는 회선을 움직여서 데이터가 지나가는 경로를 설정한다.

회선 교환망인 전화망의 특징을 살펴보자. 전화망에서 주소는 전화번호가 된다. 더 자세하게 말하면 전화번호는 전자식 교환기의 번호이다. A 전화기에서 02574를 누르면 02번 교환기, 5번 교환기, 7번 교환기, 4번 교환기로 가는 여러 길 중 하나가 선으로 연결된다. 이러한 과정을 콜 셋업 call setup 이라 부른다. B 전화기로 가는 여러 개의 경로 중 하나를 결정하는 단계가 바로 콜 셋업이다. 콜 셋업이 성공적으로 이루어지면 B 전화기에서 '따릉따릉' 벨이 울린다. 상대방이 B 전화기를 들면 둘의 통신이 시작된다.

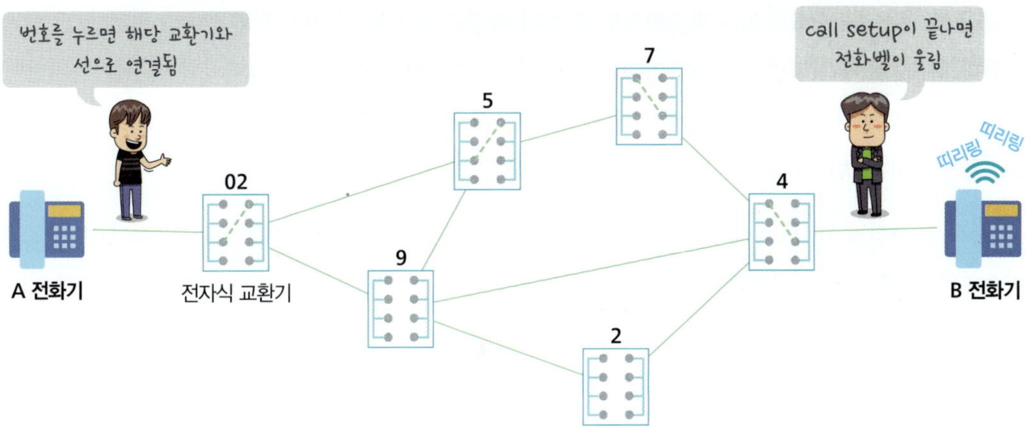

그림 5-2 회선 교환망(circuit switching network)

전화망에서는 통신이 시작되기 전에 통신 합의 과정을 거친다. A 전화기에서 상대방에게 전화를 걸어 연결되는 과정(연결 요청)과 B 전화기의 수화기를 들어서 연결 요청을 수락하는 과정을 거쳐야만 통신이 된다. B 전화기가 다른 사람과 전화를 하고 있거나, B 전화기의 수화기를 들지 않으면 통신은 이루어지지 않는다. 따라서 통신 합의를 거친 후에야 데이터를 전송할 수 있다.

전화망에서는 콜 셋업과 통신 합의를 거친 후에 통신이 이루어지기 때문에 데이터가 지나가는 경로가 일정하다. 콜 셋업을 통하여 이미 결정된 경로로만 데이터가 오고 갈 수 있다. 콜 셋업을 통해 결정된 경로는 통신이 끝날 때까지 A와 B 전화기만이 독점적으로 사용한다. 다시 말해, 통신이 끝나기 전에는 다른 사람이 해당 경로를 사용할 수 없다. 그래서 통신 과금 방식이 단순하다. 해당 경로를 사용하는 시간만큼만 돈을 내면 된다.

이러한 특징을 가진 전화망을 **공중 교환 전화망**, 영어로 **PSTN**이라 부른다. PSTN은 Public Switched Telephone Network의 약자이다. 공중 교환 전화망(PSTN)은 회선 교환 방식을 사용하고, 누구나 사용할 수 있는 전화망이라는 뜻을 가진다.

2 패킷 교환망(packet switching network)

앞서 설명했다시피, 인터넷은 흩어져 있던 다양한 종류의 LAN들을 하나로 묶어서 만들었다. 인터넷의 데이터 전송은 3번 네트워크 계층에서 맡고 있는데, 네트워크 계층에서 사용하는 데이터 단위를 패킷 packet 이라 부른다. 패킷을 출발지에서부터 목적지까지 전송하는 프로토콜이 IP이다. 따라서 IP는 네트워크 계층에 속하는 프로토콜이다.

공중 교환 전화망(PSTN)이 전화번호를 주소로 사용하듯이 인터넷에서 통신하기 위해서 IP 주소를 사용한다. IP 주소와 전화번호는 비슷하지만 완전히 똑같은 구조는 아니다. 전화번호는 지역 코드를 사용한다. 예를 들어 전화번호의 시작이 02이면 서울 지역, 031이면 경기도 지역의 전화기를 의미한다. 따라서 전화번호의 지역코드는 특정 지역에 분포한 전화기의 대표번호가 된다. 02는 서울 지역에 있는 전화기의 대표번호이다.

4바이트로 구성된 IP 주소 중 일부분은 특정 위치에 모인 컴퓨터의 대표번호이다. 그러나 IP 주소가 비슷하다고 해서 서로 비슷한 위치에 몰려 있는 것은 아니다. 예를 들어 163.15.12.18은 미국에 있는 컴퓨터일 수 있고, 162.15.12.18은 한국에 있는 컴퓨터일 수도 있다.

하이퍼링크

IP 주소 체계에 대해서는 '9장 네트워크 계층'에서 자세히 설명한다.

인터넷망의 구조는 앞의 전화망(회선 교환망)과 비슷하다. 인터넷은 LAN과 LAN 사이에 라우터 router를 붙여서 모든 LAN들을 연결한다. 라우터는 패킷의 이동 방향을 결정해주는 기계이다. 회선 교환망 구조와 비교해보면, 전자식 교환기가 라우터로 바뀐 모양새이다. 전자식 교환기는 회선을 어디에 연결하는가에 따라 통신의 경로가 결정된다. 라우터는 IP 주소를 보고 패킷을 어느 선으로 보낼지를 결정한다. 이것이 모이면 경로가 된다. 이러한 특징 때문에 인터넷은 **패킷 교환망** packet switching network 이라 부른다.

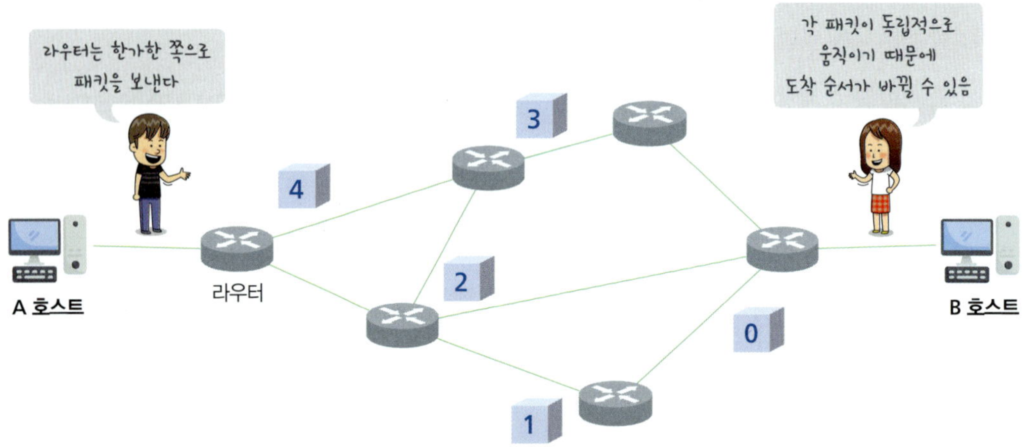

그림 5-3 패킷 교환망(packet switching network)

전화망과 달리, 인터넷에서는 콜 셋업의 단계 없이 데이터를 보낸다. 다시 말하면 상대방과 통신을 시작한다는 합의 없이 무조건 데이터를 전송한다. 이러한 데이터 전송 방식을 전보, 영어로는 datagram이라 부른다.

회선 교환망의 경우 콜 셋업을 통하여 데이터가 어떤 길로 지나갈지 경로가 정해졌다. 콜 셋업 이후 모든 데이터들은 정해진 길(경로)로만 다니게 된다. 패킷 교환망에서는 콜 셋업이 없기 때문에 정해진 경로가 없다. 따라서 목적지까지 가장 빠르다고 생각하는 길로 패킷이 이동한다.

내비게이션으로 서울에서 천안까지 가는 길을 검색해보자. 보통 가장 빠른 경로인 고속도로로 안내를 해줄 것이다. 그러나 고속도로가 막히는 경우 다른 도로를 안내해준다. 라우터들은 주기적으로 서로 통신하면서 라우터의 상태와 선의 상태를 모니터링 한다. 따라서 라우터들은 어떤 선이 패킷이 몰려 느리게 전송되는지, 또 어떤 선이 빠르게 전송되는지를 알고 있다. 패킷 교환망에서 여러 개의 패킷을 전송하는 경우, 어떤 패킷은 위쪽 길로 가고 어떤 패킷은 아래쪽 길로 가기도 한다. [그림 5-3]과 같이 A 호스트에서 B 호스트로 전송되는 0~4번 패킷이 모두 다른 길로 갈 수도 있다.

패킷들이 서로 다른 길로 가다보면, 먼저 출발한 패킷이 나중에 도착하기도 하고 어떤 패킷은 길을 잘못 들어 목적지에 도착하지 못하기도 한다. 회선 교환망과 달리 패킷 교환망에서는 패킷이 뒤바뀌거나 사라질 수도 있다는 단점이 있다. 그래서 네트워크 계층 위에 있는 전송 계층의 TCP는 패킷의 순서를 맞추고, 사라진 패킷이 있는 경우 다시 전송시킨다. 이것이 TCP/IP를 같이 사용하는 이유이다.

3 전화망과 인터넷망의 비교

전화망(PSTN)의 회선 교환 circuit switching 방식과 인터넷의 패킷 교환 packet switching 방식을 비교해보면 회선 교환 방식이 안정적으로 데이터를 전송한다. 그런데 인터넷은 왜 패킷 교환 방식을 사용하게 된 것일까?

전화망은 대부분 국가가 만들고 관리한다. 우리나라의 경우 유선 전화망을 설치하고 관리하는 곳은 한국통신이다. 따라서 모든 전화망의 통신 품질은 일정하다. 전화번호(주소 체계)도 지역코드 배분 방식에 따라 일괄되게 정해진다. 이에 비하여 인터넷은 서로 다른 LAN들을 모아서 만들었다. 어떤 LAN은 느리고 고장이 자주나기도 하는 반면에 어떤 LAN은 안정적이고 매우 빠르다. 이렇게 서로 다른 특성을 가진 LAN에서 데이터를 전송하려면 다양한 문제가 발생한다. IP 주소도 들쑥날쑥 사용되게 된다.

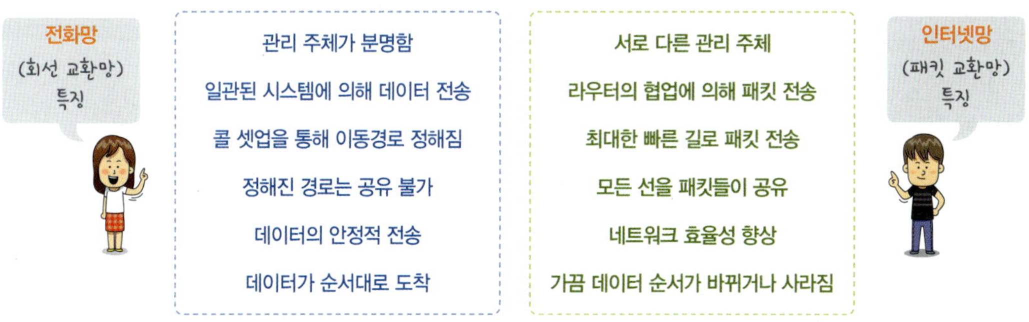

그림 5-4 전화망과 인터넷망의 특징

인터넷의 특성을 이해하기 위하여 인터넷의 시초인 아파넷 ARPAnet 이 미국 국방성의 주도로 만들어졌다는 것에 주목하자. 아파넷을 설계할 당시에 전쟁이 나서 라우터들이 고장 나더라도 목적지까지 데이터를 전송할 수 있도록 설계를 하였다. 그러기 위해서는 콜 셋업 call setup 을 하여 특정 경로로 데이터를 전송하기보다는 각 패킷이 최대한 빨리 갈 수 있는 길로 보내는 방식을 채택하게 되었다. 이러한 전략은 실제로 유효하다. 전쟁이 아니더라도 인터넷에 연결된 라우터들은 고장이 나기도 한다. 중간의 라우터들이 몇 개 고장 나더라도 목적지까지 데이터를 보내기 위해서는 패킷 교환 방식이 유리하다.

전화망에서는 관리하는 주체가 분명하지만, 인터넷은 연결된 LAN들과 라우터들을 관리하는 주체들이 다 다르다. 주인이 서로 다른 라우터들의 협업을 통하여 패킷을 전송한다. 인터넷에서는 라우터를 통해 목적지까지 데이터를 보내달라고 부탁할 뿐, 패킷을 꼭 보내주어야 한다는 강제성은 없다. 그래서 인터넷의 데이터 전송 방식은 최대한 목적지까지 데이터를 전송해준다는 의미에서 최대한의 노력 best efforts 이라는 표현을 쓴다. 최대한의 노력을 통해 패킷을 전송하지만 목적지에 도착한다는 것을 보증하지는 않는다 not guarantee .

네트워크의 효율성 측면에서도 패킷 교환 방식이 유리하다. 전화(회선 교환)망에서는 데이터가 지나다니는 경로가 결정되면 발신자와 수신자가 해당 경로를 독점하게 된다. 발신자와 수신자 사이에 데이터를 주고받지 않아도 다른 사용자는 해당 경로를 사용할 수 없다. 하지만 수많은 데이터가 오고가는 인터넷에서는 누군가 경로를 독점하게 되면 안 된다. 패킷 교환 방식에서는 모든 경로를 모든 사용자가 자유롭게 쓸 수 있기 때문에 네트워크 효율성이 올라간다.

지금까지 열거한 이유로 전화망(회선 교환)과 인터넷망(패킷 교환)은 기능적 결과의 큰 차이를 보인다. [표 5-1]은 전화망과 인터넷망의 기능적인 차이를 비교한 것이다.

표 5-1 전화망과 인터넷망의 기능적 비교

	전화망(회선 교환)	인터넷망(패킷 교환)
콜 셋업이 필요한가?	O	X
데이터가 같은 경로로 이동하는가?	O	X
데이터가 순서대로 도착하는가?	O	X
선을 다른 사람과 공유하는가?	X	O
중계기가 고장 나는 경우 통신이 가능한가?	X	O
사용시간으로 과금하는가?	O	X
전송된 데이터의 양으로 과금하는가?	X	O

회선 교환은 통신을 시작하기 전에 콜 셋업이 필요한 반면에 패킷 교환은 무조건 패킷을 보내는 방식을 사용한다. 콜 셋업을 하는 이유는 데이터가 지나다니는 경로를 정하기 위해서이며, 콜 셋업 후 모든

데이터는 같은 길로 이동한다. 따라서 회선 교환에서는 데이터가 같은 길로 이동할 뿐 아니라 데이터가 순서대로 도착한다. 패킷 교환에서는 패킷이 서로 다른 경로로 다닐 수 있기 때문에 순서대로 도착하지 않을 수 있다.

회선 교환의 단점은 선을 다른 사람과 공유하지 못해 네트워크의 효율성이 떨어진다는 것과 교환기가 고장 날 경우 통신이 멈출 수 있다는 것이다. 이에 비하여 패킷 교환은 모든 선을 패킷들이 공유함으로 효율성이 올라갈 뿐 아니라 라우터 몇 개가 고장 나더라도 우회하여 패킷을 보낼 수 있다는 장점이 있다.

회선 교환에서는 선을 독점하기 때문에 통신한 시간으로 과금을 한다. 하지만 패킷 교환에서는 선을 사용한 시간을 알 수 없기 때문에 전송된 데이터 양으로 과금을 한다. 여러분이 사용하는 스마트폰 요금제를 보면, 음성 통화 요금은 분당 얼마와 같이 시간으로 과금하지만, 데이터 요금은 1GB당 얼마와 같이 데이터의 양으로 과금한다.

4 사설망(public network) 심화

CCTV라는 단어를 들어보았을 것이다. CCTV는 Closed Circuit Television의 약자이다. 여기서 Closed-Circuit은 폐쇄회로를 뜻한다. 폐쇄적인 네트워크를 사용하는 TV라는 의미이다. CCTV는 카메라와 녹화장치를 통신선으로 묶어서 작동하는 TV인데 이 통신선을 외부인이 이용할 수 없다는 의미이다. 이와 같이 외부에 노출되지 않는 네트워크를 **사설망** private network 이라 부른다. 사설망의 반대는 누구나 사용할 수 있는 공중망 public network 이다. 전화망이나 인터넷망이 대표적인 공중망이다.

사설망을 사용하는 이유는 보안 때문이다. 요즘 인터넷에 연결하여 사용하는 IP 카메라가 많이 보급되고 이것이 CCTV를 대신하고 있다. IP 카메라의 경우 해킹에 의하여 동영상이 유출되는 사고가 빈번하게 발생한다. 그래서 노트북에 내장된 카메라의 경우 렌즈 앞을 가리는 물건까지 만들어졌다. 공중망은 누구나 사용할 수 있기 때문에 해킹에 노출되어 있다.

해킹에 의하여 데이터가 유출되거나 시스템이 망가지는 경우 큰 피해가 발생한다. 특히 금융과 관련된 네트워크는 더욱 위험하다. 그래서 금융 전산망은 인터넷망과 내부 사설망을 법적으로 분리하도록 하고 있다. 이를 망 분리라고 한다. 망 분리가 된 경우에도 내부에서 인터넷을 사용해야 하는 경우가 있다. 또는 재택근무와 같이 외부 공중망을 통하여 내부 사설망에 접근해야 하는 경우도 있다. 이 경우 보안이 강화된 가상 컴퓨터나 전용선을 통해서만 공중망에 접근하도록 하여 내부 전산망을 보호한다.

삼성이나 LG와 같이 전 세계적으로 지사를 가지는 회사들의 경우, 모든 곳에 사설망을 구축하는 것은 어렵다. 이런 경우, 인터넷 서비스를 제공하는 통신사로부터 망의 일부를 독점적으로 임대하여 사용함으로써 사설망의 효과를 볼 수 있다. 이렇게 이미 설치된 인터넷망을 이용하여 구축된 사설 네트워크를 **VPN**이라 부르며, 이는 영어 Virtual Private Network의 약자이다. VPN은 회선 교환과 패킷 교환의 장점을 모두 가진 가상 회선$_{\text{virtual circuit}}$ 방식을 사용한다.

하이퍼링크

가상 회선$_{\text{virtual circuit}}$ 방식의 패킷 교환망 일부를 임대하여 사설망을 구축한다. 가상 회선의 특징에 대해서는 '9장 네트워크 계층'에서 자세히 설명한다.

SECTION
02 무선통신망

1 무선통신망의 역사

인터넷이 보급되기 이전에 가장 대중적인 통신 수단은 전화기였다. 전화기에는 두 가지 불편한 점이 있다. 첫째, 모든 전화기는 유선으로 연결되어야만 했다. 전화를 설치한 곳이 산꼭대기든 섬이든 상관없이 무조건 선으로 연결되어야 하기 때문에 비용이 많이 들었다. 둘째, 전화를 걸거나 받기 위해서는 전화기가 설치된 곳에 가야 했다. 다시 말해, 전화기는 이동성이 없다. 차를 타고 이동하는 중에 전화를 걸려면 길거리에 있는 공중전화기를 찾아야 했다. 무선통신 시스템의 등장으로 이러한 전화기의 단점을 해결할 수 있었다. 선을 직접 연결하지 않아도 전화를 걸 수 있게 되었고, 이동 중에도 연락을 받을 수 있게 되었다. 현재와 같은 5G 이동통신이 보급되기 이전에도 다양한 무선통신망이 있었다. 무선통신망의 발전 과정을 살펴보자.

› 무선 호출기

유선 전화기 이후 처음 만들어진 무선통신 시스템은 무선 호출기이다. 일명 삐삐라 불렸던 무선 호출기는 영어로 pager이다. 무선 호출기는 일정 양의 숫자를 전송할 수 있는 단방향 무선통신 시스템이다. 문자는 전송할 수 없었다.

무선 호출기(삐삐)는 거의 사라져 이제는 흔히 보기 어려워졌지만, 유사한 시스템은 여전히 사용되고 있다. 카페나 레스토랑에서 주문한 후 음식이 준비되면 진동으로 알려주는 시스템도 무선 호출기의 일종이다. 삐삐와 가게에서 사용하는 무선 호출기의 차이점이 있다면 전국 어디에 있건 연락을 할 수 있느냐, 가게 안에서만 통신이 되느냐의 차이이다.

그림 5-5 과거 무선 호출기(좌)와 현재 대중화 된 무선 호출기(우)

과거 무선 호출기는 일종의 족쇄였다. 숫자만 전송할 수 있었기 때문에 내용을 확인하려면 전화나 공중전화기를 찾아야만 했다. '8282(빨리빨리)'나 '4444(죽을 사(死) 4개)'라도 찍혀 있으면 급한 마음이 더하였다. 이동통신이 보급되기 이전에는 집이나 회사가 아닌 외부에서 다른 사람에게 연락할 수 있는 유일한 수단은 공중전화뿐이었다. 그래서 길거리의 공중전화에는 언제나 긴 줄이 늘어서 있었다. 무선 호출기가 보급되면서 외부에서 연락할 일이 더 많아졌다. 무선 호출기의 보급은 공중전화의 수요를 폭발적으로 증가시켰다.

초기 휴대폰

한국에서 개인 무선 휴대전화 서비스, 일명 이동통신 서비스는 1984년부터 시작되었다. 초기 휴대폰은 기계도 비싸고 요금도 비쌌다. 그래서 카폰 car phone 형태로 차에 설치하거나, 비서들이 가방에 넣고 다니면서 회사의 중역들만 이용했다. 극초기 이동통신 서비스는 일부만 사용할 수 있었고, 대부분의 사람들은 여전히 무선 호출기와 유선 전화기를 이용했다. 그래서 공중 전화기에서 오랫동안 전화를 붙들고 있는 사람과 급하게 연락해야 하는 사람 사이에 실랑이가 벌어지는 일이 다반사였다.

그림 5-6 초기 휴대폰(좌)과 카폰(우)

1997년 새로운 통신 서비스가 시작되었는데, 바로 발신 전용 무선 전화인 '시티폰'이다. 시티폰은 공중전화기 옆에 설치된 무선 안테나를 통해 전화를 걸 수 있는 무선 전화기이다. 시티폰을 서비스하기 전에 해당 주식을 일반인들에게 공모하였다. 공중전화기에 줄을 서지 않고서도 전화를 걸 수 있다는 장점이 부각되어 높은 경쟁률을 기록했다.

실제 시티폰 서비스가 시작되고 보니, 생각한 만큼 인기를 끌지는 못했다. 시티폰은 발신 전용 단방향 통신 시스템이다. 다시 말해 전화를 걸 수는 있어도 받을 수는 없었다. 또한 지금의 이동통신과 달리 이동하면서 전화를 걸 수도 없었다. 공중전화 옆에 설치된 안테나의 100m 안쪽에서만 전화를 걸 수 있었기 때문에 버스를 타고 이동하는 중간에 무선 호출기로 연락을 받으면 버스에서 내려 공중전화 안테나를 찾아다녀야 했다. 생긴 건 휴대폰과 똑같이 생겼는데, 무선 호출로 연락을 받고 안테나를 찾아야만 하는 시티폰은 너무 불편했다.

여기서 잠깐

시티폰 서비스가 시작되기 전 국민 공모주 형태로 주식을 팔 때, 집까지 담보로 잡아 주식을 산 사람들도 있었다. 시티폰은 4년 만에 서비스를 종료하였으며 해당 주식은 휴지조각이 되어 사회적으로 문제가 되었다. 드라마 '응답하라 1988'에서도 대출받아 시티폰 주식을 샀다가 문제가 생기는 장면이 나온다. 시티폰은 안테나에 붙어서만 통신할 수 있기 때문에 일명 매미폰이라고 불렸다.

시티폰이 소개된 지 1년이 안 된, 1997년 말에는 PCS 휴대폰이 보급되기 시작했다. PCS는 일반 휴대폰보다는 통신 품질은 조금 떨어지지만 수신, 발신, 문자 서비스까지 가능한 완전한 휴대폰이었다. PCS는 요금도 저렴했기 때문에 급속도로 보급되었다. 반대로 시티폰은 서비스를 시작한 지 3년 만에 1,000억 원 이상의 적자를 내고 사업을 철수하였다.

여기서 잠깐

지금과 같은 이동통신 서비스는 SKT가 먼저 시작하였다. 1997년에 등장한 PCS통신 사업자로 KT와 LG가 선정되었다. SKT는 800MHz 대역의 낮은 주파수를 사용하였고, PCS는 1.8GHz대의 높은 주파수를 사용했다. 신호의 특징에서 설명하였듯이 낮은 주파수를 사용하는 SKT의 휴대폰이 건물이나 엘리베이터 안에서도 문제가 없었던 반면에 PCS는 그러지 못했다. 이러한 문제를 PCS는 건물 안을 비롯하여 많은 곳에 중계기를 설치하여 해결했다. 지금은 각 이동통신사별 통화 품질이나 데이터 전송량에는 큰 차이가 없다.

2 세대별 이동통신 서비스

이동통신 서비스 발전 과정

처음 서비스된 휴대폰은 아날로그 신호를 사용하여 음성을 전달했다. 그래서 이 시기의 이동통신 서비스를 1세대 무선 전화망이라고 하며, 흔히 1G Generation 이동통신 서비스라 부른다. 국가로부터 받은 대역폭을 여러 채널로 나눠 쓰기 위한 다중화 mutiplexing 방식으로 주파수 분할 다중화(FDM)를 사용했다.

그림 5-7 세대별 휴대폰 서비스 특징

2세대(2G) 이동통신에서는 아날로그 신호 대신 디지털 신호를 사용했다. 특히 전 세계에서 처음으로 한국이 코드분할 방식(CDM)을 사용한 이동통신 기술을 상용화하였다. 그래서 한국은 CDMA의 종주국이 되었다. 이 시기의 유럽은 시간 분할 다중화 방식(TDM)을 이용한 GSM Global System for Mobile Communications 시스템을 사용했다. 앞서 다중화에서 설명했다시피, 아날로그 분할방식(FDM)에서 디지털 분할방식(CDM/TDM)으로 바뀜에 따라 같은 대역폭에서 더 많은 사용자를 수용할 수 있었다. 한마디로 같은 크기의 버스에 손님을 더 많이 태울 수 있다는 의미이다.

2세대 이동통신 서비스가 보급된 후 전 세계적으로 인터넷 열풍이 불었다. 이에 따라 휴대폰에서 인터넷을 지원하는 이동통신망이 개발되었다. 기존의 전화 기능(음성망)에 데이터통신 기능(데이터망)을 추가한 것인데, 이를 3세대(3G) 이동통신이라 부른다. 3세대 이동통신 서비스가 개발되면서 휴대폰으로도 무선 데이터통신이 가능해졌기 때문에 걸어 다니면서도 인터넷에 접속할 수 있었다. 이후 데이터의 전송속도를 높인 4세대(4G) 이동통신이 개발되었다. 현재는 초고속 무선통신이 가능한 5세대(5G) 이동통신이 개발되어 사용되고 있다. 2019년 4월 3일 밤 11시, 세계 최초로 한국이 5G 상용화 서비스에 성공하였다.

세대별 이동통신 서비스의 특징

1세대 이동통신(1G: 아날로그)

1세대 이동통신은 AM/FM 라디오와 같은 아날로그 방식을 사용하여 음성을 전송했다. 최대 속도는 2Kbps를 약간 넘는 수준이었다. 주파수 분할 다중화(FDM)를 사용하였기 때문에 이용자가 많아질 경우 채널 부족 문제가 발생하였다.

통신사업을 먼저 시작한 SKT는 '황금주파수'라고 불리는 800MHz 주파수 대역을 선점하여 사용하였다. 이 대역은 주파수 도달 거리가 멀고 통화 품질이 우수하여 산속이나 지하에서도 잘 터지는 특성이 있다. 반면 PCS(KT, LGT) 이동통신이 사용하는 1.8GHz대의 주파수 영역은 직진성이 강해 장애물을 만나면 반사되어 버리기 때문에 통화 불통 지역이 많이 발생했다. 지금은 많은 수의 중계기가 설치되고 다양한 통신대역을 사용하기 때문에 통신 3사의 통화 품질 차이는 거의 없다.

2세대 이동통신(2G: CDMA)

2세대 이동통신은 아날로그 방식을 디지털로 바꾼 것이다. 음성 신호를 0과 1인 디지털 신호로 압축하여 보내기 때문에 용량이 작고 주파수를 효율적으로 쓸 수 있었다. 전송속도는 최대 200Kbps였다. 전송속도가 높아짐에 따라 기존의 문자 서비스 이외에 MMS Multimedia Message Service 문자 서비스와 텍스트 수준의 인터넷이 가능하게 되었다.

3세대 이동통신(3G)

3세대 이동통신은 최대 2Mbps까지 전송 가능한 무선망이다. 휴대폰에 유심 칩이 탑재되었으며, 빨라진 통신 속도 덕분에 영상통화도 가능해졌다. 3G 이동통신에서는 과거에 사용하던 011, 017, 018 번호 대신 010 번호를 사용해야만 가입할 수 있었다. 3G 이동통신 때문에 많은 사람들이 010 전화번호로 이동하였다.

3G 초기에도 컴퓨터와 같은 수준으로 휴대폰에서도 인터넷을 사용할 수 있었다. 그러나 통신사와 휴대폰 제조사가 결탁하여 휴대폰에서 와이파이 접속을 못하도록 막았다. 휴대폰에서 인터넷을 접속할 때, 이동통신망을 사용하도록 유도하여 비싼 데이터 요금을 받기 위함이었다. 2007년 애플이 아이폰을 출시하였는데, 아이폰은 와이파이를 통하여 인터넷을 할 수 있는 최초의 휴대폰이었다. 이후 휴대폰에서도 인터넷을 통해 다양한 작업을 할 수 있게 되었다. 그래서 아이폰 이후에는 휴대폰이 아닌 스마트폰으로 부른다. 스마트폰은 걸어 다니는 컴퓨터이며, 스마트폰의 보급으로 음성통화보다는 데이터통신이 더 중요하게 되었다.

4세대 이동통신(4G: LTE)

2013년부터 서비스가 시작된 4세대 이동통신은 100Mbps 이상의 속도를 가지며, 인터넷 접속, IP 전화, 게임 서비스 및 멀티미디어 스트리밍 등을 제공한다. 3세대 이동통신과 5세대 이동통신은 각각 3G와 5G라 부르는데 4세대만 LTE라 부른다. 3세대에서 4세대로 넘어오면서 스마트폰이 대중화되었고, 음성통화보다는 인터넷, 이메일, 유튜브, 카카오톡과 같이 데이터통신을 더 많이 사용하기 시작했다. 통신사 입장에서는 기존의 3세대 음성통화 장비를 없애고 4세대로 교체하는 것은 비용도 많이 들고 이익도 적었다. 따라서 음성통화는 3세대를 그대로 사용하고, 데이터통신망의 속도만 높여서 서비스하기 시작했다. 이는 ITU의 4G 요구조건을 충족하지 못했기 때문에 온전히 4G라 부를 수 없었다. 그래서 LTE $_{\text{Long Term Evolution}}$라 불렀다. 각국 통신사에서는 개별적으로 LTE 등을 4G라고 부르기도 한다.

5세대 이동통신(5G)

5세대 이동통신은 최대 20Gbps의 속도를 낼 수 있으며, 4세대보다 응답지연 시간을 혁신적으로 줄였다. 많은 양의 데이터를 보내는 것과 응답지연 시간을 줄이는 것은 서로 다른 문제이다. 기차를 생각해보자. 많은 수의 승객을 태우기 위해서는 기차의 수를 늘리면 된다. 그러나 승객을 빨리 이동시키기 위해서는(이동 시간을 줄이기 위해서는) KTX와 같은 고속전철을 이용해야 한다. 다시 말해, 전송량을 늘리는 것은 기존의 장비에서 대역폭을 늘리면 되지만 응답지연 시간을 줄이기 위해서는 빠르게 데이터를 전송할 수 있는 시스템으로 교체해야 한다.

4차 산업혁명 사회로 전환되면서 사물인터넷을 통해 수억 대의 기기들이 연결되고 있으며, 앞으로는 더 많은 기기들이 연결될 것이다. 이러한 기기들을 모두 선으로 연결하기는 어렵기 때문에 대부분 이동통신망을 사용하게 된다. 이러한 상황에서 이동통신의 대역폭도 중요하지만, 응답지연 시간도 매우 중요하다. 예를 들어 응답지연 시간이 길어지면 자동차가 자율주행을 하는 동안 사고가 날 수도 있다.

따라서 4차 산업혁명의 기술을 수용하기 위해서는 지금보다도 대용량과 짧은 응답시간을 가진 네트워크가 필요하며, 이에 발맞추어 5G 이동통신이 개발되었다.

그림 5-8 5세대 이동통신 서비스

여기서 잠깐

이동통신 서비스를 제공하는 국내 SKT, KT, LG U+ 통신 3사는 국가로부터 통신 대역폭을 경매 받아 서비스를 한다. 보통 경매 비용이 4천억 원에서 1조 원 수준이다. 따라서 이동통신 서비스를 하기 위해서는 국가에게 막대한 금액의 돈을 지불해야 한다. 이동통신이 사용하는 주파수는 800MHz에서부터 2.5GHz대까지 다양하게 퍼져있으며, 통신사별로 혹은 기종별로 다 다르다. 자신이 사용하는 휴대폰의 주파수를 알고 싶다면, 휴대폰 사용 주파수 확인 사이트(https://willmyphonework.net)를 방문해보기 바란다. 사용기기와 통신사를 입력하면 다음 그림과 같이 사용 주파수 대역을 알려준다. 그림은 삼성 갤럭시 S9+와 통신사 SKT를 이용할 때의 사용 주파수 대역이다.

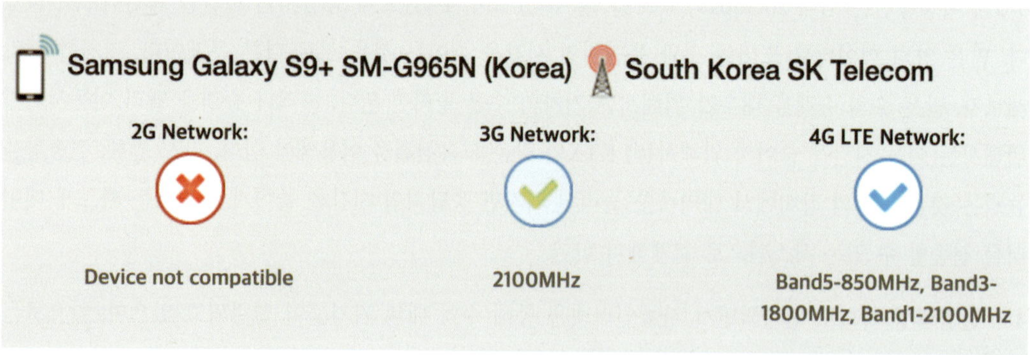

3 휴대폰 서비스의 특징 필수

휴대폰의 영어 명칭은 셀룰러폰 cellular phone 이다. 휴대폰 시스템에서 하나의 기지국이 담당하는 영역을 **셀** cell 이라 부른다. 다시 말해 셀은 기지국의 전파가 닿은 지역을 의미한다. 셀에서 통신이 가능한 전화라는 뜻에서 cellular phone이라 부른다.

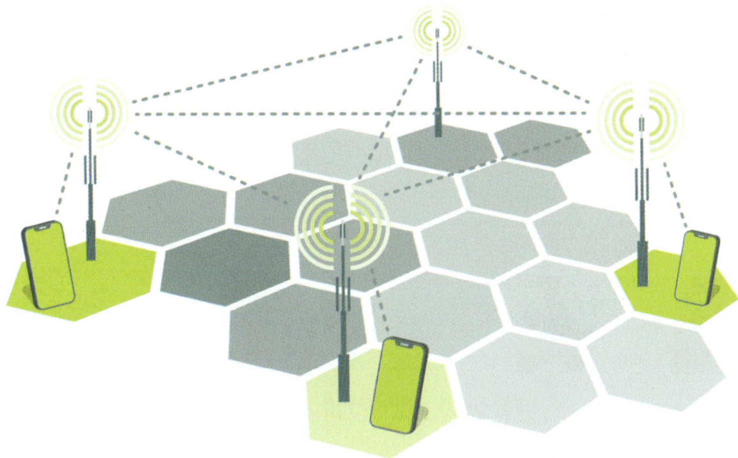

그림 5-9 휴대폰과 셀

[그림 5-9]에서 육각형으로 표현된 영역이 셀이다. 보통의 경우 기지국의 전파가 닿는 영역은 원에 가깝다. 그러나 셀을 원으로 그리면 빈 공간이 생기거나 겹쳐서 그려야 한다. 이러한 불편함을 없애기 위하여 셀을 육각형으로 표시한다.

여기서 잠깐

핸드폰은 한국식 영어 표기이지만 대중화되어 표준어로 자리 잡았다. 원래 '자장면'이 표준어였는데, 대부분 '짜장면'이라 부르기 때문에 짜장면도 표준어로 인정된 경우와 같다.

시티폰과 휴대폰의 차이점을 생각해보자. 시티폰은 발신 전용인데 반하여 휴대폰은 수신과 발신뿐 아니라 문자 서비스도 가능하다. 그러나 가장 큰 차이점은 이동성에 있다. 시티폰은 안테나가 설치된 셀에서만 통신이 가능하지만, 휴대폰은 차를 타고 이동하는 중에도 전화가 끊기지 않는다.

사용자가 이동하여 하나의 셀에서 다음 셀로 넘어가는 것을 **핸드오버** hand-over 혹은 **핸드오프** hand-off 라 부른다. 휴대폰은 전파의 세기를 파악하여 사용자의 이동을 감지한다. 핸드오버란 휴대폰이 현재의 셀에서 다른 셀로 이동하면, 데이터를 빠른 속도로 다음 기지국으로 넘겨주는 기능이다. 따라서 시티폰은 핸드오버 기능이 없는 이동통신 시스템이고, 휴대폰은 핸드오버 기능이 있는 이동통신 시스템이다.

집이 서울이고 학교가 수원이라 가정해보자. 친구가 전화를 걸면 집에 있든 학교에 있든 어떻게 전화를 받을 수 있는지 살펴보자. 모든 휴대폰에는 기본 기지국$_{\text{base station}}$이 존재한다. 기본 기지국이란 자신의 전화기가 등록되어 있는 기지국이다. 보통 자신의 집이나 휴대폰을 처음 개통한 곳에 있는 기지국이 기본 기지국이다.

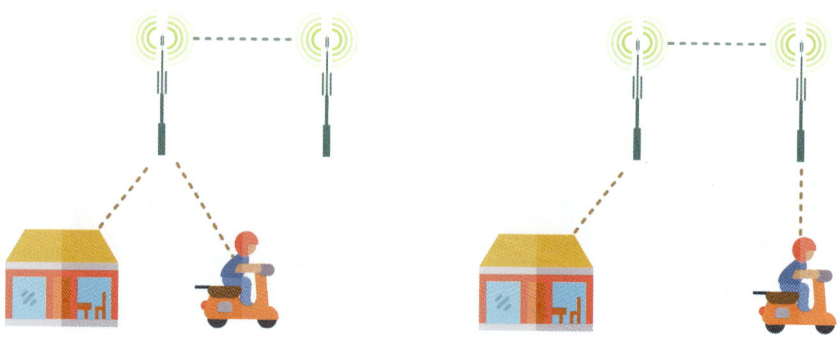

그림 5-10 핸드오버(hand-over)

가장 통신이 자주 일어나는 기지국에 휴대폰이 등록되면 기본 기지국이 된다. 기본 기지국의 역할은 등록된 사용자를 추적하는 것이다. 사용자의 휴대폰이 이동하면 이를 추적하여 사용자가 현재 어느 기지국에 머물고 있는지를 파악한다. 누군가 당신에게 전화를 걸면, 데이터는 기본 기지국으로 전송된다. 기본 기지국은 이 데이터를 받아서 사용자가 머물고 있는 기지국으로 넘겨줌으로써 통신이 이뤄지게 된다.

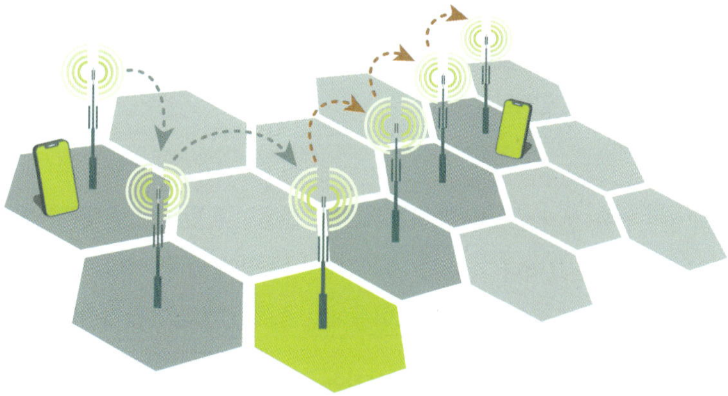

그림 5-11 휴대폰의 통신 과정

사용자가 이동을 하더라도 통신이 계속 이루어지기 위해서는 사용자가 현재 어느 기지국에 머물러 있는지를 파악해야 한다. 따라서 전화를 걸거나 받지 않아도 휴대폰과 기지국은 주기적으로 통신을 한다. 그래야만 사용자의 현재 위치를 파악할 수가 있다. 이외에도 휴대폰은 현재 머물고 있는 기지국과 다양한 데이터를 주고받는다.

사용자가 휴대폰를 켜면 휴대폰이 깨어남$_{\text{wake up}}$ 신호를 기지국으로 보낸다. 현재 위치하고 있는 기지국에 자신의 휴대폰을 등록하는 것이다. 깨어남 신호를 받은 기지국은 현재 시간과 몇 가지의 정보를 휴대폰에게 보내준다. 휴대폰의 시계는 자체적으로 돌아가는 것이 아니라 기지국으로부터 받은 시간이다. 만약 휴대폰의 시계가 제각각이라면 과금에 문제가 생기기 때문에 항상 기지국과 시간을 맞추도록 되어 있다. 따라서 로밍 서비스를 신청하고 휴대폰을 가지고 외국에 나갈 경우 다시 시간을 맞출 필요가 없다. 반대로 로밍 서비스를 안 한 기계를 외국에 가져갈 경우에는 시계가 작동하지 않는다.

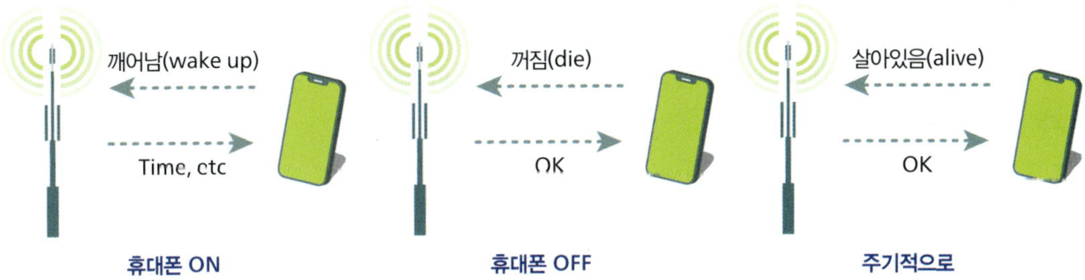

그림 5-12 휴대폰과 기지국과의 통신

휴대폰을 끌 때도 기지국과 데이터를 주고받는다. 휴대폰이 꺼진다는 신호$_{\text{die}}$를 보내고 기지국으로부터 OK 신호를 받은 후에야 휴대폰이 꺼진다. 기지국이 휴대폰이 꺼진 것을 감지하고 있을 경우, 상대방에게 전화를 걸면 '전화기가 꺼져 있어...'와 같은 멘트를 듣게 된다.

전화를 사용하지 않을 때에도 휴대폰은 주기적으로 기지국과 통신을 한다. 휴대폰을 사용하지 않은 상태에서 차를 타고 빠른 속도로 이동하면 사용자의 현재 위치를 놓쳐버릴 수도 있다. 이 경우, 전화를 받을 수 없게 된다. 따라서 휴대폰은 주기적으로 살아있음$_{\text{alive}}$ 신호를 기지국으로 보내고 기지국으로부터 OK 신호를 받는다.

이런 특징 때문에 깊은 산속이나 동굴과 같이 전파 신호가 미약한 곳에서는 휴대폰의 배터리가 빨리 소모된다. 휴대폰이 주기적으로 살아있음 신호를 기지국에 보낼 수 없거나 OK 신호를 받지 못하면 더 세게, 더 자주 통신을 시도하게 된다. 따라서 전화기를 사용하지 않아도 배터리가 쉽게 줄어들게 되니, 전파가 미약한 곳에서는 전화기를 꺼두는 것이 좋다.

요약

› 전화망과 같이 자동식 회선 교환 방식을 사용하는 네트워크를 회선 교환망(circuit switching network)이라 부른다. 회선 교환망에서는 회선을 움직여서 데이터가 지나가는 경로를 설정한다. 회선 교환에서는 통신을 시작하기 전에 콜 셋업이 필요하다. 회선 교환망을 사용하는 전화망을 공중 교환 전화망, 영어로 PSTN이라 부른다.

› 인터넷에서는 LAN들을 라우터로 연결한다. 라우터는 패킷의 이동 방향을 결정해주는 기계로 IP 주소를 보고 패킷을 어느 선으로 보낼지를 결정하는데 이것이 모이면 경로가 된다. 이러한 특징 때문에 인터넷은 패킷 교환망(packet switching network)이라 부른다.

› 회선 교환은 통신을 시작하기 전에 콜 셋업이 필요한 반면에 패킷 교환은 무조건 패킷을 보내는 방식을 사용한다. 콜 셋업 후 모든 데이터는 같은 길로 이동한다. 따라서 회선 교환에서는 데이터가 같은 길로 이동할 뿐 아니라 데이터가 순서대로 도착한다. 패킷 교환에서는 패킷이 서로 다른 경로로 다닐 수 있기 때문에 순서대로 도착하지 않을 수 있다.

› 회선 교환의 단점은 선을 다른 사람과 공유하지 못해 네트워크의 효율성이 떨어진다는 것과 교환기가 고장 날 경우 통신이 멈출 수 있다는 것이다. 회선 교환에서는 선을 독점하기 때문에 통신한 시간으로 과금을 한다. 하지만 패킷 교환에서는 선을 사용한 시간을 알 수 없기 때문에 전송된 데이터 양으로 과금한다.

› 외부에 노출되지 않는 네트워크를 사설망(private network)이라고 부른다. 사설망의 반대는 누구나 사용할 수 있는 공중망(public network)이다. 전화망이나 인터넷망이 대표적인 공중망이다. 이미 설치된 인터넷망을 이용하여 구축된 사설 네트워크를 VPN이라 부르며, 이는 영어 Virtual Private Network의 약자이다.

› 아날로그인 1G 이동통신은 주파수 분할 다중화(FDM)를 사용했다. 2G 이동통신은 아날로그 신호 대신 디지털 신호를 사용했다. 특히 전 세계에서 처음으로 한국이 코드 분할 방식(CDM)을 사용한 이동통신 기술을 상용화하였다. 2G 이동통신 서비스가 보급된 후 전 세계적으로 인터넷이 열풍이 불어서 전화 기능(음성망)에 데이터통신(데이터망) 기능을 추가한 3G 이동통신이 탄생하였다. 이후 데이터의 전송속도를 높인 4G 이동통신이 개발되었다. 현재는 초고속 무선통신이 가능한 5G 이동통신이 개발되어 사용되고 있다.

› 휴대폰 시스템에서 하나의 기지국이 담당하는 영역을 셀(cell)이라 한다. 사용자가 이동하여 하나의 셀에서 다음 셀로 넘어가는 것은 핸드오버(hand-over) 혹은 핸드오프(hand-off)라 부른다. 사용자가 전화기를 켜면 휴대폰이 깨어남(wake up) 신호를 기지국으로 보낸다. 휴대폰을 끌 때도 꺼진다(die)는 신호를 보낸다. 전화를 사용하지 않을 때에도 휴대폰은 주기적으로 살아있음(alive) 신호를 보낸다.

연습문제

[객관식 문제]

01 3개의 단어와 연관관계가 적은 1개의 단어를 찾으시오.

❶ circuit switching ❷ PSTN
❸ datagram ❹ call setup

02 3개의 단어와 연관관계가 적은 1개의 단어를 찾으시오.

❶ call setup ❷ packet switching
❸ router ❹ datagram

03 전자식 교환기를 사용하는 공중 전화망을 의미하는 단어를 찾으시오.

❶ datagram ❷ packet switching
❸ router ❹ PSTN

04 공중 전화망에서 사용하는 방식은 무엇인가?

❶ datagram ❷ circuit switching
❸ router ❹ packet switching

05 인터넷에서 LAN과 LAN을 연결하는 중간 기계를 가리키는 단어는 무엇인가?

❶ datagram ❷ PSTN
❸ router ❹ VPN

06 회선 교환 방식에서 양쪽 간의 통신 합의를 이루는 단계를 가리키는 단어는 무엇인가?

❶ datagram ❷ PSTN
❸ router ❹ call setup

07 인터넷의 특징을 설명하는 것을 고르시오.

❶ 최대한 빠른 길로 전송 ❷ 콜 셋업
❸ 경로의 공유 불가 ❹ 데이터 순서대로 도착

08 PSTN의 특징을 설명하는 것을 고르시오.

❶ 사설망 ❷ 데이터그램
❸ 콜 셋업 ❹ 네트워크 효율성 향상

09 '콜 셋업이 필요한가?'의 질문에 회선 교환 - 패킷 교환의 답으로 올바르게 짝지어진 것을 찾으시오.

❶ O - O ❷ X - O
❸ O - X ❹ X - X

10 '데이터가 같은 경로로 이동하는가?'의 질문에 회선 교환 - 패킷 교환의 답으로 올바르게 짝지어진 것을 찾으시오.

❶ O - O ❷ X - O
❸ O - X ❹ X - X

11 '데이터가 순서대로 도착하는가?'의 질문에 회선 교환 - 패킷 교환의 답으로 올바르게 짝지어진 것을 찾으시오.

❶ O - O ❷ X - O
❸ O - X ❹ X - X

12 '선을 다른 사람과 공유하는가?'의 질문에 회선 교환 - 패킷 교환의 답으로 올바르게 짝지어진 것을 찾으시오.

❶ O - O ❷ X - O
❸ O - X ❹ X - X

13 '중계기가 고장 나는 경우 통신이 가능한가?'의 질문에 회선 교환 - 패킷 교환의 답으로 올바르게 짝지어진 것을 찾으시오.

❶ O - O ❷ X - O
❸ O - X ❹ X - X

14 '전송된 데이터 양으로 과금하는가?'의 질문에 회선 교환 - 패킷 교환의 답으로 올바르게 짝지어진 것을 찾으시오.

❶ O - O ❷ X - O
❸ O - X ❹ X - X

15 '사용 시간으로 과금하는가?'의 질문에 회선 교환 – 패킷 교환의 답으로 올바르게 짝지어진 것을 찾으시오.

❶ O – O　　❷ X – O
❸ O – X　　❹ X – X

16 발신 전용 단방향 휴대전화를 가리키는 단어를 찾으시오.

❶ 시티폰　　❷ PCS
❸ 휴대폰　　❹ 무선 호출기

17 아날로그 방식을 사용한 것은?

❶ 1G 이동통신　　❷ 2G 이동통신
❸ 3G 이동통신　　❹ 4G 이동통신

18 CDMA 기술이 최초로 상용화된 시점은 언제부터인가?

❶ 1G 이동통신　　❷ 2G 이동통신
❸ 3G 이동통신　　❹ 4G 이동통신

19 010으로 번호 통합이 이루어진 시점은 언제부터인가?

❶ 1G 이동통신　　❷ 2G 이동통신
❸ 3G 이동통신　　❹ 4G 이동통신

20 100Mbps의 데이터통신이 가능해진 시점은 언제부터인가?

❶ 1G 이동통신　　❷ 2G 이동통신
❸ 3G 이동통신　　❹ 4G 이동통신

21 응답지연 시간을 획기적으로 줄인 이동통신은 무엇인가?

❶ 2G 이동통신　　❷ 3G 이동통신
❸ 4G 이동통신　　❹ 5G 이동통신

22 이동통신 안테나가 커버하는 지역을 나타내는 단어는 무엇인가?

❶ 셀　　❷ 핸드오버
❸ 기본 기지국　　❹ alive 신호

23 휴대폰이 이동하여 데이터를 다른 셀로 넘겨주는 기능을 가리키는 단어는 무엇인가?

❶ wake up 신호 ❷ 핸드오버
❸ 기본 기지국 ❹ alive 신호

24 자신의 휴대폰 정보가 기록되어 있는 곳을 가리키는 단어는 무엇인가?

❶ wake up 신호 ❷ 핸드오버
❸ 기본 기지국 ❹ alive 신호

25 휴대폰이 처음 켜질 때 보내는 신호는 무엇인가?

❶ wake up 신호 ❷ 핸드오버
❸ die 신호 ❹ alive 신호

26 휴대폰이 꺼질 때 보내는 신호는 무엇인가?

❶ wake up 신호 ❷ 핸드오버
❸ die 신호 ❹ alive 신호

27 휴대폰이 주기적으로 기지국과 주고받는 신호는 무엇인가?

❶ wake up 신호 ❷ 핸드오버
❸ die 신호 ❹ alive 신호

[단답형 문제]

28 통신 주체 간 합의 없이 데이터를 전송하는 방식으로 전보를 의미하는 단어는 ____________ 이다.

29 회선 교환망에서는 데이터가 ________ 도착한다.

30 전화망에서 양쪽 간 통신의 합의를 이루는 단계는 ___________이라 부른다.

31 전자식 교환기를 사용하여 데이터를 전송하는 방식을 ________ switching이라 한다.

32 인터넷망은 ________ switching을 사용한다.

33 인터넷에서 LAN과 LAN을 연결하는 중간 기계를 ________이라 부른다.

34 회선 교환과 패킷 교환 방식 중 콜 셋업이 필요한 방식은 _____ 교환 방식이다.

35 회선 교환과 패킷 교환 방식 중 데이터가 같은 경로로 이동하는 방식은 _____ 교환 방식이다.

36 회선 교환과 패킷 교환 방식 중 데이터가 순서대로 도착하는 방식은 _____ 교환 방식이다.

37 회선 교환과 패킷 교환 방식 중 선을 다른 사람과 공유하는 방식은 _____ 교환 방식이다.

38 회선 교환과 패킷 교환 방식 중 중계기가 고장 나는 경우 통신이 가능한 방식은 _____ 교환 방식이다.

39 회선 교환과 패킷 교환 방식 중 사용 시간으로 과금하는 방식은 _____ 교환 방식이다.

40 회선 교환과 패킷 교환 방식 중 전송된 데이터의 양으로 과금하는 방식은 ________ 교환 방식이다.

41 1G에서 5G 이동통신 중 아날로그 방식을 사용한 것은 ____ 이동통신이다.

42 1G에서 5G 이동통신 중 CDMA 기술이 최초로 상용화된 시점은 ____ 이동통신부터이다.

43 1G에서 5G 이동통신 중 010으로 번호 통합이 이루어진 시점은 ____ 이동통신부터이다

44 1G에서 5G 이동통신 중 100Mbps의 데이터통신이 가능한 시점은 ____ 이동통신부터이다.

45 1G에서 5G 이동통신 중 응답지연 시간을 획기적으로 줄인 것은 ____ 이동통신이다.

46 이동통신 안테나가 커버하는 지역을 ___이라 부른다.

47 휴대폰이 이동하여 데이터를 다른 셀로 넘겨주는 기능을 __________________이라 부른다.

48 이동통신 시스템에서 휴대폰 정보가 기록되어 있는 곳을 __________________________ 이라 한다.

49 휴대폰이 처음 켜질 때 기지국으로 보내는 것은 _________ 신호이다.

50 휴대폰을 끌 때 기지국으로 보내는 것은 _____ 신호이다.

51 휴대폰이 주기적으로 기지국과 주고받는 것은 ______ 신호이다.

[주관식 문제]

52 회선 교환망에 대하여 설명하시오.

53 패킷 교환망에 대하여 설명하시오.

54 휴대폰이 기지국과 주고받는 신호에 대하여 설명하시오.

PART III

데이터 링크 계층
Data Link Layer

Part III Preview

› LAN은 물리 계층과 데이터 링크 계층으로 이루어진다. 물리 계층이 사용하는 유선/무선 전송매체들은 외부 잡음에 의해 신호가 왜곡되거나 사라질 수 있다. 따라서 데이터 링크 계층은 LAN에 있는 인접한 노드들 간 오류 없는 데이터 전송을 담당한다. 또한 데이터를 한꺼번에 많이 보낼지 혹은 조금씩 천천히 보낼지와 같은 데이터의 흐름을 제어한다.

› 중요한 것은 데이터 링크 계층에서 배우는 오류 검사나 데이터의 흐름 제어와 관련된 내용들은 전송 계층에서 다시 나온다는 것이다. 전송 계층도 네트워크 계층들을 통해 들어오는 데이터에 오류가 있는지를 검사하고 보내는 쪽과 받는 쪽의 흐름을 제어한다. 데이터 링크 계층에서 설명하는 데이터 전송 방식과 슬라이딩 윈도우 프로토콜, 오류 검출 코드는 정확하게 이해할 필요가 있으며 전송 계층에서 다시 보게 될 것이다.

› 오류가 있는 네트워크에서 오류 없이 전송하기 위한 다양한 방법을 6장에서 배운다. 또한 전송속도를 높이고 흐름 제어를 할 수 있는 슬라이딩 윈도우 프로토콜에 대하여 설명한다. 전달된 프레임에서 발생할 수 있는 오류를 처리하는 오류 처리 코드들에 대하여 배운다.

› 데이터 링크 계층은 LLC와 MAC 하부 계층으로 나뉜다. 두 계층의 특징을 7장에서 설명한다. 또한, 현재 LAN의 95%는 이더넷이며, 이더넷 이전에는 토큰 링을 사용하였다. 이더넷의 특징을 분석하고 토큰 링과 비교하여 차이점을 알아본다.

› 우리는 와이파이, 블루투스, RFID, 지그비와 같은 무선통신 시스템을 사용하고 있다. 각 무선통신의 특징은 8장에서 설명한다. 또한 각 무선통신을 비교해본다.

Data Communication and Networking

CHAPTER

06

데이터 링크 계층의 작업

Section

SECTION 01

프레임

1 프레임 만들기 필수

LAN은 물리 계층과 데이터 링크 계층으로 이루어진다. 데이터 링크 계층 data link layer 의 역할은 물리 계층 physical layer 을 이용하여 LAN에 속해있는 노드들에게 데이터를 전송하는 것이다. 물리 계층이 사용하는 유선/무선 전송 매체들은 외부 잡음 noise 에 의해 신호가 왜곡되거나 사라질 수 있다. 따라서 LAN에 있는 인접한 노드들 간의 통신에서 오류 없는 데이터 전송을 담당하는 것이 데이터 링크 계층이다.

LAN을 넘어서서 데이터를 전송하는 것은 IP가 속한 네트워크 계층 network layer 이 담당한다. 따라서 인터넷이 생긴 이후부터 데이터 링크 계층은 네트워크 계층에서 보내온 패킷 packet 을 LAN 안에 있는 특정 호스트까지 전달하는 역할을 한다.

앞서 각 계층마다 헤더를 붙인다고 하였다. 데이터 링크 계층은 네트워크 계층이 보내온 패킷에 데이터 링크 계층이 사용하는 헤더를 붙인다. 이렇게 만들어진 데이터 단위를 **프레임** frame 이라 부른다. 따라서 프레임은 데이터 링크 헤더 + 패킷의 형태이다.

데이터 전송 방식은 비동기식 전송과 동기식 전송으로 나눌 수 있다. 예고도 없이 갑자기 공을 던지면 받기 어렵다. 마찬가지로 예고도 없이 프레임을 보내면 받는 노드 입장에서는 당혹스럽다. 데이터를 전송한다고 먼저 알려준 후 프레임을 보내는 것이 받는 사람 입장에서 편하다. 예고도 없이 데이터를 보내는 것을 비동기식 전송이라 부르고, 먼저 알려주고 데이터를 보내는 것을 동기식 전송이라 부른다.

그림 6-1 비동기식 전송과 동기식 전송

예고 없이 데이터를 보내는 비동기식 전송에서는 한꺼번에 많은 데이터를 보내기 어렵다. 비동기식 전송은 저속 전송에 사용되었으며, 대표적인 경우가 RS-232 방식이다. 과거 컴퓨터와 프린터를 연결할 때 사용하던 방식이 RS-232이다. 비동기식 전송 방식은 현재 거의 사용하지 않는다.

동기식 전송에서는 데이터를 보내기 전에 통신 시작을 알리는 신호를 보낸다. 연설자가 연설하기 전에 '자~'와 같이 시작을 알리는 신호를 보내는 것과 같다. 동기 신호로 사용하는 데이터를 **플래그** flag 라 부른다. 여기서 플래그는 일정한 패턴을 가진 문자 혹은 비트열이다. 프레임의 맨 앞에 플래그를 붙이면 이를 통신의 시작으로 간주한다.

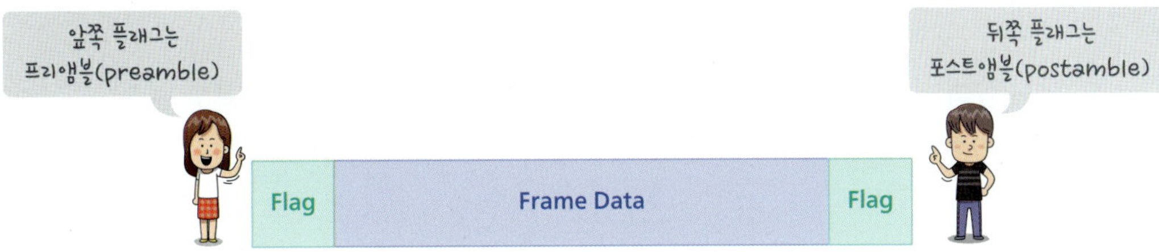

그림 6-2 프리앰블과 포스트앰블

프레임을 시작할 때와 마찬가지로 프레임이 언제 끝나는지도 알려주어야 한다. 데이터 전송 중에 신호가 안 온다면, 통신 방해로 데이터 전송이 안 되는 것인지 혹은 데이터를 다 보내서 전송이 안 되는 것인지 구분하기 어렵다. 따라서 프레임의 끝에도 플래그를 붙인다. 앞에 붙이는 플래그를 **프리앰블** preamble 이라 부르고 뒤에 붙이는 플래그를 **포스트앰블** postamble 이라 부른다.

여기서 잠깐

유선 전화를 이용하여 팩스 FAX 를 보내면 플래그를 경험할 수 있다. 팩스 전송이 시작되면 전화기에서 이상한 소리가 들리는데, 이 소리가 보내는 쪽 팩스와 받는 쪽 팩스가 동기화하는 신호이다. 동기화가 정상적으로 이루어지면 소리가 사라지고 팩스가 전송되기 시작한다.

프레임 안에 플래그와 같은 패턴을 가진 데이터가 존재하는 경우 문제가 발생할 수 있다. 받는 쪽에서는 데이터 전송이 끝났다고 오해할 수 있기 때문이다. 이러한 문제를 방지하기 위하여 플래그와 같은 패턴이 있을 경우, 그 앞에 이스케이프 문자(ESC)를 삽입하여 전송한다. 그러면 받는 쪽에서는 추가된 ESC를 지워버린다.

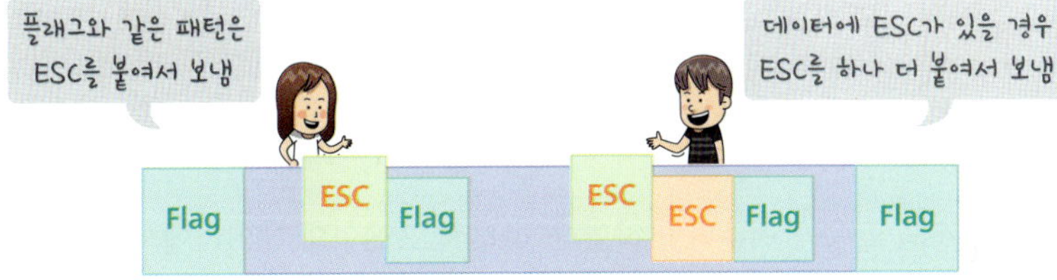

그림 6-3 프레임 만들기

만약 프레임 안에 'ESC + 플래그' 패턴이 들어 있는 경우, 받는 쪽에서 추가된 ESC라 착각하여 지워 버릴 수 있다. 이를 방지하기 위하여 'ESC + 플래그' 앞에 ESC를 하나 더 붙여서 보낸다. 그러면 받는 쪽에서는 원래 있던 ESC가 아닌 추가된 ESC를 지운다.

여기서 잠깐

여기서 설명하는 ESC는 ASCII 문자표 27번의 Escape 문자가 아닌 16번의 Data Link Escape(DLE)를 의미한다.

이렇게 프레임 앞뒤로 플래그를 붙이고 필요할 때 ESC를 붙여서 보내는 것을 프레임 만들기 $_{\text{framing}}$ 라 부른다. 참고로 안정된 네트워크의 경우 포스트앰블 없이 프레임을 구성하기도 한다.

2 문자 프레임과 비트 프레임

프레임 만들기에서 프레임 안의 데이터를 1바이트 문자(아스키코드)로 해석하느냐 혹은 연속적인 0과 1(비트)로 해석하느냐에 따라 프레임을 구성하는 방법이 달라진다. 문자 방식은 프레임 데이터를 문자로 해석하고, 플래그는 아스키 $_{\text{ASCII}}$ 코드의 제어문자를 사용한다. 참고로 아스키코드는 1바이트로 구성된 영문자 코드이다. 비트방식은 프레임 데이터를 연속적인 0과 1의 비트 흐름으로 본다.

문자 프레임

문자 프레임에서는 데이터를 아스키코드 형태로 전송한다. 아스키코드에는 문자 전송을 위한 제어문자들이 정의되어 있다. 문자 프레임에서 프리앰블은 DLE STX를 붙여서 사용하고 포스트앰블로 DLE ETX를 사용한다. STX는 전송 텍스트의 시작을 나타내는 제어문자이며, ETX는 전송 텍스트의 끝을 나타내는 제어문자이다.

그림 6-4 문자 프레임과 문자 스터핑

앞서 포스트앰블이 전송의 끝을 알려준다고 하였다. 따라서 프레임의 데이터에서 프레임의 끝을 알려주는 포스트앰블(DLE ETX) 패턴이 나타나면 문제가 발생한다. 만약 데이터에 DLE ETX가 나타나는 경우에는 DLE ETX 앞에 DLE를 하나 더 붙여서 전송한다. 이를 문자 스터핑 character stuffing 이라 부른다. 스터핑 stuffing 이란 택배 박스에 물건과 함께 빈 공간을 채우기 위해 넣는 신문지와 같은 충전재를 가리킨다.

여기서 잠깐

참고로 ASCII 코드에서 DLE Data Link Escape 는 16번, STX Start of TeXt 는 2번, ETX End of TeXt 는 3번이다.

현재 사용되는 문자코드는 2바이트의 유니코드 UNICODE 인데, 문자 프레임에서는 1바이트의 아스키코드만 처리할 수 있다. 따라서 유니코드를 포함하는 데이터가 있다면 문자 프레임 방식을 사용할 수 없다. 그렇기 때문에 문자 프레임은 현재 거의 사용하지 않는다.

비트 프레임

현재 대부분은 비트 프레임 방식을 사용한다. 비트 프레임에서는 데이터를 연속된 비트의 흐름 stream 이라 생각한다. 따라서 아스키코드를 사용하지 않기 때문에 비트 프레임에서는 DLE STX나 DLE ETX를 사용하지 않는다.

비트 프레임에서는 프리앰블과 포스트앰블에 비트 패턴을 사용한다. 비트 프레임이 사용하는 프리앰블과 포스트앰블 패턴은 똑같이 01111110이다. 0이 나타나고, 1이 6개에 연달아 나타난 뒤, 맨 뒤에 0이 붙어서 총 8비트이다.

그림 6-5 비트 프레임과 비트 스터핑

비트 프레임 방식에서 데이터에 플래그와 같은 패턴, 즉 01111110이 나타나면 문제가 발생한다. 더 정확히는 1이 연달아 6개 나타나면 문제가 발생한다. 왜냐하면 1이 연달아 6개가 된다는 것은 6개의 1의 앞, 뒤로 0이 있다는 의미이기 때문이다. 따라서 1이 연달아 6개가 되지 않도록 만들어서 보내면 플래그와 같지 않게 된다. 연달아 나타나는 1의 다섯 번째 다음에 0을 하나 삽입한다. 다시 말해 데이터가 01111110인 경우, 011111010로 바꾸어 보낸다. 이를 비트 스터핑 bit stuffing 이라 부른다.

네트워크가 안정된 경우 포스트앰블이 없는 프레임을 사용하기도 한다. 포스트앰블이 없는 경우 비트 스터핑이 필요 없다.

SECTION

02 슬라이딩 윈도우 프로토콜

1 데이터 전송 오류 필수

네트워크에 오류$_{error}$가 없다면 여러 개의 프레임을 주고받는 일은 간단하다. 그러나 물리 계층을 통하여 프레임을 주고받는 경우, 생각지도 못한 일들이 발생한다. 프레임 전체가 사라지거나 프레임의 일부가 잘려나가기도 하고, 프레임이 지연되어 늦게 도착하기도 한다. 여러 가지 오류 중 프레임의 일부가 잘려나가 원본과 다른 데이터가 전송되는 경우는 오류 검출을 사용한다. 오류 검출은 03절에서 자세히 설명한다.

전송하는 프레임이 사라지거나 늦게 도착하는 경우를 처리하는 것은 간단하지 않다. 이제부터 프레임이 사라지거나 지연되는 상황을 살펴보고 해결방법을 찾아본다. 문제의 복잡도를 줄이기 위하여 단방향 통신$_{simplex}$에서의 오류 상황을 살펴본다.

› 응답 메시지

프레임을 보내는 쪽(송신 A)과 받는 쪽(수신 B)이 있다고 가정해보자. 송신 A는 여러 개의 프레임을 수신 B에게 보낸다. [그림 6-6]과 같이 송신 A가 보낸 프레임이 사라지는 문제가 발생하였다. 송신 A는 처음 보낸 프레임이 사라졌다는 사실을 모른 상태에서 두 번째 프레임을 보낸다.

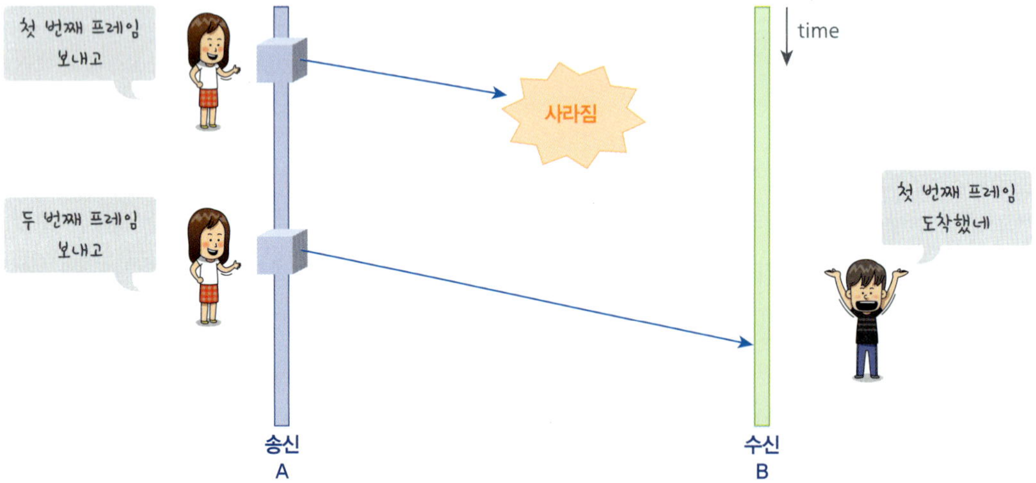

그림 6-6 오류가 있는 네트워크에서 프레임이 사라지는 문제

수신 B의 입장에서 생각해보자. 처음 보낸 프레임이 사라진 것을 알 수 없다. 따라서 송신 A가 두 번째로 보낸 프레임을 첫 번째 프레임이라 착각하는 문제가 발생한다.

오류가 있는 네트워크에서 데이터를 보내는 것은 마치 높은 벽 뒤로 물건을 던지는 것과 같다. 프레임을 보낸 쪽은 제대로 받았는지 확인할 수 없다. 이러한 문제를 해결하는 방법은 간단하다. 물건을 받을 때마다 '액(ACK)'이라고 소리치면 된다. 보내는 쪽에서는 '액(ACK)' 소리를 듣고 난 후에 다음 프레임을 보낸다.

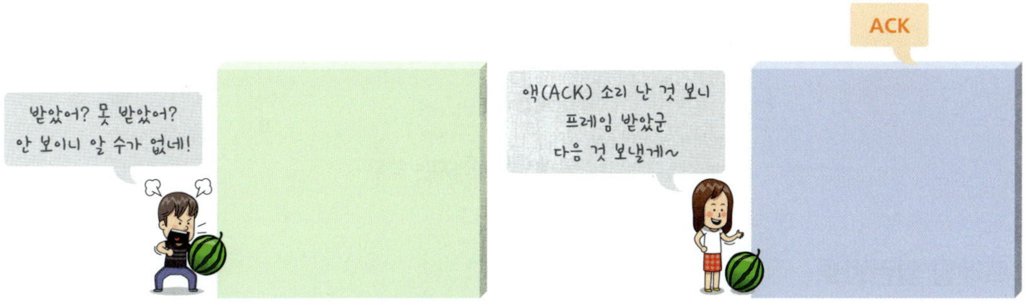

그림 6-7 액(ACK) 사용

여기서 프레임을 받았다는 신호 ACK은 **응답 메시지 ACKnowledgement**의 약어이다. 응답 메시지와 반대로 프레임을 못 받았다는 부정 응답(NACK)도 있다. NACK은 Negative ACKnowledgement의 약어이다.

[그림 6-6]의 프레임이 사라지는 문제에서 ACK를 사용하면 송신 A는 수신 B로부터 ACK를 받기 전까지는 두 번째 프레임을 보낼 수 없다.

› 타임아웃

응답 메시지(ACK)를 사용한다고 해서 문제가 완전히 해결되는 것은 아니다. 다음 [그림 6-8]을 보자. 수신 B가 프레임을 받은 후 ACK를 보냈는데 이 ACK가 사라졌다. 송신 A는 ACK를 받아야만 다음 프레임을 보낼 수 있다. 그런데 ACK가 사라졌기 때문에 송신 A는 새로운 프레임을 보낼 수 없다. 수신 B도 ACK를 보낸 후 다음 프레임을 하염없이 기다리게 된다. 결국 송신 A와 수신 B는 무작정 기다리기만 한다.

ACK가 사라져서 보내는 쪽과 받는 쪽이 무작정 기다리는 것을 방지하기 위해서는 양쪽 모두 **타임아웃** timeout 을 사용해야 한다. 타임아웃은 일정 시간 동안 기다리는 메시지가 도착하지 않으면 문제가 생겼다고 생각한다. 일정 시간 안에 프레임이 도착하지 않으면(타임아웃에 걸리면) 해당 프레임이나 ACK를 다시 보낸다.

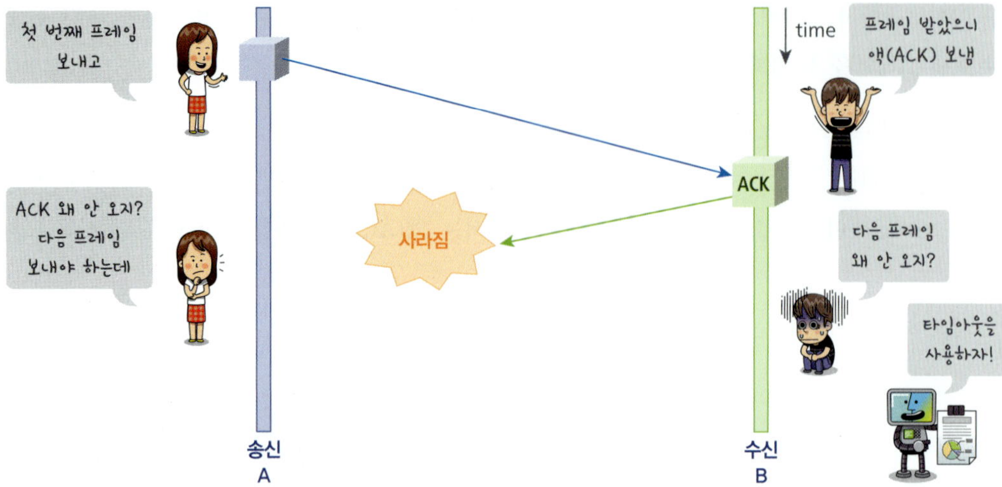

그림 6-8 ACK가 사라지는 경우

› 프레임 일련번호

타임아웃을 사용하면 또 다른 문제가 발생할 수 있다. [그림 6-9]와 같이 수신 B가 보낸 ACK 가 지연되어 늦게 도착하는 경우를 살펴보자. 송신 A가 타임아웃이 걸려 같은 프레임을 2번 보낸 이후에 ACK가 도착한다. 수신 B는 ACK를 보낸 이후에 도착하는 프레임을 정상적인 프레임으로 생각하게 된다. 따라서 수신 B는 같은 프레임을 2번 받았지만, 서로 다른 프레임이라고 착각하게 된다.

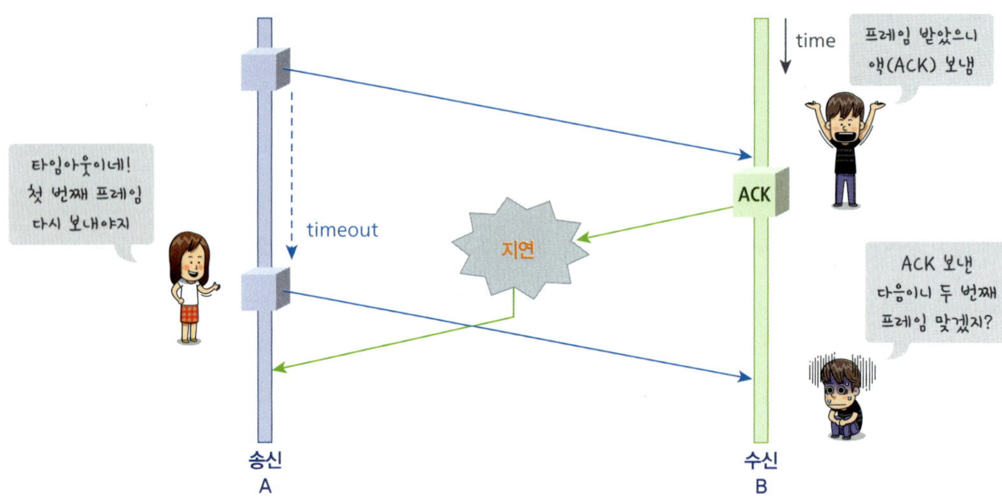

그림 6-9 타임아웃의 문제

이러한 문제를 해결하기 위해서는 **일련번호** sequence number 를 사용해야 한다. 일련번호를 붙이면 보내는 프레임이 몇 번째 프레임인지 정확하게 알게 된다. 따라서 프레임이 사라지거나 중복되는 경우에 이를 확인할 수 있다. 일련번호를 사용하여 프레임을 전송하는 방법이 [그림 6-10]이다.

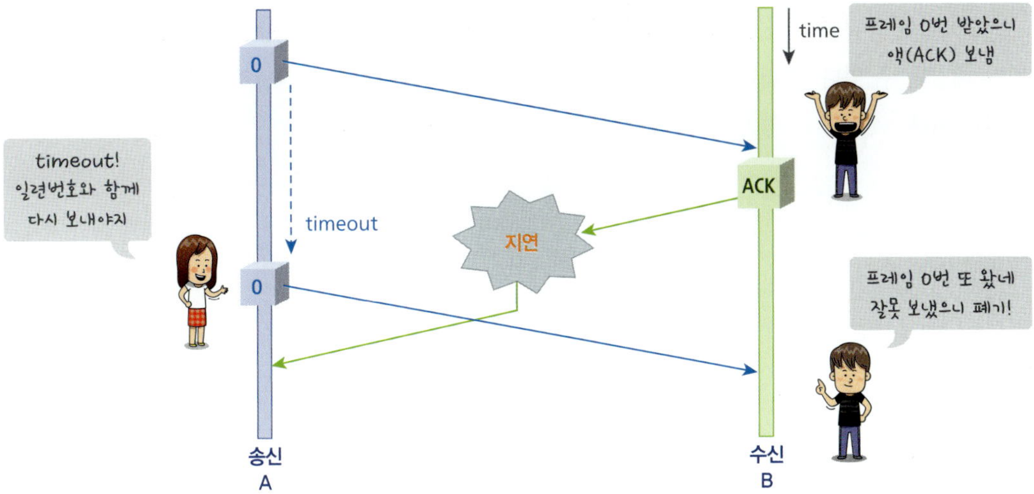

그림 6-10 프레임 일련번호의 사용

그림에서 수신 B가 0번 프레임을 받은 후 ACK를 보낸다. ACK가 지연되어 도착했기 때문에 송신 A에서 타임아웃이 발생한다. 송신 A는 타임아웃 이후에 0번 프레임을 다시 보낸다. 수신 B는 일련번호를 보고 0번 프레임이 두 번 도착한 것을 알게 된다. 따라서 두 번째 도착한 0번 프레임은 폐기된다.

흔하지 않지만 같은 프레임이 여러 번 도착하는 경우도 있다. 이 경우 일련번호를 확인하여 중복된 프레임을 제거한다.

› ACK 일련번호

[그림 6-11]은 ACK의 일련번호가 없는 경우의 문제를 보여준다. 송신 A는 0번 프레임을 보내고 수신 B는 이에 대한 ACK를 보냈다. 송신 A가 타임아웃이 걸릴 때까지 ACK이 도착하지 않았다. 그래서 송신 A는 0번 프레임을 다시 전송한다. 수신 B는 0번 프레임을 2번 받는다. ACK는 수신 B가 프레임을 받았다는 신호이다. 따라서 똑같은 프레임 0번을 2번 받아서 하나를 폐기하더라도 수신 B는 프레임을 받을 때마다 ACK를 보낸다.

0번 프레임이 다시 전송된 후에 지연된 ACK가 송신 A에 도착했다. 송신 A는 ACK를 받았기 때문에 1번 프레임을 보낸다. 그림에서처럼 1번 프레임이 중간에 사라졌지만 송신 A는 이를 알지 못한다. 그 이후에 수신 B로부터 두 번째 0번 프레임에 대한 ACK가 도착한다. ACK에 일련번호가 없기 때문에, 송신 A는 방금 보낸 1번 프레임에 대한 ACK이라고 착각하게 된다. 따라서 다음으로 송신 A는 2번 프레임을 전송한다.

이러한 현상이 발생하는 이유는 ACK에 일련번호가 없기 때문이다. 그림에서 ACK은 모두 0번 프레임에 대한 ACK인데, 송신 A는 이러한 사실을 알지 못한다. 물론 수신 B에서 2번 프레임을 받게 되면 1번 프레임이 중간에 사라졌다는 것을 알게 된다. 따라서 1번 프레임을 다시 보내줄 것을 요청하면 문제가 해결될 수 있다. 그러나 이것은 ACK에 일련번호를 사용하였다면 간단하게 해결될 문제가 복잡해진 것이다.

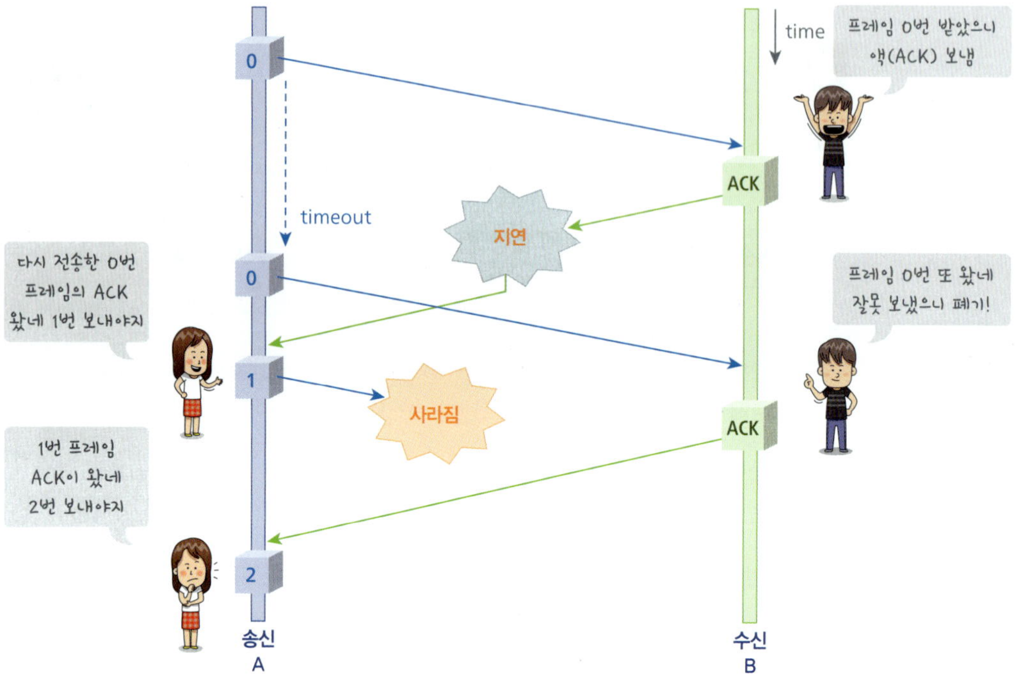

그림 6-11 ACK 일련번호가 없는 경우의 문제

[그림 6-12]는 ACK 일련번호를 사용하여 문제가 해결되는 것을 보여준다. 송신 A는 0번 ACK가 두 번 도착하여 중복되었다는 사실을 알고 폐기한다. ACK 일련번호를 사용하면 1번 ACK가 도착하기 전에 2번 프레임을 전송하는 문제가 해결된다.

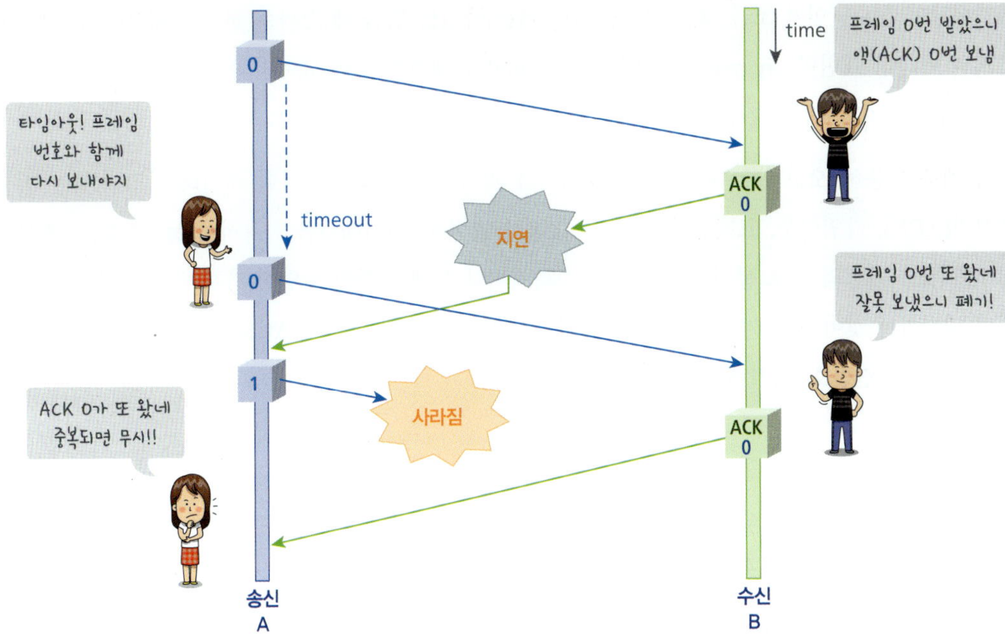

그림 6-12 ACK 일련번호 사용

〉 데이터 전송의 필수요소

앞에서 설명한 바와 같이 오류가 있는 네트워크에서 여러 개의 데이터를 보내는 일은 복잡하다. 발생할 수 있는 여러 가지 문제를 해결하기 위해서는 ACK 사용, 타임아웃 사용, 프레임 일련번호 사용, ACK 일련번호 사용을 해야 한다.

> 데이터 전송 필수요소

응답 메시지(ACK) 사용
타임아웃 사용
프레임 일련번호 사용
ACK 일련번호 사용

지금까지 오류가 있는 네트워크에서 단방향으로 데이터를 보낼 때 오류 없이 데이터를 전송하는 방법을 살펴보았다. 이를 양방향으로 적용해도 문제없이 데이터를 전송할 수 있다.

양방향 통신에서 주고받는 데이터양이 무척 많다. 이러한 상황에서 데이터도 없이 ACK만 보내는 것은 낭비이다. 양방향 통신이기 때문에 양쪽에서 상대방에게 보내는 데이터가 존재한다. 전송되는 데이터에 ACK를 같이 넣어서 보내면 네트워크가 덜 혼잡해질 것이다. 이렇게 기존의 메시지에 ACK를 얹어서 보내는 방식을 **피기배킹** piggy-backing 이라 부른다.

피기배킹이라는 단어가 조금 낯설 것이다. 한국에는 아기를 업을 때 감싸는 천을 포대기라 부른다. 포대기의 미국식 표현이 piggy-backing이다. 돼지(pig)가 새끼를 등에 얹어서 이동하는 것을 표현한 것이다. 따라서 피기배킹은 기존 데이터에 얹어서 보내는 것이라 할 수 있다.

물리 계층을 통해 오고가는 데이터가 사라지거나 지연되는 문제로 인하여 데이터 링크 계층은 응답 메시지(ACK), 타임아웃, 프레임 일련번호, ACK 일련번호, 피기배킹을 사용하여 통신한다. 인터넷에서 네트워크 계층의 IP로 통신하면, 패킷이 사라지거나 늦게 도착하는 일이 자주 발생한다. 이러한 문제를 해결하는 것이 전송 계층의 TCP이다. 따라서 **TCP도 응답 메시지(ACK), 타임아웃, 프레임 일련번호, ACK 일련번호, 피기배킹을 사용한다.**

하이퍼링크

TCP가 응답 메시지(ACK), 타임아웃, 프레임 일련번호, ACK 일련번호, 피기배킹을 사용한다는 것은 헤더를 분석해보면 확인할 수 있다. TCP 헤더 분석은 14장에서 다룬다.

2 슬라이딩 윈도우 프로토콜 필수

앞서 프레임을 하나 보내고 이에 대한 응답 메시지(ACK)를 받는 방식에 대하여 설명했다. 이 방식을 데이터를 보낸 후 멈추고(stop), ACK를 기다린다(wait)고 하여 Stop-and-Wait 방식이라 부른다. 이 방식은 프레임을 하나 보내고 확인하는 과정을 거치기 때문에 안전하게 데이터를 전송할 수 있다. 그러나 ACK를 받아야만 다음 프레임을 보낼 수 있기 때문에 전송속도가 매우 느리다. 오류 없는 네트워크에서 ACK를 매번 기다리는 것은 시간 낭비이다.

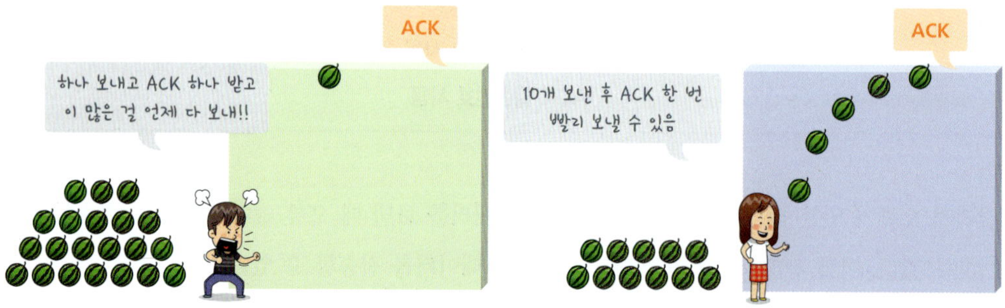

그림 6-13 여러 개의 프레임을 보내고 ACK 한 번 받기

ACK 없이 한꺼번에 많은 양의 데이터를 보내면 전송속도가 올라간다. 이러한 방식을 **슬라이딩 윈도우** sliding window **프로토콜** 혹은 연속 전송 continues 프로토콜이라 부른다. 슬라이딩 윈도우 프로토콜에서

는 보내는 쪽과 받는 쪽에서 ACK 없이 보낼 수 있는 프레임의 개수를 정한다. 이를 윈도우 크기 window size 라 부른다.

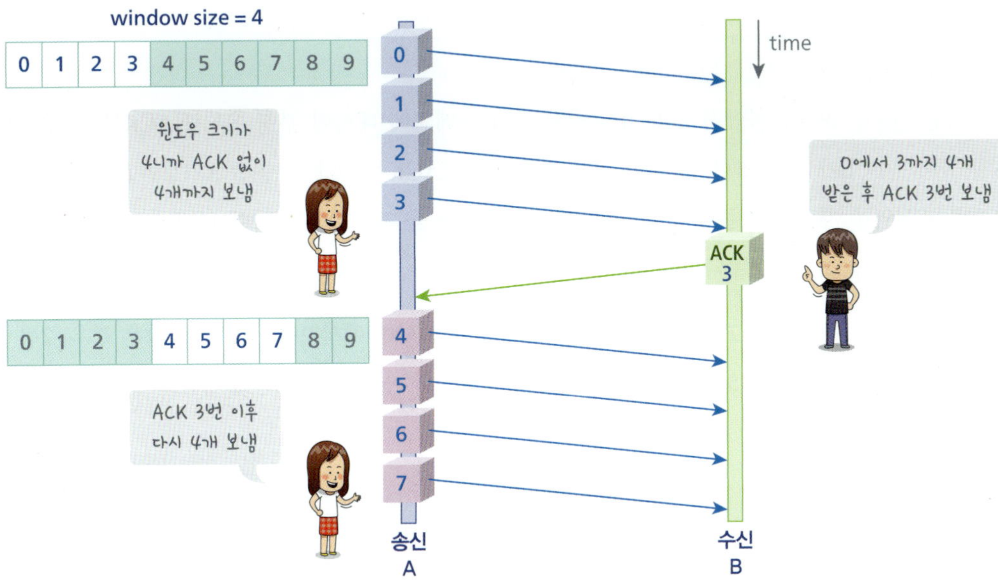

그림 6-14 슬라이딩 윈도우 프로토콜

윈도우 크기가 4라는 의미는 보내는 쪽에서 ACK 없이도 4개의 프레임을 연속적으로 보낼 수 있다는 의미이다. 받는 쪽에서는 마지막 4번째의 ACK만 보내면 된다. 마지막 4번째의 ACK를 받으면 다음 번 4개의 프레임을 전송한다.

[그림 6-14]는 슬라이딩 윈도우 프로토콜의 데이터 전송 방식을 보여준다. 그림에서는 윈도우의 크기가 4이다. 윈도우 크기가 4이기 때문에 송신 A는 0, 1, 2, 3의 4개의 프레임을 연속적으로 보낸다. 수신 B는 4개의 프레임이 수신된 후 3번 ACK를 보낸다. 3번 ACK를 받은 송신 A는 다음 번 4개의 프레임인 4, 5, 6, 7번을 다시 보낸다. ACK를 받을 때마다 윈도우가 옆으로 움직이기(슬라이딩) 때문에 슬라이딩 윈도우 프로토콜이라 부른다.

앞에서 배운 Stop-and-Wait 방식도 슬라이딩 윈도우 프로토콜 중의 하나이다. Stop-and-Wait 방식은 윈도우 크기가 1인 슬라이딩 윈도우 프로토콜이다. Stop-and-Wait 방식을 흔히 **Stop-and-Wait ARQ**라 부른다. ARQ는 자동 반복 요청 Automatic Repeat reQuest 의 약어로서 자동으로 반복하고 요청한다는 의미이다. 윈도우 크기가 2 이상인 슬라이딩 윈도우 프로토콜은 Go-Back-N ARQ와 Selective Repeat ARQ로 나뉜다.

하이퍼링크

Stop-and-Wait를 프로토콜 대신 ARQ라 부르는 이유가 있다. 슬라이딩 윈도우 프로토콜에는 Stop-and-Wait ARQ, Go-Back-N ARQ, Selective Repeat ARQ가 있다. 슬라이딩 윈도우 프로토콜을 구성하는 각각의 방식을 또다시 프로토콜이라 부르기 어색하여 ARQ라 부르게 되었다.

슬라이딩 윈도우 프로토콜에서 수신 B는 받지 못한 프레임에 대하여 부정 응답(NACK)을 발송한다. 예를 들어 수신 B가 2번 프레임을 받지 못한 경우, 2번 NACK을 보낸다. 송신 A가 2번 NACK을 받으면 2번 프레임을 재전송해 주어야 한다. 이때 어떤 프레임을 재전송 하느냐에 따라 Go-Back-N ARQ와 Selective Repeat ARQ로 나뉜다.

[그림 6-15]는 Go-Back-N ARQ를 나타낸다. **Go-Back-N ARQ**에서 2번 NACK을 받은 경우, 2번 프레임부터 시작하여 2, 3, 4, 5의 4개의 프레임을 다시 보낸다. 앞서 보낸 3번 프레임도 다시 전송된다.

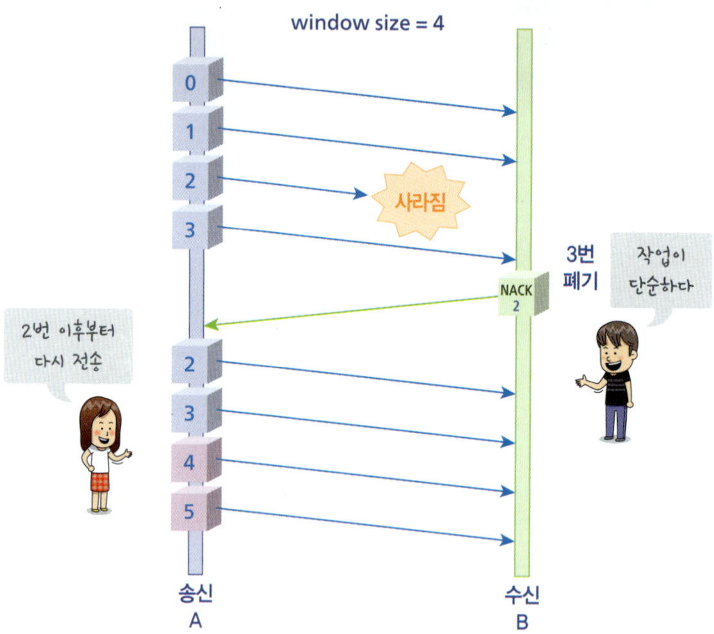

그림 6-15 Go-Back-N ARQ

[그림 6-16]은 Selective Repeat ARQ를 나타낸다. **Selective Repeat ARQ**에서는 NACK을 받은 2번 프레임만 다시 전송한다. 따라서 2, 4, 5, 6의 4개의 프레임이 전송된다. 2번만 다시 전송되기 때문에 3번 프레임은 수신 B의 버퍼buffer에 보관했다가 2번이 도착한 뒤에 순서대로 상위 계층에 전달된다.

Go-Back-N ARQ에서는 정상적으로 도착한 프레임 3번을 다시 전송하기 때문에 Selective Repeat ARQ가 더 효율적이다. 그럼에도 Go-Back-N ARQ를 사용하는 이유를 생각해보자. Selective Repeat

ARQ를 사용하기 위해서는 수신 B가 버퍼에 프레임 3번을 저장했다가 프레임 2번을 받은 후 프레임을 순서대로 다시 조합해야 한다. 이를 하드웨어적으로 만들려면 회로도 복잡해지고 버퍼도 관리해야 하는 불편함이 있다. 반면에 Go-Back-N ARQ는 간단히 구축할 수 있다는 장점이 있다.

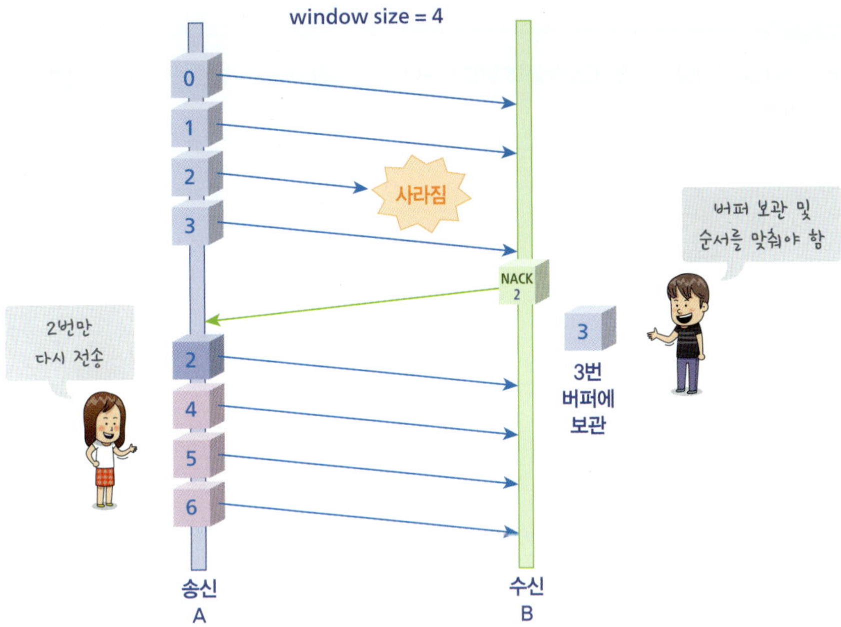

그림 6-16 Selective Repeat ARQ

지금까지 설명한 ARQ 이외에 Adaptive ARQ도 있다. Adaptive ARQ에서는 네트워크가 안정적인 경우 프레임의 크기를 늘리고, 네트워크가 불안정하면 프레임의 크기를 줄인다. Adaptive ARQ는 네트워크가 안정적일 때 최대한 큰 프레임을 보냄으로써 전송 효율을 높이는 방식이다. 그러나 회로가 복잡하기 때문에 현재에는 잘 사용하지 않는 방식이다. 지금까지 설명한 슬라이딩 윈도우 프로토콜의 여러 ARQ의 특성을 정리하면 [표 6-1]과 같다.

표 6-1 슬라이딩 윈도우 프로토콜

ARQ	특징
Stop and Wait ARQ	window size = 1, 안정적이지만 느리다.
Go-Back N ARQ	연속 전송 방식, 작업이 단순하지만 패킷이 중복되는 단점이 있다.
Selective Repeat ARQ	연속 전송 방식, 받는 쪽이 재조합을 해야 하고 버퍼가 커야 한다.
Adaptive ARQ	채널의 상태에 따라 프레임의 크기를 조정하는 방식이다.

슬라이딩 윈도우 프로토콜에서는 윈도우의 크기를 조정함으로써 **흐름 제어** congestion control 를 한다. 예를

들어 네트워크에 오류가 적을 경우 윈도우 크기를 크게 하여 많은 양의 데이터를 보낸다. 갑자기 오류가 많이 발생하여 패킷이 사라지는 경우에는 윈도우 크기를 줄여서 흐름을 늦출 수 있다. 강조하지만 슬라이딩 윈도우 프로토콜은 TCP에서도 사용된다.

하이퍼링크

TCP 헤더에 슬라이딩 윈도우 프로토콜의 윈도우 크기를 설정할 수 있는 필드가 마련되어 있다. TCP 헤더 분석은 14장에서 다룬다.

SECTION 03

오류 처리 코드

1 오류 처리 코드의 종류 필수

네트워크를 통해 전달된 데이터가 원래의 데이터와 같다는 것을 어떻게 알 수 있을까? 전달된 데이터가 원본과 크기가 같다고 할지라도 데이터 중 0이 1로 또는 1이 0으로 바뀌었을 수도 있다. 이렇게 특정 비트의 값이 변하는 것을 단일 오류라 부른다. 더 큰 문제는 데이터가 연속적으로 변하는 것이다. 이를 연속 오류 burst error 라 부른다. 네트워크에서 오류가 발생하는 경우 연속 오류일 가능성이 높다.

오류가 한 개 발생했든 여러 개 발생했든 간에 받는 쪽에서는 오류가 발생했다는 사실을 알아야 한다. 그래야 오류가 난 프레임을 버리고 재전송을 요청할 수 있다. 오류를 찾을 때 사용하는 코드를 오류 탐색 코드 error detection code 라 부른다. 오류 탐색 코드는 오류 검출 코드라고도 불리며 패리티 비트, CRC 코드, 김사힙이 있디.

오류 보정 코드 error correction code 도 있다. 오류 보정 코드는 오류를 찾을 뿐 아니라 원래의 값으로 보정해 주는 코드이다. 오류 보정 코드로는 허밍 코드가 대표적이다. 오류 보정을 위해서는 추가적인 데이터(오버헤드)가 많이 필요하다. 오버헤드 overhead 가 크기 때문에 오류 보정 코드는 특별한 경우에만 사용한다. 이번 절에서는 오류 탐색 코드를 먼저 설명하고 마지막에 오류 보정 코드를 설명한다.

표 6-2 오류 처리 코드

방식	종류	비고
오류 탐색 코드	패리트 비트, CRC 코드, 검사합	오류를 찾는다.
오류 보정 코드	허밍 코드	오류를 찾고 보정, 오버헤드가 크다.

2 패리티 비트

가장 간단한 오류 탐색 코드로는 **패리티 비트** parity bit 가 있다. 패리티 비트 방식은 보내려는 데이터에 추가로 1비트를 만든다. 추가된 비트에 1이나 0을 넣어 전체 1의 개수가 짝수 혹은 홀수가 되도록 만드는 방식이다. 1의 개수가 짝수인 것을 짝수 패리티 비트 even parity bit , 홀수인 것을 홀수 패리티 비트 odd parity bit 라 부른다.

[그림 6-17]에서 보내려는 데이터는 1110이다. 짝수 패리티 비트에서는 추가되는 비트에 1을 넣어 전체 1의 개수가 4개가 되도록 한다. 받는 쪽은 패리티 비트까지 포함하여 1의 개수가 짝수면 오류가 없다고 판단한다. 홀수 패리티 비트에서는 추가 비트에 0을 넣어 전체 1의 개수가 3개가 되도록 하여 보내고, 받는 쪽은 패리티 비트까지 포함하여 1의 개수가 홀수인 경우 이상이 없다고 판단한다.

그림 6-17 짝수 패리티 비트와 홀수 패리티 비트

패리티 비트 방식은 간단하지만 연속 오류에 취약하다. 패리티 비트에서 오류가 짝수 개 발생하면 오류를 찾지 못한다. 예를 들어 [그림 6-18]의 오른쪽 그림과 같이 보내려는 데이터 중 두 개가 동시에 바뀐 경우를 보자. 데이터가 바뀌어도 짝수 패리티 비트에서는 1의 개수가 여전히 짝수이다. 마찬가지로 홀수 패리티 비트에서는 1의 개수가 여전히 홀수이다. 따라서 패리티 비트는 짝수 개의 오류를 찾지 못한다.

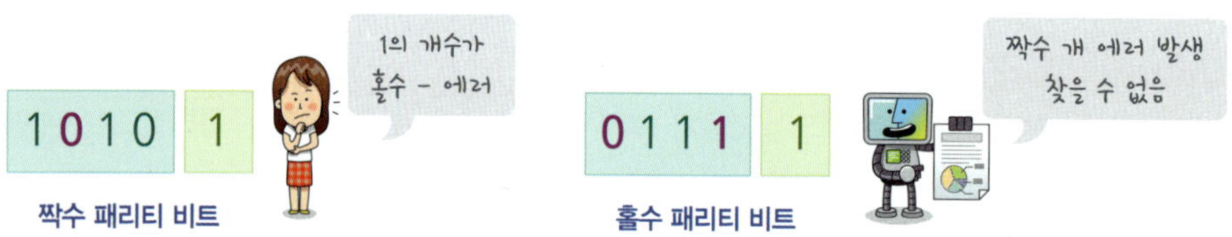

그림 6-18 패리티 비트에서 짝수 개의 오류는 찾기 어렵다

위의 문제를 해결하기 위하여 패리티 비트를 수직과 수평으로 배열할 수도 있다. [그림 6-19]는 짝수 패리티 비트를 수직과 수평으로 배열한 것이다. 그러나 이 방법도 짝수 개의 오류에 취약하기는 마찬가지이다. 오른쪽 그림과 같이 4개의 비트가 변경된 경우 오류를 찾기 어렵다.

그림 6-19 수직-수평으로 배열한 짝수 패리티 비트

일반적으로 연달아 데이터가 바뀌는 연속 오류가 많다. 따라서 패리티 비트가 짝수 개의 오류를 찾을 수 없다는 것은 치명적인 단점이다. 보통 패리티 비트는 추가되는 1비트당 1개의 오류를 찾을 수 있다.

3 CRC 코드

패리티 코드보다 강력한 오류 탐색 코드가 개발되었는데 그것이 **CRC** Cyclic Redundancy Checks 코드이다. CRC 코드는 적은 오버헤드로도 많은 오류를 찾을 수 있기 때문에 현재 가장 많이 사용되는 오류 검출 코드이다.

CRC 코드의 작동원리는 간단하다. 보내려는 쪽과 받으려는 쪽에서 똑같은 'CRC 코드 값'을 알고 있다. [그림 6-20]에서는 숫자 9가 CRC 코드 값이다. 보내는 쪽에서는 데이터를 CRC 코드 값으로 나누었을 때 나머지가 0이 되도록 숫자를 추가하여 보낸다.

[그림 6-20]에서 보내려는 데이터는 12이다. 여기에 CRC 계산을 위해 맨 뒤에 한 자릿수가 추가되기 때문에 보내려는 데이터는 120 ~ 129 사이의 값이 된다. 120에 6을 더한 126은 9로 나누면 나머지가 0이 된다. 따라서 126을 전송한다.

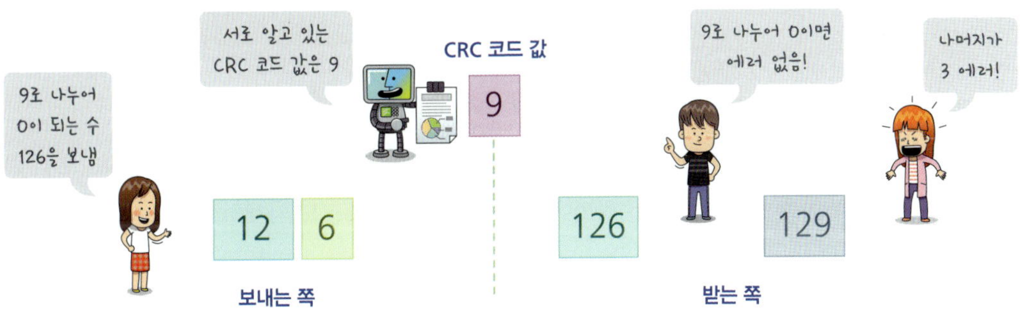

그림 6-20 CRC 코드 작동 원리

받는 쪽에서 오류를 찾는 방법은 단순하다. 받은 데이터를 서로 알고 있는 CRC 코드 값인 9로 나누어 0이 되는지만 확인하면 된다. 만약 126이 그대로 도착한 경우에는 126 / 9 = 0이므로 오류가 없는 것이다. 만약 129가 도착한 경우 129 / 9는 나머지가 3이므로 오류이다.

CRC가 강력한 이유는 적은 오버헤드로 많은 수의 오류를 찾을 수 있기 때문이다. [그림 6-20]에서 CRC 코드가 9인 경우, 9로 나누어 나머지가 0이 아닌 모든 수가 오류이므로 찾을 수 있는 오류의 개수는 8개이다.

오류 보정을 위하여 8비트를 추가한다고 생각해보자. 패리티 비트는 비트 1개당 1개의 오류를 찾을 수 있기 때문에 많아야 8개의 오류를 찾을 수 있다. CRC에서 2^8인 256을 CRC 코드 값으로 사용하는 경우를 생각해보자. 0인 경우 오류가 아니므로 0인 경우를 제외한 모든 값이 오류이다. 따라서 추가되는 8비트로 찾을 수 있는 오류의 개수는 $2^8 - 1$인 255개이다.

만약 16비트를 추가하는 경우, 패리티 비트는 오류를 16개를 찾을 수 있지만, CRC의 경우 $2^{16} - 1$개인 65535개의 오류를 찾을 수 있다. 단 2바이트를 추가하는 것으로 6만 개 이상의 오류를 찾을 수 있다. 오류 탐색을 위해 추가되는 비트가 k인 경우 패리티 비트는 k개를 찾을 수 있지만 CRC에서는 2^k-1개의 오류를 찾을 수 있다.

CRC 코드 값은 표준으로 정해져 있으며 CRC-16, CRC-32, CRC-64 등이 사용된다. CRC-16의 의미는 오류를 검출하기 위해 추가되는 비트가 16비트라는 의미이다. 따라서 CRC-32는 32비트, CRC-64는 64비트를 추가하면 된다. CRC 코드의 경우 LAN 계층에서 주로 사용하고, 다음에 설명하는 검사합checksum은 인터넷 계층에서 주로 사용한다. CRC-16의 경우 HDLC High-level Data Link Control 헤더에 사용되며, CRC-32의 경우 이더넷 헤더에 사용된다. CRC는 수백 메가비트에서 발생할 수 있는 오류를 32비트(CRC-32)로 처리할 수 있을 만큼 강력한 오류 탐색 코드이다.

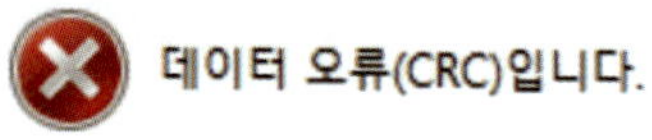

그림 6-21 CRC 오류 화면

CRC 코드는 통신 이외에도 다양한 곳에서 사용된다. 동영상 포맷인 MPEG-2나 PKZIP과 같은 압축 파일, 그림 파일인 PNG 헤더에도 CRC-32가 사용된다. 만약 파일에 이상이 있는 경우, 운영체제는 [그림 6-21]과 같은 오류 메시지를 보여준다. 또한, 깨진 압축 파일을 풀 경우에도 CRC 코드 오류 화면이 나타난다. CRC를 만들고 사용하는 방법에 대해서는 7절 CRC 코드 자세히 알기에서 설명한다.

4 검사합

검사합checksum 혹은 체크섬 코드 방식은 CRC와 유사하지만 좀 더 간단하게 오류 탐색을 할 수 있다. CRC는 나눗셈을 사용하고 검사합은 덧셈을 사용한다. 검사합 방식에서는 보내려는 데이터를 일정 크기로 자르고 이를 모두 더하여 오류 탐색 코드를 만든다. [그림 6-22]는 검사합 방식의 작업 과정을 보여준다.

보내려는 데이터가 0111011010010101이고 4비트씩 자른다고 가정해보자. 보내려는 데이터를 뒤에서부터 4비트씩 자르면 0111, 0110, 1001, 0101의 4개의 덩어리가 만들어진다. 이렇게 만들어진 비트 덩어리를 1의 보수1's complement라 생각하고 모두 더한다. 1의 보수이기 때문에 맨 처음 비트는 부호를 나타내며 나머지 3비트는 숫자를 나타낸다. 10진수로 0111은 7, 0110은 6, 1001은 −1, 0101은 5가 된다.

그림 6-22 검사합의 연산

0111, 0110, 1001, 0101을 더할 때 주의해야 할 점이 있다. 1의 보수이기 때문에 1001은 −1을 의미한다. 따라서 1001은 더하는 것이 아니라 부호를 제외한 001을 빼야 한다. 이렇게 덧셈을 하면 10001이 만들어진다.

검사합 방식에서 4비트씩 잘라서 더하면 결과는 4비트보다 커질 수 있다. 이렇게 커진 결과를 잘라서 4비트로 맞춰야 한다. 더해진 결과값을 뒤에서 4비트씩 자른 후 덧셈을 하여 4비트가 되도록 자릿수 맞추기를 한다. 그 결과 0010이 검사합 코드 값이 되어 데이터와 함께 전달된다. 받는 쪽에서 같은 작업을 하여 결과가 0010이 나오면 오류가 없는 것으로 간주한다.

CRC 방식은 나눗셈 연산을 해야 하기 때문에 회로가 복잡해진다. 이에 비해 검사합 방식은 일정 크기로 잘라서 1의 보수 덧셈만 하면 되기 때문에 회로가 단순해지고 연산을 빨리 할 수 있다는 장점이 있다. 인터넷 프로토콜인 IP나 TCP는 검사합 방식으로 오류를 검출한다. 그래서 검사합 방식을 인터넷 검사합 internet checksum 이라고도 부른다.

CRC와 검사합을 비교해보자. 만약 오류 탐색을 위해 추가되는 비트가 16비트일 경우, CRC와 검사합이 찾을 수 있는 오류의 개수가 같아 보인다. CRC의 경우 16비트로 나눈 나머지가 0이 아니면 모두 오류이기 때문에 찾을 수 있는 오류의 개수는 $2^{16}-1$개이다. 검사합도 모든 데이터를 더한 값이 검사합과 다를 경우 오류이기 때문에 찾을 수 있는 오류의 개수가 $2^{16}-1$개처럼 보인다.

그러나 검사합의 특성상 특정 블록의 변형된 값이 다른 블록의 변형된 값과 상쇄되는 경우에는 오류를 찾을 수 없다. 다시 말해 변형되어 우연히 합이 같아진 경우는 찾을 수 없다. 예를 들어 10진수로 7 6 −1 5의 데이터에 오류가 생겨 5 7 −2 7로 바뀐 경우, 더한 값은 모두 17이기 때문에 오류를 찾을 수 없다. 따라서 검사합이 찾을 수 있는 오류의 개수는 CRC 보다 작다. 이런 이유로 새로운 프로토콜을 설계할 때에는 CRC 방식을 선호하는 추세이다.

5 오류 보정 - 허밍 코드 심화

오류 보정 코드란 오류를 찾을 수 있을 뿐 아니라 이를 원래의 값으로 보정할 수 있는 코드이다. 오류 보정 코드의 대표적인 코드가 허밍 코드$_{\text{humming code}}$이다. 허밍 코드는 오류 탐색 코드로도 사용할 수 있지만, 이 경우 패리티 비트와 유사하기 때문에 오류 보정 코드로만 살펴본다.

허밍 코드에서는 보내려는 데이터를 홀수 배로 늘려서 보낸다. 예를 들어 보내려는 데이터가 00, 01, 10. 11인 경우 이를 3배 혹은 5배로 늘려서 보낸다. 예를 들어 3배의 허밍 코드로 바꾸면 00, 01, 10. 11은 각각 000000, 000111, 111000, 111111이 된다. 00을 보내는 대신 000000을 보내는 방식이 허밍 코드이다.

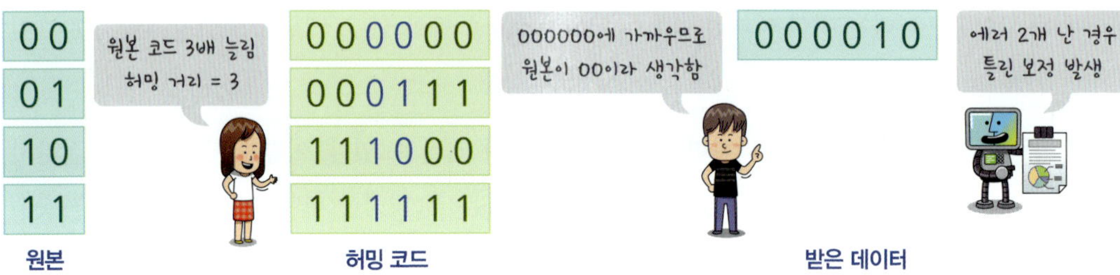

그림 6-23 허밍 코드

[그림 6-23]에서 원본 00은 000000으로 3배로 늘려서 보낸다. 이 경우 허밍 거리$_{\text{humming distance}}$를 3이라 한다. 허밍 거리는 각 코드끼리 차이가 나는 최소값을 의미한다. 000000과 000111은 3개의 비트가 다르다. 물론 000000과 111111은 6개의 비트가 다르다. 이 중 가장 차이값이 적은 값이 허밍 거리가 된다. 따라서 위 그림에서 허밍 거리는 3이다.

받는 쪽에서 000010을 받았다고 가정해보자. 이 데이터가 어느 쪽에 가장 가까운지를 찾는다. 000000에서 1비트만 바뀐 경우 000010이 되기 때문에 000000을 보냈을 것이라 생각한다. 그래서 원래의 값 00을 상위 계층으로 올려 보낸다.

허밍 코드는 여러 가지 문제가 있다. 000111에서 두 개의 비트가 바뀌어 000010이 되었다면 오류 보정을 잘못한 것이다. 따라서 1개의 오류를 보정하기 위해 3배 많은 데이터를 보내야 한다. 만약 2개의 오류를 보정하기 위해서는 허밍 거리를 5로 늘리면 된다. 다시 말해 00의 경우 0000000000와 같이 10개의 비트로 늘려서 보내면 된다.

허밍 코드를 만들 때, 허밍 거리는 언제나 홀수여야 한다. 만약 허밍 거리 2인 코드를 만들었다고 가정해보자. 그러면 00의 경우 0000을 보낸다. 1비트가 바뀌어 0010을 받았을 경우0011에서 1비트가 바뀐 것인지 0000에서 1비트가 바뀐 것인지 알 수 없다. 이와 같이 허밍 거리가 짝수이면 어떤 원본과 가까운지를 확인할 수가 없다. 그래서 허밍 거리는 언제나 홀수로 해야 한다.

허밍 코드가 홀수인 경우 보정할 수 있는 오류의 개수는 ⌊허밍 거리/2⌋이다. 여기서 ⌊ ⌋는 소수점 이하 버림을 의미한다. 따라서 허밍 거리 3이 보정할 수 있는 오류의 개수는 $\lfloor 3/2 \rfloor = 1$이며 허밍 거리 5는 $\lfloor 5/2 \rfloor = 2$가 된다.

지금까지 살펴본 바와 같이 허밍 코드는 오류를 보정하기 위하여 추가되는 오버헤드가 많다. 오버헤드가 큰 허밍 코드를 사용하는 대신 오류 탐색 코드를 사용하여 오류를 찾고, 다시 전송시키는 것이 훨씬 이득이다. 따라서 일반적인 경우에는 허밍 코드를 사용하지 않는다. 재전송을 하는 데 비용이 많이 발생하는 특수한 네트워크 상황에서만 허밍 코드를 사용한다.

6 CRC 자세히 알기 심화

앞서 10진수로 CRC 코드가 작동하는 원리를 설명하였다. 이번에는 2진수에서 CRC가 어떻게 계산되는지를 살펴보자. 원리를 이해했다면 2진수로 CRC를 계산하는 방법도 쉽게 이해할 수 있을 것이다.

보내려는 데이터는 1100이고 CRC 코드 값은 1001이라 가정하자. 계산의 편리를 위하여 보내는 값을 4비트로 정하였지만, CRC는 수백 메가비트에서 발생할 수 있는 오류를 32비트(CRC-32)로 처리할 수 있을 만큼 강력하다는 것을 기억하기 바란다.

CRC 방식에서는 나눗셈을 한 후 나머지를 붙여서 보내야 한다. 그래서 나머지를 붙여서 보내는 비트만큼 0을 추가한 후 나눗셈을 한다. 추가되는 비트는 나눠야 하는 수에 따라 결정된다. 예를 들어 9로 나눈 나머지의 최대 크기는 8이다. 마찬가지로 CRC 코드 값이 1001인 경우 나머지는 1001보다 1비트 작은 3비트가 된다. 따라서 보내려는 데이터 1100에 000을 붙인 1100000을 대상으로 나눗셈 연산을 한다.

그림 6-24 CRC 나눗셈 연산 전 준비

CRC에서의 나눗셈은 사칙연산의 나눗셈과는 다르다. 정확하게는 모듈러$_{\text{modular}}$ 2 연산이다. 모듈러 2 연산의 결과는 XOR 논리연산과 같다. XOR 논리연산은 비교하는 두 비트가 같으면 0, 다르면 1이 출력되는 연산을 의미한다. 보내려는 데이터 1100 + 000을 CRC 코드 값 1001로 XOR 연산을 한 결과가 [그림 6-25]이다.

CRC 계산에서 1100000을 1001로 XOR 연산을 하면 1010이 나온다. 여기에 다시 1001을 XOR 연산을 하면 0110이 나온다. 여기에 0000을 XOR 연산하면 된다. 1001을 사용할지 0000을 사용할지는 맨 앞 비트를 보면 된다. 맨 앞 비트가 1이면 1001을, 0이면 0000을 사용하여 XOR 연산을 하면 된다. 최종 연산의 결과 나머지가 101이 되면 1100에 101을 붙여서 보낸다.

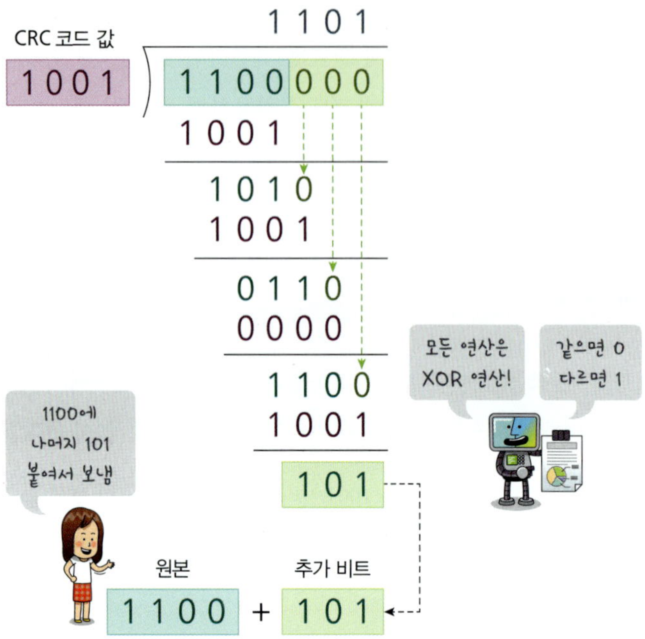

그림 6-25 CRC에서 보내는 쪽의 연산

[그림 6-26]은 1100101을 받은 쪽에서 오류가 있는지 검사하는 방법을 나타낸다. 전송된 1100101을 CRC 코드 값 1001로 나눈다. XOR을 사용하여 연산하는 방법은 동일하다. 나눗셈의 결과 000이 나오므로 전송된 데이터에는 오류가 없다. 오류가 없는 경우, 전송된 1100101에서 CRC의 나머지가 있는 마지막 3비트 101을 제외하고 원래 값 1100을 상위 계층으로 전송한다.

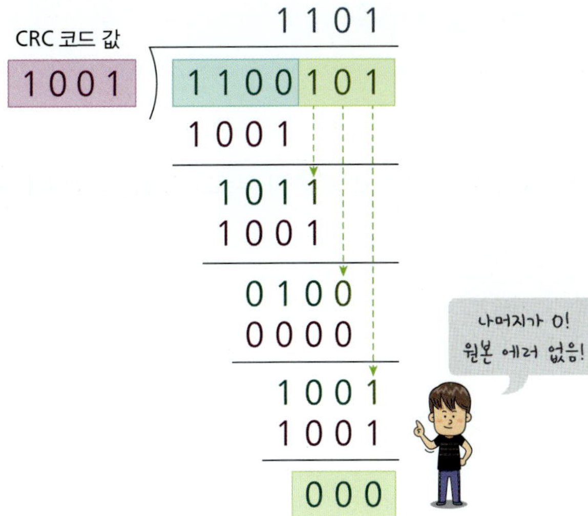

그림 6-26 CRC에서 받는 쪽의 연산

앞서 이야기 했듯이 CRC 코드 값은 정해져 있다. [표 6-3]은 대표적인 CRC 코드 값이다. 여기서 다항식 값은 코드 값을 다항식의 형태로 바꾼 값이다. 다항식 표현이란 해당 비트열이 1인 다항식만 표시하는 방법이다. 예를 들어 101은 2^2와 2^0(=1)만 1이므로 $x^2 + 1$로 표시된다. 긴 비트열을 다항식으로 표시하면 짧게 표현되기 때문에 다항식을 이용하여 CRC 계산방법을 설명하기도 한다.

표 6-3 CRC 종류에 따른 비트 패턴

종류	비트 패턴	다항식
CRC-12	1100000001111	$x^{12} + x^{11} + x^3 + x^2 + x^1 + 1$
CRC-16	11000000000000101	$x^{16} + x^{15} + x^2 + 1$
CRC-32	100000100110000010001110110110111	$x^{32} + x^{26} + x^{23} + x^{22} + x^{16} + x^{12} + x^{11} + x^{10} + x^8 + x^7 + x^5 + x^4 + x^2 + x^1 + 1$

주의해야 할 것은 CRC-16의 경우 17개의 비트 패턴이며, CRC-32의 경우 33개의 비트 패턴이다. 2진수에서 나머지의 크기는 CRC 코드의 크기보다 1비트 작다. 따라서 17자리 비트 패턴을 사용하는 CRC-16의 나머지는 16비트가 되며 33개의 비트 패턴을 사용하는 CRC-32의 경우 나머지가 32비트가 된다.

요약

- 데이터 링크 계층에서 다루는 데이터 단위를 프레임이라 부르고 프레임은 데이터 링크 헤더 + 패킷의 형태이다.
- 프레임의 시작과 끝을 알리는 패턴을 플래그라 부르는데, 프레임의 앞쪽에 붙이는 플래그를 프리앰블, 뒤쪽에 붙이는 플래그를 포스트앰블이라 부른다.
- 문자 프레임에서 중간에 포스트앰블과 같은 패턴이 있을 경우 DLE를 추가하여 전송하는 방식을 문자 스터핑이라 부른다. 문자 프레임에서 프리앰블로 DLE STX를 사용한다. 포스트앰블로는 DLE ETX를 사용한다.
- 비트 프레임에서 프리앰블과 포스트앰블로 01111110을 사용한다. 비트 프레임에서 중간에 포스트앰블과 같은 패턴이 있을 경우 0를 추가하여 전송하는 방식을 비트 스터핑이라 부른다. 1이 연달아 5개 나오면 그 다음에 0을 삽입한다.
- 프레임을 수신한 쪽에서 잘 받았다는 의미로 사용되는 자료구조는 ACK이며, 프레임을 수신하지 못했다는 의미로 사용되는 자료구조는 NACK이다.
- 데이터 전송의 필수요소는 ACK, 타임아웃, 프레임 일련번호, ACK 일련번호이다. 기존 데이터에 얹어서 보내는 것을 피기배킹이라 부른다.
- 슬라이딩 윈도우 프로토콜에서 윈도우의 크기가 1인 것은 Stop and Wait ARQ이다. 프레임을 하나 보내고 2번 NACK이 도착한 경우 무조건 2번부터 다시 보내는 방식 Go-Back N ARQ이다. 프레임을 하나 보내고 2번 NACK이 도착한 경우 2번 프레임만 다시 보내는 방식은 Selective Repeat ARQ이다. 네트워크가 안정적인 경우 프레임의 크기를 늘리고, 네트워크가 불안정하면 프레임의 크기를 줄이는 방식은 Adaptive ARQ이다.
- 보내진 데이터에 오류가 있는지를 찾는 코드를 오류 탐색 코드라 부르고. 오류가 있는지를 찾을 뿐 아니라 원래의 값으로 복원할 수 있는 코드를 오류 보정 코드라 부른다.
- 오류 탐색 코드 중 1의 개수를 짝수 혹은 홀수 개로 맞추어 보내는 방식은 패리티 비트이다. 보내는 데이터를 일정 크기로 자른 후 모두 더하여 보내는 방식은 검사합이다. 보내는 데이터를 나누어 나머지 값이 0이 되도록 만들어서 보내는 방식은 CRC이다.
- CRC에서 추가되는 8비트로 찾을 수 있는 오류의 개수는 $2^8 - 1$이며 CRC-16의 CRC 코드 값(비트 패턴)의 자릿수는 17자리이다.

연습문제

[객관식 문제]

01 데이터 링크 계층에서 사용하는 데이터 단위를 가리키는 단어를 고르시오.

❶ frame ❷ packet
❸ TPDU ❹ flag

02 프레임의 시작과 끝에 붙이는 패턴을 의미하는 단어를 고르시오.

❶ MAC ❷ packet
❸ TPDU ❹ flag

03 프레임의 구성으로 가장 올바른 것을 찾으시오.

❶ data link + header + frame ❷ data link header + packet
❸ network header + frame ❹ network header + packet

04 프레임 앞쪽에 붙이는 플래그를 의미하는 단어를 찾으시오.

❶ character stuffing ❷ bit stuffing
❸ preamble ❹ postamble

05 프레임 뒤쪽에 붙이는 플래그를 의미하는 단어를 찾으시오.

❶ character stuffing ❷ bit stuffing
❸ preamble ❹ postamble

06 프레임 중간에 플래그와 같은 패턴이 있을 경우 DLE를 추가하여 전송하는 방식을 의미하는 단어를 찾으시오.

❶ character stuffing ❷ bit stuffing
❸ preamble ❹ postamble

07 프레임 중간에 플래그와 같은 패턴이 있을 경우 0을 하나 추가하여 전송하는 방식을 의미하는 단어를 찾으시오.

❶ character stuffing ❷ bit stuffing
❸ preamble ❹ postamble

08 문자 프레임에서 프리앰블로 DLE STX를 사용한다. 그렇다면 포스트앰블로 사용하는 것은 무엇인가?

❶ DLE STX ❷ DLE ETX
❸ STX DLE ❹ ETX DLE

09 비트 프레임에서 프리앰블로 01111110을 사용한다. 그렇다면 포스트앰블로 사용하는 것은 무엇인가?

❶ 01111110 ❷ 00000000
❸ 10000001 ❹ 11111111

10 비트 프레임 중간에 01111110이 있다. 이를 비트 스터핑 한 결과로 맞는 것을 찾으시오.

❶ 011111100 ❷ 001111110
❸ 011101110 ❹ 011111010

11 프레임을 수신한 쪽에서 잘 받았다는 의미로 사용되는 자료구조를 가리키는 단어는 무엇인가?

❶ NACK ❷ timeout
❸ ACK ❹ sequence number

12 프레임을 수신하지 못했다는 의미로 사용되는 자료구조를 가리키는 단어는 무엇인가?

❶ NACK ❷ timeout
❸ ACK ❹ sequence number

13 데이터 전송의 필수요소가 아닌 것을 찾으시오.

❶ ACK ❷ timeout
❸ piggy-backing ❹ sequence number

14 기존 데이터에 얹어서 보낸다는 의미를 가진 단어를 찾으시오.

❶ ACK ❷ timeout
❸ piggy-backing ❹ sequence number

15 윈도우의 크기가 1인 슬라이딩 윈도우 프로토콜은 무엇인가?

❶ Adaptive ARQ ❷ Stop and Wait ARQ
❸ Selective Repeat ARQ ❹ Go-Back N ARQ

16 프레임을 하나 보내고 ACK이 도착해야지만 다음 프레임을 보낼 수 있는 방식은 무엇인가?

❶ Adaptive ARQ ❷ Stop and Wait ARQ
❸ Selective Repeat ARQ ❹ Go-Back N ARQ

17 프레임을 하나 보내고 2번 NACK이 도착한 경우 무조건 2번부터 다시 보내는 방식은 무엇인가?

❶ Adaptive ARQ ❷ Stop and Wait ARQ
❸ Selective Repeat ARQ ❹ Go-Back N ARQ

18 프레임을 하나 보내고 3번 NACK이 도착한 경우 3번 프레임만 다시 보내는 방식은 무엇인가?

❶ Adaptive ARQ ❷ Stop and Wait ARQ
❸ Selective Repeat ARQ ❹ Go-Back N ARQ

19 네트워크가 안정적인 경우 프레임의 크기를 늘리고, 네트워크가 불안정하면 프레임의 크기를 줄이는 방식은 무엇인가?

❶ Adaptive ARQ ❷ Stop and Wait ARQ
❸ Selective Repeat ARQ ❹ Go-Back N ARQ

20 프레임을 받는 쪽에서 큰 버퍼를 유지해야만 하는 방식은 무엇인가?

❶ Adaptive ARQ ❷ Stop and Wait ARQ
❸ Selective Repeat ARQ ❹ Go-Back N ARQ

21 중복해서 발송되는 프레임이 있을 수 있는 방식은 무엇인가?

❶ Adaptive ARQ ❷ Stop and Wait ARQ
❸ Selective Repeat ARQ ❹ Go-Back N ARQ

22 슬라이딩 윈도우 프로토콜에서 윈도우 크기가 4이고 0, 1, 2, 3번 프레임을 보냈더니 2번 NACK이 도착하였다. Selective Repeat ARQ 방식에서 다음에 보내게 되는 프레임으로 옳은 것을 찾으시오.

❶ 2 3 4 5 ❷ 2 4 5 6
❸ 2 4 5 6 7 ❹ 2 3 4 5 6

23 슬라이딩 윈도우 프로토콜에서 윈도우 크기가 4이고 0, 1, 2, 3번 프레임을 보냈더니 2번 NACK이 도착하였다. Go-Back N ARQ 방식에서 다음에 보내게 되는 프레임으로 옳은 것을 찾으시오.

❶ 2 3 4 5 ❷ 2 4 5 6
❸ 2 4 5 6 7 ❹ 2 3 4 5 6

24 나머지 셋과 다른 것을 찾으시오.

❶ 패리티 비트 ❷ 허밍 코드
❸ 검사합 ❹ CRC

25 오버헤드가 가장 큰 오류 처리 코드는 무엇인가?

❶ 패리티 비트 ❷ 허밍 코드
❸ 검사합 ❹ CRC

26 같은 오버헤드의 경우 가장 많은 오류를 찾을 수 있는 코드는 무엇인가?

❶ 패리티 비트 ❷ 허밍 코드
❸ 검사합 ❹ CRC

27 1의 개수를 짝수 혹은 홀수 개로 맞추어 보내는 방식은 무엇인가?

❶ 패리티 비트 ❷ 허밍 코드
❸ 검사합 ❹ CRC

28 보내는 데이터를 일정 크기로 자른 후 모두 더하여 보내는 방식은 무엇인가?

❶ 패리티 비트 ❷ 허밍 코드
❸ 검사합 ❹ CRC

29 보내는 데이터를 나누어 나머지 값이 0이 되도록 만들어서 보내는 방식은 무엇인가?

❶ 패리티 비트 ❷ 허밍 코드
❸ 검사합 ❹ CRC

30 보내는 데이터를 홀수 배로 크게 만들어서 보내는 방식은 무엇인가?

❶ 패리티 비트 ❷ 허밍 코드
❸ 검사합 ❹ CRC

31 CRC에서 보내려는 데이터가 12이고 같이 아는 CRC 코드 값이 9이다. CRC를 적용하여 보내는 값으로 옳은 것은 무엇인가?

❶ 19 ❷ 127
❸ 126 ❹ 129

32 CRC에서 보내려는 데이터가 11이고 같이 아는 CRC 코드 값이 8이다. CRC를 적용하여 보내는 값으로 옳은 것은 무엇인가?

❶ 181 ❷ 118
❸ 111 ❹ 112

33 CRC에서 보내려는 데이터가 10이고 같이 아는 CRC 코드 값이 7이다. CRC를 적용하여 보내는 값으로 옳은 것은 무엇인가?

❶ 70 ❷ 105
❸ 171 ❹ 117

34 CRC에서 추가되는 8비트로 찾을 수 있는 오류의 개수는 몇 개인가?

❶ 255 ❷ 8
❸ 256 ❹ 7

35 패리티 비트에서 추가되는 8비트로 찾을 수 있는 오류의 개수는 몇 개인가?

❶ 255　　❷ 8
❸ 256　　❹ 7

36 CRC에서 추가되는 32비트로 찾을 수 있는 오류의 개수는 몇 개인가?

❶ 2^{32}　　❷ 32
❸ $2^{32}-1$　　❹ 31

37 패리티 비트에서 추가되는 32비트로 찾을 수 있는 오류의 개수는 몇 개인가?

❶ 2^{32}　　❷ 32
❸ $2^{32}-1$　　❹ 31

38 검사합에서 추가되는 32비트로 찾을 수 있는 오류의 개수를 정확하게 설명한 것은 무엇인가?

❶ 2^{32}보다 작음　　❷ 32
❸ $2^{32}-1$　　❹ 31

39 허밍 코드에서 00을 000000으로 만들어 보냈다. 허밍 거리는 얼마인가?

❶ 1　　❷ 2
❸ 3　　❹ 6

40 허밍 코드에서 허밍 거리는 꼭 ( )로 만들어야 한다. 괄호 안에 들어갈 가장 적절한 단어를 고르시오.

❶ 배수　　❷ 짝수
❸ 지수　　❹ 홀수

41 허밍 코드에서 허밍 거리가 9이다. 보정할 수 있는 최대 오류의 개수는 몇 개인가?

❶ 9　　❷ 7
❸ 5　　❹ 4

42 허밍 코드에서 허밍 거리가 17이다. 보정할 수 있는 최대 오류의 개수는 몇 개인가?

❶ 8　　❷ 7
❸ 5　　❹ 4

43 CRC에서 보내온 데이터를 서로 아는 CRC 코드 값으로 나누면 나머지가 얼마일 때 오류가 없는가?

❶ 0
❷ CRC 코드 값 – 1
❸ 1
❹ CRC 코드 값

44 CRC에서 보내려는 데이터는 T, 서로 아는 CRC 값은 C, T를 C로 나눈 몫은 M, 나머지는 R이다. 어떤 값들을 보내야 하는가?

❶ T
❷ T + R
❸ T + M
❹ T + C

45 CRC에서 보내려는 데이터는 T, 서로 아는 CRC 값은 C, T를 C로 나눈 몫은 M, 나머지는 R이다. (T + R) / C의 값은 얼마인가?

❶ 0
❷ M
❸ 1
❹ C

46 비트 패턴 11000000000000101을 다항식으로 정확하게 표현된 것을 찾으시오.

❶ $x^{16} + x^{15} + x + 1$
❷ $x^{16} + x^{15} + x^{2} + 1$
❸ $x^{15} + x^{14} + x + 1$
❹ $x^{16} + x^{15} + 1$

47 CRC-16의 CRC 코드 값(비트 패턴)의 자릿수는 몇 자리인가?

❶ 16
❷ 17
❸ 32
❹ 33

48 CRC-32의 CRC 코드 값(비트 패턴)의 자릿수는 몇 자리인가?

❶ 16
❷ 17
❸ 32
❹ 33

[단답형 문제]

49 데이터 링크 계층에서 다루는 데이터 단위를 ____________이라 부른다.

50 프레임은 data link header + ___________로 구성된다.

51 프레임의 시작과 끝을 알리는 패턴을 __________라 부른다.

52 프레임의 앞쪽에 붙이는 플래그를 ______________이라 부른다.

53 프레임의 뒤쪽에 붙이는 플래그를 ______________이라 부른다.

54 프레임 중간에 포스트앰블과 같은 패턴이 있을 경우 DLE를 추가하여 전송하는 방식을 ____ ______________이라 부른다.

55 프레임 중간에 포스트앰블과 같은 패턴이 있을 경우 0를 추가하여 전송하는 방식을 ________ ________이라 부른다.

56 문자 프레임에서 프리앰블로 DLE STX를 사용한다. 포스트앰블로는 __________를 사용한다.

57 비트 프레임에서 프리앰블로 01111110를 사용한다. 포스트앰블로는 __________을 사용한다.

58 비트 프레임 중간에 01111110이 있다. 이를 비트 스터핑 한 결과는____________이다.

59 프레임을 수신한 쪽에서 잘 받았다는 의미로 사용되는 자료구조는 _______이다.

60 프레임을 수신하지 못했다는 의미로 사용되는 자료구조는 ________이다.

61 데이터 전송의 필수요소는 ACK, _________, 프레임 일련번호, ACK 일련번호이다.

62 기존 데이터에 얹어서 보낸다는 의미를 가진 단어가 ____________________________이다.

63 4개의 ARQ 방식 중 윈도우의 크기가 1인 것은 ________________ ARQ이다.

64 4개의 ARQ 방식 중 프레임을 하나 보내고 ACK이 도착해야지만 다음 프레임을 보낼 수 있는 방식은 ________________ ARQ이다.

65 4개의 ARQ 방식 중 프레임을 하나 보내고 2번 NACK이 도착한 경우 무조건 2번부터 다시 보내는 방식은 _____________ ARQ이다.

66 4개의 ARQ 방식 중 프레임을 하나 보내고 3번 NACK이 도착한 경우 3번 프레임만 다시 보내는 방식은 __________________ ARQ이다.

67 4개의 ARQ 방식 중 네트워크가 안정적인 경우 프레임의 크기를 늘리고, 네트워크가 불안정하면 프레임의 크기를 줄이는 방식은 __________ ARQ이다.

68 4개의 ARQ 방식 중 프레임을 받는 쪽에서 큰 버퍼를 유지해야만 하는 방식은 ____________________ ARQ이다.

69 4개의 ARQ 방식 중 중복해서 발송되는 프레임이 있을 수 있는 방식은 ______________ ARQ 이다.

70 슬라이딩 윈도우 프로토콜에서 윈도우 크기가 4이고 0, 1, 2, 3번 프레임을 보냈더니 2번 NACK이 도착하였다. Selective Repeat ARQ 방식에서 다음에 보내게 되는 프레임은 __________이다.

71 슬라이딩 윈도우 프로토콜에서 윈도우 크기가 4이고 0, 1, 2, 3번 프레임을 보냈더니 2번 NACK이 도착하였다. Go-Back N ARQ 방식에서 다음에 보내게 되는 프레임은 __________이다.

72 보내진 데이터에 오류가 있는지를 찾는 코드를 오류 ______________코드라 부른다.

73 보내진 데이터에 오류가 있는지를 찾을 뿐 아니라 원래의 값으로 복원할 수 있는 코드를 오류 ______ 코드라 부른다.

74 대표적인 오류 보정 코드는 __________이다.

75 오류 처리 코드 중 __________________________는 오버헤드가 커서 잘 사용하지 않는다.

76 오류 탐색 코드 중 같은 오버헤드에 대하여 가장 많은 오류를 찾을 수 있는 코드는 __________ 이다.

77 오류 탐색 코드 중 1의 개수를 짝수 혹은 홀수 개로 맞추어 보내는 방식은 ____________이다.

78 오류 탐색 코드 중 보내는 데이터를 일정 크기로 자른 후 모두 더하여 보내는 방식은 ________ 이다.

79 오류 탐색 코드 중 보내는 데이터를 나누어 나머지 값이 0이 되도록 만들어서 보내는 방식은 ______이다.

80 오류 처리 코드 중 보내는 데이터를 홀수 배로 크게 만들어서 보내는 방식은 __________이다.

81 CRC에서 보내려는 데이터가 12이고 같이 아는 CRC 코드 값이 9이다. CRC를 적용하여 내는 값은 ______이다.

82 CRC에서 보내려는 데이터가 11이고 같이 아는 CRC 코드 값이 8이다. CRC를 적용하여 보내는

값은 ______이다.

83 CRC에서 보내려는 데이터가 10이고 같이 아는 CRC 코드 값이 7이다. CRC를 적용하여 보내는 값은 ______이다.

84 CRC에서 추가되는 8비트로 찾을 수 있는 오류의 개수는 ________________이다.

85 패리티 비트에서 추가되는 8비트로 찾을 수 있는 오류의 개수는 ____개이다.

86 CRC에서 추가되는 32비트로 찾을 수 있는 오류의 개수는 __________개이다.

87 패리티 비트에서 추가되는 32비트로 찾을 수 있는 오류의 개수는 _____개이다.

88 검사합에서 추가되는 32비트로 찾을 수 있는 오류의 개수는 _______보다 적다.

89 원본 데이터 00을 000000으로 늘려서 보냈다. 이때 허밍 거리는 ____이다.

90 허밍 코드에서 허밍 거리는 꼭 ______로 만들어야 한다.

91 허밍 코드에서 허밍 거리가 9이다. 보정할 수 있는 최대 오류의 개수는 ____개이다.

92 허밍 코드에서 허밍 거리가 17이다. 보정할 수 있는 최대 오류의 개수는 ____개이다.

93 CRC에서 보내온 데이터를 서로 아는 CRC 코드 값으로 나누면 나머지가 _____일 때 오류가 없다.

94 CRC에서 보내려는 데이터는 T, 서로 아는 CRC 코드 값은 C, T를 C로 나눈 몫은 M, 나머지는 R이다. T + ____을 보내야 한다.

95 CRC에서 보내려는 데이터는 T, 서로 아는 CRC 코드 값은 C, T를 C로 나눈 몫은 M, 나머지는 R이다. (T + R) / C의 값은 ____이다.

96 비트 패턴 11000000000000101을 다항식으로 표현하면 x^{16} + ________________이다.

97 CRC-16의 CRC 코드 값________의 자릿수는 _____자리이다.

98 CRC-12의 CRC 코드 값________의 자릿수는 _____자리이다.

99 CRC-32의 CRC 코드 값________의 자릿수는 _____자리이다.

[주관식 문제]

100 문자 프레임과 문자 스터핑에 대하여 설명하시오.

101 비트 프레임과 비트 스터핑에 대하여 설명하시오.

102 Selective Repeat ARQ와 Go-Back-N ARQ에 대하여 설명하시오.

103 패리티 비트를 설명하고 장단점을 논하시오.

104 CRC를 설명하시오.

105 CRC가 찾을 수 있는 오류의 개수와 검사합이 찾을 수 있는 오류의 개수에 대하여 설명하시오.

106 오류 보정 코드로서 허밍 코드에 대하여 설명하시오.

CHAPTER

07

LAN의 특징과 규격

Section

SECTION 01 LAN 계층

1 LAN의 계층 구조

인터넷이 생겨나기 이전에 LAN이 먼저 개발되어 사용되었다. 이는 인터넷 이전에도 근거리(LAN)에서 컴퓨터 통신이 작동하였다는 의미이다. 따라서 LAN 자체로도 물리 계층, 연결 계층, 응용 계층이 존재한다.

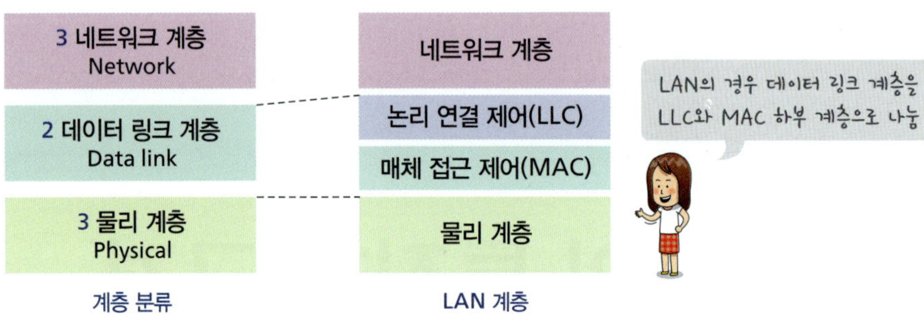

그림 7-1 논리 연결 제어(LLC)와 매체 접근 제어(MAC)의 위치

5계층이나 OSI 7계층은 인터넷이 보급되고 난 이후에 만들어진 구분법이며, 현재의 모든 네트워크를 계층별로 설명하기 위해 만들어진 것이다. 현재의 계층적 구별 방식과 비교하여 LAN의 계층을 세분화하면 **논리 연결 제어**(LLC)와 **매체 접근 제어**(MAC)로 나눌 수 있다. 더 정확하게는 데이터 링크 계층을 매체 접근 제어 하부 계층과 논리 연결 제어 하부 계층의 2개로 나눈 형태이다. 그래서 데이터 링크 계층을 나눈 계층이라는 의미로 하부 계층 sub layer 이라 표현한다. 또한 논리 연결 제어 Logical Link Control 는 LLC로, 매체 접근 제어 Media Access Control 는 MAC로 표시한다.

MAC 계층에는 데이터를 어떻게 전송할지와 같은 데이터 링크 계층에서 다루는 주제들이 있고, 어떤 선을 사용하는지에 대해서도 정의되어 있다. 따라서 물리 계층의 일부 내용이 MAC 계층에 포함된다.

LAN에 관련된 표준은 IEEE에 의해 표준화되었다. IEEE는 여러 개의 표준들을 공표하였는데 그중 802 섹션이 LAN에 관한 표준을 정의하고 있다. [표 7-1]은 IEEE의 LAN 표준인 802의 하부 번호와 규격들을 나타낸다.

표 7-1 IEEE 802(LAN) 표준

섹션	주제	비고
802.1	LAN Overview	LAN에 대한 규정 및 구조, LAN 간의 연결
802.2	LLC; Logical Link Control	제어 정보, 프레임 처리, 오류 제어
802.3	Ethernet	이더넷 표준
802.4	Token Bus	토큰 버스 표준(적게 사용됨)
802.5	Token Ring	토큰 링 표준
802.6	Distributed Queue Dual Bus	MAN에 사용되는 방식
802.7	Broadband Technologies	광역 통신 MAN 표준
802.8	Fiber Optic Technologies	광 통신 표준
802.9	Isochronous LAN	isoEthernet 표준
802.10	Virtual LAN and security	가상랜과 보안(2004년 철회)
802.11	Wireless LAN(WiFi)	와이파이 무선랜 표준
802.12		Demand Priority; 소멸
802.13		결번
802.14	Cable Modem	케이블 TV와 LAN 접속 표준
802.15	Wireless Personal Area Network	블루투스, Zigbee, RFID 등 표준
802.16	Wireless MAN	WiMAX와 같은 광대역 무선 접속 기술
802.17	Resilient Packet Ring	이더넷 기반 MAN 제어 기술
802.18	Radio Regulatory Technologies	IEEE 표준과 다른 표준과의 접근 정의
802.19	Coexistence Technologies	각 표준 간의 전파간섭 문제 정의
802.20	Mobile Broadband Wireless	모바일 광역 무선 접근 표준
802.21	Media Independent Handover	핸드오버 기능 정의
802.22	Wireless Regional Are Network	무선 소지역 네트워크 표준

802 하부 규격들을 살펴보면 논리 연결 제어(LLC)는 802.2에 정의되어 있으며, 802.3부터 802.22까지가 매체 접근 제어(MAC)에 해당한다. 이들의 관계를 그림으로 그려보면 [그림 7-2]와 같다.

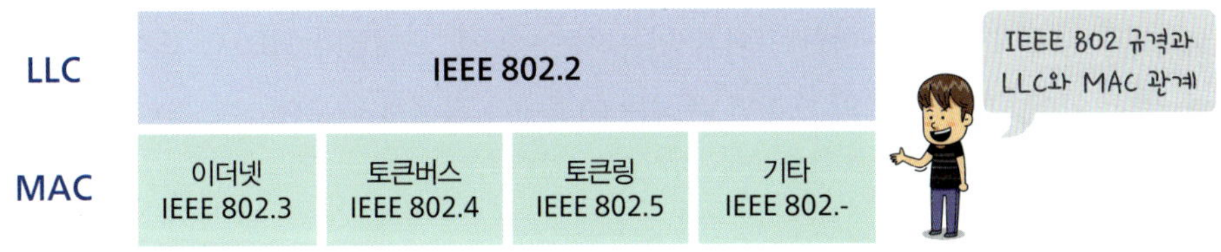

그림 7-2 IEEE 802에 규정된 LLC와 MAC

현재 사용하고 있는 LAN의 95% 이상을 차지하고 있는 것은 이더넷이다. 이더넷이 개발되기 전에 가장 많이 사용되었던 LAN은 토큰 링이다. 이번 장에서는 IEEE 802.3에 규정된 이더넷과 802.5의 토큰 링의 특성과 차이점을 살펴본다.

집이나 직장 등에서 사용하는 무선 공유기의 정확한 기술 명칭은 802.11의 Wireless LAN(WiFi)이다. 그 외 블루투스나 RFID와 같은 무선 기술도 정의되어 있다. IEEE 802에 정의된 무선통신 기술은 8장에서 설명한다.

2 논리 연결 제어(LLC)

논리 연결 제어(LLC) 하부 계층은 두 노드를 논리적으로 연결하는 계층이다. 또한 LLC는 프레임을 송수신하는 방식을 정하고 상위 계층(네트워크 계층)에 있는 프로토콜과의 인터페이스를 제공한다.

LLC 계층의 중요한 역할은 프레임을 오류 없이 전달하면서도 프레임 전송률을 높이는 것이다. 앞장에서 설명한 응답 메시지(ACK)를 사용하면 오류 없이 프레임을 전달할 수 있다. 그러나 프레임 전송률은 떨어지게 된다. 효율성을 중시할 것인가 전송률을 중시할 것인가에 따라 응답 메시지(ACK)의 사용 여부가 결정된다.

프레임 전송률이 높아도 변형된 프레임이 전달되는 것은 치명적이다. 따라서 ACK의 사용 여부와 상관없이 오류 탐색 코드는 무조건 사용된다. 일반적으로 CRC 코드를 사용하여 프레임 안의 데이터가 정상적으로 전달되었는지를 확인한다.

LLC 계층에 사용되는 프로토콜에 따라 연결 서비스 혹은 비연결 서비스를 지원하며 연결 서비스의 유지관리를 담당한다. LLC는 사용 방식에 따라 다음과 같이 3가지의 타입으로 나뉜다.

- LLC Type 1: 비연결형 서비스 방식이다. 프레임이 도착했는지 확인하는 응답 메시지(ACK)를 사용하지 않는다. 이더넷에서 사용하는 방식이다.
- LLC Type 2: 연결형 서비스 방식이다. 응답 메시지(ACK)와 슬라이딩 윈도우 프로토콜을 사용하여 신뢰할 수 있는 통신 환경과 흐름 제어를 제공한다. 과거 HDLC에서 사용하던 방식이다.
- LLC Type 3: 비연결 확인형 서비스 방식이다. 1대1 접속만 지원하며, Stop-and-Wait ARQ만 사용된다. 공장 자동화 등에 제한적으로 사용되었으며 현재는 거의 사용하지 않는 방식이다.

LLC Type 1과 LLC Type 2가 어떤 차이가 있는지는 이더넷 프레임과 HDLC 프레임의 구조를 보면 알 수 있다. 이더넷과 HDLC의 프레임 분석은 03절에서 자세히 다룬다.

표 7-2 LLC 타입과 특징

Type	방식	특징	비고
1	비연결형	ACK를 사용하지 않음	이더넷
2	연결형	ACK 및 슬라이딩 윈도우 프로토콜 사용	HDLC
3	비연결 확인형	1대1 접속, Stop-and-Wait ARQ	거의 사용 안 함

3 매체 접근 제어(MAC)

매체 접근 제어(MAC) 하부 계층은 여러 종류 LAN의 연결 형태, 데이터 전송 방법, 헤더들을 정의하는 계층이다. IEEE 802.3부터 802.22까지가 MAC 계층에 속한다. 따라서 다양한 LAN들을 살펴본다는 것은 여러 종류의 MAC의 특징을 살펴보는 것이다.

유선 LAN이 보급되던 초기에는 IBM이 개발한 토큰 링 token ring 이 많이 사용되었다. 토큰 링은 링 형태 ring topology 를 사용하는 LAN이다. 이후 제록스에서 개발한 이더넷 ethernet 이 보급되면서 토큰 링은 거의 사용하지 않게 되었다. 이더넷은 별 형태 star topology 를 사용하는 LAN이다. 현재 전 세계의 LAN의 대부분은 이더넷이다. 따라서 MAC에 대한 설명의 대부분은 이더넷을 기준으로 한다.

LAN에는 하나로 연결된 선을 여러 개의 호스트가 공유한다. 하나의 호스트가 통신을 시작하면 다른 호스트는 통신을 할 수 없다. 만약 동시에 두 개 이상의 호스트가 통신을 하는 경우 충돌이 발생할 수 있다. 충돌을 처리하는 방식은 크게 두 가지로 나뉜다. 첫 번째 방법은 충돌이 일어나지 않도록 차단하는 방법이다. 또 다른 방법은 충돌을 허용하는 대신에 충돌 발생 시에 이를 찾아내고 처리하는 경쟁 방식이다.

강조했다시피 네트워크는 통신연결과 프로토콜로 구성된다. 이러한 구분법에 따라 토큰 링 LAN은 링 형태 + 토큰 링 프로토콜로 정의할 수 있다. 토큰 링 프로토콜에서 여러 호스트가 통신할 때는 예약 방식을 사용하여 충돌을 차단한다. 여러 호스트가 동시에 데이터를 전송하려는 경우, 순서대로 데이터를 전송하기 때문에 충돌이 발생하지 않는다.

표 7-3 대표적인 유선 LAN의 특징

LAN 이름	연결 형태 topology	프로토콜	충돌 처리 방식
토큰 링	링 ring 형태	토큰 링	예약을 통한 충돌 차단
이더넷	별 star 형태	CSMA/CD	경쟁 방식(충돌 허용 후 처리)

이더넷은 별 형태 + CSMA/CD 프로토콜로 정의한다. CSMA/CD Carrier Sense Multiple Access with Collision Detection 라고 불리는 경쟁 방식의 프로토콜을 사용한다. CSMA/CD에서 호스트들은 제약 없이 데이터를 보내며, 충돌이 나면 전송을 중지하고 다시 보낸다. 토큰 링과 CSMA/CD 프로토콜의 특징은 다음 절에서 다룬다.

상대방에게 전화를 걸기 위해서는 전화번호가 필요하다. 그리고 인터넷을 사용하기 위해서는 IP 주소가 필요하다. 마찬가지로 LAN에서 기기 간 통신하기 위해서는 주소가 필요하다. LAN에서 사용하는 주소를 MAC 주소 혹은 물리적 주소라 부른다.

IP 주소는 4바이트로 구성되며 이더넷의 **MAC 주소는 6바이트**로 구성된다. [그림 7-3]은 윈도우 운영체제에서 IP 주소와 MAC 주소를 보여주는 화면이다. 보통의 경우 IP 주소는 10진수로, MAC 주소는 16진수로 표시한다.

```
이더넷 어댑터 이더넷:

   연결별 DNS 접미사. . . . . . :
   설명. . . . . . . . . . . . : Intel(R) Ethernet Connection (2) I219-LM
   물리적 주소 . . . . . . . . : 50-65-F3-4A-F5-33
   DHCP 사용 . . . . . . . . . : 예
   자동 구성 사용. . . . . . . : 예
   링크-로컬 IPv6 주소 . . . . : fe80::a5e2:5c85:862:c625%10(기본 설정)
   IPv4 주소 . . . . . . . . . : 192.168.31.178(기본 설정)
   서브넷 마스크 . . . . . . . : 255.255.255.0
```

그림 7-3 IP 주소와 MAC 주소

IP 주소는 사용자가 변경할 수 있는 값이지만, MAC 주소는 통신기기가 만들어질 때 제조사가 임의로 부여한 값이다. MAC 주소는 주민등록번호처럼 한번 만들어지면 바꿀 수 없는 값이기 때문에 물리적 주소 physical address 라고 부른다.

여기서 잠깐

가정용 무선 공유기의 경우 MAC 주소를 변경할 수 있다. 인터넷 서비스 초창기에는 인터넷 선 하나에 한 대의 컴퓨터만 사용할 수 있었다. 무선 공유기를 새로 설치하여 여러 대의 컴퓨터를 사용하는 경우 추가요금을 요청한다. 인터넷 서비스 제공사업자는 사용자의 컴퓨터 MAC 주소로 인증을 하는데, 기존에 가입된 컴퓨터의 MAC 주소가 아닌 다른 기기의 MAC 주소(무선 공유기를 새로 설치)를 사용하는 경우 인터넷이 안 되도록 막아두었다. 이때에는 무선 공유기의 MAC 주소를 기존 컴퓨터의 MAC 주소로 바꾸면 문제가 해결된다. 그래서 무선 공유기의 MAC 주소는 바꿀 수 있다.

모든 통신기기는 MAC 주소와 IP 주소를 같이 가지고 있다. LAN에서 데이터를 전송할 때는 MAC 주소를 사용하고, LAN을 빠져나와 인터넷을 돌아다닐 때는 IP 주소를 사용한다. 국가로부터 주어진

ID는 주민등록번호이지만, 회원가입을 할 때는 주민등록번호 대신 휴대폰 번호로 자신을 인증하는 것과 같은 이치이다. 주민등록번호는 평생 바뀌지 않지만 휴대폰 번호는 사정에 따라 바뀔 수도 있다. 마찬가지로 IP 주소는 바뀔 수 있는 값이다.

하이퍼링크

인터넷을 사용할 때 MAC 주소와 IP 주소의 변환을 ARP(Adress Resolution Protocol)가 담당한다. ARP의 작동 방식은 12장 ARP를 참고하기 바란다.

SECTION 02

이더넷과 토큰 링

1 이더넷에 대하여

이더넷Ethernet은 컴퓨터 네트워크 기술의 하나로, 일반적으로 LAN에서 가장 많이 활용되는 기술 규격이며 IEEE 802.3에 정의되어 있다. 이더넷이 만들어진 초기에는 [그림 7-4]의 왼쪽과 같이 버스 형태로 구성되었으며, 현재는 오른쪽 그림과 같이 별 형태로 구성된다. 이더넷에서 각 호스트를 유선으로 연결하는 장치를 허브hub라 부른다. 유선뿐 아니라 무선으로 연결할 수 있는 장치의 규격이 와이파이며 흔히 무선 공유기라 부른다. 와이파이의 규격은 IEEE 802.11에 정의되어 있다.

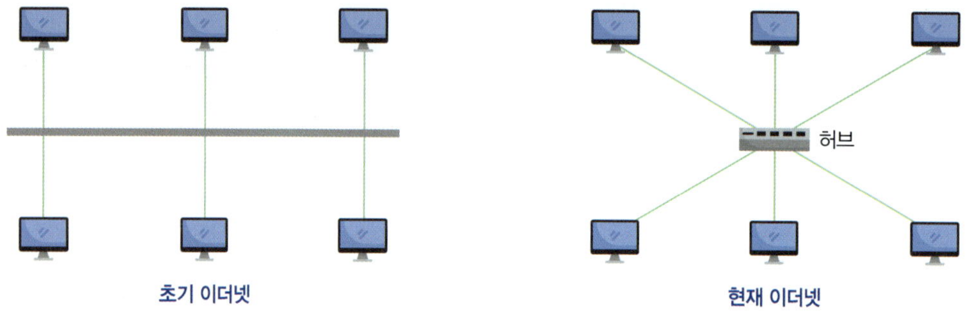

그림 7-4 이더넷 연결 형태

여기서 잠깐

별 형태의 경우 허브라고 불리는 장치에 노드가 연결되어 만들어진 형태이다. 사실 허브 안에는 버스가 있어서 각 노드들은 버스의 형태를 유지하고 있다. 이더넷이 버스 형태로 연결되든 별 형태로 연결되든 간에 달라지는 것은 없다.

이더넷의 연결선으로 꼬임선, 동축선, 광섬유 등 다양한 통신선이 사용된다. 그중 100BaseT라 불리는 선이 기본이다. 여기서 100은 100Mbps를 전송할 수 있는 규격의 선이라는 의미이며 T는 twisted pair(꼬임선)를 의미한다. 이더넷에 사용하는 꼬임선의 최대 길이는 100M를 권장한다. 100M보다 더 긴 길이의 호스트를 연결해야 할 경우 리피터를 사용하여 연결해야 한다.

현재는 100메가비트를 전송할 수 있는 고속 이더넷을 지나, 1기가비트와 10기가비트를 전송할 수 있는 기가비트 이더넷까지 표준화되었다. 이더넷 연결선은 8가닥의 꼬임선을 사용하고 RJ-45 커넥터로 접속한다.

여기서 잠깐

이더넷은 제록스(Xerox)에서 만들었다. 제록스는 세계 최초로 복사기를 만들어 판매한 회사이다. 복사기 판매로 막대한 이익을 얻었던 제록스는 팰로 앨토 연구소(PARC; Palo Alto Research Center)를 만들었고, 이 연구소에서 만든 제품 중의 하나가 이더넷이다. 팰로 앨토 연구소에서 만든 제품들 중에 유명한 것이 아주 많다. 세계 최초의 개인용 컴퓨터, 최초의 노트북, 최초의 레이저프린터도 만들었다. 또한 마우스를 처음 개발한 곳도 이 연구소이며, 마우스를 이용한 그래픽 사용자 인터페이스(GUI)도 팰로 앨토 연구소의 작품이다. 과학자 중 인터넷 전신인 아파넷을 설계한 밥 테일러(Bob Taylor)와 포토샵으로 유명한 어도비의 창업자 존 워녹(John Warnock)도 이 연구소 출신이다. 스티브 잡스가 연구소를 방문하여 마우스를 이용하는 GUI를 보고 만든 것이 지금의 매킨토시이다. 이렇듯 팰로 앨토 연구소는 컴퓨터 산업의 전반에 걸쳐 혁신적인 기술과 제품을 개발하던 곳이었다.

팰로 앨토 연구소에 대한 스티브 잡스의 유명한 말이 있다. "팰로 앨토 연구소는 전 세계 컴퓨터 산업 모두를 장악할 수 있었음에도 그들은 자기가 가진 것들이 얼마나 대단한지 모른다." 잡스의 말처럼 팰로 앨토 연구소는 선도적인 기술과 혁신적인 제품을 만들어 놓고서도 상품화하는 데에는 실패하였다. 사실 제록스는 복사기가 너무 잘 팔려서 복사기 관련 제품이 이외의 기술들에 대해서는 상품화를 하거나 특허로 보호하려 하지 않았다. 복사기 시장에 새로운 강자들이 등장하여 매출은 하락세가 되었고, 결국 제록스는 2016년에 일본 기업에게 팔리는 운명이 되었다.

2 CSMA/CD

LAN의 경우 하나의 선을 여러 호스트들이 공유하여 통신하기 때문에 충돌을 처리하는 프로토콜이 필요하다. 이더넷은 **CSMA/CD**라는 프로토콜을 사용하여 경쟁 방식으로 충돌 문제를 해결한다. CSMA/CD는 Carrier Sense Multiple Access with Collision Detection의 약어이다. Carrier Sense Multiple Access(CSMA)는 회선 상태에 따라 여러 명이 동시에 접근하는 방식을 의미하며, Collision Detection(CD)은 충돌을 검사하여 제어하는 것을 의미한다.

CSMA/CD에 참여하는 모든 호스트는 선이 사용 중인지 아닌지를 계속해서 듣고 있다. 이를 스누핑 snooping 이라 부른다. 선을 사용하는 호스트가 없을 때 전송을 시작한다. 선을 사용하지 않을 때 호스트들이 경쟁적으로 데이터를 보내려하기 때문에 경쟁 방식이라 부른다.

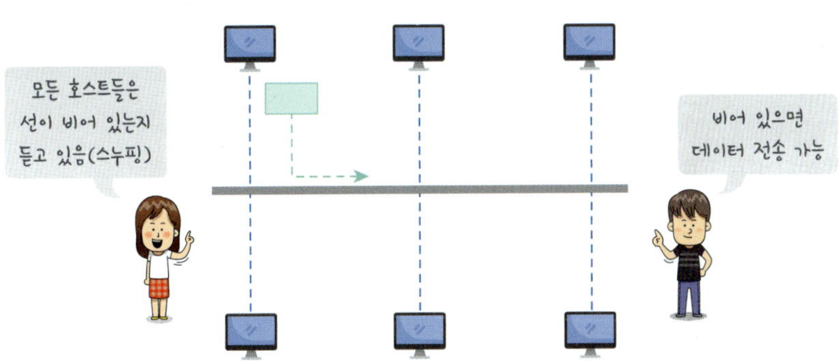

그림 7-5 CSMA/CD 프로토콜 방식

여기서 잠깐

snoop은 '염탐하다' 혹은 '개가 킁킁 거리며 냄새를 맡다'의 뜻을 가진 단어이다. 디즈니 애니메이션의 주인공 스누피는 킁킁거리며 냄새를 맡는 개라는 의미이다. 마찬가지로 이더넷에서 호스트들이 선을 사용 중인지 아닌지를 계속 탐지하는 방식을 스누핑이라 부른다.

선을 사용하고 있지 않을 경우, 두 개 이상의 호스트가 거의 동시에 데이터를 보낼 수 있다. 이 경우 선 중간에서 신호가 충돌하게 된다. CSMA/CD 방식에서 충돌이 발생하는 경우 데이터 전송을 즉각 멈춘다. 그리고 전체 호스트에게 충돌이 일어났음을 알리는 신호를 보낸다.

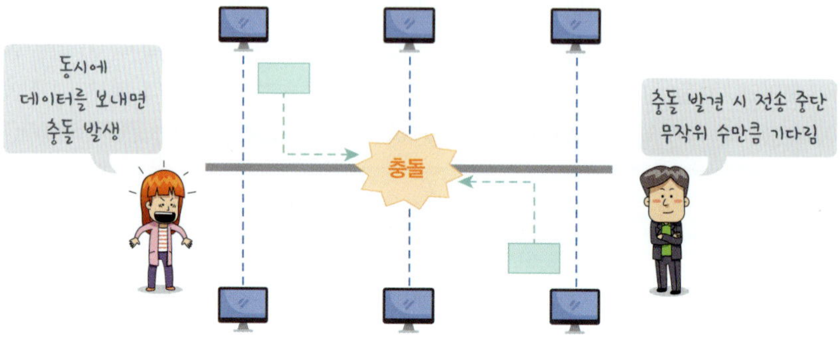

그림 7-6 CSMA/CD에서 충돌 처리

충돌을 일으킨 호스트들은 무작위 수$_{\text{random number}}$를 만들어 일정 시간 기다린다. 무작위 수로 인해 충돌을 일으킨 호스트들은 서로 다른 시간 동안 기다리게 된다. 기다리는 시간이 끝나면 처음의 과정을 반복한다. 어떤 호스트가 전송 중이면 기다리고, 선이 비어 있으면 전송을 시작한다.

CSMA/CD 방식의 특징 때문에 운이 좋은 호스트가 먼저 데이터를 보내게 된다. 다음 절에서 설명하는 토큰 링 프로토콜의 경우, 충돌이 발생하지 않도록 여러 호스트가 돌아가면서 데이터를 전송한다. CSMA/CD 방식이 토큰 링 프로토콜보다 불합리해 보일 수 있다. 그러나 LAN을 구성하기 편하고 유지보수가 간편하기 때문에 현재의 거의 대부분의 LAN은 이더넷이며 CSMA/CD 프로토콜을 사용하여 데이터를 전송한다.

여기서 잠깐

CSMA 방식은 ALOHA 프로토콜에서 발전된 형태이다. ALOHA 프로토콜은 선을 감시하지 않고 무조건 데이터를 전송한 후 충돌을 찾는 방식이다. CSMA 방식은 1-persistent, non-persistent, p-persistent CSMA로 나뉜다. 현재 CSMA/CD가 대중화되었기 때문에 이 책에서는 CSMA/CD만을 설명한다.

3 토큰 링

토큰 링 token ring 은 1980년대 초반 IBM에 의해 개발되었고 IEEE 802.5로 표준화되었다. 당시에는 매우 성공적이었으나 1990년대 초반 이더넷이 개발되면서 잘 쓰이지 않게 되었다. 이더넷은 경쟁을 통하여 충돌이 발생한 후에 처리하는 방식인 것에 비하여 토큰 링은 예약을 통해 충돌을 미리 차단하는 방식을 사용한다. 토큰 링에서 호스트들은 원형으로 연결된다. 토큰 링이라는 프로토콜을 사용하여 호스트 간의 충돌을 회피한다. 토큰 링 방식에서는 토큰 token 이라는 빈 패킷이 한쪽 방향으로 계속 회전하고 있다.

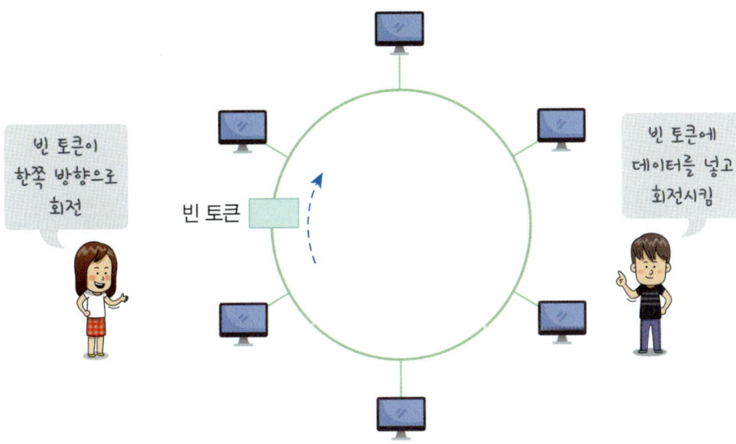

그림 7-7 토큰 링 프로토콜

전송을 하려는 호스트가 있다면 빈 토큰을 가져가서 토큰에 주소와 데이터를 채운 후 전송한다. 토큰은 회전하고 호스트들은 그 내용을 살펴본다. 만약 목적지 주소에 토큰이 도착하면 해당 호스트는 내용을 복사한 후 계속 토큰을 전달한다. 토큰이 회전을 계속하여 처음 데이터를 보냈던 곳에 돌아오면 해당 호스트는 토큰을 회수한 후 내용물을 지우고 빈 패킷을 다시 옆으로 전송한다.

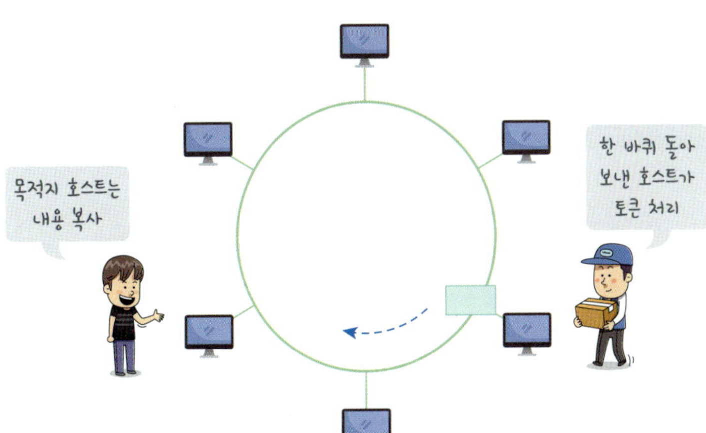

그림 7-8 토큰 링에서 데이터 전송 및 지우는 방법

토큰 링 방식에서는 토큰에 데이터를 채워서 보낸 호스트가 데이터를 지우고 빈 패킷을 만든다. 이렇게 하는 데에는 이유가 있다. LAN에서는 1대1 통신뿐 아니라 멀티캐스트나 브로드캐스트와 같은 1 대 다수의 통신도 지원한다. 토큰 링에서 데이터를 복사한 호스트가 토큰의 내용물을 지워 버리면 다른 호스트가 데이터를 받을 수 없다. 1 대 다수의 통신을 위하여 토큰이 한 바퀴를 다 돌고 제자리로 돌아왔을 때 지우도록 한다.

여러 개의 호스트들이 동시에 데이터를 보내는 경우를 생각해보자. 토큰 링 방식에서는 하나의 호스트가 데이터를 보내고 지운 후 빈 토큰을 옆으로 전송한다. 따라서 여러 개의 호스트들은 순서대로 돌아가면서 데이터를 보내게 된다. 이러한 방식을 예약을 통한 충돌회피 방식이라 부른다.

이더넷의 CSMA/CD 방식과 비교해보면 토큰 링의 충돌회피 방식이 더 유용해 보인다. 그러나 토큰 링 방식에서 빈 토큰을 유지하고 관리하는 일은 쉽지 않다. 만약 토큰이 사라지거나 복수 개의 토큰이 생성되는 경우 누가 토큰을 관리할 것인지를 결정해야 한다. 이를 위해 다른 호스트를 제어하는 통제 호스트가 필요하다. 그러나 이에 비하여 CSMA/CD 방식에서는 모든 호스트가 독립적이라는 장점이 있다. 이처럼 토큰 링은 이더넷에 비해 커다란 장점이 없었기 때문에 이더넷 보급 후 사용이 급격하게 줄어들었다.

참고로 IEEE 802.4에 정의된 토큰 버스의 경우 버스 형태로 연결하고 토큰 링과 유사하게 토큰을 사용하여 데이터를 전송하는 방식이다.

SECTION 03

데이터 링크 계층 프레임 분석

1 HDLC 프레임 심화

데이터 링크 계층에는 HDLC, LAP, LAPB, LAPD, LAPF, ATM, PPP와 같은 다양한 종류의 프로토콜들이 있다. 이 중 다른 프로토콜의 근간이 되는 프로토콜이 HDLC이다. HDLC는 High-level Data Link Control의 약어로, 데이터 링크 계층의 대표적인 프로토콜이다. 역사적으로 보면 IBM에서 개발한 SDLC Synchronous Data Link Control 프로토콜을 ISO에서 발전시켜 HDLC를 만들었다. HDLC는 LAP Link Access Procedure로 발전하고 이는 다시 LAPB Link Access Procedure-Balanced로 향상되었다.

HDLC 프로토콜은 동기식 전송을 사용하며, 동기식 중 비트 방식을 사용한다. 따라서 플래그(프리앰블과 포스트앰블)로 01111110을 사용하고, 비트 스터핑을 사용한다. HDLC는 통신 방식으로 유니캐스트, 멀티캐스트, 브로드캐스트를 모두 지원한다.

HDLC 프로토콜은 흐름 제어로 슬라이딩 윈도우 프로토콜을 사용하며, Go-Back-N ARQ와 Selective Repeat ARQ를 모두 지원한다. 다음은 HDLC 프로토콜의 헤더 구조를 나타낸다.

8bit	8bit	8bit		16bit	8bit
Flag 01111110	Address MAC 주소	Control I/S/U	Data	FCS CRC-16	Flag 01111110

그림 7-9 HDLC 헤더 구조

프리앰블과 포스트앰블로 01111110의 비트 패턴을 사용한다. FCS Frame Check Sequence는 오류 제어를 위해 사용되는 필드이며 CRC-16을 사용한다.

HDLC 프레임은 Information frame. Supervisory frame, Unnumbered frame의 총 3가지 종류가 있는데, 그 구분은 Control 필드에서 정한다. 정보 Information 프레임(I-frame)은 사용자 정보와 제어 정보를 모두 포함하는 일반 프레임을 의미한다.

감시 Supervisory 프레임(S-frame)은 제어 정보만 가지고 있는 프레임이다. 응답 메시지(ACK)나 흐름 제어 및 오류 제어에 사용되는 프레임이다. 감시 프레임의 경우 Data 필드에는 데이터가 없다.

마지막으로 비번호 Unnumbered 프레임(U-frame)은 연결 link 관리 정보를 포함하는 프레임을 의미한다. 연결을 관리하거나 비연결으로 데이터를 전송할 때 사용한다.

2 이더넷 프레임 심화

현재 LAN의 대부분을 차지하는 이더넷의 프레임 구조를 [그림 7-10]에 나타내었다. 여기서 Data + padding 필드에는 LLC 계층으로부터 받은 LLC 프레임이 들어간다. LLC 프레임에는 LLC 헤더와 네트워크 계층으로부터 받은 패킷이 들어있다.

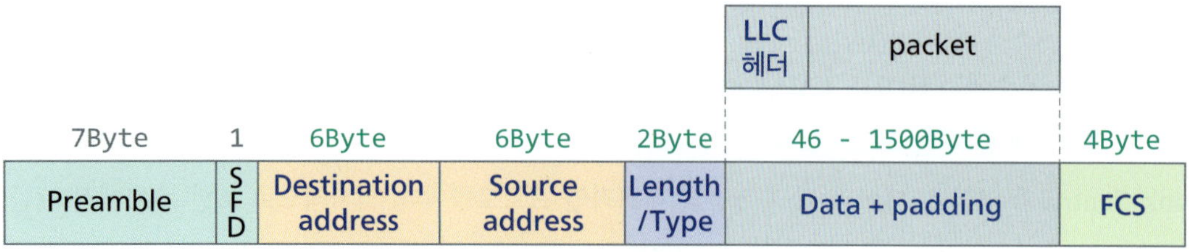

그림 7-10 IEEE 802.3에 정의된 이더넷 프레임

이더넷 프레임의 데이터 크기는 최대 1500바이트로 한정된다. 여기에 패딩$_{\text{padding}}$이라는 의미 없는 비트를 붙이는 경우가 있다. 이더넷 프레임은 최소 64바이트로 정의되었다. 여기서 64바이트는 프리앰블과 SFD를 뺀 나머지 크기를 의미한다.

프레임에서 데이터를 제외한 나머지 부분, 다시 말해 Destination address(6) + Source address(6) + Length(2) + FCS(4)를 합치면 18바이트이다. 따라서 이더넷 프레임은 최소 64바이트여야 하기 때문에 데이터는 최소 46바이트(64 − 18 = 46) 이상이어야 한다. 만약 상위에서 받은 데이터가 46보다 작은 경우에는 패딩을 붙여서 46바이트(전체 64바이트)로 맞춘다. 따라서 이더넷 프레임의 최대 크기는 1518바이트이다.

여기서 잠깐

이더넷 프레임의 최소 크기를 64바이트로 정한 이유가 있다. CSMA/CD 방식에서 프레임을 다 보내고 난 이후에는 더 이상 프레임 충돌을 감시하지 않는다. 만약 프레임의 크기가 작아 목적지에 도착하기 전에 전송이 종료되는 경우, 이동 중간에 충돌이 발생하고 이를 감지하지 못하는 경우가 발생할 수 있다. 이러한 상황을 피하기 위하여 프레임이 목적지에 도착하기 전에는 끝나지 않도록 충분히 길게 만들어 주어야 한다. 그래서 이더넷 프레임의 최소 크기를 64바이트로 정한 것이다.

HDLC와 이더넷 프레임의 가장 큰 차이점은 플래그이다. 이더넷 프레임에는 포스트앰블이 없다. 이더넷 프레임의 크기는 최소 64바이트에서 최대 1518바이트로 한정되어 있다. 프레임이 언제 끝날지 예측이 가능하기 때문에 포스트앰블을 사용하지 않는다. 포스트앰블이 없기 때문에 비트 스터핑이 필요 없다.

이더넷 프레임에서 프리앰블은 프리앰블 7바이트와 SFD 1바이트, 즉 총 8바이트로 구성된다. 프리앰블은 10101010을 7번 전송하는데, 통신이 시작된다고 알리는 것이다. 프리앰블 다음의 SFD는 Start Frame Delimiter이며 시작 프레임 식별자라 부른다. 7바이트의 프리앰블이 끝나고 난 후, 프레임이 시작되는 것을 알려주는 것이 SFD이다. SFD는 10101011 비트 패턴을 사용하는데, 프리앰블과 달리 끝의 2비트가 11이다. 프리앰블과 SFD는 시작을 알려줄 뿐 프레임에 포함되지 않는 필드이다.

Destination address와 Source address는 각각 목적지 주소와 보내는 호스트 주소를 가리키며 둘 다 6바이트의 MAC 주소를 사용한다.

이더넷 프레임의 데이터의 크기는 최대 1500바이트로 한정된다. Length/Type 필드의 경우 데이터가 1500바이트 이하이면 데이터의 길이(Length)를 나타낸다. 만약 Length/Type 필드의 값이 1500바이트 이상이 되면 데이터의 길이(크기)를 나타내는 것이 아니다. 이때의 Length/Type 필드는 Type으로 해석한다. Type이란 데이터에 들어있는 LLC 종류를 의미한다.

FCS는 Frame Check Sequence의 약어이며 이더넷 프레임의 오류 제어를 위하여 사용한다. 또한 32비트(4바이트) 크기이며 CRC-32를 사용한다.

이더넷은 비신뢰적, 비연결적이라는 특징을 가지는 프로토콜이다. 이는 보내는 쪽과 받는 쪽이 합의 없이 통신한다. 또한 응답 메시지(ACK)를 사용하지 않기 때문에 데이터의 전송이 잘 되었는지 확인하지 않는다. 이더넷은 유선에서 자주 사용되는 프로토콜이다. 유선에서는 무선보다 오류가 날 확률이 현저히 적기 때문에 신뢰성과 연결성보다는 속도를 더 중요시 여긴다.

요약

- 데이터 링크 계층을 세분화하면 논리 연결 제어(LLC)와 매체 접근 제어(MAC)로 나눌 수 있다.
- LAN에 관련된 표준은 IEEE에 의해 표준화되었다. IEEE는 여러 개의 표준들을 공표하였는데 그중 802 섹션이 LAN에 관한 표준을 정의하고 있다. 논리 연결 제어(LLC)는 802.2에 정의되어 있으며, 802.3부터 802.22까지가 매체 접근 제어(MAC)에 해당한다.
- 논리 연결 제어(LLC) 하부 계층은 두 노드를 논리적으로 연결하는 계층이다. 또한 LLC는 프레임을 송수신하는 방식을 정하고 상위 계층(네트워크 계층)에 있는 프로토콜과의 인터페이스를 제공한다.
- 매체 접근 제어(MAC) 하부 계층은 여러 종류 LAN의 연결 형태, 데이터 전송 방법, 헤더들을 정의하는 계층이다. IEEE 802.3부터 802.22까지가 MAC 계층에 속한다.
- LAN에서 사용하는 주소를 MAC 주소 혹은 물리적 주소라 부른다. IP 주소는 4바이트로 구성되며 이더넷의 MAC 주소는 6바이트로 구성된다.
- 이더넷은 컴퓨터 네트워크 기술의 하나로, 일반적으로 LAN에서 가장 많이 활용되는 기술 규격이며 IEEE 802.3에 정의되어 있다.
- 이더넷은 CSMA/CD라는 프로토콜을 사용하여 경쟁 방식으로 충돌 문제를 해결한다. CSMA/CD에 참여하는 모든 호스트는 선이 사용 중인지 아닌지를 계속해서 듣고 있다. 선을 사용하는 호스트가 없을 때 전송을 시작한다. 선을 사용하고 있지 않을 경우, 두 개 이상의 호스트가 거의 동시에 데이터를 보낼 수 있다. 이 경우 선 중간에서 신호가 충돌하게 된다. 충돌이 발생하는 경우 데이터 전송을 즉각 멈춘다. 그리고 전체 호스트에게 충돌이 일어났음을 알리는 신호를 보낸다. 충돌을 일으킨 호스트들은 무작위 수를 만들어 일정 시간 기다린다.
- 토큰 링은 예약을 통하여 충돌을 미리 차단하는 방식을 사용한다. 토큰 링에서 호스트들을 원형으로 연결되며, 토큰이라는 빈 패킷이 한쪽 방향으로 계속 회전하고 있다. 전송을 하려는 호스트가 있다면 빈 토큰을 가져가서 토큰에 주소와 데이터를 채운 후 전송한다.
- 이더넷 프레임에서 프리앰블은 프리앰블 7바이트와 SFD 1바이트, 총 8바이트로 구성된다. 프리앰블 다음의 SFD는 프레임이 시작되는 것을 알려준다. 데이터 필드는 상위 LLC 계층에서 전달받은 프레임이 들어간다. 이더넷 프레임의 데이터 크기는 최대 1500바이트로 한정되며 최소 64바이트로 정의되었다.

연습문제

[객관식 문제]

01 IEEE 중 LAN에 대한 표준이 정의된 섹션의 번호는 무엇인가?

❶ 208　❷ 800
❸ 802　❹ 200

02 IEEE 802.2에 정의되어 있고 LAN에서 프레임 처리와 오류제어를 담당하는 하부 계층을 의미하는 단어는 무엇인가?

❶ MAC　❷ Zigbee
❸ LLC　❹ RFID

03 이더넷이 정의된 IEEE 섹션 번호는 무엇인가?

❶ 802.1　❷ 802.2
❸ 802.11　❹ 802.3

04 LAN에서 사용하는 주소 체계가 정의된 데이터 링크 계층의 하부 계층의 이름은 무엇인가?

❶ MAC　❷ Zigbee
❸ LLC　❹ RFID

05 MAC 주소는 몇 바이트로 구성되는가?

❶ 4　❷ 6
❸ 8　❹ 12

06 IP 주소는 몇 바이트로 구성되는가?

❶ 4　❷ 6
❸ 8　❹ 12

07 현재 사용되는 LAN의 대다수를 차지하는 것은 무엇인가?

❶ 토큰 버스 ❷ 토큰 링
❸ 이더넷 ❹ 피코넷

08 와이파이가 정의된 IEEE 섹션 번호는 무엇인가?

❶ 802.1 ❷ 802.2
❸ 802.11 ❹ 802.3

09 다음 LLC 타입 중 비연결형 서비스 방식으로 ACK를 사용하지 않는 것은 무엇인가?

❶ LLC Type 1 ❷ LLC Type 2
❸ LLC Type 3 ❹ LLC Type 4

10 다음 LLC 타입 중 1 대 다 접속 및 슬라이딩 윈도우 프로토콜을 지원하는 것은 무엇인가?

❶ LLC Type 1 ❷ LLC Type 2
❸ LLC Type 3 ❹ LLC Type 4

11 토큰 링이 사용하는 연결 형태는 무엇인가?

❶ 버스 형태 ❷ 링 형태
❸ 메시 형태 ❹ 별 형태

12 이더넷이 사용하는 충돌방지 프로토콜의 이름은 무엇인가?

❶ CSMA/CD ❷ token ring
❸ token bus ❹ CSMA/CA

13 이더넷이 사용하는 100BaseT는 어떤 통신선을 사용하는가?

❶ 전기선 ❷ 광섬유
❸ 동축선 ❹ 꼬임선

14 보기 중 3개와 다른 하나를 고르시오.

❶ CSMA/CD ❷ token ring
❸ multiple access ❹ snooping

15 보기 중 3개와 다른 하나를 고르시오.

❶ 토큰 링 ❷ 빈 토큰
❸ 경쟁 방식 ❹ 예약 방식

16 HDLC 프레임에서 사용되는 유형이 아닌 것은 무엇인가?

❶ information frame ❷ supervisory frame
❸ unnumbered frame ❹ control frame

17 HDLC 프레임에서 오류 제어를 위해 사용하는 필드의 이름은 무엇인가?

❶ Type ❷ padding
❸ FCS ❹ SFD

18 HDLC 프레임에서 포스트앰블로 사용하는 것을 고르시오

❶ 01111110 ❷ DLE ETX
❸ 포스트앰블 사용 안 함 ❹ DLE ETX

19 이더넷 프레임에서 포스트앰블로 사용하는 것을 고르시오

❶ 01111110 ❷ DLE ETX
❸ 포스트앰블 사용 안 함 ❹ DLE ETX

20 이더넷 프레임의 데이터 필드에 들어가는 것은 무엇인가?

❶ MAC 주소 + packet ❷ LLC 헤더 + packet
❸ LLC 헤더 + MAC 주소 ❹ MAC 헤더 + packet

21 이더넷 프레임에서 프레임이 시작되는 것을 알리는 필드의 이름은 무엇인가?

❶ Type ❷ padding
❸ FCS ❹ SFD

22 이더넷 프레임에서 오류 제어를 위해 사용하는 필드의 이름은 무엇인가?

❶ Type ❷ padding
❸ FCS ❹ SFD

23 이더넷 프레임에서 데이터의 최대 크기는 얼마인가?

❶ 500Byte ❷ 2000Byte
❸ 1500Byte ❹ 1000Byte

24 이더넷의 프레임의 최소 크기가 정해져 있다. 이 크기를 맞추기 위해 사용하는 것은 무엇인가?

❶ Type ❷ padding
❸ FCS ❹ SFD

25 이더넷 프레임의 최소 크기는 얼마인가?

❶ 46Byte ❷ 42Byte
❸ 62Byte ❹ 64Byte

26 이더넷 헤더 프레임에서 데이터를 제외한 나머지 부분의 크기는 18바이트이다. 이더넷에서 데이터 + 패딩의 크기는 최소 얼마보다 커야 하는가?

❶ 18Byte ❷ 46Byte
❸ 28Byte ❹ 64Byte

[단답형 문제]

27 IEEE 중 LAN에 대한 표준이 정의된 섹션의 번호는 ______이다.

28 IEEE 802.2에 정의되어 있고 LAN에서 프레임 처리와 오류 제어를 담당하는 하부 계층을 ____ ________라 부른다.

29 이더넷이 정의된 IEEE 섹션 번호는 ________이다.

30 LAN에서 사용하는 주소 체계가 정의된 데이터 링크 계층의 하부 계층의 이름은 __________ ____________ 계층이다.

31 매체 접근 제어(MAC) 주소 체계는 ___바이트로 구성된다.

32 IP 주소 체계는 ___바이트로 구성된다.

33 현재 사용되는 LAN의 대다수를 차지하는 것은 ________이다.

34 와이파이가 정의된 IEEE 섹션 번호는 _________이다.

35 LLC 타입 중 비연결형 서비스 방식으로 ACK를 사용하지 않는 것은 Type ____이다.

36 LLC 타입 중 1 대 다 접속 및 슬라이딩 윈도우 프로토콜을 지원하는 것은 Type ____이다.

37 토큰 링이 사용하는 연결 형태는 ____ 형태이다.

38 이더넷은 개발 초창기에는 ______ 형태를 사용하고, 현재는 별 형태를 사용한다.

39 이더넷이 사용하는 충돌방지 프로토콜의 이름은 ____________이다.

40 이더넷이 사용하는 100BaseT 규격은 통신선 중 ________을 사용한다.

41 모든 호스트들이 통신선의 상태를 감시하는 것을 _____________이라 부른다. 개가 냄새를 맡는다는 의미에서 유래한 단어이다.

42 토큰 링에서 여러 호스트가 통신하고자 하는 경우 예약 방식을 사용한다. 이더넷에서는 ______ 방식을 사용한다.

43 HDLC 프레임에서 사용되는 3가지 유형은 information frame, supervisory frame, ______ ___________ frame이다.

44 HDLC 프레임에서 오류 제어를 위해 사용하는 필드의 이름은 _______이다.

45 HDLC 프레임에서 포스트앰블로 비트 패턴 ____________을 사용한다.

46 이더넷 프레임에서 포스트앰블은 ______.

47 이더넷 프레임의 데이터 필드에 들어가는 것은 LLC 헤더 + _________________이다.

48 이더넷 프레임에서 프레임이 시작되는 것을 알리는 필드의 이름은 _______이다.

49 이더넷 프레임에서 오류 제어를 위해 사용하는 필드의 이름은 _______이다.

50 이더넷 프레임에서 데이터의 최대 크기는 ________Byte이다.

51 이더넷 프레임의 최소 크기가 정해져 있다. 이 크기를 맞추기 위해 사용하는 것을 ___________ 이라 부른다.

52 이더넷 프레임의 최소 크기는 _____Byte이다.

53 이더넷 헤더의 크기는 18Byte이다. 이더넷에서 데이터 + 패딩의 크기는 최소 ______Byte 보다 커야 한다.

[주관식 문제]

54 이더넷에 대하여 아는 대로 기술하시오.

55 CSMA/CD 방식에 대하여 설명하시오.

56 토큰 링 방식에 대하여 설명하시오.

57 CSMA/CD와 토큰 링 방식을 비교하시오.

CHAPTER

08

무선통신 시스템

Section

SECTION 01

와이파이

1 와이파이 개요

와이파이(WiFi)는 와이파이 얼라이언스WiFi alliance의 상표이며, IEEE 802.11 표준 기반인 무선 근거리 네트워크Wireless LAN; WLAN이다. 하나의 LAN선에 여러 개의 컴퓨터, 노트북, 프린터 기기들을 공유하도록 만든 공유기(허브)를 무선으로 연결할 수 있도록 만든 장치이다. 무선 공유기 혹은 무선 LAN이라고도 부른다.

그림 8-1 와이파이 로고와 와이파이를 이용한 유무선 공유기

와이파이가 대중화되면서 컴퓨터뿐 아니라 다양한 주변기기들이 와이파이와 연결되어 편리성을 증가시키고 있다. 대표적인 경우로 프린터가 있다. 프린터를 와이파이로 연결하면 컴퓨터 옆에 붙여 놓지 않아도 출력할 수 있다. 또한 여러 대의 컴퓨터가 프린터를 공유할 수도 있고, 스마트폰에서 바로 출력할 수도 있다.

요즘의 무선 공유기에는 하드디스크나 USB 드라이브를 연결하여 파일 서버로 사용할 수 있는 기능도 추가되었다. 가정이나 회사에 있는 여러 대의 컴퓨터에 나눠진 파일을 하나로 모을 수 있으며 필요한 파일을 공유할 수도 있다. 최신 제품의 경우, 인터넷을 이용하여 외부에서도 파일을 업로드 하거나 다운로드 할 수 있게 지원하는 제품도 선보이고 있다.

마이크로웨이브 주파수는 일반인들에게 친숙한 영역이다. 우리가 사용하는 전자레인지를 영어로 하면 '마이크로웨이브 오븐'이다. 전자레인지는 2.4GHz의 마이크로파를 강하게 쏘아 음식을 데우는 전자기기이다. 마이크로웨이브 영역에 있는 유명한 무선통신 장비가 바로 와이파이이다.

와이파이 규격은 IEEE의 802.11에 명시되어 있기 때문에 802.11 호환 무선 네트워크라고 부른다. 와이파이는 2.4GHz 대역을 사용하며, 요즘 나오는 제품의 경우 5GHz 대역을 지원하기도 한다. 전송속도는 11Mbps에서부터 최대 3.7Gbps까지 지원하는 제품도 선보이고 있다.

표 8-1 와이파이 규격과 특징

분류	IEEE 규격	특징
WiFi 1	802.11b	2.4GHz 사용, 11Mbps
WiFi 2	802.11a	5GHz 사용, 54Mbps
WiFi 3	802.11g	2.4GHz 사용, 최대 54Mbps, 스마트폰 및 노트북 탑재
WiFi 4	802.11n	a/b/g호환, 2.4GHz 및 5GHz 사용, 최대 600Mbps
WiFi 5	802.11ac	차세대 WiFi, 5GHz 주파수 대역만 사용하며 최대 3.7Gbps
WiFi 6	802.11ax	802.11ac의 후속 표준

IEEE 802.11에는 다양한 규격이 명시되어 있다. 가장 대중적인 규격으로는 802.11b, 802.11a, 802.11g, 802.11n, 802.11ac, 802.11ax가 있다. 가장 처음 대중화된 WiFi 1은 802.11b에 명시되어 있다. 2.4GHz 대역을 사용하고 최대 전송량은 11Mbps이다. 스마트폰이나 노트북에 탑재되어 대중화된 것이 WiFi 3이며, 802.11g이다. 최대 54Mbps를 전송할 수 있다. 802.11n(WiFi 4)은 a/b/g와 호환되는 규격으로 2.4GHz 및 5GHz 대역을 모두 사용한다. 최대 600Mbps까지 전송 가능하다.

802.11a(WiFi 2)부터 5GHz 대역을 지원하기 시작하였다. 802.11a 다음에 알파벳 소문자가 붙는 규격들은 5GHz를 지원한다. 특히 802.11ac(WiFi 5)는 5GHz 대역만 사용하며, 최대 3.7Gbps를 지원한다. 최신의 노트북이나 무선 공유기를 구매할 때 802.11ac 규격을 지원하는지 확인하기 바란다.

와이파이는 무선을 사용하기 때문에 물리적으로 무선 공유기에 연결을 할 필요가 없다. 따라서 이더넷과 같은 유선연결 보다는 덜 안전한 편이다. 이러한 이유로 와이파이는 다양한 암호화 기술을 채택하고 있다. 와이파이의 초기 암호화 방식으로 WEP Wired Equivalent Privacy 을 사용하였으나 쉽게 뚫리는 단점이 있었다. 더 높은 품질의 프로토콜(WPA, WPA2)들이 나중에 추가되었다.

여기서 잠깐

요즘의 무선 공유기는 2.4GHz와 5GHz 대역을 모두 지원한다. 신호의 특성상 5GHz의 신호가 데이터를 더 빨리 전송할 수 있으니 되도록 5GHz으로 접속하기 바란다. 다만 5GHz는 데이터 전송량은 높지만 벽이나 장애물을 통과하기 어렵기 때문에 무선 공유기의 위치 선정에 신경써야 한다.

2 CSMA/CA

와이파이에서도 충돌회피 프로토콜이 필요하며, **CSMA/CA**(Collision Avoidance) 방식을 사용한다. 이더넷에서 사용하는 CSMA/CD와 유사한 프로토콜이다. 와이파이와 이더넷 모두 CSMA Carrier Sense Multiple Access 방식을 사용하기 때문에 모든 호스트들이 통신선을 감시하는 것(스누핑)은 똑같다. 통신선이 비었을 때 경쟁적으로 프레임을 전송한다.

CSMA 방식에서 경쟁적으로 프레임을 전송하면 충돌이 발생할 수 있다. 충돌을 처리하는 방식에 따라 유선의 CD Collision Detection 와 무선의 CA Collision Avoidance 방식으로 나뉜다.

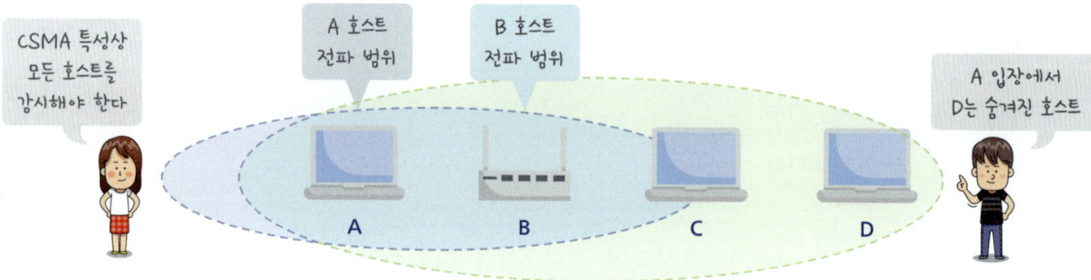

그림 8-2 서로 다른 전파 범위의 문제

유선의 경우 선으로 연결된 호스트들이 모든 신호를 감시할 수 있다. 그러나 무선에서는 호스트마다 도달하는 전파의 범위가 다르기 때문에 여러 가지 문제가 발생할 수 있다. [그림 8-2]와 같이 A 호스트의 전파 범위가 B 와 C 호스트까지만 닿는다고 가정해보자. 이 경우 A 호스트의 입장에서 D 호스트는 숨겨진 호스트이다.

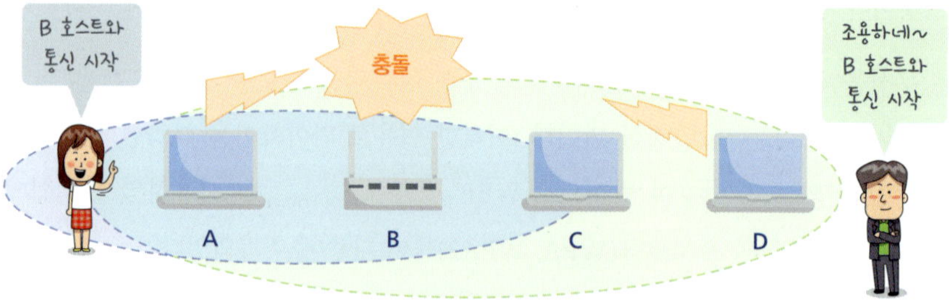

그림 8-3 숨겨진 호스트 문제

A 호스트는 현재 B 호스트와 통신을 하고 있다. B 호스트는 전파가 전체 범위에 도달하기 때문에 B에서 A로 데이터를 전송하는 경우에는 D 호스트가 이를 감지할 수 있다. 그러나 A에서 B로 데이터를 전송하는 경우에는 D 호스트는 이를 감지할 수 없다. 현재 A 호스트에서 B 호스트로 데이터를 전송하고 있다. D 호스트가 이를 감지 못하고 B 호스트에게 데이터를 보내면 충돌이 일어난다. 이러한 문제

를 숨겨진 호스트 hidden host 문제라고 부른다.

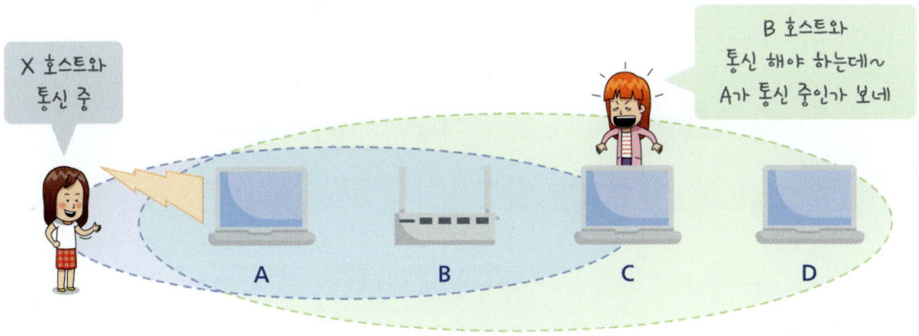

그림 8-4 노출된 호스트 문제

숨겨진 호스트 문제와 더불어 노출된 호스트 문제도 있다. A 호스트는 그림상에는 안 보이는 다른 X 호스트와 통신을 하고 있다. C 호스트는 D 호스트와 통신을 하려 하는데 A 호스트의 신호를 감지하게 된다. C 호스트는 A 호스트가 누구와 통신하고 있는지 모른다. 만약 A가 D와 통신을 하는 경우 C가 D에게 신호를 보내면 충돌이 발생한다. 그래서 C 호스트는 A 호스트가 끝날 때까지 통신을 포기한다. 이를 노출된 호스트 문제라 부른다. 숨겨진 호스트 문제와 달리 노출된 호스트의 문제는 충돌을 발생시키지는 않기 때문에 문제가 되지는 않는다.

숨겨진 호스트 문제를 해결하기 위하여 와이파이에서는 CSMA/CA를 사용한다. CSMA/CA에서는 사용 가능한 모든 채널을 감시하다가 전송이 가능할 때 전송을 시작한다는 점에서 CSMA/CD와 같다. 그러나 데이터 전송 전에 특별한 데이터를 주고받는다.

A와 B 호스트가 통신을 한다고 가정해보자. A 호스트는 B 호스트에게 RTS Request To Send 신호를 보낸다. B 호스트는 허락의 의미로 CTS Clear To Send 신호를 보낸다. RTS와 CTS는 A와 B 호스트가 다른 호스트들에게 통신이 시작됨을 알리는 신호이다.

CSMA/CA 방식에서 모든 통신에는 타임아웃 timeout 이 적용된다. 타임아웃은 언제까지 통신을 끝내겠다는 신호이며 타임아웃 시간은 RTS와 CTS에 명시되어 있다. 따라서 RTS와 CTS를 받은 다른 호스트들은 이 통신이 언제까지 완료되는지를 알게 된다.

다른 호스트들이 통신을 시작하면 나머지 호스트들은 타임아웃 시점까지 가상전송 모드 Network Allocation Vector (NAV 모드)에 진입한다. 가상전송 모드란 누군가 사용 중이기 때문에 전송을 할 수 없는 상태를 의미한다. [그림 8-5]는 위의 그림에서 호스트 A, B, C, D가 주고받는 신호를 나타낸다.

A 호스트가 RTS를 B 호스트에게 전송하면 C 호스트는 A와 B가 통신을 한다는 것을 알게 된다. 따라서 C 호스트는 타임아웃 시점까지 가상전송 모드로 진입한다. A 호스트가 RTS를 B 호스트에게 보낸 경우, A의 숨겨진 호스트 D는 RTS를 받지 못한다. 그러나 B 호스트가 보내는 CTS는 수신할 수 있다.

D 호스트가 CTS를 수신하면 B 호스트가 누군가 통신한다는 것을 감지하고 타임아웃까지 가상전송 모드에 진입한다.

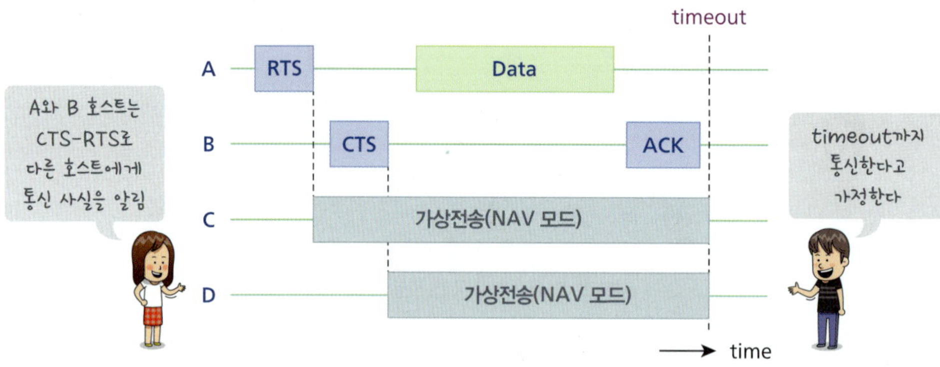

그림 8-5 CSMA/CA 프로토콜

이러한 상황에서 그림에는 없는 E 호스트가 D 호스트와 통신하기 위해 RTS를 보내더라도, D 호스트는 현재 가상전송 모드이기 때문에 CTS를 보낼 수 없다. 따라서 통신을 시작할 수 없다. CSMA/CA 프로토콜은 RTS와 CTS를 사용하여 숨겨진 호스트 문제를 해결하고 충돌을 회피하는 방식이다.

SECTION 02

블루투스와 비콘

1 블루투스 개요

무선 개인 통신망 Wireless Personal Area Network (WPAN)은 개인의 작업 공간에 장치들을 연결하기 위한 컴퓨터 네트워크이다. LAN의 경우 보통 100m 정도까지 통신이 가능한 반면, 무선 개인 통신망은 10m 정도의 거리에서 통신이 가능하다. 무선 개인 통신망의 대표적인 통신규격으로 **블루투스** Bluetooth 가 있다. IEEE 802.15.1에 규정되어 있으며, 블루투스 Special Interest Group(SIG)을 통해 관리되고 있다. [그림 8-6]은 블루투스 로고와 블루투스를 지원하는 기기를 나타낸다. 블루투스 관련 정보는 https://www.bluetooth.com/ko-kr/에서 확인할 수 있다.

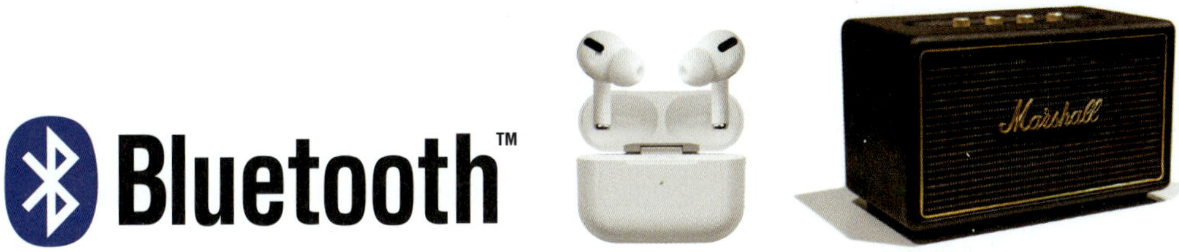

그림 8-6 블루두스 로고와 지원 기기

컴퓨터 관련 기기가 발달하면서 많은 주변장치들이 생겨났다. 초기에는 모든 주변장치들이 선으로 연결되어 사용하기가 복잡했다. 블루투스가 개발되고 난 뒤에는 주변장치들이 무선으로 연결되어 편리하게 사용할 수 있게 되었다. 블루투스를 사용하는 컴퓨터 주변기기로는 마우스와 키보드가 있으며, 스마트폰의 경우 블루투스 스피커로 음악을 듣거나 블루투스 이어폰으로 음악을 들을 수 있다.

블루투스는 기기 간의 간단한 연결을 위해 만들어신 무선동신 시스템이다. 블루투스는 와이파이와 같이 2.4GHz 대역을 사용한다. 무선 장치의 경우 배터리 소모가 가장 중요한 문제이다. 따라서 블루투스는 저전력을 사용하도록 설계되었다. 그래서 전파의 강도가 약하며 약 10m 정도의 거리에서 접속이 가능하다.

블루투스는 1997년 버전 1.0이 발표되었으며 현재에는 블루투스 5.x가 최신 버전이다. [표 8-2]는 블루투스의 주요 버전과 특징을 요약한 것이다.

표 8-2 블루투스 주요 버전과 특징

버전	특징	발표연도
1.0	최초 버전, 723Kbps 전송속도	1997
1.2	1.0버전의 문제해결, IEEE 802.5.1 표준으로 승인	2003
2.0 + EDR	Enhanced Data Rate(EDR)로 전송속도 3Mbps까지 증가	2004
3.0 + HS	High Speed - 802.11을 채용하여 전송속도 24Mbps 증가	2009
4.0	Bluetooth Low Energy(BLE), 단방향 모드 추가	2010
5.0	데이터 도달 거리 향상	2016

블루투스 버전에서 눈여겨봐야 할 것은 버전 4.0에서 추가된 Bluetooth Low Energy(BLE)이다. 사물인터넷이 발달하면서 많은 센서들과의 연결성이 중요해졌다. 전원을 설치하거나 건전지를 자주 갈아주기 힘든 센서들이 존재한다. 이런 센서들을 위해 개발된 것이 Bluetooth Low Energy이다. BLE는 건전지 하나로 수년간 작동할 수 있다. 또한 버전 4.0에서는 단방향 모드가 추가되었다.

2 블루투스 특징

블루투스가 네트워크를 구성하는 방식을 애드혹(Ad-hoc) 방식이라 부른다. 애드혹 방식은 기존의 LAN이나 인터넷망과의 연결 없이 기기들이 네트워크를 구성하는 방식이다.

블루투스 네트워크에는 1개의 마스터 $_{\text{master}}$와 여러 개의 슬레이브 $_{\text{slave}}$로 네트워크가 구성된다. 블루투스 기기를 처음 연결하기 위해서는 페어링 $_{\text{paring}}$을 해야 한다. 페어링은 마스터 기기가 슬레이브 기기를 하나로(쌍으로) 묶는 단계이다. 여기서 마스터는 주 노드, 슬레이브는 종속 노드를 의미한다. 스마트폰에 무선 이어폰을 연결하는 경우, 스마트폰은 마스터가 되고 무선 이어폰은 슬레이브가 된다. 페어링을 통해 한 번 연결된 기기는 이후에 자동으로 연결된다.

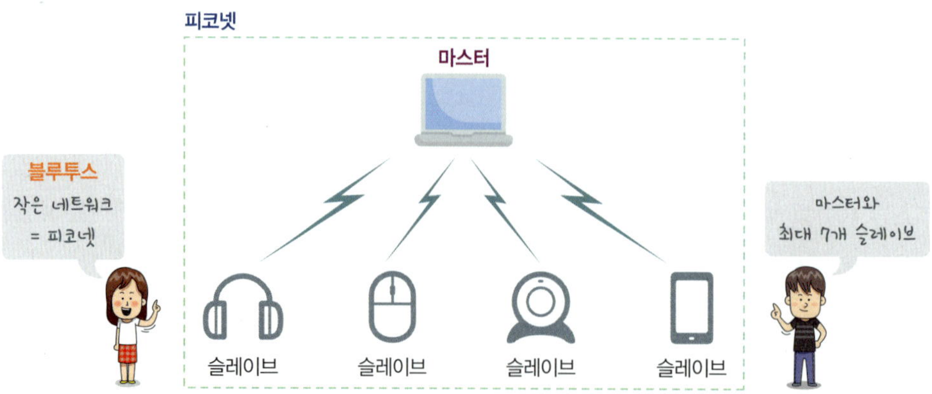

그림 8-7 피코넷

연결 범위 및 연결 기기의 수가 많지 않기 때문에 블루투스 네트워크를 아주 작은 네트워크라는 의미로 피코넷$_{\text{piconet}}$이라 부른다. 피코넷은 전체 8개로 구성되며 1개는 마스터이고 나머지는 7개는 슬레이브가 된다. 여기서 최대 7개의 슬레이브는 활동하는$_{\text{active}}$ 블루투스 기기를 의미한다. 등록은 되어 있지만 쉬고 있는 상태를 파크$_{\text{park}}$ 상태라 부르는데, 파크 상태 기기는 최대 256개까지 가능하다.

블루투스에서는 피코넷을 여러 개 연결할 수 있다. 피코넷을 조합하여 만들어지는 네트워크를 스캐터넷$_{\text{scatternet}}$이라 부른다. 따라서 두 개 이상의 피코넷은 인터워킹을 통해 스캐터넷을 구성한다. 두 피코넷에 공동으로 속하는 노드를 브릿지 슬레이브$_{\text{bridge slave}}$라 부르고 스캐터넷의 마스터로서 동작한다. 피코넷의 마스터는 스캐터넷의 마스터로 동작할 수는 없다.

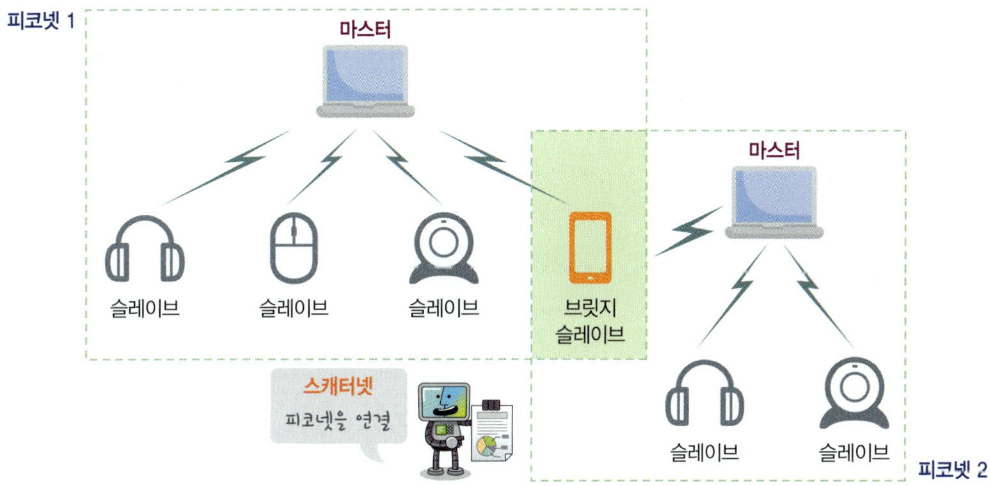

그림 8-8 스캐터넷

3 블루투스 프레임 심화

블루투스에는 버전에 따라 다양한 프레임이 있다. [그림 8-9]는 블루투스의 대표적인 프레임 구조를 나타낸다.

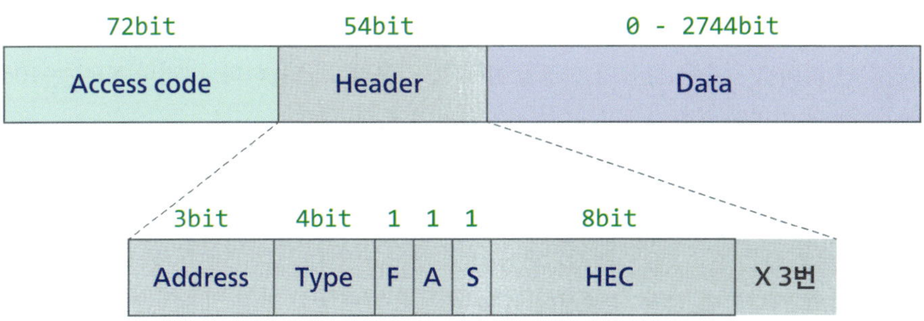

그림 8-9 블루투스 프레임

블루투스 프레임은 크게 72비트의 접근코드 access code, 54비트의 헤더 header, 데이터로 구성된다. 데이터는 없거나 최대 2744비트까지이다. 접근코드에는 프리앰블과 피코넷 프레임과 구별하기 위한 식별자가 들어있다.

헤더에는 같은 내용이 3번 반복되어 들어있다. 한 개의 크기가 18비트이기 때문에 총 54비트이다. 헤더의 처음 3비트는 주소를 나타낸다. 주소는 슬레이브 ID를 의미한다. 앞서 블루투스 한 개의 피코넷에는 최대 7개까지의 슬레이브를 가질 수 있다고 하였다. 주소 필드 3비트가 가질 수 있는 주소는 최대 8개이다. 그중 000 주소는 모든 슬레이브에게 브로드캐스팅하는 주소로 사용한다. 따라서 7개의 슬레이브가 최대이다.

4비트의 Type 필드는 상위 계층으로부터 오는 데이터의 유형을 나타낸다. F는 흐름 제어에 사용되는데, F가 1이면 마스터가 프레임을 수신할 수 없는 상태라는 의미이다. 블루투스는 프레임 전송에 Stop and Wait ARQ를 사용한다. A 필드는 응답 메시지(ACK)를 의미하며, S는 순서를 의미한다. 8비트 HEC는 18비트로 구성된 헤더에 대한 오류 탐색 필드이다. 오류 탐색 방법으로 검사합을 사용한다.

4 비콘

블루투스 통신기술을 응용한 기술로 **비콘** beacon이 있다. 블루투스 비콘이라고도 불린다. 비콘은 스마트기기를 자동으로 인식하여 필요한 데이터를 전송하는 장치이다.

앞서 블루투스 4.0에서 Bluetooth Low Energy(BLE)가 추가되고 단방향 모드가 추가되었다고 설명하였다. 이 단방향 모드를 이용한 것이 비콘이다. 블루투스는 페어링을 한 후에 작동되기 때문에 양방향으로 통신이 이루어져야 한다. 하지만 단방향 모드를 사용하면 페어링 없이 스마트기기에서 블루투스 기기로 데이터를 보낼 수 있다. 또한 블루투스끼리 통신하기 위하여 대기를 할 필요가 없다는 장점이 있다.

비콘을 사용하면 다양한 활용이 가능하다. 예를 들어 자동 출석 시스템에 비콘이 사용된다. 교실 안에 있을 때만 비콘이 인식되기 때문에 사용자의 출석 여부를 쉽게 알 수 있다. 또는 백화점의 매장에 비콘을 설치하여 손님이 어떤 브랜드에 관심을 가지는지 파악할 수도 있다.

이러한 일방적인 데이터 전송은 다음에 설명할 NFC를 사용해도 가능하다. 그러나 NFC는 10cm 안에서만 작동하는데 비하여 비콘은 약 50m까지 송수신이 가능하다.

단점으로는 사용자가 인식하지 못하는 사이에 사용자의 정보가 전송되어 사생활 침해의 문제로 이어진다는 것이다. 비콘 리더기가 나의 정보를 얻는 것이 신경 쓰인다면 스마트폰 설정에서 특정 앱의 블루투스 접근 권한을 차단하면 된다. 이렇게 차단해도 스피커/헤드셋 등의 사용에는 지장이 없다.

SECTION 03

RFID와 NFC

1 ID 코드의 발전

ID 코드 identification code 는 사물을 구분하기 위해 만들어진 정보 체계를 의미한다. 대표적으로 주민등록번호가 있다. 각각의 사람들을 구분하기 위하여 국가가 국민에게 부여하는 ID 코드가 주민등록번호이다. 상품을 생산, 유통, 판매하는 입장에서 보면 각 상품의 ID 코드를 관리하는 것은 매우 중요하다. 컴퓨터가 발달되기 이전에는 제품의 생산, 유통, 판매, 재고관리와 같은 일들을 모두 수기로 하였다. 컴퓨터가 발달됨에 따라 제품관리 작업은 컴퓨터를 사용하여 자동화 되었다.

상품의 ID 코드로 가장 먼저 사용된 것이 바코드 bar code 이다. 바코드는 숫자로 이루어진 코드를 바코드 리더기로 읽어서 사용하는 방식이다. 바코드는 자체적으로 데이터를 가지고 있지 않기 때문에 서버가 연결되어 있을 때만 사용이 가능하다.

 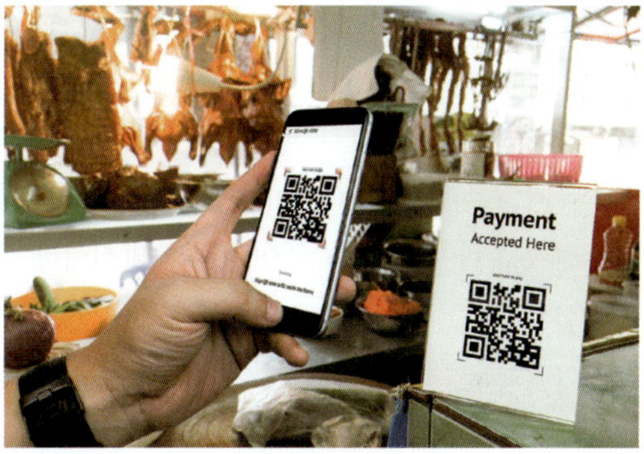

그림 8-10 바코드(좌)와 QR코드(우)

슈퍼마켓에서 계산하기 위해 바코드 리더기로 바코드를 읽으면 해당 숫자가 서버로 전송된다. 서버에서 해당 숫자에 해당하는 계산 정보를 계산대로 다시 보내면 계산이 완료된다. 따라서 서버가 없으면 바코드만으로 계산이 안 된다. 또한 바코드 리더기로 바코드를 읽을 때 위치와 방향이 어긋나면 데이터를 읽을 수 없는 문제가 있다. 바코드를 개선하여 코드에 일정 수준의 데이터를 담을 수 있는 QR코드 Quick Response code 도 선보였다. QR코드는 자체적으로 정보를 가지기 때문에 상품관리뿐 아니라 홈페이지의 연결, 개인정보의 제공과 같이 다양한 곳에 사용되고 있다.

바코드와 QR코드의 가장 큰 문제는 보안성이다. 바코드와 QR코드가 가지고 있는 정보들은 누구나 볼 수 있고 쉽게 복사가 가능하다. 따라서 바코드나 QR코드는 상품의 분류나 간단한 정보 제공과 같이 보안의 문제가 없는 경우에만 사용할 수 있다. 신용카드나 출입카드와 같이 보안에 민감한 곳에는 사용이 불가능하다.

보안에 민감한 곳에 사용하기 위해 만들어진 ID 코드 시스템이 RFID이다. **RFID** Radio Frequency IDentification 는 라디오 주파수 대역을 사용하여 ID 정보를 전달하는 시스템으로 일명 전자태그로 불린다.

2 RFID의 특징

RFID는 능동형, 수동형, 반수동형의 3가지로 나눌 수 있다. 능동형의 경우 기존의 네트워크 장비와 마찬가지로 자체적인 배터리를 사용하여 통신하는 장치이다. 배터리를 사용하게 되면 제품의 크기를 작게 만들기 어렵고, 배터리를 작게 만들면 자주 교환하거나 충전시켜야 해서 불편하다. 이와 달리 수동형 RFID는 자체적으로 배터리나 전기를 가지지 않는 통신시스템이다. 반수동형은 능동형과 수동형의 장점을 합쳐 놓은 형태이다.

수동형 RFID를 살펴보자. RFID는 데이터를 가진 RFID 태그 tag 와 RFID 리더기로 구성된다. 태그 안의 작은 칩 chip 에 암호화된 정보가 담겨져 있다. 정보는 최대 1MB까지 담을 수 있다. 배터리를 포함하지 않는 RFID 태그는 전자기 유도 방식으로 통신한다.

전자기 유도 방식은 무선 충전기의 원리와 유사하다. RFID 태그를 보면 데이터를 보관하고 있는 칩 주위로 가늘고 기다란 안테나가 달려있다. 이 안테나가 전파를 수신하면 전파가 전기로 변환된다. 전파를 전기로 바꾸는 것을 전자기 유도 방식이라 부른다.

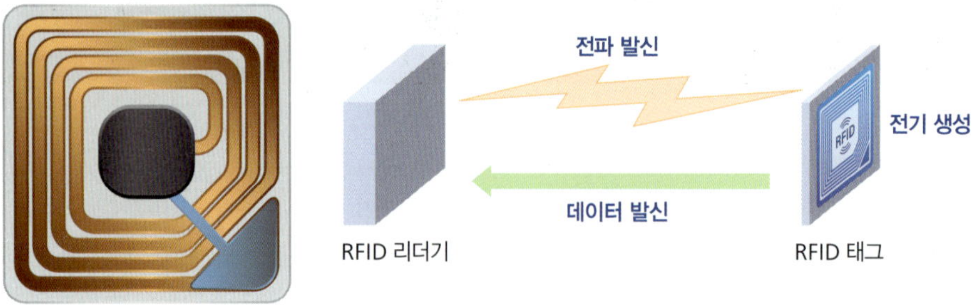

그림 8-11 RFID 태그 구조(좌)와 RFID의 데이터 전송 방식(우)

수동형 RFID 시스템에서는 RFID 리더기가 전파를 쏘면 태그에 달린 안테나가 전파를 받아서 전기로 만들고, 만들어진 전기를 사용하여 데이터를 전송한다. 이러한 특징으로 인하여 먼 거리에서도 태그를 읽을 수 있으며, 리더기와 태그 사이에 물체가 있어도 이를 통과하여 데이터를 보낼 수 있다.

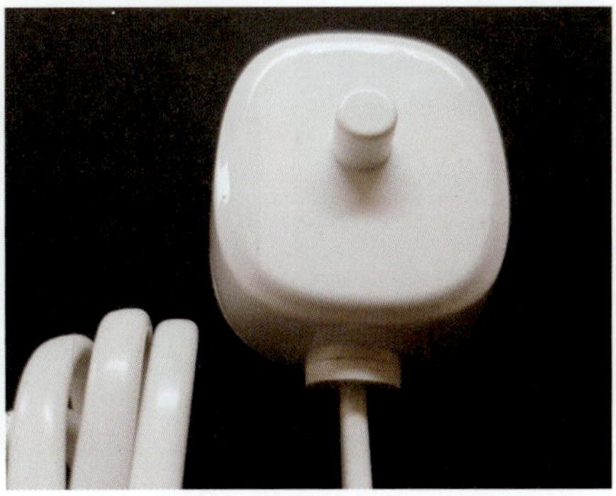

그림 8-12 전자기 유도 방식의 무선 충전 시스템

전자기 유도 방식을 사용하는 제품은 주위에서도 흔히 볼 수 있다. 휴대폰의 무선 충전 시스템이 전자기 유도 방식으로 전파를 전송하여 충전한다. 또한 전동칫솔도 전자기 유도 방식을 사용하기 때문에 충전기에 올려놓기만 해도 충전이 된다. 안테나로 수신된 전파를 전기로 변환하여 충전하는 원리이다.

RFID는 전파를 이용하기 때문에 많은 양의 데이터를 쉽게 읽을 수 있어 다양한 곳에서 사용된다. 예를 들어, 도서관의 책 반납 시스템이나 아파트의 출입관리 시스템 등에 활용되고 있다. 하이패스라 불리는 고속도로 통행카드도 RFID 태그를 사용한다. 상난의 리더기가 진파를 쏘면 대그기 순간적으로 반응하여 데이터를 보낸다. 원래 RFID는 10cm 정도의 거리에서 작동하지만, 하이패스의 경우 단말기가 RFID 신호를 증폭시켜 보내기 때문에 자동차가 시속 100km로 움직이는 순간에도 데이터 전송이 가능하다.

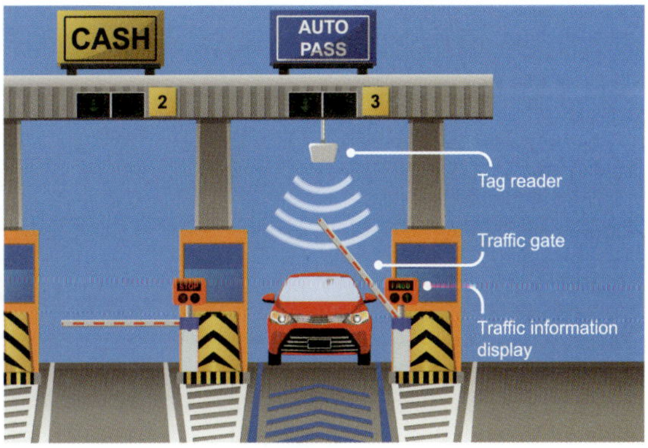

그림 8-13 RFID를 이용한 출입관리 시스템(좌)과 하이패스 시스템(우)

또한 태그는 데이터를 암호화할 수 있어 도난이나 사용자 인증 시스템에 사용된다. 대형 회사들의 입출입 카드나 신용카드에 사용되고 슈퍼마켓이나 쇼핑몰의 도난방지 시스템에도 이용된다. 슈퍼마켓이나 쇼핑몰의 입구에 [그림 8-14]와 같은 커다란 판이 서있는 것을 본 적이 있을 것이다. 이 커다란 판이 RFID 리더기이다. 소비자가 물건을 계산하지 않고 가지고 나가면 RFID 태그를 읽어 경고를 한다.

그림 8-14 RFID 리더기(좌) RFID 태그가 달린 물품들(중, 우)

RFID 태그는 전파를 수신해야만 전기를 만들어 데이터를 송신할 수 있기 때문에 환경에 따라 완벽하게 동작하지 못하는 경우가 있다. 예를 들어, 은박지로 태그를 감싸면 은박지가 전파를 차단하여 태그에 있는 데이터를 읽을 수 없다. 또한 RFID 리더기와 태그가 정면으로 마주봐야지만 전파가 전기를 생성할 수 있다. 태그를 리더기와 마주보지 않도록 하면 태그 데이터를 읽을 수 없다. 또한 책이 3권 이상 쌓여 있으면 맨 아래 책의 RFID는 읽을 수 없다. 너무 두꺼운 책은 전파가 지나가기 어렵기 때문이다.

3 RFID의 기술적 특징

RFID는 작동 방식은 3가지로 분류된다. 태그에 전원이 없고 전자기 유도 방식으로 통신하는 RFID를 수동형 Passive RFID라 한다. 가격은 저렴하지만 인식거리가 짧아 물류나 유통에 사용된다.

능동형 Active RFID는 태그에 자체적인 전원을 가지고 있는 방식이다. 고가이고 정확도가 높으며 인식거리가 길다는 장점이 있다. 군수나 의료 분야와 같이 중요도가 높은 분야에 사용된다.

반수동형 Semi-passive RFID란 수동형과 능동형의 장점을 합쳐놓은 것이다. 태그 발신기가 있어 수동형 태그의 신호를 증폭하여 발신하는 방식이다. 대표적으로 고속도록 하이패스가 있다. 고속도로 하이패스 단말기에 수동형 RFID 태그를 넣으면 단말기가 강력한 전파를 사용하여 리더기에게 정보를 발신해 준다.

표 8-3 RFID 사용 주파수 대역별 특징

주파수	인식거리	동작방식	특징
125, 134kHz	~ 10cm	수동형	현재 가장 많이 사용, 출입통제 및 보안
13.56MHz	~ 30cm	수동형	투과성이 우수, 교통카드, 스마트카드
433.92MHz	~ 100m	능동형	실시간 위치 추적, 콘테이너 식별
860~960MHz	~ 10m/~ 100m	수동/능동	상품 유통
2.45GHz	~ 30cm/~ 1km	수동/능동	위조방지 및 톨게이트 시스템

[표 8-3]은 RFID가 사용하는 주파수 대역과 그 특징을 요약한 것이다. 수동형의 경우, 125kHz, 134kHz, 13.56MHz 대역이 사용되며 인식거리는 10 ~ 30cm정도이다. 주로 물류, 출입통제, 보안, 교통카드 등에 사용된다.

4 NFC

NFC Near Field Communication 는 13.56MHz 대역의 주파수를 사용하는 초근거리 무선통신 기술이다. NFC를 지원하는 스마트폰의 경우, 신용카드를 대신하여 결제를 하거나 자신의 정보를 다른 스마트폰으로 전송하는 데 사용된다. 현재 지원되는 데이터통신 속도는 초당 424Kbps이며, P2P 네트워크이다.

앞에서 설명한 RFID도 13.56MHz 대역을 사용할 뿐 아니라 그 외의 주파수를 사용한다. 일반적으로 NFC가 RFID 기술을 기반으로 만들어졌다고 생각하면 된다. 따라서 RFID가 NFC 기술을 포함하고 있다.

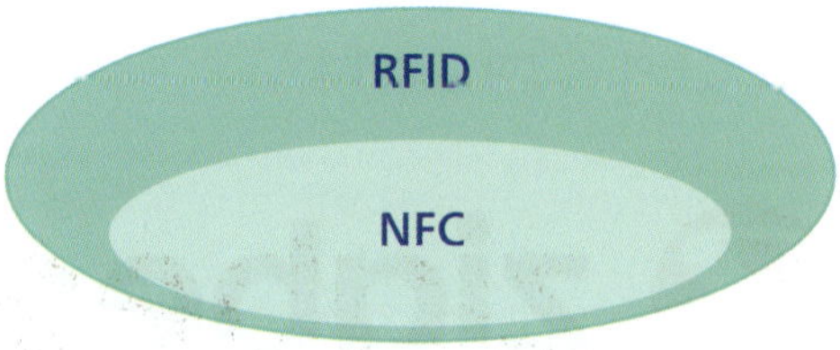

그림 8-15 NFC와 RFID의 관계

그렇다고 해서 RFID와 NFC가 같은 기술은 아니다. 우선 RFID가 NFC보다 수신 범위가 길다. NFC는 수신 범위가 고작 10cm 정도이다.

가장 큰 차이점은 RFID는 단방향 통신이고, NFC는 양방향 통신이다. RFID는 태그와 리더 역할이 고정되어 있다. 예를 들어 교통카드의 경우 태그의 역할로서 정보를 내주는 역할(출력)만 수행하고, 버스에 부착된 카드리더는 교통카드(태그)에서 정보를 읽는 역할만 수행한다. 반면 NFC는 상황에 따라 태그와 리더 역할을 변경할 수 있다. 예를 들어 NFC 기능이 내장된 스마트폰의 경우 신용카드 모드를 사용할 땐 태그로서의 역할을 수행하는 것이고, NFC 태그에 갖다 대거나 다른 교통카드의 잔액을 확인할 때는 리더 역할을 수행하는 것이다.

SECTION

04 지그비

1 지그비(zigbee)

사물인터넷 Internet of Thing; IoT 이 발달하면서 각종 센서들과 기기들이 인터넷에 연결되기 시작하였다. 자동차들이 통신을 하는 무인 자동차의 시대가 다가오고, 집안의 장치들은 스마트폰으로 제어하는 시대가 되었다. 현관문에 달린 잠금장치만 하더라도 외부에서 스마트폰으로 문이 열린 상태를 확인하고 문을 자동으로 열 수가 있다.

사물인터넷과 관련된 센서 및 기기들은 높은 주파수 대역폭을 필요로 하지 않는다. 그러나 배터리 교체 없이 장기간 사용이 가능해야 하고 짧은 대기시간을 필요로 한다. 또한 기기들이 넓은 지역에 퍼져 있을 수 있기 때문에 먼 거리까지 데이터를 전송하면서도 낮은 에너지를 소비하는 장비 개발이 필요했다. 이러한 사양을 만족시키는 기술이 지그비 zigbee 이다.

zigbee

그림 8-16 지그비 로고

지그비는 낮은 수준의 전송속도를 필요로 하면서도 긴 배터리 수명과 보안성을 요구하는 분야에서 사용된다. 주기적 또는 간헐적인 단순 신호를 전달해야 하는 네트워크에 적합하다. 응용 분야로는 무선 조명 스위치, 전력량계, 교통관리 시스템, 산업용 센서 등에 사용된다.

지그비는 IEEE 802.15.4에 등재된 기술이다. 2.4GHz를 사용하고 전송률은 최대 250Kbps까지 가능하다. 유니캐스트, 멀티캐스트, 브로드캐스트를 모두 지원하고, 128비트 대칭키 암호화를 이용한 보안을 제공한다. 또한 충돌방지 프로토콜로 CSMA-CA를 사용한다.

지그비는 별 형태, 클러스터 트리 형태, 메시 mesh 형태의 네트워크를 구성할 수 있다. 메시 형태란 장치들이 그물 형태로 연결되는 구조이다. 지그비 네트워크에는 3가지 종류의 노드들이 있다. 지그비 코디네이터 Zigbee coordinator 는 가장 중요한 노드로 네트워크를 형성하고 다른 네트워크들과 연결을 담당한다. 각각의 네트워크에는 한 개의 코디네이터 노드가 있다. 지그비 코디네이터는 네트워크에 관한 정보를 저장할 수 있고, 보안 키를 위한 저장소로서의 역할을 한다.

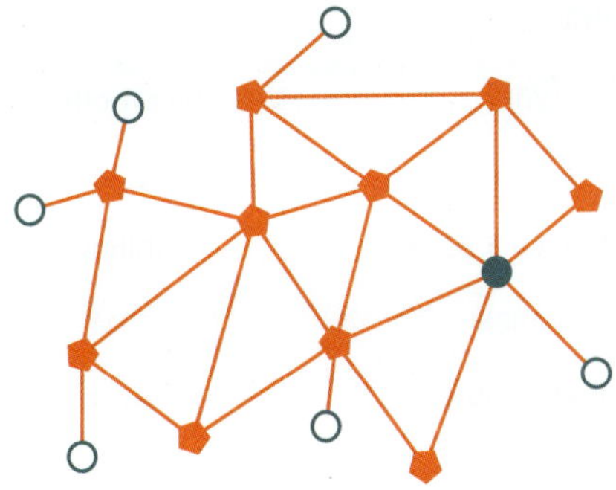

그림 8-17 지그비의 메시 형태 네트워크

지그비 라우터 Zigbee router 는 애플리케이션 기능뿐만 아니라, 다른 노드로부터 데이터를 전달하는 기능을 수행한다. 지그비 엔드 디바이스 end device 는 다른 노드와 통신하는 노드이다. 이러한 관계는 노드가 오랜 시간을 대기할 수 있도록 하여 배터리 수명을 더욱 길게 연장할 수 있다.

2 주요 무선통신 시스템 비교

지금까지 설명한 무선통신 시스템 중 와이파이, 블루투스, 지그비를 비교해보자. 각각의 무선통신 시스템이 만들어진 배경이 다르다. 와이파이의 경우 기존의 LAN에 사용되던 공유기를 무선으로 대체하기 위해 만들어졌다.

과거에는 컴퓨터와 주변장치를 선으로 연결하였는데 이를 대체하기 위해 만들어진 것이 블루투스이다. 따라서 요즘엔 블루투스를 지원하는 키보드, 마우스, 이어폰, 스피커들이 많이 출시되고 있다.

지그비는 사물인터넷이 발달하면서 저전력으로 통신하기 위한 센서나 기기들을 연결하려는 목적으로 만들어진 통신 기술이다. 주로 가정용 무선 스위치나 산업용 센서들에 활용되는 기술이다.

이러한 특성으로 인하여 전송속도와 전파거리는 각각 다르다. 와이파이의 경우 11Mbps에서 최대 3.7Gbps에 이르는 높은 전송속도를 가진다. 또한 전파거리도 100m에 이른다. 이에 비해 블루투스는 10m 안쪽에서 통신되고, 24Mbps(블루투스 4.0 기준)의 전송속도를 가진다. 지그비는 비록 전송속도는 250Kbps로 낮지만 전파거리가 100m에 이른다.

표 8-4 와이파이, 블루투스, 지그비 비교

	WiFi	Bluetooth	Zigbee
응용	무선 공유기	케이블 대체	모니터링 및 컨트롤
전송속도	11Mbps ~ 3.7Gbps	24Mbps	250Kbps
전파거리	~ 100M	~ 10M	~ 100M
주파수	2.4 혹은 5GHz	2.4GHz	2.4GHz
표준	IEEE 802.11	IEEE 802.15.1	IEEE 802.15.4
전력소비	높음	중간	낮음

와이파이, 블루투스, 지그비의 유사점은 모든 IEEE 802에 규정되어 있고, 2.4GHz 대역을 사용하는 기기라는 것이다. 와이파이의 경우 추가적으로 5GHz도 사용한다. 전력소비에 있어서 지그비가 가장 낮은데 이는 센서에 있는 배터리로 오랜 기간 동안 통신이 가능하도록 설계되었기 때문이다.

요약

- 와이파이는 IEEE 802.11 표준에 기반한 무선 근거리 네트워크이다. 하나의 LAN선에 여러 개의 컴퓨터, 노트북, 프린터를 공유하도록 만든 공유기(허브)를 무선으로 연결할 수 있게 만든 장치이다. 무선 공유기 혹은 무선 LAN이라고 부른다.

- 와이파이에서는 CSMA/CA를 사용하는데, 사용 가능한 모든 채널을 감시하다가 전송 가능할 때 전송을 시작한다는 점에서 CSMA/CD와 같다. 그러나 데이터 전송 전에 특별한 데이터를 주고받는다. A와 B 호스트가 통신을 하는 경우, A는 B에게 RTS 신호를 보내고, B는 허락의 의미로 CTS를 보낸다. CSMA/CA 방식에서 모든 통신에는 타임아웃이 적용된다. 다른 호스트들이 통신을 시작하면 나머지 호스트들은 타임아웃 시점까지 가상전송 모드(NAV 모드)에 진입한다.

- 무선 개인 통신망의 대표적인 통신규격으로 블루투스가 있다. 블루투스의 네트워크 구성방식은 애드혹(Ad-hoc)이다. 블루투스 기기를 처음 연결하기 위해서는 페어링을 해야 한다. 연결 범위 및 연결 기기의 개수가 많지 않기 때문에 블루투스 네트워크를 아주 작은 네트워크란 의미로 피코넷이라 부른다. 피코넷은 전체 8개로 구성되며 1개는 마스터이고 나머지는 7개는 슬레이브가 된다. 블루투스에서는 피코넷을 여러 개 연결할 수 있다. 피코넷을 조합하여 만들어지는 네트워크를 스캐터넷이라 부른다.

- RFID는 능동형, 수동형, 반수동형의 3가지로 나눌 수 있다. 수동형 RFID는 데이터를 가진 RFID 태그와 RFID 리더기로 구성된다. RFID 태그는 전자기 유도 방식으로 통신한다. 전자기 유도 방식은 무선 충전기의 원리와 유사하다. RFID 태그를 보면 데이터를 보관하고 있는 칩 주위로 가늘고 기다란 안테나가 달려있다. 이 안테나가 전파를 수신하면 전파가 전기로 변환된다. 전파를 전기로 바꾸는 것을 전자기 유도 방식이라 부른다. 수동형 RFID 시스템에서는 RFID 리더기가 전파를 쏘면 태그에 달린 안테나가 전파를 받아서 전기로 만들고, 만들어진 전기를 사용하여 데이터를 전송한다.

- NFC은 13.56MHz 대역의 주파수를 사용하는 초근거리 무선통신 기술이다. RFID가 NFC 기술을 포함하고 있다. 가장 큰 차이점은 RFID는 단방향 통신이고, NFC는 양방향 통신이라는 것이다.

- 사물인터넷과 관련된 센서 및 기기들은 높은 주파수 대역폭을 필요로 하지 않는다. 그러나 배터리 교체 없이 장기간 사용이 가능해야 하고 짧은 대기시간을 필요로 한다. 또한 기기들이 넓은 지역에 퍼져 있을 수 있기 때문에 먼 거리까지 데이터를 전송하면서도 낮은 에너지를 소비하는 장비개발이 필요했다. 이러한 사양을 만족시키는 기술이 지그비이다.

연습문제

[객관식 문제]

01 IEEE 802.11은 어떤 통신 장치에 대한 규격인가?

❶ Bluetooth ❷ WiFi
❸ RFID ❹ Zigbee

02 무선 LAN에 사용되는 규격은 무엇인가?

❶ Bluetooth ❷ WiFi
❸ RFID ❹ Zigbee

03 WiFi 5 (802.11ac)가 사용하는 주파수 대역은 무엇인가?

❶ 2.0GHz ❷ 2.4GHz
❸ 3.7GHz ❹ 5GHz

04 WiFi 1 (802.11b)가 사용하는 주파수 대역은 무엇인가?

❶ 2.0GHz ❷ 2.4GHz
❸ 3.7GHz ❹ 5GHz

05 와이파이가 사용하는 충돌방지 프로토콜의 이름은 무엇인가?

❶ CSMA/CD ❷ token ring
❸ token bus ❹ CSMA/CA

06 CSMA/CA에서 통신을 시작하는 쪽에서 보내는 시그널은 무엇인가?

❶ CTS ❷ NAV
❸ RTS ❹ ECS

07 CSMA/CA에서 통신을 허락할 때 보내는 시그널은 무엇인가?

❶ CTS ❷ NAV
❸ RTS ❹ ECS

08 CSMA/CA에서 다른 노들들이 통신을 시작하는 것을 알게되는 경우 진입하게 되는 모드를 가리키는 단어는 무엇인가?

❶ CTS ❷ NAV
❸ RTS ❹ ECS

09 IEEE 802.15.1에 정의되고 10m 안쪽에서 통신하는 무선통신 시스템의 이름은 무엇인가?

❶ Bluetooth ❷ WiFi
❸ RFID ❹ Zigbee

10 마우스나 키보드, 무선 이어폰과 같은 주변 장치들을 연결하기 위해 만든 무선통신 규격은 무엇인가?

❶ Bluetooth ❷ WiFi
❸ RFID ❹ Zigbee

11 블루투스 규격 중 저전력 블루투스(BLE)와 단방향 모드가 추가된 것은 어느 버전부터인가?

❶ 1.0 ❷ 2.0
❸ 3.0 ❹ 4.0

12 블루투스 네트워크와 같이 작은 네트워크를 가리키는 단어는 무엇인가?

❶ 이더넷 ❷ 피코넷
❸ 토큰 링 ❹ 메시

13 블루투스에서 통신을 시작하기 전에 기기를 하나로 묶는 과정을 무엇이라 부르는가?

❶ 스캐터넷 ❷ 피코넷
❸ 페어링 ❹ 파크

14 블루투스 네트워크에서 마스터를 제외한 활동 중인 슬레이브의 최대 개수는 얼마인가?

❶ 256 ❷ 16
❸ 8 ❹ 7

15 블루투스에서 두 개 이상의 네트워크를 하나로 연결한 것을 무엇이라 부르는가?

❶ 스캐터넷 ❷ 피코넷
❸ 페어링 ❹ 파크

16 블루투스에서 주소 필드는 몇 비트인가?

❶ 2 ❷ 3
❸ 4 ❹ 7

17 블루투스의 주소 필드에서 000번 주소는 어디에 사용되는가?

❶ P2P ❷ 멀티캐스팅
❸ 유니캐스팅 ❹ 브로드캐스팅

18 스마트기기를 자동으로 인식하며, 50m까지 데이터 송수신이 가능한 무선통신 규격은 무엇인가?

❶ beacon ❷ WiFi
❸ RFID ❹ Zigbee

19 라디오 주파수 대역을 사용하고 초근거리 통신에 이용되는 무선통신 규격은 무엇인가?

❶ Bluetooth ❷ WiFi
❸ RFID ❹ Zigbee

20 RFID의 종류가 아닌 것은 무엇인가?

❶ 능동형 ❷ 반수동형
❸ 수동형 ❹ 메시형

21 13.56MHz 대역의 주파수만 사용하는 초근거리 네트워크를 가리키는 단어는 무엇인가?

❶ Bluetooth ❷ NFC
❸ RFID ❹ Zigbee

22 30cm 안쪽의 초근거리 네트워크로 단방향 통신을 지원하는 무선통신 시스템은 무엇인가?

❶ Bluetooth ❷ WiFi
❸ RFID ❹ Zigbee

23 사물인터넷의 각종 센서들을 연결하기 위해 만들어진 것으로 적은 배터리 소모와 먼 통신거리를 가지는 무선통신 시스템은 무엇인가?

❶ Bluetooth ❷ WiFi
❸ RFID ❹ Zigbee

24 지그비 네트워크를 이루는 3가지 종류의 노드에 해당하지 않는 것은 무엇인가?

❶ 코디네이터 ❷ 라우터
❸ 허브 ❹ 엔드 디바이스

25 250Kbps의 느릴 전송속도와 100m의 전파거리를 가지는 무선통신 시스템은 무엇인가?

❶ Bluetooth ❷ WiFi
❸ RFID ❹ Zigbee

26 5GHz 대역폭을 사용하는 무선통신 시스템은 무엇인가?

❶ Bluetooth ❷ WiFi
❸ NFC ❹ Zigbee

27 가장 짧은 거리에서 통신이 가능한 무선통신 시스템은 무엇인가?

❶ Bluetooth ❷ WiFi
❸ NFC ❹ Zigbee

28 나머지 3가지와 공통되는 주파수 대역이 없는 무선통신 시스템은 무엇인가?

❶ Bluetooth ❷ WiFi
❸ NFC ❹ Zigbee

[단답형 문제]

29 IEEE 802.11은 ____________ 무선통신 규격이다.

30 무선 LAN에 사용되는 무선통신 규격의 이름은 ________ 이다.

31 WiFi 5 __________가 사용하는 주파수 대역은 ________ 이다.

32 WiFi 1 _________가 사용하는 주파수 대역은 __________ 이다.

33 와이파이가 사용하는 충돌방지 프로토콜의 이름은 ____________ 이다.

34 CSMA/CA에서 통신을 시작하는 쪽에서 보내는 시그널은 ______ 이다.

35 CSMA/CA에서 통신을 허락할 때 보내는 시그널은 ______ 이다.

36 CSMA/CA에서 다른 노드로부터 RTS를 수신하는 경우 진입하게 되는 모드가 ____________ ______ 모드이다.

37 CSMA/CA에서 다른 노드로부터 CTS를 수신하는 경우 진입하게 되는 모드가 ____________ ______ 모드이다.

38 CSMA/CA에서 다른 노드들이 통신하는 것으로 확인되어 데이터를 전송하지 못하는 상태를 _ ________________ 모드라 부른다.

39 IEEE 802.15.1에 정의되고 10m 안쪽에서 통신하는 무선통신 시스템은 ____________이다.

40 마우스나 키보드, 무선 이어폰과 같은 주변 장치들을 연결하기 위해 만든 무선통신 규격이 _ ___________ 이다.

41 블루투스 규격 중 저전력 블루투스(BLE)와 단방향 모드가 추가된 것은 ______ 버전 이후 부터 이다.

42 블루투스 네트워크와 같이 작은 네트워크를 가리키는 단어는 ________이다.

43 블루투스에서 통신을 시작하기 전에 기기를 하나로 묶는 과정을 ________이라 부른다.

44 블루투스 네트워크에서 마스터를 제외한 활동 중인 슬레이브의 최대 개수는 ___ 개이다.

45 블루투스 두 개 이상의 네트워크를 하나로 연결한 것을 _________이라 부른다.

46 블루투스에서 주소 필드는 ___ 비트이다.

47 블루투스 주소 필드에서 000번 주소는 _______ 캐스팅에 사용된다.

48 스마트기기를 자동으로 인식하며, 50m까지 데이터 송수신이 가능한 무선통신 규격은 ______ _____이다.

49 라디오 주파수 대역을 사용하고 초근거리 통신에 이용되는 무선통신 규격은 ________ 이다.

50 RFID의 종류로는 반수동형, 수동형, ________이 있다.

51 RFID의 반수동형, 수동형, 능동형 중 전자기 유동 방식을 사용하는 것은 ________ 이다.

52 13.56MHz 대역의 주파수만 사용하는 초근거리 네트워크는 ________ 이다.

53 30cm 안쪽의 초근거리 네트워크로 단방향 통신을 지원하는 무선통신 시스템은 ________ 이다.

54 사물인터넷의 각종 센서들을 연결하기 위해 만들어진 것으로 적은 배터리 소모와 먼 통신거리를 가지는 무선통신 시스템은 ________ 이다.

55 지그비 네트워크를 이루는 3가지 종류의 노드로 코디네이터, ________, 엔드 디바이스가 있다.

56 250Kbps의 적은 전송속도와 100m의 전파거리를 가지는 무선통신 시스템은 ________이다.

57 가장 짧은 거리에서 통신이 가능한 무선통신 시스템은 ________이다.

[주관식 문제]

58 CSMA/CA에 대하여 설명하시오.

59 블루투스의 특징을 설명하시오.

60 RFID에 대하여 논하시오.

61 RFID와 NFC의 차이점을 논하시오.

62 지그비에 대하여 설명하시오.

Data Communication and **Networking**

PART

IV

네트워크 계층
Network Layer

Part IV Preview

› 인터넷은 네트워크 계층과 전송 계층으로 이루어진다. 네트워크 계층의 역할은 전송 계층에서 보내온 데이터를 패킷에 넣어 목적지까지 전달하는 것이다. 따라서 네트워크 계층에서 가장 중요한 작업은 목적지까지 데이터를 전달할 수 있는 경로를 찾는 것(routing)이다. 이러한 경로를 만들고 관리하는 기계가 라우터이다.

› 인터넷은 주체가 다른 독립적인 네트워크가 라우터로 연결된 것이다. 인터넷에 연결된 각 네트워크는 다룰 수 있는 데이터 크기가 제각각이며 시시각각으로 전송량도 변한다. 또한 어떤 라우터는 고장 나기도 하고, 새로운 라우터가 들어오기도 한다. 이렇게 복잡한 네트워크에서 목적지까지의 경로를 찾아 패킷을 전달하는 것은 쉬운 일이 아니다. 그래서 패킷이 사라지기도 하고 일부가 훼손되어 도착하기도 한다. 이런 문제를 해결하는 것이 전송 계층의 역할이다. 그래서 인터넷을 사용할 때는 TCP/IP를 같이 사용한다.

› 네트워크 계층에서 사용하는 주소 체계인 IP 주소를 비롯한 서브넷 마스크, DNS, 게이트웨이와 같은 단어들의 의미와 필요성을 9장에서 설명한다. 네트워크가 목적지까지 데이터를 보내기 위한 다양한 라우팅 알고리즘이 개발되었는데 각 라우팅 알고리즘의 특징을 10장에서 설명한다. 네트워크 계층의 주요 프로토콜인 IP가 직면하는 문제들을 살펴보고 이를 해결하는 방법을 11장에서 설명한다. 또한 11장에는 IP 헤더를 분석한다. 하나의 네트워크는 여러 개의 서브넷으로 분할할 수 있다. 네트워크를 분할하는 방법을 12장에서 설명한다. 또한 12장에서는 ARP, RARP, DHCP와 같은 네트워크 계층에 속한 프로토콜들의 특징에 대하여 설명한다.

Data Communication and **Networking**

CHAPTER

09

네트워크 계층

Section

SECTION 01 네트워크 계층

1 네트워크 계층의 이해 필수

네트워크 계층(3번)은 아래쪽으로 데이터 링크 계층(2번)과 물리 계층(1번)이 있고, 위로는 전송 계층(4번)이 있다. 데이터 링크 계층과 물리 계층을 하나로 묶으면 LAN이다. 앞서 TCP/IP 계층 모델에서는 TCP/IP를 중심으로 하부 계층을 LAN으로 묶었다. 이렇게 여러 종류의 LAN으로 묶여진 네트워크를 인터넷이라 부른다.

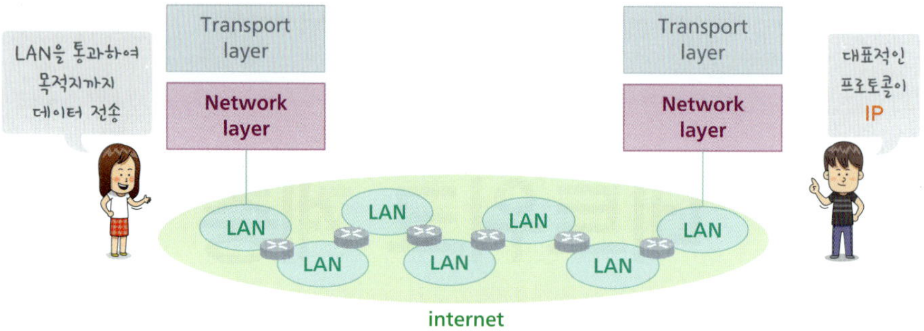

그림 9-1 네트워크 계층의 위치

네트워크 계층을 대표하는 프로토콜은 IP Internet Protocol 이다. 인터넷에서 LAN들을 지나 데이터를 전달하기 위해 만든 것이 IP이다. 각 계층마다 다루는 데이터의 크기가 정해져 있다. 앞서 배운 데이터 링크 계층에서는 전송 가능한 데이터 한 개를 프레임이라 부른다. IP가 사용하는 데이터는 패킷 packet 이라고 한다. 패킷은 전송 계층에서 전달된 TPDU Transport Protocol Data Unit 에 IP 헤더가 붙은 형태, 즉 패킷 = IP 헤더 + TPDU이다. 스마트폰 데이터 요금제를 살펴보면 '패킷당 20원'과 같이 패킷 단위로 과금하는 것을 알 수 있다.

네트워크 계층의 가장 중요한 역할은 전송 계층에서부터 전달된 데이터를 패킷에 넣어 목적지까지 전달하는 것이다. LAN에서 물리 계층은 유/무선 매체를 통해 인접한 노드들에게 데이터를 전달하는 문제를 다루었다. 데이터 링크 계층은 물리 계층에서 발생할 수 있는 오류를 보정하고 흐름제어를 한다. 인터넷에서도 마찬가지이다. 네트워크 계층(IP)은 인터넷에서 출발지에서부터 목적지까지 패킷을 전송하는 역할을 담당하는 계층이다. 전송 계층(TCP)은 네트워크 계층에서 발생할 수 있는 오류를 보정하고 혼잡을 제어한다.

네트워크 계층이 출발지에서 목적지까지 패킷을 전송하는 것은 마치 화물차를 운전하여 배송하는 것과 같다. 화물차가 서울에서 부산까지 간다고 생각해보자. 경부고속도로, 중부고속도로, 국도와 같이 선택할 수 있는 여러 개의 길이 있다. 보통의 경우 고속도로가 빠를 것이다. 그러나 언제나 고속도로가 빠른 것은 아니다. 사고가 나거나 긴 정체가 생길 경우, 국도가 빠를 수도 있다.

그림 9-2 라우팅의 개념

내비게이션을 사용하면 부산까지 가는 가장 빠른 길을 안내해준다. 그러나 운전을 하는 사이에 상황이 바뀔 수도 있기 때문에 내비게이션은 주기적으로 길을 다시 탐색하여 안내해준다. 네트워크 계층이 패킷을 전달하는 방법도 마찬가지이다. 서울에 있는 컴퓨터에서 부산에 있는 컴퓨터까지 여러 개의 패킷을 보낼 경우, 모든 패킷을 하나의 길로만 가지 않는다. 매 순간 가장 빠르다고 생각되는 길로 패킷이 이동한다. 어떤 길로 패킷을 보낼지를 결정하는 것을 **라우팅** routing 혹은 경로배정이라 부른다. 경로를 결정하는 방법을 정해 놓은 것이 **라우팅 알고리즘**이다.

네트워크 계층에서 가장 중요한 단어는 경로배정과 라우팅이다. 인터넷에서 LAN과 LAN을 연결하는 기계를 라우터 router 라 부른다. 라우터는 패킷을 어느 쪽 네트워크로 보낼지를 결정하는 통신장비이다. 라우터를 번역하면 경로배정 장치가 된다.

[그림 9-3]은 라우터가 연결된 인터넷의 구조를 보여준다. 그림에서 A, B, C, D, E, F는 라우터이다. 그림과 같이 A 호스트에서 B 호스트까지 데이터를 보낸다고 가정해보자. 네트워크 계층에서 다루는 패킷의 크기는 한정되어 있다. 큰 데이터의 경우, 한 번에 보내지 못하고 0번에서 4번까지, 5개의 패킷으로 나누어 보낸다.

라우터와 네트워크 상태는 수시로 바뀐다. 1시간 전에 잘 돌아가던 라우터가 갑자기 먹통이 될 수도 있고, 반대로 죽어 있던 라우터가 살아나기도 한다. 또한 한가하던 네트워크 선이 갑자기 폭주하여 느려지기도 하고, 느렸던 선이 한가해지기도 한다. 라우팅의 목적은 목적지까지 빠르게 데이터를 전송하는 것이다. 수시로 변하는 라우터의 상태나 네트워크 선의 상태를 고려하여 가장 빠르다고 생각되는 경로로 패킷을 전송한다. 라우터는 패킷을 받은 시점에서 가장 빨리 보낼 수 있는 라우터에게 패킷을 전달한다.

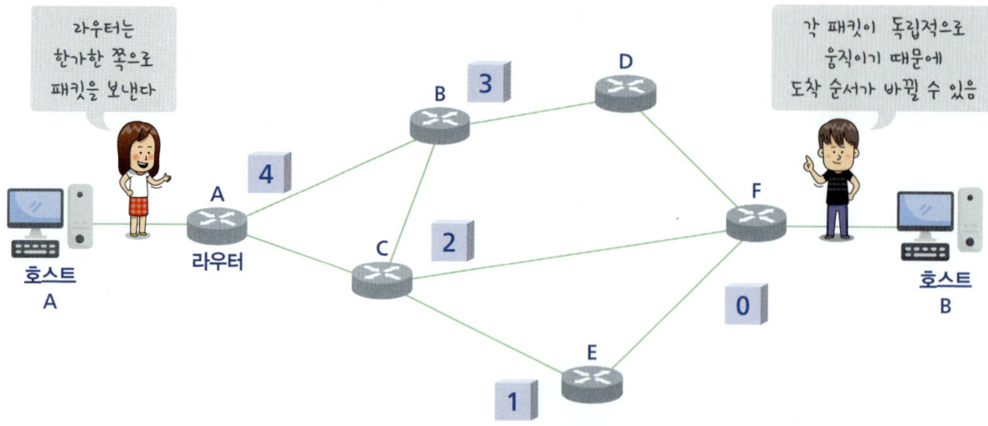

그림 9-3 패킷과 라우팅

A 호스트로부터 A 라우터에게 패킷이 전달되면 A는 네트워크 상태에 따라 B 혹은 C 라우터에게 패킷을 전달한다. 그림에서 A 라우터는 0번, 1번, 2번 패킷을 C 라우터에게 보낸다. 그 이후 라우터 C와 연결된 통신선이 너무 붐벼서 3번과 4번 패킷은 B 라우터에게 보낸다. C 라우터는 0번과 1번 패킷은 E로 보냈지만, 2번 패킷은 F로 보낸다. 이와 같이 모든 패킷들은 라우터가 생각하는 가장 빠른 길로 전달된다. 다시 말하면 패킷들은 같은 경로를 따라가는 것이 아니라 네트워크의 사정에 따라 서로 독립적으로 움직인다.

이러다 보니 먼저 보낸 패킷이 더 늦게 도착하는 경우도 있고, 어떤 패킷은 길을 잘못 들어 목적지에 도착하지 못하기도 한다. 그래서 IP의 특징을 best efforts, not guarantee라 부른다. 노력은 하지만 패킷이 전송된다는 것을 보장하지는 않는다. 이렇게 뒤바뀌거나 사라진 패킷을 원래대로 맞추어 주는 일을 전송 계층에 있는 TCP Transmission Control Protocol 가 한다. 그래서 인터넷을 사용할 때 TCP/IP를 같이 사용하는 것이다.

IP는 라우터를 사용하여 패킷을 어느 쪽으로 보낼지를 결정하기 때문에 패킷 교환 packet switching 방식이라 부른다. 참고로 전화망(PSTN)은 회선 교환 circuit switching 방식으로 데이터를 전송한다. 회선 교환 방식에서는 콜 셋업 call setup 을 통하여 보내는 사람과 받는 사람이 합의하에 통신을 시작한다. IP는 패킷을 보내겠다는 연락 없이 무조건 데이터를 보낸다. 이렇게 서로 간의 합의 없이 데이터를 주고받는 방식을 비연결형 방식이라 한다. 비연결 방식에 사용되는 데이터를 전보 datagram 라 부른다.

라우터는 라우팅 알고리즘에 의해 한쪽 LAN에서 다른 쪽 LAN으로 패킷을 전달하는 기계이다. 라우터는 입력 선으로 들어오는 패킷을 버퍼에 임시로 저장하고 IP 주소를 읽어서 어떤 방향으로 패킷을 보낼지를 결정한다. 방향이 결정되면 해당 라우터로 패킷을 전송 forward 한다. 이러한 특징 때문에 IP가 패킷을 전송하는 방법을 저장전송 store-and-forward 패킷 교환 방식이라 부른다.

여기서 잠깐

독립적으로 데이터를 주고 받을 수 있는 네트워크를 통칭하여 Autonomous System이라 부르고 약자로 AS라 쓴다. 따라서 인터넷은 AS의 집합이다.

2 가상 회선(virtual curcuit)

전화망(회선 교환망)의 경우 정해진 길을 따라 전달되기 때문에 데이터의 순서가 뒤바뀌거나 사라지지 않는다. IP가 회선 교환 방식 대신 패킷 교환 방식을 사용해야 하는 이유는 크게 2가지이다. 첫 번째는 관리의 문제이다. 보통의 경우 전화망은 국가나 대기업이 설치하고 관리한다. 관리 담당주체가 소수이기 때문에 유지, 보수, 성능향상이 쉽게 이루어진다. 그러나 인터넷은 이미 만들어진 LAN들을 결합하여 만들어진 네트워크이다. LAN마다 소유주가 다르고 데이터 처리능력과 규격도 다르다. 이러한 인터넷을 유지, 보수, 성능향상 시키는 일은 쉽지 않다. 잘 돌아가던 라우터가 고장났다고 해서 다른 사람이 가서 고칠 수는 없다. 서로 독립적인 네트워크를 거쳐서 데이터를 전송하기 위해서는 패킷 교환 방식이 유리하다.

IP가 패킷 교환 방식을 사용하는 두 번째 이유는 효율성이다. 전화망의 경우 두 호스트가 사용 중인 경로를 다른 호스트와 공유할 수 없다. 예를들면, 전화를 하는 두 사람이 말을 하지 않고 있어도(데이터를 전송하지 않아도) 해당 경로를 다른 사람이 사용할 수 없다. 따라서 네트워크 자원이 낭비된다. 패킷 교환 방식에서 모든 경로는 공유된다. 따라서 여러 사람이 동시에 데이터를 주고받을 수 있다. 예를 들어 하나의 전화기에서 나와 동생이 동시에 전화를 걸 수 없지만, 공유기를 사용하면 내 노트북과 동생 노트북은 동시에 인터넷을 할 수 있다. 결론적으로 독립적인 네트워크 관리 문제와 효율성 때문에 IP는 패킷 교환 방식을 사용한다.

패킷 교환 방식은 패킷이 뒤바뀌거나 사라질 수 있는 문제 이외에도 보안에 취약하다. A 회사의 서울지점과 부산지점 사이에 경쟁사의 B 회사의 라우터가 있다고 가정해보자. B 회사가 악의를 품고 A 회사의 패킷을 불법적으로 복사하여 내용물을 보거나 일부러 패킷 전송을 지연시킬 수 있다. 이러한 문제를 예방하기 위하여 A 회사는 독자적인 사설망$_{\text{private network}}$을 구축할 수도 있다. 개인이나 회사가 사비를 들여 통신선을 깔고 관리하는 망이 사설망이다. 그러나 A 회사의 지점이 전 세계에 걸쳐 있는 경우, 모든 곳을 연결하는 사설망을 구축하기 힘들다. 이러한 문제를 해결하기 위해 만들어진 것이 가상 사설망$_{\text{Virtual Private Network}}$, 영어로 VPN이라 부른다.

가상 사설망을 간단하게 설명하면 인터넷망(패킷 교환망)의 일정 채널을 빌린 후 독점적으로 사용하는 것이다. A 회사는 인터넷망 서비스 제공업체에게 가상 사설망을 요청한다. 인터넷망 서비스 제공업체는 기존의 인터넷망의 여러 채널 중 A 회사만 사용할 수 있는 채널을 임대해준다. 이렇게 제공받은 가상 사설망은 A 회사만 사용할 수 있으며 다른 사람들은 해당 채널을 사용할 수 없다. 고속도로의 버스 전용차로를 생각하면 쉽게 이해할 것이다. 전용차로엔 버스는 다닐 수 있지만 승용차는 못 다니듯이 인터넷망을 독점적으로 사용하는 것이 가상 사설망이다.

가상 사설망은 많은 곳에서 사용된다. 카드 결제 단말기나 ATM 기기는 금융 가상 사설망(VPN)으로 연결된다. 이들은 인터넷 선을 이용하지만, 인증된 사용자나 기기 이외에는 해당 사설망을 사용할 수 없도록 막혀 있다.

가상 사설망은 기존의 인터넷망(패킷 교환망)을 회선 교환망처럼 사용한다. 인터넷 서비스 제공자는 A 회사에게 라우터 A-C-F의 채널 중 일부를 임대해준다. A 회사에 속한 호스트 A가 호스트 B에게 데이터를 보낼 때에는 라우터 A-C-F만 사용하여 데이터를 전송한다. 인증되지 않은 호스트는 해당 채널을 사용할 수 없다.

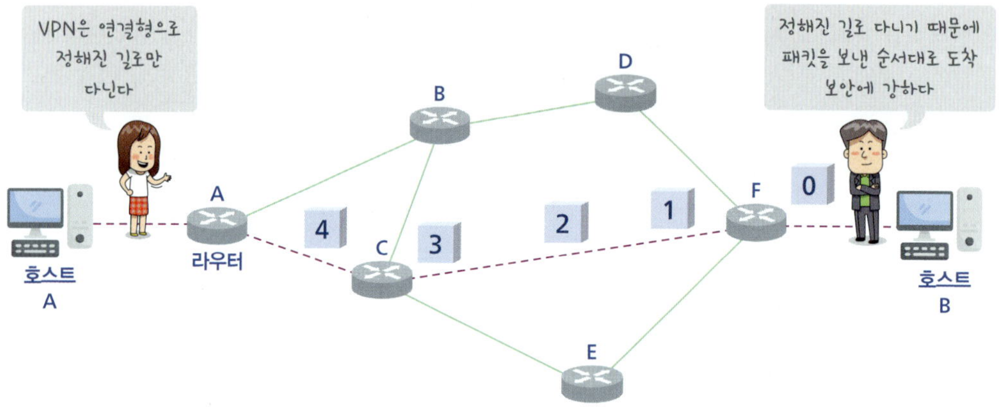

그림 9-4 가상 사설망(Virtual Private Network)

가상 사설망에서는 통신을 하기 전에 셋업 단계를 거친다. 패킷을 보내기 전에 허가된 사용자인지를 확인하고, 가상회선에 문제가 없는지를 확인하는 단계가 셋업 단계이다. 문제가 없는 것이 확인되면 패킷은 임대받은 채널을 따라서 이동하게 된다. 그림에서 A 호스트와 B 호스트는 셋업 단계를 거친 후 정해진 경로 A-C-F로만 패킷을 주고받을 수 있다.

가상 사설망에서는 모든 패킷이 같은 길로 이동하기 때문에 순서가 뒤바뀌거나 사라지는 일은 없다. 가상 사설망을 이용하여 데이터를 보내는 방식을 **가상회선** virtual circuit 방식이라 부른다. 가상회선 방식은 패킷 교환 방식에서 회선 교환을 구현한 형태이다. 앞서 회선 교환과 패킷 교환 방식이 어떻게 다른지 표로 정리했었다. 이 표에 가상회선을 추가하여 비교한 것이 [표 9-1]이다.

표 9-1 회선 교환, 패킷 교환, 가상회선 방식의 비교

	회선 교환	패킷 교환	가상회선
셋업이 필요한가?	O	X	O
데이터가 같은 경로로 이동하는가?	O	X	O
데이터가 순서대로 도착하는가?	O	X	O
선을 다른 사람과 공유하는가?	X	O	O
중계기가 고장나는 경우 통신이 가능한가?	X	O	X
사용시간으로 과금하는가?	O	X	O
전송된 데이터 양으로 과금하는가?	X	O	X

표에서 보다시피, 가상회선은 패킷 교환망에서 작동하지만 회선 교환 방식처럼 작동한다. 회선 교환과 가상회선은 셋업을 하고, 데이터가 같은 경로로 이동하며, 데이터가 순서대로 도착한다. 패킷 교환은 셋업 없이 데이터를 보내고, 서로 다른 경로로 데이터가 갈 수 있으며 데이터가 순서대로 도착하지 않을 수 있다.

선을 다른 사람과 공유하는가의 문제에 대하여 조심할 필요가 있다. 전화선은 1개의 선이 전화기 한 대의 데이터만 사용 가능하다. 그러나 인터넷 선 하나는 대역폭을 나누어 여러 개의 패킷을 동시에 전송할 수 있다. 전화선은 1차선 도로이고 인터넷 선은 여러 개의 차선이 있는 도로이다. 가상회선은 이러한 도로 중 특정 도로(특정 채널)만 임대해준다. 임대한 채널은 다른 패킷이 다닐 수 없지만, 나머지 도로는 다른 패킷이 다닐 수 있기 때문에 선을 다른 사람과 공유할 수 있다. 결론적으로 가상회선 방식은 회선 교환과 패킷 교환의 장점을 모두 가진 방식이다.

가상회선의 단점은 회선 교환과 동일하다. 정해진 길로만 다니기 때문에 해당 경로의 중계기가 고장나는 경우에 통신이 불가능하다는 단점이 있다. 또한 일반 인터넷 선과 비교하여 가상회선 방식은 임대비용이 매우 크다.

여기서 잠깐

일반인들이 이용할 수 있는 유료 혹은 무료의 VPN 서비스들이 있다. 이러한 서비스들을 이용하면 내 컴퓨터의 위치를 노출하지 않고서 서비스를 이용할 수 있는 장점이 있다. 각 나라마다 넷플릭스가 제공하는 콘텐츠가 다 다르다. 한국에서 일본 넷플릭스가 제공하는 콘텐츠를 보고 싶다면 일본의 VPN 서비스에 가입한 후 넷플릭스를 열면 일본 넷플릭스를 볼 수 있다. 일본 VPN을 사용하면 내 컴퓨터가 일본에 있는 컴퓨터라 착각하기 때문이다. 이러한 이유로 특정 사이트에 우회하여 접근하는 경우나 한국에서 막아 놓은 사이트에 접속하려는 경우에 VPN을 사용한다.

SECTION 02 IP 주소 체계와 설정값

1 IP 설정값에는 무엇이 있는가? 필수

IP가 하는 일이 굉장히 많기 때문에 주소 이외에도 다양한 설정값이 필요하다. 일반적으로 모든 설정값이 자동으로 할당되기 때문에 자세한 값들을 살펴볼 일은 없다. 그러나 IP를 이해하기 위해서는 다양한 설정값이 가지는 의미를 이해할 필요가 있다.

[그림 9-5]의 왼쪽은 윈도우의 네트워크 설정 화면을 나타낸다. IP 설정 화면 중 IP 할당을 보면 자동(DHCP)으로 되어 있다. 대부분의 컴퓨터는 IP의 설정값들이 자동으로 할당되는 DHCP Dynamic Host Configuration Protocol를 사용한다. 여기서 [편집] 버튼을 누르고 IPv4를 [켬]으로 바꾸면 수동으로 IPv4를 설정할 수 있다. 수동으로 설정하면 오른쪽과 같은 화면이 나타난다. 수동 설정을 잘못할 경우 네트워크가 멈출 수 있으니 눈으로만 확인하기 바란다.

그림 9-5 네트워크 설정 화면(좌)와 IPv4 수동 설정 화면(우)

오른쪽의 수동설정 화면을 보면 IPv4의 주소는 192.168.0.12이며 기본설정 DNS domain name server 의 주소는 203.252.23.8이라는 것을 알 수 있다. 여기서 IPv4는 IP 버전 4를 의미한다. IP를 사용하기 위해서는 IP 주소와 DNS 이외에 서브넷 접두사의 길이와 게이트웨이의 2개의 값이 더 있는 것을 알 수 있다.

하이퍼링크

사용자가 수동으로 설정한 후 직접 입력하여 사용하는 IP 주소는 '고정 IP'라 부른다. DHCP를 이용하여 자동으로 할당받아 사용하는 IP 주소는 '유동 IP'라고 부른다. 유동 IP를 사용하기 때문에 다른 컴퓨터를 해킹하거나 불법적인 행위를 해도 모를 것이라고 생각할 수도 있다. 그러나 누가 언제 어떤 IP를 사용했는지와 같은 정보는 인터넷 서비스 제공자가 보관하고 있다. DHCP에 대한 자세한 설명은 12장 02절 주소 변환 관련 프로토콜에서 다룬다.

서브넷 접두사 길이의 일반적인 명칭은 **서브넷 마스크** subnet mask 이다. 서브넷 마스크 이외에 게이트웨이 gateway 를 설정하는 필드도 마련되어 있다. IP를 이해하기 위해서는 IP 주소, DNS, 서브넷 마스크, 게이트웨이가 무엇인지를 알아야 한다. 다음 절부터 IP 주소 체계, DNS의 필요성, 서브넷 마스크의 역할을 설명한다.

2 IP 주소 체계 필수

› IP 주소 체계의 이해

상대방에게 전화를 걸려면 전화번호가 필요하듯이 IP를 사용하여 패킷을 전송하기 위해서는 IP 주소가 필요하다. 데이터 링크 계층에서 LAN에 속한 노드들이 사용하는 주소는 6바이트의 MAC 주소라고 설명하였다. LAN의 경우 서로 연결되는 노드의 개수가 많아야 수백 대 정도이기 때문에 다른 노드들의 MAC 주소를 다 알 수 있었다.

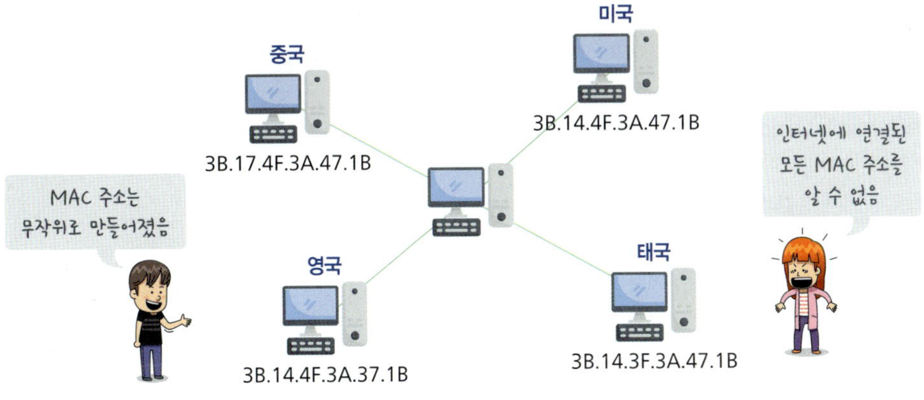

그림 9-6 MAC 주소의 복잡성

인터넷을 설계할 당시, MAC 주소를 그대로 사용하려고 보니 문제가 있었다. 인터넷에 연결되는 노드의 개수가 수억 대가 넘는다. 무작위로 배정된 MAC 주소를 인터넷에서 사용한다고 가정해보자. 통신하려는 노드들이 상대방의 MAC 주소와 위치를 모두 기억하고 있어야 한다. 예를 들어, 비슷한 MAC 주소가 미국, 영국, 태국, 중국에 있는 경우, 모든 MAC 주소의 위치를 기억하고 있어야만 통신이 가능해진다. 수억 대에 이르는 노드가 서로의 위치와 주소를 기억하는 것은 불가능하다. 따라서 지역코드를 반영한 새로운 주소 체계를 필요로 했다.

지역코드$_{\text{local code}}$ 체계는 우리가 잘 알고 있는 방식이며 대표적으로 전화번호가 있다. 전화번호는 국가-지역-개별번호로 이루어져 있다. 예를 들어, 한국의 국가코드는 82이다. 또한 서울은 02, 경기도는 031이다. 서울만 하더라도 강남은 5로 시작하며 성북구는 9로 시작한다. 따라서 서울 강남지역에 있는 어떤 회사의 전화번호는 82-02-5xx-xxxx일 것이다. 마찬가지로 성북구에 있는 어떤 회사는 82-02-9xx-xxxx이다.

IP 주소는 4바이트로 구성된다. 따라서 각 자리의 주소는 0에서 255까지의 10진수 값을 가진다. IP 주소 체계는 전화번호와 똑같지는 않지만, 전화번호처럼 지역코드 개념을 도입하였다. 예를 들어, IP 주소 4바이트 중 첫 번째 바이트가 1로 시작하면 미국, 82로 시작하면 한국이라 생각해보자. 또한 82로 시작하는 한국 주소 중 2번째 바이트가 1은 서울, 2는 경기도, 3은 인천이며, 서울 중 세 번째 바이트가 5이면 강남, 9이면 강북이다. 그러면 82. 1. 5. 54는 서울 강남에 있는 어떤 컴퓨터일 것이다. 이렇게 지역코드를 사용하게 되면 라우팅을 하는 데 유리하다.

한국의 A 라우터가 아래 그림에 있는 주소가 적힌 패킷을 받았다고 가정해보자. 만약 IP 주소 맨 앞이 1이면 나머지 주소를 읽을 필요 없이 미국 방향으로 가는 라우터에게 패킷을 전달하면 된다. 맨 앞의 주소가 82이면 다음 주소 2를 읽어 경기도 방향의 라우터에게 보내면 된다. MAC 주소를 사용하는 것보다 편리하게 라우팅을 할 수 있게 된다.

그림 9-7 IP 주소의 지역코드

IP 주소 체계가 지금까지 설명한 것과 완전 일치하는 것은 아니다. 예를 들어 일반적으로 사용하는 IP 주소는 전체 4바이트 중 앞의 3바이트는 네트워크 주소를 나타낸다. 마지막 1바이트가 네트워크에 속한 개별 호스트를 나타낸다.

IP 주소에 지역코드가 있다는 것을 이해하는 것은 중요하다. 우선 A 대학교 같은 교실에 30대의 컴퓨터가 있다고 가정해보자. 그러면 30대의 IP 주소 앞 3자리는 모두 똑같다. 30대 컴퓨터의 주소 중 서로 다른 번호는 4번째 주소뿐이다. 4번째 주소는 각 컴퓨터를 구분하는 개별주소, 즉 호스트 주소이다. 따라서 같은 교실에 있는 호스트의 IP 주소는 3바이트 네트워크 주소 + 1바이트 호스트 주소로 구성된다.

그림 9-8 같은 교실에 있는 컴퓨터의 IP 주소

지금까지 설명한 4바이트의 주소 체계를 IP 버전 4(v4) 주소 체계라 부른다. 이러한 주소 지정 방식은 인터넷 초기에는 문제가 없었다. 그러나 스마트폰과 같은 움직이는 기기에서도 인터넷을 하게 되면서 문제가 발생하였다. 서울에서 부산으로 이사하면 지역코드가 바뀌기 때문에 전화번호도 변경된다. 마찬가지로 노트북이나 스마트폰이 움직이게 되면 네트워크 주소(지역코드)가 변경되어 IP 주소를 변경해야 하는 문제가 발생한다.

또한 과거에는 컴퓨터에만 IP 주소를 부여했기 때문에 4바이트의 주소 체계로 충분했다. 이제는 컴퓨터뿐 아니라 스마트폰과 가전제품까지 인터넷과 연결된다. 이렇게 다양한 종류의 제품들이 인터넷에 연결되면서 4바이트 주소로는 모두 수용할 수 없게 되었다. 그래서 새로 만들어진 주소 체계가 IPv6(버전 6) 주소이다.

하이퍼링크

IPv4와 IPv6의 차이점과 헤더 분석은 11장 02절 IP 헤더 분석에서 자세히 다룬다.

〉IP 주소 클래스

앞서 IP 주소를 설명하면서 IP 주소에는 지역코드가 숨어 있다고 설명하였다. 우편번호나 전화번호와 같이 코드가 특정 지역을 나타낸다는 뜻은 아니다. 다만, 사무실이나 실습실에 있는 컴퓨터의 IP 주소는 앞에서 3자리까지는 같다는 의미이다. 따라서 네트워크 주소는 특정 지역에 모인 컴퓨터의 집합을 의미한다.

예를 들어, 어느 사무실의 IP 주소가 228.255.75.46이라고 가정해보자. 그 회사 안에 있는 컴퓨터의 IP 주소 앞 3자리는 모두 228.255.75로 같다. 228.255.75로 시작하는 주소를 가진 모든 패킷은 그 회사에 도착하게 된다. 회사 내 각각의 컴퓨터는 끝자리 1에서부터 255까지의 개별 번호를 가지게 된다. 따라서 228.255.75.46은 228.255.75 네트워크에 있는 46번 컴퓨터라는 의미이다. 이렇게 앞의 3자리가 네트워크 주소를 가리키고, 나머지 1자리가 개별 호스트의 주소를 가리키는 IP 주소를 C 클래스 주소라 부른다.

주소 하나가 1바이트로 구성되기 때문에 C 클래스 주소의 경우 이론적으로 256(2^8)대의 컴퓨터를 가질 수 있다. 만약 회사나 학교 내에 256대보다 많은 컴퓨터가 있다면 C 클래스만으로는 부족하다. 이때 사용할 수 있는 것이 B 클래스 주소이다. B 클래스 주소는 앞의 두 자리가 네트워크 주소이고 뒤의 두 자리가 호스트 주소이다. 따라서 B 클래스 주소가 가질 수 있는 호스트의 개수는 65,536(2^{16})대이다.

국가 행정망을 생각해보자. 국가기관에서 사용하는 컴퓨터는 6만 대를 훌쩍 넘는다. 따라서 B 클래스 주소로는 부족하다. 이럴 경우 A 클래스를 사용한다. A 클래스는 네트워크 주소가 1바이트이고, 호스트 주소가 3바이트인 주소 체계이다. A 클래스가 가질 수 있는 호스트 개수는 16,777,216(2^{24})대 이다.

[그림 9-9]는 IP 주소의 클래스 구조를 보여준다. D와 E 클래스도 있는데, D 클래스는 멀티캐스트용 주소이고, E 클래스는 미래를 위해 예약한 주소 체계로 현재는 사용되지 않는다. 따라서 우리가 사용하는 IP 주소는 A, B, C 클래스 중 하나이고 대부분 C 클래스 주소를 사용한다.

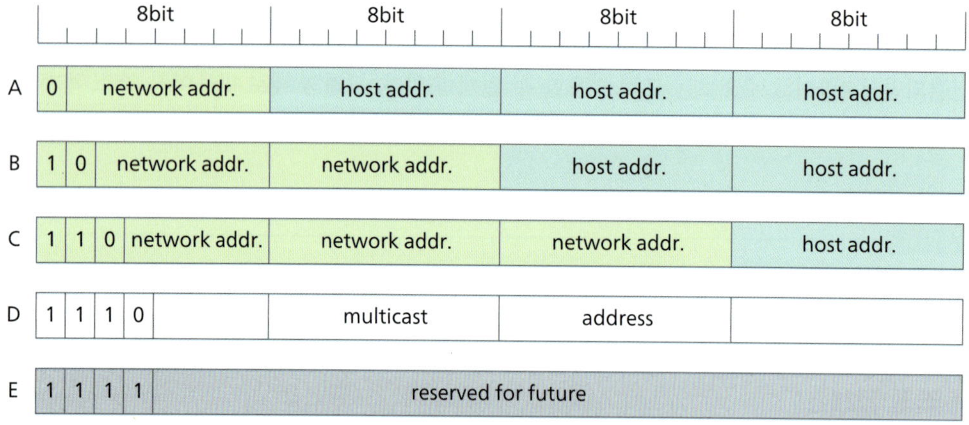

그림 9-9 IP 주소 클래스

A, B, C 클래스의 경우 맨 앞부분의 비트로 각 클래스를 구분한다. 예를 들어 맨 처음 비트가 0이면 무조건 A 클래스 주소이다. B 클래스는 맨 앞부분이 10, C 클래스는 110이다.

표 9-2 각 클래스별 주소 범위

클래스	시작 주소	끝 주소
A class	1.0.0.0	127.255.255.255
B class	128.0.0.0	191.255.255.255
C class	192.0.0.0	223.255.255.255
D class	224.0.0.0	239.255.255.255
E class	240.0.0.0	255.255.255.255

A 클래스의 맨 앞부분이 0으로 시작하기 때문에 A클래스의 주소 처음 1바이트는 00000001부터 01111111까지이다. 이를 10진수로 바꾸면 A 클래스 주소는 1.0.0.0에서 127.255.255.255까지이다. 같은 방법으로 B 클래스는 128.0.0.0에서 191.255.255.255까지, C 클래스는 192.0.0.0에서 223.255.255.255까지이다. 각 클래스의 주소 범위는 [표 9-2]에 정리하였다.

IP 주소 중 특별한 주소가 있다. 호스트 주소 0은 네트워크 주소를 가리키며, 가장 마지막 호스트 주소는 브로드캐스트 주소이다. 예를 들어 C 클래스인 223.12.34.x 네트워크가 있다고 가정해보자. 이 네트워크의 주소를 223.12.34.0이라 부른다. 0도 호스트 주소처럼 보일 수 있기 때문에 혼동을 막기 위하여 이 책에서는 네트워크 주소를 223.12.34.x로 표시한다. 또한 일반적인 C 클래스인 223.12.34.x의 브로드캐스트 주소는 호스트의 맨 마지막 주소인 223.12.34.255이다.

추가적으로 IP 주소 0.0.0.0은 호스트가 부팅될 때만 사용하는 주소이다. 또한 127.a.b.c와 127로 시작하는 주소는 루프백$_{\text{loopback}}$ 주소라 부른다. 루프백 주소는 자기 자신에게 돌아오는 주소를 가리킨다. 네트워크가 설치되지 않은 호스트에서 네트워크 관련 프로그램을 만들 때, 마치 네트워크가 있는 것처럼 사용하기 위해 만든 주소이다.

3 도메인 이름 서비스

도메인 이름의 필요성

인터넷에서 통신하기 위해서는 IP 주소가 필요하다. 그러나 4바이트로 이루어진 IP 주소와 같이 비슷한 숫자로 이루어진 값들을 사람들은 잘 기억하지 못한다. 예를 들어 여러분은 몇 명의 전화번호를 외우고 있는가? 많아 봐야 수십 명일 것이다. 자주 전화 거는 사람들의 전화번호도 기억하기 어려운데, 방문하는 모든 사이트의 IP 주소를 외우는 것은 매우 힘든 일이다.

그림 9-10 도메인 이름의 필요성

이러한 문제를 해결하는 방법은 간단하다. 스마트폰의 전화번호부에는 외우기 쉬운 이름이나 별명과 함께 전화번호를 저장한다. 전화를 걸 때에는 전화번호 대신 이름을 검색하여 사용한다. IP 주소도 마찬가지이다. IP 주소 옆에 기억하기 쉬운 이름을 붙여주면 복잡한 숫자들을 외우지 않아도 된다. 이렇게 인터넷에 있는 IP 주소에 이름을 부여한 것이 **도메인 이름** domain name 이다.

naver.com, google.com, samsung.co.kr과 같은 이름이 도메인 이름이다. 많은 회사들이 외우기 쉬운 제품명을 만들기 위해 노력하듯이, 쉬운 도메인 이름을 만들기 위해 노력한다. 어려운 도메인 이름은 일반인의 접근을 어렵게 한다.

도메인 이름에는 규칙이 있다. 대체적으로 "이름.종류.국가" 순이다. 국가를 보자. 한국은 kr, 일본은 jp, 영국은 uk, 프랑스는 fr이다. 그럼 미국은? 인터넷을 미국에서 만들었기 때문에 치사하게도 미국은 국가명을 생략한다.

도메인 이름 중간에는 기관의 종류를 나타낸다. 회사는 co, 학교는 ac, 비영리기관은 or, 연구소는 re, 국가기관은 go이다. 미국의 경우 국가명을 안 쓰기 때문에 기관의 종류가 도메인 이름의 맨 마지막에 위치한다. 그래서 기관을 3글자로 표시한다. 회사는 com, 비영리 기관은 org, 국가기관은 gov이다. 그리고 도메인 이름 맨 앞에는 회사명, 상호, 조직명과 같은 이름을 나타낸다.

그림 9-11 도메인 이름의 규칙

도메인 규칙인 "이름.종류.국가"에 어긋나는 경우도 많다. hs.ac.kr은 한신대학교이지만, 일본 와세다 대학은 waseda.jp이다. 또한 LG는 lg.co.kr이지만 삼성은 samsung.com을 쓴다.

› 도메인 이름 서비스(DNS)

도메인 이름은 IP 주소를 외우지 않아도 서버에 쉽게 접근할 수 있도록 만든 IP 주소에 대한 별명이다. 그러나 인터넷을 이용할 때는 IP 주소를 사용해야 한다. 따라서 누군가 도메인 이름을 주면 해당 이름의 IP 주소를 알려주어야 한다. 이런 일을 담당하는 컴퓨터를 도메인 이름 서비스Domain Name Service, 약자로 DNS라 부른다. DNS는 도메인 이름과 IP 주소를 테이블 형태로 모아놓은 서버이다.

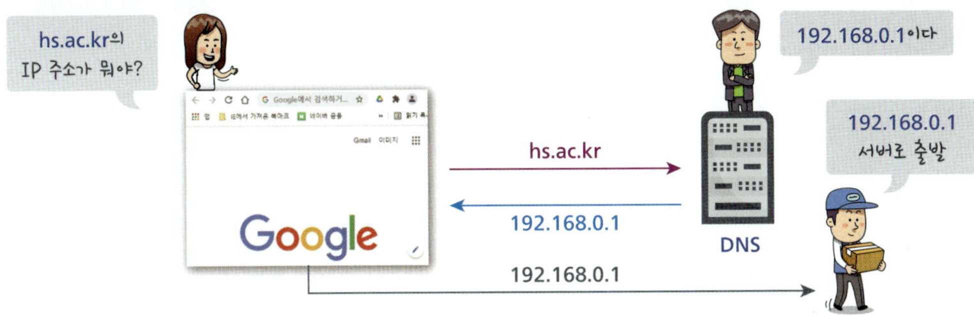

그림 9-12 도메인 이름을 IP 주소로 변환

인터넷을 이용할 때 DNS(도메인 이름 서비스)가 어떤 역할을 하는지를 [그림 9 12]에 그려 놓았다. 사용자가 웹 브라우저에서 도메인 이름을 쓰면 웹 브라우저는 DNS 서버에 접속하여 IP 주소를 받아온다. 이렇게 받아온 주소를 사용하여 인터넷을 이용하게 되는 것이다. 따라서 DNS 서버는 인터넷을 시작할 때 한 번만 접속하게 된다.

만약 DNS를 사용하지 않고 싶다면 방문하는 사이트의 도메인 이름 대신 IP 주소를 외워서 입력하면 된다. naver.com의 IP 주소는 223.130.200.107이다. 웹 브라우저 주소창에 223.130.200.107을 입력하면 naver 홈페이지가 나타날 것이다.

그림 9-13 DNS 테이블

DNS의 내부 구조를 살펴보면 도메인 이름-IP 주소가 테이블 형태로 되어 있다. 외부로부터 도메인 이름이 들어오면 해당 이름을 DNS 테이블에서 검색하여 해당 IP 주소를 돌려준다. DNS는 매우 간단한 서버이지만, 매우 중요한 서버이기도 하다. DNS가 고장나는 것은 흔하지 않은 일이지만, DNS가 작동이 안 되는 경우에는 IP 주소를 받을 수 없다. 따라서 DNS가 고장나면 인터넷이 멈춘 것처럼 보인다.

여기서 잠깐

DNS의 정보를 이용하여 도메인 이름의 IP 주소를 알고 싶다면 nslookup을 사용하면 된다. 다음은 윈도우의 cmd(명령창)를 실행하여 nslookup naver.com을 입력한 후 naver의 서버 주소를 알아낸 결과이다.

```
C:\User\zoch>nslookup naver.com
서버:    huns.hs.ac.kr
Address:  203.252.23.8

권한 없는 응답:
이름:    naver.com
Address:  223.130.200.107
          223.130.195.200
          223.130.200.104
          223.130.195.95
```

DNS는 계층 구조를 가진다. 인터넷이 미국에서 처음 시작되었기 때문에 DNS 1차 서버 혹은 루트root 서버는 미국에 있었다. 만약 DNS 루트 서버가 1대만 존재한다면, 전 세계 모든 사람들이 인터넷을 쓸 때마다 DNS 루트 서버에 가서 도메인 이름을 IP 주소로 바꿔 와야 한다. 이 경우, 루트 서버는 과부하가 걸려서 멈춰버릴 것이다. 또한, DNS 루트 서버가 해킹이나 사고에 의해 멈춘다면 전 세계 인터넷이 먹통이 된다.

하이퍼링크

2003년 1월 25일 KT의 DNS 서버가 외부 공격을 받아 멈추게 되어 인터넷이 작동되지 않는 사고가 있었다. IP만 사용하여 통신하는 경우에는 문제가 없었으나, 대부분 DNS를 사용하여 통신하기 때문에 인터넷이 멈춘 것처럼 보였다. DNS는 현재 인터넷에서 매우 중요한 서버이며, DNS 서버의 작동 방식과 계층 구조는 15장 응용 계층의 02절 DNS에서 자세히 설명한다.

이러한 문제를 해결하기 위하여 각 나라별, 지역별로 DNS 서버를 따로 운영하며 계층 구조를 가진다. 보통의 경우, 사용하는 통신사나 대학과 같은 큰 단위에서 DNS 서버를 따로 운영한다.

그림 9-14 DNS 계층 구조

새로운 도메인 이름이 생겨났거나 기존의 도메인 이름에 해당 하는 IP 주소가 변경되는 경우 DNS 테이블에 이를 반영해야 한다. DNS 테이블은 DNS끼리 주기적으로 통신하면서 변경된 값이 있는 경우 새로운 값으로 DNS 테이블을 갱신한다. 도메인 이름이 새로 생기거나 기존의 IP 주소에서 새로운 IP 주소로 바뀐 경우, 전 세계 DNS에 모두 반영되기까지 약 하루의 시간이 걸린다.

› DNS 특성 이해하기

앞서 DNS는 계층적인 구조를 가지고 있다고 설명하였다. 루트 DNS 서버의 경우 전 세계 인터넷에 있는 모든 도메인 이름과 IP를 가지고 있다. 각 지역에 있는 DNS의 경우 컴퓨터의 처리용량이나 크기가 루트 DNS 서버에 비하여 매우 작다. 따라서 지역 DNS 서버는 일부 도메인 이름만 가지고 있다. 더 정확히는 네트워크에서 자주 사용하는 DNS 데이터만 가지고 있다.

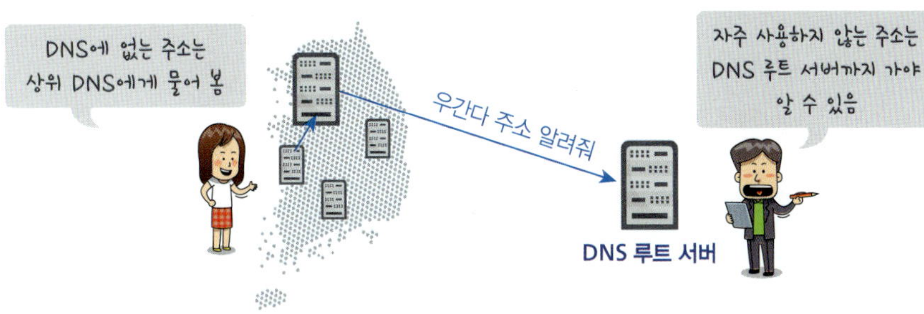

그림 9-15 DNS 계층 구조의 작업

일반적으로 자주 방문하는 구글이나 네이버 주소는 지역 DNS 서버가 가지고 있다. 그러나 누군가 우간다 대통령 홈페이지를 방문하려고 하면, 지역 DNS에는 IP 주소가 없을 수 있다. 지역 DNS에 도메인 정보가 없는 경우, 루트 DNS에게 주소를 물어본다. 이러한 특징 때문에 자주 방문하지 않은 사이트를 방문하는 경우에는 루트 DNS 서버까지 갔다와야 하기 때문에 웹 브라우저가 조금 늦게 반응하는 것처럼 느낄 수 있다.

앞서 설명한 대로 DNS마다 가지고 있는 도메인 정보의 양, 다시 말해 테이블의 크기가 다르다. 또한 지정한 DNS가 작동을 안 하면 인터넷을 사용할 수 없다. 이런 문제를 해결하기 위하여 DNS를 여러 개 지정할 수 있게 하였다. DNS를 여러 개 지정할 경우 첫 번째를 기본 DNS, 나머지를 보조 DNS라 부른다. 기본 DNS에 문제가 있는 경우, 보조 DNS에게 도메인 이름을 보내 IP 주소로 바꾼다.

그림 9-16 경찰청 경고 홈페이지(warning.or.kr)

인터넷을 서핑하다보면 간혹 경찰청 경고 홈페이지(warning.or.kr)가 뜨는 경험을 했을 것이다. 경찰청 경고 홈페이지는 마약을 비롯한 불법 사이트를 방문하려고 시도하는 경우, 이를 경고해주는 사이트이다. DNS의 작동원리를 이해했다면 어떻게 경찰청 경고 홈페이지가 뜨는지도 쉽게 알 수 있을 것이다.

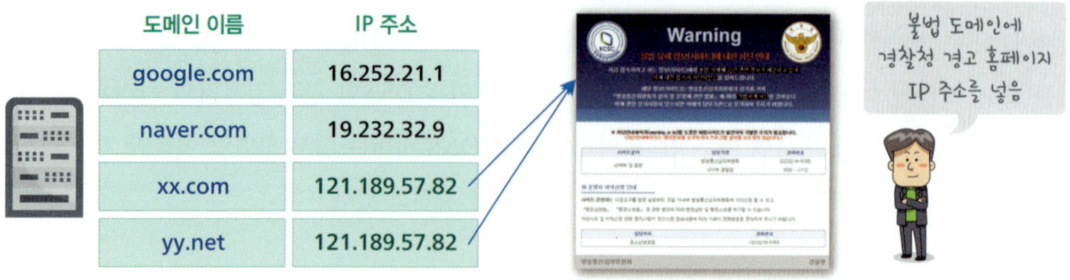

그림 9-17 DNS와 경찰청 경고 홈페이지

경찰청 경고 사이트의 IP 주소는 121.189.57.82이다. 경찰청에서 불법 사이트를 발견하면, 해당 도메인 이름의 IP 주소를 경찰청 경고 사이트 주소인 121.189.57.82로 바꿔버린다. [그림 9-17]에서 불법 사이트 xx.com과 yy.net은 원래의 IP 주소 대신에 warning.or.kr의 IP 주소 121.189.57.82로 변경된다. 사용자가 불법 사이트를 방문하려하면, DNS는 해당 사이트 주소 대신 경찰청 경고 홈페이지 사이트 주소를 알려주게 된다.

여기서 잠깐

DNS 이용한 불법 사이트의 접근을 막는 방법은 한국에 있는 DNS에만 해당된다. 해외의 DNS의 값을 한국에서 바꿀 수는 없다. 따라서 직접 IP 주소를 입력하거나 해외의 VPN 사용하는 경우에는 VPN의 DNS를 이용하기 때문에 국내에서 막아 놓은 사이트에 접속할 수도 있었다. 그러나 현재에는 DNS를 이용한 방식 대신에 패킷의 주소를 직접 검사하는 방식을 사용한다.

4 서브넷 마스크(subnet mask)

IP 주소는 A, B, C의 3개의 클래스가 있다. 사용자 입장에서는 자신이 속한 주소가 A, B, C 중 어디에 속한 주소인지 알 필요는 없다. 그러나 네트워크에 속한 호스트는 자신이 속한 네트워크의 주소를 알아야 한다.

[그림 9-18]과 같이 C 클래스인 228.255.75.x의 네트워크를 보자. 네트워크에 속한 호스트 228.255.75.1이 228.255.75.3에게 패킷을 보냈다. 228.255.75.x의 C 클래스 주소는 앞의 3자리가 네트워크 주소이다. 228.255.75.1와 228.255.75.3은 앞의 3자리가 같기 때문에 이 패킷은 내부에서 처리되는 패킷이다. 따라서 네트워크 외부로 패킷을 내보내면 안 된다.

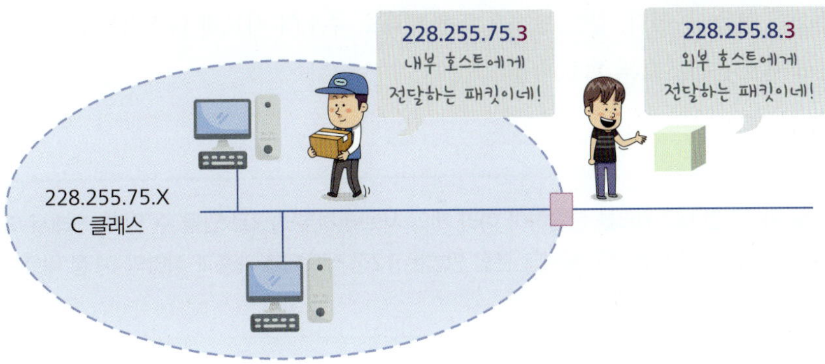

그림 9-18 내부 네트워크와 외부 네트워크

만약 228.255.75.1가 보내는 패킷의 주소가 228.255.8.3이라고 하면 네트워크 주소가 다르기 때문에 이 패킷은 다른 네트워크에 속한 패킷이다. 따라서 이 패킷은 외부 네트워크로 나가야 한다.

만약 위의 예를 B 클래스인 128.255.x.y의 네트워크에서 128.255.75.1이 128.255.75.3과 128.255.8.3에게 패킷을 보내는 경우로 바꿔보자. B 클래스는 두 자리까지만 네트워크 주소이기 때문에 128.255.75.3과 128.255.8.3의 두 패킷 모두 네트워크 내부에서 처리되어야 한다.

위의 예와 같이 클래스에 따라서 패킷을 처리하는 방법이 달라진다. 다시 말해, 어디까지가 네트워크 주소이고 어디까지가 호스트 주소인지를 알아야만 패킷을 외부로 내보낼지 아니면 내부에서 처리할지를 결정할 수 있다. 이렇게 호스트에게 네트워크 주소와 호스트 주소가 어디까지인지를 알려주는 것이 **서브넷 마스크** subnet mask 이다.

서브넷 마스크는 IP 주소에서 네트워크 주소만 골라내는 역할을 한다. IP 주소와 서브넷 마스크는 논리연산 AND를 사용하여 네트워크 주소를 찾는다. 논리연산 AND는 모든 값이 1인 경우에만 1이 되고, 하나라도 0이 있으면 0이 되는 연산이다. 따라서 네트워크 주소라고 생각되는 자리에 마스크를 1로 만들고, 호스트 주소라 생각되는 자리에 0을 만들면 서브넷 마스크가 된다.

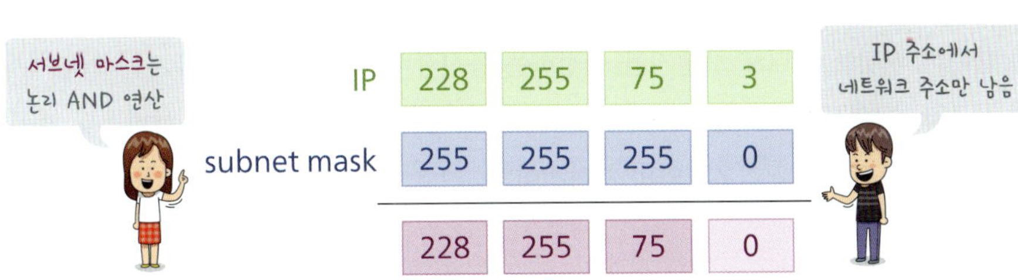

그림 9-19 C 클래스 서브넷 마스크 연산 결과

예를 들어 C 클래스 주소의 서브넷 마스크는 255.255.255.0이다. 255는 모든 8비트가 1이다. 따라서 255와 주소를 AND 연산하면 주소만 나온다. 0은 모든 8비트가 0이다. 따라서 어떤 주소와 연산을 하여도 결과는 0이다. 이런 특징으로 255.255.255.0는 앞의 3자리의 주소값만 남게 되므로 C 클래스의

네트워크 주소를 얻을 수 있다. 같은 방식으로 B 클래스 주소의 서브넷 마스크는 255.255.0.0이고, A 클래스 주소의 서브넷 마스크는 255.0.0.0이다.

하이퍼링크

서브넷 마스크를 이용하면 네트워크를 분할하여 여러 개의 서브넷(하부넷)으로 만들 수 있다. 그래서 이름이 서브넷 마스크이다. 서브넷 마스크를 이용한 네트워크 분할 방법은 12장 네트워크 계층과 작업의 01절 네트워크 분할에서 자세히 다룬다.

5 게이트웨이(gateway)

게이트웨이gateway란 데이터가 지나다니는 통로라는 의미이다. 게이트웨이는 서로 다른 네트워크의 경계선에 있는 호스트 혹은 장치를 가리킨다. 다시 말해 다른 네트워크로 들어가는 입구 역할을 하는 통신장비이다. 넓은 의미로는 종류가 다른 네트워크나 프로토콜의 연결 역할을 하는 장치 혹은 소프트웨어를 가리킨다.

보통의 경우 게이트웨이의 역할은 네트워크와 네트워크의 연결 부분에 있는 라우터가 담당한다. 그러나 서로 다른 프로토콜을 사용하는 네트워크를 연결하는 경우, 게이트웨이가 중재 역할을 한다는 것이 라우터와 다르다. 따라서 게이트웨이는 라우터에 전송 계층이나 응용 계층의 역할이 추가된 것이다. 예를 들어 이메일을 여러 종류의 양식으로 바꿔주는 메일 게이트웨이가 있다.

무선 공유기로 여러 대의 컴퓨터가 연결되어 있다고 가정해보자. 인터넷과 연결하지 않아도 무선 공유기(무선 LAN)로 연결된 컴퓨터들은 MAC 주소를 사용하여 통신이 가능하다. 그러나 컴퓨터가 인터넷을 통해 LAN 외부에 있는 컴퓨터와 연결하려는 경우, IP 주소를 사용하여 통신해야 한다. 이때 LAN과 인터넷을 연결하는 무선 공유기가 게이트웨이가 된다.

라우터는 단순히 패킷을 어디로 보낼지를 결정하는 통신장비이지만, 무선 공유기는 외부에서 연결된 컴퓨터에 접근할 수 있는 서비스를 제공하고, 여러 컴퓨터가 파일을 공유하는 서비스도 제공한다. 이것이 단순히 패킷을 전송하는 라우터와의 차이점이다.

여기서 잠깐

인터넷 서비스를 신청하면 자동으로 할당되는 IP 주소는 한 개이다. 그러나 무선 공유기를 사용하면 여러 대의 컴퓨터가 동시에 인터넷을 사용할 수 있다. 무선 공유기는 연결된 컴퓨터에게 가상의 IP 주소를 부여한다. 주로 192.168.1.x의 주소이다. 여러 개의 가상 IP 주소를 무선 공유기가 할당받은 IP 주소로 변환하여 여러 컴퓨터가 동시에 인터넷을 사용할 수 있게 해주는 것이 무선 공유기이다.

요약

- 네트워크 계층에서 패킷을 전송하는 대표적인 프로토콜은 IP이며, 패킷을 어떤 길로 보낼지 결정하는 것을 라우팅 혹은 경로배정이라 부른다.

- 가상 사설망은 패킷 교환망의 일정 채널을 빌린 후 독점적으로 사용하는 것으로, 가상 사설망을 이용하여 데이터를 보내는 방식을 가상회선 방식이라 부른다.

- 가상회선은 회선 교환 방식처럼 작동한다. 회선 교환과 가상회선은 셋업을 하고, 데이터가 같은 경로로 이동하며, 데이터가 순서대로 도착한다. 패킷 교환은 셋업 없이 데이터를 보내며, 서로 다른 경로로 데이터가 갈 수 있으며 데이터가 순서대로 도착하지 않을 수 있다.

- IP 주소에는 지역코드가 숨어 있다. 앞에 3자리가 네트워크 주소를 가리키고, 나머지 한 자리가 개별 호스트의 주소를 가리키는 IP 주소를 C 클래스 주소라 부른다. B 클래스 주소는 앞의 두 자리가 네트워크 주소이고 뒤의 두 자리가 호스트 주소이다. A 클래스는 네트워크 주소가 1바이트이고, 호스트 주소가 3바이트인 주소 체계이다. D 클래스는 멀티캐스트용 주소이고, E 클래스는 미래를 위해 예약한 주소 체계로 현재는 사용되지 않는다.

- IP 주소에서 맨 마지막 주소인 255는 브로드캐스트 주소이고 127로 시작하는 주소는 루프백 주소이다.

- IP와 관련된 설정값으로 IP 주소, DNS, 게이트웨이, 서브넷 마스크가 있다.

- 도메인 이름을 IP 주소로 바꿔주는 서비스의 이름은 DNS이다.

- IP 주소에서 네트워크 주소를 추출하는 것은 서브넷 마스크가 담당한다. 서브넷 마스크와 IP 주소는 AND 논리 연산을 하여 네트워크 주소를 얻는다. A 클래스 서브넷 마스크는 10진수로 255.0.0.0이며, B 클래스 서브넷 마스크는 255.255.0.0이고, C 클래스 서브넷 마스크는 10진수로 255.255.255.0이다.

- 서로 다른 네트워크의 경계선에 위치하는 장비 혹은 소프트웨어를 게이트웨이라 부른다.

연습문제

[객관식 문제]

01 네트워크 계층에서 패킷을 전송하는 대표적인 프로토콜은 무엇인가?

❶ HDLC ❷ TCP
❸ UDP ❹ IP

02 네트워크 계층에서 사용하는 패킷을 정확히 정의한 것을 찾으시오.

❶ frame + IP 헤더 ❷ IP 헤더 + TDPU
❸ IP 헤더 + frame ❹ IP 헤더 + router

03 다음 IP와 관련된 설정값이 아닌 것을 찾으시오.

❶ DNS ❷ gateway
❸ preamble ❹ subnet mask

04 패킷을 어떤 길로 보낼지 결정하는 것을 의미하는 단어는 무엇인가?

❶ Autonomous System ❷ routing
❸ gateway ❹ subnet mask

05 네트워크 계층에 대한 설명 중 거리가 먼 것을 찾으시오.

❶ 뒤바뀐 패킷을 올바른 순서대로 정렬하는 것
❷ IP 주소 체계를 만들고 관리하는 것
❸ 여러 라우터들을 거쳐 목적지까지 가는 경로를 찾는 것
❹ 전송 계층에서부터 전달된 데이터를 패킷에 넣어 목적지까지 전달

06 인터넷의 일부 채널을 임대하여 승인된 사용자만 사용할 수 있는 네트워크를 가리키는 단어는 무엇인가?

❶ VPN ❷ UDP
❸ DNS ❹ ARP

07 IP를 설명하는 단어가 아닌 것을 찾으시오.

❶ store-and-forward ❷ datagram
❸ call setup ❹ packet switching

08 질문 “셋업이 필요한가?”에 대하여 회선 교환, 패킷 교환, 가상회선에 대한 답이 정확하게 배열된 것을 찾으시오

❶ O X X ❷ X O X
❸ X O O ❹ O X O

09 질문 “데이터가 같은 경로로 이동하는가?”에 대하여 회선 교환, 패킷 교환, 가상회선에 대한 답이 정확하게 배열된 것을 찾으시오

❶ O X X ❷ X O X
❸ X O O ❹ O X O

10 질문 “데이터가 순서대로 도착하는가?”에 대하여 회선 교환, 패킷 교환, 가상회선에 대한 답이 정확하게 배열된 것을 찾으시오

❶ O X X ❷ X O X
❸ X O O ❹ O X O

11 질문 “선을 다른 사람과 공유하는가?”에 대하여 회선 교환, 패킷 교환, 가상회선에 대한 답이 정확하게 배열된 것을 찾으시오

❶ O X X ❷ X O X
❸ X O O ❹ O X O

12 질문 “중계기가 고장나는 경우 통신이 가능한가?”에 대하여 회선 교환, 패킷 교환, 가상회선에 대한 답이 정확하게 배열된 것을 찾으시오

❶ O X X ❷ X O X
❸ X O O ❹ O X O

13 질문 “사용시간으로 과금하는가?”에 대하여 회선 교환, 패킷 교환, 가상회선에 대한 답이 정확하게 배열된 것을 찾으시오

❶ O X X ❷ X O X
❸ X O O ❹ O X O

14 질문 “전송된 데이터 양으로 과금하는가?”에 대하여 회선 교환, 패킷 교환, 가상회선에 대한 답이 정확하게 배열된 것을 찾으시오

❶ O X X ❷ X O X
❸ X O O ❹ O X O

15 IPv4 주소 체계 중 C 클래스의 구성으로 정확한 것을 찾으시오.

❶ 네트워크 주소 3바이트 ❷ 네트워크 주소 1바이트
❸ 호스트 주소 2바이트 ❹ 호스트 주소 3바이트

16 IPv4 주소 체계 중 B 클래스의 구성으로 정확한 것을 찾으시오.

❶ 네트워크 주소 3바이트 ❷ 네트워크 주소 1바이트
❸ 호스트 주소 2바이트 ❹ 호스트 주소 3바이트

17 IPv4 주소 체계 중 A 클래스의 구성으로 정확한 것을 찾으시오.

❶ 네트워크 주소 1바이트 ❷ 네트워크 주소 2바이트
❸ 호스트 주소 2바이트 ❹ 호스트 주소 1바이트

18 도메인 이름을 IP 주소로 바꿔주는 서비스의 이름은 무엇인가?

❶ DNS ❷ gateway
❸ preamble ❹ subnet mask

19 IPv4 주소 체계 중 C 클래스가 가질 수 있는 최대 호스트의 개수와 가장 근접한 값은 무엇인가?

❶ 100 ❷ 256
❸ 65536 ❹ 16777216

20 IPv4 주소 체계 중 B 클래스가 가질 수 있는 최대 호스트의 개수와 가장 근접한 값은 무엇인가?

❶ 100 ❷ 256
❸ 65536 ❹ 16777216

21 IPv4 주소 체계 중 A 클래스가 가질 수 있는 최대 호스트의 개수와 가장 근접한 값은 무엇인가?

❶ 100 ❷ 256
❸ 65536 ❹ 16777216

22 어느 회사 네트워크가 C 클래스로 구성되어 있다. IP 주소 4바이트 중 네트워크에 속한 컴퓨터는 어느 부분이 같은가?

❶ 맨 뒤 1바이트 ❷ 맨 뒤 3바이트
❸ 맨 앞 2바이트 ❹ 맨 앞 3바이트

23 어느 회사 네트워크가 B 클래스로 구성되어 있다. IP 주소 4바이트 중 네트워크에 속한 컴퓨터는 어느 부분이 같은가?

❶ 맨 뒤 1바이트 ❷ 맨 뒤 2바이트
❸ 맨 앞 2바이트 ❹ 맨 앞 3바이트

24 어느 회사 네트워크가 A 클래스로 구성되어 있다. IP 주소 4바이트 중 네트워크에 속한 컴퓨터는 어느 부분이 같은가?

❶ 맨 앞 1바이트 ❷ 맨 뒤 3바이트
❸ 맨 앞 2바이트 ❹ 맨 앞 3바이트

25 멀티캐스트에 사용되는 IP 주소 클래스는 무엇인가?

❶ A 클래스 ❷ B 클래스
❸ C 클래스 ❹ D 클래스

26 C 클래스인 223.12.34.x 네트워크가 있다고 가정해보자. 브로드캐스트 주소일 경우 x의 값으로 가장 적당한 것은 무엇인가?

❶ 125 ❷ 255
❸ 256 ❹ 127

27 x.1.2.3이 루프백 주소일 경우 x의 값으로 가장 적당한 것은 무엇인가?

❶ 125 ❷ 255
❸ 256 ❹ 127

28 다음 도메인 이름 중 국가기관을 나타내는 것으로 가장 적당한 것을 찾으시오.

❶ co ❷ go
❸ ac ❹ re

29 다음 도메인 이름 중 연구기관을 나타내는 것으로 가장 적당한 것을 찾으시오.

❶ co ❷ go
❸ ac ❹ re

30 서브넷 마스크와 IP 주소는 어떤 논리 연산을 하여 네트워크 주소를 얻는가?

❶ XOR ❷ NOT
❸ OR ❹ AND

31 IP 주소에서 네트워크 주소를 추출하는 것은 무엇인가?

❶ DNS ❷ gateway
❸ preamble ❹ subnet mask

32 서로 다른 네트워크의 경계선에 위치하는 장비 혹은 소프트웨어를 가리키는 단어는 무엇인가?

❶ DNS ❷ gateway
❸ preamble ❹ subnet mask

33 A 클래스 서브넷 마스크로 가장 올바른 것을 찾으시오.

❶ 255.0.0.0 ❷ 255.255.0.255
❸ 255.255.0.0 ❹ 255.255.255.0

34 B 클래스 서브넷 마스크로 가장 올바른 것을 찾으시오.

❶ 255.0.0.0 ❷ 255.255.0.255
❸ 255.255.0.0 ❹ 255.255.255.0

35 C 클래스 서브넷 마스크로 가장 올바른 것을 찾으시오.

❶ 255.0.0.0 ❷ 255.255.0.255
❸ 255.255.0.0 ❹ 255.255.255.0

[단답형 문제]

36 네트워크 계층에서 패킷을 전송하는 대표적인 프로토콜은 _____이다.

37 패킷을 어떤 길로 보낼지 결정하는 것을 ____________________이라 부른다.

38 패킷 교환망에서 회선 교환망을 구현한 것을 ______________________________이라 부른다.

39 네트워크 계층에서 사용하는 패킷은 _________ + TPDU이다.

40 IP와 관련된 설정값으로 IP 주소, DNS, 게이트웨이, ______________________가 있다.

41 인터넷의 일부 채널을 임대하여 승인된 사용자만 사용할 수 있는 네트워크를 __________ ______이라 부른다.

42 서로 간 합의 없이 데이터를 주고받는 비연결 방식에 사용되는 데이터를 ___________ ______이라 부른다.

43 질문 "셋업이 필요한가?"에 대하여 회선 교환, 패킷 교환, 가상회선을 O 혹은 X로 답을 하면 _ _______이다.

44 질문 "데이터가 같은 경로로 이동하는가?"에 대하여 회선 교환, 패킷 교환, 가상회선을 O 혹은 X로 답을 하면 ________이다.

45 질문 "데이터가 순서대로 도착하는가?"에 대하여 회선 교환, 패킷 교환, 가상회선을 O 혹은 X로 답을 하면 ________이다.

46 질문 "선을 다른 사람과 공유하는가?"에 대하여 회선 교환, 패킷 교환, 가상회선을 O 혹은 X로 답을 하면 ________이다.

47 질문 "중계기가 고장나는 경우 통신이 가능한가?"에 대하여 회선 교환, 패킷 교환, 가상회선을 O 혹은 X로 답을 하면 ________이다.

48 질문 "사용시간으로 과금하는가?"에 대하여 회선 교환, 패킷 교환, 가상회선을 O 혹은 X로 답을 하면 ________이다.

49 질문 "전송된 데이터 양으로 과금하는가?"에 대하여 회선 교환, 패킷 교환, 가상회선을 O 혹은 X로 답을 하면 ________이다.

50 IPv4 주소 체계 중 C 클래스는 ___바이트 네트워크 주소와 ___바이트 호스트 주소로 구성된다.

51 IPv4 주소 체계 중 B 클래스는 ___바이트 네트워크 주소와 ___바이트 호스트 주소로 구성된다.

52 IPv4 주소 체계 중 A 클래스는 ___바이트 네트워크 주소와 ___바이트 호스트 주소로 구성된다.

53 도메인 이름을 IP 주소로 바꿔주는 서비스의 이름은 _______이다.

54 IPv4 주소 체계 중 C 클래스가 가질 수 있는 최대 호스트의 개수는 2의 ____ 승이다.

55 IPv4 주소 체계 중 B 클래스가 가질 수 있는 최대 호스트의 개수는 2의 _____ 승이다.

56 IPv4 주소 체계 중 A 클래스가 가질 수 있는 최대 호스트의 개수는 2의 _____ 승이다.

57 어느 회사 네트워크가 C 클래스로 구성되어 있다. IP 주소 4바이트 중 네트워크에 속한 컴퓨터는 _____________ 는 모두 같다.

58 어느 회사 네트워크가 B 클래스로 구성되어 있다. IP 주소 4바이트 중 네트워크에 속한 컴퓨터는 _____________ 는 모두 같다.

59 어느 회사 네트워크가 A 클래스로 구성되어 있다. IP 주소 4바이트 중 네트워크에 속한 컴퓨터는 _____________ 는 모두 같다.

60 IP 주소 체계 중 멀티캐스트에 사용되는 주소는 ____ 클래스이다.

61 C 클래스인 223.12.34.x 네트워크가 있다고 가정해보자. 브로드캐스트 주소일 경우 x의 값은 ______ 이다.

62 x.1.2.3이 루프백 주소일 경우 x의 값은 ______ 이다.

63 2글자 도메인 이름 중 국가기관을 나타내는 것은 _____이다.

64 2글자 도메인 이름 중 연구기관을 나타내는 것은 _____이다.

65 서브넷 마스크와 IP 주소는 _______ 논리 연산을 하여 네트워크 주소를 얻는다.

66 IP 주소에서 네트워크 주소를 추출하는 것은 _____________ 담당한다.

67 서로 다른 네트워크의 경계선에 위치하는 장비 혹은 소프트웨어를 ___________라 부른다.

68 A 클래스 서브넷 마스크는 10진수로 _____________이다.

69 B 클래스 서브넷 마스크는 10진수로 _______________이다.

70 C 클래스 서브넷 마스크는 10진수로 _________________이다.

[주관식 문제]

71 가상회선 방식을 패킷 교환망 및 회선 교환망과 비교하여 설명하시오.

72 IP 주소 체계를 클래스로 구분하여 설명하시오.

73 DNS에 대하여 설명하시오.

74 서브넷 마스크의 작동 방식을 설명하고 IP 주소 클래스별 서브넷 마스크를 쓰시오.

75 게이트웨이에 대하여 아는대로 설명하시오.

Data Communication and **Networking**

CHAPTER

10

라우팅 알고리즘

Section

SECTION 01

정적 라우팅 알고리즘

1 라우팅 알고리즘의 개요 필수

네트워크 계층에 있는 IP의 가장 중요한 작업은 출발지에서 목적지까지 패킷을 전달하는 것이다. 이를 라우팅이라 한다. 라우팅을 위해서는 **라우팅 알고리즘** routing algorithm 이 필요하다. 라우팅 알고리즘은 패킷을 목적지까지 보내는 방법을 결정하는 알고리즘이다. 라우팅 알고리즘은 크게 정적 static 라우팅 알고리즘과 동적 dynamic 라우팅 알고리즘으로 나뉜다.

정적 라우팅 알고리즘은 현재의 상태에서 어떤 곳으로 패킷을 보내야 목적지에 도달하는지를 찾는 알고리즘이다. 간단하게 말하면 내비게이션의 길찾기 알고리즘과 유사하다. 많은 라우터들로 연결된 인터넷의 상태는 수시로 변한다. 새 라우터가 생겨나기도 하고, 어떤 라우터는 고장나기도 하며, 잘 다니던 경로가 혼잡해져서 패킷이 갑자기 느리게 전달되기도 한다. 정적 라우팅 알고리즘은 목적지에 도달하는 길은 찾을 수 있지만, 시시각각 변화하는 상태를 반영하지는 못한다.

시시각각 라우터의 상태를 감지하여 경로를 변경하는 알고리즘이 동적 라우팅 알고리즘이다. 우리가 사용하는 티맵 T-map 이나 카카오내비와 같은 프로그램도 동적 라우팅 알고리즘을 사용한다. 길을 찾으면 계속 그 길로만 안내하는 것이 아니라 주기적으로 교통상황을 점검하여 좀 더 빠른 길로 안내한다. 동적 라우팅 알고리즘은 주기적으로 주고받는 데이터를 기준으로 경로를 변경하기 때문에 동적이라고 부른다.

정적 라우팅 알고리즘에는 대표적으로 최단경로 shortest path, 플러딩 flooding 알고리즘이 있으며 목적지까지 도달하는 경로를 찾는 수준의 알고리즘이다. 동적 라우팅 알고리즘에는 거리벡터 distance vector 와 연결상태 link state, 계층적 hierarchical 라우팅 알고리즘이 있으며 라우터들이 주기적으로 패킷을 주고 받으면서 경로를 수정한다. 보통의 경우 동적 라우팅 알고리즘은 정적 라우팅 알고리즘을 사용하여 만든다.

표 10-1 라우팅 알고리즘 분류

	정적 라우팅 알고리즘	동적 라우팅 알고리즘
특징	현재 상태 정보를 반영하지 않음	상태 정보를 반영하여 경로 변경
알고리즘	최단경로, 플러딩	거리벡터 라우팅, 연결상태 라우팅, 계층적 라우팅

라우팅 알고리즘을 설명하기 전에 알아야 할 사항들이 있다. 인터넷에서 라우터들과 통신선의 연결을 그림으로 그리면 [그림 10-1]과 같이 그래프 graph 로 표현된다. 그래프는 노드 node 와 선 edge 의 집합이다.

여기서 노드는 라우터를 의미하며. 선은 통신선을 의미한다. 그래프에서 선은 방향성이 있는 선과 방향성이 없는 선으로 나눌 수 있다. 네트워크에서 통신은 양방향이기 때문에 방향성이 없는 선이다. 따라서 패킷은 선을 따라 양쪽으로 이동 가능하다. 또한 선 위에 적혀있는 숫자들은 패킷을 전송하는 데 걸리는 시간 또는 거리를 의미한다. 선의 숫자가 작은 것은 거리가 짧거나 전송에 걸리는 시간이 짧다는 의미이다. 따라서 라우팅 알고리즘이 여러 개의 선 중 하나를 선택할 때는 가장 작은 숫자를 가진 선을 선택한다. 다시 말해 가장 빠른 선을 선택한다. 여기서는 숫자를 밀리초(msec)라 생각한다. 따라서 1은 패킷을 보내는 데 걸리는 시간이 1밀리초라는 의미이다.

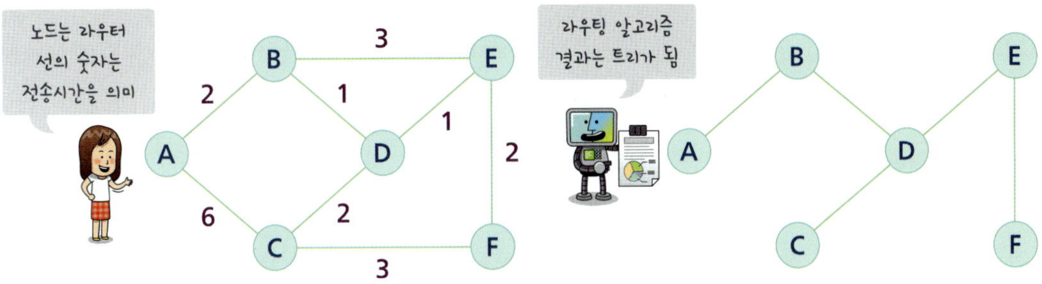

그림 10-1 네트워크의 그래프 표현

그래프를 자세히 보면 A, B, C, D, E, F 노드(라우터)들이 여러 선으로 연결되어 있다. A 라우터에서 출발하여 B, C, D, E, F로 가는 다양한 길이 존재하게 된다. 라우팅 알고리즘의 가장 중요한 목적은 전체의 경로 중에서 각 라우터로 가는 가장 빠른 경로를 찾는 것이다.

같은 속도를 가진 여러 개의 길이 있더라도 패킷을 전달하는 길은 오직 하나의 경로만 필요하다. 따라서 A 라우터에서 출발하여 각 라우터로 가는 가장 빠른 길을 찾을 때 하나의 길만을 선택하게 된다. 같은 속도의 길이 있다면 그중 하나만 선택한다. 라우팅 알고리즘이 작동하여 가장 빠른 길을 찾은 결과가 [그림 10-1]의 오른쪽 그림이다. 라우팅 알고리즘이 작동하여 최단경로 경로(최소시간 경로)가 결정되면 결과는 오른쪽 그림과 같이 트리 tree 가 된다. 그래프와 트리의 차이점은 트리는 사이클 cycle 이 없는 그래프이다.

[그림 10-1]의 오른쪽의 그림에서 A에서 C 라우터로 가는 다른 선이 존재한다고 가정해보자. 그럼 트리가 아니라 그래프가 된다. 이 경우 A가 C 라우터에게 패킷을 보내는 경우, 패킷이 목적지에 전달되지 못하고 사이클을 계속 도는 문제가 발생한다. 그래서 사이클이 없는 트리의 형태를 유지한다.

여기서 잠깐

라우터가 연결된 그래프를 트리 형태로 만든 경우를 스패닝 트리 spanning tree 라 부른다. 스패닝 트리 프로토콜 Spanning Tree Protocol; STP 은 패킷이 무한루프를 돌면서 배달되지 못하는 문제를 막아주는 프로토콜이다.

다음 절부터 앞에서 언급된 최단경로, 플러딩, 거리벡터 라우팅, 연결상태 라우팅 알고리즘에 대하여 자세히 설명한다.

2 최단경로(shortest path) 알고리즘

최단경로 알고리즘 개요

최단경로 알고리즘 Shortest Path Algorithm 은 대표적인 정적 라우팅 알고리즘이다. 최단경로 알고리즘은 1956년 다익스트라 Dijkstra 가 만들었기 때문에 다익스트라 알고리즘이라 불린다. 이 알고리즘은 도로를 그래프로 표시하여 각 지점까지의 최단경로를 찾는 데 많이 사용된다.

최단경로 알고리즘은 집합의 개념을 사용한다. 초기에는 출발 지점의 라우터(노드)가 집합에 들어간다. 새로운 라우터가 집합에 들어오면, 집합에 속한 라우터들에서 보이는 경로 중 가장 짧은 경로(혹은 가장 빠른 시간)를 찾아 집합에 넣는 방식이다. 모든 라우터가 집합에 다 들어갈 때까지 반복된다. 다음 [표 10-2]는 최단경로 알고리즘을 나타내며 노드는 라우터를 의미한다.

표 10-2 최단경로 알고리즘

```
초기값 => 시작 노드를 집합에 넣음
모든 노드가 집합에 들어갈 때까지 다음을 반복
{
    ① 집합에 있는 모든 노드에서 바로 보이는 노드의 거리 계산
    ② 집합에 있는 노드를 제외한 가장 작은 값을 가진 노드 선택
    ③ 선택된 노드를 집합에 삽입
}
```

이 책에서 최단경로 알고리즘을 소개하는 이유는 알고리즘 자체를 공부한다기보다는 최단경로 알고리즘이 어떻게 작동하는지를 설명하고 이해시키기 위해서이다. 따라서 [표 10-2]에 나타낸 다익스트라의 최단경로 알고리즘은 여러 가지 제약사항과 프로그래밍에서 일반적으로 사용하는 표현 방식을 무시하고 최대한 단순하게 만든 것이다.

여기서 잠깐

다익스트라 최단경로 알고리즘의 소스코드는 자료구조 서적에서 찾아보거나 인터넷 검색을 하면 쉽게 구할 수 있다. 이 책에서 설명하는 최단경로 알고리즘을 이해한다면 최단경로 소스코드를 쉽게 읽을 수 있을 것이다.

최단경로 알고리즘 이해하기

최단경로 알고리즘이 어떻게 작동하는지 알아보자. [그림 10-2]의 왼쪽은 초기상태를 나타낸다. 각 노

드(라우터)들은 두 개의 초기값을 가진다. 출발 노드에서부터 해당 노드까지 도달하는 데 걸리는 시간(msec)과 어디에서부터 오는 경로인지를 나타내는 경로 정보가 저장된다. 따라서 (시간, 경로 정보)의 쌍으로 표시된다. 초기값은 (∞, –)로 설정된다. 무한대(∞)는 매우 큰 값을 의미하는데 무한대를 사용하는 이유는 나중에 설명한다.

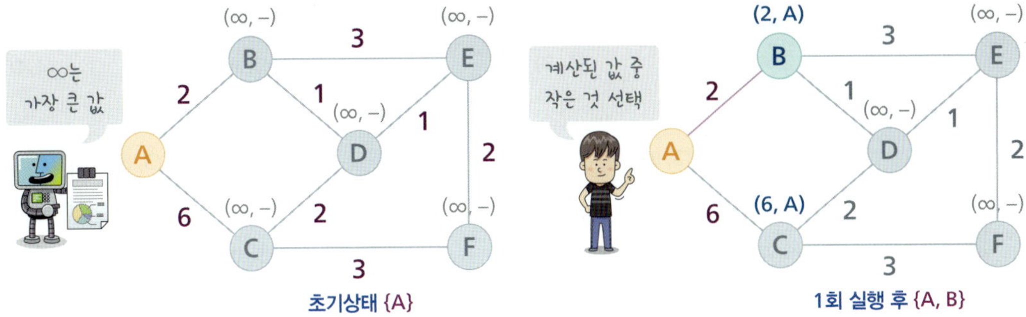

그림 10-2 최단경로(shortest path) 알고리즘의 초기값과 1회 실행 후

모든 노드의 초기값이 만들어지면 출발 노드인 A를 집합에 넣고 [표 10-2]의 최단경로 알고리즘을 반복한다. A 노드가 집합에 들어갔다는 것은 {A}로 표시한다.

[그림 10-2]의 오른쪽 그래프가 최단경로 알고리즘을 1번 실행한 결과이다. <❶ 집합에 있는 모든 노드에서 바로 보이는 노드의 거리 계산>의 의미는 집합에 있는 노드에서 한 번에 도달할 수 있는 노드의 거리를 계산한다는 것이다. 다시 말해, 집합 {A}에서 한 번에 갈 수 있는 모든 노드의 시간을 계산한다. 집합에는 A 노드뿐이기 때문에 A에서 한 번에 갈 수 있는 노드는 B와 C이다. B 노드의 값은 (2, A)로 변경된다. B는 A 노드에서 2msec 만큼 걸려 도착할 수 있다는 의미이다. 같은 방법으로 C 노드는 (6, A)로 변경된다. A 노드에서부터 6msec만큼 걸려 도착할 수 있다는 의미이다.

❶의 과정이 끝나면 <❷ 집합에 있는 노드를 제외한 가장 작은 값을 가진 노드 선택>이 실행된다. 집합에 있는 노드들은 이미 방문한 노드들이기 때문에 더 이상 고려하지 않는다. 따라서 방문하지 않은 모든 노드의 값 중 가장 작은 값을 가진 라우터를 선택한다. B와 C 노드의 값을 비교해보면, B의 (2, A)가 가장 작은 값이다. 그래서 B 노드가 선택된다. 모든 라우터의 초기값을 (∞, –)로 정한 이유는 ∞는 아주 큰 수이므로 가장 작은 값을 선택할 때 무한대(∞) 값을 가진 라우터는 비교 대상이 안 되기 때문이다.

<❸ 선택된 노드를 집합에 삽입>에 따라 B 노드가 집합에 들어가고 집합은 {A, B}가 된다. 모든 라우터가 집합에 들어갈 때까지 이러한 작업을 반복하게 된다.

알고리즘이 2번째 실행되는 과정을 보자. 집합 {A, B}에 대하여 한 번에 갈 수 있는 모든 노드의 값이 새로 계산된다. B 노드에서 한 번에 도달할 수 있는 D와 E 노드의 값이 갱신된다.

우리가 찾는 것은 A 노드에서부터 각 노드까지의 최단경로를 찾는 것이다. 따라서 시간을 계산할 때 **시작점인 A 노드에서부터 모든 라우터에 도달하기까지 걸리는 시간을 계산해야 한다.** A에서 B 노드까지 2msec가 걸리고, B에서 D 노드까지 1msec가 걸림으로 D 노드의 값은 둘을 합한 3이 된다. 또한 A에서 D로 가기 위해서는 B 라우터를 거쳐서 도달하기 때문에 (3, B)로 변경된다. 같은 방식으로 E 노드의 값은 (5, B)가 된다.

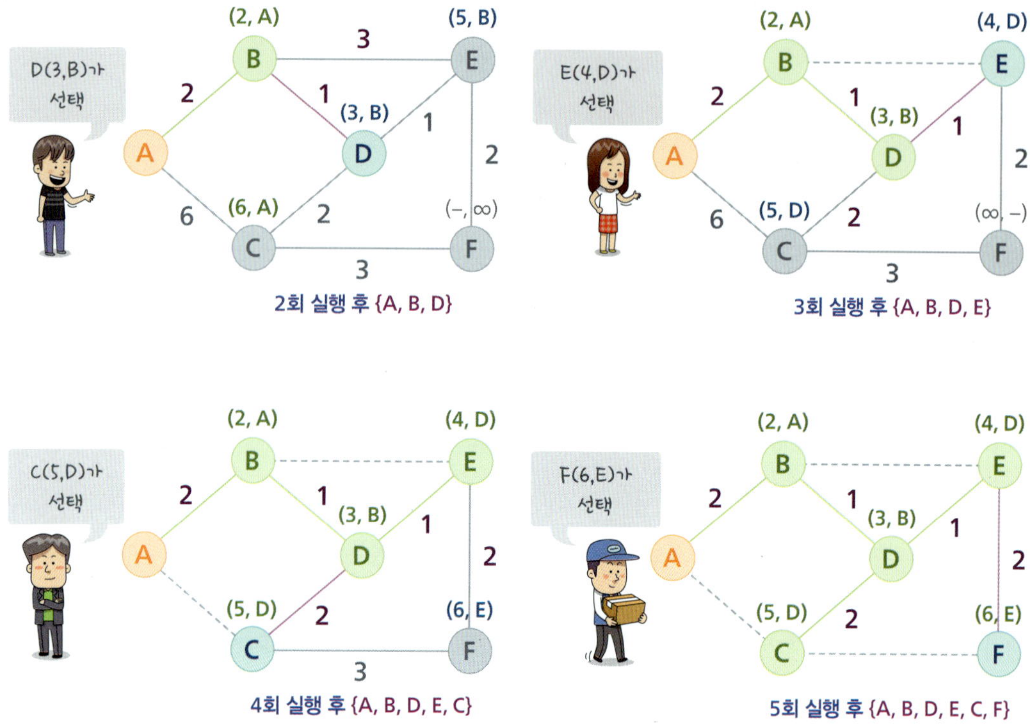

그림 10-3 최단경로 알고리즘의 실행과정

집합에서 보이는 모든 노드의 값이 계산 되었으면, 집합에 있는 노드를 제외한 값들 중 가장 작은 값을 집합에 넣는다. 2회 실행에서는 (3, B)을 가진 D가 집합에 들어가서, 집합은 {A, B, D}가 된다.

3회 실행 과정을 보자. 집합에 새로 들어온 D 노드 때문에 C는 (5, D)로 E는 (4, D)로 변경된다. 집합에 있는 노드를 제외한 값들 중, E 노드의 (4, D)가 가장 작은 값이므로 E가 집합에 들어간다. B에서 E 노드로 가는 경로를 보자. B에서 E로 바로 가면 5msec가 걸리지만, D 노드로 돌아서 가면 4msec 면 된다. 따라서 B-D-E의 경로가 최단경로가 된다. B-D-E 경로가 결정됨에 따라, B-E 경로가 사라지는 것은 아니지만, B-E의 경로는 더 이상 사용되지 않는다.

4회 실행을 보자. E 노드가 새로 들어오고 F의 값은 (6, E)로 바뀐다. 이 후, C의 (5, D)와 비교하여 값이 작은 C 노드가 집합에 들어간다. C 노드의 경우, 초기 상태에서는 A에서 C 노드로 바로 가는 것이 시간이 덜 걸리는 것처럼 보였다. 그러나 라우터 A-B-D-C를 거쳐서 오면 5msec가 걸린다는 것을 알게 되고, 이 경로가 채택된다. 눈으로 보면 A-C가 빠를 것 같지만, 실제로는 A-B-D-C가 빠르다는 것을 최단경로 알고리즘이 찾은 것이다. 따라서 A-C 경로는 사용되지 않는다.

5회 실행에서 F 노드의 (6, E)가 채택되고 C-F 경로는 더 이상 사용되지 않는다. 모든 노드가 집합에 들어왔기 때문에 최단경로 알고리즘은 종료된다. 모든 과정을 거치면 라우터 A에서 다른 모든 라우터에 도달하는 최소시간(최단경로)이 구해진다. 또한 사용하지 않은 점선을 제외하면 그래프가 트리(사이클이 없는 그래프)로 바뀌게 된다.

최단경로 알고리즘은 내비게이션에서 길 찾기와 같은 문제를 해결하는 데에도 유용하며 많이 사용된다. 최단경로 알고리즘이 정적인 알고리즘인 이유는 알고리즘이 작동되는 시점에서의 최단경로만 계산되기 때문이다. 최단경로 알고리즘을 사용한 이후에 각 선의 값이 변경되어도 경로에는 변함이 없다.

시시각각 변하는 네트워크의 상태를 반영하기 위해서는 각 노드들은 자신을 출발점으로 하는 최단경로를 주기적으로 계산해야 한다. 따라서 최단경로 알고리즘을 사용한 이후에 네트워크의 변화가 생겼을 경우 이를 반영하는 알고리즘이 필요하다. 이 알고리즘이 연결상태 알고리즘이며 자세한 내용은 아래에 설명한다.

최단경로 알고리즘 심화학습

최단경로 알고리즘을 사용하면 최단경로로 이루어진 경로를 알 수 있을지에 대한 의문이 들 것이다. 최단경로 알고리즘을 비롯한 대부분의 라우팅 알고리즘은 최적이론 optimal principle 에 근거하여 만들어졌으며, 최적이론에 의해 최단경로로 경로가 구성된다.

최적이론은 다음과 같다. A에서 B를 거쳐 C로 가는 다양한 경로가 있다고 가정해보자. 다양한 경로 중 A에서 C까지의 가장 빠른 경로를 찾았다. 그렇다면 가장 빠른 경로의 중간에 있는 모든 경로는 가장 빠른 경로이다. 바꿔 이야기하면, A-B까지 가는 가장 빠른 경로와 B에서 C까지 가는 가장 빠른 경로를 합치면 A-C의 가장 빠른 경로가 된다.

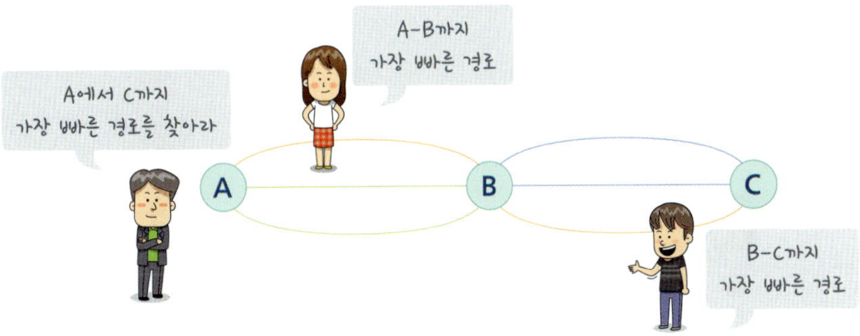

그림 10-4 최적이론(optimal principle)

[그림 10-4]은 최적이론을 설명하고 있다. 여러 경로 중 A-C의 가장 빠른 경로는 A-B의 가장 빠른 경로와 B-C의 가장 빠른 경로의 합이다. 최적이론이 이해가 되었다면, 출발점에서부터 가장 작은 값을 계속 집합에 넣는 최단경로 알고리즘이 최단의 경로를 찾을 수 있다는 것을 이해했을 것이다.

최적이론을 사용한 최단경로 알고리즘이 만든 결과값은 트리가 되는가에 대하여 생각해보자. [그림 10-4]의 최적이론에서 사이클이 만들어지기 위해서는 A-C로 가는 1개 이상의 경로가 존재해야 한다. 그러나 최적이론은 여러 개의 경로 중 1개의 가장 빠른 경로만 선택하기 때문에 사이클이 존재하지 않는다.

여기서 잠깐

앞에서 배운 [그림 10-3]의 최단경로 알고리즘의 결과를 생각해보자. 3번째 실행결과에서 B-D-E 경로가 결정된 이후에는 B-E 경로는 사용되지 않는다고 설명하였다. <② 집합에 있는 노드를 제외한 가장 작은 값을 가진 노드 선택>으로 인하여 B-D-E 경로가 결정된 이후에 B-E 경로는 집합에 들어올 수 없다. 이는 한 번 방문한 노드는 다시 방문하지 않는다는 의미이다.

그래프에서 사이클을 찾을 때에는 깊이우선 탐색 depth first search 이나 너비우선 탐색 breath first search 알고리즘을 사용한다. 두 알고리즘은 시작 노드로부터 그래프에 있는 모든 노드로 가는 길이 있는지를 찾는 알고리즘이다. 두 알고리즘이 작동되는 동안 한 번 방문했던 노드를 다시 방문하게 되면 사이클이 발생한 것이다. 반대로 이야기하면 한 번 방문했던 노드를 다시 방문하지 않는 최단경로 알고리즘의 결과는 사이클이 없다. 따라서 최단경로 알고리즘의 결과는 사이클이 없는 트리가 만들어진다.

3 플러딩(flooding) 알고리즘

만약 부산에서 서울까지 가장 빠르게 이동할 수 있는 방법을 찾고 싶다면 어떻게 하면 좋을까? 여러 명을 동시에 서울에서 부산까지 보낸다. 이때 자기가 생각하는 가장 빠른 교통수단을 이용하라고 지시한다. 누군가는 자가용으로 이동하고, 누군가는 고속버스를 탈 것이고, 누군가는 KTX를 타고 이동할 것이다. 동시에 출발시켜 가장 먼저 도착한 사람이 이용한 교통수단이 가장 빠른 것이다. 이러한 방식으로 경로를 찾는 알고리즘이 **플러딩** flooding 이다.

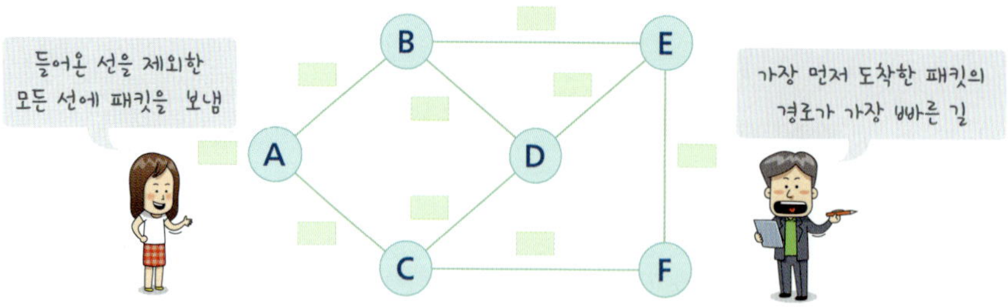

그림 10-5 플러딩(flooding) 알고리즘

플러드 flood 는 홍수를 의미하는 단어이다. 플러딩 알고리즘은 네트워크에 홍수를 일으켜 가장 빠른 길을 찾는 정적 라우팅 방식이다. 방법은 매우 단순하다. 플러딩에 참가한 라우터들은 패킷이 들어온 선을 제외한 모든 선에 패킷을 복사하여 보낸다. 이때 패킷에는 지나온 라우터들을 적어 놓는다. 패킷이 라우터를 지날 때마다 복사가 되기 때문에 모든 선에는 패킷들로 홍수를 이룬다. 가장 먼저 도착한 패킷에 적혀 있는 경로가 가장 빠른 경로가 된다.

인터넷은 아파넷에서 발전되었고, 아파넷은 군대의 네트워크를 통합하는 프로젝트였다. 아파넷을 만들 당시에 전쟁으로 라우터들이 고장나는 상황을 어떻게 처리해야 할지에 대하여 고려되었다, 이러한 상황을 대비하여 만든 라우팅 알고리즘이 플러딩이다. 고장 난 라우터들을 넘어 목적지에 패킷이 도달할 수 있는지에 대하여 가장 빨리 알 수 있도록 만든 알고리즘이다.

플러딩은 알고리즘이 단순하여 구현하기 쉽다는 장점이 있지만, 많은 패킷이 폭주하여 네트워크의 정체를 유발하는 단점이 있다. 따라서 인터넷 전체에서 사용하기에는 무리가 있다. 따라서 플러딩 알고리즘은 소규모 네트워크에서 사용된다. 스위치와 같은 통신 노드들이 새로운 길을 찾을 때 사용하는 알고리즘이 플러딩이다. 여러 개의 스위치로 이루어진 소규모 네트워크에서 갑자기 스위치 하나가 작동을 하지 않을 경우, 스위치들은 기존의 경로가 아닌 새로운 경로를 찾아 통신을 해야 한다. 이때 스위치들은 플러딩을 하여 고장난 스위치를 우회하는 경로를 찾고 통신을 재개한다.

SECTION 02

동적 라우팅 알고리즘

1 거리벡터 라우팅(distance vector routing) 알고리즘

거리벡터 라우팅 이해하기

거리벡터 라우팅 distance vector routing 은 아파넷 개발 초기에 많이 사용하던 동적 알고리즘이다. 거리벡터 라우팅에서 각 라우터들은 주기적으로 라우팅 테이블을 주고 받는다. 라우팅 테이블에는 자신의 기준에서 다른 라우터까지 가는 데 걸리는 시간(거리)이 명시되어 있다. 주변의 라우터들로부터 라우팅 테이블을 받아 자신만의 라우팅 테이블을 만들고, 이를 다시 주변 라우터에게 전송하는 방식이 거리벡터 라우팅이다. 서로 주고 받는 라우팅 테이블에 다른 라우터까지의 거리에 대한 연속적인 값(벡터)이기 때문에 거리벡터 라우팅이라 부른다.

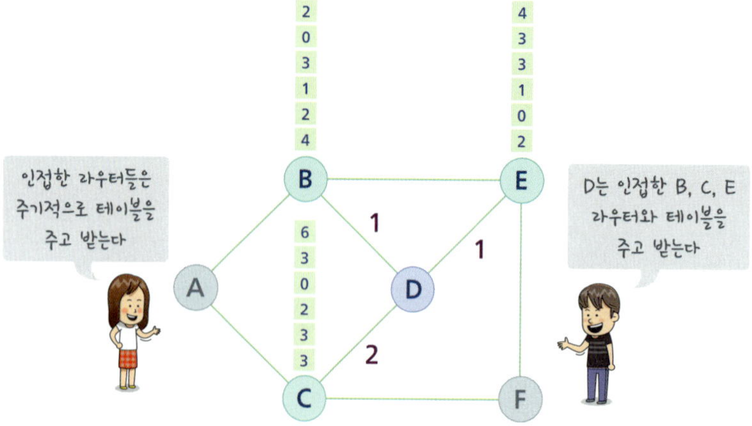

그림 10-6 거리벡터(distance vector) 라우팅 알고리즘

[그림 10-6]은 거리벡터 라우팅 알고리즘의 작동 방식을 보여준다. 각 라우터들은 인접한 라우터들에게 주기적으로 거리벡터 테이블을 전송한다. D 라우터의 경우 B, C, E가 인접한 라우터이기 때문에 D는 B, C, E 라우터와 주기적으로 테이블(벡터)을 주고 받는다. 거리벡터 테이블에는 자신을 중심으로 모든 라우터까지 가는 데 걸리는 시간(거리)이 명시되어 있다.

다음 [그림 10-7]은 인접 라우터들로부터 받은 거리벡터 테이블을 가지고 자신의 거리벡터를 어떻게 만드는지를 보여준다. B 테이블은 B 라우터가 생각하는 다른 라우터까지의 시간이다. B 라우터가 보내온 테이블에는 위에서 아래로 A = 2, B = 0, C = 3, D = 1, E = 2, F = 4라 적혀있다. B 라우터가 B 자신에게 보내는 시간은 당연히 0이다. 같은 방식으로 C 테이블에는 A = 6, B = 3, C = 0, D = 2, E = 3, F = 3이라 적혀있으며, E 테이블에는 A = 4, B = 2, C = 3, D = 1, E = 0, F = 2라 적혀있다. 중요한 것은 각 테이블 밑에 있는 'D까지의 걸린 시간'이다. +1은 B 라우터가 D에게 테이블을 보내어 도착할 때까지 1msec가 걸렸다는 의미이다. C는 2msec, E는 1msec가 걸렸다.

D 라우터가 A에게 보낼 패킷이 있다고 가정해보자. D는 A와 직접 연결되어 있지 않기 때문에 B, C, E 라우터 중 하나에게 A로의 패킷을 보내야 한다. 만약 B 라우터에게 부탁하여 보낸다고 생각해보자. B 라우터 테이블에는 A까지 보내는 데 2msec가 걸린다고 써 있다. 따라서 D가 B를 통해 A 라우터에게 패킷을 보내는 데 걸리는 시간은 B까지 가는 데 걸리는 시간 1msec에 B가 A에게 보내는 데 걸리는 시간 2msec를 추가하여 총 3msec가 된다. 따라서 D가 자신의 테이블을 만들 때 모든 테이블의 쓰여 있는 시간에 **D까지 걸린 시간을 추가하여 계산**해야 한다.

그림 10-7 거리벡터 테이블 만드는 법

이제 D의 테이블을 만들어보자. D는 인접한 라우터들로부터 받은 테이블의 같은 열을 비교하여 가장 작은 값을 찾아 자신의 테이블을 만든다. 예를 들어 라우터 D가 A 라우터에게 패킷을 보내는 경우, 라우터 B를 통하면 2에 B까지 보내는 시간 1이 더해져 3msec이 걸린다. C를 거쳐서 보내는 시간은 6 + 2 = 8msec, E를 거쳐서 보내면 4 + 1 = 5msec가 걸린다. 따라서 D가 A에게 보낼 때 B 라우터를 통해 보내는 3msec가 가장 빠른 경로이다. 따라서 D 테이블의 A줄에는 (3, B)라 적는다. 이는 A에게 보낼 패킷이 있다면 B 라우터에게 보내고, 시간은 3msec가 걸린다는 의미이다.

같은 방법으로 D 라우터는 각 라우터에 보내는 가장 빠른 길을 찾아 걸리는 시간과 어떤 라우터를 경유해야 하는지를 적어 놓는다. F 라우터에게 패킷을 보내는 경우를 보자. B를 통하면 5msec, C를 통하면 5msec, E를 통하면 3msec가 걸린다. 그러므로 D의 테이블 F줄에는 (3, E)라고 적는다.

이렇게 만들어진 라우터 D의 테이블이 [그림 10-7] 오른쪽 테이블이다. 결과적으로 A = (3, B), B =

(1, B), C = (2, C), D = (0, D), E = (1, E), F = (3, E)가 된다. 이렇게 라우터 D가 테이블을 다 만들면, 일정 시간 뒤에 자신의 테이블에서 시간만 골라 주변에 있는 라우터 B, C E에게 다시 보낸다. 이러한 과정을 반복하면 네트워크 상황을 고려한 동적인 라우팅 테이블이 만들어진다.

무한 숫자세기 문제

거리벡터 라우팅 알고리즘의 가장 큰 문제는 전체 라우터 구조를 알지 못하는 상태에서 정보를 주고받는다는 것이다. 주고받는 테이블만 보면 모든 다른 라우터들에게 패킷을 보낼 수 있는 것처럼 보인다. 그로 인해 무한 숫자세기 count-to-infinite 문제가 발생한다. 무한 숫자세기 문제는 보통 무한루프 infinity loop 문제라고 부른다.

[그림 10-8]과 같이 한 줄로 연결된 라우터가 있고 각각 패킷을 보내는 데 1msec만큼 걸린다고 가정해보자. 이렇게 한 줄로 연결되어 있다는 사실을 라우터들은 알지 못한다. 이러한 상황에서 그림의 왼쪽과 같이 모든 라우터가 동시에 켜졌다고 생각해보자. 그러면 A 라우터는 자신의 테이블을 B에 보낸다. B 라우터는 A에게 패킷을 보낼 때 시간은 1msec 걸린다고 적어 놓는다. 정확히 A = (1, A)라 적는다.

일정 시간 뒤에 B 라우터가 C에게 A = 1을 전달한다. 전달될 때, 1msec가 걸리므로 C 라우터는 A = (2, B), B = (1, B)라고 적는다. 다시 말해, C는 A 라우터에게 보낼 때 2msec, B 라우터에게 보낼 때 1msec가 걸린다고 적는다. 또 일정 시간 뒤에 C가 D에게 테이블을 전달하면 D는 A 라우터에게 보내는데 C를 거쳐서 3msec가 걸린다고 적는다. 이와 같이 거리벡터 라우팅 알고리즘에서 좋은 뉴스는 문제 없이 전달된다.

그림 10-8 무한 숫자세기(count-to-infinite) 문제

이러한 상태에서 오른쪽 그림과 같이 A 라우터가 고장 났다고 생각해보자. B 라우터는 A로부터 테이블을 받지 못한다. 그런데 C 라우터로부터 받은 테이블을 보니 A = 2, B = 1, C = 0, D = 1이라 써 있다. C가 A에게 보내는데 2msec만큼 걸린다는 것이다. 사실, 2라는 시간은 B 라우터로 받은 테이블

로부터 만들어진 것이다. 그러나 B는 C와 A가 다른 길로 연결되어 있다고 착각하게 된다. 그래서 B 라우터는 A에게 보낼 패킷이 있는 경우, C를 통하여 보내고 시간은 3msec 걸린다고 적어 놓는다. 즉 B의 라우팅 테이블은 A = (3, C), B = (0, B), C = (1, C), D = (2, C)가 된다.

이렇게 B의 테이블이 변경되고 난 이후 일정 시간이 지나서 B의 테이블은 C에게 전달된다. 테이블이 전달될 때 시간만 전달되고 라우터의 이름은 전달되지 않는다는 것을 기억하기 바란다. B가 보낸 A = 3, B = 0, C = 1, D = 2를 보고 C 라우터가 다시 테이블을 만든다. A에게 보낼 패킷이 있다면 B를 거쳐서 4msec만큼 걸린다고 또 착각하게 된다. 이렇게 잘못 만들어진 C의 테이블이 D 라우터에게 전달되면 D는 A에게 5msec이 걸린다고 착각한다. 잘못된 정보로 인하여 숫자는 무한히 계속 커지기만 할 뿐 B, C, D는 A 라우터가 고장 났다는 사실을 알지 못한다. 이를 무한 숫자세기 문제 혹은 무한루프 문제라 부른다. 문제가 무한히 반복되기만 할 뿐 해결되지 않는다는 의미이다.

거리벡터 라우팅 정리하기

거리벡터라고 불리는 이유는 거리와 방향 정보만을 가지고 있기 때문이다. "A가 라우터에게 패킷을 보내려면 B 라우터 방향으로 보내면 돼"와 같이 방향 정보만 가지고 있다. 다시 말해 정확한 경로는 가지고 있지 않다. 이런 문제로 인하여 무한루프(무한 숫자세기)문제가 발생하기도 한다.

거리벡터 라우팅의 장점은 알고리즘이 단순하여 구현하기 쉽다는 것이다. 최단경로 알고리즘과 같이 복잡한 계산 없이도 라우팅 테이블을 구축할 수 있다. 그러나 부정확하고, 네트워크 상태가 즉각 반영되지 못한다는 단점이 있다. 거리벡터 라우팅은 아파넷 초기에 사용되던 알고리즘이며 패킷을 목적지까지 보낼 수 있는지 여부가 중요할 때 사용된다.

하이퍼링크

거리벡터 라우팅 알고리즘을 사용하는 라우팅 프로토콜로 BGP가 있으며 12장 03절 라우팅 관련 프로토콜에서 설명한다.

2 연결상태 라우팅(link state routing) 알고리즘

연결상태 라우팅 이해하기

거리벡터 라우팅의 문제를 개선한 알고리즘이 **연결상태 라우팅** link state routing 이다. 거리벡터 라우팅에서는 네트워크의 전체 구조를 고려하지 않고, 모든 라우터에게 갈 수 있는 시간(거리벡터)을 주고받았기 때문에 문제가 발생하였다. 연결상태 라우팅은 자신에게 연결된 라우터 정보만을 보내고, 최단경로 알고리즘을 사용하여 라우터의 경로를 트리구조(사이클이 없는 구조)로 만듦으로써 이러한 문제를 해결한다. 또한, 일련번호 sequence number 와 나이 age 를 추가하여 잘못된 정보가 도착하는 것을 막고, 특정 라우터가 고장나는 것을 확인할 수 있도록 한다. [표 10-3]은 연결상태 라우팅 알고리즘을 나타낸다.

표 10-3 연결상태 라우팅 알고리즘

① 인접한 라우터(이웃 라우터)들 파악
② 라우팅 테이블을 주기적으로 모든 라우터에게 보냄(플러딩)
③ 최단경로 알고리즘을 사용하여 라우팅 테이블을 만듦
④ 라우터 구조와 라우팅 테이블 값을 지속적으로 업데이트

① 인접한 라우터(이웃 라우터)들 파악

연결상태 라우팅 알고리즘의 가장 첫 번째 작업은 자신의 이웃 라우터 neighbor router (자신과 직접 연결된 라우터)가 무엇인지를 파악하는 것이다. 이때 사용하는 패킷을 HELLO 패킷이라 부른다. 라우터가 처음 시작되면 자신의 주변에 HELLO 패킷을 보낸다. HELLO 패킷을 받은 라우터는 ACK 패킷을 보냄으로서 서로 연결된 것을 확인한다. 그리고 HELLO 패킷이 전송된 시간을 계산한다.

② 라우팅 테이블을 주기적으로 모든 라우터에게 보냄(플러딩)

이웃 라우터들이 파악된 후 라우터들은 주기적으로 테이블을 주고 받는다. [그림 10-9]은 연결상태 라우팅 알고리즘에서 주고받는 테이블을 나타낸다. 테이블에는 라우터 이름, 일련번호, 나이, 자신에게 연결된 이웃 라우터의 거리 정보가 적혀있다.

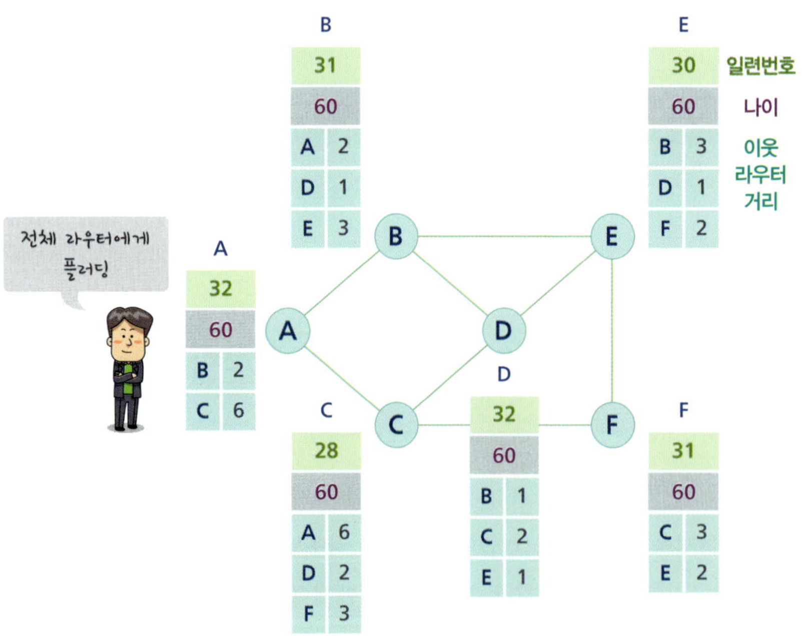

그림 10-9 연결상태(link state) 라우팅에서 전송되는 테이블

A 라우터가 전송하는 테이블을 보자. 맨 위에는 라우터 이름인 A가 써 있고, 일련번호와 나이가 나타난다. 그림에서 A 라우터는 B와 C가 이웃 라우터이다. 따라서 A 라우터의 테이블에는 B까지 2, C까지 6이 걸린다는 정보가 들어있다. B의 테이블도 마찬가지이다. B 라우터와 인접한 이웃 라우터 A, D, E까지 가는 데 걸리는 시간만 B의 테이블에 들어있다.

이와 같이 연결상태 라우팅에서 주고받는 테이블에는 자신이 아는 정보(이웃 라우터까지 가는 데 걸리는 시간)만 들어 있다. 이 부분이 거리벡터 라우팅과 연결상태 라우팅의 가장 큰 차이점이다. 이렇게 만들어진 테이블은 플러딩 방식으로 전달된다. 다시 말해 모든 라우터들에게 전달된다.

③ 최단경로 알고리즘을 사용하여 라우팅 테이블을 만듦

연결상태 라우팅에서 모든 라우터들로부터의 정보가 모아지면, 각 라우터들은 최단경로 알고리즘을 사용하여 모든 노드까지 가는 데 걸리는 최소시간을 계산하여 라우팅 테이블을 만든다. 이렇게 연결상태 라우팅 알고리즘에서 만들어지는 트리를 최단경로우선(SPF Shortest Path First) 트리라고 한다.

연결상태 라우팅에서는 각자의 라우팅 테이블이 만들어진 이후부터는 서로 간의 테이블을 주고받는 시점이 길어진다. 이 부분이 거리벡터 라우팅과의 큰 차이점이다. 거리벡터 라우팅에서는 테이블을 주고받는 주기가 1분 미만이다. 이에 비하여 연결상태 라우팅의 경우 라우터에 문제가 있거나 큰 변화가 있는 경우가 아니라면 최대 30분의 시간을 두고 테이블을 주고받는다.

연결상태 알고리즘은 최단경로 알고리즘을 사용하여 전체 라우터의 구조와 최단경로 정보를 가지고 있다. 따라서 최단경로로 패킷을 보내야 할 때 사용하는 알고리즘이다. 이외의 거리벡터와 연결상태 라우팅 알고리즘의 차이점은 4절에서 자세히 다룬다.

› 연결상태 라우팅의 관리 테이블

[그림 10-10]은 D 라우터의 관리 테이블의 모습이다. 관리 테이블은 모든 라우터로부터 받은 테이블을 기초로 하여 만들어지는 테이블이며, 모든 라우터의 상태 정보와 주고받은 패킷의 정보가 담겨 있다.

그림 10-10 연결상태 라우팅의 관리 테이블

연결상태 라우팅은 패킷을 최단경로로 보내야 할 때 사용하는 알고리즘이다. 따라서 패킷이 뒤바뀌거나 사라져서 잘못된 테이블을 수신하는 경우 문제가 발생한다. 이러한 문제를 고려하여 일련번호와 나이의 필드가 만들어졌다.

관리 테이블의 일련번호는 해당 라우터로부터 가장 최근에 받은 테이블의 일련번호를 의미한다. A 라우터로부터 받은 테이블의 일련번호는 32, B는 31이라는 의미이다. 만약 A 라우터로부터 31번의 테이블을 받았다고 가정해보자. 현재 일련번호가 32이기 때문에 31번 테이블은 먼저 보냈는데 늦게 도착한 테이블이다. 따라서 해당 테이블은 폐기된다. 일련번호는 먼저 보낸 테이블이 늦게 도착하여 잘못된 정보가 사용되는 것을 막기 위해 사용된다.

연결상태 라우팅에서 나이는 다음 테이블의 도착예정 시간이다. 마치 타임아웃과 같다. A의 테이블의 60은 60초 안에 다음 테이블을 보내겠다는 의미이다. 따라서 나이는 패킷이 도착한 후 계속 줄어든다. 만약 나이가 0이 될 때까지 다음 테이블이 도착하지 않으면 해당 라우터가 고장난 것으로 판단하여 모든 정보는 폐기된다.

만약 나이가 0이 되면 일련번호는 0으로 바꿔줘야 한다. 라우터가 고장 난 후 다시 살아나면 일련번호는 0부터 시작할 것이다. 만약 일련번호를 현재 상태로 그대로 놔두면 새로 시작하는 일련번호를 가진 모든 테이블은 폐기된다. 따라서 나이가 0이 되면 일련번호는 0으로 재설정된다.

연결상태 라우팅에서는 라우팅 테이블을 모든 라우터들에게 전달해야 할 뿐 아니라 테이블을 받은 경우 ACK도 보내야 한다. 모든 라우터에게 테이블을 전달한다는 것은 라우터들은 자신이 받은 테이블을 다른 라우터들에게 잊지 말고 전달해야 한다는 뜻이다. 그래야 플러딩이 이루어진다. 또한 ACK도 잊지 말고 전달해야 한다. 이를 위해 SEND 플래그와 ACK 플래그를 유지한다.

SEND 플래그는 자신이 테이블을 보내야 할 라우터를 기록한 것이다. ACK 플래그는 ACK를 보내야 할 라우터 정보를 표시한다. SEND 플래그와 ACK 플래그를 통하여 전체 테이블의 플러딩이 구현된다.

하이퍼링크

연결상태 라우팅 알고리즘을 사용하는 라우팅 프로토콜로 OSPF가 있으며 12장 03절 라우팅 관련 프로토콜에서 설명한다.

3 계층적 라우팅

인터넷은 수많은 라우터들로 구성된다. 모든 라우터가 연결상태 라우팅을 사용한다면 라우터끼리 주고받는 데이터의 양이 엄청 많아진다. 또한 그 많은 라우터들로부터 최단경로 알고리즘을 사용하여 최단경로우선(SPF) 트리를 만드는 것도 힘들다.

한국에서 미국 LA로 우편을 보낸다고 가정해보자. 한국의 우체국에서 미국 LA에 있는 우체국으로 우편을 바로 보내지 않는다. 미국으로 가는 우편을 모아서 보내면 미국 내에서 알아서 각자의 지역으로 우편을 나눠준다. 한국에서 미국 LA로 패킷을 보내는 것도 마찬가지이다. 한국에 있는 라우터가 미국의 어떤 라우터에게 데이터를 보내야 LA에 빨리 패킷이 도착할지를 알 필요는 없다. 패킷을 미국의 대표 라우터에게 보내면 미국 안에 있는 라우터끼리 협업하여 최대한 빨리 LA쪽으로 보내면 된다.

이러한 이유 때문에 라우터들은 계층 구조를 가진다. 일정한 지역을 하나씩 묶어서 대표 라우터를 선정한다. 지역끼리 패킷을 주고받을 때에는 대표 라우터끼리 통신한다. 지역 안에서는 각자 지역에서 알아서 라우팅을 하면 된다. 예를 들어 한국에서 미국으로 패킷을 보낼 때에는 한국의 대표 라우터가 미국으로 가는 모든 패킷을 모아서 미국의 대표 라우터에게 보낸다. 미국 안에서 어떻게 패킷이 전송되는지는 미국에서 알아서 하면 된다. 이 경우 한국 대표 라우터와 미국 대표 라우터만 서로 통신을 하면 전체 라우터가 통신하는 것보다 해야 할 일이 많이 줄어든다. 이렇게 라우터를 계층 형태로 만드는 방식을 계층적 라우팅 hierarchical routing 이라 부른다.

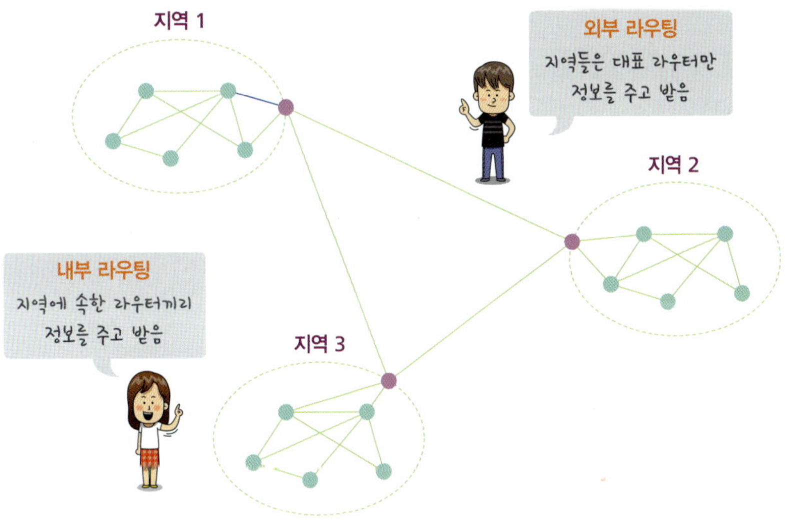

그림 10-11 계층적 라우팅 알고리즘

계층적 라우팅에서는 라우터를 계층별로 분류한 후, 패킷들을 지역 대표 라우터끼리 통신하고, 지역 내부에 속한 라우터들은 자신들끼리 통신한다. 계층적 라우팅은 2단계만 있는 것은 아니다. 네트워크의 크기에 따라 3단계 이상으로 구성되기도 한다.

계층적 라우팅에서 지역 안에 속한 라우터들은 내부 라우터라 부르고, 지역끼리 통신하는 라우터를 외부 라우터라 부른다. 내부 라우터와 외부 라우터의 목표가 다르다. 내부 라우터의 경우 시작점에서 목적지까지 가장 빠르게 패킷을 전송할 수 있도록 라우팅 테이블을 유지한다. 다시 말해 패킷 전송의 효율성이 가장 중요한 목적이다. 그래서 내부 라우터 알고리즘으로는 계산량이 많지만 네트워크의 변화를 빨리 반영할 수 있는 연결상태 라우팅 알고리즘이 많이 사용된다.

이와 반대로 외부 라우터는 도달 가능성을 확인하는 것이 가장 중요한 목표이다. 예를 들어 서울에서 부산에 있는 어느 컴퓨터로 패킷을 전송하는 경우(내부 라우팅) 혼잡한 경로를 피하여 가장 빠른 길로 패킷을 전송해야 한다. 한국에서 미국 LA에 있는 컴퓨터에게 패킷을 전송할 때에는 해당 컴퓨터가 인터넷에 존재하는지가 가장 큰 문제이다. 일본을 거쳐서 미국으로 가는 게 빠른지 혹은 미국으로 직접 가는 게 빠른지는 중요하지 않다. 그래서 외부 라우터 알고리즘으로는 알고리즘이 단순한 거리벡터 라우팅 알고리즘이 많이 사용된다.

4 거리벡터와 연결상태 라우팅 알고리즘 비교 심화

다양한 라우팅 알고리즘 중 거리벡터와 연결상태 알고리즘이 가장 대표적이다. 두 알고리즘의 가장 큰 차이점은 간단하게 라우팅 테이블을 구성할지 아니면 힘들더라도 정확한 라우팅 테이블을 구성할지에 대한 것이다. 두 알고리즘의 특징을 [표 10-4]에 정리하였다.

표 10-4 거리벡터와 연결상태 알고리즘 비교

	거리벡터 알고리즘	연결상태 알고리즘
경로설정 방식	거리와 방향	전체 구조를 고려함
거리계산 방식	라우터 거리 합산	전체 라우터 최단경로 계산
사용 알고리즘	벨만-포드(여기서 잠깐 참조)	다익스트라 최단경로
테이블 전달 범위	인접	전체 라우터
테이블 전달 주기	일정 주기	변화 발생 시
테이블 정보	라우팅 테이블	링크 상태 테이블
테이블 전송 정보	전체 테이블	변경된 일부 테이블
장점	알고리즘 간단 구성이 단순 쉽게 구현 가능	네트워크 변화 빠르게 반영 네트워크 트래픽 적음 무한루프 발생 안함 대규모 네트워크에 적합
단점	네트워크 변화가 느리게 반영 무한루프 발생가능 주기적으로 많은 트래픽 발생 대규모 네트워크 부적합	CPU 부하 높음 계산에 많은 시간과 메모리 소모
사용 범위	외부 라우팅 프로토콜	내부 라우팅 프로토콜
주요 프로토콜	BGP	OSPF

거리벡터 라우팅에서는 인접한 라우터가 전해주는 거리벡터 테이블을 기반으로 라우팅 테이블을 만든다. 이렇게 구성된 테이블은 주기적으로 인접한 라우터들에게 다시 전달된다. 거리벡터 라우팅 알고리즘에는 전체 라우터에 대한 구조가 없다. 거리와 대략적인 방향만으로 라우팅 테이블이 구성된다는 뜻이다. 그래서 나쁜 정보는 즉시 반영되지 못할 뿐 아니라 무한루프에 빠지기도 한다.

연결상태 라우팅에서는 인접한 라우터로부터 거리정보를 계산한 후 전체 라우터들에게 이 정보를 플러딩 한다. 전체 라우터들은 받은 정보로부터 네트워크 구조를 만들고 다익스트라의 최단경로 알고리즘을 사용하여 자신으로부터 모든 라우터들까지의 최단경로우선(SPF) 트리를 만든다. 이후 네트워크에 변화가 있을때에만 정보를 주고 받는다.

두 라우팅 알고리즘의 장단점은 분명하다. 거리벡터 라우팅은 알고리즘이 단순하여 라우팅 테이블을 간단하게 구현할 수 있다. 그러나 네트워크 변화가 느리게 반영되고, 네트워크의 전체구조가 없기 때문에 무한루프에 빠질 가능성이 있다. 또한 매우 빠른 주기로 테이블 정보를 주고받기 때문에 트래픽을 많이 유발시킨다. 따라서 소규모 네트워크에 적합한 방식이다.

연결상태 라우팅은 전체 네트워크 구조를 가지며 최단경로우선 트리를 사용한다. 네트워크 변화를 빠르게 반영할 뿐 아니라 무한루프가 발생하지 않으며 변화가 생길 때만 정보를 주고받기 때문에 네트워크 트래픽도 상대적으로 작다. 그래서 대규모 네트워크게 적합하다. 단점은 최단경로 계산에 높은 CPU 사용량을 가지며, 전체 네트워크 구조를 가지기 때문에 계산에 많은 시간과 메모리를 필요로 한다. 따라서 네트워크에 적합하다.

여기서 잠깐

벨만-포드 $_{\text{Bellman-Ford}}$ 알고리즘과 다익스트라 알고리즘 모드 최적원리를 기초로 한 알고리즘이다. 다익스트라 알고리즘은 집합에 없는 노드에 대해서만 최단경로를 찾는다. 다익스트라 알고리즘에서는 오른쪽 그림과 같이 중간에 음수가 있는 경우, A-C를 최단경로라고 찾는다. 실제로는 A-B-C가 최단경로이다. 벨만-포드 알고리즘은 모든 선을 찾아보기 때문에 A-B-C를 최단경로로 찾는다. 그러나 선의 전송속도에서 음수는 없기 때문에 크게 문제가 되지 않는다.

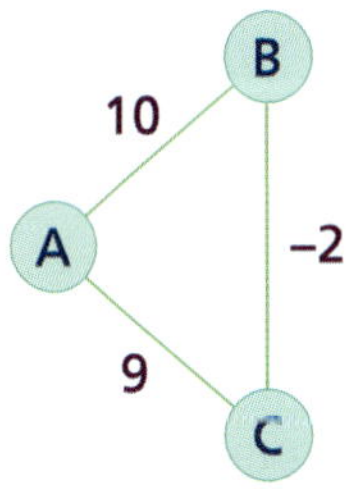

요약

- 정적 라우팅 알고리즘은 현재의 상태에서 어떤 곳으로 패킷을 보내야 목적지에 도달하는지를 찾는 알고리즘이다. 정적 라우팅 알고리즘은 목적지에 도달하는 길은 찾을 수 있지만, 시시각각 변화하는 상태를 반영하지는 못한다. 시시각각 라우터의 상태를 감지하여 경로를 변경하는 알고리즘이 동적 라우팅 알고리즘이다.

- 정적 라우팅 알고리즘에는 대표적으로 최단경로, 플러딩 알고리즘이 있으며 목적지까지 도달하는 경로를 찾는 수준의 알고리즘이다. 동적 라우팅 알고리즘에는 거리벡터와 연결상태, 계층적 라우팅 알고리즘이 있으며 라우터들이 주기적으로 패킷을 주고 받으면서 경로를 수정한다. 보통의 경우 동적 라우팅 알고리즘은 정적 라우팅 알고리즘을 사용하여 만든다.

- 라우팅 구조는 그래프로 표시되며 각 라우터는 노드, 통신선은 선이 된다. 라우팅 알고리즘은 최적이론을 바탕으로 만들어졌으며, 결과물은 트리가 된다.

- 최단경로 알고리즘은 집합의 개념을 사용하여 작동하며, 모든 노드가 집합에 들어갈 때까지 반복이다.

- 거리벡터 라우팅 알고리즘은 거리와 방향 정보만을 가지고 있다. 다시 말해 정확한 경로는 가지고 있지 않다. 이런 문제로 인하여 무한루프(무한숫자 세기)문제가 발생하기도 한다.

- 거리벡터 라우팅의 장점은 알고리즘이 단순하여 구현하기 쉽다는 것이다. 그러나 부정확하고 네트워크 상태가 즉각 반영되지 못한다는 단점이 있다.

- 연결상태 라우팅에서는 인접한 라우터로부터 거리정보를 계산한 후 전체 라우터들에게 이 정보를 플러딩 한다. 전체 라우터들은 받은 정보로부터 네트워크 구조를 만들고 최단경로 알고리즘을 사용하여 자신으로부터 모든 라우터들까지의 최단경로우선(SPF) 트리를 만든다. 이후 네트워크에 변화가 있을 때에만 정보를 주고 받는다.

- 연결상태 라우팅은 네트워크 변화를 빠르게 반영할 뿐 아니라 무한루프가 발생하지 않으며 변화가 생길 때만 정보를 주고받기 때문에 네트워크 트래픽도 상대적으로 작다. 그래서 대규모 네트워크에 적합하다. 단점은 최단경로 계산에 높은 CPU 사용량을 가지며, 전체 네트워크 구조를 가지기 때문에 계산에 많은 시간과 메모리를 필요로 한다. 그래서 대규모 네트워크에 적합하다.

- 라우팅 알고리즘 중 지역으로 묶어서 통신하는 알고리즘이 계층적 라우팅 알고리즘이다. 지역끼리 통신하는 것을 외부 라우팅, 하나의 지역 내에서 통신하는 것을 내부 라우팅이라 부른다.

연습문제

[객관식 문제]

01 다익스트라가 제안한 알고리즘은 무엇인가?

❶ shortest path algorithm ❷ distance vector algorithm
❸ flooding algorithm ❹ link state algorithm

02 집합의 개념을 사용하는 라우팅 알고리즘은 무엇인가?

❶ shortest path algorithm ❷ distance vector algorithm
❸ flooding algorithm ❹ link state algorithm

03 가장 단순한 라우팅 알고리즘은 무엇인가?

❶ shortest path algorithm ❷ distance vector algorithm
❸ flooding algorithm ❹ link state algorithm

04 정적 라우팅 알고리즘이면서 순간적으로 네트워크에 가장 많은 부하를 일으키는 라우팅 알고리즘은 무엇인가?

❶ shortest path algorithm ❷ distance vector algorithm
❸ flooding algorithm ❹ link state algorithm

05 최단경로 라우팅 알고리즘에서 반복 조건에 가장 맞는 것은 무엇인가?

❶ 모든 노드가 무한대일 때까지 반복
❷ 모든 선이 집합에 들어갈 때까지 반복
❸ 모든 노드가 집합에 들어갈 때까지 반복
❹ 모든 선이 무한대일 때까지 반복

06 최단경로 라우팅 알고리즘에서 초기값으로 가장 맞는 것은 무엇인가?

❶ 가장 작은 값을 집합에 넣음
❷ 가장 큰 값을 집합에 넣음
❸ 마지막 노드를 집합에 넣음
❹ 시작 노드를 집합에 넣음

07 라우팅 알고리즘이 작동하여 만들어진 결과물을 가장 잘 설명하는 단어는 무엇인가?

❶ graph ❷ tree
❸ age ❹ sequence number

* 다음과 같은 라우터 그래프가 있으며 A에서 시작하는 최단경로 알고리즘을 계산하려 한다. 물음에 답하시오.

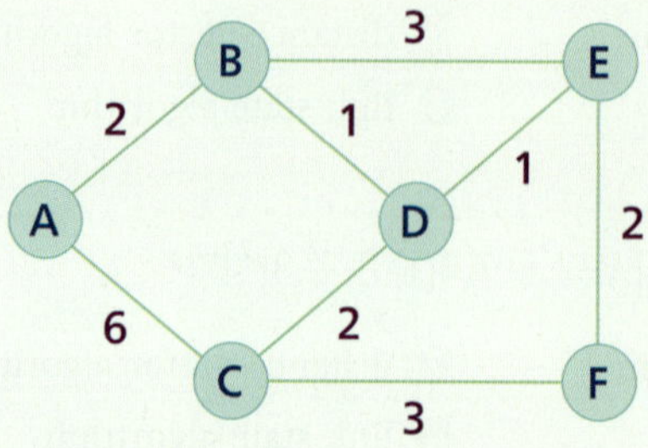

08 초기값 {A}에서 시작하여 1회 계산을 하였다. B 노드의 계산된 결과로 맞는 것은 무엇인가?

❶ (3, A) ❷ (2, A)
❸ (2, B) ❹ (3, B)

09 초기값 {A}에서 시작하여 1회 계산을 하였다. C 노드의 계산된 결과로 맞는 것은 무엇인가?

❶ (3, A) ❷ (3, B)
❸ (6, B) ❹ (6, A)

10 초기값 {A}에서 시작하여 1회 계산을 하였다. C 노드의 계산된 결과로 맞는 것은 무엇인가?

❶ (3, A) ❷ (3, B)
❸ (∞, –) ❹ (6, A)

11 초기값 {A}에서 시작하여 1회 계산을 하였다. 계산 결과 집합은 어떻게 바뀌게 되는가?

❶ {A} ❷ {A, B}
❸ {B} ❹ {A, B, C}

12 2회 계산을 하였다. D 노드의 계산된 결과로 맞는 것은 무엇인가?

❶ (3, A) ❷ (2, A)
❸ (∞, –) ❹ (3, B)

13 2회 계산을 하였다. E 노드의 계산된 결과로 맞는 것은 무엇인가?

❶ (5, B) ❷ (4, D)
❸ (∞, −) ❹ (3, B)

14 2회 계산을 하였다. 계산 결과 집합은 어떻게 바뀌게 되는가?

❶ {A, B, C} ❷ {A, B}
❸ {A, B, E} ❹ {A, B, D}

* D 라우터가 다음과 같은 테이블을 받았다. 다음 질문에 답하시오

	B	C	E
A	2	6	4
B	0	3	2
C	3	0	3
D	1	2	1
E	2	3	0
F	4	3	2
D까지 걸린 시간	+1	+2	+1

15 D 라우터와 이웃이 아닌 라우터의 이름은 무엇인가?

❶ A ❷ B
❸ C ❹ E

16 D 라우터가 만드는 테이블의 A줄(A 라우터로 보내는 테이블)에 들어갈 가장 적당한 값은 무엇인가?

❶ (2, A) ❷ (3, B)
❸ (3, A) ❹ (2, B)

17 D 라우터가 만드는 테이블의 B줄(B 라우터로 보내는 테이블)에 들어갈 가장 적당한 값은 무엇인가?

❶ (0, A) ❷ (0, B)
❸ (1, A) ❹ (1, B)

18 D 라우터가 만드는 테이블의 C줄(C 라우터로 보내는 테이블)에 들어갈 가장 적당한 값은 무엇인가?

❶ (2, C) ❷ (0, B)
❸ (3, C) ❹ (1, B)

19 D 라우터가 만드는 테이블의 D줄(D 라우터로 보내는 테이블)에 들어갈 가장 적당한 값은 무엇인가?

❶ (0, D) ❷ (0, B)
❸ (1, D) ❹ (1, B)

20 D 라우터가 만드는 테이블의 E줄(E 라우터로 보내는 테이블)에 들어갈 가장 적당한 값은 무엇인가?

❶ (0, E) ❷ (0, F)
❸ (1, E) ❹ (1, F)

21 D 라우터가 만드는 테이블의 F줄(F 라우터로 보내는 테이블)에 들어갈 가장 적당한 값은 무엇인가?

❶ (3, F) ❷ (3, E)
❸ (2, F) ❹ (2, E)

22 다음 라우팅 알고리즘 중 나머지 셋과 다른 알고리즘은 무엇인가?

❶ shortest path algorithm ❷ distance vector algorithm
❸ hierarchical algorithm ❹ link state algorithm

23 하나의 동적 라우팅 알고리즘은 두 개의 정적 라우팅 알고리즘을 사용한다. 이와 연관관계가 없는 알고리즘을 찾으시오.

❶ shortest path algorithm ❷ distance vector algorithm
❸ flooding algorithm ❹ link state algorithm

24 연결상태 라우팅 알고리즘에서 테이블을 나눠주는 방식에 사용되는 알고리즘은 무엇인가?

❶ shortest path algorithm ❷ distance vector algorithm
❸ flooding algorithm ❹ hierarchical algorithm

25 연결상태 라우팅 알고리즘에서 모든 라우트로부터 테이블을 받은 이후에 사용하는 알고리즘은 무엇인가?

❶ shortest path algorithm ❷ distance vector algorithm
❸ flooding algorithm ❹ hierarchical algorithm

26 연결상태 라우팅 알고리즘에서 이웃 라우터를 찾을 때 사용하는 것은 무엇인가?

❶ HELLO packet ❷ age
❸ sequence number ❹ ACK flag

27 연결상태 라우팅 알고리즘에서 특정 라우터가 죽었는지를 알 수 있는 것은 무엇인가?

❶ HELLO packet ❷ age
❸ sequence number ❹ ACK flag

28 연결상태 라우팅 알고리즘에서 늦게 도착하는 테이블의 잘못된 정보를 방지하기 위해서 만든 것은 무엇인가?

❶ SEND flag ❷ age
❸ sequence number ❹ ACK flag

29 다음 라우팅 알고리즘 중 지역으로 묶어서 통신하는 알고리즘은 무엇인가?

❶ shortest path algorithm ❷ distance vector algorithm
❸ hierarchical algorithm ❹ link state algorithm

30 연결상태 라우팅 알고리즘과 비교하여 거리방향 라우팅 알고리즘에 대한 설명 중 가장 먼 것은 무엇인가?

❶ 알고리즘 간단 ❷ 내부 라우팅 알고리즘
❸ 무한루프 발생 가능 ❹ 인접 라우터에게만 테이블 전달

31 거리벡터 라우팅 알고리즘과 비교하여 연결상태 라우팅 알고리즘에 대한 설명 중 가장 먼 것은 무엇인가?

❶ 네트워크 변화 빠르게 반영 ❷ 내부 라우팅 알고리즘
❸ 인접 라우터에게만 테이블 전달 ❹ 다익스트라 알고리즘 사용

[단답형 문제]

32 라우팅 알고리즘이 중 다익스트라가 제안한 알고리즘은 ______________________ 알고리즘이다.

33 라우팅 알고리즘 중에서 순간적으로 전체 네트워크의 트래픽을 가장 많이 일으키는 알고리즘은 __________ 알고리즘이다.

34 집합의 개념을 사용하는 라우팅 알고리즘은 ______________________ 알고리즘이다.

35 정적 라우팅 알고리즘에는 ______________________ 알고리즘과 __________ 알고리즘이 있다.

36 최단경로 라우팅 알고리즘에서 반복조건은 모든 ______________가 집합에 들어갈 때까지 반복이다.

37 라우팅 알고리즘이 작동하여 만들어진 결과물은 ______가 된다.

38 최단경로 라우팅 알고리즘에서 초기값은 __________를 집합에 넣는 것이다.

39 라우팅 알고리즘 중에서 가장 단순한 라우팅 알고리즘은 __________ 알고리즘이다.

40 정적 라우팅 알고리즘이면서 순간적으로 네트워크에 가장 많은 부하를 일으키는 라우팅 알고리즘은 __________ 알고리즘이다.

41 동적 라우팅 알고리즘 중 최단경로 라우팅 알고리즘을 사용하는 것은 __________ 알고리즘이다.

42 거리벡터 라우팅의 가장 큰 문제는 ______________________ 이다.

43 거리벡터 라우팅의 문제를 개선한 것이 _________ 라우팅 알고리즘이다.

44 거리벡터 라우팅이 주고받는 테이블과 비교하여 연결상태 라우팅 알고리즘의 테이블에서 추가된 것은 일련번호와 ______ 이다.

45 연결상태 라우팅 알고리즘에서 가장 첫 번째 작업은 ______________________를 파악하는 것이다.

46 연결상태 라우팅 알고리즘에서 가장 첫 번째 작업에 사용하는 패킷을 ________ 패킷이라 부른다.

47 연결상태 라우팅 알고리즘에서 테이블을 나눠주는 방식은 ________ 이다.

48 연결상태 라우팅 알고리즘에서 모든 라우트로부터 테이블을 받은 이후에 사용하는 알고리즘은 ____________ 알고리즘이다.

49 연결상태 라우팅 알고리즘에서 특정 라우터가 죽었는지를 알 수 있는 것은 _____ 필드이다.

50 연결상태 라우팅 알고리즘에서 늦게 도착하는 테이블의 잘못된 정보를 방지하기 위해서 만든 것은 _______ 필드이다.

51 라우팅 알고리즘 중 지역으로 묶어서 통신하는 알고리즘은 ______ 라우팅 알고리즘이다.

52 연결상태 라우팅 알고리즘과 비교하여 거리방향 라우팅 알고리즘은 BGP와 같은 _____ 라우팅 프로토콜에 적합하다

53 연결상태 라우팅 알고리즘과 비교하여 거리방향 라우팅 알고리즘에서는 테이블의 전달범위가 ______ 라우터이다.

[주관식 문제]

54 라우팅 알고리즘을 정적과 동적으로 나뉜다. 특징과 대표 라우팅 알고리즘을 나열하시오.

55 최단경로 알고리즘의 알고리즘을 기술하시오.

56 거리벡터 라우팅의 특징에 대하여 간단히 적으시오.

57 연결상태 라우팅의 특징에 대하여 간단히 적으시오.

58 거리벡터 라우팅과 연결상태 라우팅을 비교하시오.

CHAPTER

11

인터넷 프로토콜(IP)

Section

SECTION 01

인터넷 프로토콜(IP)의 작업

1 네트워크 계층과 IP의 이해

인터넷을 사용하기 위한 프로토콜인 TCP와 IP를 굳이 나눌 필요가 있을까? 그러나 IP가 처리해야 할 수많은 일들을 알고 나면, 이런 생각이 쏙 들어갈 것이다. 네트워크 계층의 작업과 IP가 해야 할 일이라는 것이 무엇인지 살펴보자.

인터넷은 서로 다른 기종의 LAN들로 이루어져 있다. 독립적으로 데이터를 주고받는 네트워크를 AS Autonomous System 라 부른다. 따라서 AS의 집합에서 목적지까지 패킷을 보내는 것이 네트워크 계층의 주요 작업이다. 네트워크 계층에는 수많은 프로토콜이 있다. 그중 하나인 IP는 패킷 전송을 담당하는 프로토콜이다. '패킷을 목적지까지 보낸다'라는 간단한 문장을 위해 네트워크 계층과 IP가 하는 일은 굉장히 많다.

네트워크 계층의 가장 중요한 작업은 라우팅이다. 10장에서 설명한 바와 같이 다양한 라우팅 알고리즘이 사용된다. 이외에도 네트워크 계층은 9장에서 설명한 IP 주소 체계와 도메인 주소를 관리한다. LAN의 안쪽에서는 MAC 주소가 사용되지만 인터넷에서는 IP 주소를 사용한다. IP 주소와 MAC 주소와의 변환을 네트워크 계층에 속한 주소 변환 프로토콜이 담당한다. 더 나아가 네트워크를 여러 개의 서브넷으로 분할하고 다른 기종의 LAN을 연결하는 역할을 네트워크 계층이 관리한다. 지금까지 설명한 네트워크 계층의 작업 외에 IP가 해야 할 일은 따로 있다.

하이퍼링크

10장에서 설명한 다양한 라우팅 알고리즘과 연관된 라우팅 관련 프로토콜은 12장에서 설명한다. 또한 다양한 주소 변환 프로토콜의 특징도 12장에서 설명한다.

네트워크 계층에서 패킷을 실제로 전송하는 프로토콜은 IP이다. IP 헤더에는 IP가 패킷을 전송하기 위한 다양한 정보가 담겨있는데 그중 가장 중요한 정보는 IP 주소이다. IP가 하는 가장 중요한 일은 상위 계층으로부터 전달 받은 데이터를 패킷에 넣고, IP 주소를 사용하여 목적지까지 전달하는 것이다.

인터넷을 사용하는 많은 응용 프로그램들은 각각 요구사항이 다르다. 어떤 프로그램은 패킷이 빨리 전달되기를 원하고, 또 다른 프로그램은 느리더라도 패킷이 정확하게 전달되기를 원한다. 이를 서비스 요구사항 Quality of Services 이라 부르고 약자로 QoS라 쓴다. 응용 프로그램들의 요구 사항이 있다면 이를

IP 헤더에 적어 놓을 수 있다.

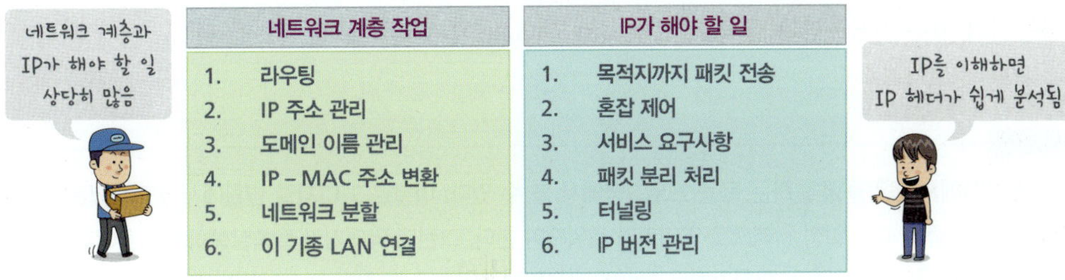

그림 11-1 네트워크 계층과 IP가 해야 할 일

LAN들이 다룰 수 있는 패킷의 크기는 제각각이다. 어떤 LAN은 큰 크기의 패킷을 다룰 수 있지만, 작은 크기의 패킷만 허용하는 LAN도 있다. 인터넷은 서로 다른 종류의 LAN으로 이루어져 있기 때문에 한 개의 패킷이 여러 개의 패킷으로 쪼개어 전송되기도 한다. IP 헤더에는 패킷이 여러 개로 분리되는 문제를 해결하기 위한 정보도 가지고 있다.

그 외에도 IP가 해결해야 할 자잘한 문제들이 더 있다. 이렇게 IP가 열심히 일을 해도 패킷이 사라지거나 뒤바뀌는 일이 발생한다. 이를 치리하는 것이 TCP의 역할이다. 지금까지의 작업을 보면 IP와 TCP는 하나로 합칠 수 있는 작업량이 아니다. 그래서 TCP/IP로 나누어 사용하는 것이다.

여기서 잠깐

원래 계층은 서로 독립적이다. 그래서 하부 계층은 상부 계층이 어떠한 일을 하는지 알지 못한다. 그러나 인터넷에서 패킷을 목적지까지 보내는 일은 복잡하기 때문에, TCP/IP는 여러 가지 이유로 협업을 한다. 따라서 IP에 TCP에 대한 내용이 나오기도 하고, TCP에 IP에 대한 내용이 나오기도 한다.

11장에서는 IP와 관련한 작업들을 살펴보고 나머지 네트워크 계층과 관련된 작업들은 12장에서 다룬다. 11장의 01절에서는 IP가 처리해야 할 문제들을 살펴보고, 이를 어떻게 해결하는지에 대하여 설명한다. 02절은 IP 헤더 분석이다. 01절에서 설명한 대부분의 내용은 02절 IP 헤더 분석에서 확인할 수 있다. IP 헤더를 이해한다는 것은 IP가 해야 하는 일을 알고 있다는 의미이다. 따라서 IP 작업을 이해하면 복잡한 IP 헤더를 쉽게 읽을 수 있을 것이다.

2 서비스 요구사항(Quality of Services; QoS)

네트워크를 사용하는 응용 프로그램들은 네트워크에 대하여 다양한 요구사항을 가진다. 네트워크에게 요구되는 사양은 신뢰성 reliability, 지연 delay, 지터 jitter, 대역폭 bandwidth 이다. 신뢰성은 패킷의 손실 없이 원본 데이터가 온전히 도착하는 것을 의미한다. 지연은 패킷을 보낸 후 얼마만큼의 시간이 걸려서 목적지에 도착하는가를 의미한다. 지터는 일정 간격으로 패킷을 연달아 보낼 때 그 간격을 유지한 채로 도착하는지의 여부이다. 대역폭은 한꺼번에 보낼 수 있는 데이터의 양을 의미한다.

여기서 잠깐

지터 jitter 는 CD에서 음악을 추출하는 응용 프로그램에서 볼 수 있다. 아날로그-디지털 변환에서 설명하였듯이 CD에 저장된 음악을 추출할 때는 일정 간격으로 막대기가 세워져야 한다. 그런데 막대기가 들쑥날쑥하게 만들어지면 원음과는 다른 소리가 만들어질 수 있다. 마찬가지로 통신에서도 일정 간격으로 패킷이 전송되어야 받는 쪽에서도 수월하게 작업할 수 있다.

신뢰성, 지연, 지터, 대역폭은 비슷한 것 같지만 미세하게 다르다. 대역폭은 높지만 트래픽이 몰려 지연이 높아지는 경우도 있고, 지연은 거의 없지만 패킷이 도착하는 시간이 일정하지 않아 지터가 높은 경우도 있다. [표 11-1]은 응용 프로그램별로 서로 다른 요구사항을 정리한 것이다.

표 11-1 응용 프로그램별 요구사항

응용 프로그램	신뢰성	지연	지터	대역폭
이메일	높음	낮음	낮음	낮음
파일 전송	높음	낮음	낮음	중간
웹 접속	높음	중간	낮음	중간
인터넷전화	낮음	높음	높음	낮음
화상회의	낮음	높음	높음	높음

이메일 서비스를 생각해보자. 내용물이 온전히 전달되어야 하기 때문에 높은 신뢰성을 필요로 한다. 그러나 이메일이 조금 늦게 도착한다고 해서 문제가 생기는 것은 아니다. 따라서 지연, 지터, 대역폭은 낮아도 상관없다. 반대로 화상회의를 생각해보자. 여러 명의 동영상이 실시간으로 전송되는 화상회의는 지연, 지터, 대역폭 모두 높음을 필요로 한다. 만약 지터 오류가 많이 생긴다면 갑자기 화면이 빨리 돌았다가 느리게 돌았다가 하는 현상이 발생할 것이다. 이에 비하여 몇몇 패킷은 잃어버려도(신뢰성이 낮아도) 된다. 패킷을 잃어버린다는 것은 화상에서 일부 데이터가 보이지 않는다는 것이다. 화상회의에서 일부 데이터가 보이지 않는 문제보다는 실시간으로 정보가 전달되는 것이 더욱 중요하다. 이렇듯 각 응용 프로그램마다 요구사항은 달라진다.

사실, 공용의 인터넷에서 요구사항을 모두 만족시키는 것은 거의 불가능하다. 택배를 보낼 때 깨지지 않는 물건이니 던져도 상관없음으로 보내는 사람을 없을 것이다. 마찬가지로 서비스 요구사항(QoS)을 표시하라고 하면 모든 패킷들이 신뢰성, 지연, 지터, 대역폭을 모두 높음으로 표시하여 보낸다. 결국 QoS가 무의미해진다. 사실, 인터넷의 공용 라우터들은 패킷을 목적지까지 보내기에도 바쁘기 때문에 QoS를 처리할 만한 여유가 없다.

서비스 요구사항이 전혀 의미 없는 것은 아니다. 가상회선과 같이 전용 네트워크에서는 QoS를 사용 가능하다. 또한 사물인터넷의 발전으로 특정 노드 간 혹은 특정 응용 프로그램 간의 데이터 처리에 QoS가 사용된다.

3 혼잡제어(congestion control)

혼잡제어 방식

혼잡이란 특정 라우터에 패킷이 몰려서 처리가 어려워지는 상황을 가리킨다. 마치 교통체증과 같다. 혼잡제어 congestion control 란 혼잡이 발생하는 곳의 흐름을 변화시켜 혼잡을 완화시키는 작업을 뜻한다.

우선 혼잡이 어떻게 발생하는지를 살펴보자. 라우터에는 버퍼 buffer 가 달려있다. 아직 처리되지 못한 패킷들을 버퍼에 쌓아 놓고 순서대로 처리한다. 특정 라우터에 트래픽이 몰리면 처리되지 못한 패킷은 버퍼에 계속 쌓인다. 만약 버퍼가 꽉 차서 들어오는 패킷을 수용할 수 없는 경우, 패킷은 버려진다. 패킷이 버려진다는 것은 인터넷에서 해당 패킷이 사라진다는 의미이다. 패킷이 사라지면, 패킷을 보낸 쪽에서는 타임아웃이 걸려 패킷을 재전송하게 된다. 패킷 재전송이 늘어나면 네트워크 트래픽이 또 늘어난다.

버퍼가 꽉 차지 않을지라도 패킷의 처리가 늦어져 타임아웃 전에 도착하지 못하는 경우에도 재전송이 일어난다. 패킷이 재전송 된다는 것은 통행량이 늘어난다는 것이고 다시 버퍼에서 패킷 처리가 늦어지게 되는 악순환이 발생한다.

표 11-2 혼잡 완화 방법

혼잡 완화 방법	관련 주제
타임아웃 시간 늘리기	
슬라이딩 윈도우 크기 줄이기	초크 패킷
패킷 전송 간격 조정	토큰 버킷 알고리즘

혼잡의 문제를 완화하기 위해서는 할 수 있는 작업을 3가지로 나눌 수 있다. 첫 번째는 호스트의 타임아웃 시간을 늘리는 것이다. 타임아웃 시간을 늘리면 패킷을 다시 전송할 때까지의 시간이 늘어나 네트워크의 부하를 줄일 수 있다.

타임아웃보다 더 효과적인 방법은 패킷을 천천히 전송하는 것이다. 패킷의 전송속도는 전송 계층

(TCP)의 슬라이딩 윈도우의 크기와 연관 있다. 슬라이딩 윈도우의 크기가 크면, ACK가 도착하지 않아도 계속 패킷을 보내게 되고 이는 네트워크의 혼잡을 가중시킨다. 슬라이딩 윈도우 크기를 줄일 때 사용되는 패킷이 초크 패킷이다.

마지막 방법은 패킷과 패킷의 전송 간격을 조정하는 것이다. 이와 관련된 주제는 토큰 버킷 알고리즘에서 설명한다.

초크 패킷

혼잡이 발생되었다는 것을 알았을 경우, 다양한 방법을 사용할 수 있겠지만, 가장 효과적인 것은 보내는 쪽의 슬라이딩 윈도우의 크기를 줄이는 것이다. 따라서 혼잡이 발견되면 양쪽 TCP의 슬라이딩 윈도우의 크기를 줄여 네트워크의 부하를 줄인다.

최악의 경우, 윈도우 크기를 1까지 줄인다. 윈도우 크기가 1이면 Stop-and-Wait ARQ가 되는데, 이는 패킷을 보내고 ACK을 받기 전까지는 다음 패킷을 보낼 수 없다는 의미이다. 윈도우의 크기가 1보다 큰 경우에도 Go-back-N ARQ보다는 Selective Repeat ARQ가 트래픽을 줄이는 효과가 있으므로 이를 사용한다.

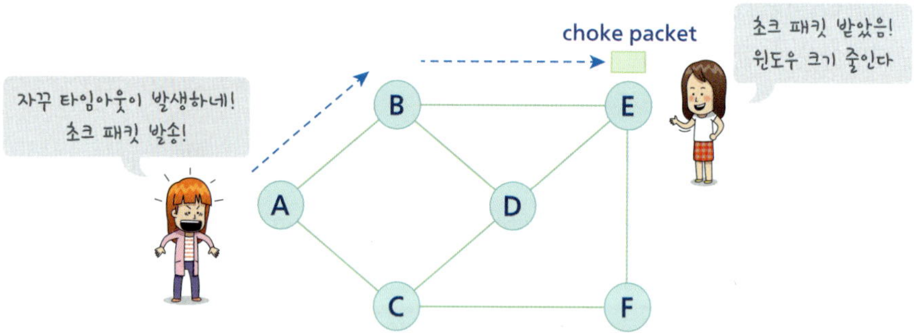

그림 11-2 초크 패킷(chock packet)

초크 패킷 chock packet 은 윈도우의 크기를 줄일 때 사용되는 패킷이다. 분필을 뜻하는 초크는 혼잡제어에 사용되는 빈 패킷을 의미한다. 패킷을 주고받는 호스트에서 ACK를 받지 못하고 타임아웃이 계속 발생된다고 생각해보자. 이 경우, 호스트는 자신의 윈도우 크기를 줄여야 할 뿐 아니라 보내는 쪽의 윈도우도 같이 줄여야 한다. 윈도우의 크기를 줄이자는 의미로 상대방 호스트에게 보내는 빈 패킷이 초크 패킷이다. 따라서 초크 패킷을 받은 호스트는 윈도우를 줄인다.

초크 패킷은 여러 번 발송될 수 있다. 초크 패킷을 한 번 받을 때마다 윈도우의 크기는 줄어든다. IP 헤더에서 초크 패킷의 역할을 하는 필드가 ECN이다. 이에 대한 내용은 IP 헤더 분석에서 자세히 다룬다.

하이퍼링크

앞서 TCP와 IP는 협업을 한다고 설명하였다. 윈도우의 크기를 조절하여 혼잡을 제어하는 것은 전송 계층에 있는 TCP의 일이다. 따라서 IP 헤더의 ECN은 TCP의 요청에 따라 신호를 대신 보내주는 역할이다. ECN의 작동 방식은 14장 TCP 헤더 분석에서 자세히 다룬다.

〉토큰 버킷 알고리즘

혼잡제어는 교통체증과 비슷하게 특정 시간대에 집중되는 현상을 보인다. 당연한 이야기지만 새벽 시간대에는 네트워크의 흐름이 원활하며 저녁 시간대는 혼잡하다. 그렇다고 해서 시간대별로 서로 다른 방법을 사용하여 패킷을 전송하는 것은 어렵다.

대신 패킷의 흐름을 일정간격으로 조절하면 혼잡이 완화되는 현상을 보인다. 사실 슬라이딩 윈도우 프로토콜에서 윈도우의 크기는 ACK 없이 보낼 수 있는 패킷의 최대 개수를 정한 것뿐이다. 만약 윈도우 크기가 10이라면 10개의 패킷을 ACK 없이 보낼 수 있다는 의미이다. 이때 10개를 0.1초 간격으로 연달아 보내는 것과 1초 간격으로 보내는 것은 혼잡에 미치는 결과가 다르다. 당연한 이야기겠지만, 1초 간격으로 패킷을 적당히 간격을 벌려서 보내면 혼잡도가 줄어든다.

그림 11-3 토큰 버킷(token bucket) 알고리즘

흐름을 완만하게 하는 가장 좋은 방법이 버퍼링이다. 버퍼링은 신뢰성 및 대역폭에는 영향을 미치지 않지만, 지연을 증가시키며, 지터를 완화시키는 장점이 있다. 버퍼를 이용한 혼잡제어 알고리즘이 토큰 버킷 token bucket 알고리즘이다.

토큰 버킷은 밑에 작은 구멍이 있는 버킷을 생각하면 된다. 일정하지 않은 간격으로 도착하는 패킷을 버킷에 넣고, 보내는 쪽에서는 일정 간격을 맞추어 천천히 패킷을 처리하는 알고리즘이다. 토큰 버킷 알고리즘을 사용하면 지터를 줄여 받는 쪽의 패킷 처리를 원활하게 할 뿐 아니라 패킷 간의 간격을 조절하여 네트워크의 부하를 줄일 수 있다.

여기서 잠깐

토큰 버킷과 유사한 알고리즘으로 리키 버킷 $_{\text{leaky bucket}}$ 이 있다. 리키 버킷 알고리즘은 토큰 버킷과 유사하지만 출력속도를 조절하지 못한다는 단점이 있다. 이에 비하여 토큰 버킷은 출력속도를 조절하여 사라지는 패킷을 막을 수 있는 장점이 있다.

4 패킷 단편화 필수

인터넷은 여러 종류의 LAN을 하나로 묶어 놓은 것이다. 따라서 LAN마다 패킷의 처리 능력이 다를 뿐 아니라 다룰 수 있는 패킷의 크기도 다르다. 따라서 처음 보낸 패킷이 여러 개로 조각나서 배달되는 경우가 발생한다. [그림 11-4]의 왼쪽 그림을 보면 처음 보낸 큰 패킷이 LAN을 만나서 3개로 조각이 났다. 다행히도 LAN이 끝나는 지점에서 원래의 패킷으로 합쳐서 보내주면 큰 문제는 없다.

그림 11-4 패킷이 여러 조각으로 나뉘는 문제

문제는 오른쪽 그림과 같이 3개로 분리된 채로 인터넷을 돌아다니는 경우이다. 이 경우 받는 쪽에서 알아서 원래의 패킷으로 합쳐야 한다. 그런데 패킷은 사라지거나 순서가 뒤바뀔 수도 있다. 따라서 원래의 패킷으로 합치기 위해서는 어떤 패킷이 같은 패킷이었는지, 순서는 어떻게 되는지 확인할 수 있어야 한다.

IP에는 패킷이 여러 개로 조각나는 문제에 대비하여 원본을 확인할 수 있도록 준비되어 있다. [그림 11-5]는 패킷의 분할과 연관있는 필드 $_{\text{field}}$ 들을 보여준다. 그림에서 패킷의 맨 앞의 3개의 필드는 패킷 분할과 관련하여 헤더에 있는 값이며, 회색은 데이터를 의미한다. 데이터는 각각 1바이트이며, 0부터 9까지의 값을 가지고 있다고 가정한다.

가장 맨 앞이 Identification Number(ID Number) 필드이다. 그림에서는 21이라 적혀 있다. 잘려나간 패킷이 여러 개 있는 경우, 같은 패킷에 있는 데이터인지를 확인할 수 있는 것이 ID Number이다. ID

Number가 21인 모든 패킷은 21번 패킷에서 잘려나간 패킷이다. 따라서 원래의 패킷으로 합칠 수 있게 해준다.

두 번째 필드는 Fragment Offset이다. 옵셋 offset 은 기준위치로부터 얼마큼 떨어졌는지를 나타내는 단어이다. 따라서 Fragment Offset은 분할되기 전 패킷 데이터로부터 얼마큼 떨어진 위치에 있는 데이터인지를 알려준다. Fragment Offset이 0이면 원래 데이터의 0번째 위치(offset)에 있던 데이터라는 의미이다. 마찬가지로 Fragment Offset이 7이면 가지고 있는 데이터는 원래 데이터에서 7번째 위치(offset)에 있었던 데이터라는 의미이다.

3번째 필드는 More Fragment이다. More Fragment가 1이면 맨 마지막 패킷이라는 의미이다. 다시 말해, 더 이상 나눠진 패킷이 없다는 뜻이다. 반대로 0이면 패킷이 분할되어 뒤따르는 패킷이 더 있다는 의미이다. 그림의 맨 위 'a) 초기 상태'에서 원본 패킷의 [ID Number, Fragment Offset, More Fragment] 필드는 [21, 0, 1]이다. 이는 21번 패킷, 0번째 위치하는 데이터, 더 이상 나눠진 패킷이 없다는 의미이다.

그림 11-5 패킷의 분할에 사용하는 필드 및 의미

중간의 'b) 2개로 분할' 그림은 원본이 2개로 분할된 경우이다. ID Number 21으로 두 개의 패킷이 하나의 패킷에서 분할되었다는 것을 알 수 있다. 앞의 패킷의 Fragment Offset 0이다. 이는 원래 데이터의 0번째 위치에 있었다는 것을 알려준다. 따라서 분할된 패킷들 중 첫 번째 패킷임을 알 수 있다. 뒤의 패킷의 7은 원래 데이터의 7번째 위치에 있었다는 것을 알려준다. 마지막으로 앞 패킷의 More Fragment 0은 뒤로 패킷이 더 있다는 것을 알려주고, 뒷 패킷의 More Fragment 1은 패킷의 끝을 알려준다. 따라서 나누어진 다른 패킷이 더 없다는 것을 알게 되고, 두 패킷을 하나로 합칠 수 있다.

그림의 맨 아래 'c) 3개로 분할'을 보자. 마지막 그림은 패킷이 3개로 분할되었을 뿐 아니라 순서가 바뀌어 도착한 경우이다. 이 경우에도 원래 순서를 찾아 원본으로 맞출 수 있다. 원본의 가장 앞 패킷은 Fragment Offset이 0인 맨 앞의 패킷이다. 두 번째는 Fragment Offset이 3인 마지막 패킷이다. 원본의 세 번째 패킷은 중간의 Fragment Offset이 7인 패킷이다. 받는 쪽에서는 패킷이 3개로 분할되었는지 혹은 4개나 5개로 분할되었는지 알지 못한다. 그러나 중간 패킷의 More fragment 1을 보면 더 이상 분할된 패킷이 없다는 것을 알게 된다. 이러한 방식으로 나눠진 패킷들은 원본 패킷으로 복원할 수 있다.

5 터널링(tunneling)

집에 있는 무선 공유기가 고장 났는데, 노트북에 있는 파일을 회사 홈페이지에 업로드 해야 하는 상황이 발생했다. 이때 스마트폰의 핫스팟 기능을 이용하면 노트북을 인터넷에 연결할 수 있다.

이와 같이 서로 다른 종류의 통신망을 사용하여 인터넷에 접속하는 경우가 있다. 예를 들어 유선 전화망(PSTN)망을 통하여 인터넷에 접속한다거나, 무선 전화통신망(스마트폰 핫스팟)을 사용하여 인터넷에 접속하는 경우를 의미한다. 유선 전화망이나 무선 전화통신망은 IP 패킷과는 다른 종류의 헤더를 사용한다. 이 경우 패킷이 인터넷망이 아닌 구간을 통과할 때 어떻게 해야 하는가의 문제가 발생한다.

이러한 이기종 간의 데이터 전송은 자신이 몰던 차를 제주도에 가져가서 사용하려 할 때의 문제와 같다. 제주도에 도착하면 평상시대로 사용할 수 있지만, 차를 어떻게 바다를 건너 제주도까지 보낼 것인가의 문제가 남아있다. 정답은 간단하다. 배에 실어서 보내면 된다.

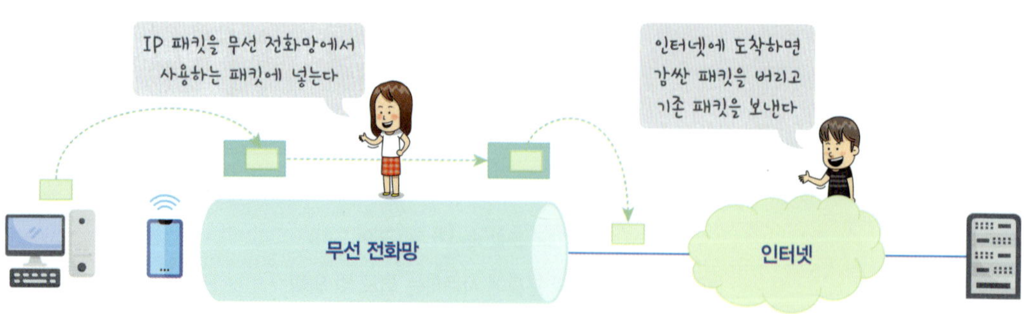

그림 11-6 터널링

무선 핫스팟을 사용하여 인터넷에 패킷을 보내는 것은 배에 차를 실어서 보내는 것과 같다. 기존의 IP 패킷을 무선 전화망에서 사용하는 패킷에 집어넣고, 해당 패킷을 무선 전화망과 인터넷이 연결되는 곳(게이트웨이)까지 보낸다. 인터넷선으로 보낼 때, 노트북에서 처음 보낸 IP 패킷으로 전송하면 된다.

이러한 방법을 터널링 혹은 IP 터널링이라 부르며 [그림 11-6]에 나타내었다. 기존의 IP 패킷은 무선 전화망에서 사용하는 패킷으로 감싼다. 다시 말해 무선 전화망의 헤더를 붙여서 인터넷이 연결되는 곳까지 이동한다. 인터넷에 연결되는 구간에 도착하면 감쌌던 무선 전화망 패킷을 버리고 기존 IP 패킷을 전송한다. 터널링은 서로 다른 기종의 네트워크 구간을 터널로 연결하여 이동하는 것과 같아서 붙여진 이름이다.

SECTION 02 IP 헤더 분석

1 IPv4 헤더 필수

앞서 IP가 처리해야 하는 일들에 대해 알아보았다. IP가 처리해야 할 일들과 관련된 필드들을 IP 헤더header에 모아 놓았다. IP 헤더의 필드 값들을 이해할 수 있다면, IP가 무슨 일들을 하는지 이해한다는 의미이다. 따라서 IP 헤더 분석은 매우 중요하다.

현재 가장 많이 사용하는 IP 헤더는 버전 4이다. 따라서 IPv4라 부른다. [그림 11-7]은 IPv4의 헤더를 나타낸다. IPv4의 문제점을 해결한 것이 버전 6의 IPv6이다. IPv6 헤더 분석은 다음 절에서 다룬다.

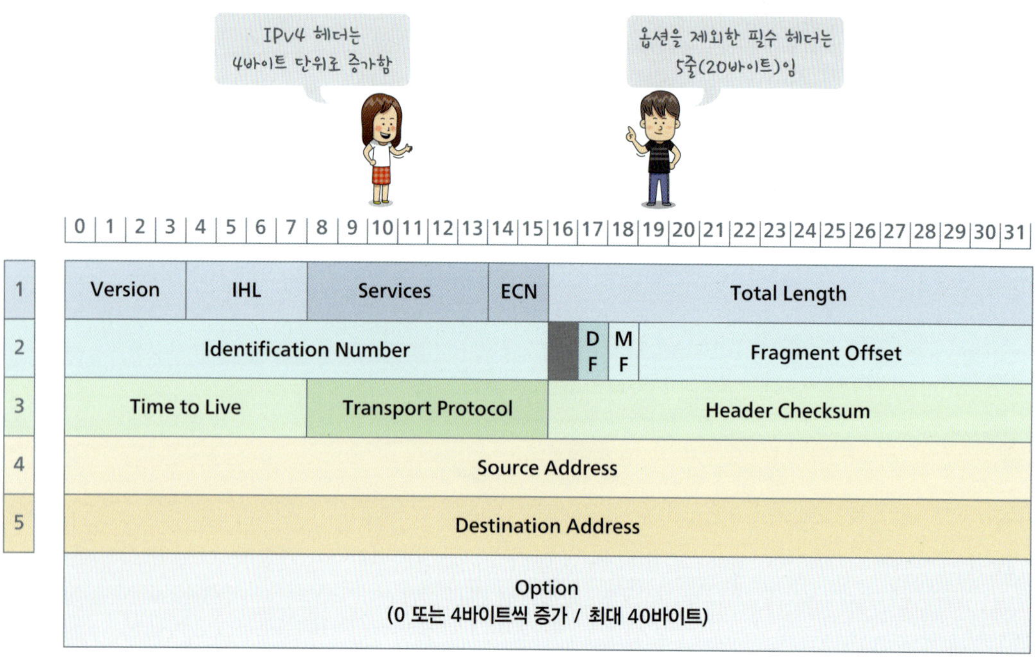

그림 11-7 IPv4 헤더

IP 헤더는 32비트(4바이트)를 기준으로 나눈다. 그림에서와 같이 IP 헤더의 각각 한 줄은 4바이트(32비트)이다. IP 헤더는 필수 부분과 옵션 부분으로 나뉜다. [그림 11-7]의 위에서부터 다섯 번째 줄까지 필수 부분이고, 나머지는 옵션 부분이다. 따라서 IP 헤더의 필수 부분은 5 × 4바이트 = 20바이트이다. 옵션은 없을 수도 있으며, 있더라도 4바이트씩 증가한다. 옵션의 최대 크기는 40바이트이다. 따라서 IP 헤더의 최대 크기는 60바이트이다.

IP 헤더의 옵션 부분에 대한 설명은 이 책에서 다루지 않는다. IP 헤더의 필수 부분을 한 줄씩 살펴본다.

> 1번 줄

버전과 헤더 및 패킷의 크기를 나타내는 필드들은 다음과 같다.

1	Version	IHL	Services	ECN	Total Length

- Version: IP 버전 번호를 나타낸다. 앞에서 설명하였듯이 현재 버전은 IPv4이므로 4가 들어가 있다.
- IHL(IP Header Length): IHL은 IP Header Length의 약자이며 옵션을 포함한 IP 헤더 길이를 나타낸다. 데이터는 포함되지 않는다. IP 헤더는 언제나 4바이트 기준으로 커진다. 옵션도 마찬가지이다. IHL 필드에 들어 있는 값은 4바이트 단위의 줄의 길이를 의미한다는 것에 주의하자. 따라서 옵션이 없는 경우에는 IHL에는 5가 들어가 있다. 헤더가 5줄이라는 의미이다. IHL이 5이면, 1줄이 4바이트이므로 20바이트 크기의 헤더가 된다. 예를 들어 8바이트 옵션이 붙은 헤더의 IHL은 7이다. 또한 헤더의 크기는 28(7 x 4)바이트이다.
- Services: 1번 줄의 8번에서 15번 비트까지는 원래 Quality of Service를 명시하는 데 사용하기로 했었다. 그러나 Quality of Service는 가상 네트워크와 같은 사설 네트워크에서나 가능하고 일반적인 인터넷에서는 무시된다. 그래서 14번과 15번 비트를 ECN 비트로 사용하도록 개정되었다.
- ECN: 14번과 15번 비트는 ECN$_{\text{Explicit Congestion Notification}}$ 필드이다. ECN은 앞 절의 혼잡제어에서 설명한 필드이다. ECN은 ECT$_{\text{ECN Capable Transport}}$ 비트와 CE$_{\text{Congestion Experienced}}$ 비트 두 개로 구성된다. 네트워크에 혼잡이 발생하여 패킷이 제대로 전달되지 않을 경우 ECN은 초크 패킷에 포함되어 목적지에 전달된다. ECN을 받은 호스트는 윈도우의 크기를 줄여서 패킷이 많이 보내지는 것을 방지한다. 사실, 슬라이딩 윈도우 프로토콜은 IP의 위의 계층(전송 계층)에 있는 TCP가 사용한다. 따라서 ECN는 TCP의 요청에 의해 사용되는 필드이며 14장 TCP와 소켓 프로그래밍에서 자세히 설명된다.
- Total Length: Total Length는 헤더를 포함한 전체 패킷의 크기를 나타낸다. 주의할 것은 IHL과 달리 Total Length에 있는 값은 바이트를 의미한다. 200이라면 헤더를 포함하여 전체 크기가 200바이트라는 의미이다. 따라서 IHL이 5이고 Total Length가 200인 패킷에서 실제 데이터의 크기는 180바이트이다. 전체 200에서 헤더크기 5 x 4 = 20바이트를 빼면 데이터 크기가 된다. IHL의 단위와 혼동하지 않기를 바란다.

> 2번 줄

앞에서 설명한 패킷이 여러 개로 분할되는 경우 원래의 패킷으로 복원하기 위하여 사용되는 필드들이 모여 있다. 정의되지 않고 비어 있는 부분은 검게 표시하였다.

2	Identification Number		DF	MF	Fragment Offset

- Identification Number: 패킷 번호를 의미하며, 분할된 패킷 중 원본 패킷이 무엇인지 확인하는 데 사용된다. 같은 Identification Number를 가진 패킷은 원본에서 분할된 패킷이다.
- DF(Don't Fragment): DF는 Don't Fragment의 약자이며, 목적지의 호스트가 나눠진 패킷을 하나로 만들 수 없는 경우 패킷을 분할하지 못하도록 만든 필드이다. 이 필드가 1이 되면 패킷을 분할하지 못한다. 앞의 패킷분할에서는 설명되지 않았던 필드이다.
- MF(More Fragment): MF는 More Fragment의 약자이며 앞서 패킷 단편화에서 설명한 필드이다. 현재의 패킷이 맨 끝의 패킷인지 아닌지를 나타낸다. 0이면 뒤로 패킷이 더 있다는 의미이며, 1이면 마지막 패킷이라는 의미이다.
- Fragment Offset: Fragment Offset은 앞서 패킷 단편화에서 설명한 필드이다. 현재 가지고 있는 데이터가 원본 데이터에서 어느 위치인지를 나타낸다. 바이트로 표시되며, 0이면 맨 앞의 패킷이 된다.

> 3번 줄

패킷이 살아있을 수 있는 시간과 상위 연결되는 프로토콜, 오류검출 코드가 있다.

3	Time to Live	Transport Protocol	Header Checksum

- Time to Live: 패킷이 목적지에 도착하지 못하고 인터넷에서 계속 살아 있는 경우를 좀비 패킷이라 부른다. 좀비 패킷이 많아질 경우 네트워크에 부담이 커진다. 따라서 패킷이 살아 있을 수 있는 시간을 기록한 것이 Time to Live이며 약자로 TTL이라 쓴다. TTL에 명시된 시간을 넘어서 네트워크를 돌아다니다 라우터를 만나면 해당 패킷을 폐기한다. 처음에는 TTL에서 시간을 명시하였지만 라우터 마다 시간의 오차가 있을 수 있어 홉Hop으로 표시하는 추세이다. 홉이란 라우터를 건너다닌 횟수를 나타낸다. 라우터를 하나 건너가면 1홉이 된다. TTL에 10이라 표시되어 있으면 최대 10홉까지 갈 수 있다는 의미이다. 라우터를 지나갈 때마다 1홉씩 줄어들고, 0이 되면 자동으로 폐기된다.
- Transport Protocol: IP가 있는 네트워크 계층 위의 전송 계층에는 TCP뿐 아니라 UDP와 같은 여러 종류의 프로토콜들이 있다. 해당 패킷을 전송 계층에 있는 어떤 프로토콜에게 전달해야 하는지가 Transport Protocol에 명시되어 있다.
- Header Checksum: 헤더에 오류가 있는지 없는지를 검사하는 16비트 코드가 Header Checksum에 들어 있다. 오류검출 코드 중 체크섬Checksum 방식(16비트씩 잘라서 더하는 방식)을 사용한다. IP에 들어 있는 체크섬은 헤더만 검사한다는 것에 주의하자. IP는 목적지까지 패킷을 빠르게 전송하는 일만으로도 벅차며, 패킷 안 데이터의 오류를 검사하는 것은 TCP가 담당한다. 따라서 데이터를 보내기에도 바쁜 IP가 전송된 데이터의 오류가 있는지까지 검사할 필요가 없다.

IP 헤더에서 4번 줄의 Source Address는 보내는 호스트의 IP 주소를 나타낸다. 5번 줄 Destination Address는 받는 호스트의 IP 주소를 의미한다.

2 IPv6 헤더

인터넷 초창기에는 IPv4의 4바이트 주소 체계로도 모든 컴퓨터에게 주소를 나눠 줄 수 있었다. 그러나 전 세계 인터넷 보급률이 올라가고, 사물인터넷이 발전하면서 인터넷 주소가 급격하게 고갈되었다. 과거에는 컴퓨터나 노트북만 IP 주소를 사용하였지만, 사물인터넷 세상에서는 스마트폰, 자동차, 가전제품, 각종 센서들도 인터넷으로 연결되기 때문에 더 많은 수의 인터넷 주소가 필요해졌다.

여기에 더하여 IPv4가 만들어질 당시에는 라우터들이 고장도 잦고, 패킷이 사라지거나 분할되는 일들이 빈번했다. 기술이 발전하여 통신장비와 라우터가 좋아지면서 네트워크에서 발생하는 오류의 비중이 급격하게 줄어들었다. 따라서 IPv4에서 필요 없는 필드들이 생겨났다. 이러한 상황을 고려하여 새로 만든 IP 헤더가 버전 6번 IPv6이다. IPv6의 변화를 요약하면 16바이트(128비트) 주소의 사용과 필드의 단순화이다. [그림 11-8]은 IPv6의 헤더의 구조를 나타낸다.

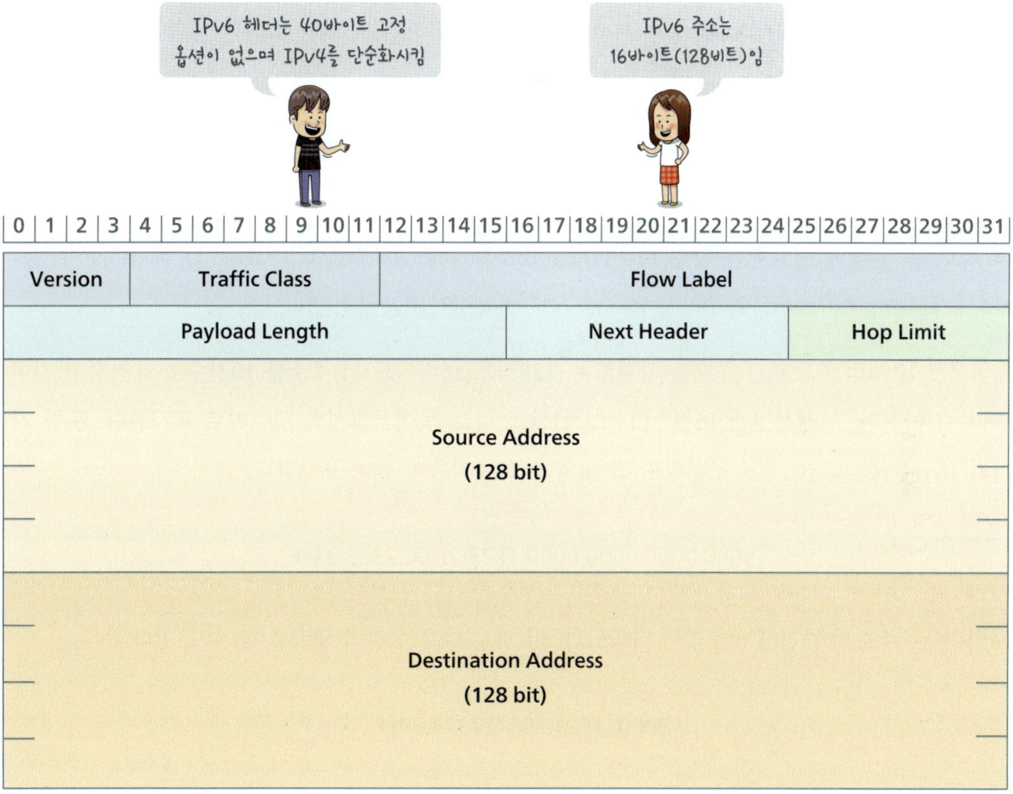

그림 11-8 IPv6 헤더

IPv6의 크기는 40바이트 고정이다. IPv4와 같은 옵션은 없다. IPv6 헤더에서 대부분을 차지하고 있는 것은 `Source Address` 16바이트(128비트)와 `Destination Address` 16바이트이다. 주소를 제외한 요소들은 8바이트(2줄)에 불과하다.

1번 줄부터 살펴보자. `Version` 필드에는 버전 번호 6이 들어간다. `Traffic Class`에는 Quality of Service가 들어간다. `Traffic Class`라고 이름을 바꾼 이유는 사물인터넷의 경우, 응용 프로그램에 따라 급히 처리해야 하는 패킷이 있을 수 있다. 예를 들어 자동차의 충돌사고와 연관된 패킷은 빠르게 전송되어야 한다. 이처럼 응용 프로그램에 따라 자유롭게 설정하고 사용할 수 있도록 만든 것이 `Traffic Class` 필드이다.

`Flow Label`은 IPv6가 설계될 당시에 다양한 용도가 제안 되었지만 아직까지는 뚜렷한 표준이 적립되지 않은 영역이다. 일반적으로 0으로 설정한다.

2번 줄을 보자. `Payload Length`는 헤더를 제외한 데이터의 크기를 바이트로 표시한다. IPv6는 헤더가 40바이트로 고정 크기이기 때문에 IPv4에 있던 IHL 필드가 필요 없으며, 데이터의 크기만 명시하면 된다.

`Next Header`는 IPv4의 `Transport Protocol`의 이름이 변경된 것이다. 따라서 상위 계층에 전달될 프로토콜의 헤더를 가리킨다.

`Hop Limit`는 IPv4의 `Time to Live`가 변경된 것이다. 따라서 패킷을 살아 있을 수 있는 최대의 홉 개수가 적혀 있다.

IPv4 헤더 중 분할에 필요했던 필드(`Identification Number`, `DF(Don't Fragment)`, `MF(More Fragment)`, `Fragment Offset`)들과 `IHL` 및 `Header Checksum`은 IPv6에는 없다.

마지막으로 IPv6의 주소표기 문제를 살펴보자. 128비트(16바이트)의 주소를 10진수로 표현하면 길이가 매우 길어진다. 그래서 4개 16진수(2바이트)를 하나로 묶어서 8개의 덩어리로 표시한다. 또한 각 덩어리(16진수)를 콜론(:)으로 구분한다. IPv6의 주소는 다음과 같이 표시한다.

9000:0000:0000:0000:1F23:2D5C:2323:34FF

IPv6의 경우, 주소의 중간에 0이 많이 나타난다. 이 경우 다음과 같이 생략을 할 수도 있다.

9000::1F23:2D5C:2323:34FF

인터넷은 IPv4가 대부분이고 IPv6는 나중에 만들어졌기 때문에 IPv6와 IPv4를 같이 표시하는 경우가 있다. 따라서 IPv6에 연결된 IPv4주소는 콜론(:) 두 개와 10진수로 표시한다. 방식은 다음과 같다.

9000::1F23:2D5C:2323:34FF::258.231.20.12

요약

› 네트워크를 사용하는 응용 프로그램들은 네트워크에 대하여 다양한 요구사항을 가진다. 대표적으로 신뢰성, 지연, 지터, 대역폭이다. 이런 요구사항을 QoS라 부른다. 이메일 서비스는 높은 신뢰성을 필요로 하지만 지연, 지터, 대역폭은 낮아도 상관없다. 반대로 화상회의는 높은 지연, 지터, 대역폭을 필요로 하지만, 낮은 신뢰성을 갖는다.

› 혼잡이란 특정 라우터에 패킷이 몰려서 처리가 어려워지는 상황을 가리키며, 혼잡제어란 혼잡이 발생하는 곳의 흐름을 변화시켜 혼잡을 완화시키는 작업을 뜻한다. 혼잡의 문제를 완화하기 위해서는 할 수 있는 작업을 3가지로 나눌 수 있다. 첫 번째는 호스트의 타임아웃 시간을 늘리는 것이다. 두 번째는 슬라이딩 윈도우 크기를 줄이는 것, 마지막 방법은 패킷과 패킷의 전송 간격을 조정하는 것이다.

› 10개를 0.1초 간격으로 연달아 보내는 것과 1초 간격으로 보내는 것은 혼잡에 미치는 결과가 다르다. 일정하지 않은 간격으로 도착하는 패킷을 버킷에 넣고, 보내는 쪽에서는 일정 간격을 맞추어 천천히 패킷을 처리하는 방법이 토큰 버킷 알고리즘이다.

› 패킷 단편화와 관련된 3가지 필드 중 잘려나간 패킷이 여러 개 있는 경우, 같은 패킷에 있는 데이터인지를 확인할 수 있는 것이 ID Number이다. 두 번째 필드는 Fragment Offset으로 분할되기 전 패킷 데이터로부터 얼마큼 떨어진 위치에 있는 데이터인지를 알려준다. 세 번째 필드는 More Fragment가 1이면 맨 마지막 패킷이라는 의미이다.

› IP 헤더는 32비트(4바이트)가 기준이며, IP 헤더는 필수 부분과 옵션 부분으로 나뉜다. IP 헤더의 필수 부분은 5 x 4바이트 = 20바이트이다. 옵션은 없을 수도 있으며, 있더라도 4바이트씩 증가한다. 옵션의 최대 크기는 40바이트이다. 따라서 IP 헤더의 최대 크기는 60바이트이다.

› IHL은 IP Header Length의 약자이다. 옵션을 포함한 IP 헤더 길이를 나타내며, 데이터는 포함되지 않는다. IHL 필드에 들어 있는 값은 4바이트 단위의 줄의 길이를 의미한다. 따라서 옵션이 없는 경우에는 IHL에는 5가 들어가 있다. 헤더가 5줄이라는 의미이다. IHL이 5이면, 1줄이 4바이트이므로 20바이트 크기의 헤더가 된다.

› IPv6의 크기는 40바이트 고정이며, IPv4와 같은 옵션은 없다. IPv6 헤더에서 대부분을 차지하고 있는 것은 Source Address 16바이트(128비트)와 Destination Address 16바이트이다. Traffic Class에는 Quality of Service가 들어간다. Payload Length는 헤더를 제외한 데이터의 크기를 바이트로 표시한다. Next Header는 IPv4의 Transport Protocol의 이름이 변경된 것이다. 따라서 상위 계층에 전달될 프로토콜의 헤더를 가리킨다. Hop Limit는 IPv4의 Time to Live가 변경된 것이다.

연습문제

[객관식 문제]

01 서비스 요구사항의 항목과 거리가 먼 것은 무엇인가?

❶ 신뢰성 ❷ 지연
❸ 채널 ❹ 지터

02 이메일 서비스에서 가장 높게 필요한 서비스 요구사항은 무엇인가?

❶ 신뢰성 ❷ 지연
❸ 대역폭 ❹ 지터

03 화상 회의에서 가장 낮게 필요한 서비스 요구사항은 무엇인가?

❶ 신뢰성 ❷ 지연
❸ 대역폭 ❹ 지터

04 혼잡제어와 관련하여 가장 거리가 먼 단어는 무엇인가?

❶ token bucket ❷ choke packet
❸ sliding window ❹ HELLO packet

05 혼잡제어와 관련하여 TCP에 직접 영향을 미치는 것은 무엇인가?

❶ token bucket ❷ choke packet
❸ sliding window 조정 ❹ timeout 조정

06 혼잡제어와 관련하여 빈 패킷의 의미를 가지는 단어는 무엇인가?

❶ token bucket ❷ choke packet
❸ sliding window ❹ HELLO packet

07 혼잡제어와 관련하여 패킷의 전송 간격을 조정하는 것과 관련 있는 단어는 무엇인가?

❶ token bucket ❷ choke packet
❸ sliding window ❹ HELLO packet

08 패킷 분할과 관련하여 서로 같은 패킷인지를 나타내는 필드는 무엇인가?

❶ Don't Fragment ❷ Fragment Offset
❸ ID number ❹ More Fragment

09 패킷 분할과 관련하여 원본데이터의 위치를 가지고 있는 필드는 무엇인가?

❶ Don't Fragment ❷ Fragment Offset
❸ ID number ❹ More Fragment

10 패킷 분할과 관련하여 뒤로 잘려진 패킷 유무를 나타내는 필드는 무엇인가?

❶ Don't Fragment ❷ Fragment Offset
❸ ID number ❹ More Fragment

11 0일 경우 분할된 패킷 중 맨 앞 패킷을 의미하는 필드는 무엇인가?

❶ Don't Fragment ❷ Fragment Offset
❸ ID number ❹ More Fragment

12 1일 경우 분할된 패킷 중 맨 뒤의 패킷을 의미하는 필드는 무엇인가?

❶ Don't Fragment ❷ Fragment Offset
❸ ID number ❹ More Fragment

13 다음은 (`Fragment Offset, More Fragment`)의 쌍이다. 가장 마지막 패킷을 찾으시오.

❶ (20, 1) ❷ (1, 0)
❸ (20, 0) ❹ (15, 0)

14 다음은 (`Fragment Offset, More Fragment`)의 쌍이다. 가장 처음 패킷을 찾으시오.

❶ (20, 1) ❷ (1, 1)
❸ (0, 1) ❹ (15, 0)

15 IPv4 헤더에서 `IHL`에서 1의 단위는 무엇을 의미하는가?

❶ 1byte ❷ 4byte
❸ 1bit ❹ 4bit

16 IPv4 헤더에서 `Total Length`에서 1의 단위는 무엇을 의미하는가?

❶ 1byte ❷ 4byte
❸ 1bit ❹ 4bit

17 옵션이 없는 IPv4 헤더의 크기는 얼마인가?

❶ 32byte ❷ 4byte
❸ 5byte ❹ 20byte

18 IPv4 헤더에서 옵션의 크기는 얼마 단위로 증가하는가?

❶ 32byte ❷ 4byte
❸ 5byte ❹ 20byte

19 IPv4 헤더에서 옵션이 없을 경우 `IHL` 값으로 적당한 것은 무엇인가?

❶ 4 ❷ 5
❸ 20 ❹ 32

20 IPv4 헤더에서 옵션이 8바이트인 `IHL` 값으로 적당한 것은 무엇인가?

❶ 4 ❷ 5
❸ 7 ❹ 8

21 옵션을 포함한 IPv4 헤더의 크기가 24바이트이다. `IHL` 값으로 적당한 것은 무엇인가?

❶ 32 ❷ 5
❸ 6 ❹ 24

22 IPv4 헤더에서 `IHL`이 5이다. 옵션의 크기는 얼마인가?

❶ 0byte ❷ 4byte
❸ 5byte ❹ 20byte

23 IPv4 헤더에서 `IHL`이 10이다. 옵션의 크기는 얼마인가?

❶ 32byte ❷ 4byte
❸ 5byte ❹ 20byte

24 IPv4 헤더에서 IHL이 8이다. 옵션을 포함한 헤더의 크기는 얼마인가?

❶ 32byte ❷ 4byte
❸ 5byte ❹ 20byte

25 IPv4 헤더에서 IHL = 5, 데이터가 80바이트이다. Total Length 값은 얼마인가?

❶ 100 ❷ 80
❸ 85 ❹ 8

26 IPv4 헤더에서 데이터가 80바이트이고, Total Length = 100이다. IHL 값으로 적당한 것은 무엇인가?

❶ 4 ❷ 5
❸ 20 ❹ 32

27 IPv4 헤더에서 데이터가 72바이트이고, Total Length = 100이다. IHL 값으로 적당한 것은 무엇인가?

❶ 4 ❷ 5
❸ 7 ❹ 8

28 IPv4 헤더에서 데이터가 72바이트이고, Total Length = 96이다. IHL 값으로 적당한 것은 무엇인가?

❶ 32 ❷ 5
❸ 6 ❹ 24

29 IPv4 헤더에서 IHL = 5, Total Length = 100이다. 데이터가 80바이트인 경우 옵션의 크기는 얼마인가?

❶ 0byte ❷ 4byte
❸ 5byte ❹ 20byte

30 IPv4 헤더에서 Total Length = 100이다. 데이터가 60바이트인 경우 옵션의 크기는 얼마인가?

❶ 32byte ❷ 4byte
❸ 5byte ❹ 20byte

31 IPv4 헤더에서 `Total Length` = 100이다. 데이터가 68바이트, 옵션이 12바이트이다. 옵션을 포함한 IP 헤더의 크기는 얼마인가?

❶ 32byte ❷ 4byte
❸ 5byte ❹ 20byte

32 IPv4 헤더에서 `Version`에 들어 있는 값으로 적당한 것은 무엇인가?

❶ 3 ❷ 4
❸ 5 ❹ 6

33 다음 IPv4 헤더 관련 필드 중 TCP와 가장 연관이 있는 필드는 무엇인가?

❶ DF ❷ TTL
❸ MF ❹ ECN

34 다음 IPv4 헤더 관련 필드 중 choke packet과 가장 연관이 있는 필드는 무엇인가?

❶ DF ❷ TTL
❸ MF ❹ ECN

35 다음 IPv4 헤더 관련 필드 중 혼잡제어와 가장 연관이 있는 필드는 무엇인가?

❶ DF ❷ TTL
❸ MF ❹ ECN

36 다음 IPv4 헤더 관련 필드 중 패킷분할과 가장 연관이 있는 필드는 무엇인가?

❶ MF ❷ TTL
❸ IHL ❹ ECN

37 다음 IPv4 헤더의 길이와 가장 연관이 있는 필드는 무엇인가?

❶ MF ❷ TTL
❸ IHL ❹ ECN

38 다음 IPv4 헤더 관련 필드 중 패킷을 분할할 수 없도록 하는 필드는 무엇인가?

❶ DF ❷ TTL
❸ MF ❹ ECN

39 다음 IPv4 헤더 관련 필드 중 패킷이 살아 있을 수 있는 시간을 명시한 필드는 무엇인가?

❶ DF ❷ TTL
❸ MF ❹ ECN

40 다음 IPv4 헤더 관련 필드 중 좀비 패킷을 막기 위해 만들어진 필드는 무엇인가?

❶ DF ❷ TTL
❸ MF ❹ ECN

41 IPv4 헤더가 오류를 찾는 방식은 무엇인가?

❶ CRC ❷ checksum
❸ 허밍 코드 ❹ 페리티 비트

42 IPv4 헤더가 오류를 찾는 필드의 크기는 얼마인가?

❶ 16byte ❷ 32byte
❸ 8byte ❹ 64byte

43 IPv4 헤더의 체크섬의 범위는 어디까지인가?

❶ 패킷 전체 ❷ 헤더
❸ 데이터 ❹ 헤더와 데이터

43 IPv6 헤더에서 주소의 크기는 얼마인가?

❶ 4byte ❷ 8byte
❸ 16byte ❹ 32byte

44 IPv6 헤더에서 Version에 들어 있는 값으로 적당한 것은 무엇인가?

❶ 3 ❷ 4
❸ 5 ❹ 6

45 IPv6 헤더에서 옵션의 최대 크기는 얼마인가?

❶ 0byte ❷ 4byte
❸ 5byte ❹ 20byte

46 IPv6 헤더의 크기는 얼마인가?

❶ 32byte ❷ 16byte
❸ 64byte ❹ 40byte

47 다음 필드 중 IPv6 헤더에 유사한 필드가 있는 것은 무엇인가?

❶ MF ❷ TTL
❸ IHL ❹ ECN

48 다음 필드 중 IPv6 헤더의 hop limit와 유사한 필드는 무엇인가?

❶ MF ❷ TTL
❸ IHL ❹ ECN

49 IPv6 헤더에서 Payload Length가 80이다. 전체 패킷의 길이는 얼마인가?

❶ 100byte ❷ 120byte
❸ 90byte ❹ 80byte

50 IPv6 주소와 IPv4 주소를 연결하는 구분자는 무엇인가?

❶ 콜론(:) ❷ 쉼표(,)
❸ 콜론(:) 2개 ❹ 쉼표(,) 2개

51 IPv6의 Next Header와 유사한 IPv4 필드는 무엇인가?

❶ Transport Protocol ❷ TTL
❸ More Fragment ❹ Checksum

52 IPv6에서 좀비 패킷을 막기 위해 만들어진 필드는 무엇인가?

❶ Traffic Class ❷ Hop Limit
❸ Payload Length ❹ Next Header

[단답형 문제]

53 서비스 요구사항의 항목으로는 신뢰성, 지연, 대역폭, ______가 있다.

54 서비스 요구사항의 항목 신뢰성, 지연, 대역폭, 지터 중 이메일 서비스에서 가장 높게 요구되는

것은 ________ 이다.

55 서비스 요구사항의 항목 신뢰성, 지연, 대역폭, 지터 중 화상회의에서 가장 낮게 요구되는 것은 ________ 이다.

56 혼잡제어가 발견되면 TCP의 ________________________ 크기를 조정한다.

57 혼잡제어와 관련하여 사용하는 빈 패킷이 ______ 패킷이다.

58 패킷 분할과 관련하여 뒤로 잘려진 패킷 유무를 나타내는 필드는 ___________________ 이다.

59 패킷 분할과 관련하여 원본데이터의 위치를 가지고 있는 필드는 ____________________ 이다.

60 패킷 분할과 관련하여 서로 같은 패킷인지를 나타내는 필드는 ______________ 이다.

61 0일 경우 분할된 패킷 중 맨 앞 패킷을 의미하는 필드는 ____________________ 이다.

62 1일 경우 분할된 패킷 중 맨 뒤의 패킷을 의미하는 필드는 ___________________ 이다.

63 이기종의 네트워크에 IP 패킷을 보낼 때, IP 패킷을 다른 패킷으로 감싸서 전송하는 방식을 ________ 이라 부른다.

64 IPv4 헤더에서 `IHL`에서 1의 단위는 ____ 바이트 크기를 의미한다.

65 IPv4 헤더에서 `Total Length`에서 1의 단위는 ____ 바이트 크기를 의미한다.

66 옵션이 없는 IPv4 헤더의 크기는 _____ 바이트이다.

67 IPv4 헤더에서 옵션의 크기는 ____ 바이트 단위로 증가한다.

68 IPv4 헤더에서 옵션이 없을 경우 `IHL` 값은 ____ 이다.

69 옵션이 8바이트인 IPv4 헤더의 `IHL` 값은 ____ 이다.

70 옵션을 포함한 IPv4 헤더의 크기가 24바이트이다. `IHL` 값은 ____ 이다.

71 IPv4 헤더에서 `IHL`이 5이면 옵션의 크기는 ____ 바이트이다.

72 IPv4 헤더에서 `IHL`이 10이면 옵션의 크기는 _____ 바이트이다.

73 IPv4 헤더에서 IHL이 8이면 옵션을 포함한 헤더의 크기는 _____ 바이트이다.

74 IPv4 헤더에서 IHL = 5, 데이터가 80바이트일 경우 Total Length 값은 _______이다.

75 IPv4 헤더에서 데이터가 80바이트이고, Total Length = 100일 경우, IHL 값은 ____이다.

76 IPv4 헤더에서 데이터가 72바이트이고, Total Length = 100인 경우, IHL 값은 ____이다.

77 IPv4 헤더에서 데이터가 72바이트이고, Total Length = 96인 경우, IHL 값은 ____이다.

78 IPv4 헤더에서 IHL = 5, Total Length = 100이고, 데이터가 80바이트인 경우 옵션의 크기는 ____ 바이트이다.

79 IPv4 헤더에서 Total Length = 100이고 데이터가 60바이트인 경우 옵션의 크기는 _____ 바이트이다.

80 IPv4 헤더에서 Total Length = 100이고, 데이터가 68바이트, 옵션이 12바이트인 경우 옵션을 포함한 IP 헤더의 크기는 _____ 바이트이다.

81 IPv4 헤더에서 Version에 들어 있는 값은 ____이다.

82 IPv4 헤더 관련 필드 중 TCP와 가장 연관이 있는 필드는 _______이다.

83 IPv4 헤더 관련 필드 중 choke packet과 가장 연관이 있는 필드는 _______이다.

84 IPv4 헤더 관련 필드 중 혼잡제어와 가장 연관이 있는 필드는 _______이다.

85 IPv4 헤더 관련 필드 중 패킷분할을 못하도록 막는 필드는 _____이다.

86 IPv4 헤더의 길이와 가장 연관이 있는 필드는 ______이다.

87 IPv4 헤더 관련 필드 중 1이면 패킷 분할이 안 되는 필드는 _____이다.

88 IPv4 헤더 관련 필드 중 패킷이 살아 있을 수 있는 시간을 명시한 필드는 ______이다.

89 IPv4 헤더 관련 필드 중 좀비 패킷을 막기 위해 만들어진 필드는 ______이다.

90 IPv4 헤더가 오류를 찾는 방식은 ________이다.

91 IPv4 헤더가 오류를 찾는 필드의 크기는 _____ 바이트이다.

92 IPv4 헤더의 체크섬의 범위는 ______만 검사한다.

93 IPv6 헤더에서 주소의 크기는 _____ 바이트이다.

94 IPv6 헤더에서 `Version`에 들어 있는 값은 ____이다.

95 IPv6 헤더에서 옵션의 최대 크기는 ____ 바이트이다.

96 IPv6 헤더의 크기는 _____ 바이트이다.

97 IPv6 헤더의 `Hop Limit`와 유사한 IPv4 필드는 _______이다.

98 IPv6 헤더에서 `Payload Length`가 80이면 전체 패킷의 길이는 ______ 바이트이다.

99 IPv6 주소와 IPv4 주소를 연결하는 구분자는 ____________이다.

100 IPv6의 `Next Header`와 유사한 IPv4 필드는 ______________________이다.

101 IPv6에서 좀비 패킷을 막기 위해 만들어진 필드는 _____________이다.

[주관식 문제]

102 서비스 요구사항(QoS)에 대하여 기술하시오.

103 혼잡제어에 대하여 기술하시오.

104 토큰 버킷 알고리즘의 필요성을 이야기하시오.

105 패킷 단편화와 관련된 필드를 설명하시오.

106 IPv4 헤더에서 크기를 설명하고 관련된 필드들에 대하여 작성하시오.

107 IPv6 헤더에 대하여 설명하시오.

CHAPTER

12

네트워크 계층 작업과 프로토콜

Section

SECTION 01
네트워크 분할

1 서브넷 마스크의 특징

앞서 11장에서는 IP가 어떤 일들을 해야 하는지를 살펴보고 IP 헤더를 분석하였다. 이번 장에서는 네트워크 계층이 하는 여러 가지 일들을 살펴본다. 네트워크 계층의 작업은 네트워크를 여러 개의 서브넷(하부넷)으로 나누고, IP 주소와 MAC 주소의 변환을 한다. 이러한 작업과 관련된 프로토콜들의 특징을 학습하고 라우팅 관련 프로토콜도 살펴본다.

4바이트로 이루어진 IP 주소는 이론적으로 약 40억(2^{32})개의 IP 주소를 사용할 수 있다. 인터넷이 만들어진 초반기에는 이 주소만으로 충분할 것이라 예상되었다. 그러나 컴퓨터뿐 아니라 스마트폰, 자동차, 가전기기까지 인터넷으로 연결됨으로써 IP 주소는 빠른 속도로 고갈되었다.

여기서 잠깐

D와 E 클래스와 같이 사용하지 않는 주소들을 고려하면 사용 가능한 IP 주소는 약 20억 개 정도이다.

IP 주소의 빠른 고갈은 IP 주소 체계가 한 몫 하였다. IP 주소 체계는 A, B, C의 3개의 클래스로 구성되고 각 클래스는 네트워크 주소와 호스트 주소로 구성된다. C 클래스의 경우 앞의 3바이트가 네트워크 주소이고, 맨 마지막 1바이트만 호스트 주소이다. 따라서 C 클래스가 가질 수 있는 최대 호스트의 개수는 256대이다.

B 클래스의 경우 뒤의 2바이트가 호스트 주소이기 때문에 65535대의 컴퓨터를 가질 수 있다. 그런데 누군가 하나의 클래스를 가져가면 해당 클래스의 IP가 남더라도 다른 사람이 사용할 수 없다. 예를 들어 1만 대의 컴퓨터를 가진 회사가 B 클래스를 가져가면 약 5만5천 개의 IP를 다른 회사가 쓸 수 없다. 네트워크 주소는 같은 지역에 속하는 컴퓨터를 나타내기 때문에 다른 회사가 사용할 수 없는 것이다. 따라서 사용되지 않는 IP 주소는 낭비된다.

조직의 규모에 따라 다르지만 C 클래스의 256개는 너무 작고, B 클래스의 65535개는 너무 크다. 이러한 문제를 해결하는 방법 중 하나는 클래스를 여러 개로 나누어 사용하는 것이다. 다시 말해 클래스를 자신의 규모에 맞는 서브넷(하부넷)으로 잘라서 사용한다. 네트워크를 서브넷으로 분할해서 사용할 때 서브넷 마스크가 중요한 역할을 한다.

서브넷 마스크에 대하여 자세히 알아보자. 앞서 C 클래스의 서브넷 마스크는 255.255.255.0이라 하였다. 여기서 앞에서 3자리의 255.255.255는 네트워크의 주소를 의미하며, 맨 마지막 1바이트는 호스트 주소를 의미한다. C 클래스의 서브넷 마스크는 255.255.255.0을 IP 주소와 AND 연산을 하여 네트워크 주소만 찾아낸다. 8비트가 모두 1인 255는 AND 연산을 하면 원래의 IP 주소가 나온다. 따라서 255.255.255.0에서 앞의 3자리는 원래의 IP 주소가 나오게 되는데, 이것이 네트워크 주소이다. 4번째 자리 0은 호스트 주소가 있는 위치이며 언제나 0의 값이 나온다.

IP 주소	1 1 0 1 0 1 1 1	1 0 0 1 0 0 0 0	0 1 0 1 0 0 0 1	1 0 1 0 1 1 1 1
C클래스 서브넷 마스크	네트워크 주소			호스트 주소
	1 1 1 1 1 1 1 1	1 1 1 1 1 1 1 1	1 1 1 1 1 1 1 1	0 0 0 0 0 0 0 0
AND 연산 결과	1 1 0 1 0 1 1 1	1 0 0 1 0 0 0 0	0 1 0 1 0 0 0 1	0 0 0 0 0 0 0 0

그림 12-1 C 클래스 서브넷 마스크 연산 과정

B 클래스 서브넷 마스크 255.255.0.0도 같은 방식으로 연산하며, 앞의 두 자리가 네트워크 주소이고, 뒤의 두 자리 호스트 주소는 0으로 처리된다. 결론적으로 **서브넷 마스크에서 1로 표시된 부분은 네트워크 주소이고, 0으로 표시된 부분은 호스트 주소를 의미**한다.

그림 12-2 IP 주소와 서브넷 마스크 동시 표시 방법

IP 주소와 서브넷 마스크를 같이 표시할 수도 있다. 서브넷 마스크의 특성상 앞에서부터 1이 연달아 나타난다. 따라서 IP 주소 옆에 1의 개수를 써주면 서브넷 마스크를 간단하게 표현할 수 있다.

C 클래스의 서브넷 마스크는 1이 24개이다. IP 주소 228.152.23.8이 C 클래스라면 228.152.23.8/24로 표시한다. 서브넷 마스크의 1이 앞에서부터 24개 있다는 의미이다. 같은 방법으로 B 클래스의 서브넷 마스크는 /16, A 클래스의 서브넷 마스크는 /8이 된다.

2 네트워크 분할 방법

서브넷 마스크에서 1로 표시된 부분만 네트워크 주소이다. 이러한 특성을 이용하여 하나의 네트워크를 여러 개의 서브넷으로 나눌 수 있다. 서브넷 마스크를 이용하여 네트워크를 나누는 방법을 배워보자.

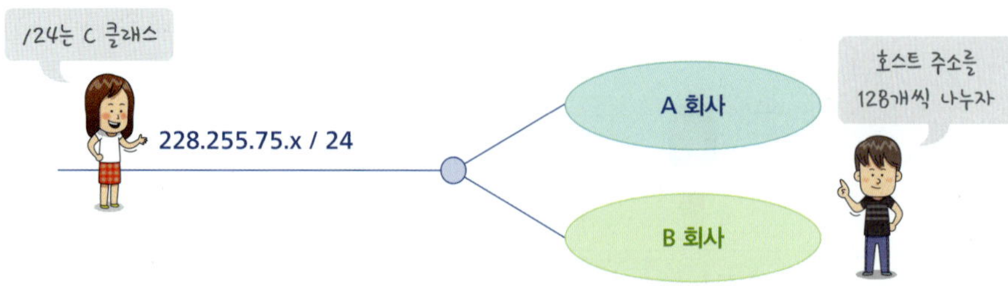

그림 12-3 C 클래스 네트워크 분할

C 클래스는 원래 256개의 호스트를 가질 수 있는 네트워크이다. 이러한 228.255.75로 시작하는 C 클래스를 A 회사와 B 회사에게 반씩 나누어 준다고 가정해보자. A 회사는 IP 주소의 마지막 자리인 4번째 자리(호스트 주소)는 2진수로 00000000에서 00000001, 00000010 .... 01111111까지 사용한다. 호스트 주소의 맨 앞 비트가 0으로 시작하는 주소가 A 회사에 속하는 주소이다. 10진수로는 228.255.75.0에서 228.255.75.127까지의 주소이며 128개의 호스트 주소를 사용할 수 있다.

	1번째 바이트	2번째 바이트	3번째 바이트	4번째 바이트	10진수
A 회사	228	255	75	0 0 0 0 0 0 0 0	0
	228	255	75	0 1 1 1 1 1 1 1	127
B 회사	228	255	75	1 0 0 0 0 0 0 0	28
	228	255	75	1 1 1 1 1 1 1 1	255

그림 12-4 C 클래스를 2개의 서브넷으로 나누는 경우

B 회사는 2진수 10000000에서 10000001, 10000010 .... 11111111까지의 호스트 주소를 사용한다. 호스트 주소의 맨 앞 비트가 1로 시작하는 주소가 B 회사에 속하는 주소이며 전체 128개의 호스트 주소를 사용한다. 10진수로는 228.255.75.128에서 228.255.75.256까지의 주소이다.

이렇게 C 클래스를 2개로 나눈 서브넷에서 서브넷 마스크 255.255.255.0(/24)을 사용하면 안 된다. A 회사의 컴퓨터와 B 회사의 컴퓨터는 서로 다른 네트워크이다. 255.255.255.0(/24)은 A, B 회사의 네트워크가 하나라고 착각하게 된다. 그러면 어떻게 서브넷 마스크를 만들어야 할까?

A 회사의 호스트 주소와 B 회사의 호스트 주소를 자세히 살펴보자. A 회사의 호스트 주소는 2진수로 00000000에서 00000001, 00000010 .... 01111111와 같이 맨 앞의 첫 비트가 0으로 시작한다. B 회사의 호스트 주소는 2진수로 10000000에서 10000001, 10000010 .... 11111111와 같이 맨 앞의 첫 비트가 1로 시작한다. 호스트 주소의 맨 앞 비트가 실제로는 A 회사와 B 회사를 구분하는 네트워크 주소가 된다.

따라서 서브넷 마스크는 2진수로 11111111 11111111 11111111 10000000이 되어야 한다. 다시 말해, 4번째 바이트의 서브넷 마스크가 00000000이 아닌 10000000으로 변경되어야 한다. 이는 4번째 바이트의 맨 처음 비트도 네트워크 주소라는 뜻이다.

	1번째 바이트	2번째 바이트	3번째 바이트	4번째 바이트	
2개로 나눈 서브넷 마스크	네트워크 주소				호스트 주소
	1 1 1 1 1 1 1 1	1 1 1 1 1 1 1 1	1 1 1 1 1 1 1 1	1	0 0 0 0 0 0 0
10진수	255	255	255	128	

그림 12-5 C 클래스를 2개 나눈 경우의 서브넷 마스크

2진수 10000000를 10진수로 바꾸면 128이다. 따라서 C 클래스를 2개의 서브넷으로 나눈 경우 서브넷 마스크는 255.255.255.128이 된다. 간단하게 표시하면 /25가 된다.

3 서브넷 분할 원리

원리를 이해했다면 네트워크를 분할하는 방법은 의외로 간단하다. C 클래스의 예를 보자. 서브넷 마스크 이진수 11111111 11111111 11111111 00000000은 분할되지 않는 원래의 C 클래스이다. 10진수로 255.255.255.0이고 /24로 표시된다. 이러한 C 클래스를 2개의 서브넷으로 분할하면 서브넷 마스크는 11111111 11111111 11111111 10000000이 된다. 10진수로 255.255.255.128이며 /25라 표시된다.

다시 말해 네트워크 주소를 나타내는 1이 24개에서 1개 더 늘어나 25개가 되면 네트워크는 2개로 분할된 것이다. 네트워크 주소를 나타내는 1의 개수가 늘어날 때마다 C 클래스는 2의 지수승으로 분할된다.

예를 들어 서브넷 마스크가 255.255.255.192인 네트워크가 있다. 이는 /26이며, 앞에서부터 1의 개수가 26개이다. /26은 C 클래스 네트워크를 4개로 분할한 것이다. 원래의 C 클래스 /24에서 네트워크를 나타내는 1의 숫자가 2개가 늘었다. 따라서 네트워크는 4(2^2)개로 분할된다. 4개로 분할된 네트워크에서 1개의 서브넷이 가질 수 있는 호스트의 개수는 256/4인 64개이다.

1번째 바이트	2번째 바이트	3번째 바이트	4번째 바이트							10 진수	간단 표시	비고	1개 서브넷 최대 호스트수
11111111	11111111	11111111	0	0	0	0	0	0	0	0	/24	서브넷 분할 없음	256
11111111	11111111	11111111	1	0	0	0	0	0	0	128	/25	2(2^1)개로 분할	128
11111111	11111111	11111111	1	1	0	0	0	0	0	192	/26	4(2^2)개로 분할	64
11111111	11111111	11111111	1	1	1	0	0	0	0	224	/27	8(2^3)개로 분할	32
11111111	11111111	11111111	1	1	1	1	0	0	0	240	/28	16(2^4)개로 분할	16

그림 12-6 C 클래스 분할과 서브넷 마스크

같은 방법으로 /27은 C 클래스를 8(2^3)개로 나눈 것이고, /28은 16(2^4)개로 나눈 것이다. 결론적으로 **원래의 클래스에서 네트워크 주소를 나타내는 1의 개수가 늘어날 때마다 2의 지수승으로 네트워크는 분할된다.**

B 클래스도 마찬가지이다. B 클래스의 서브넷 마스크는 255.255.0.0이며 /16이다. B 클래스를 2개로 나누면 서브넷 마스크는 255.255.128.0이며 /17이 된다. 2개로 나누어진 네트워크에서 1개의 서브넷이 가질 수 있는 최대 호스트 수는 32768개가 된다. 서브넷 마스크가 255.255.224.0(/19)인 네트워크는 B 클래스를 8개로 분할한 것이며 1개의 서브넷이 가질 수 있는 최대 호스트 개수는 8192개가 된다. 이러한 방식을 적용하면 A 클래스 주소도 여러 개의 서브넷으로 나눌 수 있다.

1번째 바이트	2번째 바이트	3번째 바이트							4번째 바이트	10 진수	간단 표시	비고	1개 서브넷 최대 호스트수
11111111	11111111	0	0	0	0	0	0	0	00000000	0	/16	서브넷 분할 없음	65536
11111111	11111111	1	0	0	0	0	0	0	00000000	128	/17	2개로 분할	32768
11111111	11111111	1	1	0	0	0	0	0	00000000	192	/18	4개로 분할	16384
11111111	11111111	1	1	1	0	0	0	0	00000000	224	/19	8개로 분할	8192
11111111	11111111	1	1	1	1	0	0	0	00000000	240	/20	16개로 분할	4096

그림 12-7 B 클래스 분할과 서브넷 마스크

여기서 주의해야 할 것이 있다. 네트워크를 분할할 때 한 번에는 2의 배수로만 분할할 수 있다고 해서 네트워크가 짝수로만 만들어지는 것은 아니다. 네트워크에서 분할을 여러 번 사용하면 홀수 개의 서브넷도 만들 수 있다.

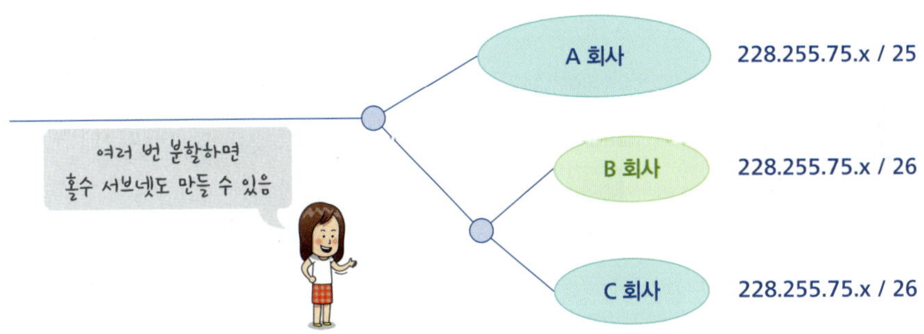

그림 12-8 홀수 개로 구성된 네트워크

[그림 12-8]과 같이 C 클래스를 2개로 나누어 A 회사가 사용한다. 그런데 나누어진 나머지 서브넷을 B 회사와 C 회사가 반으로 나누어 사용할 수도 있다. 이 경우, 원래의 네트워크는 3개의 서브넷으로 나눠진다. 결론적으로 서브넷을 만들 때 한 번에 분할할 수 있는 서브넷의 개수가 2의 지수승이며 분할을 여러 번 하면 홀수 개의 서브넷을 만들 수 있다.

SECTION 02

주소 변환 관련 프로토콜

1 주소 변환의 필요성

필수

LAN에서는 MAC 주소를 사용하지만, 인터넷은 IP 주소를 사용한다. 인터넷에서 데이터를 주고받을 때 MAC 주소는 필요 없을 것 같지만, 사실은 그렇지 않다. [그림 12-9]는 228.255.75.1에서 228.255.75.4까지의 호스트가 있는 어떤 C 클래스 네트워크이다. IP 주소 228.255.75.2를 가진 호스트가 228.255.75.3의 호스트에게 패킷을 보내려 한다. IP 주소는 인터넷에서 목적지에 있는 네트워크로 보낼 때 필요한 주소이며 LAN에서는 MAC 주소를 사용한다. 따라서 228.255.75.3에게 패킷을 보내려면 해당 호스트의 MAC 주소가 필요하다.

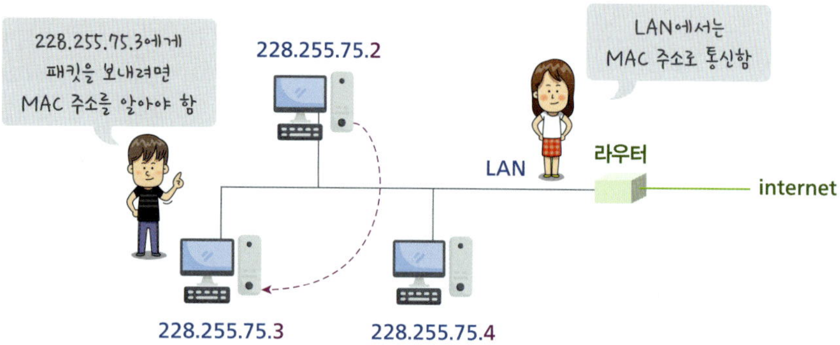

그림 12-9 IP 주소와 MAC 주소가 동시에 필요한 이유

IP 주소 228.255.75.2가 230.17.8.3/24에게 패킷을 보내는 경우에도 마찬가지이다. 라우터는 IP 주소를 참고하여 230.17.8.x의 주소를 가진 LAN까지 패킷을 전송한다. 230.17.8.x의 LAN에서 끝의 호스트 주소가 3인 컴퓨터에게 패킷을 전송하기 위해서는 230.17.8.3의 MAC 주소를 알아야 한다.

IP 주소는 인터넷에서 목적지 LAN까지 도달하기 위해 필요한 주소이다. 도착한 LAN의 안쪽에서 호스트를 찾거나, IP 주소로 LAN 내부에서 통신을 하는 경우에는 MAC 주소가 필요하다.

간단하게 생각해보면, DNS와 유사하게 주소 변환$_{\text{address resolution}}$ 서버를 만들면 된다. IP 주소와 MAC 주소를 테이블 형태로 만든 후 모든 호스트들이 IP 주소를 보내고 해당 MAC 주소를 돌려받는 형태로 주소 변환 서버가 사용될 수 있다. 그러나 주소 변환 서버 방식에는 문제가 있다. 우선 수천 대의 컴퓨터가 있는 LAN이 있다고 가정해보자.

DNS는 인터넷을 시작하는 초기에 한번만 도메인 주소를 IP 주소로 바꿔주면 된다. 그러나 주소 변환 서버의 경우 패킷을 전송할 때마다 주소 변환 서버에 접근해야 한다. 따라서 주소 변환 서버에 트래픽이 몰린다. 또한 IP 주소는 사용자가 임의로 바꿀 수 있는 값이다. 따라서 주소 변환 서버는 IP 주소 실제 소유주의 MAC 주소를 언제나 최신 상태로 유지해야 한다. 주소 변환 서버 입장에서 보면, IP 주소가 변경되는 시점을 알기 어렵다. 마지막으로 주소 변환 서버가 고장 날 경우 전체 LAN의 통신이 불가능하다는 단점이 있다.

이외에도 IP 주소의 관리 문제를 포함하여 주소 변환에서 발생할 수 있는 다양한 문제들이 있다. 결론적으로는 IP 주소와 MAC 주소의 변환에 ARP, RARP, BOOTP, DHCP와 같은 다양한 프로토콜들이 사용된다. 이번 절에서는 주소 변환에 대한 다양한 문제의 해결방법과 관련 프로토콜에 대하여 설명한다.

2 주소 변환 프로토콜 - ARP

ARP 작동 방식

앞서 주소 변환 서버를 사용하는 것은 문제점이 있다고 설명하였다. 주소 변환 서버 없이도 IP 주소를 MAC 주소로 바꾸는 프로토콜이 ARP Address Resolution Protocol 이다. ARP는 주소 변환 서버가 해야 할 일을 모든 호스트가 나눠가지는 방식이다.

ARP의 작동 방식은 단순하다. 특정 IP의 MAC 주소를 알고 싶은 호스트는 다른 호스트들에서 질문을 한다. 해당 질문은 LAN 전체에 브로드캐스팅 된다. 질문을 받은 호스트 중 해당 IP를 가진 노드는 자신의 MAC 주소를 알려주면 된다.

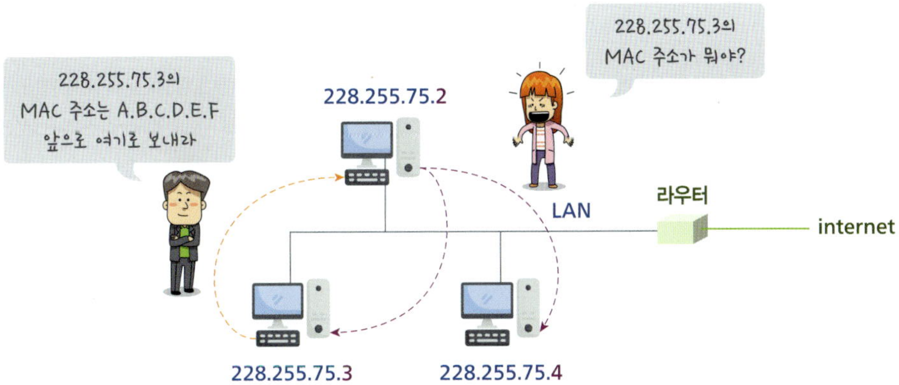

그림 12-10 ARP(Address Resolution Protocol) 작동 방법

[그림 12-10]는 ARP의 작동 방법을 보여준다. 228.255.75.2가 228.255.75.3에게 패킷을 보내려는 경우, "228.255.75.3의 MAC 주소가 뭐야?"라는 메시지를 브로드캐스팅을 한다. LAN에 속한 모든 호스

트는 해당 메시지를 받게 되며, 호스트들은 자신의 IP 주소를 검사한다. 그중 228.255.75.3 주소를 가진 호스트는 자신의 MAC 주소가 포함된 메시지를 228.255.75.2에게 보낸다. 이후 해당 MAC 주소를 사용하여 통신하면 된다.ARP의 가장 큰 장점은 단순하다는 것이다. 시스템 관리자는 각 호스트에 IP 주소를 할당하고 서브넷 마스크를 결정해주면 된다. 이후부터는 호스트들이 ARP를 사용하여 알아서 통신한다.

ARP의 성능을 높이기 위하여 각 호스트들은 획득한 ARP 정보를 캐시 cache 에 보관한다. 캐시란 성능 향상을 위해 미리 가지고 있는 데이터를 의미한다. 228.255.75.2가 228.255.75.3의 MAC 주소를 얻은 이후에 해당 정보를 캐시에 보관하면 다음 번에 228.255.75.3로 패킷을 보낼 때 브로드캐스팅을 할 필요가 없어지게 된다. LAN에 속한 호스트들이 캐시를 많이 유지할수록 브로드캐스팅 되는 ARP 패킷의 숫자가 줄어든다.

```
인터페이스: 192.168.0.12 --- 0x13
  인터넷 주소           물리적 주소            유형
  192.168.0.1           58-86-94-15-12-8f      동적
  192.168.0.5           b4-2e-99-db-fb-80      동적
  192.168.0.6           4a-2e-38-f8-63-83      동적
  192.168.0.255         ff-ff-ff-ff-ff-ff      정적
```

그림 12-11 윈도우 cmd에서 arp -a 결과 화면

여러분의 컴퓨터가 가지고 있는 ARP가 가지고 있는 캐시 데이터를 보고 싶다면, 윈도우 명령 프롬프트(cmd)에서 `arp -a`라고 검색해보기 바란다. [그림 12-11]는 윈도우 cmd에서 `arp -a`를 한 결과이다. 해당 컴퓨터는 IP 주소 192.168.0.1, 192.168.0.5, 192.168.0.6에 대한 MAC 주소를 캐시에 저장하고 있다. 여기서 192.168.0.255는 브로드캐스트 주소이며, 물리주소는 항상 `ff-ff-ff-ff-ff-ff`로 나타난다.

여기서 잠깐

브로드캐스트 주소는 네트워크의 맨 마지막 주소를 사용한다. C 클래스 주소에서는 호스트 주소 A.B.C.255가 브로드캐스트 주소이다. 만약 분할이 된 경우, 자신이 속한 네트워크의 호스트 주소들 중에 맨 마지막 주소가 브로드캐스트 주소가 된다.

› IP 충돌 처리

IP 주소가 충돌이 나는 경우에 대하여 생각해보자. IP 주소 228.255.75.7을 가진 컴퓨터가 LAN에 새로 연결되었다. 혹은 기존의 컴퓨터가 사용하던 IP를 228.255.75.7로 바꿨다라고 가정해보자. 이 컴퓨터는 IP를 사용하기 전에 ARP 메시지를 보낸다. 다시 말해 "228.255.75.7의 MAC 주소가 뭐야?"라는 질문을 브로드캐스팅한다. 이 메시지에 응답을 하는 호스트가 있다면 IP 주소가 충돌한 것이다. IP 충돌이 발생한 경우, 충돌을 일으킨 양쪽의 컴퓨터에 "IP 충돌이 발생하였습니다."와 같은 경고 메시지

가 나타난다.

충돌이 발생한 경우, 해당 IP를 먼저 사용하고 있던 호스트에게 우선권이 주어진다. 왜냐하면 다른 호스트의 캐시에는 먼저 사용하던 호스트의 MAC 주소가 들어 있기 때문이다. 따라서 호스트의 캐시에 같은 IP를 가진 다른 MAC 주소가 등록되는 경우는 없다.

만약 충돌이 없다면 다른 호스트로부터 ARP 메시지에 대한 응답이 없을 것이다. 충돌이 없다는 것을 확인한 이후에 자신의 IP 주소와 MAC 주소를 전체에게 브로드캐스트 한다. 이때 사용하는 ARP를 Gratuitous ARP, 약자로 GARP라 부른다. GARP는 응답이 필요없는 ARP를 뜻하며 해당 정보로 캐시를 갱신해 달라는 요청이다. 따라서 GARP를 받은 호스트는 자신의 캐시에 해당 정보를 등록한다.

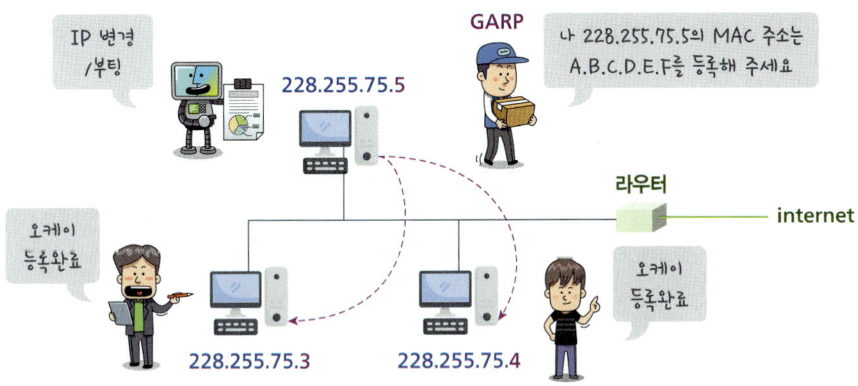

그림 12-12 Gratuitous ARP(GARP) 작동 방식

여기서 잠깐

새로운 IP 설정에는 ARP를 3번 보낸다. 3번 동안 문제가 없으면 해당 IP를 등록하라는 의미로 GARP를 보낸다.

LAN에 속한 특정 호스트가 부팅을 하면 이후에 다른 호스트와 통신을 할 가능성이 높다. 따라서 컴퓨터가 부팅을 할 때 자신의 IP와 MAC 주소를 브로드캐스팅 한다. 이때 사용하는 것도 GARP이다. GARP이기 때문에 메시지에 응답을 하지는 않지만, 이 정보를 받은 모든 호스트들은 자신의 캐시에 넣어 놓는다. 이후부터는 캐시에 있는 주소 정보를 사용하여 통신하기 때문에 주소 변환 성능이 향상된다.

3 역주소 변환 프로토콜 - RARP 와 BOOTP

ARP는 IP 주소를 사용하는 호스트의 MAC 주소를 찾을 때 사용한다. MAC 주소로부터 IP 주소를 얻어야 하는 경우도 있다. 대형 컴퓨터에 연결된 단말기를 생각해보자. 단말기는 키보드와 모니터만으로 이루어져 있으며, 자체적으로 CPU나 하드디스크와 같은 장치는 없다. 자체적인 연산능력이나 저장장치가 없다고 해서 더미 dummy 터미널이라고도 부른다. 단말기는 대형 컴퓨터에 연결하여 여러 명이 동시에 작업하기 위해 만들어진 것이다.

단말기 각각은 독립적인 컴퓨터로 작동해야 하기 때문에 단말기마다 IP 주소가 필요하다. 그런데 단말기에는 저장장치가 없기 때문에 단말기를 껐다가 켜면 데이터가 하나도 남지 않는다. 이런 단말기가 IP 주소를 얻기 위해 사용하는 프로토콜이 RARP이며, Reverse ARP의 약자이다. RARP는 이름 그대로 ARP의 반대이다. MAC 주소로부터 IP 주소를 얻는 프로토콜이다.

[그림 12-13]은 RARP의 작동 방식을 보여준다. 터미널이 부팅될 때, “내 MAC 주소는 A.B.C.D.E.F인데 내 IP 주소 아는 사람?”이라는 메시지를 전체에게 브로드캐스트 한다. 터미널에 연결된 대형 컴퓨터가 이 메시지를 받으면 준비된 IP 주소를 터미널에게 알려준다. 이후부터 해당 터미널은 받은 IP 주소를 사용하면 된다.

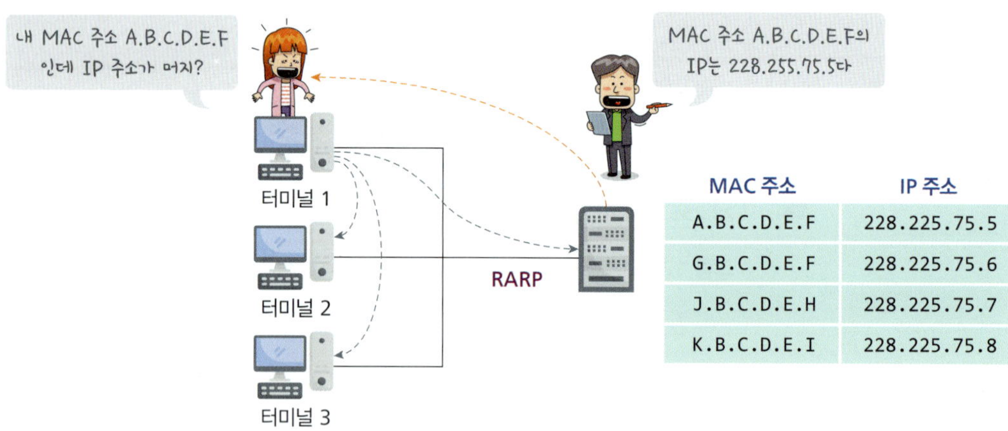

그림 12-13 Reverse ARP(RARP) 작동 방식

RARP에서 대형 컴퓨터는 자신에게 속한 터미널의 MAC 주소와 IP 주소를 테이블 형태로 가지고 있다. 그래서 터미널이 부팅될 때마다 MAC 주소에 해당되는 IP 주소를 알려줄 수 있다.

RARP의 단점은 브로드캐스트 메시지가 LAN에만 전파된다는 것이다. 대형 컴퓨터와 연결된 터미널의 개수가 너무 많아 두 개 이상의 서브넷으로 구성되어 있는 네트워크가 있다고 가정해보자. 대형 컴퓨터는 한 쪽의 서브넷에만 연결되어 있다. 이 경우 다른 쪽 서브넷에 있는 RARP 메시지가 대형 컴퓨터에 도착하려면 라우터를 거쳐야 한다. 그러나 RARP는 LAN에서만 사용할 수 있는 프로토콜이기 때문에 라우터를 넘어서 메시지를 전송할 수 없다.

라우터를 넘어서 주소 변환을 할 수 있도록 만든 것이 부트스트랩 프로토콜, BOOTP bootstrap protocol 이다. BOOTP는 UDP라고 불리는 전송 계층의 프로토콜을 사용한다. 그래서 라우터를 넘어서 메시지가 전달될 수 있다.

여기서 잠깐

부트스트랩(bootstrap)이란 한번 시작되면 자동으로 이루어지는 일련의 과정을 의미한다. 윈도우가 설치된 컴퓨터의 경우 전원을 켠 뒤 윈도우가 실행되기 전까지 원이 회전하는 모양이 나타난다. 이는 윈도우 관련 프로그램들이 컴퓨터의 메모리에 올라오는 과정이며 이것이 부트스트랩이 진행되고 있다는 의미이다.

BOOTP의 단점은 테이블을 수동으로 관리해야 한다는 것이다. 새로운 호스트가 추가되면 관리자는 BOOTP 테이블을 수동으로 업데이트해야 한다. 반대로 이야기 하면 관리자가 BOOTP 테이블을 업데이트하지 않으면, 새로 추가되는 호스트는 네트워크를 사용할 수 없다.

4 유동 호스트 설정 프로토콜 - DHCP

호스트에 IP 주소를 수동으로 설정하는 것을 고정 IP 방식이라 부른다. 고정 IP 방식은 몇 가지 문제가 있다. 가장 큰 문제는 모든 호스트의 IP 주소와 관련 값을 일일이 수동으로 설정해야 한다는 것이다. LAN에 새로운 컴퓨터가 들어오는 경우 IP 주소, 서브넷 마스크, 게이트웨이, DNS 주소를 네트워크 관리자가 알려주어야 한다. 개인이 수동으로 입력하다가 숫자라도 하나 잘못된 경우, 해당 컴퓨터의 네트워크는 작동되지 않는다. 수백 대의 컴퓨터가 있는 경우, 네트워크 관리자의 부담이 커진다.

고정 IP 방식의 또 다른 문제는 IP 주소의 관리이다. 네트워크 관리자는 수백 대의 컴퓨터에 IP 주소가 중복이 되지 않도록 나눠주어야 한다. 이는 네트워크 관리자가 어떤 IP 주소는 사용 중이고 어떤 IP 주소는 나눠줄 수 있는지를 파악하고 있어야 한다는 의미이다.

고정 IP 방식의 문제를 해결하기 위해 도입된 것이 유동 IP 방식이다. 유동 IP 방식에서는 컴퓨터가 부팅할 때 IP 주소, 서브넷 마스크, 게이트웨이, DNS 주소를 자동으로 설정해준다. 사용 가능한 IP 주소를 유동적으로 나눠 줄 수 있기 때문에 유동 IP 방식이라 부르며, 이때 사용하는 프로토콜이 DHCP Dynamic Host Configuration Protocol 이다.

DHCP의 작동 방식은 BOOTP와 유사하다. [그림 12-15]은 DHCP가 작동하는 방식을 보여준다. 컴퓨터가 부팅을 하면 "내 MAC 주소 A.B.C.D.E.F인데 내 IP 주소 아는 사람?"이라는 메시지를 전체에게 브로드캐스트 한다. 이 메시지를 받은 DHCP 서버는 가지고 있던 IP 주소 중 사용하지 않는 주소와 서브넷 마스크, 게이트웨이 주소, DNS 주소를 해당 컴퓨터에게 전달한다. 해당 컴퓨터는 전달받은 인터넷 설정값을 사용하여 네트워크를 사용한다.

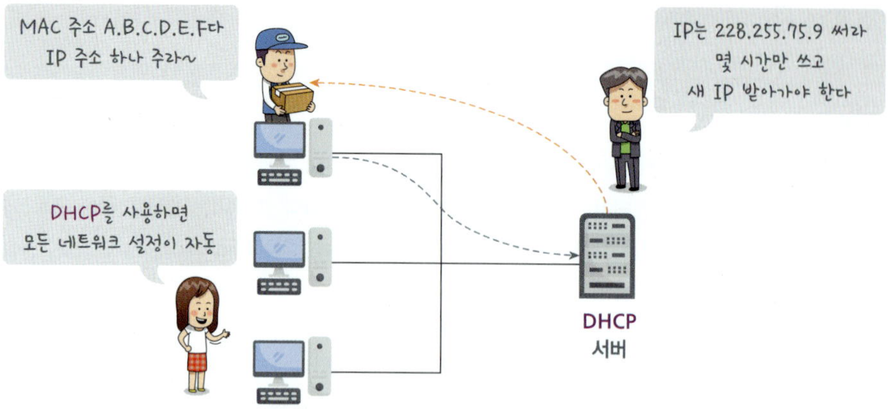

그림 12-14 DHCP(Dynamic Host Configuration Protocol) 작동 방식

여러분이 사용하는 [네트워크 설정]을 보면 IP 할당이 자동(DHCP)로 되어 있다. 이는 유동 IP 주소를 사용한다는 뜻이며, DHCP가 자동으로 IP 주소와 설정값을 전달해준다는 의미이다. DHCP를 사용하면 네트워크 관리자의 업무는 줄어든다. LAN에 속한 컴퓨터에게 나눠줄 IP 주소만 충분히 확보하면 된다.

DHCP에서의 가장 큰 문제는 IP 주소를 가지고 있는 컴퓨터가 말도 없이 사라지는 것이다. 컴퓨터가 종료될 때, 사용하는 IP 주소를 반납해야 다른 컴퓨터에게 나눠줄 수 있다. 그런데 IP 주소를 가진 채, 말도 없이 컴퓨터가 꺼지면, 해당 IP 주소를 다른 컴퓨터에게 나눠 줄 수 없다. 이것이 쌓이면 가지고 있는 IP 주소가 모자를 수도 있다. 그렇다고 해서 수천 대의 컴퓨터가 꺼졌는지 켜졌는지 매번 확인하기도 어렵다.

여기서 잠깐

DHCP를 사용하게 된 또 다른 이유가 있다. 초고속 인터넷 서비스를 시작한 초기에는 사용자에게 고정 IP 주소를 나눠 주었다. 그러다 보니 사용자들이 불법적으로 서버를 개설하여 돈을 벌기 시작하였다. 개인 컴퓨터에 서버 프로그램을 설치하고 불법적으로 음악, 영화, 동영상 파일을 올린 후 돈을 받고 팔기 시작했다. 불법적인 파일 공유도 문제지만, 서버가 설치되면 사용자가 많이 몰려 네트워크가 폭주하게 된다. 그러면 주변 네트워크도 같이 느려지게 된다. 사람이 많이 몰리는 백화점이나 놀이공원 주변에 차가 막히는 것과 같은 이치이다.

개인의 서버 설치는 초고속 인터넷 서비스를 제공하는 회사 입장에서 보면 막대한 손해이며 이를 막을 방법을 고민하기 시작하였다. 서버를 설치하려면 고정적인 IP 주소가 있어야만 한다. 그래서 서버를 설치 못하도록 IP 주소를 자동으로 할당해준다. 또한, 자동으로 받은 IP 주소를 찾아내어 서버를 설치하는 것을 방지하기 위하여 일정시간이 지나면 강제적으로 IP 주소를 변경시켜 버린다.

그래서 사용자가 직접 입력하여 사용하는 IP 주소는 '고정 IP 주소'라 부르고 자동으로 할당받아서 사용하는 IP 주소를 '유동 IP 주소'라 부른다. 약 12시간마다 IP 주소가 변하기 때문에 유동 IP 주소이다. 유동 IP 주소를 사용하기 때문에 다른 컴퓨터를 해킹 하거나 불법적인 행위를 해도 모를 것이라 생각할 수도 있다. 그러나 누가, 언제, 어떤 IP 주소를 사용했는지에 대한 정보를 인터넷 서비스 제공자가 보관하고 있다.

IP 주소가 예고없이 사라지는 문제를 해결하기 위해서 DHCP는 IP 주소를 줄 때 최대 사용시간을 명시한다. 예를 들어 12시간이라고 하면, 해당 IP 주소는 앞으로 최대 12시간만 사용할 수 있다는 의미이다. IP 주소를 사용한지 12시간이 경과하면 해당 컴퓨터는 DHCP에게 다른 IP 주소를 받아와야 한다. 이러한 방식으로 DHCP는 IP 주소가 예고 없이 사라지는 문제를 막는다. DHCP는 컴퓨터가 켜졌는지 혹은 꺼졌는지 찾아보는 대신에 컴퓨터 스스로가 주기적으로 IP 주소를 받아가도록 하여 IP 주소 소멸 문제를 해결한다.

DHCP는 BOOTP와 같이 UDP를 사용하여 전달된다. 따라서 여러 개의 서브넷으로 구성된 대규모의 시스템에서도 라우터를 지나서 메시지가 전달된다. 마지막으로 지금까지 설명한 다양한 주소 변환과 관련한 프로토콜의 이름과 특징을 [표 12-1]에 정리하였다.

표 12-1 주소관련 프로토콜 특징 요약

프로토콜	특징
ARP Address Resolution Protocol	IP 주소 → MAC 주소 변환
GARP Gratuitous ARP	IP 주소, MAC 주소 등록
RARP Reverse ARP	MAC 주소 → IP 주소 변환(다른 LAN 불가)
BOOTP bootstrap protocol	MAC 주소 → IP 주소 변환(다른 LAN 가능)
DHCP Dynamic Host Configuration Protocol	MAC 주소 → IP 주소 변환 (자동 IP 할당 / 주기적 IP 변경)

SECTION

03 기타 네트워크 계층 프로토콜

1 네트워크 관리 프로토콜

인터넷 제어 프로토콜 - ICMP

인터넷의 여러 동작들은 라우터에 의해 감시되며 이상이 발생하는 경우 메시지를 발송한다. 이러한 감시와 메시지 전송에 사용되는 프로토콜이 ICMP Internet Control Message Protocol 이다. [표 12-2]는 ICMP의 주요 메시지 타입과 의미를 요약한 것이다.

표 12-2 ICMP 주요 메시지

Type	의미	설명
0	Echo reply	Echo 응답(ping 응답)
3	destination unreachable	도달 불가
5	redirect	경로 변경
8	Echo request	Echo 요청(ping 요청)
11	time exceeded	TTL 초과
30	trace route	라우팅 경로 추적

ICMP를 직접 경험할 수 있는 방법은 ping을 사용하는 것이다. ping 명령어 다음에 IP 주소를 쓰면 해당 호스트로 패킷을 보내고, 해당 호스트는 ping에 대한 답신 replay 메시지를 보낸다. ping 명령어에서 호스트까지 메시지를 보내는 것이 ICMP 8번 Echo request이다. Echo request를 받은 호스트는 이에 대한 응답으로 ICMP 0번 Echo replay을 보낸다. [그림 12-15]는 ping을 사용한 결과 화면을 보여준다.

```
C:\User\zoch>ping 117.52.93.2

Ping 117.52.93.2 32바이트 데이터 사용:
117.52.93.2의 응답: 바이트=32 시간=5ms TTL=51
117.52.93.2의 응답: 바이트=32 시간=5ms TTL=51
117.52.93.2의 응답: 바이트=32 시간=5ms TTL=51
117.52.93.2의 응답: 바이트=32 시간=5ms TTL=51

117.52.93.2에 대한 Ping 통계:
    패킷: 보냄 = 4, 받음 = 4, 손실 = 0 (0% 손실),
왕복 시간(밀리초):
    최소 = 4ms, 최대 = 8ms, 평균 = 5ms
```

그림 12-15 ping 사용 예

ping을 사용하면 해당 호스트가 살아있는지 혹은 죽었는지를 알 수 있을 뿐 아니라, 서버까지 패킷이 오고가는 데 걸리는 시간도 알 수 있다. 또한, 패킷이 얼마만큼 손실되는지도 나타난다. 이러한 정보를 기반으로 해당 호스트까지 네트워크 상태가 원만한지 혹은 트래픽이 몰려 패킷이 전달되는 데까지 오랜 시간이 걸리는지와 같은 상태를 파악할 수 있다.

여기서 잠깐

ping을 지원하지 않는 서버도 있다. naver.com(223.130.200.107)의 경우, 서버가 살아있더라도 다음과 같이 ping 패킷이 모두 손실된다.

```
C:\User\zoch>ping 223.130.200.107

Ping 223.130.200.107 32바이트 데이터 사용:
요청 시간이 만료되었습니다.
요청 시간이 만료되었습니다.
요청 시간이 만료되었습니다.
요청 시간이 만료되었습니다.

223.130.200.107에 대한 Ping 통계:
    패킷: 보냄 = 4, 받음 = 0, 손실 = 4 (100% 손실),
```

ping과 유사하지만 tracert는 해당 호스트까지 가는 경로를 추적하는 명령어이다. tracert 명령은 패킷이 어떤 라우터를 거쳐서 목적지까지 도달하는지에 대한 경로를 알려준다. 이때 사용하는 것이 ICMP 30번 trace route이다 trace route를 사용하면 패킷이 지나온 네트워크 정보를 모두 기록한다. [그림 12-16]은 tracert를 사용하여 특정 주소까지 가는 경로를 확인한 결과이다.

```
C:\User\zoch>tracert 117.52.93.2

최대 30홉 이상의
slrclub.com [117.52.93.2](으)로 가는 경로 추적:

  1     2 ms    <1 ms    <1 ms   192.168.0.1
  2     2 ms     1 ms     1 ms   203.252.21.4
  3     3 ms     2 ms     2 ms   172.16.101.3
  4    16 ms     9 ms     6 ms   203.252.23.251
  5     4 ms     3 ms     2 ms   61.98.80.213
  6     3 ms     4 ms     5 ms   10.67.253.106
  7     6 ms     3 ms     3 ms   10.222.22.240
  8     7 ms     5 ms     7 ms   10.222.30.66
  9     5 ms     5 ms     3 ms   10.222.32.115
 10     6 ms     5 ms     5 ms   118.130.13.65
 11     8 ms     5 ms     6 ms   1.208.165.50
 12     4 ms     5 ms     4 ms   182.162.152.106
 13     6 ms     6 ms     6 ms   110.45.163.90
 14     5 ms     6 ms     7 ms   10.70.10.2
 15     5 ms     4 ms     5 ms   slrclub.com [117.52.93.2]

추적을 완료했습니다.
```

그림 12-16 tracert 사용 예

이 외에도 ICMP는 다양한 곳에 사용된다. 3번 destination unreachable은 패킷이 목적지 주소를 찾지 못할 때 발생하는 메시지이다. 또한 11번 time exceeded는 패킷의 TTL이 0이 되는 경우 발생하는 메시지이다. IP 헤더 분석에서 설명하였지만, TTL이 0이 된 패킷은 폐기된다. 따라서 11번 time exceeded 메시지를 받았다는 것은 패킷이 루프를 돌거나 TTL 값이 너무 작게 설정되어 있다는 의미이다.

5번의 redirect는 패킷의 경로가 잘못 설정되었다고 판단될 때 보내는 메시지이다. 패킷을 보낸 호스트의 경로 설정에 문제가 있다고 판단되는 경우에 발생하는 메시지이다.

인터넷 그룹 메시지 프로토콜 - IGMP

통신 대상에 따른 분류에는 유니캐스트 unicast, 브로드캐스트 broadcast, 멀티캐스트 multicast 가 있다. 대부분의 통신은 일대일 통신인 유니캐스트이다. 또한 ARP와 같은 프로토콜들이 다양한 이유로 브로드캐스트를 사용한다. 흔한 경우는 아니지만 멀티캐스트를 사용해야 하는 경우가 있다. 멀티캐스팅에 사용되는 프로토콜이 IGMP Internet Group Message Protocol 이다.

통신사에서 제공하는 인터넷 서비스와 방송 서비스(IPTV)에 A와 B가 가입되었다고 가정해보자. 1번부터 50번 채널까지 실시간으로 방송을 송출하고 있다. A는 현재 7번 채널을 시청하고 있고, B는 8번 채널을 신청하고 있다. IPTV 서버에서 나오는 50개의 채널 데이터 중 A에게는 7번 채널에서 나오는 패킷을 전송해야 하고, B에게는 8번 채널에서 나오는 패킷을 전송해야 한다. 그러다 A가 8번으로 채널로 돌리면 8번 채널에서 나오는 패킷을 A에게도 보내야 한다.

그림 12-17 IGMP(Internet Group Message Protocol) 작동 방식

여러 개의 채널로부터 호스트에게 전달되는 패킷을 효과적으로 유지하기 위하여 사용하는 것이 IGMP이다. 각 채널에는 해당 채널을 시청중인 호스트의 주소가 그룹으로 묶여 있다. 채널을 시청하려는 호스트는 IGMP join 메시지를 이용하여 채널 그룹에 등록한다. A는 IGMP join 7번 채널, B는 IGMP join 8번 채널이다. 그러다가 A가 7번에서 8번 채널로 옮길 때, IGMP leave 메시지를 사용하여 7번 채널 그룹에서 빠지고, IGMP join 8번 채널을 사용하여 8번 채널 그룹에 다시 등록한다.

2 라우팅 관련 프로토콜 심화

라우팅 프로토콜 정리

10장에서 다양한 종류의 라우팅 알고리즘을 설명하였다. 여러 라우팅 알고리즘 중 현재 사용되는 알고리즘은 거리벡터 distance vector 라우팅과 연결상태 link satet 라우팅 알고리즘이다. 또한, 인터넷을 구성하는 라우터의 개수가 많기 때문에 계층적 hierarchical 라우팅을 사용한다고 설명하였다.

한국에서 미국 내의 모든 라우터 정보를 알 필요가 없다. 계층적 라우팅에는 라우터를 지역으로 묶는다. 지역의 대표 라우터는 다른 대표 라우터와 통신하고, 지역 안에서는 지역에 속한 라우터끼리 통신을 한다. 그래서 라우팅은 크게 지역 안쪽에서 이루어지는 내부 라우팅과 지역과 지역끼리 이루어지는 외부 라우팅으로 나눌 수 있다.

내부 라우팅과 외부 라우팅은 목적이 다르다. 내부 라우팅은 목적지까지 빠르게 패킷을 전송해야 한다. 그래서 네트워크의 통신 상황을 빠르게 반영할 수 있고, 최적의 길을 찾을 수 있는 연결상태 라우팅 알고리즘이 사용된다. 외부 라우팅의 경우에는 패킷의 전달 속도보다는 목적지까지 도달할 수 있는지가 중요하다. 그래서 알고리즘 구현이 단순한 거리벡터 라우팅 알고리즘이 사용된다.

인터넷은 독립적으로 운영하는 네트워크를 라우터를 통해 연결한 것이다. 이렇게 독립적인 네트워크를 Autonomous System이라 부르고 약자로 AS라 부른다고 하였다. 따라서 내부 라우팅은 AS 안쪽에서 이루어지는 라우팅이라는 뜻이며, 외부 라우팅은 AS끼리 이루어지는 라우팅이라는 뜻이다. 이 절에서는 대표적인 AS 내부 라우팅 프로토콜인 OSPF와 AS끼리 이루어지는 외부 라우팅 프로토콜인 BGP에 대하여 살펴본다.

내부 라우팅 프로토콜 - OSPF

OSPF는 Open Shortest Path First의 약자로 최단경로 프로토콜이라 부른다. 대표적인 AS 내부 라우팅 알고리즘이다. 거리벡터 라우팅과 연결상태 라우팅 중 최단경로라는 단어가 사용되는 것은 연결상태 라우팅이다. 따라서 OSPF가 연결상태 라우팅 알고리즘을 기반으로 만들어 졌다는 것을 쉽게 알 것이다.

OSPF는 1980년대 만들어진 RIP Routing Information Protocol 이 비효율적이어서 이를 개선하기 위해 만들어진 프로토콜이며 공개적으로 개발되었기 때문에 Open이라는 단어가 앞에 붙는다. OSPF의 작동 방식은 앞의 연결상태 라우팅 알고리즘에서 자세히 설명하였다. [표 12-3]에 OSFP가 사용하는 메시지 타입과 설명이 있다.

표 12-3 OSPF 메시지 타입

타입	설명
Hello	이웃 라우터를 찾을 때 사용
Link state update	네트워크 시간(거리) 정보를 보낸
Link state ACK	Link state update에 대한 ACK
Database description	발신자의 테이블 개수를 알려줌
Link state request	이웃에게 정보 요청

연결상태 라우팅 알고리즘의 초기에는 이웃 라우터의 정보를 수집한다. 이때 사용하는 메시지가 Hello이다. 이웃 라우터의 정보가 모이면, 라우터들은 주기적으로 자신의 테이블을 전체 라우터들에게 플러딩 한다. 이때 사용하는 메시지가 Link state update이다.

Link state update를 받으면 이에 대한 응답을 해주어야 하는데 이것이 Link state ACK이다. 많은 수의 라우터와 ACK를 주고받기 때문에 연결상태 라우팅 알고리즘의 테이블에는 SEND 플래그와 ACK 플래그를 유지한다고 설명하였다. 이는 받은 메시지와 보낸 메시지를 기억했다가 못 보낸 메시지가 있으면 빠른 시간안에 응답하기 위해서이다.

Database description 메시지는 링크상태 테이블의 수를 알려달라는 메시지이다. 테이블의 수를 비교하여 자기가 가지고 테이블의 정보와 같은지 혹은 다른지를 확인한다. 만약 자신의 테이블과 다르다면 Link state request를 보내어 다른 라우터의 테이블을 받아 비교한다. 이러한 과정을 거쳐 최신의 테이블 값을 유지한다.

OSFP의 장점은 전체 네트워크 구조를 가지고 있어서 네트워크 상태 변화에 빠르게 적응할 수 있다는 것과 거리벡터 라우팅과 같이 무한루프가 발생하지 않는다는 것이다.

OSFP의 단점은 최단경로 알고리즘을 사용하기 때문에 CPU 소모가 많고, 전체 네트워크 구조를 가지고 있기 때문에 메모리를 많이 사용한다는 것이다. 또한 OSPF에는 많은 옵션이 있어서 이를 이해하고 사용하기 쉽지 않다.

외부 라우팅 프로토콜 - BGP

BGP는 Border Gateway Protocol의 약자로 AS 간 외부 라우팅에 사용되는 프로토콜이다. 외부 라우팅에서는 시간(거리)정보는 중요하지 않다. 그보다는 어느 네트워크에 연결 가능한지가 가장 중요한 문제이다. 그래서 단순한 BGP를 사용한다.

BGP는 거리벡터 라우팅 알고리즘과 유사하지만 다른 점이 있다. 첫째, 시간(거리)에 대한 처리는 이루어지지 않는다. 오직 통신 가능성만을 고려한다. 둘째, 라우팅 정보에는 목적지 AS 정보만 유지한다는 차이가 있다.

BGP가 시간(거리)를 계산하지 않기 때문에 거리벡터 라우팅의 문제였던 무한 루프(무한 숫자 세기)의 문제는 발생하지 않는다. 무한 루프의 문제는 다른 라우터로부터 잘못된 거리 정보를 받을 때 발생한다. BGP에서는 AS로 부터 거리 정보를 받는 것이 아니라 해당 네트워크가 살아 있는지 혹은 죽었는지에 대한 값만을 받기 때문에 특정 라우터로부터 응답이 없는 경우, 즉시 다른 경로를 찾는다.

요약

- 서브넷 마스크에서 1로 표시된 부분만 네트워크 주소이다. 이러한 특성을 이용하여 하나의 네트워크를 여러 개의 서브넷으로 나눌 수 있다. C 클래스의 예에서 2개의 서브넷으로 분할하면 서브넷 마스크는 /25라 표시된다. 다시 말해 네트워크 주소를 나타내는 1이 24개에서 1개 더 늘어나 25개가 되면 네트워크는 2개로 분할된 것이다. 네트워크 주소를 나타내는 1의 개수가 늘어날 때마다 C 클래스는 2의 지수승으로 분할된다.

- 주소 변환 서버 없이도 IP 주소를 MAC 주소로 바꾸는 프로토콜이 ARP이다. 패킷을 보내려는 경우, "해당 IP의 MAC 주소가 뭐야?"라는 메시지를 브로드캐스팅 한다. LAN에 속한 모든 호스트는 해당 메시지를 받게 되며, 호스트들은 자신의 IP 주소를 검사한다. 그중 해당 주소를 가진 호스트는 자신의 MAC 주소가 포함된 메시지를 보낸다. 이후 해당 MAC 주소를 사용하여 통신하면 된다.

- IP 충돌이 발생한 경우, 충돌을 일으킨 양쪽의 컴퓨터에 IP 충돌이 발생하였다는 경고 메시지가 나타난다. 충돌이 발생한 경우, 해당 IP를 먼저 사용하고 있던 호스트에게 우선권이 주어진다. 만약 충돌이 없다면 IP 주소와 MAC 주소를 전체에게 브로드캐스트 한다. 이때 사용하는 ARP를 Gratuitous ARP라 부른다.

- RARP의 작동 방식은 터미널이 부팅될 때, "내 MAC 주소 A.B.C.D.E.F인데 내 IP 주소 아는 사람?"이라는 메시지를 전체에게 브로드캐스트 한다. 터미널에 연결된 대형 컴퓨터가 이 메시지를 받으면 준비된 IP 주소를 터미널에게 알려준다. 이후부터 해당 터미널은 받은 IP 주소를 사용하면 된다. RARP는 LAN에서만 사용할 수 있는 프로토콜이기 때문에 라우터를 넘어서 메시지를 전송할 수 없다. 라우터를 넘어서 주소 변환을 할 수 있도록 만든 것이 부트스트랩 프로토콜 BOOTP이다.

- DHCP의 작동 방식은 BOOTP와 유사하다. 컴퓨터가 부팅을 하면 "내 MAC 주소 A.B.C.D.E.F인데 내 IP 주소 아는 사람?"이라는 메시지를 전체에게 브로드캐스트 한다. 이 메시지를 받은 DHCP 서버는 가지고 있던 IP 주소 중 사용하지 않는 주소와 서브넷 마스크, 게이트웨이 주소, DNS 주소를 해당 컴퓨터에게 전달한다. IP 주소가 예고 없이 사라지는 문제를 해결하기 위해서 DHCP는 IP 주소를 줄 때 최대 사용 시간을 명시한다. 해당 IP 주소는 앞으로 최대 시간만 사용할 수 있으며, 시간이 경과하면 해당 컴퓨터는 DHCP에게 다른 IP 주소를 받아와야 한다.

- OSPF는 Open Shortest Path First의 약자로 최단경로 프로토콜이라 부른다. 대표적인 AS 내부 라우팅 알고리즘이며 연결상태 라우팅 알고리즘을 기반으로 만들어 졌다. BGP는 Border Gateway Protocol의 약자로 AS 간 외부 라우팅에 사용되는 프로토콜이다.

연습문제

[객관식 문제]

01 다음 연속 1 표시(/) 방법 중 C 클래스 서브넷 마스크를 찾으시오.

❶ /8 ❷ /16
❸ /24 ❹ /32

02 다음 연속 1 표시(/) 방법 중 B 클래스 서브넷 마스크를 찾으시오.

❶ /8 ❷ /16
❸ /24 ❹ /32

03 다음 연속 1 표시(/) 방법 중 A클래스 서브넷 마스크를 찾으시오.

❶ /8 ❷ /16
❸ /24 ❹ /32

04 C 클래스를 2개의 서브넷으로 분할한 경우의 서브넷 마스크를 찾으시오.

❶ 255.255.128.128 ❷ 255.255.255.128
❸ 255.255.128.0 ❹ 255.128.0.0

05 B 클래스를 2개의 서브넷으로 분할한 경우의 서브넷 마스크를 찾으시오.

❶ 255.255.128.128 ❷ 255.255.255.128
❸ 255.255.128.0 ❹ 255.128.0.0

06 A 클래스를 2개의 서브넷으로 분할한 경우의 서브넷 마스크를 찾으시오.

❶ 255.255.128.128 ❷ 255.255.255.128
❸ 255.255.128.0 ❹ 255.128.0.0

07 C 클래스를 2개의 서브넷으로 분할한 경우 서브넷 마스크의 연속 1 표시(/) 방법 중 올바른 것을 찾으시오.

❶ /23 ❷ /24
❸ /25 ❹ /26

08 B 클래스를 2개의 서브넷으로 분할한 경우 서브넷 마스크의 연속 1 표시(/) 방법 중 올바른 것을 찾으시오.

❶ /16 ❷ /17
❸ /18 ❹ /19

09 A 클래스를 2개의 서브넷으로 분할한 경우 서브넷 마스크의 연속 1 표시(/) 방법 중 올바른 것을 찾으시오.

❶ /6 ❷ /7
❸ /8 ❹ /9

10 어느 네트워크의 서브넷 마스크가 255.255.255.192이다. 이 네트워크는 C 클래스를 몇 개의 서브넷으로 나눈 것인가?

❶ 4 ❷ 2
❸ 3 ❹ 8

11 어느 네트워크의 서브넷 마스크가 255.255.224.0이다. 이 네트워크는 B 클래스를 몇 개의 서브넷으로 나눈 것인가?

❶ 8 ❷ 2
❸ 2 ❹ 4

12 어느 네트워크의 서브넷 마스크가 255.224.0.0이다. 이 네트워크는 A 클래스를 몇 개의 서브넷으로 나눈 것인가?

❶ 4 ❷ 2
❸ 3 ❹ 8

13 어느 네트워크의 서브넷 마스크가 /28이다. 이 네트워크는 C 클래스를 몇 개의 서브넷으로 나눈 것인가?

❶ 4 ❷ 16
❸ 2 ❹ 8

14 어느 네트워크의 서브넷 마스크가 /20이다. 이 네트워크는 B 클래스를 몇 개의 서브넷으로 나눈 것인가?

❶ 2 ❷ 4
❸ 16 ❹ 8

15 어느 네트워크의 서브넷 마스크가 /11이다. 이 네트워크는 A 클래스를 몇 개의 서브넷으로 나눈 것인가?

❶ 4 ❷ 16
❸ 2 ❹ 8

16 어느 네트워크의 서브넷 마스크가 /25이다. 이 네트워크에서 한 개의 서브넷이 가질 수 있는 최대의 호스트 개수가 가장 근접한 숫자를 찾으시오.

❶ 32 ❷ 64
❸ 128 ❹ 32768

17 어느 네트워크의 서브넷 마스크가 /26이다. 이 네트워크에서 한 개의 서브넷이 가질 수 있는 최대의 호스트 개수가 가장 근접한 숫자를 찾으시오.

❶ 32 ❷ 64
❸ 128 ❹ 32768

18 어느 네트워크의 서브넷 마스크가 /27이다. 이 네트워크에서 한 개의 서브넷이 가질 수 있는 최대의 호스트 개수가 가장 근접한 숫자를 찾으시오.

❶ 32 ❷ 64
❸ 128 ❹ 32768

19 어느 네트워크의 서브넷 마스크가 /17이다. 이 네트워크에서 한 개의 서브넷이 가질 수 있는 최대의 호스트 개수가 가장 근접한 숫자를 찾으시오.

❶ 32 ❷ 64
❸ 128 ❹ 32768

20 어느 네트워크의 서브넷 마스크가 255.255.255.128이다. 이 네트워크에서 한 개의 서브넷이 가질 수 있는 최대의 호스트 개수가 가장 근접한 숫자를 찾으시오.

❶ 32 ❷ 64
❸ 128 ❹ 32768

21 어느 네트워크의 서브넷 마스크가 255.255.255.192이다. 이 네트워크에서 한 개의 서브넷이 가질 수 있는 최대의 호스트 개수가 가장 근접한 숫자를 찾으시오.

❶ 32 ❷ 64
❸ 128 ❹ 32768

22 어느 네트워크의 서브넷 마스크가 255.255.128.0이다. 이 네트워크에서 한 개의 서브넷이 가질 수 있는 최대의 호스트 개수가 가장 근접한 숫자를 찾으시오.

❶ 32 ❷ 64
❸ 128 ❹ 32768

23 연속 1 표시(/) 방법으로 서브넷 마스크의 숫자가 1 늘어날 때마다 서브넷의 개수는 어떻게 증가하는가?

❶ 1개씩 증가 ❷ 2개씩 증가
❸ 2의 지수승씩 증가 ❹ 3의 지수승씩 증가

24 다음 주소 변환 프로토콜 중 IP 주소를 MAC 주소로 변환하는 프로토콜을 찾으시오.

❶ ARP ❷ RARP
❸ BOOTP ❹ DHCP

25 다음 주소 변환 프로토콜 중 주소 변환 방향으로 볼 때 나머지 3개의 프로토콜과 다른 프로토콜을 찾으시오.

❶ ARP ❷ RARP
❸ BOOTP ❹ DHCP

26 다음 주소 변환 프로토콜 중 주소 변환뿐 아니라 IP 설정값도 한꺼번에 설정할 수 있는 프로토콜을 찾으시오.

❶ ARP ❷ RARP
❸ BOOTP ❹ DHCP

27 다음 주소 변환 프로토콜 중 IP 주소를 주기적으로 변경해야 하는 프로토콜을 찾으시오.

❶ ARP ❷ RARP
❸ BOOTP ❹ DHCP

28 다음 주소 변환 프로토콜 중 저장장치가 없는 터미널에서 사용하고, 라우터를 건너서 메시지를 전달할 수 없는 프로토콜을 찾으시오.

❶ ARP ❷ RARP
❸ BOOTP ❹ DHCP

29 다음 주소 변환 프로토콜 중 저장장치가 없는 터미널에서 사용하고, 라우터를 건너서 메시지를 전달할 수 있는 프로토콜을 찾으시오.

❶ ARP ❷ RARP
❸ BOOTP ❹ DHCP

30 다음 주소 변환 프로토콜 중 현재 자동으로 IP 할당에 사용하는 프로토콜을 찾으시오.

❶ ARP ❷ RARP
❸ BOOTP ❹ DHCP

31 다음 프로토콜 중 네트워크 이상 감지와 메시지 전송에 사용되는 프로토콜을 찾으시오.

❶ OSPF ❷ ICMP
❸ IGMP ❹ BGP

32 다음 프로토콜 중 ping 명령어를 사용하여 서버가 살아 있음을 확인할 때 사용하는 프로토콜을 찾으시오.

❶ OSPF ❷ ICMP
❸ IGMP ❹ BGP

33 다음 프로토콜 중 tracert 명령어를 사용하여 패킷의 경로를 확인할 때 사용하는 프로토콜을 찾으시오.

❶ OSPF ❷ ICMP
❸ IGMP ❹ BGP

34 다음 프로토콜 중 인터넷에서 멀티 캐스팅을 할 때 사용하는 프로토콜을 찾으시오.

❶ OSPF ❷ ICMP
❸ IGMP ❹ BGP

35 내부 라우팅에 사용하는 대표적인 프로토콜을 찾으시오.

❶ OSPF ❷ ICMP
❸ IGMP ❹ BGP

36 연결상태 라우팅 알고리즘과 관련 있는 프로토콜을 찾으시오.

❶ OSPF ❷ ICMP
❸ IGMP ❹ BGP

37 다익스트라의 최단경로 알고리즘과 관련 있는 프로토콜을 찾으시오.

❶ OSPF ❷ ICMP
❸ IGMP ❹ BGP

38 외부 라우팅에 사용하는 대표적인 프로토콜을 찾으시오.

❶ OSPF ❷ ICMP
❸ IGMP ❹ BGP

39 거리(시간) 정보를 사용하지 않는 라우팅 관련 프로토콜을 찾으시오.

❶ OSPF ❷ ICMP
❸ IGMP ❹ BGP

40 AS의 대표 라우터끼리 통신하는 프로토콜을 찾으시오.

❶ OSPF ❷ ICMP
❸ IGMP ❹ BGP

[단답형 문제]

41 연속 1 표시(/) 방법으로 C 클래스 서브넷 마스크를 표시하면 / _____ 이다.

42 연속 1 표시(/) 방법으로 B 클래스 서브넷 마스크를 표시하면 / _____ 이다.

43 연속 1 표시(/) 방법으로 A 클래스 서브넷 마스크를 표시하면 / ____ 이다.

44 C 클래스를 2개의 서브넷으로 분할한 경우의 10진수의 서브넷 마스크는 ______________________ 이다.

45 B 클래스를 2개의 서브넷으로 분할한 경우의 10진수의 서브넷 마스크는 ________________ 이다.

46 A 클래스를 2개의 서브넷으로 분할한 경우의 10진수의 서브넷 마스크는 _______________ 이다.

47 C 클래스를 2개의 서브넷으로 분할한 경우 서브넷 마스크의 연속 1 표시(/) 방법으로 표시하면 / _____ 이다.

48 B 클래스를 2개의 서브넷으로 분할한 경우 서브넷 마스크의 연속 1 표시(/) 방법으로 표시하면 / _____ 이다.

49 A 클래스를 2개의 서브넷으로 분할한 경우 서브넷 마스크의 연속 1 표시(/) 방법으로 표시하면 / ____ 이다.

50 어느 네트워크의 서브넷 마스크가 255.255.255.192이다. 이 네트워크는 C 클래스를 ____개의 서브넷으로 나눈 것이다.

51 어느 네트워크의 서브넷 마스크가 255.255.192.0이다. 이 네트워크는 B 클래스를 ____개의 서브넷으로 나눈 것이다.

52 어느 네트워크의 서브넷 마스크가 255.192.0.0이다. 이 네트워크는 A 클래스를 ____개의 서브넷으로 나눈 것이다.

53 어느 네트워크의 서브넷 마스크가 /28이다. 이 네트워크는 C 클래스를 _____개의 서브넷으로 나눈 것이다.

54 어느 네트워크의 서브넷 마스크가 /20이다. 이 네트워크는 B 클래스를 _____개의 서브넷으로 나눈 것이다.

55 어느 네트워크의 서브넷 마스크가 /11이다. 이 네트워크는 A 클래스를 ____개의 서브넷으로 나눈 것이다.

56 어느 네트워크의 서브넷 마스크가 /25이다. 이 네트워크에서 한 개의 서브넷이 가질 수 있는 이론적인 최대의 호스트 개수는 ______개이다.

57 어느 네트워크의 서브넷 마스크가 /26이다. 이 네트워크에서 한 개의 서브넷이 가질 수 있는 이론적인 최대의 호스트 개수는 _____개이다.

58 어느 네트워크의 서브넷 마스크가 /27이다. 이 네트워크에서 한 개의 서브넷이 가질 수 있는 이론적인 최대의 호스트 개수는 _____개이다.

59 어느 네트워크의 서브넷 마스크가 /17이다. 이 네트워크에서 한 개의 서브넷이 가질 수 있는 이론적인 최대의 호스트 개수는 ________개이다.

60 어느 네트워크의 서브넷 마스크가 255.255.255.128이다. 이 네트워크에서 한 개의 서브넷이 가

질 수 있는 이론적인 최대의 호스트 개수는 ________개이다.

61 어느 네트워크의 서브넷 마스크가 255.255.255.192이다. 이 네트워크에서 한 개의 서브넷이 가질 수 있는 이론적인 최대의 호스트 개수는 ______개이다.

62 어느 네트워크의 서브넷 마스크가 255.255.128.0이다. 이 네트워크에서 한 개의 서브넷이 가질 수 있는 이론적인 최대의 호스트 개수는 __________개이다.

63 연속 1 표시(/) 방법으로 서브넷 마스크의 숫자가 1 늘어날 때마다 서브넷의 개수는 ______________개로 증가한다.

64 주소 변환 프로토콜 중 IP 주소를 MAC 주소로 변환하는 프로토콜이 ________이다.

65 ARP 프로토콜 중 응답이 필요없는 프로토콜이 __________이다.

66 주소 변환 프로토콜 중 주소 변환뿐 아니라 IP 설정값도 한꺼번에 설정할 수 있는 프로토콜이 __________이다.

67 주소 변환 프로토콜 중 IP 주소를 주기적으로 변경해야 하는 프로토콜이 __________이다.

68 주소 변환 프로토콜 중 저장장치가 없는 터미널에서 사용하고, 라우터를 건너서 메시지를 전달할 수 없는 프로토콜은 __________이다.

69 주소 변환 프로토콜 중 저장장치가 없는 터미널에서 사용하고, 라우터를 건너서 메시지를 전달할 수 있는 프로토콜은 ___________이다.

70 주소 변환 프로토콜 중 현재 자동으로 IP 할당에 사용하는 프로토콜이 __________이다.

71 ping 명령어를 사용하여 서버가 살아 있음을 확인할 때 사용하는 프로토콜이 __________이다.

72 tracert 명령어를 사용하여 패킷의 경로를 확인할 때 사용하는 프로토콜이 __________이다.

73 인터넷에서 멀티 캐스팅을 할 때 사용하는 프로토콜이 __________이다.

74 내부 라우팅에 사용하는 대표적인 프로토콜이 __________이다.

75 연결상태 라우팅 알고리즘과 관련 있는 프로토콜이 __________이다.

76 다익스트라의 최단경로 알고리즘과 관련 있는 프로토콜이 ________이다.

77 외부 라우팅에 사용하는 대표적인 프로토콜이 _______이다.

78 거리_____ 정보를 사용하지 않는 라우팅 관련 프로토콜이 _______이다.

79 AS의 대표 라우터끼리 통신하는 프로토콜이 _______이다.

80 ICMP의 메시지 중 11번 time exceeded는 IPv4의 헤더 필드 중 _______ 과 연관 있다.

[주관식 문제]

81 네트워크 분할 방법에 대하여 기술하시오.

82 IP 주소 충돌의 처리 과정을 기술하시오.

83 RARP와 BOOTP에 대하여 설명하시오.

84 DHCP에 대하여 설명하시오.

85 OSPF와 BGP를 비교하시오.

PART

V

전송 계층

Transport Layer

CHAPTER 13
전송 계층

CHAPTER 14
TCP와 소켓 프로그래밍

Part V Preview

› 네트워크 계층의 역할은 패킷을 목적지까지 전달하는 것이다. 불행히도 네트워크 계층(IP)의 데이터 전송은 불안정하다. 패킷이 사라지거나 일부가 잘려나가거나 순서가 뒤바뀔 수 있다. 이러한 문제를 해결하고 안전하게 데이터를 전달하는 계층이 전송 계층이다.

› 인터넷을 이용하려는 다양한 응용 프로그램들이 존재하며 전송 계층은 네트워크 계층과 응용 프로그램 사이의 연결을 담당하는 곳이다. 전송 계층은 응용 프로그램들에게 통신을 할 수 있는 인터페이스를 제공한다. 네트워크 계층에서는 연결 설정과 연결 해제의 기능이 없기 때문에 두 호스트 간 연결을 설정하고 해제하는 작업을 전송 계층이 담당한다. 또한 슬라이딩 윈도우의 크기를 조절하여 혼잡제어를 하는 것도 전송 계층의 역할이다.

› 13장에서는 전송 계층에서 발생할 수 있는 여러 가지 문제들을 정의하고 문제를 해결하는 방법을 알아본다. 네트워크 계층에서 사용하는 주소 체계인 IP 주소와는 별도로 TCP에서도 각 응용 프로그램들을 구분하는 주소 체계를 사용하는데 이를 13장에서 설명한다. IP 헤더에 IP가 하는 모든 작업이 담겨 있듯이 TCP 헤더에도 TCP의 모든 작업이 담겨 있다. 14장에서는 TCP 헤더의 다양한 필드 값들을 살펴본다. TCP를 통해 원격지로 데이터를 전송하기 위해서는 소켓을 사용해야 한다. 14장에서는 소켓 코드를 분석하고 소켓과 연관된 함수들을 설명한다.

Data Communication and Networking

CHAPTER

13

전송 계층

Section

SECTION 01

전송 계층

1 전송 계층의 이해 필수

네트워크 계층의 대표 프로토콜은 IP이며, 전송 계층의 대표적인 프로토콜은 TCP이다. 전송 계층은 네트워크 계층과 응용 프로그램 사이의 연결을 담당하는 곳이다. 응용 프로그램들은 전송 계층을 통하여 인터넷에 연결된다. 1장에서 TCP/IP를 설명하면서 TCP는 택배창구로 그리고 IP는 배송 시스템으로 설명하였다. TCP는 응용 프로그램으로부터 데이터를 받아 IP를 이용하여 목적지까지 데이터를 안전하게 보낸다.

프로그램들은 TCP를 통해서 인터넷을 이용할 수 있으며, IP에게 직접 데이터를 보낼 수는 없다. 따라서 인터넷을 통한 데이터 전송에서 창구 역할을 하는 곳이 TCP이다. TCP가 데이터를 보내는 창구이기 때문에 여러 프로그램들이 여러 목적지(호스트)로 보내는 데이터는 TCP에 모인다.

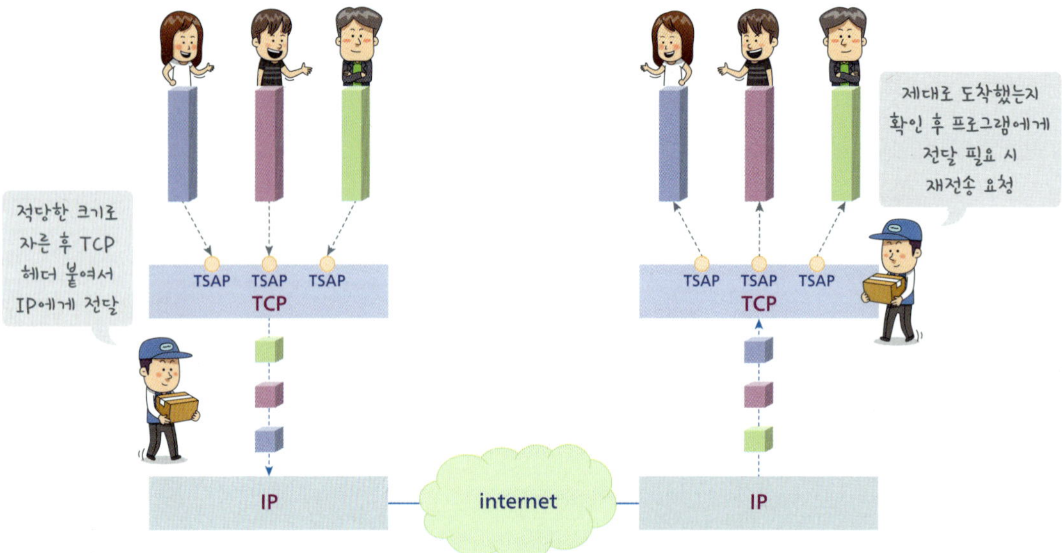

그림 13-1 전송 계층의 작업

TCP의 중요한 역할은 여러 프로그램들이 데이터를 보낼 수 있는 방법(인터페이스)을 만들어 주는 것이다. 앞서 살펴보았듯이 IP의 배송은 완벽하지 않다. 따라서 보내는 쪽 TCP와 받는 쪽 TCP가 연락을 하여 데이터가 제대로 전달되었는지, 파손된 것은 없는지 확인한다.

전송 계층의 작업을 자세히 알아보자. 전송 계층은 응용 프로그램으로부터 받은 데이터를 IP에게 전송한다. 보낼 데이터의 크기가 큰 경우, TCP는 적당한 크기로 자른 후 번호를 붙인다. 받는 쪽 TCP는 순서대로 데이터가 도착했는지 확인하고, 원래 크기로 합쳐서 응용 프로그램에게 전달한다.

전송 계층은 다양한 응용 프로그램으로 데이터를 전달해달라는 요청을 받는다. 따라서 전송 계층의 중요한 역할은 여러 응용 프로그램이 사용할 수 있는 멀티 인터페이스를 제공하는 것이다. 이 인터페이스를 TSAP $_{\text{Tansport Service Access Point}}$라 부른다. 또한 크기가 큰 데이터는 전송 계층이 다룰 수 있는 적당한 크기로 자른다. 전송 계층이 다룰 수 있는 데이터의 단위를 TPDU $_{\text{Transport Protocol Data Unit}}$라 부른다. 이렇게 잘려진 데이터 하나에 헤더를 붙여서 네트워크 계층으로 전달된다.

그림 13-2 TPDU의 구조

네트워크 계층이 다룰 수 있는 데이터 단위인 NPDU $_{\text{Network Protocol Data Unit}}$는 패킷이라 부르고, 데이터 링크 계층이 다룰 수 있는 데이터 단위인 DPDU $_{\text{Data link Protocol Data Unit}}$은 프레임이라 부른다. 그러나 TPDU에는 특별한 이름이 없기 때문에 그냥 데이터라고 부른다. TSAP은 보통 포트 $_{\text{port}}$라 불리며 다음에 자세히 설명한다.

전송 계층은 목적지에 도착한 데이터가 순서가 뒤바뀌거나 사라진 것은 없는지 확인한다. 따라서 데이터 링크 계층에서 설명했던 일련번호와 ACK를 사용한다. 또한 슬라이딩 윈도우 프로토콜을 사용하여 혼잡 제어 $_{\text{congestion control}}$를 한다.

IP는 목적지까지 데이터를 전송만 하기 때문에 연결 $_{\text{connection}}$이라는 개념이 없다. 그러나 웹 페이지를 사용하는 경우 로그인 $_{\text{log in}}$과 로그아웃 $_{\text{log out}}$ 같이 연결 설정과 연결 해제를 필요로 한다. 응용 프로그램의 연결을 설정하고 해제하는 작업을 지원하는 것도 전송 계층의 역할이다. [표 13-1]은 지금까지 설명한 전송 계층의 주요작업을 요약한 것이다. 표에 언급된 내용들은 각 작업별로 자세히 설명할 것이다.

TCP는 전송된 데이터에 문제가 없는지를 확인하고 혼잡을 제어하기 때문에 느리게 작동한다. 전송 계층에 속한 또 다른 프로토콜인 UDP $_{\text{User Datagram protocol}}$는 IP에서 올라온 데이터의 이상 유무를 확인하지 않고 응용 프로그램에게 그대로 전달한다. 따라서 오류가 있을 수는 있지만 빠르게 작동한다. IP의 패킷 전송 방식을 전보$_{\text{Datagram}}$라 불렀다. 그러므로 IP 패킷을 그대로 전송하는 UDP의 D도 Datagram이다. 전보는 상대방의 동의나 확인 없이 무조건 전달되는 데이터를 의미한다.

표 13-1 전송 계층 주요작업

전송 계층 주요작업	설명
분할과 병합	데이터가 큰 경우 자르고, 받는 쪽에서 원래 크기로 합쳐줌
멀티 인터페이스 제공	포트$_{\text{port}}$와 소켓$_{\text{socket}}$
데이터의 무결성	일련번호(seq)와 ACK 사용(데이터 링크 계층 참고)
혼잡 제어	슬라이딩 윈도우 크기 조절(데이터 링크 계층 참고)
연결 설정 및 연결 해제	3방향 핸드쉐이크$_{\text{3way handshake}}$

2 포트와 소켓 필수

클라이언트-서버 구조

우리는 크롬과 같은 웹 브라우저를 사용하여 구글이나 네이버와 같은 홈페이지에 접속한다. 이러한 웹 시스템은 클라이언트-서버 구조로 되어 있다. 웹 시스템의 근간이 되는 클라이언트-서버 구조를 정확하게 이해해보자.

클라이언트란 서비스를 요청하는 컴퓨터이다. 우리가 사용하는 웹 브라우저는 클라이언트 소프트웨어를 대표하는 단어이다. 웹 브라우저 제품명으로는 익스플로러, 크롬, 파이어 폭스 등이 있다. 웹 브라우저는 서버 컴퓨터에 접속하여 웹 페이지를 요청한다. 이때 사용하는 프로토콜은 하이퍼텍스트(웹 페이지)를 전송하라는 프로토콜이다. 영어로 Hyper Text Transfer Protocol이며, 약자로 HTTP라 한다.

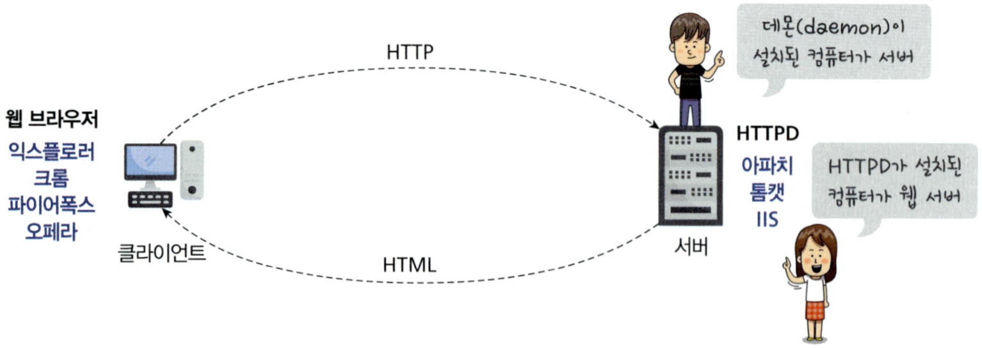

그림 13-3 웹 시스템의 클라이언트-서버 구조

서버가 요청을 받으면, HTML Hyper Text Markup Language을 사용하여 만들어진 웹 페이지를 클라이언트에게 전송한다. 이렇게 받은 웹 페이지를 웹 브라우저가 화면에 보여준다. 구경을 하다라는 뜻을 가진 영어 단어가 브라우징 browsing이며, 그래서 웹 브라우저라 부른다.

클라이언트 소프트웨어는 사용자가 필요할 때 사용했다가 필요 없으면 종료시킨다. 그러나 서버 소프트웨어의 입장은 다르다. 클라이언트가 언제 서비스를 요청할지 모르기 때문에 항상 대기 상태로 기다려야 한다. 이렇게 죽지 않고 살아서 서비스를 계속 진행하는 프로그램을 데몬, 영어로 daemon이라 부른다.

여기서 잠깐

웹 브라우저 web browser 또는 웹 탐색기는 웹 서버에서 페이지를 이동하며 navigate 쌍방향으로 통신하고 HTML 문서나 파일을 출력하는 응용 소프트웨어이다. 웹 브라우저는 FTP와 Gopher 프로토콜도 지원하지만 대표적으로 HTTP를 사용한다. HTTP로 전송되는 데이터는 암호화 되어 있지 않기 때문에 보안에 취약하다. 암호화 통신을 지원하는 HTTPS는 HTTP의 보안 프로토콜로 HTTP with Secure의 약자이다.

웹 시스템의 서버 쪽에는 HTTP(웹 서비스)를 받아 줄 데몬이 설치되어 있어야 한다. 웹 데몬을 HTTPD Hyper Text Transfer Protocol Daemon이라 부른다. 보통의 경우 프로토콜 이름 뒤에 D를 붙인다. HTTPD는 웹 데몬을 가리키는 대표 명사이며, HTTPD의 제품명으로는 아파치 Apache, 톰캣 Tomcat, IIS Internet Information Service 등이 있다. 서버는 데몬이 설치된 컴퓨터이다. 우리는 HTTPD가 설치된 컴퓨터를 웹 서버라고 부른다. 웹 서버를 구축한다는 뜻은 아파치, 톰캣, IIS와 같은 HTTPD(웹 데몬)를 컴퓨터에 설치한다는 의미이다.

인터넷을 통해 파일을 주고받는 것도 마찬가지이다. 파일 전송에 사용되는 프로토콜이 FTP이며, File Transfer Protocol의 약자이다. 인터넷을 통해 누군가에게 파일을 보내거나 누군가로부터 파일을 받고 싶은 경우 파일 서버를 구축하면 된다. 파일 서버를 구축한다는 것은 컴퓨터에 FTPD를 설치하는 것이다.

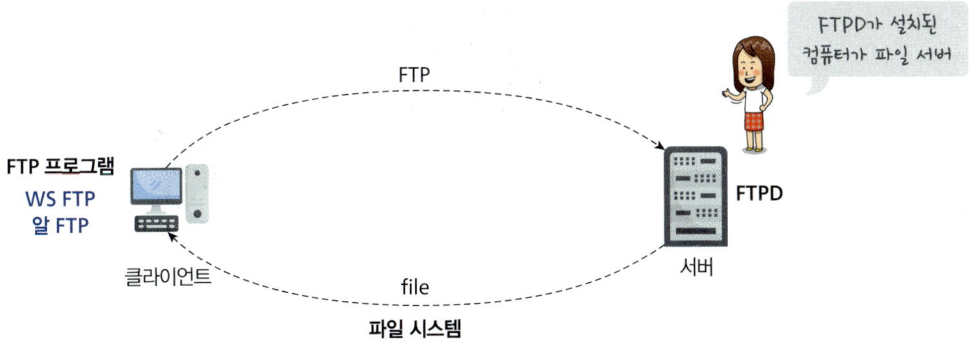

그림 13-4 파일서버

이메일의 경우도 마찬가지이다. 이메일에 사용되는 프로토콜은 SMTP이며 영어로 Simple Mail Transfer Protocol의 약자이다. 따라서 어떤 컴퓨터를 이메일 서버로 만들고 싶다면 SMTPD Simple Mail Transfer Protocol Daemon 를 설치하면 된다.

이렇듯 서버는 특정 하드웨어를 가리키는 단어가 아니라 데몬이 설치된 컴퓨터를 지칭하는 단어이다. 물론 서버의 역할을 하기 위해서는 성능이 높은 CPU와 24시간 안정적으로 작동하는 내구성이 필요하다. 그래서 고사양의 컴퓨터를 '서버급 컴퓨터'라 부른다.

여기서 잠깐

카카오톡과 같은 P2P 시스템의 경우 데몬이 깔려있지 않아도 응용 프로그램끼리 통신이 가능하다. 따라서 클라이언트-서버의 구조를 서비스를 요청하는 쪽과 서비스를 제공하는 쪽으로 구분하기도 한다. 또한 이메일 시스템에서는 서버와 서버끼리 이메일을 주고 받는다. 따라서 SMTPD가 설치된 서버에 접속하여야만 이메일을 보내거나 받을 수 있다. SMTPD가 설치된 서버로는 구글의 지메일, 네이버 메일, 다음 메일 등이 있다.

포트(port)

전송 계층은 IP 계층으로부터 올라온 데이터를 해당 프로그램에게 전달하거나, 반대로 프로그램으로부터 데이터를 받아 목적지 호스트까지 전달한다. 이를 위해서는 전송 계층만의 주소가 필요하다. 예를 들어, IPark 아파트 203동의 어느 집에서 중국집 '진짜루'에 짜장면을 시켰다고 가정해보자. 거의 같은 시각에 다른 집에서는 짬뽕을 시켰다. 그러나 두 집 모두 배달을 할 수가 없다. 그 이유는 자신의 방 번호(호수)를 말하지 않았기 때문이다.

그림 13-5 중국집 진짜루의 음식 배달

우리가 사용하는 IP 주소는 인터넷에 있는 특정 컴퓨터까지 오는 데 사용된다. 마치 아파트의 동 번호와 같다. 컴퓨터에는 네트워크를 사용하는 여러 개의 프로그램들이 있다. 카카오톡과 크롬 브라우저를 같이 실행시켰다고 가정해보자. 이들의 IP 주소는 모두 같다. 데이터를 카카오톡에 보낼지, 크롬 브라우저에 보낼지를 결정하기 위해서는 아파트의 호수의 역할을 하는 주소가 필요하다. 응용 프로그램들을 구분하기 위해 **전송 계층이 사용하는 주소를 포트, 영어로 port라 부른다.**

원래 포트는 항구에서 배의 화물을 싣거나 내리는 장소이다. 항구에는 여러 개의 포트(선착장)가 있으며, 배가 들어오면 항구 관리자로부터 사용할 수 있는 빈 포트를 할당받는다. 해당 선박은 할당받은 포트에 정박하여 작업을 진행한다.

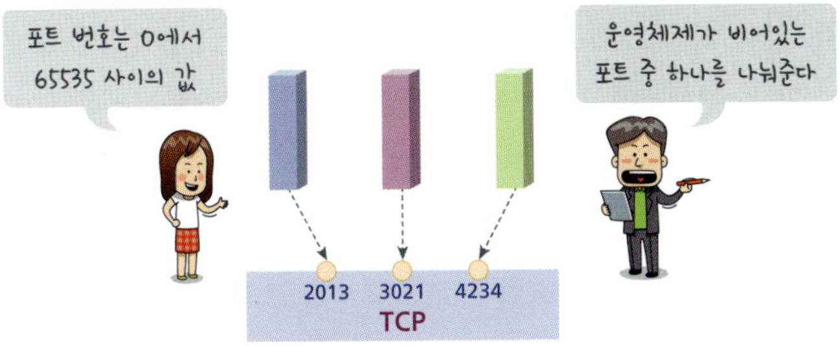

그림 13-6 포트 번호

컴퓨터도 마찬가지이다. 포트 번호의 크기는 16비트이며, 각 컴퓨터에는 0에서 65535 사이의 포트가 있다. 운영체제는 0에서 65535 사이의 빈 포트 번호 중 하나를 네트워크를 사용하려는 프로그램에게 준다. 해당 프로그램은 할당받은 포트를 사용하여 원격지 호스트와 데이터를 주고 받는다.

포트는 전송 계층이 여러 프로그램에게 제공하는 주소인 동시에 멀티 인터페이스이다. 따라서 앞서 설명한 TSAP = 포트이다. 또한 포트는 하드웨어적으로도 사용된다. 네트워크 공유기에서 LAN을 연결할 수 있는 단자가 4개가 있다면 4포트 공유기라 부른다. 동시에 연결하여 작업할 수 있는 컴퓨터의 개수가 4개라는 의미이다.

well-known 포트 번호

크롬에서 네이버, 구글, 다음 홈페이지를 동시에 방문하는 경우를 보자. [그림 13-7]의 왼쪽 그림과 같이, 운영체제는 첫 번째 크롬에서 세 번째 크롬까지 포트 번호를 각각 2013, 3021, 4234번을 할당해 준다. 각 크롬들은 네이버, 구글, 다음 웹 서버에 접속할 때 자신의 포트 번호를 알려준다. 응답 데이터를 보낼 때 해당 포트 번호를 사용해달라는 의미이다.

네이버, 구글, 다음 서버가 전송한 HTML 데이터가 클라이언트에 도착한다. 각 데이터의 IP 주소는 같지만, 포트 번호는 다르다. 네이버 서버로부터 온 데이터는 2013번 포트로, 구글에서 온 데이터는 3021번 포트로, 다음에서 온 데이터는 4234번 포트로 전송된다. 이렇듯, 운영체제로부터 임의로 부여받은 포트 번호는 전송 계층을 사용하는 여러 프로그램을 구분하는 주소로 사용된다.

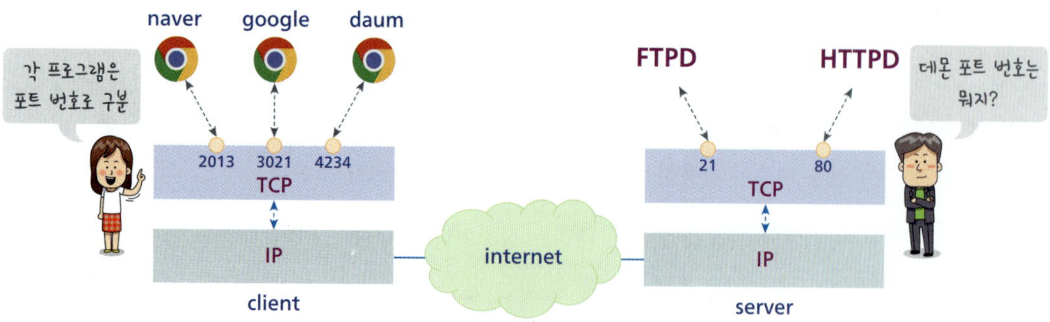

그림 13-7 well-known 포트 번호

서버의 경우를 보자. 서버에는 웹 데몬(HTTPD)뿐 아니라 FTPD, SMTPD도 설치되어 있을 수 있다. 데몬들도 전송 계층을 이용하여 서비스하기 때문에 포트 번호를 사용한다. 따라서 클라이언트가 HTTPD(웹 데몬)와 처음 통신할 때, HTTPD의 포트 번호를 알아야 통신할 수 있다. 만약 HTTPD의 포트 번호도 운영체제에 의해 임의로 할당된다면, 매번 서버에게 물어 봐야 한다. 이러한 불편함을 없애기 위해서 자주 사용하는 데몬이나 중요한 프로그램의 포트 번호를 고정시켰다. 이를 잘 알려진 포트 번호 혹은 **well-known 포트 번호**라 부른다.

well-known 포트는 전 세계적으로 합의한 번호이며, 0에서 1023번까지 사용한다. 웹 데몬(HTTPD)의 포트 번호는 80번, FTPD의 포트 번호는 21번, SMTPD의 포트 번호는 25번이다. 주요 well-known 포트 번호를 [표 13-2]에 정리하였다.

표 13-2 주요 well-known 포트 번호

서비스	포트 번호	비고
FTP	21(제어), 20(데이터)	FTP의 경우 21번 포트로 접속하여 작업을 하는데 실제 데이터는 20번 포트로 전송된다.
telnet	23	원격지 로그인에 사용
SMTP	25	이메일 전송 프로토콜(서버-서버)
DNS	53	도메인 이름 - 주소 변환
DHCP(BOOTP)	67, 68	동적 IP 주소 할당
HTTP	80	웹 시스템
HTTPS	443	HTTP의 암호 프로토콜

우리가 사용하는 웹 주소는 URL Uniform Resource Locator 형식으로 되어 있다. 네이버를 방문하기 위해 웹 브라우저 주소창에 naver.com이라 입력하면 http://naver.com로 바뀌는데 이것이 URL이다. 더 정확하게 이야기 하면 URL 형식은 '프로토콜://도메인 이름:포트 번호'이다. 따라서 http://naver.com:80이 정확한 주소이다. 그런데 http는 기본적으로 80번 포트 번호를 사용하기 때문에 :80을 생략한다.

웹 브라우저 주소창에 naver.com:80이라고 쳐보자. 네이버 홈페이지에 접속될 것이다. http://naver.com 대신 naver.com만 써도 네이버에 접속 가능한 것과 같다. 반대로 80번 이외의 포트 번호를 가진 웹 페이지에 접속할 때는 포트 번호를 꼭 써야만 접근이 가능하다.

여기서 잠깐

http://xx.com:8080과 같은 주소도 있다. HTTPD는 80번 포트에 설치해야 한다. 그러나 특별한 이유로 80번이 아닌 8080과 같은 포트에 설치된 경우에는 포트 번호까지 정확하게 기입해야 웹 서버에 접속할 수 있다. 80번 포트가 아닌 다른 포트에 HTTPD를 설치하는 이유는 다양하다. 여러 개의 웹 서버를 동시에 설치하는 경우나 외부에 알려지지 않고 개인적으로 운영되는 웹 페이지를 설치하는 경우이다. 또한 https만 지원하는 사이트가 있다면 https의 포트 번호 :443을 사용한다.

소켓(socket)

네이버에는 하루에도 수만 명의 사람들이 몰려든다. 그들은 모두 http://naver.com:80으로 방문한다. 네이버 서버 입장에서 보면 80번 포트에 수만 명의 사람들이 몰려오는 것이다. 포트는 하나인데 많은 사람들을 어떻게 서비스를 해줄 것인가의 문제가 남아있다.

벽에 220V 콘센트가 하나뿐인데 노트북, 스마트폰, 블루투스 이어폰을 동시에 충전해야 하는 경우를 생각해 보자. 해결방법은 멀티탭을 사용하면 된다. 포트도 마찬가지이다. 80번 포트에 멀티탭을 꽂은 후, 몰려드는 사용자에게 멀티탭의 콘센트를 하나씩 나눠주면 된다. 이때 사용자가 접속하는 하나의 콘센트를 소켓socket이라 부른다.

소켓은 같은 포트에 연결되어 여러 명을 동시에 처리할 수 있는 소프트웨어적인 접속 장치이다. 네트워크에 있어서 응용 프로그램이 접속하는 포인트는 소켓이다. 따라서 네트워크를 이용한 프로그래밍을 소켓 프로그래밍이라 부른다.

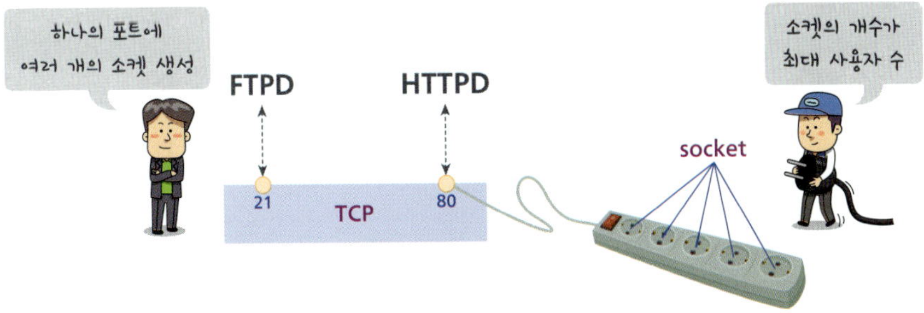

그림 13-8 포트와 소켓

행사나 이벤트로 인하여 어떤 홈페이지에 갑자기 사용자가 몰려 서버가 다운되었다는 이야기를 들어본 적이 있을 것이다. 이는 소켓과 연관된다. HTTPD와 같이 서버용 소프트웨어를 설치하는 경우 동시 최대 접속자 수를 설정하게 된다. 동시 최대 접속자 수란 동시에 접속 시킬 수 있는 최대 인원을 설정하는 것이다.

동시 접속자 수는 소켓을 몇 개 준비할 것인가와 같은 의미이다. 어느 서버의 소켓을 100개 열었다고 가정해보자, 101번째 접속을 시도하는 클라이언트는 빈 소켓을 얻지 못하여 서비스가 지연되고, 서버가 다운된 것처럼 느끼게 된다. 반대로 사람이 많이 몰릴 것을 우려하여 소켓을 10만 개 열었다고 가정해보자. 소켓은 독립적으로 움직이는 프로그램과 같다. 소켓을 10만 개 열었다는 것은 하나의 컴퓨터에서 크롬을 10만 개 실행시킨 것과 같다. 이럴 경우 CPU와 메모리에 과부하가 걸려서 해당 컴퓨터는 다운될 것이다. 그래서 서버 관리자는 자신의 서버 용량과 평균 방문객 수를 고려하여 적당한 수의 소켓을 열어야만 한다. 소켓을 이용한 네트워크 통신 프로그램은 14장 02절 소켓 프로그래밍에서 자세히 설명한다.

여기서 잠깐

클라우드 컴퓨팅이 각광받게 된 이유는 가용성과 연관있다. 기존의 클라이언트-서버 방식에서 갑자기 네트워크와 서버를 증설하는 것은 어렵다. 그러나 클라우드 컴퓨팅은 일시적인 네트워크와 서버 증설이 가능한 유연한 구조를 가지고 있어 일시적으로 사용량이 폭주하는 것에 대비할 수 있다.

SECTION 02 연결 설정 및 해제

1 연결 설정의 어려움 필수

IP는 연결 설정을 만드는 기능이 없기 때문에 TCP가 연결 설정과 해제를 담당한다. IP의 패킷 전송에서는 데이터가 사라지거나, 복사되어 늦게 도착하는 문제가 발생한다. 네트워크 불안정으로 인하여 연결을 설정하는 것은 쉬운 일이 아니다.

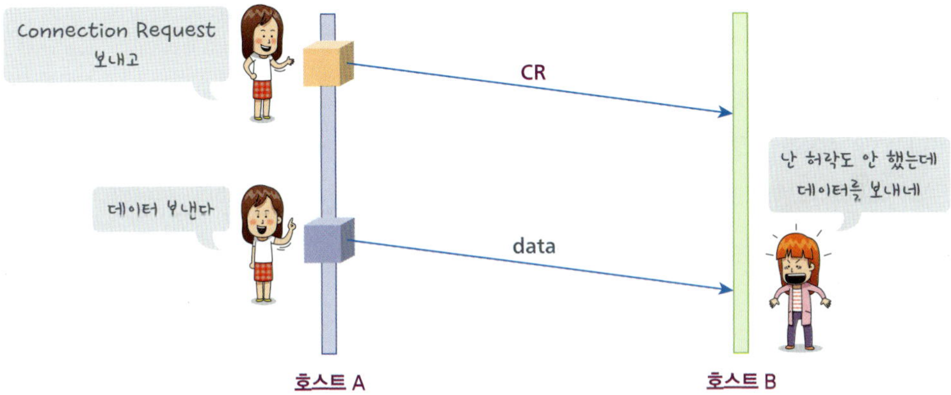

그림 13-9 CR과 데이터 전송의 문제

연결 설정은 CR(영어로 Connection Request)을 보냄으로써 이루어진다. [그림 13-9]과 같이 CR을 보내고 데이터를 보내는 경우를 보자. CR을 보냈다고 해서 호스트 B가 연결을 허락한 것은 아니다. 이런 상태에서 데이터가 도착하게 되면, 호스트 B는 해당 데이터를 무시하게 된다.

정상적인 경우 호스트 A는 CR을 보내고, 호스트 B는 연결을 승낙한다는 뜻으로 CR에 대한 응답 메시지 CR_ACK를 보낸다. [그림 13-10]과 같이 호스트 A는 CR_ACK를 받은 이후부터 데이터를 호스트 B에게 보낼 수 있다.

그러나 [그림 13-10]은 문제가 있다. 호스트 B가 보낸 CR_ACK가 정상적으로 전송되었는지를 호스트 B는 알 수 없다. 따라서 호스트 B가 CR_ACK를 보낸 직후에 도착하는 데이터가 호스트 A가 보낸 데이터라는 보장이 없다.

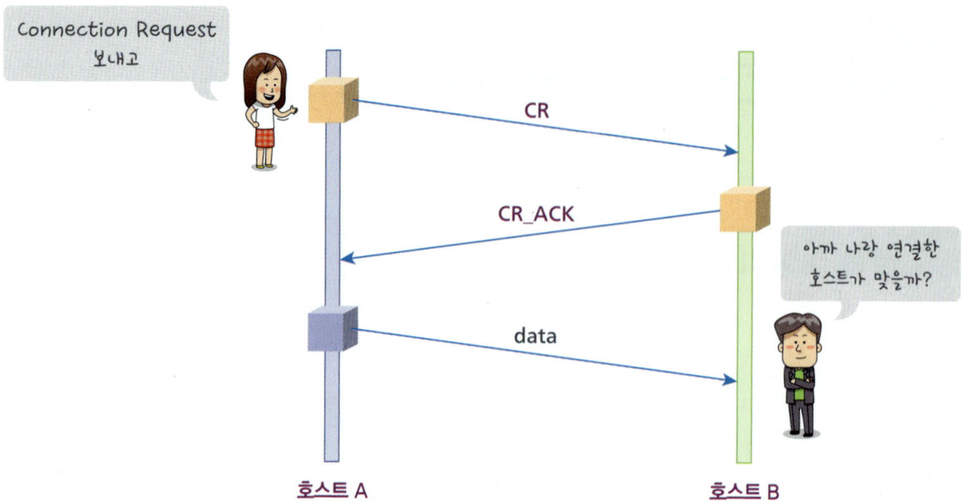

그림 13-10 CR_ACK 사용

이러한 문제를 해결한 것이 [그림 13-11]이다. 호스트 A는 CR을 보내고, 호스트 B는 CR에 대한 허락의 의미로 CR_ACK를 보낸다. 호스트 A는 CR_ACK를 받았다는 증거로, 보내는 데이터에 CR_ACK_ACK를 같이 넣어 보낸다. 만약 보내는 데이터가 없는 경우에는 CR_ACK_ACK만 보낸다. 데이터 링크 계층에서 설명하였지만, 보내려는 데이터에 ACK를 같이 실어 보내는 것을 피기배킹 piggy backing 이라 부른다.

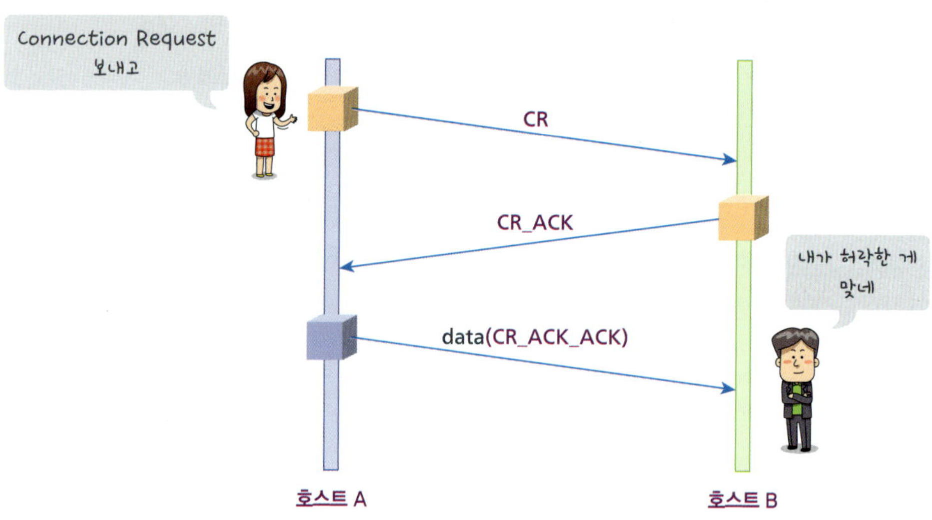

그림 13-11 3방향 핸드쉐이크

연결 설정에 있어서 CR → CR_ACK → CR_ACK_ACK, 3번의 합의를 거쳐 연결이 이루어진다. 이를 **3방향 핸드쉐이크** 3way handshake 라 부른다. 연결 설정 및 연결 해제에 3방향 핸드쉐이크가 사용된다.

2 연결 설정

TCP에서 실제로 연결 설정이 이루어지는 과정을 보자. 14장 TCP 헤더 분석에서 자세히 살펴보겠지만, TCP 헤더에는 일련번호 sequence number 와 ACK 일련번호가 있다. 일련번호(약자로 seq)와 ACK 번호는 슬라이딩 윈도우 프로토콜에서 보낸 데이터가 순서대로 도착했는지를 확인하기 위해 사용한다. 또한 일련번호와 ACK 번호는 연결 설정에도 사용된다.

TCP에서 CR Connection Request 에 해당하는 필드의 이름이 SYN이다. SYN은 동기화 synchronize 의 약자이며, 연결 설정을 할 때 사용하는 필드이다. [그림 13-12]는 SYN, 일련번호, ACK 번호를 사용하여 3방향 핸드쉐이크로 연결 설정을 하는 과정을 나타낸다.

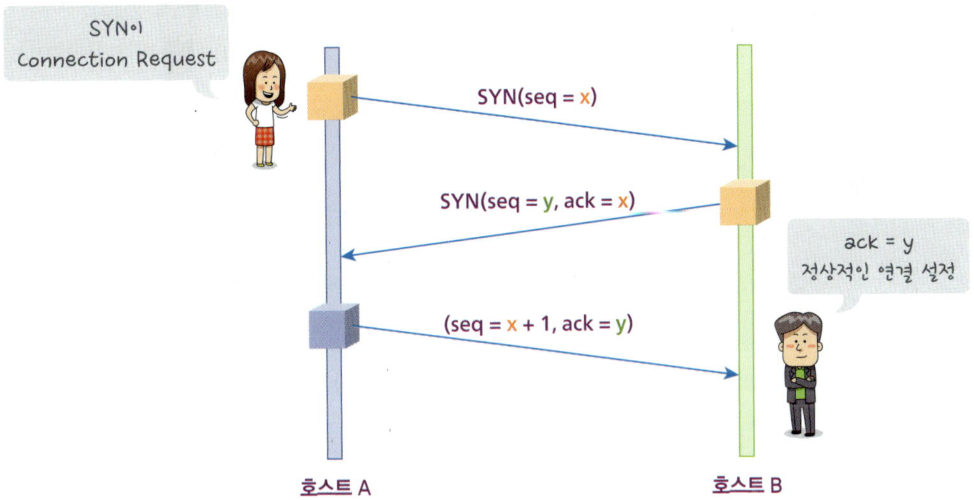

그림 13-12 3방향 핸드쉐이크를 사용하여 연결 설정

호스트 A는 연결 설정을 위하여 SYN을 호스트 B로 보낸다. 이때 호스트 A의 일련번호(seq)는 x라 가정하자. 호스트 B도 연결 설정의 허락의 의미로 SYN을 보낸다. 이때 호스트 B의 일련번호(seq)는 y라서 ACK 번호는 x가 된다. 호스트 A의 SYN(seq = x)에 대한 허락의 의미이기 때문에 호스트 B의 데이터는 SYN(seq = y, ack = x)가 된다.

호스트 B로부터 SYN을 받으면 호스트 A는 데이터를 전송한다. 이때 헤더는 seq = x + 1, ack = y가 된다. 처음 보낸 SYN(seq = x)의 다음 데이터이기 때문에 seq = x + 1가 된다. 또한 호스트 B로부터 받은 SYN(seq = y)의 응답으로 ack = y가 된다. 이렇게 SYN, 일련번호, ACK 번호를 사용하여 3방향 핸드쉐이크로 연결 설정을 한다.

3 연결 해제

연결의 설정과 마찬가지로 연결의 해제 또한 간단하지 않다. 연결의 해제는 통신을 하는 양쪽에서 어느 한쪽으로 DR Disconnection Request 을 보냄으로써 이루어진다. 그러나 DR을 보낸 것만으로 연결이 해제되는 경우에는 [그림 13-13]과 같은 문제가 발생할 수 있다.

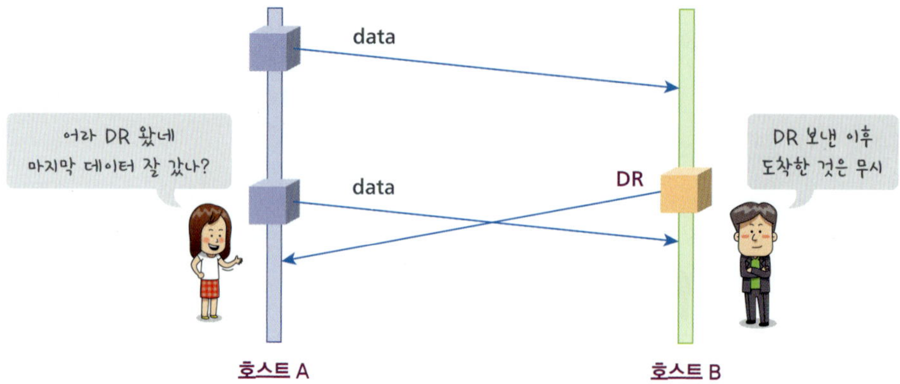

그림 13-13 일방적 DR의 문제점

호스트 A는 계속적으로 호스트 B에게 데이터를 보낸다. 그러다 호스트 B가 일방적으로 DR을 보냈다. DR을 보냈다는 것은 연결을 끊겠다는 의미이며, 이후 도착한 데이터는 모두 무시된다. 따라서 호스트 A는 데이터를 보냈지만, 호스트 B는 그 데이터를 처리하지 못하는 문제가 발생한다. 반대의 경우도 마찬가지이다.

연결을 해제할 때에도 서로 간의 합의가 필요하다. 연결을 해제한다는 것을 상대방이 알고 있어야 문제가 발생하지 않는다. 일방적으로 연결을 해제하는 경우 보낸 데이터가 사라지는 문제가 발생할 수 있다.

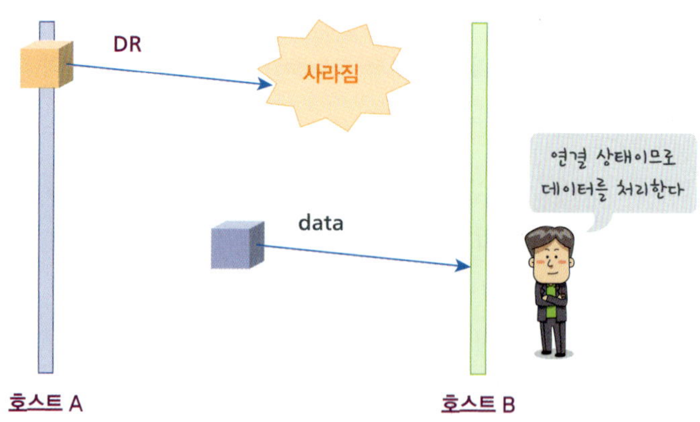

그림 13-14 DR이 사라지는 경우

데이터가 사라지는 것보다 더 큰 문제도 있다. [그림 13-14]와 같이 호스트 A가 연결 해제를 위해 보낸 DR이 사라졌다고 가정해보자. 이때 악의적인 사용자로부터 위조된 데이터가 호스트 B에 도착한다. 호스트 B는 호스트 A가 보낸 DR이 사라졌다는 것을 알지 못한다. 따라서 데이터가 도착하는 경우 이를 처리할 수밖에 없다.

연결 해제에도 연결 설정과 똑같이 3방향 핸드쉐이크를 사용한다. TCP에서 DR $_{\text{Disconnection Request}}$ 에 해당하는 필드의 이름이 FIN이다. FIN은 마무리 $_{\text{finalize}}$ 의 약자이며, 연결을 해제할 때 사용한다. [그림 13-15]는 FIN, 일련번호, ACK 번호를 사용하여 3방향 핸드쉐이크로 연결을 해제하는 과정을 나타낸다.

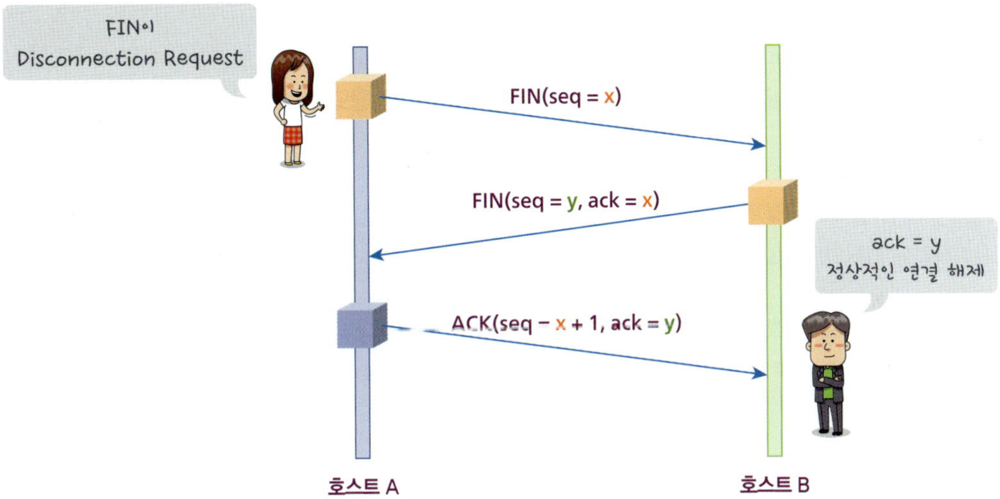

그림 13-15 3방향 핸드쉐이크로 연결 해제

호스트 A는 연결 해제를 위하여 FIN(seq = x)을 호스트 B로 보낸다. 호스트 B는 연결 해제를 동의한다는 의미로 FIN(seq = y, ack = x)을 보낸다. 호스트 B로부터 FIN을 받으면 호스트 B는 ACK(seq = x + 1, ack = y)을 보낸다. 이렇게 FIN, 일련번호, ACK 번호를 사용하여 3방향 핸드쉐이크로 연결이 해제된다.

여기서 잠깐

3방향 핸드쉐이크에서 FIN이나 ACK가 사라지는 경우 여전히 문제가 발생할 수 있다. 그래서 4방향이나 5방향 핸드쉐이크도 제안되었지만, 문제를 완벽하게 해결하지 못하는 것은 마찬가지다. 그래서 3방향 핸드쉐이크를 사용한다.

요약

- 전송 계층의 주요한 작업은 분할과 병합이다. 전송 계층 IP에게 보낼 데이터의 크기가 큰 경우, TCP는 적당한 크기로 자른 후 번호를 붙인다. 받는 쪽 TCP는 순서대로 데이터가 도착했는지 확인하고, 원래 크기로 합쳐서 응용 프로그램에게 전달한다.

- 전송 계층은 다양한 응용 프로그램으로 데이터를 전달해달라는 요청을 받는다. 따라서 전송 계층의 중요한 역할은 여러 응용 프로그램이 사용할 수 있는 멀티 인터페이스를 제공하는 것이다.

- 전송 계층은 목적지에 도착한 데이터가 순서가 뒤바뀌거나 사라진 것은 없는지 확인한다. 따라서 데이터 링크 계층에서 설명했던 일련번호와 ACK를 사용한다. 또한 슬라이딩 윈도우 프로토콜을 사용하여 혼잡 제어를 한다.

- IP는 목적지까지 데이터를 전송만하기 때문에 연결이라는 개념이 없다. 응용 프로그램이 연결을 설정하고 해제하는 작업을 지원하는 것도 전송 계층의 주요 역할이다.

- 클라이언트란 서비스를 요청하는 호스트이다. 서버는 언제 서비스를 요청할지 모르기 때문에 항상 대기 상태로 기다려야 한다. 이렇게 죽지 않고 살아서 서비스를 계속 진행하는 프로그램을 데몬이라 부른다. 서버는 데몬이 설치된 컴퓨터이다.

- 우리가 사용하는 IP 주소는 호스트까지 오는 데 사용된다. 마치 아파트의 동 번호와 같다. 아파트의 호수의 역할을 하는 주소가 필요한데, 전송 계층이 사용하는 주소를 포트라 부른다. 포트 번호의 크기는 16비트이며, 각 컴퓨터에는 0에서 65535사이의 포트가 있다. 프로그램이 네트워크를 사용하려고 하면 운영체제는 0에서 65535 사이의 빈 포트 번호 중 하나를 프로그램에게 준다.

- 클라이언트가 서버와 처음 통신할 때, 데몬의 포트 번호를 알아야 한다. 그래서 자주 사용하는 데몬이나 중요한 프로그램의 포트 번호를 고정시켰다. 이를 well-known 포트 번호라 부른다. well-known 포트 번호는 포트 번호 0에서 1023번까지를 사용한다. 웹 데몬(HTTPD)의 포트 번호는 80번, FTPD의 포트 번호는 21번, SMTPD는 25번이다.

- 소켓은 같은 포트에 연결되어 여려 명을 동시에 처리할 수 있는 소프트웨어적인 접속장치이다. 네트워크에 있어서 응용 프로그램이 접속하는 포인트는 소켓이다. 그래서 네트워크를 이용한 프로그래밍을 소켓 프로그래밍이라 부른다.

- 전송 계층은 연결 설정과 연결 해제에 3방향 핸드쉐이크를 사용한다.

연습문제

[객관식 문제]

01 전송 계층과 연관 있는 것을 찾으시오.

❶ NPDU ❷ DPDU
❸ TPDU ❹ datagram

02 전송 계층의 작업이 아닌 것을 찾으시오.

❶ 터널링 ❷ 멀티 인터페이스 제공
❸ 연결 설정 및 해제 ❹ 혼잡제어

03 전송 계층의 작업에 가장 가까운 것을 찾으시오.

❶ 터널링 ❷ 전보
❸ 라우팅 ❹ 혼잡제어

04 다음의 전송 계층의 작업 중 데이터 링크 계층의 작업과 일치하는 것을 찾으시오.

❶ 멀티 인터페이스 ❷ ACK 사용
❸ 연결 설정 ❹ 연결 해제

05 다음의 전송 계층의 작업 중 데이터 링크 계층의 작업과 일치하는지 않는 것을 찾으시오.

❶ 일련번호 ❷ ACK 사용
❸ 슬라이딩 윈도우 ❹ 멀티 인터페이스

06 TCP 헤더 + 데이터를 가리키는 단어를 찾으시오.

❶ NPDU ❷ DPDU
❸ TPDU ❹ datagram

07 IP에서 올라오는 패킷을 그대로 응용 프로그램에게 전달하는 프로토콜을 찾으시오.

❶ RTP ❷ SMTP
❸ TCP ❹ UDP

08 24시간 살아서 계속적으로 서비스를 해주는 소프트웨어를 가리키는 단어를 찾으시오.

❶ daemon ❷ utility
❸ datagram ❹ Tomcat

09 나머지 셋과 종류가 다른 것을 찾으시오.

❶ FTPD ❷ SMTPD
❸ HTTPD ❹ Gopher

10 웹 서버를 구축하려 한다. 어떤 종류의 소프트웨어를 설치해야 하는가?

❶ FTPD ❷ SMTPD
❸ HTTPD ❹ Gopher

11 메일 서버를 구축하려 한다. 어떤 종류의 소프트웨어를 설치해야 하는가?

❶ FTPD ❷ SMTPD
❸ HTTPD ❹ Gopher

12 파일 서버를 구축하려 한다. 어떤 종류의 소프트웨어를 설치해야 하는가?

❶ FTPD ❷ SMTPD
❸ HTTPD ❹ Gopher

13 TSAP과 가장 가까운 단어를 찾으시오.

❶ port ❷ IP address
❸ Sequence Number ❹ MAC address

14 나머지 셋과 종류가 다른 것을 찾으시오.

❶ IIS ❷ Apache
❸ Tomcat ❹ Chrome

15 전송 계층의 주소 역할을 하는 것을 찾으시오.

❶ port ❷ IP address
❸ Sequence Number ❹ MAC address

16 1023보다 작은 포트 번호를 가리키는 단어는 무엇인가?

❶ IP address ❷ MAC address
❸ socket ❹ well-known 포트

17 다음의 포트 번호 중 나머지 셋과 다른 것을 찾으시오.

❶ 1234 ❷ 80
❸ 8080 ❹ 1124

18 포트의 크기는 몇 비트인가?

❶ 8 ❷ 16
❸ 32 ❹ 64

19 FTPD의 well-known 포트 번호를 찾으시오.

❶ 21 ❷ 25
❸ 80 ❹ 443

20 HTTP의 well-known 포트 번호를 찾으시오.

❶ 21 ❷ 25
❸ 80 ❹ 443

21 HTTPS의 well-known 포트 번호를 찾으시오.

❶ 21 ❷ 25
❸ 80 ❹ 443

22 SMTP의 well-known 포트 번호를 찾으시오.

❶ 21 ❷ 25
❸ 80 ❹ 443

23 포트에 연결되어 동시에 여러 명을 처리할 수 있는 접속 장치를 가리키는 단어는 무엇인가?

❶ IP address ❷ MAC address
❸ socket ❹ well-known 포트

24 동시에 접속할 수 있는 클라이언트의 수를 결정하는 것은 무엇인가?

❶ IP address ❷ MAC address
❸ socket ❹ well-known 포트

25 연결 설정에 사용하는 가장 일반적인 방법은 무엇인가?

❶ 1방향 핸드쉐이크 ❷ 2방향 핸드쉐이크
❸ 3방향 핸드쉐이크 ❹ 4방향 핸드쉐이크

26 연결 해제에 사용하는 가장 일반적인 방법은 무엇인가?

❶ 1방향 핸드쉐이크 ❷ 2방향 핸드쉐이크
❸ 3방향 핸드쉐이크 ❹ 4방향 핸드쉐이크

27 처음 연결 설정을 요청할 때 사용하는 데이터의 이름은 무엇인가?

❶ Seq ❷ ACK
❸ DR ❹ CR

28 처음 연결 해제를 요청할 때 사용하는 데이터의 이름은 무엇인가?

❶ Seq ❷ ACK
❸ DR ❹ CR

29 TCP 헤더에서 처음 연결 설정을 요청할 때 사용하는 필드의 이름은 무엇인가?

❶ Seq ❷ ACK
❸ DR ❹ SYN

30 TCP 헤더에서 처음 연결 해제를 요청할 때 사용하는 필드의 이름은 무엇인가?

❶ Seq ❷ ACK
❸ FIN ❹ SYN

[단답형 문제]

31 NPDU는 네트워크 계층에서 다루는 데이터 단위이다. 전송 계층의 데이터 단위는 ________라 부른다.

32 NPDU는 네트워크 계층에서 다루는 데이터 단위이다. 데이터 링크 계층의 데이터 단위는 ________라 부른다.

33 TCP 헤더 + 데이터를 ________라 부른다.

34 전송 계층의 작업 중 슬라이딩 윈도우의 크기를 줄이는 작업을 ________라 부른다.

35 전송 계층은 다양한 응용 프로그램들에게 ______ 인터페이스를 제공한다.

36 전송 계층은 ________ 및 연결 해제의 기능을 제공한다.

37 전송 계층은 데이터의 무결성을 위하여 일련번호와 ______를 사용한다.

38 IP에서 올라오는 패킷을 그대로 응용 프로그램에게 전달하는 프로토콜이 ______이다.

39 UDP에서 D는 ____________________을 뜻한다.

40 24시간 살아서 계속적으로 서비스를 해주는 소프트웨어를 ________이라 부른다.

41 웹 서버를 구축하려 한다면 컴퓨터에 ________를 설치해야 한다.

42 파일 서버를 구축하려 한다면 컴퓨터에 ________를 설치해야 한다.

43 메일 서버를 구축하려 한다면 컴퓨터에 ________를 설치해야 한다.

44 ________의 제품명으로 아파치, 톰캣, IIS가 있다.

45 __________의 제품명으로 익스플로러, 오페라, 크롬 등이 있다.

46 서버란 ________이 설치되어 있는 컴퓨터를 가리킨다.

47 전송 계층의 TSAP의 역할을 ______가 한다.

48 전송 계층에서 각 응용 프로그램을 구분하는 주소가 ______이다.

49 포트 번호 중 1023보다 작은 것을 __________________라 부른다.

50 포트 번호 중 데몬과 같은 주요 소프트웨어에 할당한 것을 __________________라 부른다.

51 포트의 크기는 ____비트이다.

52 FTP의 well-known 포트 번호는 __________이다.

53 HTTP의 well-known 포트 번호는 ____이다.

54 HTTPS의 well-known 포트 번호는 _____이다.

55 SMTPD의 well-known 포트 번호는 ____이다.

56 포트에 연결되어 동시에 여러 명을 처리할 수 있는 접속장치를 ________이라 부른다.

57 동시에 접속할 수 있는 클라이언트의 수를 결정하는 것은 ________이다.

58 연결 설정에 사용하는 가장 일반적인 방법은 _______________이다.

59 연결 해제에 사용하는 가장 일반적인 방법은 _______________이다.

60 처음 연결 설정에 사용하는 데이터의 이름은 _____________________________이다.

61 처음 연결 해제에 사용하는 데이터의 이름은 _________________________________이다.

62 처음 연결 설정에 사용하는 TCP 헤더의 필드 이름은 ______이다.

63 처음 연결 해제에 사용하는 TCP 헤더의 필드 이름은 _____이다.

[주관식 문제]

64 전송 계층의 작업에 대하여 서술하시오.

65 웹의 클라이언트-서버 구조에 대하여 설명하시오.

66 포트와 소켓을 설명하시오.

67 well-known 포트에 대하여 설명하시오.

68 전송 계층에서 연결 설정의 단계를 설명하시오.

CHAPTER

14

TCP와 소켓 프로그래밍

Section

SECTION 01

전송 계층 관련 프로토콜 분석

1 TCP 헤더 분석 필수

› TCP가 해야 할 일

13장에서는 전송 계층이 처리해야 하는 일들을 설명하였으며 이들은 TCP 헤더에 나타난다. TCP 헤더를 분석하기 전에 전송 계층이 해야 할 일을 정리해보면 다음과 같다.

❶ 다양한 응용 프로그램들이 인터넷을 사용할 수 있는 멀티 인터페이스를 제공한다. 많은 응용 프로그램을 구분하는 주소의 역할을 포트가 담당한다. 포트 번호는 운영체제로부터 무작위로 주어지며, 1023이하의 well-known 포트 번호는 서버 프로그램(데몬)이나 주요 소프트웨에게 할당된다.

❷ 전송된 데이터의 무결성을 보장한다. IP에서 전송된 데이터는 순서가 뒤바뀌거나 사라질 수 있다. TCP는 일련번호와 ACK를 사용하여 뒤바뀐 순서를 바로잡고, 사라진 데이터는 재전송시킨다.

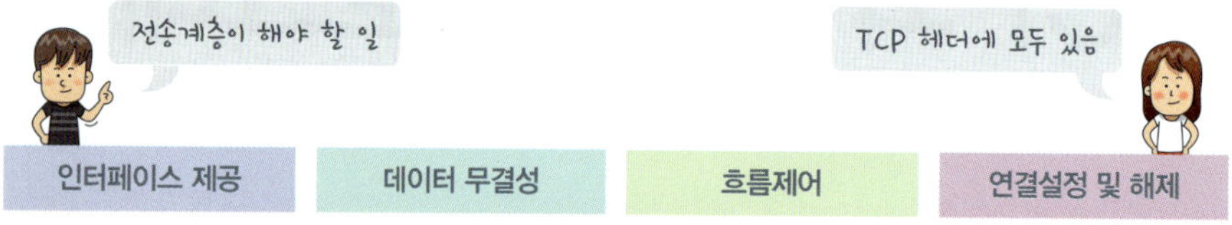

그림 14-1 전송 계층의 주요 작업

❸ 네트워크의 상태는 매우 유동적이기 때문에 이에 맞추어 혼잡 제어를 한다. 데이터 링크 계층에서 설명한 슬라이딩 윈도우 프로토콜의 윈도우 크기를 조절함으로써 혼잡을 제어한다.

❹ IP는 데이터그램을 사용하기 때문에 연결을 설정하고 해제하는 기능이 없다. 따라서 연결을 설정하는 문제와 해제하는 문제를 담당하는 것은 전송 계층이다. 연결 설정과 해제에는 3방향 핸드쉐이크가 사용된다.

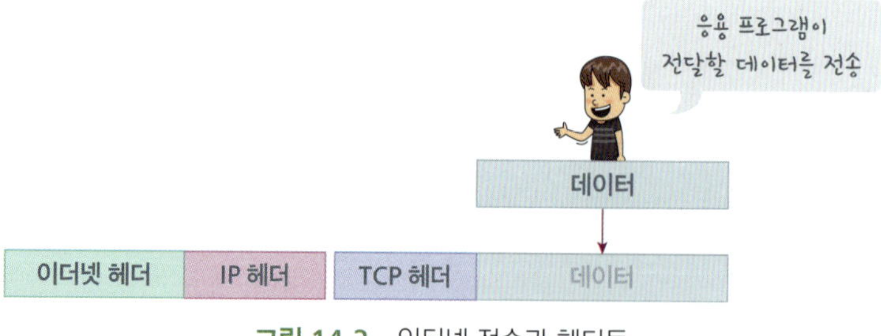

그림 14-2 인터넷 전송과 헤더들

전송 계층이 해야 하는 대표적인 작업을 담당하는 프로토콜이 TCP Transmission Control Protocol 이다. 응용 프로그램이 소켓을 통해 인터넷으로 전달할 데이터를 보내면 TCP는 TCP 헤더를 붙여서 IP로 내려 보낸다. IP는 IP 헤더를 붙여 이더넷으로 내려 보내면 이더넷이 데이터를 전송한다.

› TCP 헤더

전송 계층이 처리해야 할 일들과 관련된 필드들을 TCP 헤더에 모아 놓았다. TCP 헤더의 필드 값들을 이해할 수 있다면, TCP가 무슨 일들을 하는지 이해한다는 의미이다. [그림 14-3]은 TCP의 헤더를 나타낸다. 전송 계층에는 TCP 이외에 UDP와 RTP가 있는데 두 프로토콜의 분석은 다음 절에서 다룬다.

그림 14-3 TCP 헤더

TCP 헤더는 32비트(4바이트)를 기준으로 나눈다. [그림 14-3]에서와 같이 TCP 헤더의 각각 한 줄은 4바이트(32비트)이다. TCP 헤더는 필수 부분과 옵션 부분으로 나뉜다. 그림에서 위에서부터 다섯 번째 줄까지가 필수 부분이고, 나머지는 옵션 부분이다. 따라서 TCP 헤더의 필수 부분은 5 × 4바이트 = 20바이트이다. IPv4 헤더의 필수 부분 크기와 TCP 헤더의 필수 부분 크기는 같다.

IPv4 헤더와 같이 TCP 헤더의 옵션은 없을 수 있으며, 있더라도 4바이트씩 증가한다. TCP 헤더의 옵션 부분에 대한 설명은 이 책에서 다루지 않는다. 이제부터 TCP 헤더의 필수 부분을 한 줄씩 살펴보자.

> 1번 줄 - 포트 번호

1	Source Port	Destination Port

- TCP를 사용하는 여러 종류의 응용 프로그램들이 있다. 포트는 TCP를 사용하는 각종 응용 프로그램들이 사용하는 멀티 인터페이스이며 동시에 주소의 역할을 한다. 따라서 TCP를 통해 인터넷으로 데이터를 전송하려는 프로그램이 있다면 운영체제로부터 빈 포트 번호 하나를 할당받아야 한다. TCP를 사용하는 모든 응용 프로그램들이 포트를 사용하여 구분되기 때문에 보내는 쪽 포트(Source Port)와 받는 쪽 포트(Destination Port) 둘 다 표시하여 보낸다. 받는 쪽에서는 보내는 쪽 포트(Source Port)로 데이터를 회신한다.
- TCP의 구조상, 받는 쪽 포트를 알아야지만 데이터를 보낼 수 있다. 받는 쪽의 응용 프로그램이 웹 데몬(HTTPD)과 같이 잘 알려진 소프트웨어라면 well-known 포트 번호를 가지고 있다. 예를 들어 웹 서버에 접속하는 경우, 받는 쪽 포트(Destination Port)에는 80이 들어 있다.
- 포트 번호의 길이는 16비트이다. 따라서 0에서 65535까지의 포트 번호를 가진다. 이 중 0에서 1023번은 well-known 포트 번호로 지정되어 있다. 따라서 일반적인 응용 프로그램이라면 1024번 이상 65535 이하의 임의의 값을 포트 번호로 할당받게 된다.

> 2, 3번 줄 - 일련번호와 ACK 번호

2	Sequence Number
3	Acknowledge Number

- 네트워크에서 데이터를 전송하는 과정 중에 순서가 뒤바뀌거나 사라지는 문제가 발생한다. 그래서 데이터 전송에는 2번 줄 Sequence Number(일련번호)와 3번 줄 Acknowledge Number(ACK 번호)를 사용한다. 일련번호와 ACK 번호의 사용 방식은 데이터 링크 계층에서 설명하였다. 또한 일련번호와 ACK 번호는 연결을 설정하고 해제하는데 사용된다.
- 컴퓨터가 켜진 후 꺼질 때까지 무수히 많은 수의 데이터를 전송한다. 따라서 일련번호와 ACK 번호는 충분히 커야 한다. 일련번호와 ACK 번호에 32비트를 할당하였기 때문에 0부터 2^{32} - 1까지, 약 42억 개의 번호를 사용할 수 있다.

> 4번 줄 - 슬라이딩 윈도우 프로토콜과 연결 설정 및 해제

4	THL					ECE	CWR	URG	ACK	PSH	RST	SYN	FIN	Window Size

4번 줄에는 슬라이딩 윈도우와 연결의 설정 및 해제와 연관된 필드들이 있다.

- THL(TCP Header Length): THL은 TCP Header Length의 약자이며, 옵션을 포함한 TCP 헤더 길이를 나타낸다. 데이터는 포함되지 않는다. IP 헤더와 마찬가지로 TCP 헤더는 언제나 4바이트 기준으로 커진다. 옵션도 마찬가지이다. THL 필드에 들어 있는 값은 4바이트 단위의 줄의 길이를 의미한다. 따라서 옵션이 없는 경우엔 THL에는 5가 들어 있다. 헤더가 5줄이라는 의미이다. THL이 5이면, 1줄이 4바이트이므로 20바이트 크기의 헤더가 된다. 예를 들어 8바이트 옵션이 붙은 헤더의 THL은 7이다. 또한 헤더의 크기는 28(7 x 4)바이트가 된다.
- ECE(Explicit Congestion notification Echo): IP 헤더에서 ECN Explicit Congestion Notification 필드와 연동되는 필드가 ECE Explicit Congestion notification Echo 이다. ECE는 ECN-Echo로 부른다. IP 헤더에서 ECN은 혼잡제어에 사용되며, 네트워크에 혼잡이 발생하여 패킷이 제대로 전달되지 않을 경우 활성화된다. IP에서 네트워크가 혼잡하여 슬라이딩 윈도우의 크기를 줄여야 한다고 판단되면 ECE가 1이 된다. TCP에서 ECE을 받은 호스트는 윈도우의 크기를 줄여서 혼잡을 제어한다.
- ECE를 ECN-Echo라 부르는 이유는 IP의 ECN이 네트워크가 혼잡하여 윈도우 크기를 줄인다고 결정하면, TCP의 ECE가 1로 바뀌기 때문이다. 윈도우 크기를 줄여 혼잡을 완화하는 작업은 TCP에서 이루어지지만 라우터의 혼잡한 상태를 확인할 수 있는 것은 네트워크 계층이다. 따라서 IP에서 ECN을 통해 혼잡 상태가 파악되고, ECE가 1이 되면, ECE를 받은 쪽은 슬라이딩 윈도우의 크기를 줄인다.
- CWR(Congestion Window Reduced): CWR은 Congestion Window Reduced의 약자로 ECE를 받아 윈도우 크기를 줄였다는 것을 확인하는 필드이다. 또한, ECE를 중복적으로 보내지 않아도 된다는 의미를 가진다.
- URG(Urgent): URG는 Urgent의 약자로 긴급하게 처리해야 할 데이터가 있는 경우 1이 된다. URG의 처리 방법는 5번 줄 `Urgent Point`와 같이 설명한다.
- ACK(Acknowledgment): TCP에서 데이터를 주거나 받을 때 ACK가 필요한 경우도 있고 아닌 경우도 있다. TCP 헤더의 ACK 번호가 의미가 있는 경우 ACK가 1이 된다. 따라서 ACK가 0이면 ACK 번호는 무시된다.
- PSH(Push): PSH는 push를 의미한다. TCP는 데이터의 순서가 다 맞을 때까지 받은 데이터를 버퍼 buffer 에 보관하고 있다. 데이터의 순서가 다 맞은 후에야 응용 계층으로 데이터를 올려 보낸다. PSH 필드가 1이 되면, 순서가 맞지 않아도 버퍼에 있는 데이터를 응용 계층으로 무조건 올려 보낸다.
- SYN(Synchronize): SYN는 Synchronize를 의미하며 연결 설정에 사용되는 Connection Request(CR)를 의미한다. 연결을 설정할 때 `SYN` 필드가 1이 된다.
- FIN(Finalize): FIN은 Finalize를 의미하며 연결 해제에 사용되는 Disconnection Request(DR)를 의미한다. 연결을 해제할 때 `FIN` 필드가 1이 된다.
- RST(Reset): RST는 Reset을 의미한다. 연결 설정이나 연결 해제를 위해 3방향 핸드쉐이크를 사용하는데 이 방법이 완벽한 것은 아니다. 매우 드물게 SYN이나 FIN이 계속 지연되어 연결 설정이나 해제가 원만히 이루어지지 않을 수 있다. 이때 RST는 필드를 1로 만들어 보내면 모두 리셋하자는 의미이다. 다시 말해, 지금의 시도를 중지하고 연결 설정이나 해제를 처음부터 다시 시작한다.
- `Window Size`: 슬라이딩 윈도우 프로토콜의 윈도우 크기를 나타낸다. 윈도우의 크기 필드가 16비트이기 때문에 윈도우의 최대 크기(ACK 없이 보낼 수 있는 데이터의 개수)는 65536개이다.

> 5번 줄 - 슬라이딩 윈도우 프로토콜과 연결 설정 및 해제

5	Checksum	Urgent Pointer

- Checksum: 오류 검출 코드인 체크섬Checksum이 들어 있으며 크기는 16비트이다. IP 헤더에도 체크섬이 있는데, TCP와 차이점이 있다. IP의 체크섬은 헤더에 오류가 있는지 없는지만 검사한다. 그래서 Header Checksum이라 부른다. TCP의 체크섬은 헤더와 데이터 모두를 검사한다. IP는 목적지까지 패킷을 빠르게 전송하는 일만으로도 벅차기 때문에 헤더만 검사하고, 데이터의 오류를 검사하는 것은 TCP가 담당한다.
- Urgent Pointer: Urgent Pointer는 4번 줄 URG(Urgent)가 1이 되면 의미가 생기는 필드이다. 통신을 하던 중 긴급하게 처리해야 하는 데이터가 있다면, URG가 1이 된다. URG가 1이 된 경우, 전달된 데이터 전부가 긴급한 데이터는 아니다. 데이터 중 긴급하게 처리되어야 하는 위치를 Urgent Pointer가 가지고 있다.

지금까지 살펴보았듯이 TCP 헤더에는 다양한 작업을 할 수 있는 필드들이 있다. TCP의 이러한 노력으로 오류 없이 데이터를 전송할 수 있지만, 처리하는 작업이 많아 느리다는 단점도 있다.

2 UDP

앞에서 설명했듯이 TCP는 순서가 뒤바뀐 데이터들을 정렬하고, 사라진 패킷을 다시 전송시키며 혼잡 제어를 위해 슬라이딩 윈도우 크기를 줄이거나 늘린다. 이러한 TCP의 작업은 시간을 많이 소요한다. TCP의 복잡한 작업이 불필요한 경우도 있다. 예를 들어 유튜브에서 동영상을 보고 있다고 가정해보자. 동영상의 경우 끊김 없이 재생하기 위해서는 데이터가 빨리 전송되어야 한다. 또한 동영상 데이터 중에 몇 개의 데이터가 빠지거나 혹은 순서가 뒤바껴도 전체 흐름에는 큰 지장이 없다. 이러한 경우 TCP의 작업은 부담스럽다. 그래서 만든 프로토콜이 UDP, 영어로 User Datagram Protocol이다.

여기서 잠깐

스타 크래프트 게임의 베틀넷 옵션 중에 Local Area Network (LAN)로 연결하는 경우 UDP로 연결된다.

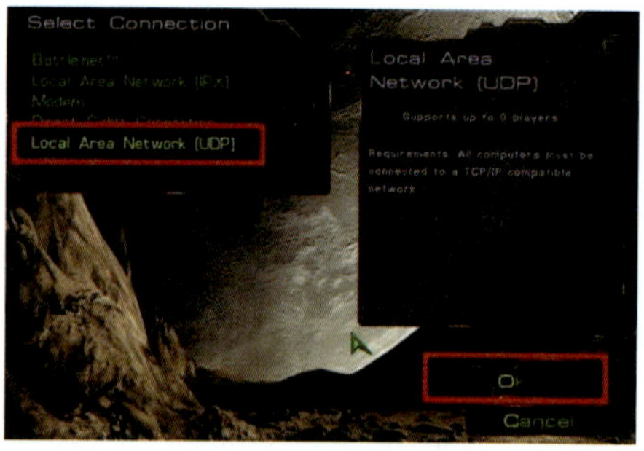

TCP/IP가 처음 설계될 때와는 달리 현재의 네트워크는 매우 빠르고 안정적이다. 따라서 과거처럼 많은 양의 데이터가 사라지거나 뒤바뀌지 않는다. 그래서 안정성보다는 속도를 요구하는 네트워크 통신에는 UDP/IP를 사용한다. UDP는 IP에서 올라온 패킷을 특별한 작업 없이 응용 프로그램에게 전달한다. [그림 14-4]는 UDP 헤더를 나타낸다.

	1–16	17–32
1	Source Port	Destination Port
2	UDP Length	UDP Checksum

그림 14-4 UDP 헤더

1번 줄은 TCP 헤더와 마찬가지로 보내는 쪽 포트(`Source Port`)와 받는 쪽 포트(`Destination Port`)이다. 2번 줄 `UDP Length`는 데이터를 포함한 UPD의 전체 길이를 나타낸다. 표시 단위는 바이트이다. 헤더를 포함한 UDP 전체에 대하여 오류검출 코드로 체크섬을 사용하는데, 16비트 체크섬 코드가 `UDP Checksum`에 들어 있다.

3 RTP 심화

인터넷 전화, 유튜브, 넷플릭스와 같이 인터넷을 통하여 멀티미디어 데이터를 전송하는 일이 많아졌다. RTP는 스트리밍 데이터의 전송을 위해 설계된 실시간 전송 프로토콜 Real-time Transport Protocol 이다. 주로 인터넷 전화(VoIP Voice over IP), 동영상 스트리밍, 화상통신과 같은 멀티미디어 통신에 사용된다. RTP는 IETF(국제 인터넷 표준화 기구)가 개발하여 발표한 프로토콜이며, 1대1 통신 및 멀티캐스팅을 지원한다.

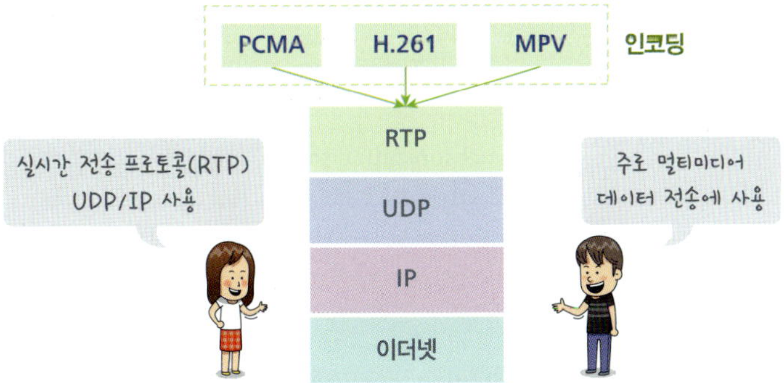

그림 14-5 실시간 전송 프로토콜(RTP) 구조

정확하게 이야기 하면, RTP는 전송 계층에 속한 프로토콜은 아니다. TCP나 UDP는 운영체제가 인터넷을 사용하는 응용 프로그램에게 제공하는 통신 서비스이다. 그러나 RTP는 UDP를 이용하여 구축되고, 응용 프로그램이 자체적으로 사용하는 프로토콜이다. 따라서 TCP와 같이 범용적인 프로토콜이 아니라 멀티미디어 스트리밍과 같이 특정한 분야에서 사용하는 프로토콜이다.

RTP는 UDP를 사용하여 빠르게 데이터를 전송하도록 설계되었다. 멀티미디어 데이터 전송에서 중요한 것은 속도이다. 따라서 TCP와 같이 느리고 안전한 프로토콜보다는 UDP와 같이 일부 패킷이 손실되더라도 빠르게 전송할 수 있는 프로토콜이 적합하다. 사실 비디오 데이터에서 몇 개의 패킷이 손실되더라도 동영상을 감상하는데 큰 문제는 없다. 패킷이 느리게 처리되어 동영상이 끊어지는 것이 더 큰 문제이다.

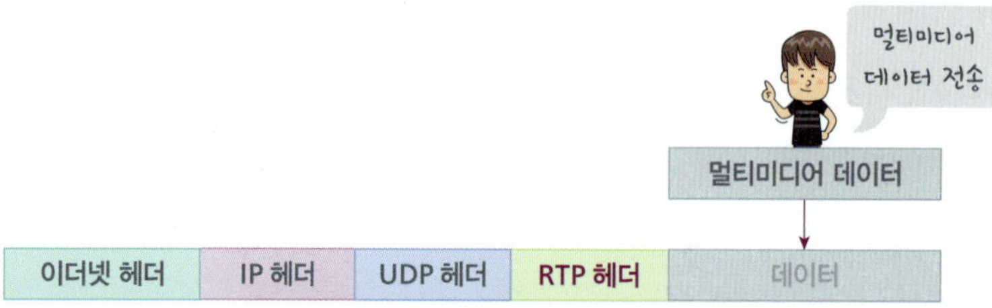

그림 14-6 실시간 전송 프로토콜(RTP) 구조

RTP의 또 다른 특징은 다양한 비디오 및 오디오 포맷을 지원하기 위하여 헤더에서 기능을 추가하거나 뺄 수 있도록 설계되었다. 멀티미디어가 발달함에 따라 다양한 멀티미디어 포맷이 존재한다. 자신이 필요한 포맷을 RTP 헤더에 포함시킴으로써 다양한 RTP를 구성할 수 있도록 한다. RTP는 오디오 포맷으로 G.711, G.723, G.726, G.729, QCELP, MP3, DTMF를 지원하며, 비디오 포맷으로 H.261, H.263, H.264, H.265, MPEG-1 및 MPEG-2를 지원한다.

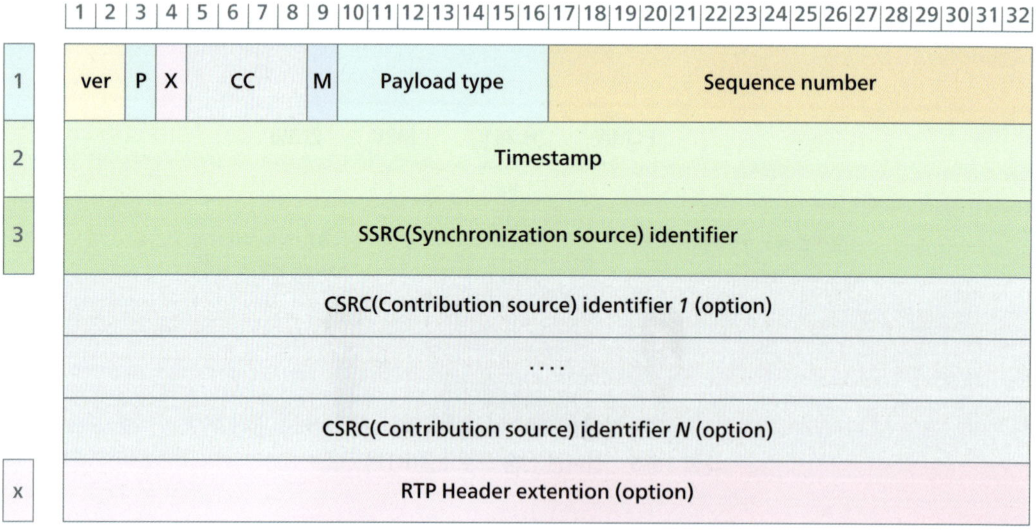

그림 14-7 실시간 전송 프로토콜(RTP) 헤더

RTP를 사용하는 경우 [그림 14-6]과 같이 RTP 헤더 - UDP 헤더 - IP 헤더 - 이더넷 헤더들이 차례로 붙는다. RTP는 지터 보상, 패킷 손실, 느린 전송 감지 기능들을 제공한다. 또한 RTP는 1대1 통신 뿐 아니라 멀티캐스트를 통해 여러 곳에 데이터를 전송할 수 있게 한다. [그림 14-7]은 RTP 헤더를 나타낸다. 옵션을 제외한 RTP 헤더의 기본 크기는 3줄(12바이트)이다. 헤더의 옵션은 4바이트 단위로 증가한다.

- ver(version): RTP 버전 번호이며 현재는 2이다.
- P(padding): RTP 마지막에 패딩 데이터가 존재하는 경우 1이 되는 필드이다.
- x(extention): RTP 헤더의 마지막에 `RTP Header extention`이 존재하는 경우 1이 된다. 헤더에서 맨 마지막 줄이 `Header extention`이다.
- CC(CSRC Count): RTP에서 발신자를 구분하는 고유번호는 3번 줄의 SSRC Synchonization source 이다. 발신자가 여러 개인 경우 CSRC Contribution source 가 붙는다. CSRC는 1개에서 N개까지 사용할 수 있는데 CC는 CSRC의 개수를 나타낸다.
- M(marker): 마커는 응용 프로그램이 필요할 때 사용할 수 있는 필드이다. 예를 들어 프레임의 끝을 나타낼 때 마커를 사용할 수 있다.
- `payload type`: 헤더 다음에 이어지는 데이터의 종류를 나타낸다. 사진, 음악, 동영상과 관련된 각종 인코딩 데이터가 표시된다.
- `Sequence number`: RTP는 UDP를 기반으로 만들어졌기 때문에 패킷이 손실될 수 있다. `Sequence number`는 패킷의 손실이나 순서가 뒤바뀌는 경우를 확인하기 위해서 만들어진 필드이다.
- `Timestamp`: 데이터의 생성 시간을 나타낸다.

RTP는 RTCP RTP Control Protocol 와 결합하여 사용된다. RTP는 멀티미디어 데이터의 전송을 위해 사용되며 RTCP는 제어 정보를 주기적으로 받기 위해 사용된다. RTP가 오디오나 비디오와 같은 멀티미디어 데이터를 전달하는 반면, RTCP는 전송 통계와 QoS Quality of Services 를 모니터링하며 스트림의 동기화를 도와준다.

4 혼잡제어 심화

혼잡제어를 위해서 TCP에서는 ECE Explicit Congestion notification Echo 와 CWR Congestion Window Reduced 필드가 사용되고 IP에서는 ECN Explicit Congestion Notification 이 사용된다. 혼잡제어가 일어나는 과정을 자세히 살펴보자.

혼잡제어를 위해서는 TCP의 연결 설정 단계에서 양쪽이 ECN을 사용할 것인지를 합의해야 한다. 혼잡제어를 사용을 원하는 호스트 A는 연결 설정에서 SYN, CWR, ECE 필드를 1로 만들어 보낸다. 이를 받은 호스트 B는 혼잡제어에 동의할 경우 SYN, ACK, ECE 필드를 1로 만들어 보낸다.

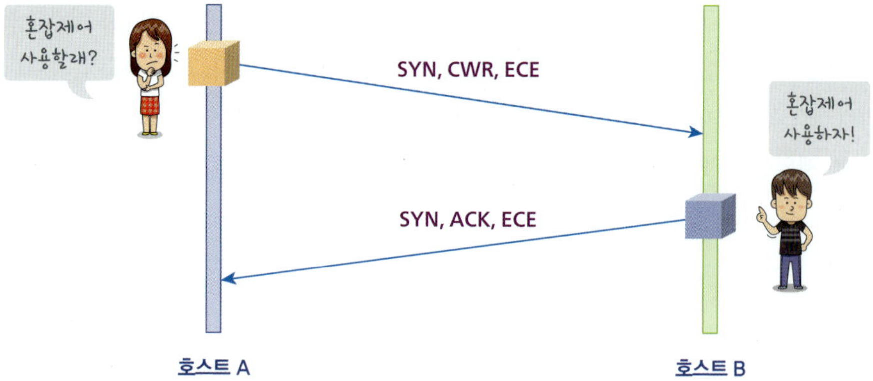

혼잡제어 사용을 합의하는 경우

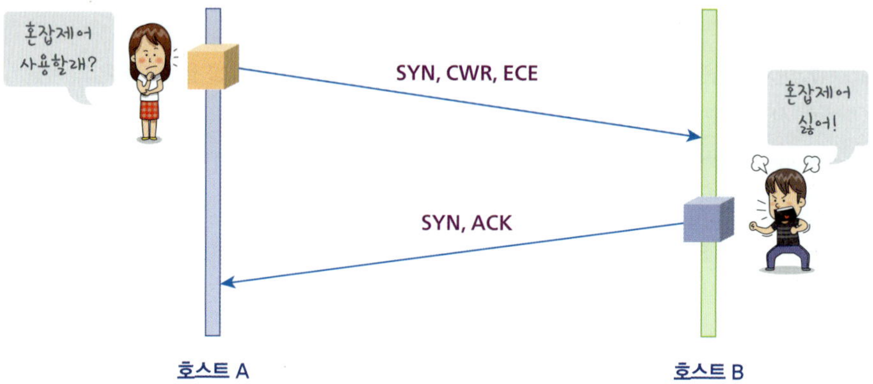

혼잡제어를 사용하지 않는 경우

그림 14-8 혼잡제어 사용 전 설정 단계

만약 호스트 B가 혼잡제어가 필요 없다고 판단되는 경우에는 SYN, ACK만 보낸다. 이 경우 혼잡제어는 무시된다.

양쪽이 혼잡제어에 동의하는 경우를 살펴보자. 혼잡을 판단할 수 있는 것은 네트워크 계층에 속한 라우터들이다. 따라서 네트워크가 혼잡하여 TCP의 윈도우 크기를 줄이도록 결정하는 것은 IP의 ECN 필드이다. IP의 ECN은 ECT $_{\text{ECN Capable Transport}}$ 비트와 CE $_{\text{Congestion Experienced}}$ 비트 두 개로 구성된다. ECN 필드가 (0, 0)으로 설정되면 혼잡제어를 안 한다는 의미이다. ECN 필드가 (0, 1) 혹은 (1, 0)으로 설정되면 라우터에게 혼잡제어를 하라는 의미이다. 이를 ECT 상태라 부른다.

라우터에서 혼잡이 발견되면 라우터는 받는 쪽(호스트 B)로 ECN 필드를 (1, 1)로 만들어 보낸다. 이는 혼잡이 발생하였으니 윈도우 크기를 줄이라는 것을 의미하며 CE 상태라 부른다.

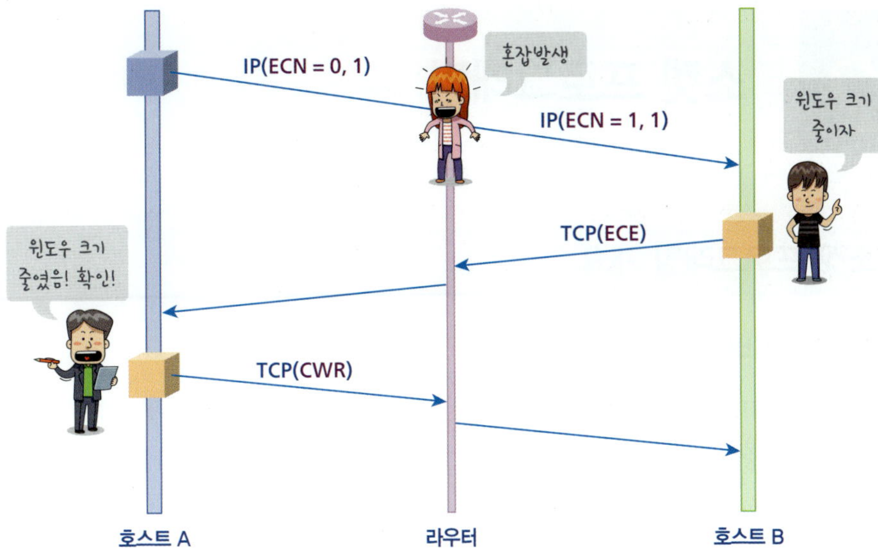

그림 14-9 혼잡제어가 이루어지는 과정

ECN 필드가 (1, 1)인 상태(CE 상태)를 받은 호스트 B는 TCP의 ECE를 1로 만들어 호스트 A에게 보낸다. 혼잡이 발생하였으니 슬라이딩 윈도우의 크기를 줄이라는 필드가 TCP의 ECE 필드이다. ECE를 받은 호스트 A는 슬라이딩 윈도우의 크기를 줄이고, ECE에 대한 확인으로 CWR을 1로 만들어 보낸다. 이와 같이 TCP와 IP가 협업을 통하여 슬라이딩 윈도우의 크기를 줄여서 트래픽을 조절한다.

SECTION 02

소켓 프로그래밍

1 소켓 프로그래밍 개요

클라이언트와 서버의 연결

여러 개의 응용 프로그램들이 TCP를 사용하여 통신하는 과정을 생각해보자. 운영체제는 0에서 65535까지의 포트 번호를 중 비어있는 번호를 응용 프로그램에게 제공한다. TCP를 이용하려는 응용 프로그램은 운영체제로부터 할당받은 포트 번호로 자신만의 통신 경로를 만든다. 따라서 포트 번호는 멀티 인터페이스인 동시에 주소이다. 또한 서버 쪽 데몬들에는 고정된 well-known 포트 번호가 부여된다.

서버 쪽의 웹 데몬(HTTPD) 80번 포트를 생각해보자. 웹 페이지를 방문하려는 클라이언트가 여러 명인데, 한 클라이언트가 80번 포트를 장악해버리면 나머지 클라이언트들은 하염없이 기다려야 한다. 이러한 문제를 해결하기 위하여 포트에는 여러 개의 소켓이 연결된다. 벽의 220V 소켓에 멀티탭을 연결하는 것과 같다. 클라이언트들은 포트에 연결된 멀티 소켓에 하나씩 연결된다. 이러한 방식으로 서버 프로그램(데몬)은 동시에 여러 클라이언트들에게 서비스를 제공할 수 있게 된다.

응용 프로그램들이 통신을 하려면 소켓에 접속해야 한다. 소켓의 정확한 이름은 TCP socket이다. 서버뿐 아니라 클라이언트도 포트에 연결된 소켓을 이용하여 통신한다. 따라서 네트워크에서 데이터를 보낸다는 것은 클라이언트 소켓이 서버 소켓으로 데이터를 보내는 것이다. 그래서 네트워크 프로그래밍을 **소켓 프로그래밍**이라 부른다.

그림 14-10 소켓을 이용한 통신 구조

[그림 14-10]은 소켓을 이용한 통신 구조를 나타낸다. 클라이언트 쪽에서는 운영체제가 임의로 부여한 포트 번호에 소켓을 만든다. 클라이언트 소켓은 connect()를 사용하여 서버 쪽 소켓과의 연결을 시도한다. 연결을 위해서는 서버 쪽 주소가 필요하다. 서버 쪽 IP 주소는 5.6.7.8이며 포트 번호는 11234이다.

소켓 프로그래밍에서 주의해야 할 것이 있다. 클라이언트의 연결시도인 connect()를 받아주는 것은 서버 쪽의 accept() 함수이다. 따라서 connect() 이전에 accept()가 준비되어 있어야 한다. 그래서 서버 쪽 코드를 먼저 실행시키고 난 후 클라이언트 코드를 실행시켜야 정상적으로 작동한다. 또한 언제 클라이언트가 연결을 시도할지 모르기 때문에 서버는 무한 루프를 돌면서 기다리게 된다. 그래서 서버 쪽 프로그램을 데몬이라 부른다.

통신을 하기 위해서는 상대방 주소가 필요하다. IP 주소와 포트 번호가 주소이다. 클라이언트가 서버에 접속하기 위해서는 서버 쪽 IP 주소 5.6.7.8과 포트 번호는 11234를 모두 알고 있어야 한다. 따라서 서버 쪽 포트 번호는 11234와 같이 미리 정해진 번호여야만 통신이 가능하다. 만약 웹 서버(HTTPD)에 접속하려면 포트 번호는 80으로 미리 정해진 값이다.

› 파일에 접근하는 방법

소켓 사용방법을 설명하기 전에 파일에서 데이터를 읽거나 쓰는 작업을 생각해보자. 파일을 사용하기 위해서는 해당 파일이 존재하는지, 존재한다면 파일에 접근할 권한이 있는지를 먼저 살펴봐야 한다. 예를 들어 프로그램에서 "unix.txt"에서 데이터를 읽으려 한다고 가정해보자. "unix.txt"가 작업을 하는 폴더에 있어야지만 데이터를 읽을 수 있다.

해당 파일이 존재하더라도 문제가 있다. 어떤 파일은 운영체제만 사용한다. 만약 운영체제만 사용하는 파일을 누군가 내용을 바꾸려 한다면 시스템이 위험해질 수도 있다. 또한 읽기$_{read}$ 전용 파일에 쓰기$_{write}$ 연산을 하면 안된다. 이와 같이 파일을 사용하기 전에 접근권한이 있는지를 확인해야 한다.

그림 14-11 파일에 접근하려면 열쇠가 있어야 한다

위에서 열거한 이유 등으로 파일을 사용하려면 준비 단계가 필요하다. 파일을 사용하기 위한 준비 단계를 만들어 주는 함수가 open()이다. 프로그램이 파일을 사용하기 위해서는 fd = open("**파일이름**")을 사용하여 파일이 존재하는지, 접근권한이 있는지를 확인한다.

헬스클럽에 등록을 하면 락커 키를 준다. 이 락커 키가 개인 락커를 사용할 수 있는 권리이다. 마찬가지로 fd = open("**파일이름**")이 성공적으로 끝났다면 파일에 접근할 수 있는 열쇠(fd)를 준다. 열쇠를 이용하여 파일에 있는 데이터를 읽거나 쓸 수 있다. 읽는 작업은 read(fd)이며, 쓰는 작업은 write(fd)이다. 열쇠를 사용하여 읽기나 쓰기와 같은 작업을 한 후에는 열쇠를 반환해야 한다. 열쇠를 반환하는 작업이 close(fd)이다. 따라서 open() - read() / write() - close() 순으로 파일 작업이 이루어진다. [코드 14-1]은 unix.txt 파일에 문자 데이터 Test를 쓰는 코드이다.

코드 14-1 **파일에 데이터 쓰기**

```
01 #include <unistd.h>
02 #include <fcntl.h>
03
04 void main() {
05    int fd;
06
07    fd = open("unix.txt", O_RDWR);              // fd는 unix.txt에 대한 접근권한
08    write(fd, "Test", 5);                        // "Test"를 fp에 쓰기(write)
09    close(fd);                                   // fd를 닫음
10 }
```

코드에서 7번 줄 fd = open("unix.txt", O_RDWR)은 파일 unix.txt를 읽고 쓰기(O_RDWR)로 연다. 정상적으로 파일이 열리면 fd가 열쇠이다. 열쇠의 정확한 이름은 파일 기술자file descriptor 이다. 파일 기술자 fd를 받으면, 모든 작업은 파일 기술자로 이루어진다. 8번 줄 write(fd, "Test", 5)는 파일에 Test(\n 포함 5바이트)를 쓰라는 코드이다. 작업이 끝나면 close(fd)를 사용하여 열었던 파일을 닫아 준다.

여기서 잠깐

이 절의 코드는 저수준 파일 입출력 함수이다. 고수준 파일 입출력 함수는 저수준 파일 입출력 함수를 바탕으로 쓰기 쉽게 만든 함수들의 집합이다. 고수준 파일 함수의 경우 이름 앞에 f가 붙는다. fopen(), fread(), fwrite(), fprintf(), fscanf(), fclose() 등이 있다.

소켓으로 통신하는 방법도 파일 입출력과 동일하다. 더 나아가, 같은 컴퓨터 내의 프로세스 간 통신 방법인 파이프pipe 도 동일한 방법을 사용한다.

소켓에 접근하는 방법

소켓으로 통신하는 방법은 파일 작업과 똑같다. 파일 작업 open() - write() / read() - close()를 소켓 통신 socket() - send() / recv() - close()으로 바꾸면 된다. open()은 socket()으로 바뀌고, write()는 send()로, read()는 recv()로 바뀐다. close()는 그대로이다.

소켓은 파일을 사용하는 것과 유사하다. send(cs)의 경우, 소켓에 쓰기$_{write}$ 연산을 하면 데이터를 보낸다는 의미이다. 반대로 recv(cs)의 경우 소켓에서 읽기$_{read}$ 연산을 하면 데이터를 가져온다는 의미이다. 파일과 소켓의 차이점이 있다면, cs = socket() 이후에 클라이언트 소켓이 서버에 접속하는 과정(connect())과 서버가 이를 받아들이는 과정(accept())이 추가된다.

[그림 14-12]는 클라이언트와 서버 소켓이 어떤 절차를 거쳐서 통신하는지를 보여준다. 클라이언트 쪽의 경우, socket() - connect() - send() / recv() - close() 순으로 작업이 이루어진다. 먼저 실행되어야 할 서버 쪽의 경우 socket() - accept() - send() / recv() - close() 순으로 작업이 이루어진다.

클라이언트 소켓을 보자. 파일과 마찬가지로 소켓에서도 cs = socket()이 성공하면 열쇠(cs)를 준다. 이를 소켓 기술자$_{socket\ descriptor}$라 부른다. 따라서 이후의 모든 작업은 소켓 기술자(cs)를 통해 이루어진다. connect()가 서버와의 접속을 시도한다. 이후 서버에게 데이터를 보내는 경우 send()를 사용하고, 서버로부터 데이터를 받을 때는 recv()를 사용한다. 소켓 사용을 마치면 close()를 사용하여 소켓 기술자를 반환한다.

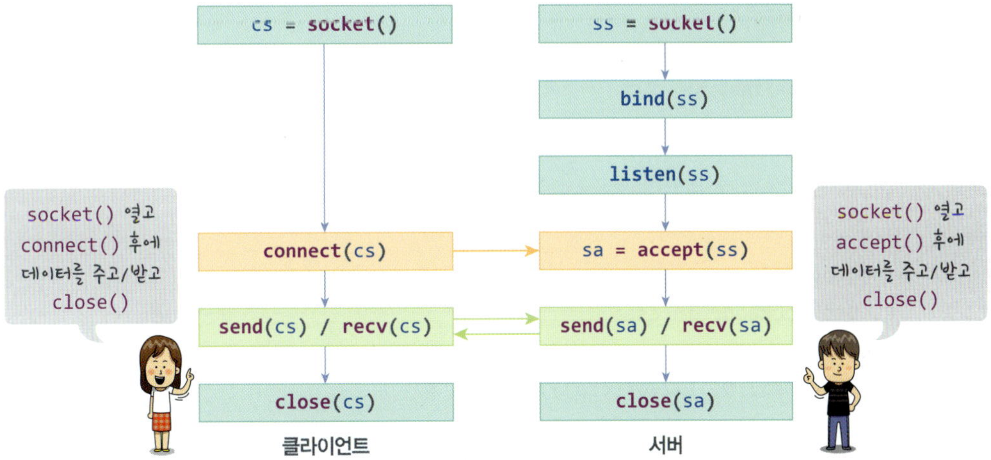

그림 14-12 클라이언트/서버 소켓의 통신 절차

서버 쪽 소켓도 유사하다. ss = socket()이 성공하여 소켓 기술자를 받으면 accept()가 클라이언트와 접속한다. 이후 클라이언트에게 데이터를 보내는 경우 send()를 사용하고, 클라이언트로부터 데이터를 받을 때는 recv()를 사용한다. 소켓 사용을 마치면 close()를 해야 한다.

클라이언트와 달리 서버 쪽에는 bind()와 listen()이 추가되는 것에 주의하자. 클라이언트의 경우 일반적으로 포트 하나에 소켓 하나가 연결된다. 그러나 서버 쪽에는 포트 하나에 여러 개의 소켓이 연결된다. 포트에 여러 개의 소켓을 연결하는 단계가 bind()이다. bind()는 여러 개의 소켓을 생성하는 단계이기 때문에 한 번만 실행하면 된다.

listen()은 여러 개의 소켓들을 사용할 수 있는 상태로 만드는 함수이다. listen()은 accept()와 쌍으로 사용된다. 소켓을 듣고 있다(listen())가 클라이언트들이 접속을 시도하면 그중의 하나를 받아들이는(accept()) 형태이다. 이때 listen(ss)인 반면에 sa = accept(ss)인 것에 주의하자. ss = socket()으로 얻게 된 소켓 기술자 ss가 아닌 sa = accept(ss)에 의해 실제로 채택된 소켓기술자 sa를 통해 데이터를 보내거나 받게 된다.

2 클라이언트-서버 코드 분석

클라이언트 코드

[코드 14-2]는 클라이언트 소켓 코드를 나타낸다. 여기서는 소켓 프로그래밍의 전체적인 구조를 살펴볼 예정이며, 소켓 관련 함수의 특징이나 매개변수는 3절 소켓 관련 함수 분석에서 설명한다.

코드 14-2 클라이언트 소켓 코드

```
#include <stdio.h>                                      /* printf() */
#include <string.h>                                     /* memset() */
#include <unistd.h>                                     /* close() */
#include <sys/socket.h>                                 /* socket library */
#include <arpa/inet.h>                                  /* internet library */

void main()
{
   int cs;
   char buf[5];
   struct sockaddr_in csa;                                /* address struct */

   memset(&csa, 0, sizeof(csa));
   csa.sin_family = AF_INET;                              /* internet socket */
   csa.sin_addr.s_addr = inet_addr(127.0.0.1);            /* loop back addr. */
   csa.sin_port = htons(11234);                           /* PORT = 11234 */

   cs = socket(PF_INET, SOCK_STREAM, IPPROTO_TCP);
   connect(cs, (struct sockaddr *) &csa, sizeof(csa));

   recv(cs, buf, 5, 0);                                   /* receive 5 bytes */
   printf("Receive [%s]\n", buf);

   close(cs);
}
```

소켓과 인터넷에 관련된 라이브러리는 4번 줄 <sys/socket.h>와 5번 줄 <arpa/inet.h>에 있다. <arpa/inet.h>는 인터넷의 모태인 아파넷 관련 함수들이 모여 있다. 11번 줄 sockaddr_in은 IP 주소나 포트 번호와 같은 주소 정보를 가지는 구조체이다.

13번 줄 memset(&csa, 0, sizeof(csa))은 주소 구조체 csa를 초기화한다. 14번 줄 csa.sin_family = AF_INET는 인터넷을 사용하겠다는 의미이다. 15번 줄 csa.sin_addr.s_addr = inet_addr(127.0.0.1)는 서버의 IP 주소를 설정하고, 16번 줄의 csa.sin_port = htons(11234)은 서버의 포트 번호를 설정한다. 서버 포트 번호는 11234이다.

서버 IP 주소 127.0.0.1은 루프백 loop-back 주소라 불리는 특별한 IP 주소이다. 소켓 프로그래밍에서 서버 코드는 클라이언트 코드와 다른 컴퓨터에서 실행된다. 따라서 서버 IP 주소에는 서버 코드가 실행 중인 컴퓨터의 실제 IP 주소가 들어가야 한다. 그러나 소켓 프로그래밍을 하기 위해서 고정 IP 주소를 가진 컴퓨터를 새로 준비하는 것이 쉽지 않다. IP 주소 중 루프백 주소는 컴퓨터가 고정 IP 주소를 가진 것처럼 만들어준다. 다시 말해 루프백 주소를 사용하면 클라이언트와 서버를 같은 컴퓨터에서 실행하여도 인터넷을 통해 데이터를 주고받는 것처럼 만들어준다.

18번 줄 cs = socket(PF_INET, SOCK_STREAM, IPPROTO_TCP)에서 소켓을 연다(open). 소켓이 정상적으로 열린 경우 소켓 기술자는 cs에 저장된다. 이후로 cs를 사용하면 된다. socket() 매개변수 중 IPPROTO_TCP는 TCP를 사용하여 통신한다는 의미이다.

19번 줄 connect(cs, (struct sockaddr *) &csa, sizeof(csa))에서 서버와 연결을 하고, 21번 줄 recv(cs, buf, 5, 0)에서 소켓으로부터 5바이트 문자를 받아 buf에 저장한다. 22번 줄에서 buf에 저장된 문자열을 출력하고 24번 줄 close(cs)에서 소켓 기술자를 닫는다. 앞에서 설명한 바와 같이 클라이언트가 소켓을 사용하는 방법은 socket() - connect() - send() / recv() - close() 순이다.

서버 코드

[코드 14-3]은 클라이언트 소켓 코드와 짝을 이루는 서버 소켓 코드이다. 11번에서 14번 줄까지의 소켓 초기화 부분은 클라이언트 코드와 비슷하다. 클라이언트 코드와 다른 부분은 13번 줄 ssa.sin_addr.s_addr = htonl(INADDR_ANY)이다. 클라이언트의 csa.sin_addr.s_addr의 경우 서버의 IP 주소를 지정한다. 서버에서는 클라이언트의 주소를 알 수 없기 때문에 htonl(INADDR_ANY)라고 지정한다. INADDR_ANY는 어떤 주소이든 상관없다는 의미이다.

16번 줄 ss = socket(PF_INET, SOCK_STREAM, IPPROTO_TCP)에서 소켓을 열고, 17번 줄 bind(ss, (struct sockaddr *) &ssa, sizeof(ssa))에서 소켓을 연결한다. 앞서 설명하였지만, bind()는 서버에만 있는 함수이며, 하나의 포트에 여러 개의 소켓을 연결한다. socket()을 연 이후에 bind()는 한 번만 사용하면 된다.

19번 줄 while(1)은 무한 루프이다. 서버는 무한 루프를 돌면서 클라이언트의 요청이 있을 때마다 서비스를 해준다.

20번 줄 listen(ss, 10)에서 여러 소켓들을 활성화하고, 21번 줄 sa = accept(ss, 0, 0)에서 소켓에 연결된 클라이언트를 받아들인다. listen()과 sa = accept()는 쌍으로 사용된다. listen(ss, 10)에서는 소켓 기술자 ss가 사용됐지만, sa = accept()에서 소켓 기술자가 sa로 바뀌는 것에 주의하자. sa = accept()에 의해 실제로 받아들여진 소켓 기술자는 sa이기 때문에 send(sa)나 recv(sa)로 사용해야 한다. 또한 listen(ss, 10)에서 10은 서버의 작업을 기다리는 클라이언트 소켓 대기열의 크기를 가리킨다.

코드 14-3 서버 소켓 코드

```
01 #include <string.h>                                /* memset() */
02 #include <unistd.h>                                /* close() */
03 #include <sys/socket.h>                            /* socket library */
04 #include <arpa/inet.h>                             /* internet library */
05
06 void main()
07 {
08    int ss, sa;
09    struct sockaddr_in ssa;                          /* address struct */
10
11    memset(&ssa, 0, sizeof(ssa));
12    ssa.sin_family = AF_INET;                        /* internet socket */
13    ssa.sin_addr.s_addr = htonl(INADDR_ANY);
14    ssa.sin_port = htons(11234);                     /* PORT = 11234 */
15
16    ss = socket(PF_INET, SOCK_STREAM, IPPROTO_TCP);
17    bind(ss, (struct sockaddr *) &ssa, sizeof(ssa)); /* binding sockets */
18
19    while(1) {                                       /* 무한루프 - 데몬 */
20       listen(ss, 10);
21       sa = accept(ss, 0, 0);
22       send(sa, "test", 5, 0);                       /* send 5 bytes */
23       close(sa);
24    }
25 }
```

22번 줄 send(sa, "test", 5, 0)에서 클라이언트에게 문자열 "test"를 보낸다. test는 4글자이지만 문자열 끝을 알리는 '\n'이 추가되기 때문에 전체 크기는 5바이트이다.

23번 줄 close(sa)에서 클라이언트 소켓 sa를 닫는다. 여기서 주의할 것은 맨 처음 열린 서버 소켓 기술자 ss는 아직 살아 있다는 것이다. 클라이언트가 몇 번을 접속하더라도 서버는 계속 살아남아서 클라이언트에게 문자열 "test"를 보낸다. 만약 close(ss)를 사용한다는 것은 서버가 서비스를 종료 하겠다는 의미이다.

실행과 종료

유닉스 상에서 서버와 클라이언트 소켓 코드를 실행하는 방법을 알아보자. 우선 서버와 클라이언트 코드를 컴파일한다. gcc -o server server.c를 사용하여 server라는 실행 파일을 만든다. gcc에서 -o 옵션은 실행 파일의 이름을 변경하는 것으로 -o 옵션을 지정하지 않으면 a.out이라는 실행 파일이 만들어진다. 같은 방식으로 gcc -o client client.c를 사용하여 client 실행 파일을 만든다.

`$>gcc -o server server.c`	서버 코드 컴파일
`$>gcc -o client client.c`	클라이언트 코드 컴파일
`$>server &`	서버코드 백그라운드 실행(&)
`$>client`	클라이언트 실행
`$>Receive [test]`	서버로부터 test 수신
`$>client`	클라이언트 다시 실행
`$>Receive [test]`	서버로부터 test 수신

그림 14-13 유닉스 상에서 서버와 클라이언트 소켓 코드 실행 방법

앞에서 설명했듯이, 서버 코드(데몬)이 먼저 실행되어야 한다. 또한 루프백 주소를 사용하여 서버와 클라이언트 코드가 같은 컴퓨터에서 실행되기 때문에 서버는 백그라운드$_{\text{background}}$로 실행한다. 백그라운드 실행 방법은 server &와 같이 실행 파일 마지막에 &를 붙인다. 이후 클라이언트 프로그램을 실행시키면 서버로부터 "test"를 받아 Receive [test]가 출력된다. 클라이언트를 여러 번 다시 실행 시켜도 같은 결과가 나온다.

클라이언트는 한 번 실행하고 끝나지만 서버 코드는 계속 살아 있다. 서버 코드를 중지하려면 ps 명령어를 사용하여 서버 프로세스의 프로세스 아이디(PID)를 확인한 후 kill PID로 중지시키면 된다.

3 소켓 관련 함수 분석 심화

앞 절에서는 클라이언트 소켓 코드와 서버 소켓 코드의 구조에 대하여 설명하였다. 이번 절에서는 소켓과 관련된 함수들과 매개변수에 대하여 자세히 설명한다.

› 주소 설정

ssa.sin_family의 옵션에 대하여 알아보자. 소켓에는 같은 호스트에서 통신하는 유닉스 도메인 소켓과 인터넷을 통해 다른 호스트와 통신하는 인터넷 소켓, 2종류가 있다. 소켓의 패밀리$_{family}$ 이름에는 AF_UNIX(유닉스 도메인 소켓)나 AF_INET(인터넷 소켓) 중 하나를 사용하면 된다. 이 책에서는 루프백 주소와 AF_INET(인터넷 소켓)을 사용하였다. 유닉스 도메인 소켓의 경우 같은 호스트에서 통신하기 때문에 TCP/IP를 사용하지 않고 실행 파일의 경로$_{path}$ 만 적으면 된다.

주소와 관련하여 ssa.sin_addr.s_addr = htonl(INADDR_ANY)와 ssa.sin_port = htons(11234)의 htonl()과 htons() 함수에 대하여 살펴보자. htons()는 host to network short을 의미하며, htonl()은 host to network long을 의미한다. 소켓을 통해 데이터를 송수신할 때, 호스트 시스템의 바이트 순서$_{byte\ order}$를 네트워크에서 사용하는 바이트 형태로 변환해주는 함수이다. IP 주소와 같이 4바이트의 경우 long 형태인 htonl()을 사용하고, 포트 주소와 같이 2바이트인 경우 short 형태인 htons()를 사용한다.

› socket() 함수

socket()은 소켓을 여는 기본 함수이다. sys/socket.h 라이브러리에 있으며 형식은 int socket(int domain, int type, int protocol)이다.

라이브러리	#include <sys/socket.h>
함수	int socket(int domain, int type, int protocol)
매개변수 설명	domain : 도메인, 유닉스 도메인(PF_UNIX)과 인터넷 도메인(PF_INET) type : 통신 방식, TCP(SOCK_STREAM)와 UDP(SOCK_DGRAM) protocol : 프로토콜, TCP(IPPROTO_TCP)와 UDP(IPPROTO_TCP)

domain은 유닉스 도메인 혹은 인터넷 도메인 소켓인지를 나타낸다. 앞서 소켓 패밀리에서 AF_UNIX(유닉스 도메인 소켓)나 AF_INET(인터넷 소켓)를 사용했으나 socket()에서는 PF_UNIX(유닉스 도메인 소켓)나 PF_INET(인터넷 소켓)을 사용한다. AF는 주소 패밀리의 약자이고, PF는 프로토콜 패밀리의 약자이다. ssa.sin_family = PF_INET라 쓰거나 socket(AF_INET)이라 써도 오류가 발생하지 않는다. 그러나 주소 구조체에는 AF_를 쓰고, 프로토콜 매개변수에는 PF_를 쓰는 것이 옳은 방법이다.

type으로는 TCP와 UDP 중 하나를 사용할 수 있다. SOCK_STREAM은 TCP를 사용한다는 의미이며, SOCK_DGRAM은 UDP를 사용한다는 의미이다. 또한 프로토콜에서는 TCP(IPPROTO_TCP)와 UDP(IPPROTO_TCP) 중 하나를 지정한다.

› connect() 함수

connect()는 클라이언트가 서버에 연결을 시도할 때 사용하는 함수이다. connect()에 대응하는 서버의 함수는 accept()이다. sys/socket.h 라이브러리에 있으며 형식은 int conncet(int s, const struct sockaddr *addr, socklen_t addrlen)이다.

라이브러리	#include <sys/socket.h>
함수	int conncet(int s, const struct sockaddr *addr, socklen_t addrlen)
매개변수 설명	s : 소켓 기술자 addr : 접속하려는 호스트의 IP 주소 및 포트 번호 addrlen : addr의 크기

s는 소켓 기술자를 의미하며 s = socket()이 성공하는 경우 사용할 수 있다. addr은 접속하려는 IP 주소와 포트 번호가 들어 있는 sockaddr 구조체를 의미한다. addrlen은 sockaddr 구조체의 길이를 나타낸다. connect()는 연결에 성공하면 0을 반환하며, 실패하는 경우 -1을 반환한다.

› accept() 함수

accept()는 클라이언트의 연결을 받아들이는 함수이다. accept()에 대응하는 클라이언트의 함수는 connect()이다. sys/socket.h 라이브러리에 있으며 형식은 int accept(int s, const struct sockaddr *addr, socklen_t addrlen)이다.

라이브러리	#include <sys/socket.h>
함수	int accept(int s, const struct sockaddr *addr, socklen_t addrlen)
매개변수 설명	s : 소켓 기술자 addr : 접속하려는 호스트의 IP 주소 및 포트 번호 addrlen : addr의 크기

s는 소켓 기술자를 의미하며 s = socket()이 성공하는 경우 사용할 수 있다. addr에는 연결된 클라이언트의 주소가 저장된다. addrlen은 sockaddr 구조체의 길이를 나타낸다. accept()가 성공하는 경우, 기존의 소켓 기술자 s와는 다른 새로운 소켓 기술자 new_s가 반환된다. 따라서 연결된 클라이언트와 데이터를 주고받을 때에는 new_s를 사용한다.

› send() 함수

send()는 소켓을 통해 데이터를 보낼 때 사용하는 함수이다. send()에 대응하는 함수는 recv()이다. sys/socket.h 라이브러리에 있으며 형식은 int send(int s, const void *buf, size_t len, int flags)이다.

라이브러리	#include <sys/socket.h>
함수	int send(int s, const void *buf, size_t len, int flags)
매개변수 설명	s : 소켓 기술자 buf : 전송할 데이터를 담고 있는 메모리 주소 len : 데이터의 크기 flags : 데이터를 주고 받는 방법

s는 소켓 기술자를 의미한다. buf에는 전송할 데이터가 담겨 있다. len은 buf의 길이를 나타낸다. flags는 데이터를 보내는 방법을 나타내는데 0을 사용하면 일반적인 데이터 전송을 의미한다. send() 함수는 실제로 보낸 데이터의 크기를 반환한다. len 보다 적은 값이 반환된다면 모든 데이터를 보내지 못했다는 의미이다. -1이 반환되는 경우 데이터를 전혀 보내지 못했다는 의미이다.

› recv() 함수

recv()는 소켓을 통해 데이터를 받을 때 사용하는 함수이다. recv()에 대응하는 함수는 send()이다. sys/socket.h 라이브러리에 있으며 형식은 int recv(int s, const void *buf, size_t len, int flags)이다.

라이브러리	#include <sys/socket.h>
함수	int recv(int s, const void *buf, size_t len, int flags)
매개변수 설명	s : 소켓 기술자 buf : 전송할 데이터를 담고 있는 메모리 주소 len : 데이터의 크기 flags : 데이터를 주고 받는 방법

s는 소켓 기술자를 의미한다. buf에는 전송할 데이터가 담겨 있다. len은 buf의 길이를 나타낸다. flags는 데이터를 보내는 방법을 나타내는데 0을 사용하면 일반적인 데이터 전송을 의미한다. recv() 함수는 실제로 받은 데이터의 크기를 반환한다. -1이 반환되는 경우 수신 오류이다.

› bind() 함수

bind()는 서버에서 생성된 소켓을 포트와 연결할 때 사용하는 함수이다. sys/socket.h 라이브러리에 있으며 형식은 int bind(int s, const struct sockaddr *addr, socklen_t addrlen)이다.

라이브러리	#include <sys/socket.h>
함수	int bind(int s, const struct sockaddr *addr, socklen_t addrlen)
매개변수 설명	s : 소켓 기술자 addr : 접속하려는 호스트의 IP 주소 및 포트 번호 addrlen : addr의 크기

s는 소켓 기술자를 의미하며 s = socket()이 성공하는 경우 사용할 수 있다. addr은 접속하려는 IP 주소와 포트 번호가 들어 있는 sockaddr 구조체를 의미한다. addrlen은 sockaddr 구조체의 길이를 나타낸다. bind()는 연결에 성공하면 0을 반환하며, 실패하는 경우 -1을 반환한다.

› listen() 함수

listen()는 소켓들을 사용할 수 있는 상태로 활성화시키는 함수이다. sys/socket.h 라이브러리에 있으며 형식은 int listen(int s, int q_len)이다.

라이브러리	#include <sys/socket.h>
함수	int listen(int s, int q_len)
매개변수 설명	s : 소켓 기술자 q_len : 소켓 대기 큐queue의 길이

s는 소켓 기술자를 의미한다. q_len은 소켓 대기 큐queue의 길이를 나타낸다. 소켓 대기 큐의 길이란 접속이 가능한 클라이언트 수를 의미한다. 다시 말해, q_len의 길이만큼 소켓 접속을 허용한다는 의미이다.

요약

- TCP 헤더의 1번 줄은 Source Port와 Destination Port가 있으며 각 16비트씩이다.

- TCP 헤더의 2번 줄은 Sequence Number를, 3번 줄은 Acknowledge Number를 나타내며, 각 32비트씩이다.

- TCP 헤더 중 Connection Request에 해당하는 필드는 SYN이며, Disonnection Request에 해당하는 필드가 FIN이다. 연결 설정 혹은 연결 해제를 다시 시작하고자 할 때 사용하는 필드가 RST이다.

- IP에서 혼잡이 발견되면 ECN이 (1, 1)이되고, ECE는 1이 된다. ECE 필드가 1이면 Window Size는 줄어든다. 윈도우 크기를 줄였다는 것을 확인하는 데 사용되는 필드가 CRW이다.

- TCP 헤더 중 버퍼에 있는 내용을 응용 프로그램에게 무조건 전달할 때 사용하는 필드가 PSH이다. 급하게 처리해야 할 데이터가 있음을 나타내는 필드가 URG이며, URG가 1인 경우, 급히 처리할 데이터의 위치는 Urgent Pointer가 가지고 있다.

- TCP의 체크섬이 검사하는 범위는 헤더와 데이터이다.

- IP에서 올라온 패킷을 거의 그대로 응용 프로그램에게 전달하는 프로토콜이 UDP이다. UDP 헤더 1번 줄은 Source Port와 Destination Port이다. 2번줄 UDP Length는 데이터를 포함한 UPD의 전체 길이를 나타낸다. 표시 단위는 바이트이다. 헤더를 포함한 UDP 전체에 대하여 오류검출 코드로 체크섬을 사용하는데, 16비트 체크섬 코드가 UDP Checksum에 들어 있다.

- 멀티미디어 데이터의 실시간 전송을 위해 만들어진 프로토콜이 RTP이다.

- 혼잡제어의 합의 단계에서 처음 보내지는 필드는 SYN, CWR, ECE이며, 혼잡제어를 승낙하는 경우, SYN, ACK, ECE를 보낸다. 혼잡제어를 거절하는 필드는 SYN, ACK만 보낸다.

- 소켓 프로그래밍에서 클라이언트 쪽의 경우, socket() - connect() - send() / recv() - close() 순으로 작업이 이루어진다.

- 서버 쪽 소켓도 클라이언트와 유사하지만, 서버 쪽에는 bind()와 listen()이 추가된다. 포트에 여러 개의 소켓을 연결하는 단계가 bind()이다. listen()은 여러 개의 소켓들을 사용할 수 있는 상태로 만드는 함수이다.

연습문제

[객관식 문제]

01 TCP 헤더에서 Source Port의 크기와 Destination Port 크기를 합하면 얼마인가?

❶ 128bit ❷ 16bit
❸ 32bit ❹ 64bit

02 TCP 헤더에서 Sequence Number의 크기와 Acknowledge Number 크기를 합하면 얼마인가?

❶ 128bit ❷ 16bit
❸ 32bit ❹ 64bit

03 TCP 헤더에서 Sequence Number로 사용할 수 있는 범위가 정확하게 쓰여진 것을 찾으시오.

❶ $0 \sim 2^{32} - 1$ ❷ $0 \sim 2^{16} - 1$
❸ $0 \sim 2^{64} - 1$ ❹ $0 \sim 2^{128} - 1$

04 TCP 헤더에서 Acknowledge Number로 사용할 수 있는 범위가 정확하게 쓰여진 것을 찾으시오.

❶ $0 \sim 2^{32} - 1$ ❷ $0 \sim 2^{16} - 1$
❸ $0 \sim 2^{64} - 1$ ❹ $0 \sim 2^{128} - 1$

05 TCP에서 well-know 포트 번호의 범위에 가장 근사한 값을 찾으시오.

❶ 0 ~ 65535 ❷ 0 ~ 1023
❸ $0 \sim 2^{66} - 1$ ❹ 1024 ~ 65535

06 TCP 헤더에서 THL에서 1의 단위는 무엇을 의미하는가?

❶ 1byte ❷ 4byte
❸ 1bit ❹ 4bit

07 옵션이 없는 TCP 헤더의 크기는 얼마인가?

❶ 32byte ❷ 4byte
❸ 5byte ❹ 20byte

08 TCP 헤더에서 옵션의 크기는 얼마 단위로 증가하는가?

❶ 32byte ❷ 4byte
❸ 5byte ❹ 20byte

09 TCP 헤더에서 옵션이 없을 경우 THL 값으로 적당한 것은 무엇인가?

❶ 4 ❷ 5
❸ 20 ❹ 32

10 TCP 헤더에서 옵션이 8바이트인 THL 값으로 적당한 것은 무엇인가?

❶ 4 ❷ 5
❸ 7 ❹ 8

11 옵션을 포함한 TCP 헤더의 크기가 24바이트이다. THL 값으로 적당한 것은 무엇인가?

❶ 32 ❷ 5
❸ 6 ❹ 24

12 TCP 헤더에서 THL이 5이다. 옵션의 크기는 얼마인가?

❶ 0byte ❷ 4byte
❸ 5byte ❹ 20byte

13 TCP 헤더에서 THL이 10이다. 옵션의 크기는 얼마인가?

❶ 32byte ❷ 4byte
❸ 5byte ❹ 20byte

14 TCP 헤더에서 THL이 8이다. 옵션을 포함한 헤더의 크기는 얼마인가?

❶ 32byte ❷ 4byte
❸ 5byte ❹ 20byte

15 옵션이 없는 IP 헤더의 IHL과 옵션이 없는 TCP 헤더의 THL에 대하여 IHL - THL의 값은 얼마인가?

❶ −1 ❷ 0
❸ 5 ❹ 10

16 옵션이 없는 IP 헤더의 IHL과 옵션이 없는 TCP 헤더의 THL에 대하여 IHL + THL의 값은 얼마인가?

❶ −1 ❷ 0

❸ 5 ❹ 10

17 필드와 필드 중 가장 연관이 적은 것을 고르시오

❶ URG - Urgent Pointer ❷ ACK - Acknowledge Number

❸ ECE - Window Size ❹ PSH - Source Port

18 연결 설정에 사용되는 필드를 고르시오.

❶ CWR ❷ SYN

❸ RST ❹ FIN

19 연결 설정에 사용되는 필드가 아닌 것을 찾으시오.

❶ Acknowledge Number ❷ SYN

❸ Sequence Number ❹ PSH

20 연결 해제에 사용되는 필드를 고르시오.

❶ CWR ❷ SYN

❸ RST ❹ FIN

21 연결 설정에 사용되는 필드가 아닌 것을 찾으시오.

❶ Acknowledge Number ❷ CWR

❸ Sequence Number ❹ FIN

22 연결 설정 혹은 연결 해제를 다시 시작하고자 할 때 사용하는 필드를 고르시오.

❶ CWR ❷ SYN

❸ RST ❹ FIN

23 ECE와 가장 연관 관계가 높은 필드를 고르시오.

❶ CWR ❷ SYN

❸ RST ❹ FIN

24 3개의 필드는 서로 연관 관계가 없다. 나머지 3개와 연관 관계가 적은 필드를 고르시오.

❶ RST ❷ SYN
❸ CWR ❹ FIN

25 IP 헤더의 필드와 연관 관계가 가장 높은 필드를 찾으시오.

❶ URG ❷ PSH
❸ RST ❹ ECE

26 윈도우 크기를 줄이는 데 사용되는 필드를 찾으시오.

❶ URG ❷ CRW
❸ RST ❹ ECE

27 윈도우 크기를 줄였다는 것을 확인하는 데 사용되는 필드를 찾으시오.

❶ URG ❷ CRW
❸ RST ❹ ECE

28 버퍼에 있는 내용을 응용 프로그램에게 무조건 전달할 때 사용하는 필드를 고르시오.

❶ CWR ❷ SYN
❸ PSH ❹ FIN

29 급하게 처리해야 할 데이터가 있음을 나타내는 필드를 고르시오.

❶ URG ❷ SYN
❸ PSH ❹ FIN

30 ACK가 1이다. 영향을 받게 되는 필드를 찾으시오.

❶ Acknowledge Number ❷ Window Size
❸ Sequence Number ❹ Urgent Pointer

31 ECE가 1이다. 영향을 받게 되는 필드를 찾으시오.

❶ Acknowledge Number ❷ Window Size
❸ Sequence Number ❹ Urgent Pointer

32 URG가 1이다. 영향을 받게 되는 필드를 찾으시오.

① Acknowledge Number ② Window Size
③ Sequence Number ④ Urgent Pointer

33 URG가 1이다. 영향을 받게 되는 필드를 찾으시오.

① Acknowledge Number ② Window Size
③ Sequence Number ④ Urgent Pointer

34 TCP의 체크섬이 검사하는 범위를 찾으시오.

① 헤더 ② 데이터
③ 헤더와 데이터 ④ 옵션

35 IP의 체크섬이 검사하는 범위를 찾으시오.

① 헤더 ② 데이터
③ 헤더와 데이터 ④ 옵션

36 IP에서 올라온 패킷을 거의 그대로 응용 프로그램에게 전달하는 프로토콜을 찾으시오.

① RTP ② TCP
③ UDP ④ ARP

37 멀티미디어 데이터의 실시간 전송을 위해 만들어진 프로토콜을 찾으시오.

① RTP ② TCP
③ UDP ④ ARP

38 UDP 헤더에 포함되지 않는 필드는 무엇인가?

① Checksum ② Destination Port
③ Source Port ④ Sequence Number

39 혼잡제어를 합의하는 단계에서 처음 보내지는 필드로 가장 올바른 것을 찾으시오.

① SYN, ACK, ECE ② SYN, CWR, ECE
③ SYN, RST, ECE ④ SYN, CWR, ACK

40 호스트 A가 혼잡제어를 합의하는 필드를 보냈다. 혼잡제어를 승낙하는 필드들로 가장 올바른 것을 찾으시오.

❶ SYN, ACK, ECE ❷ SYN, CWR, ECE
❸ SYN, RST, ECE ❹ SYN, CWR, ACK

41 호스트 A가 혼잡제어를 합의하는 필드를 보냈다. 혼잡제어를 거절하는 필드들로 가장 올바른 것을 찾으시오.

❶ SYN, ACK, ECE ❷ SYN, CWR, ECE
❸ FIN, ACK ❹ SYN, ACK

42 TCP의 ECE를 1로 만들기 위한 IP의 ECN 값으로 가장 올바른 것을 찾으시오.

❶ (0, 0) ❷ (0, 1)
❸ (1, 0) ❹ (1, 1)

43 소켓 프로그래밍에서 가장 먼저 실행되어야 할 함수를 찾으시오.

❶ close() ❷ send()
❸ recv() ❹ socket()

44 다음 소켓 함수 중 파일 입출력의 읽기(read)에 해당하는 함수는 무엇인가?

❶ close() ❷ send()
❸ recv() ❹ socket()

45 다음 소켓 함수 중 파일 입출력의 쓰기(write)에 해당하는 함수는 무엇인가?

❶ close() ❷ send()
❸ recv() ❹ socket()

46 다음 소켓 함수 중 클라이언트 쪽에서만 사용할 수 있는 함수는 무엇인가?

❶ connect() ❷ bind()
❸ listen() ❹ accept()

47 다음 소켓 함수 중 클라이언트가 접속을 시도할 때 사용하는 함수는 무엇인가?

❶ connect() ❷ send()
❸ recv() ❹ accept()

48 다음 소켓 함수 중 서버 쪽에서만 사용할 수 있는 함수는 무엇인가?

❶ connect() ❷ send()
❸ recv() ❹ accept()

49 다음 소켓 함수 중 클라이언트가 접속을 허락할 때 사용하는 함수는 무엇인가?

❶ connect() ❷ send()
❸ recv() ❹ accept()

50 다음 소켓 함수 중 나머지 3개와 가장 다른 함수를 찾으시오.

❶ connect() ❷ bind()
❸ listen() ❹ accept()

51 다음 소켓 함수 중 포트에 여러 개의 소켓을 연결할 때 사용하는 함수를 찾으시오.

❶ connect() ❷ bind()
❸ listen() ❹ accept()

52 다음 소켓 함수 중 포트에 연결된 여러 개의 소켓을 사용할 수 있는 상태로 만드는 함수를 찾으시오.

❶ connect() ❷ bind()
❸ listen() ❹ accept()

53 루프백 주소를 찾으시오.

❶ 117.0.0.1 ❷ 172.0.0.1
❸ 127.0.0.1 ❹ 117.0.0.2

54 connect() 함수가 연결에 성공하면 반환되는 값은 무엇인가?

❶ 2 ❷ 0
❸ −1 ❹ 1

55 connect() 함수가 연결에 실패하면 반환되는 값은 무엇인가?

❶ 2 ❷ 0
❸ −1 ❹ 1

56 recv()에서 수신 오류가 발생한 경우 반환되는 값은 무엇인가?

❶ 2　　❷ 0
❸ −1　　❹ 1

57 bind() 함수가 연결에 성공하면 반환되는 값은 무엇인가?

❶ 2　　❷ 0
❸ −1　　❹ 1

58 bind() 함수가 연결에 실패하면 반환되는 값은 무엇인가?

❶ 2　　❷ 0
❸ −1　　❹ 1

[단답형 문제]

59 TCP 헤더에서 Source Port의 크기와 Destination Port 크기를 합하면 ______ 바이트이다.

60 TCP 헤더에서 Sequence Number의 크기와 Acknowledge Number 크기를 합하면 ______ 바이트이다.

61 TCP 헤더에서 Sequence Number로 사용할 수 있는 범위는 0에서 2의 ______ 승 - 1 까지이다.

62 TCP 헤더에서 Acknowledge Number로 사용할 수 있는 범위는 0에서 2의 ______ 승 - 1 까지이다.

63 TCP에서 well-know 포트 번호의 범위는 0에서 2의 ________ 까지이다.

64 TCP 헤더의 THL에서 1의 단위는 ____ 바이트를 의미한다.

65 옵션이 없는 TCP 헤더의 크기는 ______ 바이트이다.

66 TCP 헤더에서 옵션의 크기는 ____ 바이트 단위로 증가한다.

67 TCP 헤더에서 옵션이 없을 경우 THL 값은 ____ 이다.

68 TCP 헤더에서 옵션이 8바이트인 THL 값은 ____ 이다.

69 옵션을 포함한 TCP 헤더의 크기가 24바이트인 경우, THL 값은 ____ 이다.

70 TCP 헤더에서 THL이 5인 경우, 옵션의 크기는 ____ 바이트이다.

71 TCP 헤더에서 THL이 10인 경우, 옵션의 크기는 _____ 바이트이다.

72 TCP 헤더에서 THL이 8인 경우, 옵션을 포함한 헤더의 크기는 _____ 바이트이다.

73 옵션이 없는 IP 헤더의 IHL과 옵션이 없는 TCP 헤더의 THL에 대하여 IHL - THL의 값은 ____ 이다.

74 옵션이 없는 IP 헤더의 IHL과 옵션이 없는 TCP 헤더의 THL에 대하여 IHL + THL의 값은_____ 이다.

75 TCP 헤더 중 Acknowledge Number의 값이 의미 있음을 나타내는 필드는 _______ 이다.

76 TCP 헤더 중 Urgent Pointer의 값이 의미 있음을 나타내는 필드는 _______ 이다.

77 TCP 헤더 중 Connection Request에 해당하는 필드는 _______ 이다.

78 TCP의 연결 설정에는 Sequence Number, Acknowledge Number, _______ 필드가 사용된다.

79 TCP 헤더 중 Disonnection Request에 해당하는 필드는 _______ 이다.

80 TCP의 연결 해제에는 Sequence Number, Acknowledge Number, _______ 필드가 사용된다.

81 TCP 헤더 중 연결 설정 혹은 연결 해제를 다시 시작하고자 할 때 사용하는 필드가 _______ 이다.

82 TCP 헤더 중 ECE와 가장 연관 관계가 높은 필드는 _______ 이다.

83 TCP 헤더 중 IP 헤더의 ECN와 가장 연관 관계가 높은 필드가 _______ 이다.

84 TCP 헤더 중 윈도우 크기를 줄였다는 것을 확인하는 데 사용되는 필드가 _______ 이다.

85 TCP 헤더 중 버퍼에 있는 내용을 응용 프로그램에게 무조건 전달할 때 사용하는 필드가 _______ 이다.

86 TCP 헤더 중 급하게 처리해야 할 데이터가 있음을 나타내는 필드가 _______ 이다.

87 TCP 헤더 중 급하게 처리해야 할 데이터가 있음을 나타내는 필드가 _______ 이다.

88 TCP 헤더 중 Window Size는 ________ 필드가 1일 때 줄어든다.

89 TCP 헤더 중 URG가 1인 경우, 급히 처리할 데이터의 위치는 ________________가 가지고 있다.

90 TCP의 체크섬이 검사하는 범위는 ______와 데이터이다.

91 IP의 체크섬이 검사하는 범위는 ______ 뿐이다.

92 IP에서 올라온 패킷을 거의 그대로 응용 프로그램에게 전달하는 프로토콜이 ______이다.

93 멀티미디어 데이터의 실시간 전송을 위해 만들어진 프로토콜이 ______이다.

94 혼잡제어를 합의하는 단계에서 처음 보내지는 필드는 SYN, ______, ECE이다.

95 호스트 A가 혼잡제어를 합의하는 필드를 보낸 경우, 혼잡제어를 승낙하는 필드는 SYN, ______, ECE이다.

96 호스트 A가 혼잡제어를 합의하는 필드를 보낸 경우, 혼잡제어를 거절하는 필드는 SYN, ______ 이다.

97 TCP의 ECE를 1로 만들기 위한 IP의 ECN 값은 ______ 이다.

98 파일 입출력의 open()에 해당하는 소켓 함수는 __________ 이다.

99 파일 입출력의 read()에 해당하는 소켓 함수는 ________ 이다.

100 파일 입출력의 write()에 해당하는 소켓 함수는 ________ 이다.

101 소켓 함수 중 클라이언트가 접속을 시도 할 때 사용하는 함수는 ___________ 이다.

102 소켓 함수 중 클라이언트가 접속을 허락 할 때 사용하는 함수는 __________ 이다.

103 소켓 함수 중 포트에 여러 개의 소켓을 연결할 때 사용하는 함수는 ________ 이다.

104 소켓 함수 중 포트에 여러 개의 소켓을 연결할 때 사용하는 함수는 ________ 이다.

105 소켓 함수 중 포트에 연결된 여러 개의 소켓을 사용할 수 있는 상태로 만드는 함수는 __________ 이다.

106 connect() 함수가 연결에 성공하면 반환되는 값은 ____ 이다.

107 connect() 함수가 연결에 실패하면 반환되는 값은 ______ 이다.

108 recv()에서 수신 오류가 발생한 경우 반환되는 값은 ______ 이다.

109 bind() 함수가 연결에 성공하면 반환되는 값은 ____ 이다.

110 bind() 함수가 연결에 실패하면 반환되는 값은 ______ 이다.

[주관식 문제]

111 TCP 헤더의 ECE와 CWR에 대하여 설명하시오.

112 Urgent Pointer에 대하여 설명하시오.

113 IP의 체크섬과 TCP의 체크섬을 비교하시오.

114 혼잡제어에 대하여 설명하시오.

115 UDP에 대하여 설명하시오.

116 소켓 관련 함수를 클라이언트 입장에서 설명하시오.

117 소켓 관련 함수를 서버 입장에서 설명하시오.

PART Ⅵ

응용 계층
Application Layer

Part VI Preview

- 응용 계층은 가장 상위에 있는 계층으로 네트워크를 사용하는 다양한 응용 프로그램과 관련 표준이 위치하는 계층이다. 대표적인 네트워크 시스템으로 웹, DNS, 이메일, FTP가 있다. 인터넷 사용자가 폭발적으로 늘어나면서 서비스에 대한 요구가 다양해지고 관련 기술이 변하고 새로운 기술들이 선보였다. 웹만 하더라도 HTML로 시작하여 CGI, XML, HTML5, MIME과 같은 기술들이 새로 만들어졌다.

- 인터넷 사용자가 늘어남에 따라 보안과 관련된 문제들이 발생했다. 다양한 종류의 보안 위협이 있으며, 보안 문제를 해결하기 위한 다양한 기술과 표준들이 발표되었다. 인터넷을 안전하게 사용하기 위해서는 보안과 관련된 문제들을 이해하고, 이를 해결하기 위한 기술 및 프로토콜을 배워야 한다.

- Part 6은 웹, DNS, 이메일, FTP 등과 같은 주요 응용 시스템에 대해 살펴보고 보안에 대하여 자세히 설명한다. 15장에서는 웹 시스템에서 HTML의 탄생 배경과 발전과정을 통하여 현재 사용되고 있는 HTML5의 특성을 이해한다. 또한, DNS의 계층 구조와 자세한 사용 방식에 대하여 이야기한다. 16장에서는 보안에 대한 전반적인 이야기를 다룬다. 보안 관련 이슈들을 설명하고 보안 프로토콜인 HTTPS와 SSL에 대하여 알아본다. 또한 백신, 방화벽, DRM과 관련한 보안 관련 기술들을 살펴본다.

Data Communication and Networking

CHAPTER

15

응용 계층

Section

SECTION 01

웹 시스템

1 문서 표준과 마크업 언어(Markup Language) 필수

아파넷이 보급될 당시(인터넷 초기)에는 전 세계의 대학과 연구소들이 인터넷을 사용하여 자료를 공유하고 개발 정보를 주고받았는데, 주로 문자 위주였다. 문자 기반에서는 채팅을 하거나 이메일을 주고받거나 게시판을 이용할 때 사용하는 모든 명령이 문자이다. 문자 기반 인터페이스 이후에는 그래픽 사용자 인터페이스Graphical User Interface; GUI가 개발되어 지금과 같이 마우스를 이용하여 간편하게 컴퓨터를 사용할 수 있게 되었다. 더 나아가 스마트폰에서는 터치 스크린을 사용한다.

인터넷 웹 브라우저의 시초인 모자이크Mosaic는 한 화면에 문자와 그림을 한꺼번에 표현할 수 있는 프로그램이며 그래픽 사용자 인터페이스를 기반으로 한다. 문자 기반 사용자 인터페이스가 글로만 이루어진 책이라면, 웹 브라우저는 그림책과 같다. 문자뿐 아니라 그림이나 사진을 같이 사용할 수 있게 됨으로서 자료의 표현이 확대 되었다. 또한, 모자이크는 **특정 위치에 링크link를 걸어 다른 문서와 연결할 수 있는 기능을 제공**하였는데 이를 **하이퍼 텍스트**hyper text라 부른다. 하이퍼 텍스트로 처리된 부분을 마우스로 누르면 연결된 웹 페이지로 이동하게 된다. 하이퍼 텍스트는 관련 내용을 바로 연결함으로써 데이터의 표현 방식이 확대되었다.

그림 15-1 HTML과 HTTP의 관계

모든 웹 시스템은 클라이언트-서버(client-server) 구조를 사용한다. 클라이언트-서버 구조란 클라이언트가 서비스를 요청request하면, 서버가 응답reply하는 구조이며, 웹 시스템에서 클라이언트(웹 브라우저)가 요청하여 서버로부터 받아오는 것은 웹 페이지이다. 이때 사용하는 프로토콜이 HTTPHyper Text Transfer Protocol이다.

글자, 그림, 하이퍼텍스트로 구성된 웹 페이지를 만들기 위해서는 HTMLHyper Text Markup Language을 사용해야 한다. **HTML은 웹 페이지를 자유롭게 구성할 수 있도록 고안된 언어**이다. 따라서 웹 시스템은 웹 브라우저(클라이언트)가 HTTP를 사용하여 서버(HTTPD)에서 접속하면, 서버는 HTML로 이루어진 문서를 클라이언트에게 전송한다. 클라이언트 쪽에서는 서로로부터 받은 HTML을 화면에 보여주는데 이 역할을 웹 브라우저가 한다.

HTML에서 마크업 언어 $_{\text{Markup Language; ML}}$가 의미하는 바를 살펴보자. 보통의 경우, 문서에는 모양의 글자들이 나타난다. 예를 들어 love라는 단어를 *love*와 같이 기울여서 표현하거나 **love**와 같이 굵은 글씨로 표현한다. 이러한 작업에 사용되는 응용 프로그램이 아래아 한글이나 MS 워드와 같은 문서 편집기 $_{\text{word processor}}$이다. 전 세계적으로는 MS 워드가 사용되며, 한국에서는 아래아 한글이 사용되고 있다. 그러나 문서 편집기로 만들어진 문서에는 치명적인 단점이 있다. 아래아 한글로 만들어진 문서를 미국으로 보낼 경우, 받는 사람 컴퓨터에는 아래아 한글이 설치되어 있어야 한다. MS 워드로 만들어진 문제도 마찬가지이다. 다시 말해, 특정 응용 프로그램에게 국한된 문서는 다른 프로그램과의 호환성 문제가 있다.

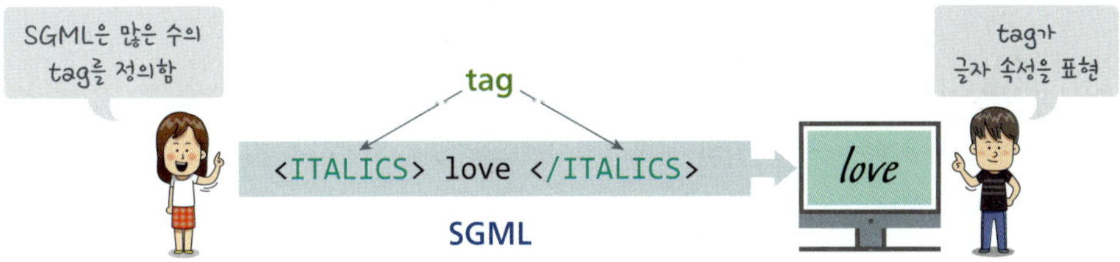

그림 15-2 SGML과 태그(tag)

호환성 문제로 인하여 특정 응용 프로그램에 속하지 않는 전 세계적인 문서 표준이 필요하였다. 특정 응용 프로그램에 독립적인 **전 세계 문서표준**이 SGML $_{\text{Standard Generalized Markup Language}}$이다. SGML에서 가장 중요한 요소는 글자의 속성을 나타내는 태그 $_{\text{tag}}$이다. SGML에서는 속성을 표현하려는 문자의 앞뒤에 태그를 붙인다. 예를 들어 기울인 글씨체의 *love*를 표현하려는 경우, `<ITALICS> love </ITALICS>`이라 쓴다. 이를 화면에 표현할 때, 기울임 속성 태그 `<ITALIC>`을 읽어서 *love*라 보여주는 방식이다. 굵은 글씨 **love**는 SGML에서 `<BOLD> love </BOLD>`라 쓰면 된다. 이렇게 글자의 앞 뒤에 속성을 나타내는 태그를 붙여서 문서를 표현 방식을 마크업 언어 $_{\text{markup language}}$라 부른다.

SGML은 ISO에서 정한 표준이지만, 널리 사용되지 못했다. 가장 큰 이유는 수학과 물리, 음악을 포함하는 모든 영역의 문서들의 표준을 만들다 보니 그 내용이 방대하여 SGML의 모든 내용을 하나의 소프트웨어로 처리하기 어려웠다. 또한 모든 글자의 속성을 일일이 태그로 지정해야 하기 때문에 작업이 번거로웠다. 문서 편집기로 간단히 할 수 있는 작업이 SGML로 작업하면 몇 배의 노력과 시간이 필요했다.

모자이크를 설계할 당시에 문서, 그림, 하이퍼텍스트로 구성된 웹 문서를 특정 응용 프로그램의 영향을 받지 않도록 만들 수 있는 방법이 필요했다. 그래서 SGML과 유사한 형태로 태그를 사용하여 웹 페이지를 만들 수 있도록 제안된 방법이 HTML이다. HTML은 SGML의 하부 집합이다. HTML에는 글자속성, 표 속성, 하이퍼텍스트 속성과 같은 태그들이 정의되어 있다. 그래서 웹 페이지를 하이퍼 텍스트 마크업 언어(HTML)라 부른다. HTML을 배운다는 것은 HTML 문서의 속성을 정의하는 태그들과 사용 방법을 배운다는 의미이다. 또한 HTML을 다양한 형태로 확장할 수 있도록 만든 것이 XML eXtensible Markup Language 이다.

여기서 잠깐

전 세계 문서표준은 아니지만 많이 사용되어 표준처럼 자리잡은 문서 포맷이 PDF Portable Document Format 이다. PDF는 어도비 Adobe 가 1992년 만든 문서 포맷이다. 어도비는 다양한 종류의 프린터에서 일정한 출력물을 만들 수 있도록 포스트스크립트 post script 언어를 개발하였다. 포스트스크립트의 확장자는 ps 혹은 eps이다. 포스트스크립트를 프린터가 아닌 파일 형태로 변형한 것이 PDF이다. 프린터에서 사용하던 포스트스크립트를 기본으로 만들어졌기 때문에, PDF 변환 프로그램 중 일부는 프린터의 형태로 제공된다. (독립적인 PDF 변환 프로그램도 있다.) PDF 프린터로 출력하면, 프린터로 출력되는 문서를 화면에 보여지는 형태로 저장해준다. PDF에도 <THead>, <TBody>, <TH>와 같이 기존의 마크업 언어의 방식이 사용된다.

웹 표준과 가이드라인을 개발하는 단체는 1994년에 설립된 W3C World Wide Web Consortium 이다. W3C의 설립취지는 웹에서 사용하는 프로토콜과 서비스의 가이드라인을 개발하는 것이며 HTML, XML 등의 표준을 개발하여 발표한다.

2 HTML 살펴보기

HTML 기본구조

SGML과 비교해보면, HTML은 간단한 형태의 태그만 제공한다. 다음 [코드 15-1]은 HTML 문서 구조를 나타내는 태그들이다.

코드 15-1 HTML 구조와 관련 태그

```
<HTML>
    <HEAD>
        <TITLE> HTML 제목 </TITLE>
    </HEAD>

    <BODY>
        본문은 여기에
    </BODY>
</HTML>
```

브라우저 표시화면

```
본문은 여기에
```

HTML 문서는 <HTML>로 시작되고, </HTML>로 끝난다. HTML 문서는 제목을 나타내는 <HEAD></HEAD>와 본문을 나타내는 <BODY></BODY>로 구성된다. 제목에도 여러 구성 요소가 있는데, 그중 <TITLE></TITLE>은 문서 제목을 나타내며, 브라우저의 상단이나 브라우저 탭에 표시된다. [코드 15-1]의 브라우저 표시화면과 같이, 본문은 브라우저 메인창에 왼쪽 정렬되어 표시된다.

[코드 15-1]의 내용을 메모장에 입력한 후, 확장자가 html이 되도록 test1.html로 저장하자. 저장된 test1.html을 웹 브라우저 창에 마우스로 드래그-앤-드롭하면 출력 화면을 볼 수 있다. 앞으로는 특별한 경우가 아니라면 </HTML>, </HEAD>, </TITLE>과 같이 끝내는 태그</>는 본문에서 언급하지 않는다.

[코드 15-2]는 HTML의 특징을 보여준다. 우선 공백문자가 연달아 여러 개 나타나는 경우 1개만 인식한다. 8번 줄에서 글자 사이에 여러 개의 공백문자가 있지만, 출력결과에서 보면 공백문자는 1개씩만 표시된다.

코드 15-2 HTML 특징

```
01 <HTML>
02    <HEAD>
03       <TITLE> HTML 제목 </TITLE>
04    </HEAD>
05
06    <BODY>
07       본문은
08       여   기      에
09       <BR> 줄바꿈
10    </BODY>
11 </HTML>
```

브라우저 표시화면

```
본문은 여 기 에
줄바꿈
```

또한, HTML에서 입력한 줄바꿈 문자(Enter)는 화면출력에서는 무시된다. 6번 줄과 7번 줄 사이에 줄바꿈이 되어 있지만, 출력결과에서 엔터는 모두 무시된다. 줄바꿈을 하려면 줄바꿈 태그인
을 사용해야 한다. 9번 줄
로 인하여 줄바꿈 글자는 한 줄 아래에 출력된다.
을 연달아 여러 번 사용할 수 있다. 주의할 것은
은 끝내는 태그</>가 없는 단독 태그라는 것이다. 지금까지 설명한 내용은 HTML뿐 아니라 SGML, XML과 같은 마크업 언어에는 공통적으로 적용된다.

› HTML 기본 태그

[표 15-1]는 HTML에서 사용되는 주요 태그들을 나타낸다. <H1>에서 <H6>까지는 제목을 표시하는 태그이다. <H1>이 가장 큰 제목이고 <H6>가 가장 작은 제목이다. 따라서 글자 크기도 <H6>로 갈수록 작아진다.

본문에는 여러 개의 문단이 있을 수 있다. 문단을 구분하는 태그는 <P>이다. 문단이 여러 개 있는 경우, 다음 문단은 한 줄 띄고 시작된다.

표 15-1 HTML 주요 태그

태그	설명
<H1> ~ <H6>	제목을 표시하는 태그, <H1>이 가장 크고 <H6>가 가장 작음
<P>	문단 구분 문단끼리는 한 줄 띄어짐
<FONT>	폰트의 속성을 지정하는 태그로 속성은 <FONT 다음에 명시
<B>	굵은 글자
<I>	기울어진 글자
<U>	밑줄 글자
<SUP>	위첨자
<SUB>	아래첨자
 	줄바꿈 - 단독 태그
<HR>	수평선 - 단독 태그
<A>	HREF='URL'을 사용하여 하이퍼링크를 지정하는 태그
<IMG src='그림파일'>	그림 파일 화면에 표시

HTML 문서에는 다양한 폰트를 사용할 수 있고, 폰트 크기 및 폰트의 색깔을 지정할 수 있다. 기존과 다른 스타일의 폰트를 사용하는 경우, <FONT> 태그를 사용한다. <FONT>의 사용 방법은 조금 뒤에 다시 설명한다.

다양한 속성의 문자를 표시할 수 있는데, 굵은 글씨는 bold를 의미하는 <B>, 기울여진 글씨는 italic을 의미하는 <I>, 밑줄은 underline을 의미하는 <U> 태그이다. 또한 윗첨자는 <SUP>이고 아래 첨자는 <SUB> 태그를 사용한다.

앞서 줄바꿈은
을 사용한다고 설명하였다. 또한 수평선을 만드는 태그는 <HR>이다. 기억할 것은
과 <HR> 둘 다 단독 태그이다.

<A>는 하이퍼링크를 지정하는 태그이다. 하이퍼링크로 네이버 주소를 지정하는 경우 <A HREF='http:

//naver.com'> **네이버** </A>라 쓰면 된다. 이때 네이버 글씨는 밑줄이 그어진 파란색이 되며, 네이버를 누르면 naver.com으로 이동하게 된다. 하이퍼링크로 연결된 페이지를 열 때, 기존의 페이지가 변경되는게 기본이지만, 새로운 탭에서 열 수도 있다. <A> 태그에는 링크를 여는 방법을 target 옵션으로 지정 할 수 있으며, _self는 현재 페이지로 기본 값이다. _blank는 새 탭을 의미하며, _parent는 부모 페이지, _top은 최상위 페이지를 의미한다. 따라서 네이버를 눌렀을 때, 새로운 탭에서 네이버 홈페이지를 보게 하려면 A HREF='http://naver.com' target='_blank'> **네이버** </A>라 쓰면 된다.

HTML 문서에 그림이나 사진을 삽입하고 싶은 경우, <IMG> 태그를 사용한다. <IMG src='**그림파일**'>을 사용하면 해당 위치에 그림 파일이 나타난다.

[코드 15-3]은 지금까지 설명한 기본 태그들 중 몇 가지 태그에 대한 출력결과를 보여준다. 제목 태그인 <H2>를 사용하면 크고 두꺼운 글씨가 화면에 나타난다. 본문은 7번 줄부터 10번 줄까지의 문단과 11번부터 13번까지의 문단, 총 2개의 문단으로 이루어진다. 출력결과를 보면 문단과 문단 사이가 한 줄 띄어지는 것을 확인할 수 있다.

코드 15-3 **HTML 기본 태그**

```
01 <HTML>
02     <HEAD>
03         <TITLE> HTML 제목 </TITLE>
04     </HEAD>
05     <BODY>
06         <H2> 기본 태그 </H2>
07         <P>
08             문단 시작 <U> 밑줄 글자 </U> <BR>
09             <B> 굵은 글자 </B>
10         </P>
11         <P>
12             <A HREF='http://naver.com'> 네이버 </A>
13         </P>
14     </BODY>
15 </HTML>
```

브라우저 표시화면

기본 태그

문단시작 밑줄글자
굵은 글자

네이버

앞에서 설명한 바와 같이 12번 줄의 <A>는 하이퍼링크를 만드는 태그이다. 출력결과를 보면 하이퍼링크로 연결된 네이버 글씨는 밑줄이 그어진 파란색으로 표시된다. 네이버를 누르면 네이버 홈페이지로 연결된다.

다양한 폰트를 사용하게 해주는 <FONT>와 테이블을 만들 수 있는 <TABLE> 태그에 대하여 알아보자. <FONT>에는 `size`, `color`, `face`를 지정할 수 있다. `size`는 글자 크기, `color`는 글자 색깔, `face`는 사용할 폰트를 의미한다. 주의할 것은 `color`를 사용할 때 `red`, `green`, `black`과 같은 문자를 사용할 수도 있고, `#ff0000`과 같이 16진수 RGB 값을 사용할 수도 있다.

표 15-2 FONT와 TABLE 태그

태그	부속	설명
<FONT>	size	<font size='5'> 글자크기 5 </font> <font size=+1> 기본폰트 +1 크기 </font>
	color	<font color='red'> 글자색 빨강 </font> <font color='#ff0000'> 16진수 빨강 </font>
	face	<font face='돋움'> 돋움폰트 </font>
<TABLE>	<TR>	<TR> 표의 한 줄 지정 <TR>
	<TD>	<TD> 줄의 한 칸 지정 <TD>

16진수 표현 방식은 `#`로 시작하고 총 6개 문자 중 2개씩 각각 R(Red), G(Green), B(Blue)의 농도를 나타낸다. `ff`가 가장 밝은 색이며, `00`이 가장 어두운 색이다. 따라서 흰색은 `#ffffff`, 검은색은 `#000000`, 녹색은 `#00ff00`, 파란색은 `#0000ff`이다.

테이블을 만들고 싶다면 <TABLE> 태그를 사용한다. 테이블에서 각 줄은 <TR>로 만들며, 한 줄에서 각 칸은 <TD>로 만든다. [코드 15-4]는 <TABLE> 태그를 사용하는 방법을 보여준다.

코드 15-4 HTML 테이블

```
<HTML>
   <HEAD>
      <TITLE> HTML 제목 </TITLE>
   </HEAD>
   <BODY>
      <TABLE>
         <TR>
            <TD> 사자 </TD>
            <TD> 토끼 </TD>
         </TR>
         <TR>
            <TD> 늑대 </TD>
```

```
13                <TD> <FONT color='#ff0000'> 여우 </FONT> </TD>
14            </TR>
15        </TABLE>
16    </BODY>
17 </HTML>
```

브라우저 표시화면

```
사자 토끼
늑대 여우
```

테이블은 6번 줄에서 시작하여 15번 줄에서 끝난다. 7번 줄 <TR>은 테이블의 첫 번째 줄을 만들고, 10번 줄에서 첫 줄은 끝난다. 11번 줄 <TR>은 테이블의 두 번째 줄을 만들고, 14번 줄에서 끝난다. 따라서 두 줄의 테이블이 만들어진다.

테이블의 첫 번째 줄의 1번 칸은 <TD> 태그가 만든다. 테이블의 첫 번째 줄의 2번 칸은 9번 줄의 <TD> 태그가 만든다. 브라우저 표시화면을 보면 테이블의 첫 번째 줄, 1번 칸에는 사자가 출력되고, 2번 칸에는 토끼가 출력된다.

11번 줄 <TR>이 테이블의 두 번째 줄을 만들고, 12번 줄 <TD>가 1번 칸에 늑대를 출력한다. 13번 줄 <TD>가 2번 칸에 여우를 출력한다. `<FONT color='#ff0000'>`를 사용했기 때문에 **여우**는 붉은색 글씨로 출력된다.

3 CGI

HTML은 미리 만들어진 그림책이다. 따라서 한번 만들어지면, 내용을 바꿀 때마다 HTML을 새로 만들어야 한다. 그래서 동적으로 변하는 데이터를 웹 페이지에 삽입하려면 다른 프로그램의 도움을 받아야 한다. 예를 들어 웹 서버의 현재 시간을 표시한다고 가정해보자. 서버의 현재 시간을 알고 있는 것은 서버에 설치된 운영체제이다. 웹 데몬(HTTPD)은 운영체제에게 현재 시간을 물어본다. 현재 시간을 알게 되면 HTML의 형식에 맞게 시간을 바꾸어 웹 문서에 삽입한다. 이렇게 **웹 데몬이 응용 프로그램에 질문을 하고 결과를 HTML에 맞게 변형시켜주는 역할을 담당하는 프로그램**을 Common Gateway Interface, 약자로 CGI라 부른다.

응용 프로그램마다 질문의 형식이 다르다. 웹 데몬(HTTPD)은 CGI를 이용하여 응용 프로그램이 요청하는 형식에 맞게 질문을 한다. 응용 프로그램의 질문에 대한 응답 형태는 보통의 경우 문자 형태이다. CGI는 문자 형태의 결과를 HTML의 문법에 맞게 변형하여 웹 데몬에게 전달한다. 따라서 CGI는 웹 데몬과 다른 응용 프로그램을 연결해주는 인터페이스$_{\text{interface}}$ 역할을 하는 프로그램이다. 그래서 이름이 Common Gateway Interface이다.

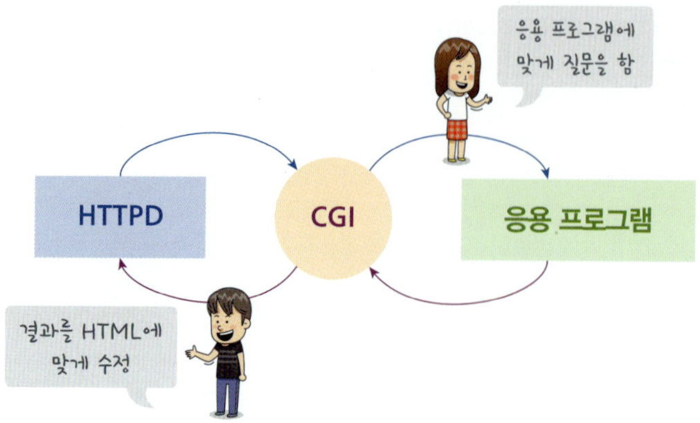

그림 15-3 CGI의 역할

웹 시스템 초기에는 CGI를 만드는 스크립트 언어로 perl이나 awk을 많이 사용했다. 웹 시스템이 발전하면서 데이터베이스와 같은 응용 프로그램과의 연결도 많아지고 질문도 복잡해졌다. 일례로 사이트의 사용자 정보(로그인 login 정보)는 데이터베이스가 가지고 있다. 사용자가 웹 시스템에게 접근할 때마다 권한이 있는 사용자인지를 확인하기 위해서는 CGI를 이용하여 데이터베이스에게 질문을 해야 한다. 데이터베이스에 질문하는 것은 운영체제에게 지금 몇 시인지를 물어보는 것보다 훨씬 복잡하다. 이런 복잡한 문제를 perl이나 awk와 같은 일반적인 스크립트 언어에게 맡기는 것에 한계가 있었다.

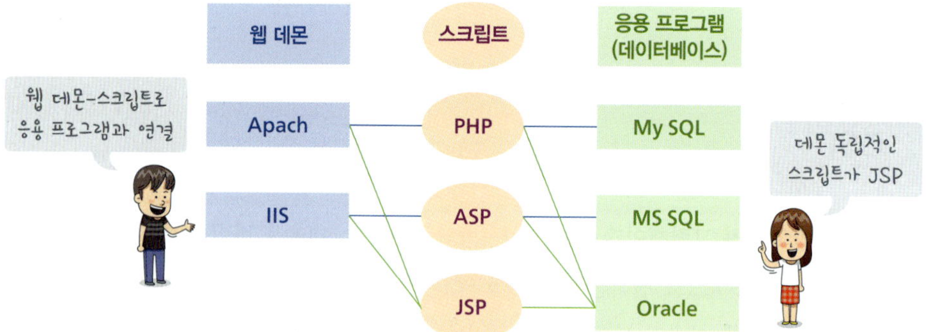

그림 15-4 웹 시스템의 구성

웹 개발자들이 주변 응용 프로그램과의 연결을 쉽게 할 수 있도록 웹 데몬 개발사에서는 기존의 스크립트 언어를 대신할 수 있는 강력한 스크립트 언어를 제공해준다. 가장 대표적인 웹 데몬이 아파치 Apach 이며, 아파치에서 서버 쪽 개발 언어로 제공하는 스크립트 언어가 PHP이다. PHP는 PHP: Hypertext Preprocessor의 약자이다.

아파치의 경우, 윈도우즈 서버에서도 사용 가능하지만 대부분 유닉스 서버에서 사용된다. 마이크로소프트(MS)는 웹 데몬으로 IIS Internet Information Services 를 제공하는데, IIS에 사용 가능한 스크립트 언어가 ASP Active Server Pages 이다. 따라서 아파치를 사용하려는 사람들은 PHP를 공부해야 하고, IIS를 사용하려는 사람들은 ASP를 공부해야 한다. 아파치나 IIS에 관계없이 사용할 수 있는 스크립트 언어도 있는데, 이것이 자바의 JSP Jave Server Pages 이다.

여기서 잠깐

아파치나 My SQL은 오픈 소스여서 무료로 사용할 수 있다. 그래서 많은 웹 시스템들이 Apach-PHP-My SQL의 조합을 사용한다. 이들의 앞 글자를 따서 APM 시스템이라 부른다.

4 XML(eXtensible Markup Language)

컴퓨터가 다루는 데이터는 정형 데이터, 비정형 데이터, 반정형 데이터의 3가지 유형으로 구분할 수 있다. 비정형 데이터 unstructured data 는 정해진 구조가 없는 데이터이다. 일반적인 언어, 음악, 사진과 같은 대부분의 데이터가 비정형 데이터이다. 수첩을 사용하여 전화번호를 적는다면 대부분 비정형 데이터이다. 수첩에 적다보면 자신만 아는 순서대로 대충 적어 놓기 때문이다. 순서에 맞게 정리된 데이터가 아니기 때문에 비정형 데이터로부터 정보를 추출하는 것은 어렵다. 따라서 비정형 데이터는 정형 데이터로 변환하는 과정이 필요하다.

정형 데이터 structured data 는 정해진 구조에 따라 저장된 데이터이다. 대표적인 경우로 스마트폰의 전화번호부가 있다. 전화번호부는 이름, 직장, 집, 전화번호와 같이 정해진 구조에 따라 입력하게 되어 있다. 이렇게 미리 정해진 데이터 구조를 스키마 schema 라 부른다.

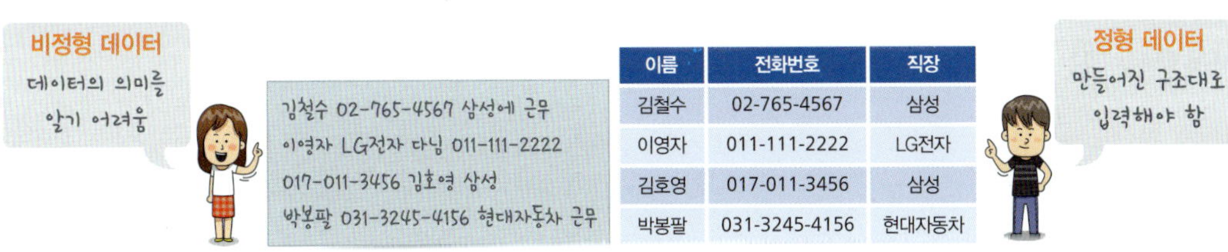

그림 15-5 비정형과 정형 데이터의 예

정형 데이터는 관리가 용이하다. 구조가 정해져 있기 때문에 삽입과 삭제가 용이하고 검색도 쉽게 할 수 있다. 예를 들어 삼성에 다니는 사람의 전화번호라던지, 02로 시작하는 전화번호를 찾는 일이 가능하다 데이터베이스는 스키마라는 데이터 구조를 사용하여 데이터를 관리한다. 그래서 데이터베이스에 저장된 대부분의 값은 정형 데이터이다.

반정형 데이터 semi-structured data 는 정형과 비정형의 중간적인 형태를 가진 데이터이다. 반정형 데이터는 구조와 데이터를 같이 저장한다. [그림 15-6]에서 <이름>, <전화>, <직장>이 구조 정보를 나타내는 태그(tag)이다. 태그를 통하여 데이터 의미나 속성을 파악할 수 있다. 반정형 데이터는 비정형처럼 자유롭게 서술되어 있지만, 구조정보가 같이 저장되어 있어 필요한 정보를 추출할 수 있다. 반정형 데이터의 대표적인 경우가 XML $_{\text{eXtensible Markup Language}}$ 이다.

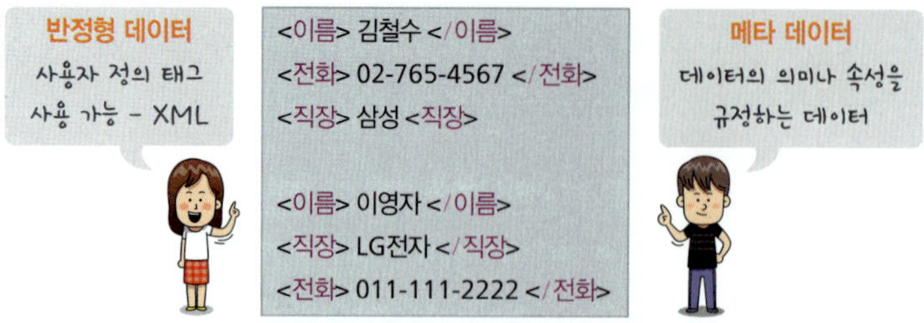

그림 15-6 반정형 데이터의 예(XML)

XML은 HTML의 한계를 극복할 목적으로 만든 **다목적의 마크업 언어**이다. HTML은 매우 단순한 구조만을 가지고 있기 때문에 웹 브라우저 상에 문서를 표현하는 것 이외에 특별한 기능을 하기 어렵다. 인터넷이 발달함에 따라 다양한 데이터를 주고 받으면서 새로운 서비스를 개발할 필요가 있었다. 이를 뒷받침하기에는 HTML은 너무 단순한 구조를 가지고 있다. 그래서 W3C는 데이터의 구조와 의미를 파악할 수 있도록 HTML의 태그를 확장하였는데 이것이 XML이다. 따라서 HTML은 XML의 하부집합이다.

XML의 가장 큰 특징은 사용자가 정의하는 태그를 사용할 수 있다는 것이다. 예를 들어 <이름>, <전화>, <직장>과 같은 태그를 사용하여 데이터의 구조나 의미를 파악할 수 있게 하였다. 이렇게 **데이터의 의미나 속성을 규정하는 데이터를 메타 데이터** $_{\text{metadata}}$ 라 부른다. 메타 데이터는 데이터의 데이터로 기계가 이해할 수 있도록 만들어진 데이터를 의미한다. 따라서 XML은 **사용자 정의 메타 데이터를 사용할 수 있는 다목적 마크업 언어**이다.

5 HTML5

그림책을 보여주는 수준이었던 웹 시스템은 사용자가 폭발적으로 늘어남에 따라 다양한 서비스에 대한 욕구가 커졌다. 웹 시스템 상에서 동영상 스트리밍, 게임, 은행 업무를 처리하기에는 HTML만으로는 한계가 있었다. 늘어나는 서비스 요구를 충족시키기 위해 W3C는 HTML 1.0부터 시작하여 4.0까지 표준을 향상시켰다. 그러나 표준이 기술의 발전을 따라가기에는 역부족이었다. 대형 소프트웨어 업체들은 HTML 표준이 처리하지 못하는 영역을 자신들이 개발한 기술로 메우려 하였다. 이렇게 탄생한 대표적인 기술이 어도비의 플래시 $_{\text{flash}}$ 와 마이크로소프트의 Active-X이다.

Active-X는 웹 서버가 제공하는 소프트웨어를 클라이언트의 컴퓨터에 설치할 수 있도록 해주는 기술이다. 이를 통해 소프트웨어들이 클라이언트의 컴퓨터에 설치되어 다양한 기능을 수행할 수 있었다. 문제는 악성 소프트웨어도 설치될 수 있기 때문에 컴퓨터 보안을 위협하는 기술이 되었다.

Active-X의 또 다른 문제는 호환성이다. 마이크로소프트의 익스플로러$_{\text{explore}}$에서만 작동하는 Active-X는 비표준 기술이기 때문에 크롬이나 오페라와 같은 웹 브라우저에서는 사용할 수 없다. 과거 한국에서는 온라인으로 은행 업무를 보기 위해서 3~5개 이상의 소프트웨어들이 Active-X를 통하여 설치되었다. 지금은 스마트폰의 보급으로 인하여 대부분의 업무가 스마트폰 환경으로 넘어왔으며, 스마트폰에서 대부분 크롬을 사용한다. 따라서 과거 Active-X를 이용하여 만들어진 모든 시스템들은 Active-X 없이도 작동할 수 있도록 다시 개발 되었다. 이러한 이유로 과거 웹 브라우저 시장의 80%을 차지했던 익스플로러는 거의 사라지고, 현재는 크롬이 1등을 차지하고 있다. 마이크로소프트도 익스플로러를 포기하고 새로운 웹 브라우저인 edge를 출시했다.

그림 15-7 HTML5의 주요 특징

Active-X와 같은 비표준 기술을 사용하지 않고도 다양한 프로그램을 개발할 수 있도록 만들어진 표준기술이 HTML5이다. 현재 W3C를 통해 표준으로 HTML5가 발표되었다. 과거의 HTML과 비교하여 HTML5는 다양한 요구를 수용하는 매우 강력한 시스템이 되었다. HTML5의 주요 특징은 다음과 같다.

- **멀티미디어 기능 제공** - 과거에 유튜브를 시청하기 위해서는 플래시를 설치해야만 했었다. HTML5에서는 다른 프로그램을 설치하지 않고서도 멀티미디어를 웹 브라우저에서 직접 볼 수 있다.
- **그래픽 지원** - HTML5에서는 그래픽카드가 지원하는 하드웨어 가속을 받아 2차원과 3차원 그래픽을 모두 지원하기 때문에 빠르고 다양한 화면을 볼 수 있다.
- **양방향 통신지원** - 기존의 웹 시스템은 HTML을 클라이언트에게 전달하는 것이 목적이었다. HTML5에서는 소켓에 접근하여 클라이언트와 서버가 양방향 통신을 할 수 있도록 지원한다. 따라서 웹 시스템을 이용하여 온라인 게임도 제작할 수 있게 되었다.
- **다양한 장치접근 가능** - 기존의 웹 시스템은 사용자의 컴퓨터의 하드웨어에 제한적으로 접근하였다. HTML5에서는 다양한 하드웨어에 접근이 가능하다. 예를 들어 웹 브라우저가 GPS에 접근할 수 있어, 지도를 검색한다거나, 내 주변 위치의 맛집, 병원, 주유소들을 검색할 수 있게 되었다.

이외에도 HTML5는 스타일 시트인 CSS Cascading Style Sheets 3을 지원하여 성능을 극대화 하면서도 강력한 웹 플랫폼이 되었다.

여기서 잠깐

CSS는 HTML을 꾸미는 역할을 담당하며, HTML을 그대로 두고 CSS만 바꿔도 서로 다른 웹 사이트가 되는 효과가 있다. 또한, W3C에서는 HTML 4.0 이후에 XHTML 1.0을 표준으로 지정하였다. 그러나 XHTML은 구조가 복잡하고 사용이 어려워 많이 보급되진 않았다. 그래서 새로 만든 표준이 HTML5 이며, 이름에서 알 수 있듯이 XHTML의 후속 표준이 아닌 HTML 4.0의 후속 표준이다.

6 웹 시스템 구조 이해하기

HTTP 프로토콜 특징

HTTP HyperText Transfer Protocol는 웹 시스템에서 HTML 문서를 주고받을 때 사용하는 프로토콜이다. HTTP는 주로 TCP를 사용하고, 사용하는 포트는 80번이다. HTTP는 0.9 버전인 HTTP/0.9에서 시작하여 HTTP/1.0과 HTTP/1.1, HTTP/1.2가 제안 되었다. 이 중 HTTP/1.1은 10년 넘게 사용되어 온, 가장 대중화된 버전이며, 현재에는 HTTP/2로 바뀌는 추세이다. 참고로 웹 브라우저가 사용할 수 있는 프로토콜은 HTTP 이외에 파일을 전송에 사용하는 FTP와 문서 검색에 사용하는 Gopher가 있다. Gopher는 현재 웹으로 대체되어 사용되지 않는다.

여기서 잠깐

HTTP/3은 HTTP 버전 3번째를 의미하며, UDP를 사용한다. HTTP/3의 처음 이름은 HTTP-over-Quick으로 빠른 데이터 전송을 위해 설계된 프로토콜이기 때문에 TCP 대신 UDP를 사용한다. 현재 HTTP/1.1과 HTTP/2가 가장 많이 사용하는 버전이며 HTTP/3은 테스트 단계이다.

HTTP는 클라이언트가 서비스를 요청하면 서버가 응답하는 형식의 프로토콜이다. 보통의 경우, 웹 브라우저(클라이언트)가 HTTP를 통하여 서버로부터 웹 페이지(HTML)를 요청하면, 서버는 HTML을 클라이언트에게 전달한다.

클라이언트가 서버에게 요청을 할 때 어떤 서비스를 원하는지를 명시하는데 이를 요청 메소드 request method라 부른다. 또한 서버는 요청된 서비스가 어떻게 처리되었는지를 알려주는데 이를 응답코드라 부른다. [표 15-3]은 클라이언트 요청 메소드를 나타낸다.

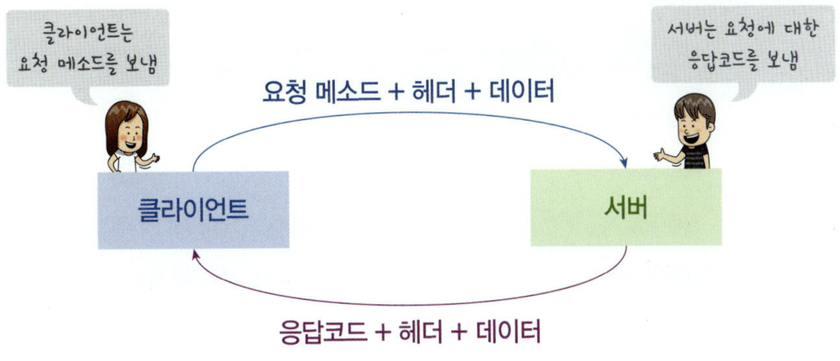

그림 15-8 HTTP 데이터 전송

표 15-3 클라이언트 요청 메소드

요청 메소드	설명
GET	URL에 해당하는 자료 전송 요청
HEAD	GET으로 얻게 되는 데이터의 헤더만 요청
POST	클라이언트가 서버에게 보내는 자료
PATCH	클라이언트가 서버에게 데이터 부분 수정 요청
PUT	클라이언트가 서버에게 데이터 저장 요청
DELETE	클라이언트가 서버에게 데이터 제거 요청
TRACE	서버에게 클라이언트의 요청에 대한 결과 반환 요청
CONNECT	클라이언트가 특정 프록시 서버의 연결 요청
OPTIONS	클라이언트가 서버에게 지원하는 옵션 목록 요청

기본적으로 클라이언트는 GET 요청을 사용한다. GET은 웹 페이지를 보내달라는 요청이며 다음과 같이 요청 메소드와 HTTP 버전 번호가 같이 전달된다. 서버는 클라이언트의 요청에 따라 적당한 데이터를 보낸다. 만약 클라이언트의 요청이 HEAD라면 본문은 빼고 헤더만 보낸다.

```
GET HTTP/1.1
```

서버가 응답을 할 때 보내는 응답코드는 서버 작업의 성공 혹은 실패와 이유를 나타내는 코드이다. [표 15-4]는 대표적인 응답코드를 나타낸다. 응답코드 100번대는 정보교환을 나타내며, 200번대는 작업의 성공을 나타낸다. 예를 들어 작업이 순조롭게 이루어진 경우 서버는 클라이언트에게 `200`번 `OK` 코드를 보낸다. 300번대 코드는 서비스의 방향이 바뀌었음을 의미한다. 예를 들어 요청한 서비스가 다른 URL에서 찾게 된 경우 `301`번 `moved permanently` 코드가 전송된다.

표 15-4 HTTP 대표 응답코드

요청 메시지	설명	예
100번대	정보 교환	
200번대	작업 성공	200 OK : 오류 없이 전송 성공
300번대	방향 바꿈	301 moved permanently : 요청한 데이터 새로운 URL에서 찾음
400번대	클라이언트 오류	404 not found : 페이지를 찾을 수 없음
500번대	서버 오류	503 service unavailable : 서비스를 이용할 수 없음

400번대는 클라이언트 오류를 나타내고, 500번대는 서버 오류를 나타낸다. `404`번 `not found` 는 자주 보는 오류코드로 보통 '페이지를 찾을 수 없습니다.'라고 표시된다. 서버에 페이지가 존재하지 않거나 해당 URL이 새로운 곳으로 변경되었을 때 전송되는 응답코드이다.

`503`번 `service unavailable` 오류는 404만큼 자주 보는 오류코드이다. 서버에 부하가 걸려 서비스 중단이 되었거나 사이트 점검으로 인해 서비스를 받을 수 없는 경우로 전송되는 응답코드이다. 보통 일시적으로 서비스가 중단된 경우이다.

하이퍼링크

보안 프로토콜인 HTTPS는 16장 보안에서 자세히 다룬다.

프록시 서버

앞서 살펴본 클라이언트 요청 메소드 중 connect는 클라이언트가 특정 프록시 서버의 연결을 요청할 때 사용하는 메소드이다. 여기서 프록시 proxy 서버는 클라이언트를 대신하여 서버에 접속하는 컴퓨터 시스템이나 응용 프로그램을 가리킨다.

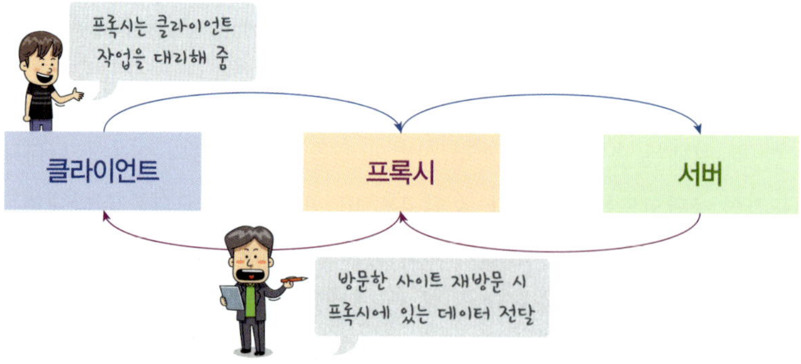

그림 15-9 프록시(proxy)

프록시 서버에는 연결된 사용자들이 방문했던 사이트의 데이터를 프록시의 저장장치에 저장해둔다. 사용자가 사이트를 다시 방문하는 경우, 캐시 안에 있는 데이터를 사용자에게 준다. 프록시를 사용하게 되면, 서버에 접속하여 데이터를 가져올 필요가 없어 전송시간을 절약할 수 있다. 또한, 네트워크 외부로 연결을 하지 않아도 되기 때문에 트래픽을 줄이는 효과를 얻을 수 있다.

원래 프록시는 접속 속도를 빠르게 하고 네트워크 트래픽을 줄이는 용도로 개발되었으나 다른 용도로 사용되기도 한다. 예를 들어 회사에서 사용자의 인터넷 사용 패턴을 파악하기 위해 프록시 서버를 이용한다. 또한, 전달받은 콘텐츠에 대하여 악성코드가 있는지를 파악하거나, 회사의 중요한 데이터가 외부로 유출되는 것을 차단하기 위하여 사용된다. 혹은 자신의 IP 주소의 노출을 막거나 다른 사람이 IP 추적하는 것을 차단할 목적으로 프록시 서버가 이용되기도 한다.

웹 캐시와 쿠키

캐시 cache 란 접근 속도를 빠르게 하기 위하여 미리 가져다 놓은 데이터를 의미한다. 앞서 설명한 프록시 서버의 경우 방문했던 사이트의 데이터를 캐시에 저장한다. 또한 CPU에도 캐시가 달려 있어 앞으로 사용할 것이라 생각되는 메모리의 일부를 CPU 캐시로 옮겨서 작업을 빠르게 한다.

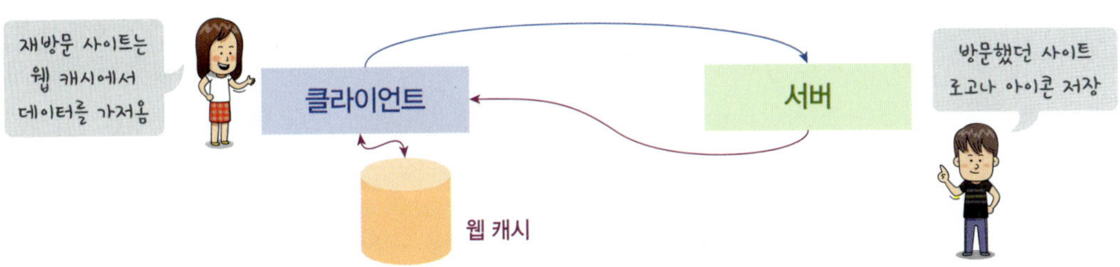

그림 15-10 웹 캐시

웹 시스템도 캐시를 사용하는데 웹 캐시라 부른다. 사용자가 사이트를 방문하는 경우, 웹 브라우저는 로고나 아이콘과 같은 그림 파일을 웹 캐시에 저장해둔다. 해당 사이트를 다시 방문하는 경우, 브라우저는 웹 캐시에 저장했던 데이터를 다시 사용함으로써 접근 속도를 높인다. 웹 캐시가 너무 많이 쌓여 있는 경우에는 캐시에서 필요한 데이터를 찾는데 많은 시간이 걸릴 수 있다. 따라서 웹 캐시는 주기적으로 청소를 해주는 것이 좋다.

웹 시스템에서는 쿠키 cookie 도 사용된다. 쿠키란 서버가 필요에 의해 클라이언트에게 남겨 놓은 작은 데이터이다. 서버를 방문하면 과자 부스러기와 같은 작은 데이터가 남는다고 하여 쿠키라 부른다.

쿠키는 클라이언트가 서버에서 작업했던 내용을 기록하고, 해당 서버를 다시 방문했을 경우, 새로운 서비스를 위해 남겨 놓는다. 예를 들어 구글, yes24, 교보문고와 같은 사이트에서 검색을 하면 검색한 단어들이 클라이언트 영역에 쿠키로 남는다. 해당 사이트를 다시 방문하면 [그림 15-11]과 같이 자신이 과거에 검색했던 단어들을 다시 보여준다.

그림 15-11 쿠키를 이용한 검색 서비스

멜론이나 넷플릭스와 같은 사이트의 경우 사용자가 지금까지 구매했거나 검색했던 내용을 바탕으로 새로운 음악이나 영화를 추천해준다. 이러한 사이트의 경우 사용자가 로그인을 하였기 때문에 사용자 개인의 패턴을 분석할 수 있다. 그러나 구글, yes24, 교보문고의 경우 사용자가 로그인을 하지 않아도 검색 서비스를 사용할 수 있다. 사용자가 누구인지 모르는 상황에서도 서비스를 과거 검색 내용을 보여주기 위해서 쿠키를 사용한다.

쿠키의 사용은 종종 예상하지 못한 문제를 만들기도 한다. 예를 들어 구글에서 어묵을 검색한 경우, 쿠키에 어묵이 남아있다. 구글은 사용자가 검색한 쿠키의 내용을 바탕으로 광고를 송출한다. 따라서 구글과 광고 계약을 맺은 다른 사이트를 방문하더라도 어묵 광고가 계속 따라 다닌다. 아마도 구글에서 검색했던 내용의 광고가 다른 사이트를 방문할 때도 계속 나타나는 현상을 경험했을 것이다.

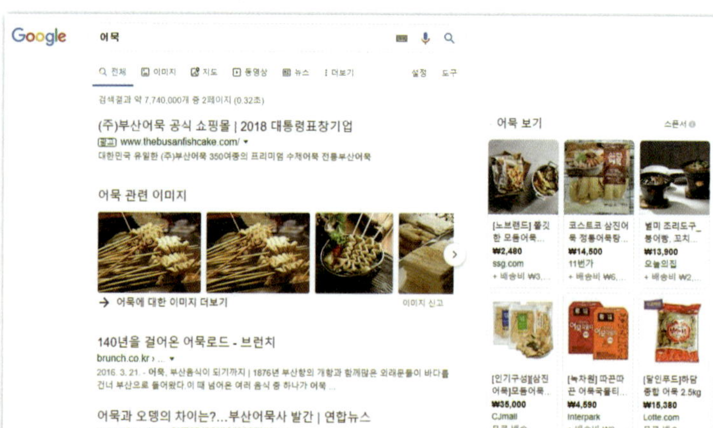

그림 15-12 구글에서 '어묵'으로 검색한 화면

실제로 페이스북에서 동성애를 검색했던 사용자가 다른 사람의 사이트를 방문할 때마다 동성애 광고가 계속 나타나서 문제를 제기한 경우가 있다. 이와 같이 쿠키는 개인의 정보를 노출할 수 있는 문제가 있기 때문에 서버가 쿠키를 사용하려는 경우, 사용자의 동의를 받아야만 하도록 웹 브라우저 정책이 변경되었다. 또한 공용의 컴퓨터를 사용하거나 집안에서 여러 식구들이 같은 컴퓨터를 사용하는 경우 자신의 취향이 다른 사람에게 노출될 수 있는 문제가 발생할 수 있다. 이를 방지하기 위해서는 필요할 때마다 인터넷 사용 기록, 쿠키, 캐시된 이미지 파일을 지워 주는 것이 좋다.

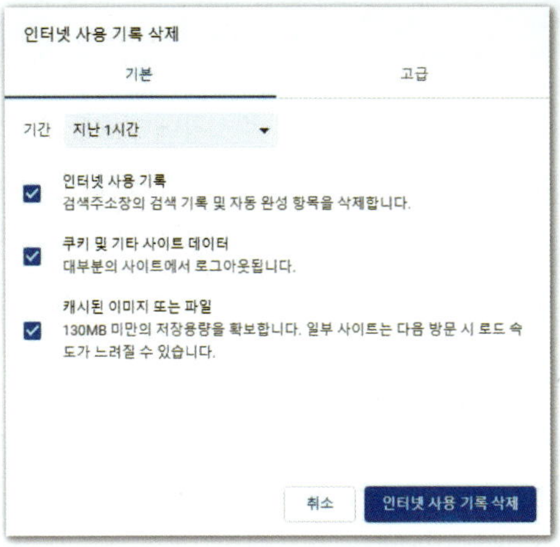

그림 15-13 크롬에서 사용 기록, 쿠키, 캐시 삭제 페이지

SECTION 02

DNS

1 DNS 계층 구조

DNS는 Domain Name System의 약자로 인터넷 주소창에 naver.com과 같은 도메인 이름Domain Name을 입력했을 때 IP 주소로 변환해 주는 시스템을 말한다. 현재에는 DHCP를 통해 IP 주소 및 게이트웨이, 기본 DNS 주소, 보조 DNS 주소가 자동으로 할당된다. 보조 DNS는 기본 DNS에 문제가 생겼을 경우 작동하는 DNS 시스템이다.

[표 15-5]는 주요 업체의 기본 DNS 주소 및 보조 DNS 주소를 나타낸다. 예를 들어 KT에서 제공하는 인터넷 서비스를 사용하는 집이면 기본 DNS 주소가 168.126.63.1이 된다. 대학교의 경우 자체적인 DNS를 가지고 있다. DNS와 통신할 때는 UDP를 사용하며, 포트 번호 53번이 이용된다.

표 15-5 주요 업체의 기본 DNS 주소 및 보조 DNS 주소

업체	기본 DNS	보조 DNS	비고
KT	168.126.63.1	168.126.63.2	
LG 유플러스	164.124.107.9	203.248.242.2	
SK 브로드 밴드	210.220.163.82	219.250.36.130	
구글	8.8.8.8	8.8.4.4	구글 퍼블릭 DNS

클라이언트가 URL을 사용하여 인터넷을 하는 경우, DNS를 통해 URL을 IP 주소를 바꾼 후에야 인터넷을 사용할 수 있다. 문제는 세상에는 많은 종류의 URL가 있으며, DNS 서버가 모든 URL의 IP 주소를 다 알지 못한다는 것이다. 따라서 자신의 지역에 속한 지역local DNS 서버가 원하는 IP 주소를 가지고 있지 않다면, 루트root DNS 서버에게 물어봐서 IP 주소를 알아낸다. 이렇듯 DNS는 계층 구조로 이루어져 있다.

DNS가 어떤 계층 구조를 가지고 있는지 알아보자. URL에서 맨 오른쪽의 도메인 이름이 최상위 도메인Top Level Domain; TLD이다. 보통의 경우 kr(한국), fr(프랑스), jp(일본)과 같은 국가가 최상위 도메인이며, 국가가 없는 일반 주소의 경우 com과 같은 도메인이 최상위 도메인이다. 예를 들어 청와대 주소 www.president.go.kr에서 최상위 도메인은 kr이 된다. 참고로 미국은 인터넷 종주국이기 때문에 국가 도메인을 생략하여 사용한다. 그래서 백악관 주소는 whitehouse.gov이다.

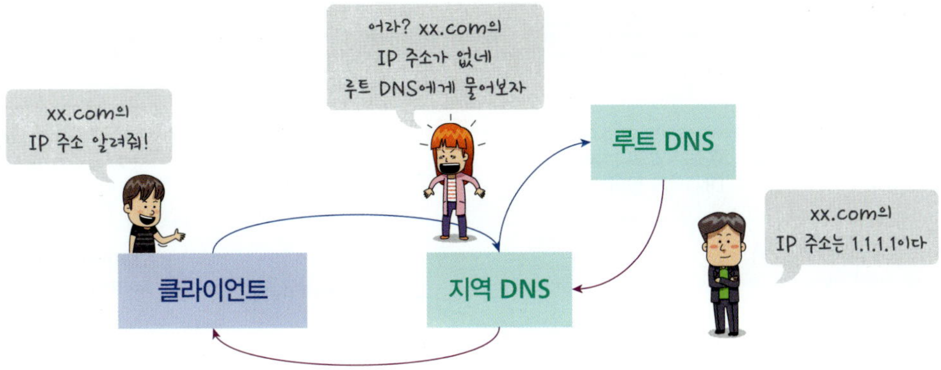

그림 15-14 DNS의 계층 구조

또한 국가명이 없는 www.samsung.com에서는 com이 최상위 도메인이다. com과 유사한 최상위 도메인으로 net(네트워크 관련 기관), biz(회사), info(정보 서비스 제공 기관), edu(교육 기관), org(비영리 기관), gov(국가 기관) 등이 있다.

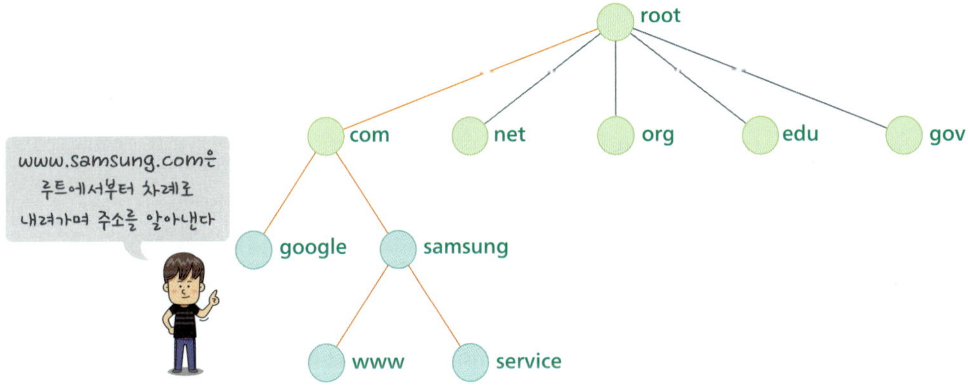

그림 15-15 DNS의 루트 서버와 하위 서버 구조

www.samsung.com의 주소를 지역 DNS 서버가 모르는 경우 루트 DNS 서버에게 물어본다. 루트 DNS 서버는 하부의 com DNS 서버, samsung DNS 서버까지 차례로 질문을 하여 www.samsung.com의 주소를 알아내게 된다.

2 DNS 작동 방식

지역 DNS 서버는 자주 방문하는 사이트의 주소를 보관하고 있다. 그러나 지역 DNS 서버에 없는 URL의 경우 루트 DNS 서버를 통해 주소를 찾아야 한다. 지역 DNS 서버와 루트 DNS 서버가 주소를 찾아가는 과정을 자세히 살펴보자. [그림 15-16]은 www.samsung.com의 IP 주소를 찾아가는 과정을 나타낸다.

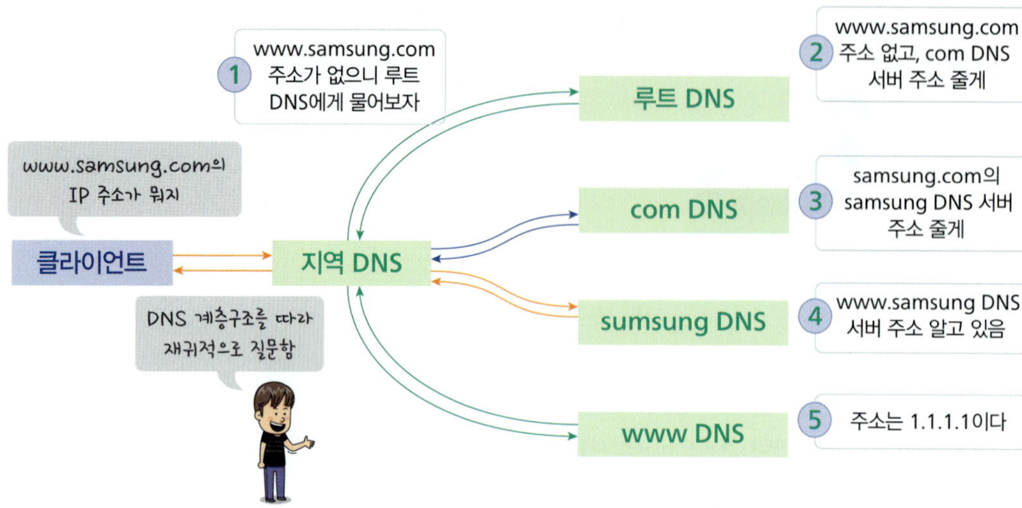

그림 15-16 DNS에서의 IP 주소를 찾아가는 과정

www.samsung.com의 주소가 지역 DNS 서버에 없는 경우, 루트 DNS 서버에게 물어본다. 모든 지역 DNS 서버는 루트 DNS 서버의 IP 주소를 가지고 있다. 지역 DNS 서버는 루트 DNS 서버의 주소만 가지고 있을 뿐 하부에 속한 다른 DNS 서버의 주소는 모른다.

❶ 지역 DNS가 www.samsung.com의 IP 주소를 루트 DNS 서버에게 물어본다.

❷ 루트 DNS 서버는 www.samsung.com의 IP 주소를 모른다고 응답한다. 대신 최상위 도메인을 관리하는 com DNS 서버의 IP 주소를 알려준다.

❸ 지역 DNS 서버는 com DNS 서버에게 www.samsung.com 주소를 물어본다. com DNS 서버는 samsung DNS 서버의 IP 주소를 알려준다.

❹ 지역 DNS 서버는 samsung DNS 서버에게 www.samsung.com 주소를 물어본다. samsung DNS 서버는 www DNS 서버의 IP 주소를 알려준다.

❺ 지역 DNS 서버는 www DNS 서버에게 www.samsung.com 주소를 물어본다. www DNS 서버는 IP 주소를 알려준다.

DNS가 IP 주소를 찾는 과정은 URL의 최상위 도메인(맨 오른쪽)부터 시작하여 해당 DNS을 재귀적 recursive 으로 찾아간다. 다시 말해 주소를 가지고 있는 DNS의 IP 주소 찾을 때까지 반복적으로 작업이 진행된다. 그래서 지역 DNS가 다른 DNS에서 주소를 물어보는 과정을 재귀적 질문 Recursive Query 라 부른다. 이런 특징으로 인하여 네이버, 구글, 인스타 그램과 같이 자주 방문하는 사이트의 주소는 지역 DNS 서버가 가지고 있기 때문에 빠르게 주소 변환이 가능하다. 그러나 자주 방문하지 않는 사이트의 URL을 찾는 경우 느리게 작동한다.

```
C:\User\zoch>ipconfig /displaydns

Windows IP 구성

    safebrowsing.googleapis.com
    ----------------------------------------
    데이터 이름 . . . . : safebrowsing.googleapis.com
    데이터 유형 . . . . : 1
    TTL(Time To Live) . . : 113
    데이터 길이 . . . . : 4
    섹션 . . . . . . . : 응답
    (호스트) 레코드 . . : 142.251.42.170

    데이터 이름 . . . . : ns1.google.com
    데이터 유형 . . . . : 1
    TTL(Time To Live) . . : 113
    데이터 길이 . . . . : 4
    섹션 . . . . . . . : 추가
    (호스트) 레코드 . . : 216.239.32.10

    데이터 이름 . . . . : ns2.google.com
    데이터 유형 . . . . : 1
    TTL(Time To Live) . . : 113
    데이터 길이 . . . . : 4
    섹션 . . . . . . . : 추가
    (호스트) 레코드 . . : 216.239.32.10
```

그림 15-17 캐시된 DNS 출력화면

DNS의 구조를 보면 주소를 찾는 작업이 간단하지 않다는 것을 알 수 있다. URL을 IP 주소로 바꾸는 작업의 시간을 절약하고 지역 DNS 서버의 부담을 줄이기 위하여 한 번 사용한 IP 주소는 컴퓨터에 보관한다. 이를 DNS 캐시라 부른다. 컴퓨터의 명령어 프롬프트(cmd)를 열어서 `ipconfig /displaydns`라 입력하면 [그림 15-17]과 같이 캐시된 DNS를 볼 수 있다. 많은 양의 정보를 볼 수 있을 것이다.

전 세계에 루트 DNS가 1개라면 모든 주소를 찾는 질문은 해당 서버로 몰려 서버가 마비될 것이다. 이러한 문제를 해결하기 위해 여러 개의 루트 DNS 서버가 존재한다. 초기에는 루트 DNS Server가 13개였고, 현재에는 1000개 이상으로 늘어났다. 전 세계 루트 DNS 서버의 분포는 root-servers.org에서 확인할 수 있다.

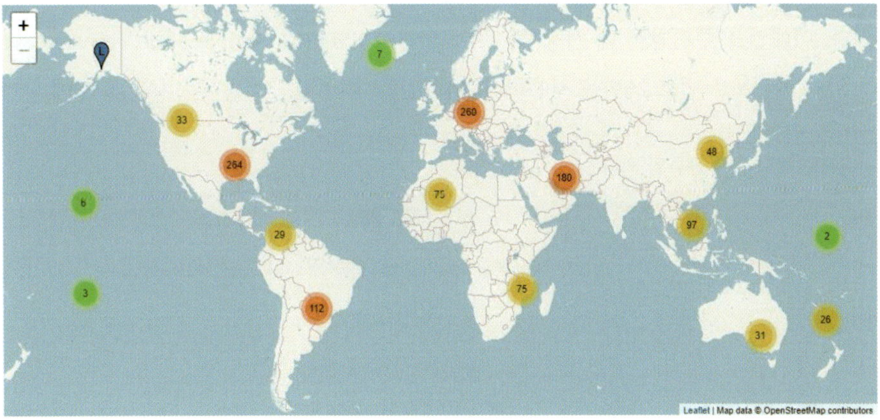

그림 15-18 전 세계 루트 DNS 서버 현황

하이퍼링크

보안 프로토콜인 DNS over TLS Transport Layer Security는 16장 보안에서 자세히 다룬다.

SECTION 03

이메일과 FTP

1 이메일

이메일 이해하기

이메일은 인터넷을 이용하여 메시지를 주고받을 때 사용하는 시스템이다. 1969년 ARPANET이 만들어진 이후 가장 많은 사람들이 사용하는 응용 프로그램이 되었다. 모자이크 웹 브라우저가 만들어지기 이전에는 웹 서핑이 불가능하였다. 따라서 초기 인터넷은 전 세계 사람들이 문자로 정보를 주고받는 목적으로 사용되었다. 인터넷 초기부터 사용되어 온 메시지 시스템이 이메일이다.

다중 사용자 운영체제인 유닉스에는 시스템마다 고유 이름이 부여되어 있다. 또한 유닉스 시스템에는 많은 수의 사용자가 등록되어 있다. 이메일 주소를 만들 때 골뱅이 기호(@)를 사용하여 시스템의 사용자를 지정하도록 만들었다. 형식은 사용자 ID @ 시스템 이름이다. 다시 말해, 특정 시스템에 속한 사용자에게 메시지를 보낸다는 의미이다.

```
사용자 ID @ 시스템 이름
```

hong@google.com은 구글 시스템을 사용하는 hong이라는 ID를 가진 사람에게 메일을 보낸다는 의미이며 wang@naver.com은 네이버 시스템을 사용하는 wang이라는 ID를 가진 사람에게 메일을 보낸다는 의미이다. 이메일을 주고받을 때 사용하는 프로토콜이 SMTP로 Simple Mail Transfer Protocol의 약자이다. SMTP는 포트 번호 25번을 사용한다. 이메일의 헤더 필드의 종류는 [표 15-6]에 나타내었다.

표 15-6 이메일 헤더 필드 종류와 의미

헤더 필드	의미
from	송신자 이름, 메일 주소가 아닌 성명이나 소속과 같은 송신자 정보
sender	송신자 이메일 주소
date	송신자가 이메일을 전송한 시간
to	수신자의 이메일 주소
CC	참조 수신자, 수신자가 참조자 이메일 주소를 볼 수 있음
BCC	숨은 참조 수신자, CC와 달리 수신자는 볼 수 없는 참조자 이메일 주소
subject	이메일 제목

일반인들은 지메일, 네이버, 다음과 같은 웹을 기반으로 하는 메일 시스템을 사용하고 있기 때문에 [표 15-6]의 헤더 필드에 익숙할 것이다.

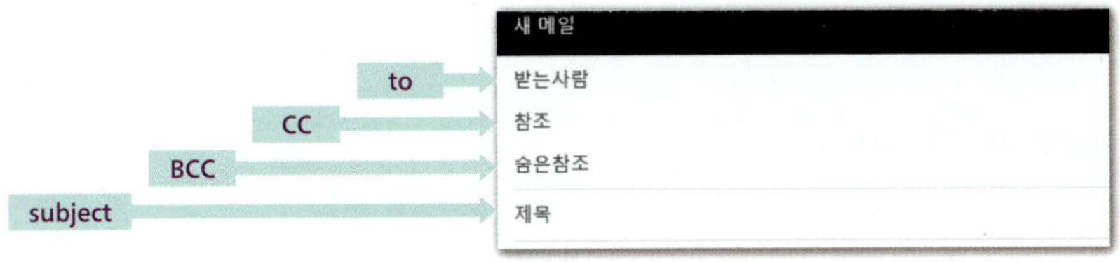

그림 15-19 웹 메일에 나타나는 헤더 필드

[그림 15-19]는 구글 메일에 나타나는 헤더 필드를 보여준다. to는 받는 사람, CC는 참조, BCC는 숨은 참조, subject는 제목으로 표현된다.

› MIME

SMTP는 문자만 전송하도록 규정된 프로토콜이다. 정확하게는 8bit ASCII 코드 중 문자 영역의 7bit 코드만 전송할 수 있다. ASCII 코드는 영어권에서만 사용할 수 있고, 전 세계 문자를 표현할 수 있는 것은 16bit의 유니코드 unicode 이다. SMTP는 ASCII 문자 이외는 전송할 수 없기 때문에 유니코드를 사용하는 나라는 이메일을 사용할 수 없다. 이러한 문제를 해결한 것이 MIME Multipurpose Internet Mail Extensions 이다. MIME을 사용함에 따라 다양한 언어를 사용할 수 있게 되었을 뿐 아니라 그림, 동영상, 바이너리 파일도 이메일로 보낼 수 있게 되었다.

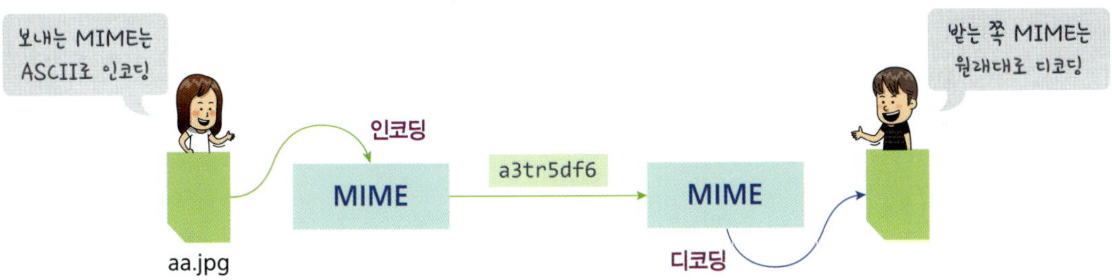

그림 15-20 MIME의 작동원리

MIME는 이메일이나 웹 시스템에서 다양한 종류의 파일을 문자 형태로 변환하여 전송해줄 수 있는 기능이다. MIME의 작동원리는 단순하다. 보내는 쪽 MIME는 그림, 동영상, 문서 파일과 같이 바이너리로 이루어진 파일을 인코딩하여 ASCII 문자로 바꾼다. 받는 쪽 MIME는 받은 문서 파일을 원래의 파일 형태로 환원시킨다. 이러한 방식을 사용함에 따라 ASCII 문자만 전송하는 이메일 시스템에서 다양한 그림, 동영상, 문서 파일을 전송할 수 있게 되었다.

MIME은 원래 이메일 시스템을 위해 만들어진 표준이었는데 유용성이 인정되어 웹 시스템에서도 MIME이 사용된다. MIME 데이터를 원래의 파일로 디코딩하기 위해서는 원본이 어떤 종류의 파일이었는지를 알아야 한다. 파일의 종류를 나타내는 필드가 MIME의 헤더에 있다. MIME에서 파일의 종류를 나타내는 대표적인 값들은 [표 15-7]에 나타내었다.

표 15-7 웹 메일에 나타나는 헤더 필드

종류	하부 종류 예시
text	text/plain, text/html, text/css, text/javascript
image	image/gif, image/jpeg, image/png, image/bmp
audio	audio/wav, audio/mpeg, audio/ogg
video	video/mpeg, video/ogg
application	application/pdf, application/xml

MIME 헤더에 `application/pdf`라 명시되어 있으면, PDF 파일을 ASCII 문자로 인코딩했다는 의미이다.

› POP

이메일의 경우, 메시지를 보내기도 하고, 혹은 받은 메시지를 사용자별로 구분하여 보관하기도 한다. 따라서 메일 서버의 역할과 메일 클라이언트의 역할을 동시에 수행한다. 그렇게 때문에 이메일을 주고 받으려는 시스템의 양쪽에 메일 데몬(SMTPD)이 설치되어 있어야 한다. 그래서 이메일 시스템 클라이언트-서버가 아닌 서버-서버 구조이다.

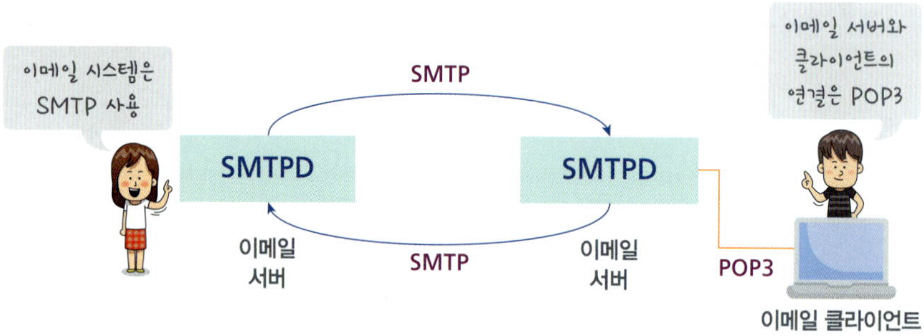

그림 15-21 이메일 시스템 구조

이메일을 주고받기 위해서는 웹 데몬이 설치된 컴퓨터를 사용해야 한다. 그래서 웹 브라우저를 통하여 구글, 네이버 다음과 같은 메일 서버에 접속하여 이메일을 사용한다. 받은 이메일은 서버에 저장되어 있다. 만약 개인용 컴퓨터에 아웃룩과 같은 메일 관리 프로그램을 사용하는 경우에는 다른 프로토콜을 사용해야 한다. 이때 사용하는 프로토콜이 POP3(버전 3)이며, POP은 Post Office Protocol의 약자이다. SMTP는 서버 프로토콜인 반면에 POP3는 클라이언트 프로토콜이다. SMTP가 설치된 서버로부터 개인용 컴퓨터로 메일을 가져오거나 게임용 컴퓨터에서 서버를 통해 메일을 보낼 때 사용하는 프로토콜이 POP3이다.

POP3는 매우 오래된 프로토콜이기 때문에 제약사항이 많다. 예를 들어 컴퓨터 한 대에서만 사용할 수 있도록 설계되었으며, 보낸 메시지에 대해서는 동기화 할 수 없는 단점이 있다. 이러한 문제를 개선한 프로토콜이 IMAP Internet Messaging Access Protocol 이다. 따라서 웹 서버에 저장된 메일을 개인용 장치에서 관리하려고 하는 경우, POP3나 IMAP를 사용해야 한다.

2 FTP

파일 전송 프로토콜인 FTP File Transfer Protocol 는 네트워크에서 컴퓨터들이 파일을 교환하기 위해 만들어진 프로토콜이다. FTP도 클라이언트-서버 구조이기 때문에 서버 쪽에는 파일 데몬(FTPD)이 설치되어야 하고 FTP 클라이언트 프로그램으로 통하여 FTP 서버에 접속해야 한다. FTPD로 요즘 많이 사용하는 것은 무료 소프트웨어인 filezila(https://filezilla-project.org/)이다. 파일질라는 서버 프로그램뿐 아니라 클라이언트 프로그램도 같이 배포된다.

파일 서버를 구축하기 위해서는 고정 IP와 사용자 ID가 필요하다. 파일 서버에 접속하여 로그인을 한 이후에 파일을 받거나 보낼 수 있다. 로그인 없이도 사용할 수 있는 FTP를 익명 FTP(anonymous FTP)라 부른다. 익명 FTP를 사용하는 경우, ID에는 anonymous라 입력하고, 패스워드에는 자신의 이메일 주소를 입력한다. 보안의 문제로 인하여 현재에는 많이 사라졌다.

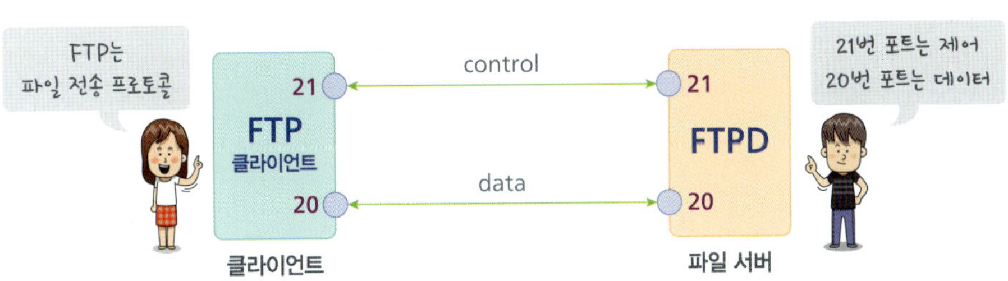

그림 15-22 FTP와 포트

FTP는 제어용으로 21번 포트를 사용하며, 데이터 전송에는 20번 포트를 사용한다. 2개의 포트를 사용하는 이유는 데이터 전송 중에서 제어를 유지하기 위해서이다. FTP는 대부분 바이너리 모드(binary mode)에서 작업하며, `get`은 데이터 내려 받기, `put`은 데이터 업로드 하기이다. 여러 개의 데이터를 한꺼번에 내려 받거나(`mget`), 업로드(`mput`) 할 수도 있다.

여기서 잠깐

FTP는 보안의 문제가 있어 보안을 강화한 파일 전송 프로토콜들이 제안되었다. 보안 프로토콜인 TLS Transport Layer Security 가 적용된 FTPS와 SSL Secure Socket Layer 을 기반으로 하는 SFTP가 있다. FTP는 비밀번호가 노출되는 문제가 있기 때문에 FTPS를 권장한다. 보안 프로토콜인 TLS와 SSL은 16장 보안에서 자세히 다룬다.

요약

› 특정 위치에 링크를 걸어 다른 문서와 연결하는 기능을 하이퍼 텍스트라 부르며, 하이퍼 텍스트를 포함하는 웹 페이지가 HTML이다. HTML 전송에 HTTP가 사용된다.

› 특정 응용 프로그램에게 국한된 문서는 해당 응용 프로그램을 꼭 사용해야만 하는 단점이 있는데, 특정 응용 프로그램에 속하지 않는 전 세계적인 문서 표준이 SGML이다.

› SGML에서는 속성을 표현하려는 문자의 앞 뒤에 속성 태그를 붙인다. 글자의 앞 뒤에 속성을 나타내는 태그를 붙여서 문서를 표현 방식을 마크업 언어 방식이라 한다. SGML과 유사한 형태로 태그를 사용하여 웹 페이지를 만들 수 있도록 제안된 방법이 HTML이며, HTML을 다양한 형태로 확장할 수 있도록 만든 것이 XML이다.

› 웹 데몬이 응용 프로그램에 질문을 하고 결과를 HTML에 맞게 변형시켜주는 역할을 담당하는 프로그램은 CGI이다. 웹 개발자들이 주변 응용 프로그램과의 연결을 쉽게 할 수 있도록 웹 데몬 개발사에서는 CGI를 대신할 수 있는 스크립트 언어를 제공해준다. 아파치에서 서버 쪽 개발 언어로 제공하는 스크립트 언어가 PHP이며, 마이크로소프트(MS)의 IIS에 사용 가능한 스크립트 언어가 ASP이다. 아파치나 IIS에 관계없이 사용할 수 있는 스크립드 언어가 JSP이다.

› 반정형 데이터는 정형과 비정형의 중간적인 형태를 가진 데이터이다. 반정형 데이터는 비정형처럼 자유롭게 서술되어 있지만, 구조 정보가 같이 저장되어 있어 필요한 정보를 추출할 수 있다. 반정형 데이터의 대표적인 경우가 XML이다. XML의 가장 큰 특징은 사용자가 정의하는 태그를 사용할 수 있다는 것이며, 데이터의 의미나 속성을 규정하는 데이터를 메타 데이터라 부른다.

› HTML5의 주요 특징은 멀티미디어 기능 제공, 그래픽 지원, 양방향 소켓 통신 지원, 다양한 장치 접근 가능이다.

› 이메일의 경우, 메시지를 보내기도 하고, 혹은 받은 메시지를 사용자별로 구분하여 보관하기 때문에 메일 서버의 역할과 메일 클라이언트의 역할을 동시에 수행한다. 따라서 이메일 시스템 클라이언트-서버가 아닌 서버-서버 구조이다. 개인용 컴퓨터에 아웃룩과 같은 메일 관리 프로그램을 사용하는 경우에는 클라이언트 프로토콜인 POP3(버전 3)를 사용한다. POP3는 매우 오래된 프로토콜이기 때문에 제약사항이 많은데, 이러한 문제를 개선한 프로토콜이 IMAP이다.

› 파일 전송 프로토콜인 FTP는 제어용으로 21번 포트를 사용하며, 데이터 전송에는 20번 포트를 사용한다.

연습문제

[객관식 문제]

01 특정 위치에 링크를 걸어 다른 문서와 연결하는 기능과 가장 가까운 단어는 무엇인가?

❶ SGML ❷ postscript
❸ CGI ❹ hyper text

02 클라이언트가 HTTP를 사용하여 서버로부터 얻게 되는 문서와 가장 가까운 단어는 무엇인가?

❶ SGML ❷ postscript
❸ HTML ❹ CGI

03 전 세계적으로 사용 가능한 문서 표준을 의미하는 단어는 무엇인가?

❶ SGML ❷ postscript
❸ PDF ❹ CGI

04 태그를 사용하여 데이터가 가지는 속성을 표기하는 방식과 가장 가까운 단어는 무엇인가?

❶ 컴파일 언어 ❷ 스크립트 언어
❸ 객체지향 언어 ❹ 마크업 언어

05 웹 표준과 가이드 라인을 개발하는 단체의 이름은 무엇인가?

❶ ISO ❷ W3C
❸ IETF ❹ IEEE

06 다음 HTML 관련 태그 중 HTML 구조를 나타내는 태그와 거리가 먼 것을 찾으시오.

❶ <HTML> ❷ <HEAD>
❸ <HR> ❹ <BODY>

07 다음 HTML 태그 중 단독 태그는 무엇인가?

❶ <SUB> ❷ <SUP>
❸
 ❹ <B>

08 다음 HTML 태그 중 단독 태그는 무엇인가?

① <U>　② <HR>
③ <B>　④ <P>

09 다음 HTML 태그 중 문단과 문단을 구분하는 태그는 무엇인가?

① <U>　② <I>
③ <B>　④ <P>

10 다음 HTML 태그 중 굵은 글자로 표시하는 태그는 무엇인가?

① <U>　② <I>
③ <B>　④ <P>

11 다음 HTML 태그 중 기울어진 글자로 표시하는 태그는 무엇인가?

① <U>　② <I>
③ <B>　④ <P>

12 다음 HTML 태그 중 밑줄 글자로 표시하는 태그는 무엇인가?

① <U>　② <I>
③ <B>　④ <P>

13 다음 HTML 태그 중 윗첨자로 표시하는 태그는 무엇인가?

① <U>　② <I>
③ <SUB>　④ <SUP>

14 다음 HTML 태그 중 아래첨자로 표시하는 태그는 무엇인가?

① <SUB>　② <SUP>
③ <B>　④ <P>

15 다음 HTML 태그 중 줄바꿈에 사용되는 태그는 무엇인가?

① <IMG>　②
③ <B>　④ <A>

16 다음 HTML 태그 중 수평선에 사용되는 태그는 무엇인가?

① <U> ②
③ <B> ④ <HR>

17 다음 HTML 태그 중 하이퍼링크 지정 태그는 무엇인가?

① <U> ② <A>
③ <B> ④ <P>

18 <FONT> 태그에 옵션으로 사용할 수 없는 것을 찾으시오.

① size ② wide
③ color ④ face

19 <FONT> 태그에 옵션에서 사용하려는 글씨체를 지정하는 옵션을 찾으시오.

① size ② wide
③ color ④ face

20 다음 HTML 태그 중 나머지 세 개와 가장 거리가 먼 것을 찾으시오.

① <TABLE> ② <HR>
③ <TR> ④ <TD>

21 다음 HTML 태그 중 가장 큰 글씨로 표시되는 것을 찾으시오.

① <H6> ② <H3>
③ <H5> ④ <H2>

22 다음 HTML 태그 중 표의 한 줄을 지정하는 태그를 찾으시오.

① <TR> ② <TABLE>
③ <HR> ④ <TD>

23 다음 HTML 태그 중 표의 한 칸을 지정하는 태그를 찾으시오.

① <TABLE> ② <HR>
③ <TR> ④ <TD>

24 웹 데몬과 응용 프로그램을 연결해주는 역할을 담당하는 것을 찾으시오.

❶ SGML ❷ postscript
❸ HTML ❹ CGI

25 나머지 3개와 가장 거리가 먼 것을 찾으시오.

❶ PHP ❷ PDP
❸ ASP ❹ JSP

26 아파치 웹 데몬이 제공하는 스크립트를 찾으시오.

❶ PHP ❷ PDP
❸ ASP ❹ JSP

27 IIS 웹 데몬이 제공하는 스크립트를 찾으시오.

❶ PHP ❷ PDP
❸ ASP ❹ JSP

28 웹 데몬의 종류와 상관없이 사용 가능한 스크립트를 찾으시오.

❶ PHP ❷ PDP
❸ ASP ❹ JSP

29 APM에 속하지 않는 것은 무엇인가?

❶ Apach ❷ MS SQL
❸ ASP ❹ My SQL

30 반정형 데이터를 만들 수 있는 다목적의 마크업 언어를 찾으시오.

❶ SGML ❷ HTML5
❸ PDF ❹ XML

31 데이터의 의미나 속성을 규정하는 데이터는 무엇인가?

❶ tag ❷ HTML5
❸ metadata ❹ SGML

32 HTML의 한계를 극복하고 멀티미디어를 지원하는 마크업 언어를 찾으시오.

❶ XML ❷ HTML5
❸ metadata ❹ SGML

33 HTML5의 특징과 거리가 먼 것은 무엇인가?

❶ tag 지원 ❷ 멀티미디어 지원
❸ 그래픽 지원 ❹ 양방향 소켓 통신

34 다음 HTTP 응답 코드 중 페이지를 찾을 수 없는 코드를 찾으시오.

❶ 100 ❷ 200
❸ 404 ❹ 301

35 HTTP 응답 코드 중 서버 오류 코드를 찾으시오.

❶ 100번대 ❷ 200번대
❸ 300번대 ❹ 500번대

36 클라이언트를 대신하여 서버에 접속하는 것을 가리키는 단어를 찾으시오.

❶ web cache ❷ cookie
❸ proxy ❹ tag

37 웹 데이터를 다시 사용할 것으로 예상하여 저장하는 것을 무엇이라 부르는가?

❶ web cache ❷ cookie
❸ proxy ❹ tag

38 서버의 필요에 의해 클라이언트에게 남겨놓은 작은 데이터는 무엇인가?

❶ web cache ❷ cookie
❸ proxy ❹ tag

39 나머지 셋과 다른 위치에 있는 도메인 이름을 찾으시오.

❶ www ❷ org
❸ com ❹ gov

40 최상위 도메인 이름을 찾으시오.

❶ net ❷ root
❸ com ❹ gov

41 다음 이메일 헤더 필드 중 숨은 참조를 나타내는 것은 무엇인가?

❶ CC ❷ to
❸ subject ❹ BCC

42 다음 이메일 헤더 필드 중 참조를 나타내는 것은 무엇인가?

❶ CC ❷ to
❸ subject ❹ BCC

43 이메일이나 웹 시스템에서 다양한 종류의 파일을 문자 형태로 변환하여 전송해줄 수 있는 기능을 가리키는 단어를 찾으시오.

❶ POP3 ❷ MIME
❸ proxy ❹ XML

44 나머지 3개와 거리가 먼 단어를 찾으시오.

❶ SMTP ❷ POP3
❸ IMAP ❹ HTTP

45 서버-서버 프로토콜을 찾으시오.

❶ SMTP ❷ POP3
❸ IMAP ❹ HTTP

46 이메일 서버로부터 메일을 가져오거나 클라이언트가 메일을 보낼 때 사용하는 프로토콜을 찾으시오.

❶ SMTP ❷ POP3
❸ FTP ❹ HTTP

47 POP3의 문제를 개선한 프로토콜을 찾으시오.

❶ SMTP ❷ FTP
❸ IMAP ❹ HTTP

48 FTP의 제어용 포트 번호를 찾으시오.

❶ 21 ❷ 80
❸ 20 ❹ 25

49 FTP의 데이터 전송용 포트 번호를 찾으시오.

❶ 21 ❷ 80
❸ 20 ❹ 25

[단답형 문제]

50 HTML 전송에 사용하는 프로토콜은 ________ 이다.

51 특정 위치에 링크를 걸어 다른 문서와 연결하는 기능을 ____________ 라 부른다.

52 클라이언트가 HTTP를 사용하여 서버로부터 얻게 되는 문서는 ________ 이다.

53 전 세계적으로 사용 가능한 문서 표준이 ________ 이다.

54 태그를 사용하여 데이터가 가지는 속성을 표기하는 방식을 ________ 언어라 부른다.

55 웹 표준과 가이드 라인을 개발하는 단체의 이름은 ______ 이다.

56 웹 문서의 시작을 알리는 태그는 ________ 이다.

57 HTML에서 본체는 나타내는 태그는 ________ 이다.

58 HTML에서 제목을 표시하는 태그 중 가장 큰 태그는 _____ 이다.

59 HTML에서 제목을 표시하는 태그 중 가장 작은 태그는 _____ 이다.

60 HTML 태그 중 문단과 문단을 구분하는 태그는 ___ 이다.

61 HTML 태그 중 굵은 글자로 표시하는 태그는 ___ 이다.

62 HTML 태그 중 기울어진 글자로 표시하는 태그는 ___ 이다.

63 HTML 태그 중 밑줄 글자로 표시하는 태그는 ___ 이다.

64 HTML 태그 중 윗첨자로 표시하는 태그는 ______ 이다.

65 HTML 태그 중 아래첨자로 표시하는 태그는 ______ 이다.

66 HTML 태그 중 줄바꿈에 사용되는 태그는 _____ 이다.

67 HTML 태그 중 수평선에 사용되는 태그는 _____ 이다.

68 HTML 태그 중 하이퍼링크 지정 태그는 ___ 이다.

69 HTML 태그에서 naver.com을 하이퍼링크로 지정하려면 ______________________ 이라 작성한다.

70 <FONT> 태그에 글씨체를 지정하는 옵션은 ______ 이다.

71 <TABLE>에서 표의 한 줄을 지정하는 태그는 _____ 이다.

72 <TABLE>에서 표의 한 칸을 지정하는 태그는 _____ 이다.

73 데몬과 응용 프로그램을 연결해주는 역할을 담당하는 것을 _____ 라 부른다.

74 아파치 웹 데몬이 제공하는 스크립트가 ______ 이다.

75 IIS 웹 데몬이 제공하는 스크립트가 ______ 이다.

76 웹 데몬의 종류와 상관없이 사용 가능한 스크립트가 _____ 이다.

77 APM은 Apach - PHP - _________ 을 가리키는 단어이다.

78 반정형 데이터를 만들 수 있는 다목적의 마크업 언어를 ______ 이라 부른다.

79 데이터의 의미나 속성을 규정하는 데이터를 ____________ 라 부른다.

80 HTML의 한계를 극복하고 멀티미디어를 지원하는 마크업 언어가 ________ 이다.

81 HTML5의 특징 중 하나는 양방향 _____ 통신을 지원한다는 것이다.

82 HTTP 응답 코드 중 페이지 찾을 수 없다와 같은 클라이언트 오류 코드는 _____ 번대에 있다.

83 HTTP 응답 코드 중 서버 오류 코드는 _____ 번대이다.

84 클라이언트를 대신하여 서버에 접속하는 것을 ______ 라 부른다.

85 웹 데이터를 다시 사용할 것으로 예상하여 저장하는 것을 ______ 라 부른다.

86 서버의 필요에 의해 클라이언트에게 남겨놓은 작은 데이터를 _____ 라 부른다.

87 DNS 계층 구조에서 최상위에 있는 도메인은 _____ 이다.

88 이메일 헤더 필드 중 숨은 참조를 나타내는 것은 ______ 이다.

89 이메일 헤더 필드 중 참조를 나타내는 것은 ____ 이다.

90 이메일이나 웹 시스템에서 다양한 종류의 파일을 문자 형태로 변환하여 전송해줄 수 있는 기능을 가리키는 단어가 _______ 이다.

91 메일 전송에 사용되는 프로토콜은 _______ 이다.

92 파일 전송에 사용되는 프로토콜은 _____ 이다.

93 이메일 서버로부터 메일을 가져오거나 클라이언트가 메일을 보낼 때 사용하는 프로토콜이 _______ 이다.

94 POP3의 문제를 개선한 프로토콜이 _______ 이다.

95 FTP의 제어용 포트 번호는 ____ 이다.

96 FTP의 데이터 전송용 포트 번호는 ____ 이다.

[주관식 문제]

97 마크업 언어에 대하여 설명하시오.

98 CGI에 대하여 설명하시오.

99 XML과 메타 데이터에 대하여 설명하시오.

100 HTML5의 특징을 설명하시오.

101 MIME에 대하여 설명하시오.

102 POP에 대하여 설명하시오.

Data Communication and **Networking**

CHAPTER

16

보안

Section

SECTION 01

해킹과 보안

1 보안의 정의 필수

물리보안과 정보보안

보안이란 다양한 위협으로부터 신체나 자산을 지키는 일체의 행위를 말한다. 위협은 정보통신이 발달하기 이전부터 다양하게 존재했다. 돈을 훔치는 도둑질, 사람을 위협하는 강도 등의 공격 행위가 대표적이다. 또 컬러 복사기를 이용하여 지폐나 유가증권을 위조하는 행위, 10만 원짜리 수표를 1억 원짜리 수표로 바꾸는 것과 같이 원래의 내용을 다른 내용으로 바꾸는 변조 행위도 경제에 대한 위협이다. 소위 짝퉁이라는 불리는 유사제품을 제조 및 유통하는 행위, CD나 음반과 같은 저작물을 무단으로 복제하는 것도 저작권 침해로 엄연히 위협 행위이다. 다른 사람을 사칭하여 금품을 갈취하는 사기도 타인의 재산을 위협하는 행위이다. 이러한 물리적인 위협으로부터 신체나 자산을 보호하는 것을 **물리보안** physical Security 이라 부른다.

정보통신 기술이 발달하면서 물리적인 위협 행위가 온라인에서도 유사한 형태로 발생하고 있다. 온라인을 통해 이루어지는 위협으로부터 자산을 보호하기 위해 만들어진 보안 기술을 **정보보안** Information Security 이라 부른다. 정보보안 위협으로는 컴퓨터나 스마트폰과 같은 시스템을 공격하여 파괴하는 경우나 다른 사람의 데이터를 가로채는 경우이다. 또한 디지털 데이터를 불법 복제하는 경우나 데이터를 위조하거나 다른 사람의 데이터를 도용하여 무단으로 사용하는 경우가 있다. 정보보안의 위협요소에는 비방이나 인식 공격과 같은 비윤리적 행위도 포함된다. 따라서 **정보보안은 수집하고 가공한 정보를 송수신 및 저장하는 과정에서 발생할 수 있는 훼손, 변조, 유출과 같은 불법적인 행위를 차단하는 방법**이라 정의할 수 있다.

물리보안에 정보보안 기술이 사용될 뿐 아니라, 서로 융합되어 발전하고 있다. 예를 들어, 감시나 재산보호를 위하여 CCTV가 사용된다. CCTV의 경우 감시하려는 대상을 사람이 24시간 지켜보고 있는 것은 상당히 번거로운 일이다. 이를 해결하는 방법으로 움직임을 자동으로 감시하는 CCTV가 생겼을 뿐 아니라 사람의 얼굴을 인식하여 범죄자를 자동으로 찾아주는 기술도 개발되었다. 이러한 기술은 교통법규 위반에도 사용되어 자동차 번호판을 자동으로 인식하고 벌금을 부과한다. 이렇게 물리보안과 정보보안의 결합된 형태를 융합보안이라 부른다. 그래서 현대의 보안기술은 물리보안과 정보보안의 영역을 따로 보지 않고 하나의 영역으로 본다.

해킹과 해커

물건을 훔치는 사람을 도둑이라 부르듯, 정보통신기술을 이용하여 시스템을 파괴하거나 정보를 탈취하는 행위를 해킹 hacking 이라 부르고 이러한 행위를 하는 자를 해커 hacker 라 부른다. 2022년 2월, thehackernews.com의 기사에 따르면 한 해커가 세계 최대 그래픽카드 회사 엔비디아 NVIDIA 의 소스코드를 훔쳐간 사건이 발생했다.

원래 해킹은 전자회로나 컴퓨터의 하드웨어, 소프트웨어, 네트워크, 웹 사이트 등 각종 정보 체계가 본래의 의도와 달리 동작을 일으키도록 하는 행위를 가리킨다. 예를 들어, 아이폰의 경우 MP3 파일을 자유자재로 사용할 수 없는데, 탈옥 프로그램을 통해 MP3 파일을 마음대로 쓰게 만들면 이 행위가 해킹이다. 크래킹 cracking 은 불법적으로 시스템에 접근하는 것은 해킹과 같으나, 이러한 행위를 통해 시스템이나 통신을 마비시키거나 파괴하는 행위까지 포함한다. 악성 소프트웨어는 사용자의 실수에 의해 시스템에 침투하여 불법 행위를 일으키는데 반하여, 크래킹은 시스템 외부로부터 침투하려는 모든 시도를 가리킨다.

Hackers Who Broke Into NVIDIA's Network Leak DLSS Source Code Online

March 03, 2022 Ravie Lakshmanan

그림 16-1 뉴스기사: 엔비디아의 소스코드가 해커에 의해 탈취(출처: https://thehackernews.com)

원래 해커라는 단어는 컴퓨터 내의 시스템이나 프로그래밍에 관해 전문지식을 가진 사람을 뜻하는 용어이다. 정확히는 컴퓨터 시스템을 파괴하는 행위를 하는 자들을 크래커 cracker 라 불렀다. 그러나 기사에도 볼 수 있듯이, 현재는 해커와 크래커를 구별하지 않고, 해커를 범죄 행위를 하는 자의 의미로 받아들여진다.

여기서 잠깐

범죄 행위가 없는 순수한 의미의 해커를 화이트 해커라 부른다. 정확히는 크래커로부터 시스템을 지키는 사람을 화이트 해커라 부른다.

해킹의 기본은 특정한 시스템을 공격하는 것이다. 해커는 서버나 네트워크의 약한 부분을 공격하여 시스템에 침투하거나 패스워드를 탈취하여 시스템을 장악한다. 최근에는 IP 카메라나 노트북의 카메라를 해킹하여 개인의 사생활이 담긴 동영상을 인터넷에 유포시키는 일이 발생하였다. 이런 문제로 인하여 사용하지 않을 때에는 카메라의 전원을 원천적으로 차단하는 노트북도 등장하였다.

컴퓨터 운영체제가 점점 안정화되고 방화벽이나 침입 탐지시스템과 같은 해킹에 대비한 소프트웨어들이 만들어짐에 따라 해커들이 외부로부터 침입하기가 점점 어려워지고 있다. 해커들은 직접적인 해킹 시도보다는 사용자의 패스워드를 탈취하거나 바이러스나 이메일의 첨부파일을 이용하여 시스템 내부의 사용자 정보를 불법 취득하는 방향으로 바뀌고 있다. 조직 내부의 단 한명의 정보를 획득하면, 해당 아이디로 컴퓨터에 침입하여 시스템을 파괴하는 일이 더 쉬워지기 때문이다.

또한, 시스템을 직접적으로 공격하는 방법 이외에도 악성 소프트웨어를 이용하거나 가짜 사이트를 만들어 개인의 정보를 탈취하기도 하고, 디도스 공격으로 시스템을 마비시키거나 랜섬웨어에 감염시켜 돈을 요구하는 것과 같이 해킹의 기법이 발전하고 있다. 다음 절부터는 다양한 보안 위협에 대하여 살펴보고 보안 위협으로부터 시스템을 보호하기 위한 보안 프로토콜과 보안기술들에 대하여 알아본다.

2 악성 소프트웨어

악성 소프트웨어란 악의적인 행위를 할 목적으로 만들어 유포시킨 소프트웨어를 말한다. 악성 소프트웨어는 종류도 다양하고 감염 경로도 다양하다. 과거에는 소프트웨어를 복사하는 과정에서 악성 소프트웨어에 감염되는 경우가 많았다. 그러나 최근에는 인터넷으로 전 세계가 연결되면서 웹 사이트 방문, 이메일 첨부파일 다운로드, 스마트폰의 메시지 클릭만으로도 감염되는 경우가 있다. 악성 소프트웨어에 감염이 되면 시스템이 느려지거나 아예 파괴될 수 있다. 또 개인정보 유출, 설정의 변경, 원치 않은 광고의 노출과 같은 다양한 피해가 발생한다.

컴퓨터 바이러스

악성 소프트웨어의 대표적인 경우가 **컴퓨터 바이러스**이다. 컴퓨터 바이러스는 컴퓨터 속의 자료를 파괴하거나 시스템을 정지시키기 위해 만들어진 소프트웨어이다. 자기 자신을 복제하는 능력을 가지고 있어서 주변 컴퓨터까지 감염시킬 수 있다. 따라서 집이나 직장 내 하나의 컴퓨터만 감염되더라도 전체로 확산된다. 컴퓨터 바이러스는 시스템 파일을 감염시키고, 파일들을 지우거나 하드디스크를 포맷해서 컴퓨터를 사용할 수 없게 만든다. 또는 해커가 다른 시스템을 공격할 때 사용하는 좀비 컴퓨터로 만들기도 한다.

컴퓨터 바이러스에 감염되는 경로는 매우 다양하다. 대표적인 경우가 네트워크에서 감염된 파일을 다운로드하거나 다른 컴퓨터에서 감염된 파일을 복사해온 경우이다. 요즘은 파일을 복사하는 경우보다는 네트워크를 통해서 파일을 다운로드하는 경우가 많아서 주의가 필요하다. 특히 불법 다운로드 사이트를 이용하거나 토렌트와 같은 파일 다운로드 프로그램을 이용하는 경우에 감염될 가능성이 높다.

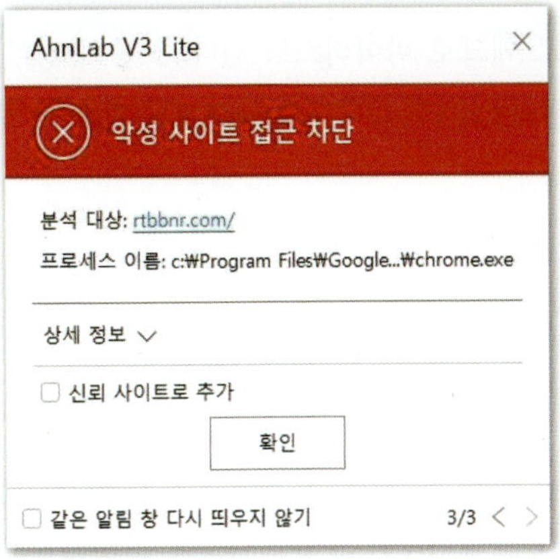

그림 16-2 악성 사이트 차단 메시지 창

비정상적인 경로를 통해 파일을 다운로드했는데 xx.exe나 yy.com과 같이 모르는 실행 파일이 있을 경우 절대로 실행해서는 안 된다. 컴퓨터 바이러스는 몇몇 경우를 제외하고 실행 파일로 감염되는 경우가 대부분이기 때문이다.

또 한 가지 주의할 점은 안전하지 못한 사이트를 방문하는 것이다. 영화나 음악을 무료로 다운로드할 수 있는 웹 페이지를 찾는 경우 [그림 16-2]와 같은 경고 메시지를 볼 수 있다. 또한 다운로드하기 전에 허용 버튼 누르기를 요구하는 경우가 있는데, 절대 누르면 안 된다. <허용> 버튼을 눌러야지만 무료 다운로드가 가능한 것처럼 속이고 있지만, 실제로는 소프트웨어 설치 버튼을 위장하고 있는 것이다. 허용을 누를 경우 바이러스나 이상한 프로그램이 컴퓨터에 설치되어 버린다. 따라서 검증된 사이트가 아닐 경우 <허용> 버튼을 절대로 누르면 안 된다.

트로이 목마와 매크로 바이러스

컴퓨터 바이러스보다는 조금 약하지만 트로이 목마도 악성 소프트웨어 중 하나다. **트로이 목마**는 컴퓨터 바이러스와 달리 자기 복제 능력이 없기 때문에 해당 컴퓨터만 감염시킨다는 특징이 있다. 주로 개인정보를 탈취하거나 좀비 컴퓨터로 만들어 다른 시스템을 공격할 수 있는 상태로 만든다. 트로이 목마라는 이름은 트로이 전쟁 중 목마에 군인을 숨겨 적군에 침투시킨 후 전쟁을 끝낸 그리스 로마 신화에서 따왔다.

트로이 목마는 유용해 보이는 소프트웨어에 몰래 숨겨 놓는 경우가 대부분이다. 포토샵, 아래아 한글,

오피스 프로그램과 같이 비싼 소프트웨어를 이용하기가 부담스러워 불법 복사본을 사용하는 경우가 있는데, 트로이 목마는 복사 방지를 깨는 크랙 crack 이라는 소프트웨어와 같이 배포된다. 즉 크랙에 악성 소프트웨어를 숨겨 놓는다. 따라서 정상적인 방법으로 소프트웨어를 구매해야만 컴퓨터를 트로이 목마로부터 안전하게 보호할 수 있다.

주의해야 할 악성 소프트웨어로 매크로 바이러스도 있다. 보통의 경우 악성 소프트웨어는 실행 파일에 포함되어 배포된다. 그러나 매크로 바이러스는 엑셀, 워드 혹은 파워포인트 문서 같은 데이터 파일에 포함되어 배포된다.

엑셀, 워드, 파워포인트는 프로그램 자체에 외부 파일을 실행할 수 있는 매크로 기능이 있다. 예를 들어, 파워포인트 중간에 동영상을 실행시킨다든가 워드 문서 중간에 음악 파일을 실행할 수 있는데, 이는 외부 소프트웨어를 불러오는 매크로 기능이 있기 때문에 가능한 일이다.

매크로 바이러스는 이와 같은 매크로 기능을 악용하여 문서가 열리는 동시에 악성코드를 실행시킨다. 실행 파일이 아닌 데이터 파일에 포함되어 유포되기 때문에 상대적으로 사용자가 의심하지 않고 파일을 열어볼 확률이 더 높으며, 그 순간에 감염된다. 리포트를 쓰기 위해 나도 모르는 사이트에서 다른 사람이 쓴 리포트를 내려 받거나, 잘 모르는 사람으로부터 받은 이메일의 첨부 파일을 내려 받아 파일을 열 경우 매크로 바이로스에 감염될 수 있다. 따라서 의심 가는 파일은 열어 보지 않는 것이 좋다.

› 랜섬웨어

랜섬 ransom 의 사전적 의미는 인질범이 요구하는 몸값을 뜻한다. **랜섬웨어** ransomware 는 돈을 지불해야만 컴퓨터의 자료를 볼 수 있게 해주는 악성 소프트웨어이다. 랜섬웨어에 감염되면 컴퓨터 내 모든 파일이 암호가 걸려 파일을 열 수 없게 된다. 사진이건, 문서건 간에 전혀 열리지 않고 해커로부터 몸값을 요구하는 메시지가 나타난다. 돈을 지불하지 않으면 데이터를 사용할 수 없다.

그림 16-3 랜섬웨어에 걸린 화면

초창기 악성 소프트웨어는 해커들이 자기 실력을 자랑하기 위해서 만들었다. 악성 소프트웨어로 다른 사람의 시스템을 파괴한다고 해서 해커에게 이득이 되는 것은 없었다. 그저 자기만족의 일환이었다. 그러나 랜섬웨어는 악성 소프트웨어로 돈을 벌 수 있기 때문에 점점 많이 퍼지고 있다. 또한 비트코인과 같이 가상화폐로 몸값 ransom 을 요구하기 때문에 계좌 추적이 되지 않아 더욱 기승을 부린다.

랜섬웨어에 감염되면 개인의 피해도 크지만, 회사의 경우 업무 마비뿐 아니라 중요한 정보가 다 사라지기 때문에 피해 규모가 엄청나다. 실제로 2017년 6월, 한국의 웹 호스팅 업체 '나야나'에 있는 서버 153대가 랜섬웨어에 감염되는 사태가 발생했다. '나야나'는 다른 회사의 웹 사이트를 관리하는 업체로 '나야나'에서 작동 중인 모든 웹 사이트가 작동을 멈추었다. '나야나'는 해커에게 13억 원의 돈을 지불하고서야 정상적인 업무를 할 수 있게 되었다. 이 외에도 크고 작게 돈을 받고 암호를 해제한 사건들이 있었다.

기타 악성 소프트웨어

악성 소프트웨어만큼 위험하지는 않지만 사용자의 동의 없이 깔리는 애드웨어 adware 나 스파이웨어 spyware 도 악성 소프트웨어로 분류된다. 애드웨어의 AD는 광고를 의미하며, 사용자의 화면이나 홈페이지 화면에 사용자의 동의 없이 광고를 띄운다. 어떤 애드웨어는 웹 브라우저의 시작페이지를 자신의 협찬사 페이지로 강제로 바꾸기도 한다.

스파이웨어는 사용자의 동의 없이 방문하는 사이트, 사용 패턴, 개인정보와 같은 정보를 몰래 훔쳐가는 프로그램이다. 주로 마케팅 목적으로 사용되는 소프트웨어이지만 원하지 않는 개인정보가 노출된다는 점에서 악성 소프트웨어로 분류된다.

그림 16-4 사용자 동의 없이 광고를 보여주는 애드웨어

악성 소프트웨어를 예방하기 위해서는 백신을 설치해야 한다. 단순히 백신을 설치하는 것뿐만 아니라 소프트웨어 업데이트도 매번 해야 한다. 그래야 최신의 악성 소프트웨어를 막을 수 있다. 또한 의심이 가는 경로로 프로그램이나 파일을 구하는 것은 위험한 일이다. 의심이 가는 파일을 내려 받았다면 백신 프로그램을 사용하여 검사를 진행한 후 실행해야 한다.

3 피싱

› 피싱

사기 행각 중 근래 가장 유행하는 것이 **피싱**, 영어로 phishing이다. 피싱은 개인 Private 과 낚시 Fishing 의 합성어로 개인정보를 낚는다는 의미이다. 언론에 자주 언급되는 보이스 피싱은 전화와 같은 통신 매체를 이용하여 은행, 검사, 경찰을 사칭하여 돈을 송금하게 하거나, 특정 장소에 돈을 보관하게 하여 착취하는 수법이다. 또 자녀가 납치된 것으로 가장하여 몸값을 요구하는 경우도 있다. 검찰과 경찰이 보이스 피싱 범죄에 대해 대대적인 수사에 나서고 있지만 수법이 날로 발달하고 있어 주의가 필요하다.

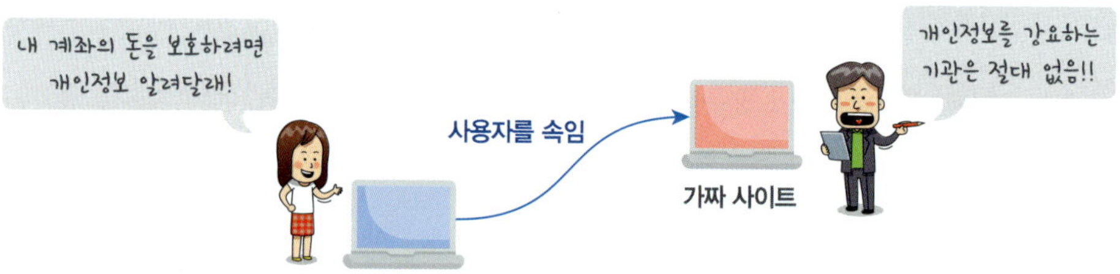

그림 16-5 피싱(phishing)과 가짜 사이트

정보통신을 이용한 피싱은 가짜 이메일 주소나 가짜 웹 사이트를 이용하여 돈을 요구하거나 개인정보를 탈취한다. 사용자를 가짜 웹 사이트로 이동시킨 뒤 계좌이체를 시키거나, 아이디, 패스워드, 계좌 비밀번호 등과 같은 개인정보를 입력시켜 해킹에 사용한다. 요즘은 개인정보보호법이 발달하여 어떤 은행이나 정부기관 사이트도 주민등록번호 13자리 전체를 요구하거나, 패스워드와 같은 개인의 정보를 입력받지 않는다. 따라서 개인정보 입력을 유도하는 사이트가 있다면 의심해볼 필요가 있다.

특정 개인의 이메일 주소와 똑같은 주소로 이메일을 보내어 "당신의 컴퓨터가 해킹되어 당신의 은밀한 동영상을 가지고 있으니 돈을 보내지 않으면 이 동영상을 인터넷에 유포하겠다."와 같이 협박하는 메일을 볼 수 있다. 자신의 메일 주소와 같은 이메일을 받으면 해킹을 당한 것처럼 느낄 수 있으나, 이메일 주소도 변조가 가능하다. 따라서 피싱 이메일을 받은 경우 바로 삭제해야 한다.

› 파밍

파밍 pharming 은 씨를 뿌려 한번에 수확하는 농사 Farming 에서 유래한 신조어로 피싱의 발전된 수법이다. 파밍은 네트워크 정보를 변조하여 가짜 사이트로 유도하는 기법이다. 일반적인 피싱은 사용자를 현혹하여 스스로가 가짜 사이트로 이동하게끔 만들기 때문에 사용자가 정신만 똑바로 차리면 대응할 수 있다. 그러나 파밍은 네트워크 정보를 변조하여 가짜 사이트로 유도하기 때문에 사용자는 진짜 사이트라고 믿고 정보를 입력하게 된다. 그래서 파밍은 피싱보다 피해규모가 커지는 경향이 있다.

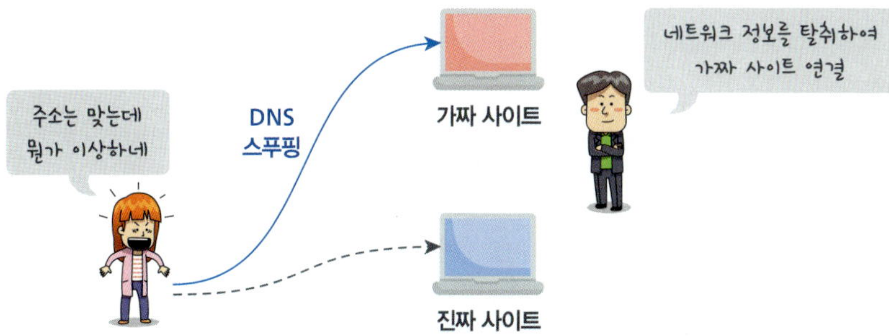

그림 16-6 파밍(pharming)

파밍에서는 바이러스를 사용하여 사용자의 컴퓨터를 감염시킨다. 사용자가 특정 사이트를 방문하려 하는 경우 가짜 사이트의 주소로 DNS 정보를 변경시킨다. 사용자는 DNS의 정보가 변경되었다는 사실을 모른 채 가짜 사이트를 이용하기 때문에 자신의 개인정보가 쉽게 노출된다. 다음 [표 16-1]은 피싱과 파밍의 차이점을 나타낸다.

표 16-1 피싱과 파밍의 차이

	피싱(phishing)	파밍(pharming)
수법	사용자를 속여 가짜 사이트에 접속하도록 유도하거나 돈을 지불하게 하는 방법	DNS를 변경하여 가짜 사이트에 접속
수단	이메일 발송	DNS 변조
피해	사용자의 자각에 의해 피해를 막을 수 있음	사용자가 자각할 수 없어 피해규모가 큼

DNS의 정보를 변경하는 해킹 기법을 **스푸핑** Spoofing 이라 부른다. Spoof은 속이다 혹은 사기치다의 뜻을 가진 단어이다. 스푸핑은 여러 가지 의미로 사용되는데, 파밍과 같이 가짜 웹 사이트를 만들어 놓고 사용자들의 방문을 유도하거나, TCP/IP의 구조적 결함을 이용해 사용자의 정보를 탈취하는 해킹 기법을 의미한다. DNS를 변경하는 것을 DNS 스푸핑이라고 하며, MAC 주소를 속여 네트워크의 정보를 탈취하는 방법을 ARP 스푸핑이라 부른다. IP 주소를 속여 패킷을 탈취하는 기법을 IP 스푸핑이라 부른다. 파밍은 주로 DNS 스푸핑에 의해 가짜 사이트로 이동시키는 피싱 기법이다.

› 스미싱

스미싱 smshing 은 문자메시지 SMS와 phishing이 결합된 피싱 기법이다. 주로 스마트폰의 문자 메시지를 통해 가짜 사이트로 유도한다. 사용자가 문자 메시지에 포함된 주소를 클릭하게 되면 가짜 사이트로 이동하여 개인정보를 입력시키거나, 스마트폰에 해킹용 소프트웨어를 설치하여 개인정보를 탈취한다.

스미싱의 메시지는 [표 16-2]와 같이 사용자가 URL을 누르지 않고는 못 배기도록 날로 지능화되고 있다. 검증되지 않은 전화번호로부터 메시지를 받는 경우, 해당 메시지에 포함된 URL은 절대로 클릭하면 안 된다.

표 16-2 스미싱 메시지의 예

스미싱 메시지의 예
• 당신의 카드가 해외에서 $540불 결제되었습니다. 내용을 확인하려면 아래 주소를 클릭하세요. • 사건번호 23453번 고소장이 접수되었습니다. 고소장 내용을 아래 주소에서 확인할 수 있습니다. • 작년에 내신 세금 중 환급금이 있습니다. 환급금 명세는 아래 주소에서 확인할 수 있습니다.

스미싱과 유사한 피싱 방식으로 인터넷 전화 VoIP 를 이용하여 사용자의 개인정보를 탈취하는 해킹 수법을 비싱 vishing (VoIP + phshing)이라 부른다.

4 디도스

클라이언트/서버 구조의 가장 큰 단점은 서버 과부하이다. 서버가 감당할 수 없는 만큼의 서비스 요청이 들어오면 서버는 작동을 멈춘다. 도스 Denial of Service; DoS 라 일컫는 서비스 거부 공격은 서버 쪽에 많은 양의 패킷을 보내어 다른 사람이 서버를 이용하지 못하도록 막는 해킹수법이다. 도스 공격은 공격하는 컴퓨터가 몇 대 안 되기 때문에 공격용 좀비 컴퓨터만 차단해버리면 피해로부터 벗어날 수 있다.

도스 방식에서 진화한 공격 방식이 디도스, 영어로 Distributed DoS; DDoS 방식이며 분산형 서비스 거부 공격이라 부른다. 디도스(DDoS)에서 공격자는 일반인들의 컴퓨터를 바이러스에 감염시켜 자신이 조종할 수 있는 컴퓨터로 만든다. 이렇게 감염된 컴퓨터를 좀비 컴퓨터라 부른다. 수백 대의 좀비 컴퓨터가 감염되면, 공격자는 같은 시간에 한 서버를 공격하도록 명령을 내린다. 도스와 달리 디도스의 경우 여러 곳에서 공격하기 때문에 이를 방어하기가 매우 어렵다.

2016년 10월 디도스 공격으로 아마존, 트위터, 넷플릭스 등 1,200여 개 미국 사이트가 마비되는 사건이 있었다. 국내에서도 아프리카 TV와 같은 유명 사이트가 디도스 공격을 받았다. 또한 서아프리카의 라이베이라에서 디도스 공격에 국가 전체 인터넷이 마비되기도 했다.

그림 16-7 디도스 공격

2022년 2월 소련이 우크라이나를 침공하자 국제적인 해커그룹 anonymous는 소련의 주요 사이트를 디도스 공격하였다. 디도스의 공격이 점점 지능화됨에 따라 많은 보안 업체들이 트래픽을 차단하거나 디도스 대피소로 시스템을 옮기는 방법과 같이 디도스 공격을 회피하는 기술들을 선보이고 있다.

5 위조 및 변조

오프라인에서는 위조/변조/저작권 침해에 대한 방지책으로 복사 방지 기술이 사용된다. 흔히 볼 수 있는 복사 방지 기술이 적용된 대표적인 사례는 지폐이다. 지갑에서 지폐 한 장을 꺼내서 보자. 지폐에는 여러 가지 복사 방지 기술이 적용되어 있다. 빛에 비추어야 보이는 그림, 보는 각도에 따라 변하는 그림, 형광 잉크를 입힌 그림, 복사를 하면 검은색으로 보이게 하는 은선 등이 지폐에 사용된 대표적인 보안 기술이다. 지폐가 위조되면 국가적으로 큰 파장이 생기기 때문에 국가 차원에서 위조를 방지하기 위한 많은 기술을 사용하여 관리한다.

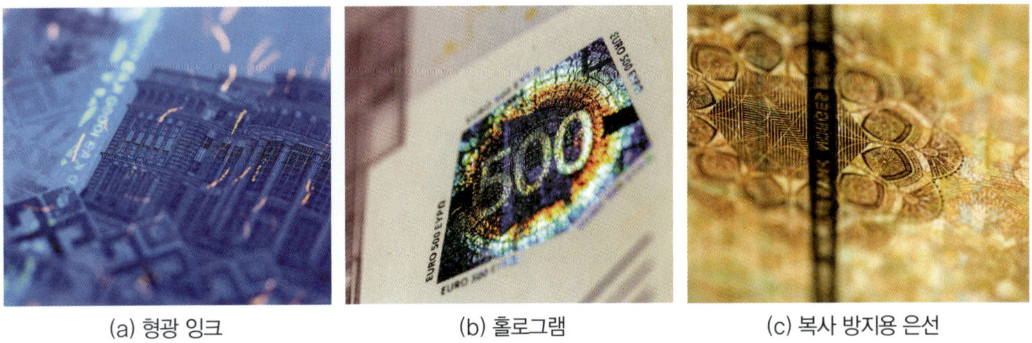

(a) 형광 잉크　　(b) 홀로그램　　(c) 복사 방지용 은선

그림 16-8 지폐에 적용된 복사 방지 기술

신용카드나 출입카드에도 복사 방지 보안 기술이 적용된다. 과거에는 카드 내 마그네틱에 정보를 넣

어 이를 읽는 방식을 사용했다. 그러나 마그네틱 방식은 쉽게 외부에 노출되는 단점이 있다. 그래서 암호화된 특수 칩과 RFID 기술을 사용하는 카드가 대중화되었다.

(a) 마그네틱 신용카드 (b) 암호화된 특수 칩이 내장된 신용카드

그림 16-9 신용카드 보안 기술

신용카드의 RFID 기술을 이용한 보안 기술은 오프라인에서만 사용 가능하다는 한계가 있다. 현재는 인터넷 쇼핑과 같이 인터넷에서 신용카드를 사용하는 일이 빈번해졌다. 카드번호만으로 쇼핑을 해야 하는 상황이 많아져서 칩을 내장한 신용카드의 사용에 한계가 있다. 이에 대한 보안책으로 카드 만료일자와 특수 숫자를 사용하게 되었다. 특수 숫자란 신용카드 소유주만 알 수 있는 3~5자리의 숫자로 신용카드 뒷면의 중앙에 위치하고 있다.

오프라인의 물건을 복제하는 것과 달리 디지털 데이터는 마우스 클릭만으로도 복제가 가능하다. 물건을 훔치는 것은 누군가에게 들킬 수 있지만 디지털 복제는 들킬 염려가 없다는 생각 때문에 일반인들 사이에서도 불법 복제가 줄지 않고 있다. 회사 내의 중요한 데이터가 외부에 유출되는 경우 커다란 손해가 발생할 수 있다. 이러한 문제를 해결하기 위한 다양한 암호화 기술과 보안 기술에 대하여 다음절에서 설명한다.

SECTION 02

암호화와 프로토콜

1 암호화 이해하기 필수

암호화encryption란 원래의 데이터를 풀기 어려운 패턴으로 변형시켜서 허가받은 사용자 외에는 볼 수 없게 만드는 기술이다. 암호화에는 평문plaintext(원문)과 암호문ciphertext을 만들기 위한 키key가 필요하다. 평문에 키를 적용시키면 암호문이 된다. 암호문을 푸는 키를 적용시키면 평문으로 돌아오는데 이를 복호화decryption라 부른다.

'LOVE'라는 단어를 암호화한다고 가정해보자. 알파벳 순서에 대해 각 문자에 +5를 하여 암호를 만들면 'QTAJ'가 된다. 이때 +5는 암호화를 위한 키가 되며, 평문에 +5 연산을 하면 암호화가 된다. 복호화를 위해서는 복호화 키를 사용하면 된다. 예에서는 암호화된 문장에서 −5를 연산을 하면 평문인 'LOVE'가 된다. 예에서 사용한 방식은 암호화에 +5, 복호화에 −5와 같이 암호화 알고리즘만 안다면 쉽게 암호문을 해독할 있다는 단점이 있다.

그림 16-10 암호화와 복호화

암호화 기술은 크게 대칭키 암호화와 비대칭키 암호화로 나눈다. **대칭키 암호화**는 하나의 키로 암호화 혹은 복호화 하는 방식이다. 대칭키 암호화는 단일키 암호화 또는 비밀키 암호화라고도 부른다.

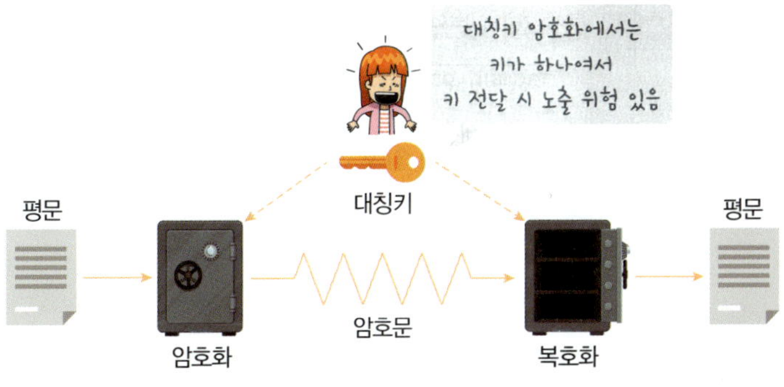

그림 16-11 대칭키 암호화

암호화하고 해독하는 데 하나의 키만 사용하는 대표적인 알고리즘으로 DES Data Encryption Standard 가 있다. DES는 1977년에 미국에서 국가 표준으로 지정한 방식으로 56비트의 키를 사용한다. DES는 2000년도에 더 강력한 단일키 암호화 방식인 AES Advanced Encryption Standard 로 대체되었다. AES 방식은 키로 128비트를 사용하며 전 세계에서 널리 사용되는 방식이다.

대칭키(단일키) 암호화 방식의 가장 큰 단점은 암호화로 만들어진 결과물(암호문)과 함께 키도 같이 전달해야 한다는 것이다. 암호를 해독하기 위해서는 당연히 키를 상대방에게 전달해야 하는데, 이 과정에서 키가 다른 사람에게 노출될 경우 암호문이 깨질 수 있다. 또한 키를 소유한 사람이 나쁜 마음을 먹는다면 해당 키로 다른 암호문을 해독하는 데 사용할 수도 있다. 이러한 문제를 해결한 방법이 비대칭키 암호화 기술이다.

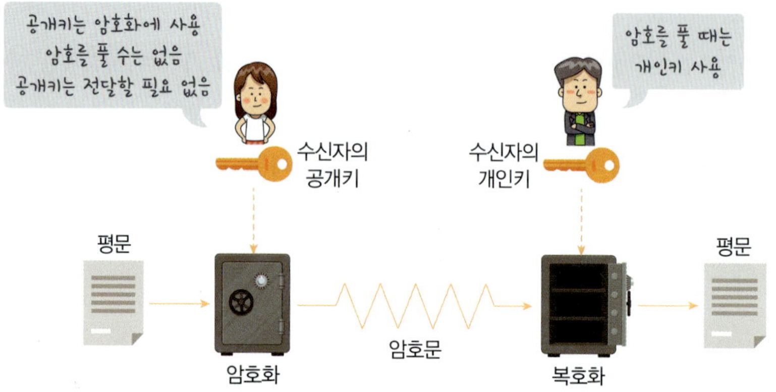

그림 16-12 비대칭키 암호화

비대칭키 암호화에서는 공개키 public key 와 개인키 private key 의 두 개의 쌍으로 키가 구성된다. 그래서 비대칭키 방식을 **공개키 암호화**라고 부른다. 공개키는 암호문을 만들려는 사람에게 공개해주는 키이다. 공개키는 암호를 만들 때에는 사용할 수 있지만, 암호를 해독할 수는 없다. 암호를 해독하는 키는 개인키로만 가능하다. 공개키 암호화는 암호를 만드는 키와 암호를 푸는 키가 서로 다르기 때문에 비대칭 방식이라 부른다.

앞서 대칭키(단일키) 방식은 키를 나눠주는 데 문제가 있었다. 공개키 방식의 경우 공개키 노출당하거나 탈취당해도 암호를 해독하지 못하기 때문에 대칭키 방식에서의 키를 안전하게 나눠주는 문제를 해결할 수 있다. 이러한 특징으로 공개키(비대칭키) 암호화 알고리즘은 다양한 곳에서 사용된다. 대표적인 비대칭 암호화 알고리즘으로 RSA 방식이 있다. RSA는 전자서명 등에 광범위하게 활용되고 있다.

여기서 잠깐

RSA는 발명자인 로널드 라이베스트(Ron Rivest), 아디 샤미르(Adi Shamir), 레너드 애들먼(Leonard Adleman)의 이름 앞글자를 합친 것이다.

대칭키와 비대칭키를 비교해보면 비대칭키(공개키) 방식이 안전하기 때문에 많이 사용될 것 같다. 그러나 대칭키와 비교하여 비대칭키의 단점은 계산량이 월등히 많아 컴퓨터 자원을 많이 소비한다는 것이다. 따라서 대칭키와 비대칭키 방식은 시스템의 상황에 따라 선택하여 사용하거나, 둘을 병행하여 사용한다.

2 암호화 알고리즘

치환 암호

치환 암호 substitution cipher는 문자를 다른 문자로 대치하는 암호 방식이다. 앞서 'LOVE'에 +5를 'QTAJ'를 만들었는데 이것이 치환 암호이다.

평문 'LOVE'를 암호문 'QTAJ'로 만들 때 덧셈 연산(+5)을 사용하였기 때문에 이를 **덧셈 암호** additive cipher 혹은 **시프트 암호** shift cipher 라고 부른다. 덧셈 암호를 만드는 방법은 간단하다. 각 문자에 대응하는 숫자를 만들고 해당 숫자에 +5를 하면 된다. 예를 들어 26자의 알파벳이라면 [그림 16-13]과 같이 A부터 Z까지 0부터 25까지의 숫자가 배정된다. 평문에서 각 문자는 숫자로 바뀌고, 숫자에 +5를 더한 값이 암호문이 된다. 이때 21이상의 숫자에 5를 더하면 문자표의 값을 벗어나기 때문에, 암호문의 숫자에는 나머지 연산인 mod 26을 수행한다. 이 경우 V(21 + 5 = 26)는 A(0), W는 B로 변환된다.

A	B	C	D	E	F	G	H	I	J	K	L	M	N	O	P	Q	R	S	T	U	V	W	X	Y	Z
0	1	2	3	4	5	6	7	8	9	10	11	12	13	14	15	16	17	18	19	20	21	22	23	24	25

그림 16-13 덧셈 암호(시프트 암호)

복호화는 암호화의 반대로 이루어진다. 암호문에서 –5를 하면 평문을 얻게 된다. 덧셈 암호는 역사가 오래된 암호이며, 로마의 황제였던 줄리어스 시저 Julius Caesar가 사용해서 유명해졌기 때문에 시저 암호라고도 불린다.

덧셈 암호는 치환 암호 방식 중 가장 단순한 형태이다. 덧셈 암호보다 풀기 어려운 치환 암호 방식으로 **코드북 암호** code book cipher가 있다. 코드북 암호 방식은 [그림 16-14]와 같이 무작위로 만들어진 코드북을 서로 공유하여 암호화 및 복호화를 하는 방식이다. 코드북을 사용하여 평문 'LOVE'를 암호문으로 만들면 'VRXN'이 된다.

A	B	C	D	E	F	G	H	I	J	K	L	M	N	O	P	Q	R	S	T	U	V	W	X	Y	Z
O	P	H	T	N	A	I	E	D	W	Q	V	B	X	R	G	M	C	L	S	F	X	K	Y	J	U

그림 16-14 코드북 암호

코드북 암호 방식은 단일키 암호 방식의 장단점을 잘 보여준다. 단일키의 역할을 하는 코드북이 없다면 암호를 푸는 것은 상당히 어렵다. 그러나 코드북이 노출되는 경우, 쉽게 암호가 풀리는 단점이 있다.

코드북 방식을 보완하는 다양한 치환 암호 방식이 개발되었다. 키워드 암호화는 양쪽이 아는 키워드를 사용하여 문자를 암호 문자로 변환하는 방법이다. [그림 16-15]는 NETWORK 키워드를 사용하여 만들어진 문자 변환표이다. 맨앞에 NETWORK 워드를 배치하고, 나머지는 알파벳으로 채운다. 이러한 특징 때문에 보통의 경우 같은 문자가 중복되지 않는 단어를 키워드로 사용한다.

A	B	C	D	E	F	G	H	I	J	K	L	M	N	O	P	Q	R	S	T	U	V	W	X	Y	Z
N	E	T	W	O	R	K	A	B	C	D	F	G	H	I	J	L	M	P	Q	S	U	V	X	Y	Z

그림 16-15 키워드 암호

NETWORK를 키워드로 하는 키워드 방식에서 'LOVE'를 암호문으로 만들면 'FIUO'가 된다. 키워드 방식의 경우 코드북을 따로 만들 필요가 없다는 장점이 있다.

서로 다른 치환 암호를 섞어서 사용하는 방법도 있다. 예를 들어 평문의 0, 2, 4와 같은 짝수 번째 문자는 NETWORK를 사용하는 키워드 암호를 사용하고, 1, 3, 5와 같은 홀수 번째 문자는 +5 덧셈 암호를 사용한다. 이러한 방식으로 암호문을 만들면 'LOVE'는 'QIAO가 된다.

전치 암호

전치 암호 transposition cipher는 문자의 위치를 변경하여 암호를 만드는 방식이며, 위치 암호라고도 부른다. 전치 암호에서 키는 바뀌는 위치 정보이다. [그림 16-16]은 평문 COMPUTERNETWORK를 5개씩 나누어 전치 암호 방식으로 암호화 하고 복호화 하는 과정을 나타낸다.

그림에서는 글자를 5글자씩 나누고, 글자의 위치 정보를 그림과 같이 정했다. 하나의 블록(5글자)에서 1번은 3번으로 2번은 5번으로, 3번은 1번으로, 4번은 2번으로, 5번은 4번으로 위치가 변경된다. 이러한 방식으로 COMPUTERNETWORK를 암호화 하면 MPCUORNTEWORTKE가 된다. 글자를 5글자씩 잘라서 바뀌어진 위치를 원래대로 되돌리면 복호화가 된다.

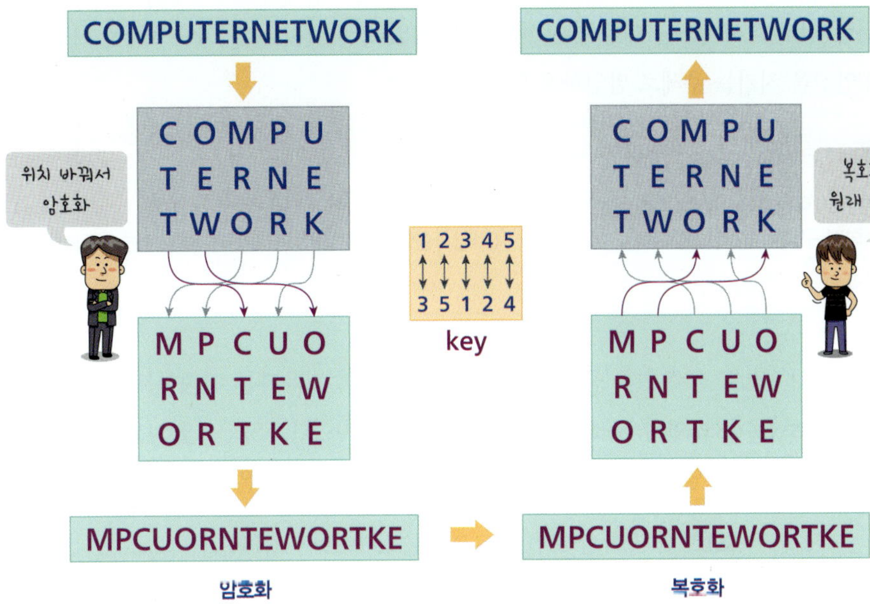

그림 16-16 전치 암호

지금까지 살펴본 암호화 알고리즘들은 비교적 간단한 알고리즘이기 때문에 암호문이 쉽게 깨지는 문제가 있다. 현대의 암호화 기술은 복잡한 키를 생성함으로써 암호와 알고리즘을 안다고 할지라도 키가 없이는 암호문을 해독할 수 없도록 발전했다. 다시 말해, 현대의 암호화 기술은 어떻게 암호문을 만들고, 복호화를 하는지는 알지만, 그 과정에 키 없이는 암호를 해독할 수 없는 방향으로 발전하고 있다.

3 보안 프로토콜

› SSL과 TLS

원래 웹은 연구자들이 연구결과를 공유하거나 정보를 교환하는 목적으로 만들어졌다. 따라서 모든 데이터를 암호화할 필요성이 없었다. 그래서 http를 사용하는 모든 사이트에서 오고가는 데이터는 쉽게 그 내용을 확인할 수 있다. 인터넷 초기에는 이러한 것이 큰 문제가 되지 않았다. 인터넷이 발달하면서 웹을 이용한 다양한 서비스들이 개발되었다. 웹상에서 계좌의 돈을 입출금하거나 물건을 구매하기 위하여 카드 결제가 이루어진다. 암호화되지 않은 상태에서 데이터를 주고 받다보니, 계좌 정보, 패스워드, 결제 정보와 같은 중요한 개인정보가 위험에 노출되는 상황이 발생하였다.

인터넷에 연결된 컴퓨터들은 해킹이나 바이러스와 같은 위험 이외에도 네트워크상에서 개인정보가 탈취될 수 있는 위험에 노출된다. 이러한 문제를 해결하는 가장 좋은 방법은 네트워크를 분리하는 것이다. 실제로 금융전산망은 인터넷망과 별도로 분리된 네트워크에서 관리된다. 일반인의 경우, 분리된 망을 사용하여 인터넷 서비스를 이용하는 것은 한계가 있다. 따라서 보안 프로토콜을 사용하여 전체 네트워크의 안전을 지키는 추세로 발전하고 있다.

여기서 잠깐

망 분리는 실제의 망을 따로 설치하는 경우도 있지만, 보통의 경우 인터넷망의 일부를 빌려서 가상 virtual circuit 망으로 구축한다. 이렇게 구축된 망이 VPN Virtual Private Network (가상사설망)이다. VPN은 개인이 익명성을 유지하기 위해서도 많이 사용된다.

통신의 기본이 되는 것은 소켓이다. 공개키 암호화를 사용하여 사용자를 인증하고, 소켓의 데이터를 암호화 하는 프로토콜이 SSL이며, Secure Sockets Layer의 약자이다. SSL은 1995년 초기 웹 브라우저인 Nescape에 의해 제안된 암호화 기반 인터넷 보안 프로토콜이다. SSL은 버전 3.0까지 개발되었다.

TLS Transport Layer Security 은 SSL보다 강화된 보안 프로토콜이다. 1999년 IETF Internet Engineering Task Force 는 SSL에 대한 업데이트를 개발하였는데 이 보안 프로토콜 이름을 TLS라 불렀다. TLS는 SSL보다 강력해진 보안 프로토콜이다. SSL은 1996년 SSL 버전 3.0 이후로 업데이트되지 않았기 때문에 보안 전문가들은 SSL의 사용을 중단하라고 권장한다. 또한 최신 웹 브라우저는 대부분 SSL을 지원하지 않고, 대신 최신 암호화 프로토콜인 TLS를 지원한다. SSL이 보안 프로토콜의 시초였으며, 많은 사람들이 아직도 SSL을 표준으로 알고 있기 때문에 웹에서 사용하는 암호화 프로토콜을 SSL이라 부른다. 실제로는 TLS가 업계의 표준이지만, TLS 대신 SSL이라 부르기도 하고 SSL/TLS를 같이 표시하기도 한다.

SSL의 특징은 암호화, 데이터의 무결성, 서버인증으로 요약할 수 있다. SSL은 사용자와 웹 서버 사이를 이동하는 모든 데이터를 암호화하여, 누군가 데이터를 가로채더라도 전체 데이터를 확인할 수 없게 한다. 또한 SSL은 웹 서버를 인증하여 가짜 웹 사이트를 만들어 개인정보를 탈취하는 일을 차단한다. SSL은 또한 데이터 무결성을 제공하기 위해 데이터에 디지털 서명하여 데이터가 수신자에게 도착하기 전에 조작되지 않았다는 것을 확인해준다.

› HTTPS

HTTPS는 HTTP를 보안 프로토콜 위에 구축하여 안전한 웹 사용을 가능하게 만들어준다. HTTPS는 HTTP with Secure 혹은 HTTP with SSL의 약자이다. HTTPS를 이해하기 위해서는 HTTP에서 일어날 수 있는 보안 문제를 이해해야 한다.

HTTP의 경우 전송되는 데이터가 암호화 되지 않기 때문에 해커들이 모든 데이터를 확인할 수 있다. HTML 데이터뿐 아니라 웹 사이트에 입력하는 아이디, 패스워드, 계좌 정보와 같은 개인정보들이 해커들에게 노출될 수 있다. SSL을 기반으로하는 HTTPS는 모든 데이터를 암호화하여 송출하기 때문에 이러한 문제를 해결한다.

그림 16-17 HTTPS의 역할

웹 서버의 경우 불특정 다수의 클라이언트와 데이터를 주고받는다. A 클라이언트와 통신을 하는 도중에 해커가 마치 A 클라이언트가 보낸 데이터인 것처럼 패킷을 만들어 서버에게 전송할 수 있다. 이러한 문제를 해결하기 위해서는 A 클라이언트가 보낸 데이터라는 것을 서버가 확인할 수 있어야 한다. HTTPS는 디지털 서명을 교환함으로써 데이터의 무결성을 확인한다.

앞서 피싱에서 설명하였듯이, 가짜 사이트를 만들어 개인정보를 탈취하는 경우가 있다. 이러한 문제를 해결하기 위해, 사용자가 방문한 사이트가 진짜 사이트인지 혹은 가짜 사이트인지를 확인할 방법이 필요하다. HTTPS는 신뢰할 수 있는 사이트라는 것을 확인하는 인증서를 교환한다. 인증서의 발급은 신뢰할 수 있는 사설 인증기관 Certificate Authority, 영어로 CA가 담당한다. 인증기관(CA)이 해당 사이트가 신뢰할 수 있는 사이트라는 인증서를 발급하고, 발행된 인증서는 클라이언트에게 전달된다. 클라이언트는 해당 인증서를 인증기관으로부터 확인을 받은 후에야 통신을 시작한다.

여기서 잠깐

인증기관 Certificate Authority 은 아무나 할 수 있는 것이 아니고 신뢰성이 엄격하게 공인된 기관만이 참여 가능하다. 주요 인증 기관 중 가장 점유율이 높은 기관으로 시만텍 Symantec 이 있으며 그 외에 코모도 Comodo 와 고대디 GoDaddy, 글로벌사인 GlobalSign 등이 있다.

지금까지 열거한 HTTP의 문제로 인하여 많은 사이트들이 SSL을 사용한 HTTPS로 바뀌는 추세이다. HTTP를 사용하는 웹 사이트를 방문하는 경우, 다음 그림과 같이 '주의 요함'의 경고 메시지를 보내어 아이디나 패스워드를 입력할 때 해커에 의해 탈취될 수 있음을 알린다.

그림 16-18 HTTP 사이트 주의 경고

HTTP가 보안의 문제로 SSL을 사용한 HTTPS를 사용하는 것과 같은 이유로, 다른 프로토콜들도 보안 프로토콜을 사용한다. DNS의 경우 DNS over TLS가 있으며, FTP의 경우, TLS가 적용된 FTPS와 SSL를 기반으로 하는 SFTP가 있다.

› SSL 동작 과정

SSL의 동작 과정은 핸드쉐이크(협의) → 세션 시작 → 세션 종료로 나눌 수 있다. 여기서 세션session이란 작업을 의미한다. 예를 들어 인터넷 뱅킹 사이트에 접속하여 로그인을 하고 계좌내역을 살펴본 후, 친구에게 계좌이체를 하고 인터넷 뱅킹을 종료하였다면 전체의 작업이 세션이 된다. 참고로 계좌이체에서 친구에게 돈을 보내고 내 계좌에 잔고가 줄어드는 작업 하나를 트랜잭션transaction이라 부른다. 트랜잭션은 나눌 수 없는 작은 단위의 작업을 의미하며 세션은 다양한 트랜잭션의 집합이다.

[그림 16-19]는 SSL의 동작 과정을 나타낸다. SSL의 핸드쉐이크 단계는 세션을 시작하기 전의 준비단계이며 클라이언트와 서버가 합의를 하는 단계이다. 핸드쉐이크 단계마다 다음과 같은 작업이 이루어진다.

❶ SSL의 핸드쉐이크의 첫 번째 단계에서는 클라이언트가 서버에게 Hello 메시지를 보낸다. Client Hello 메시지에는 클라이언트가 임의로 생성한 데이터(임의 데이터 1)와 클라이언트가 사용 가능한 암호화 방식 후보가 명시되어 있다. 임의 데이터1의 용도는 조금 뒤에 설명한다.

그림 16-19 SSL 동작 과정

❷ 2번째 단계에서 서버는 클라이언트에게 Server Hello 메시지를 보낸다. Server Hello 메시지에는 서버가 임의로 생성한 데이터(임의 데이터 2)와 앞으로 사용할 암호화 방식을 결정하여 보내준다. 또한 CA로부터 받은 인증서를 클라이언트에게 전달한다.

❸ 3번째 단계에서 클라이언트는 서버로부터 받은 인증서가 유효한지를 확인한다. 인증서가 유효한 경우 앞으로 사용할 암호 알고리즘을 테스트 해본다. 테스트에 사용할 평문은 서버와 클라이언트가 만든 임의 데이터를 사용한다. 더 자세하게는 클라이언트가 생성한 임의 데이터 1과 서버가 생성한 임의 데이터2를 합쳐서 평문을 만들고, 이를 암호화 알고리즘을 적용하여 암호문을 만든다.

그림 16-20 SSL의 핸드쉐이크 단계에서의 암호화 방법

SSL에서 통신에 사용하는 암호화 알고리즘으로 대칭키 방식을 사용한다. 앞서 이야기 했듯이 대칭키는 키를 전달하는 과정에서 문제가 발생할 수 있기 때문에 비대칭키(공개키) 알고리즘이 개발되었다. 그러나 비대칭키 알고리즘은 복호화할 때 많은 시스템 자원을 사용하는 단점이 있다. 동시에 수천명의 클라이언트를 상대해야 하는 서버 입장에서는 비대칭키 알고리즘이 부담스럽다. 그래서 SSL에서 데이터 암호화는 기본적으로 대칭키 방식을 사용한다. SSL에서 암호화하고 복호화 하는 데 사용하는 대칭키를 pre master secret key라 부른다.

❹ 대칭키 방식에서 가장 중요한 것은 대칭키를 안전하게 서버에게 전달하는 것이다. 그래서 암호문과 pre master secret key를 묶어서 다시 공개키로 암호화하여 서버에게 전달한다. 이렇게 하면 서버에게 안전하게 대칭키를 전달할 수 있다. 비대칭키로 암호화하기 위해서는 공개키가 있어야 한다. 공개키는 서버에서 전달된 인증서 안에 들어 있다. 인증서를 확인한 이후에 그 안에 있는 공개키를 사용하여 암호문과 pre master secret key를 다시 암호화한 후 서버에게 전달한다.

❺ 서버는 클라이언트로부터 전달 받은 데이터를 자신의 개인키로 복호화한다. 그러면 대칭키로 암호화된 암호문과 pre master secret key(대칭키)를 얻게 된다. pre master secret key를 사용하여 암호문을 복호화하여 평문(임의 데이터 1 + 임의 데이터 2)이 얻어지는지를 확인한다. 정상적으로 복호화되었다면 클라이언트와 서버 사이에 오고 가는 모든 데이터는 pre master secret key로 암호화되고 또한 복호화된다.

이러한 핸드쉐이크 단계가 정상적으로 이루어지면 세션이 시작된다. 클라이언트와 서버는 대칭키를 사용하여 데이터를 주고받으면서 작업을 진행한다. 모든 작업이 끝나면 세션은 종료된다.

SECTION 03

보안 기술

1 인증 기술

필수

패스워드 인증

인증은 대표적인 보안 기술로 자기 자신을 증명하는 기술이다. 인증 기술의 대표적인 경우가 패스워드이며 본인임을 입증하는 가장 기본적인 방법이다. 사이트가 해킹되어 개인정보가 노출되거나 바이러스 등에 의해 개인정보가 노출되는 경우, 패스워드도 같이 노출된다. 따라서 패스워드는 대문자, 소문자, 숫자, 특수기호들을 조합하여 어렵게 만들어야 한다. 요즘은 대문자, 소문자, 숫자, 특수기호 중 3가지 이상을 조합해야지만 패스워드를 사용할 수 있게 하는 사이트들이 늘어나는 추세이다. 또한 패스워드는 해킹에 대비하여 6개월에 한 번씩은 바꿔주는 것이 좋다.

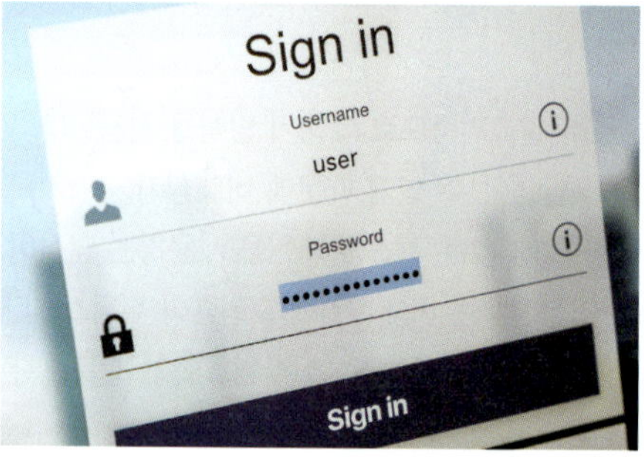

그림 16-21 패스워드 인증

현재 사용하는 패스워드가 노출된 패스워드인지를 확인할 수 있다. 구글 크롬의 [설정] → [보안 및 개인정보 보호] 페이지에서 유출된 비밀번호를 확인할 수 있다.

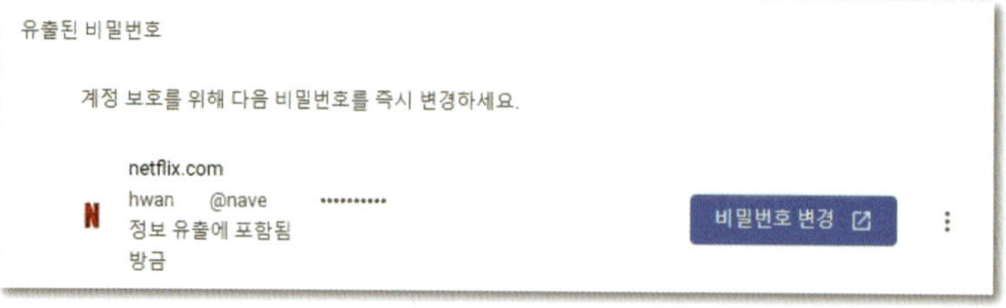

그림 16-22 크롬의 유출된 비밀번호 확인 페이지

개인이 아무리 노력한다고 해도 시스템의 정보가 노출된 경우 패스워드도 같이 노출될 가능성이 있다. 이러한 문제를 해결하는 방법으로 일정 시간만 쓰고 버리는 패스워드가 도입되었다. 이를 **OTP** One Time Password 라 부른다. OTP를 가장 흔하게 볼 수 있는 곳이 은행 거래이다.

(a) 배터리형 OTP (b) 구글 OTP

그림 16-23 OTP의 종류

은행 거래를 할 때는 돈이 오고가기 때문에 다른 어떤 사이트보다 인증이 중요하다. 과거에는 무작위로 만들어진 패스워드를 여러 개 출력하여 개인에게 카드 형태로 나눠주었다. 그런데 보이스 피싱에 속아 카드에 있는 내용을 모두 알려주는 사고가 빈번히 일어나자 OTP 방식이 도입되었다. OTP는 배터리를 이용하여 일정한 알고리즘에 의해 암호를 생성한다. 스마트폰에서 작동하는 OTP도 선보이고 있는데, 구글 OTP가 유명하다.

바이오 인증

패스워드를 기반으로 하는 인증은 바이오 인증 형태로 바뀌고 있다. 바이오 인증이란 지문 인식, 안면 인식, 홍채 인식과 같이 사람의 신체를 이용하여 인증하는 방식이다.

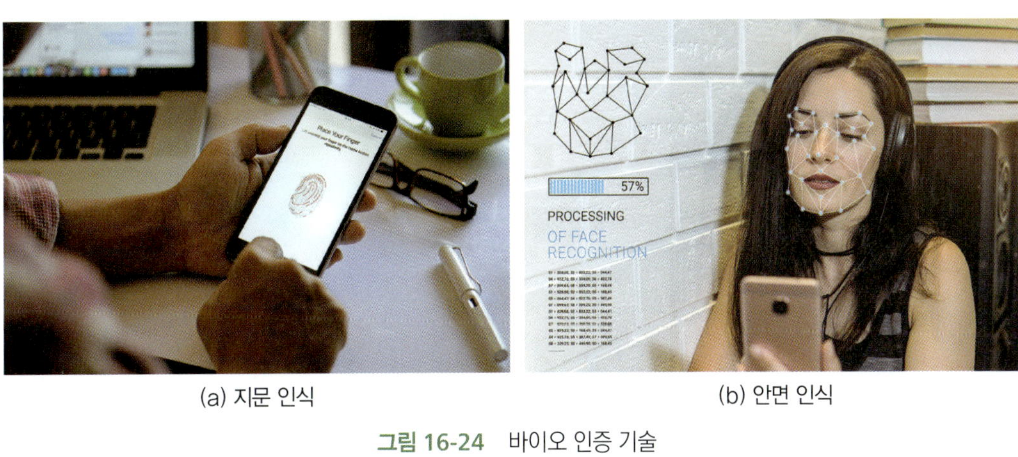

(a) 지문 인식 (b) 안면 인식

그림 16-24 바이오 인증 기술

바이오 인증 방식은 OTP와 같이 특수한 장치를 따로 휴대할 필요가 없고, 복사가 어려워 미래 기술로 각광을 받고 있다. 특히 금융과 관련된 기술을 ‘금융$_{\text{FINancial}}$+기술$_{\text{Technology}}$=핀테크’라 부른다. 바이오 인증 분야는 핀테크 기술의 핵심 기술로 각광을 받고 있다.

바이오 인증 관련 기술은 지속적으로 성장할 것이다. 스마트폰은 이미 지문 인식 센서와 카메라를 장착하였고, 홍채 인식이나 안면 인식 시스템도 도입하고 있다. 국내의 은행 사이트뿐 아니라 해외 대형 은행들도 바이오 인증을 도입하였으며 그 수는 지속적으로 늘어나고 있다.

공동인증서(구 공인인증서)

공동인증서란 한국에서 금전거래를 할 때 공인된 기관에서 인증한 전자서명을 가리킨다. 앞서 SSL에서 설명한 인증서는 인증기관(CA)이 사이트에게 발행해주는 인증서이다. 이러한 인증서를 개인에게도 발행해준 것이 공동인증서이며, 과거에는 공인인증서라 불렸다. 인터넷뱅킹이나 인터넷 쇼핑몰에서의 실시간 결제에 주로 사용된다.

공동인증서는 사설기관으로부터 암호화된 인증을 받아 개인의 저장소에 저장되는 형태이다. 이를 위해 관련 소프트웨어를 설치해야 하고, 인증서를 개인 스스로 관리해야 하는 문제가 있다. 공인인증서 관련한 대부분의 소프트웨어가 Active-X의 기술로 설치되기 때문에 국내에서는 마이크로소프트의 익스플로러가 절대적인 위치를 차지했었다.

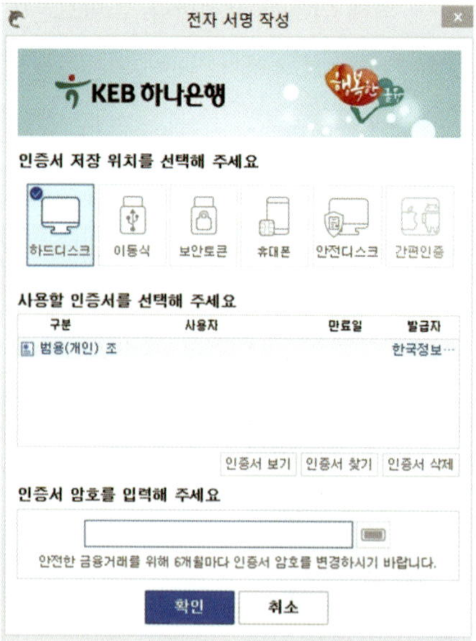

그림 16-25 공인인증서 화면

우리나라의 경우 개인 컴퓨터에 암호화에 필요한 각종 소프트웨어를 설치하고, 공인인증서를 도입하는 것과 달리, 미국과 같은 선진국의 경우 HTTPS라는 보안 웹 사이트를 사용한다. 외국의 경우 패스워드와 OTP만으로 거래가 가능한 반면에 우리나라는 공인인증서와 각종 보안 소프트웨어를 설치해야만 하는 기형적인 구조를 가지고 있다. 이로 인해 한류 열풍이 불어 외국인이 국내 사이트에서 거래를 하고 싶어도 공동인증서가 없기 때문에 거래가 안 되는 현상이 발생하고 있다. 공동인증서 방식의 또 다른 문제점은 웹 서비스 제공자가 관리해야 하는 보안의 문제를 개인에게 전가시킨다.

2014년 전자금융거래법이 개정되면서 공인인증서의 의무화 조항을 삭제했지만, 기업들은 여전히 공인인증서를 요구하고 있다. 이러던 중 구글 크롬이 실행 파일을 지원하지 않고, 마이크로소프트도 Active-X가 실행되지 않는 웹 브라우저인 엣지를 출시함으로써 더 이상 공인인증서만으로 인증하기 어려워졌다. 따라서 은행들은 공인인증서의 이름을 공동인증서로 바꾸고, HTML5를 이용하여 웹 브라우저에서 안전하게 인증서를 보관할 수 있는 브라우저 인증서를 새로 개발하였다. 따라서 현재는 브라우저 인증서와 공동인증서(구 공인인증서)를 사용할 수 있는 환경으로 바뀌었다.

2 보안 관련 소프트웨어 필수

백신

백신은 악성 소프트웨어로부터 자신의 컴퓨터나 스마트폰을 지키기 위해서 사용하는 프로그램이다. 컴퓨터 내부에 바이러스가 감염된 파일이 없는지를 찾아보고 감염된 파일이 있으면 치료하거나 삭제하는 역할을 담당한다. 요즘의 백신에는 다운로드 받는 파일을 검사하고, 방문하는 사이트의 위험성을 파악하여 위험한 사이트의 방문을 막는 역할도 한다. 따라서 컴퓨터에 꼭 설치해야 하는 소프트웨어이다.

그림 16-26 백신 성능 테스트 사이트(https://av-test.org)

개인 사용자의 경우, 우리나라 최초의 백신인 V3를 비롯하여 무료로 배포하는 프로그램들이 많이 있다. 자신이 사용하는 백신의 성능을 확인하고 싶다면, av-test와 같은 백신 성능 테스트 사이트를 방문하면 된다. [그림 16-26]과 같이 각종 백신의 성능 테스트 결과를 확인할 수 있다.

해킹이나 악성 소프트웨어는 지속적으로 발전하고 있으며 공격 방법도 지능적으로 변하고 있다. 요즘 바이러스는 컴퓨터에 침투할 경우, 백신 프로그램부터 무력화시킨다. 따라서 백신과 운영체제는 자주 업데이트를 해줘야 하며, 특별한 이유없이 백신이 업데이트가 안 되는 경우에는 바이러스 감염을 의심해봐야 한다.

여기서 잠깐

의사였던 안철수가 지인으로부터 빌려온, 바이러스에 감염된 플로피 디스크 때문에 자신의 컴퓨터에 있던 중요한 데이터가 사라졌다. 컴퓨터 바이러스 문제를 해결하기 위해 만든 프로그램이 안랩Ahnlab 의 V3이며 우리나라 최초의 백신 프로그램이다.

› 방화벽

방화벽, 영어로 firewall은 미리 정의된 보안 규칙을 사용하여 네트워크에서 전송되는 데이터들을 점검하고 제어하는 네트워크 보안 시스템이다. 방화벽이라는 용어는 원래 건물 내 화재가 번지는 것을 막기 위해 설치된 방벽을 의미한다.

방화벽의 역할은 신뢰 수준이 낮은 네트워크로(보통의 경우 인터넷)부터 오는 해로운 트래픽이 신뢰 수준이 높은 네트워크(내부 망)로 들어오지 못하게 막는 것이다. 방화벽은 서로 다른 네트워크를 오고가는 데이터를 검열하여 차단하는 하드웨어 혹은 소프트웨어 장치라 정의한다. 또한 시스템 내부에 있는 정보가 불법적으로 외부로 나가지 못하게 막는 기술도 포함하고 있다.

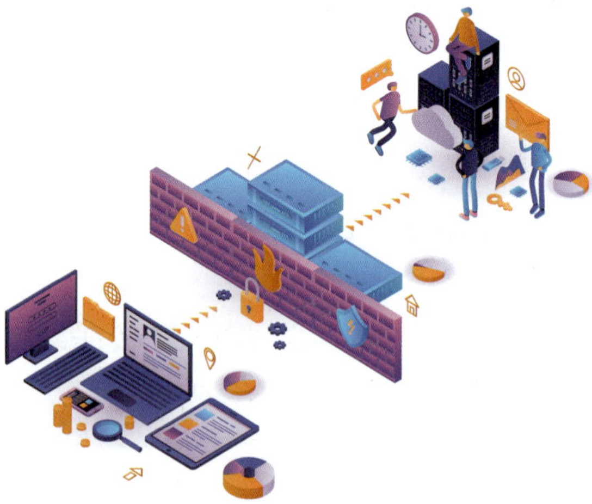

그림 16-27 방화벽

여기서 잠깐

방화벽의 전신은 라우터였다. 라우터는 서로 다른 네트워크를 연결하는 장치이기 때문에 다른 네트워크로 문제 있는 데이터가 전파되는 것을 막아주었다.

초창기 방화벽은 패킷 자체만을 살펴보고, 미리 설정된 정책에 따라 허용 또는 거부를 결정하는 패킷 필터 방식이었다. 초기에는 패킷을 다룬다는 측면에서 TCP/IP 계층에서 동작하였으며, 방화벽 관리자가 네트워크에 적용할 규칙을 설정하는 방식이다. 패킷 필터 방식의 방화벽은 특정한 IP로 오고가는 패킷을 허용 또는 거부하거나 특정한 포트를 허용 또는 거부하는 방식을 사용한다.

패킷 필터 방식은 모든 패킷을 검사하므로 검사 규칙이 많아질수록 처리속도가 느려지는 단점이 있다. 패킷 필터 방식의 단점을 해결하기 위해 세션 단위의 검사를 하는 스테이트 풀state full 검사 방식이 개발되었다.

공격 패턴이 점차 발달하여 일상적인 패킷과 같은 특성을 가지면서 시스템을 공격하는 경우가 발생하였다. 기존의 패킷 필터 기반 방식에서 더 나아가 애플리케이션에 어떠한 영향을 미칠지를 분석하는 방화벽도 출현하였다.

많은 방화벽은 네트워크 주소 변환Network Address Translation; NAT 기능을 가진다. 내부 네트워크에서 사용하는 IP 주소와 외부에 드러나는 주소를 다르게 유지하여 내부 네트워크를 숨긴다.

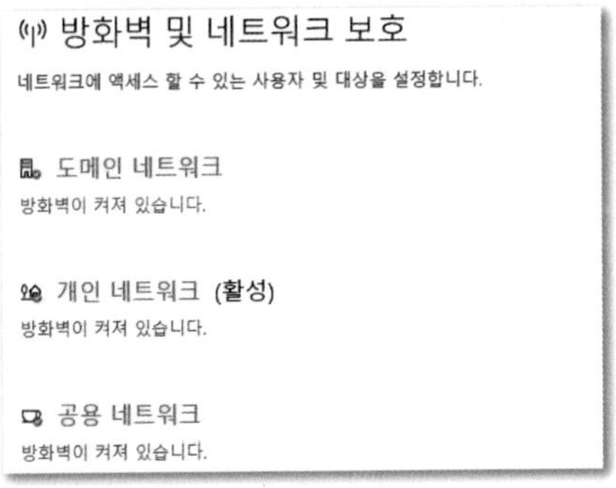

그림 16-28 윈도우 방화벽 설정 화면

윈도우에도 방화벽이 설치되어 있으며 [그림 16-28]과 같이 설정 화면에서 자신만의 규칙을 만들어 시스템을 보호할 수 있다.

가상 키보드

키보드도 버퍼를 사용한다. 우리가 키보드를 통해 입력을 하면 일정 내용이 버퍼buffer에 모였다가 프로그램에게 전달된다. 키보드 버퍼에 있는 내용 중 아이디, 패스워드, 계좌 정보와 연관된 데이터를 해커에게 전달하기 위하여, 바이러스나 트로이목마와 같은 악성 소프트웨어들은 키보드 버퍼를 훔쳐본다.

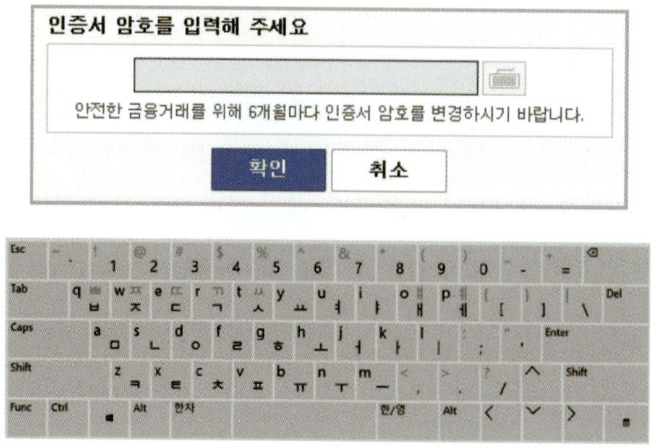

그림 16-29 가상 키보드 화면

금융거래에 있어서 패스워드나 계좌정보는 매우 민감한 데이터이다. 이것이 노출되는 경우 금전적으로 커다란 피해를 볼 수 있다. 그래서 컴퓨터에서 금융 사이트를 이용할 때에 touch EN과 같은 키보드 보안 프로그램이 설치된다. 키보드 보안 프로그램은 악성 프로그램으로부터 키보드 버퍼를 보호하는 소프트웨어이다.

또 다른 방식의 키보드 보안 방식도 있다. 인증서 암호를 입력할 때에 키보드의 보안을 위하여 [그림 16-29]와 같이 가상 키보드를 제공하기도 한다. 가상 키보드는 컴퓨터가 제공하는 키보드 대신, 소프트웨어적으로 보안이 강화된 키보드를 제공한다.

3 콘텐츠 유출 방지 기술

DRM

DRM Digital Rights Management 이라 불리는 디지털 권리 관리 기술은 디지털 콘텐츠를 무단으로 사용하는 것을 막기 위한 보안 기술이다. 간혹 복사 방지 기술과 혼동하는데, 복사 방지 기술은 디지털 콘텐츠의 복사 자체를 막는 기술이고, DRM은 적법한 콘텐츠의 사용은 허락하지만, 그 외의 사용을 막는 기술이다. 복사 방지 기술은 DRM의 일부분이다.

DRM 기술은 회사의 문서 관리에 많이 적용된다. 회사의 문서는 외부로 반출이 가능한 문서로부터 기밀사항을 다룬 문서까지 다양하다. 문서에 대한 권한이 있는 사용자를 구분하여 문서에 대한 작업을 제한하는 것이 DRM이다. 예를 들어, 어느 회사의 A 문서에 대해 열람 권한, 수정 권한, 복사 권한, 삭제 권한을 구분하여 사용자를 제한하려 한다고 가정해보자. DRM 시스템은 누구에게는 해당 문서를 자유자재로 사용할 수 있도록 제공하고, 다른 사람에게는 문서를 열어볼 수도 없게 닫아버리는 기능을 한다. 이러한 관리를 통해 중요한 자원의 유출을 방지하는 기술이 DRM이다.

멀티미디어 데이터에도 DRM이 사용된다. 인터넷을 통해 구매한 음악 파일이나 영화 파일의 경우, DRM 기술이 적용되어 허가되지 않는 컴퓨터나 기기에서 볼 수 없게 막아 놓았다. 또한 복사가 불가능하거나 볼 수 있는 횟수가 제한되는 경우도 있다. 이러한 제약이 불편하다면 DRM free 콘텐츠를 구매하여 사용하면 된다.

워터마크

또 다른 콘텐츠 유출 방지 기술로 **워터마크** watermark 기술이 있다. DRM이나 복사 방지 기술은 콘텐츠의 유통 자체를 차단한다. 그러나 사진이나 그림과 같은 경우 유출 자체를 막기가 힘들다. 따라서 불법적인 도용이 이루어진 경우, 자신이 찍은 사진이나 그림이라는 것을 증명할 수 있는 기술이 워터마크이다.

디지털 워터마크란 어떤 파일에 관한 저작권을 식별할 수 있도록 특수하게 삽입된 패턴을 의미한다. 어릴 적 종이에 물로 글씨를 쓰면 마르면 안보이다가 불을 쬐면 글씨가 보이는 장난을 해본 적이 있을 것이다. 물로 쓴 글씨처럼 평상시에는 안 보이다가 특수처리를 하면 나타나는 마크 mark 라는 뜻으로 워터마크라 부른다.

그림 16-30 피카소의 사인

사진이나 그림 등에는 제작자를 알리는 사인이나 낙관이 사용되어 왔었다. 사진이나 그림이 디지털화되면서 사인이나 낙관을 훼손시켜 유통시키는 일이 많아졌다. 또한 사진 편집 프로그램을 사용하여 사진을 약간 변형시켜 유통시키기도 한다. 이럴 경우 원래의 저작자가 자신의 작품임을 증명하기 위해 사용하는 것이 워터마크이다.

디지털 워터마크는 사진, 그림, 오디오등에 삽입되는 특수한 패턴이며, 동시에 육안으로는 워터마크가 삽입이 되었는지를 확인할 수 없다는 특징이 있다. 이렇게 삽입된 워터마크는 특수한 프로그램으로 재생시키면 삽입된 워터마크가 나타나는 특징을 가진다.

요약

- 정보보안은 수집하고 가공한 정보를 송수신 및 저장하는 과정에서 발생할 수 있는 훼손, 변조, 유출과 같은 불법적인 행위를 차단하는 방법이다.

- 악성 소프트웨어에는 컴퓨터 바이러스, 트로이 목마, 랜섬웨어, 애드웨어, 스파이웨어 등이 있다.

- 피싱은 개인과 낚시의 합성어로 가짜의 이메일 주소나 가짜 웹 사이트를 이용하여 돈을 요구하거나 개인정보를 탈취한다. 파밍은 피싱의 발전된 수법으로 네트워크 정보를 변조하여 가짜 사이트로 유도하는 기법이다. 스미싱은 문자메시지 SMS와 phishing이 결합된 피싱 기법이며, VoIP를 이용하여 사용자의 개인정보를 탈취하는 해킹 수법을 비싱이라 부른다.

- 암호화 기술은 크게 대칭키 암호화와 비대칭키 암호화로 나눈다. 대칭키 암호화는 하나의 키로 암호화 혹은 복호화 하는 방식이다. 비대칭키 암호화에서는 공개키와 개인키의 두 개의 쌍으로 키가 구성된다. 공개키는 암호문을 만들려는 사람에게 공개해주는 키이며, 암호를 해독하는 키는 개인키로만 가능하다.

- 치환 암호 방식은 문자를 다른 문자로 대치하는 방법으로 덧셈 암호(시프트 암호), 코드북 암호, 키워드 암호 방식 등이 있다. 또한 문자의 위치를 변경하여 암호를 만드는 방식을 전치 암호라 부른다.

- 공개키 암호화를 사용하여 사용자를 인증하고, 소켓의 데이터를 암호화 하는 프로토콜이 SSL이며, TLS는 SSL보다 강화된 보안 프로토콜이다. SSL의 특징은 암호화, 데이터의 무결성, 서버인증으로 요약할 수 있다.

- SSL을 기반으로하는 HTTPS는 모든 데이터를 암호화하여 송출한다. HTTPS는 디지털 서명을 교환함으로써 데이터의 무결성을 확인한다. HTTPS는 신뢰할 수 있는 사이트라는 것을 확인하는 인증서를 교환한다. 인증서의 발급은 신뢰할 수 있는 사설 인증기관(CA)이 담당한다.

- SSL의 핸드쉐이크 단계의 동작 과정은 다음과 같다. 1. 클라이언트가 서버에게 Hello 메시지를 보낸다. 2. 클라이언트에게 Server Hello 메시지를 보낸다. 3. 클라이언트는 서버로부터 받은 인증서가 유효한지를 확인한다. 암호문과 pre master secret key를 묶어서 다시 공개키로 암호화 하여 서버에게 전달한다. 4. 서버는 클라이언트로부터 전달 받은 데이터를 자신의 개인키로 복호화한다.

- 방화벽은 미리 정의된 보안 규칙을 사용하여 네트워크에서 전송되는 데이터들을 점검하고 제어하는 네트워크 보안 시스템이다.

연습문제

[객관식 문제]

01 보안을 물리보안과 정보보안으로 나눈다. 물리적인 위협이 아닌 것은 무엇인가?

❶ 다른 사람의 물건을 훔치는 행위
❷ CD나 음반과 같은 저작물을 무단으로 복제하는 행위
❸ 기업이나 기관을 사칭해 개인정보를 입력하도록 유도하는 인터넷 피싱
❹ 전화를 이용한 보이스 피싱

02 정보보안의 대표적인 기술이 아닌 것은 무엇인가?

❶ 시스템 보안　　❷ 네트워크 보안
❸ 인증 기술　　❹ 홀로그램

03 다음 악성 소프트웨어 중 컴퓨터 속의 자료를 파괴하거나 시스템을 정지시키기 위해 만들어진 파괴적인 소프트웨어로 주변을 감염시키는 특징을 가지는 것은 무엇인가?

❶ 랜섬웨어　　❷ 컴퓨터 바이러스
❸ 매크로 바이러스　　❹ 트로이 목마

04 컴퓨터 바이러스보다는 조금 약한 악성 소프트웨어로 컴퓨터 바이러스와 달리 자기 복제 능력이 없는 악성 소프트웨어는 무엇인가?

❶ 매크로 바이러스　　❷ 컴퓨터 바이러스
❸ 트로이 목마　　❹ 랜섬웨어

05 엑셀, 워드 혹은 파워포인트 문서 같은 데이터 파일에 포함되어 배포되는 악성 소프트웨어는 무엇인가?

❶ 랜섬웨어　　❷ 컴퓨터 바이러스
❸ 트로이 목마　　❹ 매크로 바이러스

06 다음 악성 소프트웨어 중 감염되면 컴퓨터 내 모든 파일이 암호가 걸려 돈을 받은 후에만 암호를 풀어주는 것은 무엇인가?

❶ 랜섬웨어 ❷ 트로이 목마
❸ 컴퓨터 바이러스 ❹ 매크로 바이러스

07 다음 악성 소프트웨어 중 사용자의 화면이나 홈페이지 화면에 사용자의 동의 없이 광고를 띄우는 소프트웨어는 무엇인가?

❶ 랜섬웨어 ❷ 애드웨어
❸ 스파이웨어 ❹ 매크로 바이러스

08 다음 악성 소프트웨어 중 사용자의 동의 없이 방문하는 사이트, 사용 패턴, 개인정보와 같은 정보를 몰래 훔쳐가는 프로그램은 무엇인가?

❶ 랜섬웨어 ❷ 애드웨어
❸ 스파이웨어 ❹ 매크로 바이러스

09 악성 소프트웨어 방지 행위로 올바르지 않은 것은 무엇인가?

❶ 다른 컴퓨터에서 파일을 복사할 때 바이러스 검사를 꼭 한다.
❷ 네트워크를 통해 다운로드한 파일은 바이러스 검사를 꼭 한다.
❸ 이메일의 첨부파일을 함부로 열어보지 않는다.
❹ 크랙을 자주 이용한다.

10 이메일을 이용하여 사용자를 속여 가짜 사이트에 유도하는 기법으로 사용자가 자각하면 막을 수 있는 해킹 기법에 가장 가까운 단어를 찾으시오.

❶ 피싱 ❷ 스미싱
❸ 파밍 ❹ 비싱

11 문자 메시지 SMS와 피싱이 결합된 해킹 기법을 가리키는 단어를 찾으시오.

❶ 피싱 ❷ 스미싱
❸ 파밍 ❹ 비싱

12 DNS 스푸핑과 가장 관련 있는 해킹 기법을 가리키는 단어를 찾으시오.

❶ 피싱 ❷ 스미싱
❸ 파밍 ❹ 비싱

13 올바르지 않은 것은 무엇인가?

❶ 바이러스는 실행 파일로만 전파된다.
❷ 불법 복사본에는 바이러스가 묻어 있을 수 있어 조심한다.
❸ 돈을 벌 수 있기 때문에 최근 유행하는 랜섬웨어가 유행하고 있다.
❹ 토렌트와 같은 파일 다운로드 프로그램을 이용하는 경우에 감염될 가능성이 높다.

14 여러 대의 좀비 컴퓨터로부터 엄청난 양의 데이터를 서버로 보냄으로써 다른 사람이 서버를 이용하지 못하게 하는 해킹기법은 무엇인가?

❶ 도스 ❷ 백신
❸ 디도스 ❹ 방화벽

15 네트워크를 통해 전송되는 데이터를 검사하여 악성 소프트웨어나 해킹이 내부로 침투하지 못하게 막는 소프트웨어는 무엇인가?

❶ 도스 ❷ 백신
❸ 디도스 ❹ 방화벽

16 일정 시간만 쓰고 버리는 패스워드를 가리키는 단어는 무엇인가?

❶ 워터마크 ❷ DRM
❸ OTP ❹ 공인인증서

17 공인된 기관에서 인증한 전자서명을 가리키는 단어는 무엇인가?

❶ 워터마크 ❷ DRM
❸ OTP ❹ 공인인증서

18 디지털 콘텐츠를 무단으로 유통되고 사용하는 것을 막기 위한 방지 기술을 가리키는 단어는 무엇인가?

❶ 워터마크 ❷ DRM
❸ OTP ❹ 공인인증서

19 불법적인 도용이 이루어진 경우, 자신이 찍은 사진이나 그림이라는 것을 증명할 수 있는 기술을 가리키는 단어는 무엇인가?

❶ 워터마크 ❷ DRM
❸ OTP ❹ 공인인증서

20 올바르지 않은 것은 무엇인가?

❶ 보안이란 다양한 위협으로부터 자신의 신체나 재산을 지키는 일체의 행위를 말한다.
❷ 물리보안과 정보보안은 보안 접근 방식이 달라 독자적으로 존재한다.
❸ IT 분야에서 보안 관련 기술은 물리보안과 정보보안으로 나뉜다.
❹ 수집하고 가공한 정보를 송수신 및 저장하는 과정에서 발생하는 불법행위를 차단하는 방법을 정보보안이라 정의한다.

21 올바르지 않은 것은 무엇인가?

❶ 트로이 목마는 주변을 감염시키는 특징을 가진다.
❷ 엑셀, 워드 혹은 파워포인트 문서 같은 데이터 파일에 포함되어 배포되는 악성 소프트웨어를 매크로 바이러스라 부른다.
❸ 컴퓨터 속의 자료를 파괴하거나 시스템을 정지시키기 위해 만들어진 파괴적인 소프트웨어를 컴퓨터 바이러스라 부른다.
❹ 감염되면 컴퓨터 내 모든 파일이 암호가 걸려 돈을 받은 후에만 암호를 풀어주는 악성 소프트웨어를 랜섬웨어라 부른다.

22 올바르지 않은 것은 무엇인가?

❶ 인질범이 요구하는 몸값이라는 뜻을 가지며, 돈을 벌 수 있기 때문에 최근 유행하는 악성 소프트웨어가 랜섬웨어이다.
❷ 사용자의 화면이나 홈페이지 화면에 사용자의 동의 없이 광고를 띄우는 소프트웨어를 애드웨어라 부른다.
❸ 사용자의 동의 없이 방문하는 사이트, 사용 패턴, 개인정보와 같은 정보를 몰래 훔쳐가는 프로그램을 스파이웨어라 부른다.
❹ 악성 소프트웨어는 외부로부터 침투하려는 모든 시도를 가리킨다.

23 올바르지 않은 것은 무엇인가?

❶ 한 대의 컴퓨터로부터 엄청난 양의 데이터를 서버로 보냄으로써 다른 사람이 서버를 이용하지 못하게 하는 해킹 기법을 디도스 공격이라 부른다.
❷ 네트워크를 통해 전송되는 데이터를 검사하여 악성 소프트웨어나 해킹이 내부로 침투하지 못하게 막는 소프트웨어를 방화벽이라 부른다.
❸ 사용자가 본인임을 입증하는 가장 기본적인 방법으로 사용자가 숫자와 문자를 조합하여 만든 것이 패스워드이다.
❹ 일정 시간만 쓰고 버리는 패스워드를 OTP라 부른다.

24 올바르지 않은 것은 무엇인가?

❶ 지문 인식, 안면 인식, 홍채 인식과 같이 사람의 신체를 이용하여 인증하는 것을 바이오 인증이라 부른다.

❷ 디지털 콘텐츠를 무단으로 유통되고 사용하는 것을 막기 위한 방지 기술을 워터마크라 부른다.

❸ 공인된 기관에서 인증한 전자서명을 공인인증서라 부른다.

❹ 악성 소프트웨어를 찾아 치료하는 소프트웨어를 백신이라 부른다.

25 올바르지 않은 것은 무엇인가?

❶ 암호화 기술에 있어 하나의 키로 암호화 혹은 복호화 하는 방식을 대칭 혹은 단일키 암호화라 부른다.

❷ 단일키(대칭) 암호화 방식의 가장 큰 단점은 암호로 만들어진 결과물과 함께 키도 같이 전달해야 한다는 것이다.

❸ 암호를 만들 때 사용하는 공개키와 암호를 풀 수 있는 비밀키의 쌍으로 구성된 암호화 기법을 공개키 혹은 비대칭 암호화라 부른다.

❹ 비대칭 암호화 기법에서 암호를 만들 때 사용하는 공개키로 암호를 해독한다.

26 보기 중 나머지 3개와 다른 것을 찾으시오.

❶ 비대칭키 암호화 ❷ 공개키
❸ 대칭키 암호화 ❹ 개인키

27 비대칭키 암호화에서 평문을 암호문으로 만들 때 사용하는 키는 무엇인가?

❶ 단일키 ❷ 공개키
❸ 대칭키 ❹ 개인키

28 비대칭키 암호화에서 암호문을 평문으로 복호화 할 때 사용하는 키는 무엇인가?

❶ 단일키 ❷ 공개키
❸ 대칭키 ❹ 개인키

29 나머지 3개와 다른 것을 찾으시오.

❶ 덧셈 암호 ❷ 키워드 암호
❸ 전치 암호 ❹ 코드북 암호

30 알파벳 문자의 순서에 7을 더하여 암호문을 만들었다. 어떤 암호 방식을 사용한 것인가?

❶ 시프트 암호 ❷ 키워드 암호
❸ 전치 암호 ❹ 코드북 암호

31 문자 위치를 변경하여 암호를 만드는 방식을 찾으시오.

❶ 시프트 암호 ❷ 키워드 암호
❸ 전치 암호 ❹ 코드북 암호

32 나머지 3개와 거리가 먼 것을 찾으시오.

❶ HTTPS ❷ SSL
❸ TLS ❹ DNS

33 나머지 3개와 거리가 먼 것을 찾으시오.

❶ DNS over TLS ❷ FTPS
❸ HTTP ❹ SFTP

34 SSL의 특징과 거리가 먼 것을 찾으시오.

❶ 전송 데이터 암호화 ❷ 디지털 서명
❸ 인증서 ❹ 스푸핑

35 SSL에서 Server Hello 데이터 안에 있는 데이터가 아닌 것을 찾으시오.

❶ pre master secret key ❷ 서버의 임의 데이터
❸ 암호화 방식 결정 ❹ 인증서

36 SSL에서 세션 단계에서 클라이언트와 서버 사이에 주고받는 데이터는 어떤 암호화 방식을 사용하는가?

❶ 대칭키 암호화 ❷ 대칭키 암호화 이후 비대칭키 암호화
❸ 비대칭키 암호화 ❹ 비대칭키 암호화 이후 대칭키 암호화

37 방화벽이 가지고 있는 기능으로 네트워크 주소 변환을 가리키는 단어를 찾으시오.

❶ DNS ❷ SSL
❸ NAT ❹ TLS

[단답형 문제]

38 ___ 이란 다양한 위협으로부터 자신의 신체나 재산을 지키는 일체의 행위를 말한다.

39 IT 분야에서 보안 관련 기술은 _____ 보안과 _____ 보안으로 나뉜다.

40 수집하고 가공한 정보를 송수신 및 저장하는 과정에서 발생할 수 있는 훼손, 변조, 유출과 같은 불법적인 행위를 차단하는 방법을 ________이라 정의한다.

41 ______________는 컴퓨터 속의 자료를 파괴하거나 시스템을 정지시키기 위해 만들어진 파괴적인 소프트웨어로 주변을 감염시키는 특징을 가진다.

42 컴퓨터 바이러스보다는 조금 약한 악성 소프트웨어로 컴퓨터 바이러스와 달리 자기 복제 능력이 없는 소프트웨어를 __________라 부른다.

43 엑셀, 워드 혹은 파워포인트 문서 같은 데이터 파일에 포함되어 배포되는 악성 소프트웨어를 ______________라 부른다.

44 감염되면 컴퓨터 내 모든 파일이 암호가 걸려 돈을 받은 후에만 암호를 풀어주는 악성 소프트웨어를 ________라 부른다.

45 인질범이 요구하는 몸값이라는 뜻을 가지며, 돈을 벌 수 있기 때문에 최근 유행하는 악성 소프트웨어가 ________이다.

46 사용자의 화면이나 홈페이지 화면에 사용자의 동의 없이 광고를 띄우는 소프트웨어를 ______ __라 부른다.

47 사용자의 동의 없이 방문하는 사이트, 사용 패턴, 개인정보와 같은 정보를 몰래 훔쳐가는 프로그램을 __________라 부른다.

48 악성 소프트웨어는 사용자의 실수에 의해 시스템에 침투하여 불법 행위를 일으키는데 반하여, ______________은 시스템 외부로부터 침투하려는 모든 시도를 가리킨다.

49 여러 대의 좀비 컴퓨터로부터 엄청난 양의 데이터를 서버로 보냄으로써 다른 사람이 서버를 이용하지 못하게 하는 해킹기법을 _______ 공격이라 부른다.

50 이메일을 이용하여 사용자를 속여 가짜 사이트에 유도하는 기법으로 사용자가 자각하면 막을 수 있는 해킹 기법을 _____이라 부른다.

51 문자 메시지 SMS와 피싱이 결합된 해킹 기법을 ______이라 부른다.

52 DNS 스푸핑과 가장 관련 있는 해킹 기법은 _____이다.

53 악성 소프트웨어의 침투를 막고, 찾아서 치료하는 소프트웨어를 _____이라 부른다.

54 네트워크를 통해 전송되는 데이터를 검사하여 악성 소프트웨어나 해킹이 내부로 침투하지 못하게 막는 소프트웨어를 ______이라 부른다.

55 사용자가 본인임을 입증하는 가장 기본적인 방법으로 사용자가 숫자와 문자를 조합하여 만든 것이 ________이다.

56 일정 시간만 쓰고 버리는 패스워드를 ______라 부른다.

57 지문 인식, 안면 인식, 홍채 인식과 같이 사람의 신체를 이용하여 인증하는 것을 ______ 인증이라 부른다.

58 공인된 기관에서 인증한 전자서명을 ______________________라 부른다.

59 디지털 콘텐츠를 무단으로 유통되고 사용하는 것을 막기 위한 방지 기술을 ______이라 부른다.

60 불법적인 도용이 이루어진 경우, 자신이 찍은 사진이나 그림이라는 것을 증명할 수 있는 기술을 ________라 부른다.

61 암호화 기술에 있어 하나의 키로 암호화 혹은 복호화 하는 방식을 _____ 혹은 단일키 암호화라 부른다.

62 단일키_____ 암호화 방식의 가장 큰 단점은 암호로 만들어진 결과물과 함께 ___도 같이 전달해야 한다는 것이다.

63 암호를 만들 때 사용하는 공개키와 암호를 풀 수 있는 비밀키의 쌍으로 구성된 암호화 기법을 공개키 혹은 _______ 암호화라 부른다.

64 비대칭 암호화 기법에서 암호를 만들 때 사용하는 ______로는 암호를 해독할 수 없다.

65 문자를 다른 문자로 대치하는 암호 방식을 _____암호라 부른다.

66 문자를 위치를 변경하여 암호를 만드는 방식을 ____________암호라 부른다.

67 알파벳 문자의 순서에 7을 더하여 암호문을 만들었다면 전치 암호 방식 중 ________________ ________를 사용한 것이다.

68 비대칭키 암호화에서 암호문을 평문으로 복호화 할 때 사용하는 키을 ______라 부른다.

69 HTTP의 보안 프로토콜 버전의 이름은 ________이다.

70 DNS의 보안 프로토콜 버전의 이름은 _______________이다.

71 SSL의 최신 버전의 이름은 _____이다.

72 SSL의 특징을 요약하면, 전송 데이터 암호화, 디지털 서명, ______ 이다.

73 SSL에서 데이터 전송을 위해 사용되는 대칭키를 _______________________라 부른다.

74 SSL에서 세션 단계에서 클라이언트와 서버 사이에 주고받는 데이터는 ________를 사용한다.

75 방화벽이 가지고 있는 기능으로 네트워크 주소 변환을 ______라 부른다.

[주관식 문제]

76 악성 소프트웨어에 대하여 설명하시오.

77 피싱과 다양한 피싱 기법에 대하여 설명하시오.

78 대칭키와 비대칭키에 대하여 설명하시오.

79 다음과 같은 키를 가지는 전치 암호화에서 암호문으로 TPHST를 받았다, 복호화하면 평문은 무엇인가?

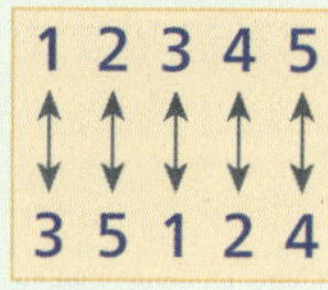

80 다음과 같은 코드북으로 암호화한 암호문으로 CRFSNC를 받았다, 복호화하면 평문은 무엇인가?

A	B	C	D	E	F	G	H	I	J	K	L	M	N	O	P	Q	R	S	T	U	V	W	X	Y	Z
O	P	H	T	N	A	I	E	D	W	Q	V	B	X	R	G	M	C	L	S	F	X	K	Y	J	U

81 키워드로 NETWORK를 사용하는 키워드 암호화에서 암호문으로 DOY를 받았다. 복호화하면 평문은 무엇인가?

82 +3 덧셈 암호에서 암호문으로 YLUXV를 받았다. 복호화하면 평문은 무엇인가?

83 SSL/TLS에 대하여 설명하시오.

84 HTTP의 문제점과 해결방법에 대하여 설명하시오.

85 SSL의 핸드쉐이크 단계의 동작 과정을 설명하시오.

Data Communication and **Networking**

찾아보기

V

W

X

기타